Dortmunder Beiträge zur Entwicklung und Erforschung des Mathematikunterrichts
Band 7

Herausgegeben von
H.-W. Henn,
S. Hußmann,
M. Nührenbörger,
S. Prediger,
C. Selter,
Dortmund, Deutschland

Eines der zentralen Anliegen der Entwicklung und Erforschung des Mathematikunterrichts stellt die Verbindung von konstruktiven Entwicklungsarbeiten und rekonstruktiven empirischen Analysen der Besonderheiten, Voraussetzungen und Strukturen von Lehr- und Lernprozessen dar. Dieses Wechselspiel findet Ausdruck in der sorgsamen Konzeption von mathematischen Aufgabenformaten und Unterrichtsszenarien und der genauen Analyse dadurch initiierter Lernprozesse.

Die Reihe „Dortmunder Beiträge zur Entwicklung und Erforschung des Mathematikunterrichts" trägt dazu bei, ausgewählte Themen und Charakteristika des Lehrens und Lernens von Mathematik – von der Kita bis zur Hochschule – unter theoretisch vielfältigen Perspektiven besser zu verstehen.

Herausgegeben von
Prof. Dr. Hans-Wolfgang Henn,
Prof. Dr. Stephan Hußmann,
Prof. Dr. Marcus Nührenbörger,
Prof. Dr. Susanne Prediger,
Prof. Dr. Christoph Selter,
Institut für Entwicklung und Erforschung
des Mathematikunterrichts,
Technische Universität Dortmund

Juliane Leuders

Förderung der Zahlbegriffsentwicklung bei sehenden und blinden Kindern

Empirische Grundlagen und didaktische Konzepte

Mit einem Geleitwort von Prof. Dr. Emmy Csocsán

 RESEARCH

Juliane Leuders
Pädagogische Hochschule Freiburg,
Deutschland

Dissertation Technische Universität Dortmund, 2011, u.d.T. Juliane Leuders: Lernmaterialien für den Arithmetikunterricht mit blinden Kindern. Theoretische Grundlagen, Auswahlkriterien und praktische Beispiele für den integrativen Unterricht.

Tag der Disputation: 17.11.2011

Erstgutachter: Prof. Dr. Emmy Csocsán
Zweitgutachter: Prof. Dr. Christoph Selter

ISBN 978-3-8348-2548-3   ISBN 978-3-8348-2549-0 (eBook)
DOI 10.1007/978-3-8348-2549-0

Die Deutsche Nationalbibliothek verzeichnet diese Publikation in der Deutschen Nationalbibliografie; detaillierte bibliografische Daten sind im Internet über http://dnb.d-nb.de abrufbar.

Springer Spektrum
© Vieweg+Teubner Verlag | Springer Fachmedien Wiesbaden 2012
Das Werk einschließlich aller seiner Teile ist urheberrechtlich geschützt. Jede Verwertung, die nicht ausdrücklich vom Urheberrechtsgesetz zugelassen ist, bedarf der vorherigen Zustimmung des Verlags. Das gilt insbesondere für Vervielfältigungen, Bearbeitungen, Übersetzungen, Mikroverfilmungen und die Einspeicherung und Verarbeitung in elektronischen Systemen.

Die Wiedergabe von Gebrauchsnamen, Handelsnamen, Warenbezeichnungen usw. in diesem Werk berechtigt auch ohne besondere Kennzeichnung nicht zu der Annahme, dass solche Namen im Sinne der Warenzeichen- und Markenschutz-Gesetzgebung als frei zu betrachten wären und daher von jedermann benutzt werden dürften.

Einbandentwurf: KünkelLopka GmbH, Heidelberg

Gedruckt auf säurefreiem und chlorfrei gebleichtem Papier

Springer Spektrum ist eine Marke von Springer DE. Springer DE ist Teil der Fachverlagsgruppe Springer Science+Business Media
www.springer-spektrum.de

Geleitwort

Kinder bringen ihre eigenen Strategien in die Schule, um zahlbezogene Probleme im Alltag zu lösen. Wissenschaftliche Analysen helfen, diese Strategien zu verstehen und flexible Unterrichtsmethoden zu entwickeln, um die individuellen Lernwege zu unterstützen. Besonders spannend ist diese Aufgabe aber dann, wenn ein Kind sich unter der Bedingung Blindheit entwickelt und seine Erfahrungen ohne visuelle Wahrnehmung sammelt und organisiert. Die Zahlbegriffsentwicklung ist ein Phänomen, welches geeignet ist, qualitative Kenntnisse über andere Lernprozesse zu gewinnen. Mathematische Strukturen können später als Modell für das Erlernen von neuen Phänomenen und Zusammenhängen dienen. In den schulischen Lernprozessen eines Kindes ist das Zahlverständnis besonders wichtig, es dient als effektives Werkzeug, neue Informationen über die Umwelt zu erwerben.

Die Praxis des gemeinsamen Unterrichts von Schülerinnen und Schülern mit und ohne Sehschädigung weist auf viele Probleme im Lerngegenstand Mathematik hin. Es wurden bisher wenig und nur sporadisch Forschungsprojekte in diesem Bereich durchgeführt und auch deren Ergebnisse nur sehr zögernd in den Unterricht eingebettet. Gemeinsamer Unterricht verlangt von Fachlehrerinnen und Lehrern grundlegende Kenntnisse über die Lernprozesse von Kindern mit Blindheit und eine methodische Sicherheit in der Auswahl und Adaption von geeigneten Lernmaterialien im Unterricht. Besonders wichtig ist dies im Elementarbereich, wo die frühe Gestaltung der Beziehung zwischen Umwelt und mathematischer Welt die späteren schulischen Lernprozesse des Kindes beeinflusst und auf das Verhältnis zu naturwissenschaftlichen Fächern eine lebenslange Wirkung ausübt.

In der Dissertation befasst sich Juliane Leuders mit den Fragestellungen der Mathematikdidaktik und der Blindenpädagogik. Ihre Forschungsfragen beziehen sich auf die Entwicklung arithmetischer Fähigkeiten sehender und blinder Kinder, die Kriterien für Lernmaterialien, die den Lernbedingungen blinden Kindern im gemeinsamen Unterricht entsprechen und die Lernmaterialien auf auditiver Basis, die das Lernen im Arithmetikunterricht unterstützen. Die Analyse von Studien zur Entwicklung zahlbezogener Kompetenzen liefert einen detaillierten Überblick über die Konzepte für den Zahlbegriff und eine spannende Zusammenfassung zum Thema Zahlen und Arithmetik im Gehirn. Die Erkenntnisse helfen, die qualitativen Unterschiede der Entwicklung von zahlbezogenen Kompetenzen bei Kindern mit und ohne Sehschädigung zu verstehen.

Basierend auf einer breit angelegten Sammlung von Veröffentlichungen, Forschungsberichten, wissenschaftlichen Quellen der Bezugswissenschaften und Praxisberichten hat die Verfasserin ihre Ergebnisse erarbeitet und damit neue Erkenntnisse für die Mathematikdidaktik und allgemein für die Pädagogik bei Blindheit gewonnen.

Basierend auf einer systematischen Analyse von Erkenntnissen der Neuropsychologie, Wahrnehmungspsychologie, Kognitionspsychologie und Entwicklungspsychologie hat die Autorin zum ersten Mal im deutschsprachigen Raum einen disziplinübergreifenden, empirisch abgesicherten Kenntnisstand hergestellt.

Die neuen Erkenntnisse in Bezug auf auditive Wahrnehmung, auditive Vorstellung und deren Einsatzmöglichkeiten im Mathematikunterricht haben bewiesen und gezeigt, dass auditive Strukturen auf vielfältige Art im Unterricht eingesetzt werden können. Diese didaktischen Lösungen können auch für das Lernen von sehenden Kindern genutzt werden.

Im Feld des gemeinsamen Mathematikunterrichts mit Kindern mit und ohne Sehschädigung hat Juliane Leuders wertvolle theoretische und praxisbezogene Grundlagen und ein exemplarisches Instrumentarium erarbeitet, welches den Lehrerinnen und Lehrern hilft, ihre Einstellungen und ihr professionelles Know-how weiterzuentwickeln. Zur unterrichtspraktischen Umsetzung hat die Autorin das führende Grundschullehrwerk „Zahlenbuch" von Wittmann & Müller gewählt. Die Aufgaben von zwölf ausgewählten Seiten hat sie nach den erarbeiteten Kriterien gründlich analysiert. Die Bearbeitung der einzelnen Seiten beantwortet die Fragen „Wie?" und „Warum?" und folgt einer sachlogischen Struktur: Beschreibung der Aufgaben; Analyse der Kompetenzstruktur; Entwicklung der Adaptionsvorschläge; zusätzliche Vorschläge, die Alternativen zeigen, die Umstände und Handlungsmöglichkeiten erweitern; Fazit, welches die Zusammenhänge zwischen mathematischen Lernprozessen und Unterstützungslösungen beschreibt. Die hier entwickelte Vorgehensweise ist ein wertvoller Beitrag in der Mathematikdidaktik, welcher den Weg für weitere didaktische Entwicklungen vorzeichnet. Die Ergebnisse können auch die Kommunikation mit den Schülerinnen und Schülern unterstützen und so den Lehrerinnen und Lehrern helfen, deren Lernbedürfnisse besser zu verstehen.

Die Verknüpfung von Themen der aktuellen Mathematikdidaktik mit Fragestellungen der modernen Blindenpädagogik lag in dieser Form bislang noch nicht vor. Die ausgezeichnete Dissertation stellt eine nutzbringende Basis für die Gestaltung, die Auswahl und den Einsatz von Lernmaterialien und für andere Fragestellungen des mathematischen Anfangsunterrichts mit Schülerinnen und Schülern mit und ohne Sehschädigung dar.

Emmy Csocsán

Danksagung

Viele Menschen haben mich während der langen Zeit, die dieses Projekt in Anspruch genommen hat, begleitet und unterstützt. Ihnen allen habe ich zu danken, doch einige bedürfen einer besonderen Erwähnung:

Emmy Csocsán hat mir immer wieder mit konstruktiven Rückmeldungen weitergeholfen und mich mit viel Geduld durch den ganzen Prozess der Promotion hindurch begleitet. Vor allem aber danke ich ihr dafür, dass sie mich mit der interessanten Frage nach den auditiven Lernmaterialien konfrontiert hat. Dieses Thema hat mit dafür gesorgt, dass meine Motivation, die Arbeit zu Ende zu bringen, nie nachließ.

Christoph Selter danke ich für seine Bereitschaft, sich auf dieses – aus Sicht der Mathematikdidaktik etwas abseitige – Thema einzulassen. Seine Hinweise zu Gliederung und Ausrichtung der Arbeit waren konstruktiv und hilfreich. Auch die übrigen Teilnehmer am Doktorandenkolloquium des Instituts für Entwicklung und Erforschung des Mathematikunterrichts der TU Dortmund seien hier erwähnt. Sie haben sich ebenfalls mit Interesse auf dieses Thema eingelassen und mit ihren Fragen und Vorschlägen die Qualität dieser Arbeit erhöht.

Den Kolleginnen und Kollegen vom Fachbereich Rehabilitation und Pädagogik bei Blindheit und Sehbehinderung (TU Dortmund) mit denen ich im Projekt ISaR zusammen arbeiten durfte, danke ich für ihre Freundschaft und die anregenden Diskussionen. Auch an meinem jetzigen Arbeitsplatz, dem Institut für mathematische Bildung der PH Freiburg, mangelt es nicht an spannenden fachlichen Gesprächen und guter Zusammenarbeit.

Meine Eltern und Schwiegereltern haben mich tatkräftig unterstützt. Trotz großer räumlicher Entfernungen haben sie immer wieder gern ihr Enkelkind betreut, um mir zusätzliche Zeit zum Arbeiten zu gewähren. Meinen Eltern habe ich darüber hinaus zu danken für die selbstlose Unterstützung und Förderung, die ich immer von ihnen erfahren habe. Sie haben es verstanden, meine Neugier auf die Welt im Allgemeinen und wissenschaftliche Fragestellungen im Besondern zu wecken und zu fördern. Ich hoffe, dass mir als Mutter und Lehrerin Ähnliches gelingt.

Mein Mann hat mich von Anfang an in der Idee bestärkt zu promovieren, und hat in seiner Unterstützung dafür und seinem Glauben an dieses Projekt nie nachgelassen. Nach der Geburt unserer Tochter hat er trotz eigenen Termindrucks immer wieder Zeit gefunden, mich von der Kinderbetreuung zu entlasten. Unsere Diskussionen über didaktische Themen haben mich inspiriert und mir dabei geholfen, mich nicht in der Fülle der Details zu verlieren.

Juliane Leuders

Inhaltsverzeichnis

1 Konzeption der Arbeit 1
  1.1   Einleitung 1
  1.2   Blindenpädagogisch-didaktische Forschung 2
  1.3   Verhältnis der Bezugswissenschaften 7
  1.4   Zielsetzung der Dissertation 11
  1.5   Methodische Vorgehensweise 14

2 Sensorische Grundlagen des Mathematiklernens blinder Kinder 19
  2.1   Einleitung 19
  2.2   Haptische Wahrnehmung 22
    2.2.1 Haptische Verarbeitungswege im Gehirn 24
    2.2.2 Tasten und Raum aus kognitionspsychologischer Sicht 29
    2.2.3 Tasten und Kurzzeitgedächtnis 43
    2.2.4 Fazit 49
  2.3   Auditive Wahrnehmung 50
    2.3.1 Auditive Leistungen sehender und blinder Personen 52
    2.3.2 Verarbeitungswege auditiver Wahrnehmung 54
    2.3.3 Eignung der auditiven Wahrnehmung für sequenziell strukturierte Information 64
    2.3.4 Fazit 65

3 Vorstellungen im Arithmetikunterricht mit blinden Kindern 67
  3.1   Einleitung 67
  3.2   Vorstellungen in der Psychologie 68
    3.2.1 Begriffsgenese – ein kurzer Blick in die Geschichte 68
    3.2.2 Vorstellungen und Operationen bei PIAGET 70
    3.2.3 Die Bedeutung von Vorstellungen für das Denken 74
  3.3   Vorstellungen in der Blindenpädagogik 76
    3.3.1 Vorstellungen in der Geschichte der Blindenpädagogik 77
    3.3.2 Die Vorstellungswelt blinder Menschen aus heutiger Sicht 80
    3.3.3 Vorstellungen zu Wörtern 82
    3.3.4 Vorstellungen von Raum und Form 86
    3.3.5 Auditive Vorstellungen 92
  3.4   Vorstellungen in der Mathematikdidaktik 95
    3.4.1 Grundvorstellungen und verwandte Konzepte 95
    3.4.2 Schülervorstellungen 96
  3.5   Fazit 102

4 Entwicklung zahlbezogener Kompetenzen 105
    4.1 Begriffsbildungen: Zahlbegriff und zahlbezogene Kompetenzen 105
    4.2 Die Zahlbegriffsentwicklung nach PIAGET 111
        4.2.1 Grundlegende Konzepte für den Zahlbegriff 112
        4.2.2 Kritik an der Entwicklungspsychologie nach PIAGET. 115
        4.2.3 Piagetianische Forschung mit blinden Kindern 119
    4.3 Zahlen und Arithmetik im Gehirn 125
        4.3.1 Der „Zahlensinn": Erste Charakterisierung 125
        4.3.2 Kognitive Modelle zur Funktionsweise des Zahlensinns 130
        4.3.3 Fallstudien zu arithmetischen Prozessen im Gehirn.... 133
        4.3.4 Modelle für arithmetische Prozesse im Gehirn 136
        4.3.5 Lokalisierung im Gehirn 139
        4.3.6 Kognitive Eigenschaften der Zahlverarbeitung 141
        4.3.7 Entwicklung des mentalen Zahlenstrahls 146
        4.3.8 Mentaler Zahlenstrahl und Vorstellungen 149
        4.3.9 Hypothesen zu den Auswirkungen von Blindheit 152
    4.4 Entwicklung des Zählens 154
        4.4.1 Theorien zum Zählen - Definitionen 155
        4.4.2 Die Bedeutung des Zahlensinns für die Zählentwicklung 156
        4.4.3 Theorien zum Zählen - Entwicklungsstufen 158
    4.5 Zahlbezogene Kompetenzen bei Schulbeginn 165
        4.5.1 Forschungsstand zu den Kompetenzen sehender Kinder 165
        4.5.2 Umgang mit Zahlen bei blinden Schulanfängern 166
    4.6 Fazit 180

5 Auswahl und Gestaltung von Lernmaterialien 183
    5.1 Veranschaulichungen, Vorstellungen, Begriffe 183
    5.2 Umgang mit Heterogenität im Unterricht 187
        5.2.1 Heterogenität als Ausgangssituation 187
        5.2.2 Umgang der Lehrpersonen mit Behinderung und Blindheit 189
        5.2.3 Vielfältige Vorstellungen in der unterrichtlichen Interaktion 191
    5.3 Mathematikdidaktische Anforderungen an Lernmaterialien 193
    5.4 Lernmaterialien für den Arithmetikunterricht mit blinden Kindern 205
        5.4.1 Haptische Lernmaterialien 205
        5.4.2 Dominanz haptischer Materialien 208

5.4.3 Notwendigkeit und Einsatzmöglichkeiten auditiver Materialien ... 211

6 Mathematikdidaktische Kompetenzen aus blindenpädagogischer Perspektive ... 219
6.1 Bedeutung des Kompetenzbegriffs für die Gestaltung von Lernmaterialien ... 219
6.2 Blindenpädagogische Anmerkungen zu den NCTM-Standards ... 222
    6.2.1 Number and Operations Standard ... 222
    6.2.2 Algebra Standard ... 228
    6.2.3 Geometry Standard ... 233
    6.2.4 Measurement Standard ... 239
    6.2.5 Data Analysis and Probability Standard ... 241
    6.2.6 Problem Solving Standard / Reasoning and Proof Standard ... 242
    6.2.7 Communication Standard ... 243
    6.2.8 Connections Standard ... 246
    6.2.9 Representation Standard ... 247
6.3 Fazit ... 254

7 Adaption von Materialien für den Unterricht mit blinden und sehenden Kindern ... 255
7.1 Einleitung ... 255
7.2 Zahlenkarten ... 257
    7.2.1 Analyse der Kompetenzstruktur ... 258
    7.2.2 Entwicklung der Adaptionsvorschläge ... 261
    7.2.3 Zusätzliche Vorschläge ... 266
    7.2.4 Fazit ... 268
7.3 Stempeln und Zählen ... 269
    7.3.1 Analyse der Kompetenzstruktur ... 270
    7.3.2 Entwicklung der Adaptionsvorschläge ... 272
    7.3.3 Zusätzliche Vorschläge ... 275
    7.3.4 Fazit ... 276
7.4 Räuber und Goldschatz ... 277
    7.4.1 Analyse der Kompetenzstruktur ... 278
    7.4.2 Entwicklung der Adaptionsvorschläge ... 279
    7.4.3 Zusätzlicher Vorschlag ... 281
    7.4.4 Fazit ... 282
7.5 Schöne Muster I ... 282
    7.5.1 Analyse der Kompetenzstruktur ... 284
    7.5.2 Entwicklung der Adaptionsvorschläge ... 285
    7.5.3 Zusätzliche Vorschläge ... 288
    7.5.4 Fazit ... 290

7.6 Schöne Muster II 291
   7.6.1 Analyse der Kompetenzstruktur 292
   7.6.2 Entwicklung der Adaption 294
   7.6.3 Fazit 296
7.7 Plättchen werfen 296
   7.7.1 Analyse der Kompetenzstruktur 298
   7.7.2 Entwicklung der Adaptionsvorschläge 299
   7.7.3 Fazit 301
7.8 Geschickt zählen 301
   7.8.1 Analyse der Kompetenzstruktur 302
   7.8.2 Entwicklung der Adaption 304
   7.8.3 Fazit 307
7.9 Zählen mit Strichlisten 307
   7.9.1 Analyse der Kompetenzstruktur 308
   7.9.2 Entwicklung der Adaption 310
   7.9.3 Zusätzlicher Vorschlag 312
   7.9.4 Fazit 312
7.10 Zahlenknoten 313
   7.10.1 Analyse der Kompetenzstruktur 314
   7.10.2 Entwicklung der Adaption 315
   7.10.3 Zusätzliche Vorschläge 319
   7.10.4 Fazit 319
7.11 Zahlen am Körper 320
   7.11.1 Analyse der Kompetenzstruktur 321
   7.11.2 Entwicklung der Adaptionsvorschläge 322
   7.11.3 Zusätzlicher Vorschlag 325
   7.11.4 Fazit 326
7.12 Zwei Fünfer sind Zehn 326
   7.12.1 Analyse der Kompetenzstruktur 328
   7.12.2 Entwicklung der Adaptionsvorschläge 329
   7.12.3 Zusätzlicher Vorschlag 330
   7.12.4 Fazit 331
7.13 Kraft der Fünf 331
   7.13.1 Analyse der Kompetenzstruktur 332
   7.13.2 Entwicklung der Adaption 334
   7.13.3 Fazit 335
7.14 Verlauf des Umsetzungsprozesses 335

8 Diskussion, Einordnung und Ausblick 339

Literaturverzeichnis 345

Abbildungs- und Tabellenverzeichnis

Abb. 1: Sinnesareale im Gehirn	25
Abb. 2: Moon-Schrift	33
Abb. 3: Braillezeichen	34
Abb. 4: Fehlerellipse bei Ittyerah/Gaunet/Rossetti 2007	38
Abb. 5: Versuchsanordnung bei Ittyerah/Gaunet/Rossetti 2007	39
Abb. 6: Haptisches Versuchsmaterial bei Hudelmayer (1970)	47
Abb. 7: Mismatch Negativity (MMN)	57
Abb. 8: Anzahl-MMN, Bed. 1	59
Abb. 9: Anzahl-MMN, Bed. 2	59
Abb. 10: Kardinal- und Ordinalaspekt (Piaget)	114
Abb. 11: Reaktionszeiten (Subitizing)	126
Abb. 12: Brailleziffern	140
Abb. 13: Entwicklungsmodell der zahlbezogenen Kognition	149
Abb. 14: Zahlenstrahldarstellungen verschiedener Personen	151
Abb. 15: „Zahlenwolke"	151
Abb. 16: Mehrsystemblöcke	202
Abb. 17: Rechenkette	207
Abb. 18: Rechenschiffchen	207
Abb. 19: BIGmack	216
Abb. 20: Verwendung eines kleinen Tonaufzeichnungsmoduls	216
Abb. 21: Zeichentafel für blinde Schüler	231
Abb. 22: Farb-Textur-Zusammenstellung der SfS Schleswig	245
Abb. 23: „Zahlenkarten": S. 12/13 aus dem Zahlenbuch	257
Abb. 24: Mengenbilder (Ausschnitt S. 13)	263
Abb. 25: Wikki Stix (Wachsschnüre)	264
Abb. 26: Mengenquartett (Ausschnitt S. 13)	265
Abb. 27: Stempeln und Zählen (S. 14)	269
Abb. 28: Stempelfiguren (Ausschnitt S. 14)	273
Abb. 29: Räuber und Goldschatz (S. 15)	277
Abb. 30: Schöne Muster I (S. 16)	283
Abb. 31: Sternbilder (Ausschnitt S. 16)	286
Abb. 32: „100 be-greifen"	287
Abb. 33: Schöne Muster (S. 17)	292
Abb. 34: Plättchen werfen (S. 18)	297
Abb. 35: Gewürfelte Plättchen (Ausschnitt S. 18)	300
Abb. 36: Geschickt zählen (S. 19)	302
Abb. 37: Zählobjekte (Ausschnitt S. 19)	304
Abb. 38: Papageien (Ausschnitt S. 19)	305
Abb. 39: Zählen mit Strichlisten (S. 20)	308
Abb. 40: Zahlenknoten (S. 21)	313
Abb. 41: Knotenschnüre (Ausschnitt S. 21)	316
Abb. 42: Anleitung zum Knoten (Ausschnitt S. 21)	316

Abb. 43: Zahlen am Körper (S. 22) 320
Abb. 44: Clown (Ausschnitt S. 22) 323
Abb. 45: Tierbilder (Ausschnitt S. 22) 323
Abb. 46: Zwei Fünfer sind Zehn (S. 23) 326
Abb. 47: Zählobjekte (Ausschnitt S. 23) 329
Abb. 48: Kraft der Fünf (S. 24) 331
Abb. 49: Tabelle (Ausschnitt S. 24) 334
Abb. 50: Mengenbilder (Ausschnitt S. 24) 335
Abb. 51: Verlaufsschema des Adaptionsprozesses 338

Abbildungsnachweise finden sich im Text. Die Internetquellen, die einigen Bildern zugrunde liegen, wurden zuletzt am 23.05.2012 überprüft.

Tabelle 1: Figurative und operative Strukturen 73
Tabelle 2: Zahlaspekte 107
Tabelle 3: Umgangsweisen mit Zahlen 179

1 Konzeption der Arbeit

1.1 Einleitung

Mathematik ist eine Wissenschaft, bei deren Ausübung Menschen – ohne dass sie dies explizit reflektieren - üblicherweise stark auf visuelle Darstellungen zurückgreifen. Zum einen handelt es sich um symbolische Repräsentationen mathematischer Objekte, zum anderen aber auch um grafische und ikonische Veranschaulichungen, welche die Vorstellung von mathematischen Objekten unterstützen und repräsentieren. Dies geschieht nicht nur, wie man zunächst annehmen könnte, in der Geometrie, die ja unmittelbar von aus der Anschauung idealisierten Objekten ausgeht, sondern ebenfalls in anderen Bereichen, in denen Zahlen, Operationen oder andere mathematische Strukturen eine Rolle spielen. Ein klassisches Beispiel hierfür ist die Anordnung von Zahlen entlang einer „metrischen Achse", also dem, was in der Schulmathematik „Zahlenstrahl" genannt wird. Diese Veranschaulichung ist im Alltag von Erwachsenen ebenso gegenwärtig wie im Grundschulunterricht.

Die vielfältigen Konsequenzen aus dieser visuellen Prägung mathematischen Denkens und Handelns für die Lernprozesse und Leistungen blinder Schüler[1] sind von hoher Bedeutung für den Unterricht mit dieser Adressatengruppe.

Die wissenschaftliche Kenntnislage zur Entwicklung mathematischer Kompetenzen bei blinden Kindern ist lückenhaft, heterogen und teilweise widersprüchlich. Studien, die sich mit diesem Thema beschäftigen, stellen bei blinden Kindern in der Regel eine verzögerte Entwicklung bzw. geringere Leistungen im Vergleich zu sehenden Altersgenossen fest (Csocsán et al. 2003, S. 7; Hahn 2006, S. 168ff). Auf der anderen Seite stehen Beobachtungen aus dem blindenpädagogischen Alltag: In jedem Schülerjahrgang gibt es blinde Schüler mit sehr guten Mathematikleistungen (Szücs/Csépe 2005, S. 11). Auch das Beispiel erfolgreicher blinder Mathematiker zeigt, dass Mathematik – auch in den von uns zunächst als visuell geprägt angesehenen Bereichen - für blinde Menschen keinesfalls unzugänglich ist (Hahn 2006, S. 55ff; Jackson

---

[1] Im Sinne der Lesbarkeit und dem allgemeinen Sprachgebrauch folgend wird für die Benennung von Personengruppen die männliche Form gewählt. Sie soll für die Personengruppe als Ganzes stehen und bezieht die weiblichen Mitglieder mit ein. Wann immer möglich werden alternative Formulierungen genutzt (z.B. „Lehrperson" statt „Lehrer"). Auch auf die Formulierung „Schüler mit Blindheit" oder „Kinder mit Blindheit" wird im Rahmen des deutschen Sprachgebrauchs und im Sinne der Lesbarkeit verzichtet. Dabei ist nicht beabsichtigt, diese Personengruppe auf die Blindheit zu reduzieren.

2002). Diese Beobachtungen weisen darauf hin, dass es keineswegs ausreicht, sich pauschal mit der Feststellung einer verzögerten Entwicklung zufriedenzugeben und dass es lohnend ist, sich mit mathematischen Fähigkeiten unter der Bedingung der Blindheit näher zu befassen.

Ziel dieser Arbeit ist es, den Forschungsstand zu Voraussetzungen und Entwicklung mathematischer und insbesondere zahlbezogener Kompetenzen blinder Kinder zu erheben. Die besondere Herausforderung besteht dabei darin, dass unterschiedliche Forschungsperspektiven aufzuarbeiten und zu verknüpfen sind. Die Behandlung des Themas findet in der blindenpädagogischen, mathematikdidaktischen und psychologischen Literatur statt, ist aber bislang kaum aufeinander bezogen. Durch die Verknüpfung der Ergebnisse aus verschiedenen Forschungsrichtungen soll genauer geklärt werden, welche Annahmen über die Entwicklung zahlbezogener Kompetenzen bei blinden Kindern als plausibel und abgesichert für die weiteren Forschung vorausgesetzt werden dürfen (Kap. 2 bis 5). Ein solcher gesicherter Erkenntnisstand stellt ebenfalls die Basis für weitergehende Überlegungen zur Gestaltung von Lehr-Lern-Situationen und insbesondere zur Auswahl von Lernmaterialien für diese Gruppe von Schülern dar (Kap. 6 und 7).

Um einen Einblick in die Ausgangslage der hier vorgelegten Studie zu geben, wird im folgenden Abschnitt zunächst die Situation blindenpädagogisch-didaktischer Forschung genauer analysiert, auch um aufzuzeigen, welcher Forschungsbedarf besteht und wie die vorliegende Arbeit zur wissenschaftlichen Weiterentwicklung dieses Gebietes beitragen kann (Kap. 1.2). Da Ergebnisse aus verschiedenen Forschungsrichtungen einbezogen werden sollen, ist für dieses Vorhaben insbesondere das Verhältnis der Bezugswissenschaften im Detail zu klären (Kap. 1.3). Anschließend wird die Zielsetzung der Dissertation anhand von zentralen Forschungsfragen konkretisiert (Kap. 1.4) und das geplante methodische Vorgehen erläutert (Kap. 1.5).

1.2 Blindenpädagogisch-didaktische Forschung

In der Blindenpädagogik kann heute als Konsens bezeichnet werden, dass Blindheit weder direkt noch unausweichlich zu schlechteren mathematischen Leistungen führt. Bei differenzierter Betrachtung zeigt sich, dass der im vorhergehenden Abschnitt erwähnte Zusammenhang zwischen Blindheit und niedrigeren Leistungen oder verzögerter Entwicklung in Mathematik *indirekt* in den vor- und außerschulischen Erfahrungsmöglichkeiten sowie den Lernbedingungen im schulischen Mathematikunterricht zu suchen ist (Csocsán et al. 2003, S. 7; Lang/Hofer/ Beyer 2008, S. 45). Die Qualität von Förderung und Unterricht hat einen großen Einfluss auf die Leistungen, und dies ist der Aspekt, für den in der vorliegenden Arbeit Verbesserungsmöglichkeiten entwickelt werden sollen. Die Lernsituation muss den Bedingungen blinder Kinder angemessen sein. CSOCSÁN, KLINGENBERG, KOSKINEN & SJÖSTEDT (2003, S. 8) beschreiben die problematischen Aspekte im Unterricht mit blinden Kindern wie folgt:

„Erstens - der Mangel an Kenntnis seitens der Lehrer, wie blinde Kinder ihre Sinneseindrücke und Vorstellungen organisieren

Zweitens - der Mangel an geeigneten Lernmaterialien und dürftige Lernmethoden

Drittens - Verständigungsschwierigkeiten zwischen Schülern und Lehrern in unterschiedlichen Situationen."

Wissenslücken

Blindenspezifisches Wissen der Lehrpersonen, Bedingungen der Lernsituation und die unterrichtliche Kommunikation sind demzufolge von großer Bedeutung für erfolgreiches Lernen blinder Schüler. Das blindenspezifische Wissen der Lehrpersonen ist dabei von entscheidender Wichtigkeit, weil es sich sowohl auf die Auswahl der Lernmaterialien und Methoden als auch auf die unterrichtliche Kommunikation auswirkt.

Im integrativen Unterricht, in dem blinde und sehende Schüler (oder allgemein Schüler mit und ohne Behinderungen) gemeinsam lernen, verkompliziert sich die Situation für die Lehrpersonen zusätzlich. Dies ist einer der Gründe, warum der gemeinsame Unterricht von sehenden und blinden Schülern für dieses Dissertationsvorhaben als Zielvorstellung gewählt wurde. Es gibt aber noch weitere und allgemeinere Gründe für diese Entscheidung. Gemeinsames Lernen an „einer Schule für alle" stellt ein Ideal der Schulentwicklung dar (Unesco 1994). Aufgabe von Pädagogik und Didaktik ist es aus dieser Sicht, allen Schülern in ihrer Verschiedenheit und Individualität eine passende Umgebung zum Lernen zu bieten, unabhängig von Behinderungen, Geschlecht, Nationalität oder anderen Merkmalen. Ziel des Mathematikunterrichts muss es daher sein, die nichtvisuelle Auseinandersetzung mit Mathematik nicht als normabweichend, sondern als spannend und den Lernprozess bereichernd zu verstehen (Walthes 1998, S. 59). Integrativer Unterricht ist zudem in der Blindenpädagogik keine seltene Situation: 25% der blinden und sehbehinderten Schüler in Deutschland besuchen integrative Klassen (KMK 2005, S. 5).

Situation im integrativen Unterricht

Die Anforderungen an Lernmaterialien sind im integrativen Unterricht komplexer, weil sie sich auch für gemeinsames Arbeiten in der Klasse eignen müssen. Der Bedarf an didaktischen Hinweisen für diese Art von Unterricht ist hoch (Csocsán 2004, S. 194). WALTHES stellt fest: „Didaktikforschung unter der Perspektive des gemeinsamen Lernens ist rudimentär, was den Einbezug der individuellen Kompetenzen und Strategien der Schülerinnen und Schüler anbelangt" (Walthes 2005, S. 188). Ähnliches beschreiben SEITZ (2008) und PRENGEL (2009) für die allgemeine Integrationsforschung: Didaktische Fragen spielen eine eher untergeordnete Rolle im Diskurs dieser Disziplin, und umgekehrt nimmt die Fachdidaktik zu wenig Notiz von der Integrationsforschung.

Die Festlegung auf integrativen Unterricht in dieser Dissertation führt indes nicht dazu, dass die Ergebnisse nur für diese spezielle Unterrichtssituation relevant sind. Lernmaterialien, die für den integrativen Unterricht geeignet sind, lassen sich ohne Schwierigkeiten auf den Unterricht an einer Schule für Blinde übertragen - umgekehrt wäre dies dagegen nicht so einfach möglich. Wenn hier also der integrative Unterricht im Mittelpunkt der Überlegungen steht, ergeben sich daraus viele wertvolle Informationen für den Unterricht an Blindenschulen. Zudem profitieren auch sehende Kinder von einem vielfältigen, durchdachten Angebot an verschiedenen sinnlichen Zugängen (Hasemann 2003, S. 63f; Moser Opitz 2001, S. 63, 129; Lorenz/Radatz 1993, S. 118f). Dies gilt im Besonderen, aber keineswegs ausschließlich, für (normalsichtige) Kinder mit visuellen Wahrnehmungsstörungen, für die ein erhöhtes Risiko der Entwicklung einer Rechenschwäche besteht (Schipper 2003).

Wissenschaftliche Durchdringung der Praxis

Die obigen Absätze zeigen, dass bezüglich des Unterrichts mit blinden Schülern Forschungsbedarf besteht[1]. Allerdings erweist sich der wissenschaftliche Dialog innerhalb der Blindenpädagogik, der zu einer Validierung, Verfeinerung und Verallgemeinerung einzelner theoretischer Konzepte und empirischer Zusammenhänge beitragen könnte, teilweise als unzureichend (Walthes 2005, S. 182). Dies lässt sich einerseits mit der geringen Anzahl an Forscherinnen und Forschern in diesem Feld erklären. Diese ergibt sich aus der vergleichsweise geringen absoluten Anzahl blinder Menschen in der Bevölkerung, aber auch als Folge von Sparmaßnahmen im Bildungsbereich, unter denen ein „kleines" Fach wie die Blindenpädagogik besonders zu leiden hat (Csocsán 2004, S. 195; Degenhardt 2009, S. 229).

Andererseits sind jedoch auch systemimmanente Ursachen zu finden: Die traditionelle Blindenlehrerausbildung, die an den Schulen für Blinde und Sehbehinderte noch heute nachwirkt, war eher einer „Meisterlehre" vergleichbar. Dies führte zu einem geringeren Grad an wissenschaftlicher Reflexion und Durchdringung (Walthes 2006, S. 249; Degenhardt 2009, S. 229) und dazu, dass die Literatur zu Didaktik und Pädagogik bei Blindheit in der Vergangenheit oft eher Ratgebercharak-

---

[1] Wenn in der Folge vom „Unterricht mit blinden Schülern" die Rede ist, so sind ausdrücklich beide Organisationsformen gemeint, also der Unterricht an der Blindenschule ebenso wie der gemeinsame Unterricht mit sehenden Schülern.

ter hatte. Es wurden Anweisungen und Erziehungsprinzipien formuliert, die auf Erfahrungen aus der Praxis beruhten. Solche Anweisungen sind keineswegs wertlos und führen durchaus zu funktionierenden Bildungsprozessen, doch es fehlt die Reflexion. HAEBERLIN (2003, S. 48f) beschreibt dies als Theorie zweiten Grades, also eine Stufe über intuitiven Alltagstheorien stehend. Theorien zweiten Grades scheinen „selbstverständlich wahr" zu sein und keiner weiteren Überprüfung zu bedürfen, daher werden sie nicht hinterfragt. HAEBERLIN verdeutlicht dies mit Hilfe einer Metapher von POSER (2001): Wenn ein Fischer immer ein Netz mit einer bestimmten Maschenweite benutzt, wird er nie Fische zu Gesicht bekommen, die kleiner sind. Das kann ihn dazu verleiten, die Existenz kleinerer Fische zu ignorieren, da er die möglichen Auswirkungen der Maschenweite nicht reflektiert. Er orientiert sich an positiven Erfahrungen, hinterfragt diese aber nicht. Für den Fischer ist dies ein durchaus sinnvolles Vorgehen, so lange er satt wird. Übertragen auf die Blindenpädagogik bedeutet es allerdings, dass viele Details („kleine Fische") innerhalb der großen Heterogenität der Adressatengruppe übersehen werden.

Auch außerhalb der Blindenpädagogik findet Forschung zum Thema Blindheit statt. Informationen über Wahrnehmung, Denkvorgänge und Entwicklung blinder Kinder finden sich auch in den entsprechenden psychologischen Disziplinen. Die allgemeine Mathematikdidaktik kann Wissen über Methoden und Lernmaterialien beisteuern. Für die Forschung ist es allerdings generell nicht einfach, dem Wissensbedarf der Blindenpädagogik gerecht zu werden. Dafür gibt es zwei Gründe: die große Heterogenität innerhalb von Untersuchungsgruppen mit blinden Teilnehmern und das Problem der Vergleichbarkeit von Studien mit blinden und sehenden Versuchspersonen.

Forschungsmethodische Probleme

Studien mit blinden Probanden sind mit einigen methodischen Problemen behaftet. HELLER & BALLESTEROS (2006, S. 206) beschäftigen sich auf kognitions- und neuropsychologischer Ebene mit haptischer Wahrnehmung. Sie weisen darauf hin, dass Studien mit blinden Versuchspersonen aufgrund der geringen Gesamtpopulation oft nur vergleichsweise wenige Teilnehmer haben, und dass die interpersonellen Unterschiede in Bezug auf Tasten und räumliche Fähigkeiten auch innerhalb dieser Personengruppe sehr groß sind. Dies kann leicht zu widersprüchlichen Ergebnissen führen: „[...] we do not know what normal touch is, nor do we know what a „normal" blind person is" (ebd.). Auch RÖDER & NEVILLE (2003), die neuropsychologische Forschungen mit blinden Versuchspersonen durchführen, sehen die große Heterogenität in der Probandengruppe als Problem und begründen sie mit dem Vorhandensein zusätzlicher Behinderungen, unterschiedlichem Sehvermögen und unterschiedlichem Alter der Erblindung. Es ist sehr schwierig, eine einheitliche Versuchsgruppe blinder Personen zusammenzustellen, die dennoch die notwendige Größe für statistische Auswertungen hat. Vorsicht ist daher geboten, wenn aus Untersuchungsergebnissen mit blinden Probanden Schlüsse über die Möglichkeiten und Grenzen blinder Menschen im Allgemeinen gezogen werden.

HELLER (2006) warnt zudem davor, Studien mit Sehenden, denen die Augen verbunden werden, als Maßstab zu verwenden. Er verweist darauf, dass die räumlich-haptischen Fähigkeiten Sehender hinter denen blinder Probanden zurückbleiben (s. auch Ballesteros et al. 2005). Daher können ihre Leistungen keine gesicherten Auskünfte über das Tasten bei blinden Menschen geben und auch nicht problemlos mit den Leistungen blinder Menschen verglichen werden. Für andere psychologische und didaktische Forschungsthemen neben dem Tasten gilt dies ebenfalls. Die visuellen Vorerfahrungen sehender Probanden können durch die Augenbinde nicht unterdrückt werden und beeinflussen ihre Denkprozesse auf vielen verschiedenen Ebenen (s. Kap. 2.2.2 und 3.3.4). Die größere Erfahrung blinder Menschen im Umgang mit nicht-visuellen Aufgabenstellungen ist auf der anderen Seite von den Sehenden nicht aufzuholen.

Mit Bezug auf konstruktivistische Sichtweisen (s. S. 20[1]) ist generell die Frage zu stellen, welchen Sinn Leistungsvergleiche blinder oder sehbehinderter Menschen mit Sehenden machen. Wahrnehmung, in der das Sehen gar nicht oder in veränderter Form vorkommt, unterscheidet sich grundsätzlich von Wahrnehmung, die „normales" Sehen beinhaltet. Aus dieser Sicht ist es von fraglichem Wert, im direkten, quantifizierten Vergleich blinder und sehender Kinder z.B. Entwicklungsverzögerungen der räumlichen Fähigkeiten zu diagnostizieren, da die vornehmlich haptisch beeinflusste Raumwahrnehmung blinder Kinder ganz anders strukturiert ist als die vornehmlich visuelle Raumwahrnehmung der sehenden Kinder (s. Kap. 2.2.2).

Fazit
In der Pädagogik bei Blindheit und Sehbehinderung ist also festzustellen, dass wissenschaftliche Durchdringung und empirische Absicherung nicht ausreichend gegeben sind. Dies ist vielleicht als noch problematischer anzusehen als in anderen Zweigen der Pädagogik, denn diese Disziplin unterliegt einem grundsätzlichen Dilemma: Es ist sehenden Pädagoginnen und Pädagogen prinzipiell nicht möglich, die Wahrnehmungswelten blinder Menschen tatsächlich nachzuempfinden. „Letztlich beschäftigen sich Blinden- und Sehbehindertenpädagoginnen mit ihrer

---

[1] Der Ausdruck s. S. ... („siehe Seite ...") verweist hier und im Folgenden immer auf Seitenzahlen in dieser Arbeit. Gleiches gilt für „s. Kap.". Verweise auf Kapitel werden dann eingesetzt, wenn das betreffende Thema tatsächlich im ganzen Kapitel behandelt wird.

eigenen Phantasie, d.h. mit ihrer *Vorstellung* von Blindheit oder Sehbehinderung" (Walthes 2005, S. 21, Hervorh. J.L.). Dennoch müssen sie sich täglich mit der Frage auseinandersetzen, wie blinde Menschen im Umgang mit einer auf Visualität ausgerichteten Welt zu unterstützen sind. Daher ist es notwendig, diese „Phantasie" auf möglichst sichere Füße zu stellen. Um individuelle Kompetenzen und Strategien blinder Schüler wertschätzen zu können und Lernmaterialien zu entwickeln, die an ihre Bedingungen angepasst sind, bedarf es des fundierten Wissens über die Bedingungen ihrer Wahrnehmung, ihrer Kognition und ihrer Handlungsmöglichkeiten. Dafür müssen auch die Ergebnisse von Forschung außerhalb der Blindenpädagogik Beachtung finden (z.B. psychologisch zur haptischen und auditiven Wahrnehmung oder didaktisch zu Veranschaulichungsmitteln im Mathematikunterricht). Sie können neue Informationen bereitstellen sowie Beobachtungen und Erfahrungen aus der Praxis deuten und empirisch absichern. Bezugswissenschaften werden in der Blindenpädagogik früher wie heute zu selten einbezogen (Walthes 2006, S. 249; Hudelmayer 1970, S. 9). Dies zu ändern, ist ein wichtiges Ziel der vorliegenden Arbeit.

1.3 Verhältnis der Bezugswissenschaften

Die Vielfalt der hier interessierenden wissenschaftlichen Disziplinen macht es notwendig, ihren jeweiligen Stellenwert für die hier zu untersuchende Fragestellung zu klären. Insbesondere ist das Geflecht von Neurowissenschaften, Psychologie, Pädagogik und Didaktik im Hinblick auf die vieldiskutierte Bedeutung der Neurowissenschaften zu betrachten. Der Versuch, die Ergebnisse dieses Forschungszweigs auf das Lernen im alltäglichen Unterricht zu übertragen, wird von einigen Didaktikern engagiert aufgenommen und mit dem Begriff „Neurodidaktik" besetzt. Das bekannteste mathematikdidaktische Beispiel dafür ist das Konzept „Zahlenland" für die Förderung im Kindergarten (Preiss 1996). Der Begriff „Neurodidaktik" wird allerdings von vielen Forschern abgelehnt, z.B. auch von SPITZER (Spitzer 2003), dem zurzeit wohl bekanntesten Hirnforscher, der Aussagen über Lernen und Unterricht verbreitet. Der Terminus „Neurodidaktik" suggeriert die Möglichkeit, didaktische Überlegungen direkt aus den Ergebnissen der Neurowissenschaften gewinnen zu können. In der Praxis zeigt sich, dass häufig nur sehr allgemeine und in Didaktik und Pädagogik bereits bekannte Aussagen aus neurowissenschaftlichen Ergebnissen abgeleitet werden können:

„Neurodidaktik"

> „Darüber hinaus liefert die Hirnforschung, bei Licht betrachtet, oft nicht viel mehr als eine Bestätigung alter, längst bekannter pädagogischer Weisheiten: Dass Lernen mit Lust verknüpft ist und emotional gefärbte Erlebnisse besser als neutrale erinnert werden, erkannte schon vor über 300 Jahren der Verfasser der Didactica Magna, Jan Amos Comenius. „Alles, was beim Lernen Freude macht, unterstützt

das Gedächtnis", brachte Comenius die spätere Erkenntnis der Neurodidaktik auf den Punkt." (Schnabel 06.03.2007)

Privilegierte und nicht-privilegierte Lerninhalte

Woran liegt das? STERN, GRABNER & SCHUHMACHER (2005, S. 20f, 30f) und SCHUHMACHER (2006) klären diese Frage mit einer sehr aufschlussreichen Unterscheidung zwischen „privilegierten" und „nicht-privilegierten" Lerninhalten. Privilegiert sind in ihrer Terminologie z.b. der Spracherwerb, das Laufenlernen und die Anfänge der Zahlbegriffsentwicklung (s. dazu Kap. 4.3). Hier werden Fähigkeiten von Säuglingen und Kleinkindern erworben, ohne dass sie eine „didaktische" Anleitung durch Erwachsene benötigen. Ein relativ anregungsreiches Umfeld genügt dafür. Der Erwerb wird durch biologisch determinierte Start-Up-Mechanismen gesteuert, d.h. sie sind hirnorganisch sozusagen vorverschaltet und können daher auch gut mit Methoden der Neurowissenschaften untersucht werden.

Schule beschäftigt sich dagegen hauptsächlich mit nicht-privilegierten Inhalten, die kulturell entstanden sind (z.b. Lesen, verschiedene Zahlaspekte, Faktenwissen). Der Erwerb von nicht-privilegiertem Wissen beruht zu einem großen Teil auf vorhandenem Vorwissen und der Organisation dieses Vorwissens[1] - ein Prozess, der sich einer neurowissenschaftlichen Untersuchung bislang entzieht. Welches Vorwissen zu einem unterrichtlichen Inhalt als ausreichend und angemessen strukturiert bezeichnet werden kann, ist nur mit psychologischen Begriffen und didaktisch auf der Basis der fachlichen Inhalte zu fassen (Stern/Grabner/Schumacher 2005, S. 31f). Lehrpersonen können also zwar Nutzen aus dem Verständnis von neurowissenschaftlichen Ergebnissen zum Lernen ziehen, sie benötigen aber in jedem Fall zusätzlich fachspezifisches pädagogisches Inhaltswissen (*pedagogical content knowledge*, s. auch Shulman 1987), also z.B., mit welchem Vorwissen der Kinder sie rechnen können, und welche typischen Lernhürden und Fehlvorstellungen es bei einem bestimmten Unterrichtthema zu erwarten sind (Stern/Grabner/Schumacher 2005, S. 21f).

„Um die Wissensvermittlung im Schulunterricht optimal gestalten zu können, müssen Pädagogen Folgendes wissen:

(1) Welche Anforderungen an das Vorwissen von Kindern sind mit bestimmten Lernzielen verbunden? Über welche Konzepte müssen sie bereits verfügen und wie muss ihre Wissensbasis organisiert sein, damit sie in der Lage sind, bestimmte Probleme zu lösen?

---

[1] Konkret auf Arithmetikunterricht in der Grundschule bezogen zeigt sich die hohe Bedeutung des Vorwissens für die schulischen Leistungen in einer Studie von KRAJEWSKI & SCHNEIDER (2006).

(2) Wie ist das Vorwissen der Kinder tatsächlich beschaffen? Über welche intuitiven Begriffe und Erklärungen verfügen sie? Welche Missverständnisse und Fehler sind zu erwarten, wenn Kinder mit diesem Wissen bestimmte Aufgaben zu bewältigen versuchen? (3) Worin besteht das Lernziel? Auf welche Weise soll die Wissensbasis der Kinder strukturiert sein, nachdem das Lernziel erreicht ist?"
(Stern/Grabner/Schumacher 2005, S. 33)

Diese Aussagen machen deutlich, dass der Kern *didaktischer* Entwicklung empirisch und theoretisch fundiert werden kann, aber nicht direkt aus neurowissenschaftlichen Erkenntnissen abzuleiten ist.

Im Bezug auf Blindenpädagogik gewinnt allerdings der Rückbezug auf Informationen über die Wahrnehmung und über privilegiertes Wissen stark an Bedeutung. Wie oben schon beschrieben, besteht ein Mangel an Kenntnis über die Organisation von Sinneseindrücken und deren Auswirkungen auf Denkprozesse bei blinden Kindern (Csocsán et al. 2003, S. 8; s. S. 3). Aus diesem Grund haben die Wahrnehmungspsychologie und die wahrnehmungsbezogene Neuropsychologie hier einen deutlich höheren Stellenwert. Insbesondere interessieren Forschungsergebnisse zur haptischen und auditiven Wahrnehmung. Auch der Erwerb privilegierten Wissens, z.B. die frühe Zahlbegriffsentwicklung, verläuft bei blinden Kindern notwendigerweise anders als bei Sehenden, weil sie primär andere Sinneskanäle dabei nutzen. Oben war als Voraussetzung für den Erwerb privilegierter Lerninhalte ein „relativ anregungsreiches Umfeld" als notwendig beschrieben worden. Bei blinden Kindern ist es denkbar, dass die Anregungen ihres Umfelds nicht ausreichen, weil dieses Umfeld visuell dominiert ist und die Bedürfnisse nichtvisueller Wahrnehmung und Entwicklung nicht erfüllt. Daher stellt sich die Frage, inwiefern eine verzögerte oder veränderte Entwicklung zu erwarten ist. Es ist daher lohnenswert, die Erkenntnisse der Neuropsychologie zu zahlbezogenen Prozessen im Gehirn und ihrer Entwicklung im Kindesalter zu analysieren und mit den Erkenntnissen zur haptischen und auditiven Wahrnehmung zu verknüpfen.

Neurowissenschaft und Blindenpädagogik

Gelingt diese Verknüpfung, so bleibt allerdings die Frage, wie ihre Ergebnisse in die komplexen Fragen des Unterrichts eingebettet werden können. Werden Erkenntnisse aus der Hirnforschung direkt und ohne Einbeziehung der Unterrichtssituation und der Bedeutung nichtprivilegierten Wissens in didaktische Forderungen übertragen, so führt dies bestenfalls zu sehr allgemeinen und häufig bereits bekannten Schlussfolgerungen, wie es oben am Zusammenhang von positiven Emotionen und Lernerfolg deutlich wurde. STERN, GRABNER & SCHUHMACHER formulieren die Bezüge zwischen Lehr-Lernforschung und Neurowissenschaft in einem Supervenienzmodell (Stern/Grabner/ Schumacher

Supervenienzmodell

2005, S. 24ff; s. auch Schuhmacher 2006). Demnach können beobachtbare Phänomene auf verschiedenen Erklärungsebenen beschrieben werden. Modelle der Hirnforschung sind weiter „unten" angesiedelt und können mit den höheren Ebenen nur auf der Basis von Begriffen der höheren Ebenen in Beziehung gesetzt werden: Ohne den Begriff „Rechenschwäche" wären fMRI-Bilder, die Unterschiede in der Zahlverarbeitung von Kindern mit und ohne Lernschwierigkeiten in Mathematik zeigen, sinnleer. Sie wären sogar niemals entstanden, wenn nicht auf didaktischer und psychologischer Ebene Rechenschwäche als Phänomen beobachtet und beschrieben worden wäre.

Möglichkeiten und Grenzen Neurowissenschaftliche Ergebnisse können auf höheren Ebenen beobachtete Phänomene nicht vollständig beschreiben, sie können aber Bedingungen definieren, denen die höheren Modelle genügen müssen. Hirnforschung kann neurologische Ursachen kognitionspsychologisch erforschter Phänomene klären und zudem Informationen zu Vorläuferfertigkeiten nicht-privilegierten Wissens liefern. In diesem Zusammenhang kommt es auch zu neuen Ergebnissen, die zu Veränderungen in psychologischen oder didaktischen Theorien führen. Z.B. kann die Existenz mehrerer verschiedener Ursachen für ein Phänomen gefunden werden, die vorher nicht bemerkt wurden, weil im beobachtbaren Verhalten kein Unterschied zu erkennen war. Daraus ergeben sich Hinweise für Diagnose und Förderung. Die konkrete Gestaltung von Förderkonzepten ist allerdings wieder im Rahmen psychologischer und pädagogischer Theorien zu leisten (Stern/Grabner/Schumacher 2005, S. 28f).

Die Neuropsychologie kann Lernvorgänge als Aktivierungsänderungen in entsprechenden Hirnarealen erfassen (Stern/Grabner/Schumacher 2005, S. 89ff). Dabei darf aber auf keinen Fall übersehen werden, dass sich Lernvorgänge, die in einem Magnetresonanztomographen stattfinden, deutlich von Lernvorgängen im Klassenraum unterscheiden. Im Unterricht kommt dem Gehirn grundsätzlich nur die Rolle eines Teilsystems zu, da das zu vermittelnde Wissen nicht-privilegiert ist und daher kulturelle Aspekte hinzutreten (Schuhmacher 2006, S. 18f). Auch SPITZER fordert die „klinische", also unterrichtspraktische Überprüfung der Schlussfolgerungen aus der Hirnforschung (Spitzer 2006, S. 34). Viele der auf das Lernen bezogenen Ergebnisse der Hirnforschung sind allerdings schon deswegen als überprüft zu bezeichnen, weil sie nur mit anderen Mitteln belegen, was längst bekannt und didaktisch erforscht ist. Sie dienen eher der Unterstützung bereits vorhandener Theorien.

SPITZER betrachtet die Hirnforschung als Grundlagenwissenschaft der Didaktik (Kerstan/von Thadden 2004). Sie ist nach dem Supervenienzmodell insofern grundlegend, als sie Erklärungen für auf höherer Ebene beobachtete Phänomene generieren kann. Doch der Begriff „Grundlagenwissenschaft" greift etwas zu weit, wie SCHUHMACHER an einem Beispiel zeigt:

„Aus diesem Grund kann die Hirnforschung auch nicht das für die Lehr-Lern-Forschung sein, was die Physik für die Ingenieurwissenschaften ist. Schließlich geht es [...] nicht um die Anleitung zum Bau eines Segelbootes, sondern um Anleitungen zum effizienten Einsatz eines Bootes in einem komplexen kulturellen Kontext." (Schuhmacher 2006, S. 20)

Letztendlich kann keiner der in dieser Arbeit beschriebenen Ansätze, sei er neurowissenschaftlich, psychologisch, pädagogisch oder didaktisch fundiert, die Realität vollständig beschreiben. Es ist nur möglich, verschiedene Aspekte aus verschiedenen Richtungen zu beleuchten, und im Idealfall sind diese Beschreibungen komplementär. SPECK beschreibt diese Situation mit einer Metapher: Prinzipielle Beschränkung der Fachdisziplinen

„Ins Bewußtsein trat die Erkenntnis, daß die Wissenschaft mit ihren begrenzten Möglichkeiten im Grunde nur die Landkarte zeichnet, nicht aber die Landschaft selber (den Alltag) darstellt." (Speck 1998, S. 98)

Ziel kann - so betrachtet - nur die Erstellung einer möglichst genauen Landkarte sein. Sonderpädagogik als Wissenschaft hat das Ziel, für die Praxis nutzbare Ergebnisse zu erbringen und Handlungsmöglichkeiten aufzuzeigen (Wember 2003, S. 32f). Im Kontext der vorliegenden Arbeit bedeutet das, möglichst umfassende Informationen zum Arithmetikunterricht mit blinden Kindern zur Verfügung zu stellen und zu verknüpfen, um die Wege zu einer angemessenen Förderung aufzuzeigen. Dies soll im folgenden Kapitel anhand von Forschungsfragen konkretisiert werden.

1.4 Zielsetzung der Dissertation

CSOCSÁN et al. (2003) hatten einen Mangel an Kenntnissen zur Organisation von Wahrnehmungen und Vorstellungen von blinden Kindern festgestellt. WALTHES (2005) sprach vom Fehlen didaktischer Forschung bezüglich des Einbezugs der individuellen Kompetenzen und Strategien blinder Schülerinnen und Schüler im integrativen Unterricht (s. S. 3). In der vorliegenden Arbeit soll dieser Wissensbedarf mit Bezug auf den Arithmetikunterricht aufgegriffen werden. Der Arithmetikunterricht im Allgemeinen und die Auswahl und Gestaltung von Lernmaterialien im Besonderen können nur den Bedürfnissen blinder Kinder angepasst werden, wenn diese Bedürfnisse hinreichend bekannt sind. Daher muss zunächst untersucht werden, inwiefern die Entwicklung arithmetischer

Fähigkeiten bei blinden Kindern anders verläuft als bei sehenden Kindern, und ob es spezielle blindheitsbedingte Bedürfnisse gibt.

> *(1) Gibt es bei blinden Kindern Veränderungen im Erwerb arithmetischer Fähigkeiten gegenüber sehenden Kindern?*

Um der Beantwortung dieser Frage näher zu kommen, müssen Informationen über die Entwicklung arithmetischer Kompetenzen einerseits und über Wahrnehmung und Denken blinder Kinder andererseits zusammengeführt werden. Hauptaufgabe einer solchen Synthese soll es sein, die Entwicklung und Erprobung von Unterrichtsmaterialien zu fundieren und die Wissensbasis der Lehrerinnen und Lehrer zu Wahrnehmungs- und Denkprozessen blinder Schüler zu erweitern. Die Bedeutung eines solchen theoriegeleiteten Entwicklungsansatzes wird auch in der Arbeit von HAHN (2006) deutlich, der sich in seiner Dissertation mit dem Geometrieunterricht mit blinden Kindern befasst hat und ähnlich vorgegangen ist. Anders als bei HAHN wird in der vorliegenden Arbeit allerdings ein konzeptioneller Weg beschritten, der es erlaubt, die theoretischen und empirischen Ergebnisse der Bezugswissenschaften, insbesondere der aktuellen Mathematikdidaktik und der Kognitions- und Neurowissenschaften, noch stärker mit einzubeziehen als HAHN dies in seinem eher konstruktiven Ansatz tut. Eine empirische Erprobung von spezifischen Unterrichtsmaterialien erscheint zu diesem Zeitpunkt verfrüht, da wie beschrieben die theoretische Basis nicht ausreicht. Zudem würden die forschungsmethodischen Probleme bei Studien mit blinden Kindern (s. S. 5) den statistisch gesicherten Nachweis eines signifikant leistungssteigernden Effekts neuer Materialien unwahrscheinlich machen, und ohne fundierte Theorie wären daraus wenig allgemeine Schlüsse zu ziehen. Die vorliegende Arbeit mündet daher auch nicht im Vorschlag eines umfassenden Unterrichtsmaterials, das mit HAHNS „Geometrieatlas" vergleichbar wäre. Vielmehr werden für den Bereich der Arithmetik möglichst allgemeine, theorie- und empiriebezogene Kriterien entwickelt, die für die Entwicklung und Bewertung von Unterrichtsmaterialien im Arithmetikunterricht *generell* verwendet werden können.

Die Erarbeitung von Kriterien für Lernmaterialien, die Beantwortung der Frage nach der Gestaltung („Wie?") und der Begründung für den Einsatz von Lernmaterialien im Unterricht („Warum?") ist ein zentraler Aufgabenbereich der Didaktik bei Sehschädigungen (Csocsán 2004, S. 193) und wird hier in der zweiten Forschungsfrage konkretisiert:

> *(2) Welche Kriterien sind an Lernmaterialien für den Arithmetikunterricht zu stellen, damit sie den Bedürfnissen blinder Schüler im integrativen Unterricht entsprechen?*

Zielsetzung der Dissertation

Insbesondere soll auch untersucht werden, welche Bedeutung der bisher wenig beachtete Bereich auditiver Materialien für den Arithmetikunterricht mit blinden Kindern haben kann. Dabei geht es nicht um sprachlich basierte, sondern um nonverbale Lernmaterialien wie z.B. Rhythmen, Musik oder Umweltgeräusche. Einige Forschungsergebnisse und Beobachtungen deuten darauf hin, dass diese Art von Veranschaulichung für blinde Kinder von großem Nutzen ist (Ahlberg/Csocsán 1997; Csocsán et al. 2003). In der vorliegenden Arbeit soll daher der Forschungsstand zur auditiven Wahrnehmung einerseits und zu Vorstellungen und Veranschaulichungen im Mathematikunterricht andererseits analysiert werden, um den Nutzen auditiver Veranschaulichungen einschätzen zu können. Zudem müssen Kriterien für die Frage entwickelt werden, in welchen Unterrichtszusammenhängen auditive Materialien eingesetzt werden können, und wie sie gestaltet sein sollten:

> *(3) Inwieweit können Materialien auf auditiver Basis das Lernen blinder Kinder im Arithmetikunterricht unterstützen?*

In allen Forschungsfragen kommt der große Wissensbedarf in Bezug auf die Prozesse und Charakteristika haptischer und auditiver Wahrnehmung zum Tragen. Dies wird in Kapitel 2 ausführlich thematisiert und ist grundlegend für alle weiteren Überlegungen. Anschließend soll geklärt werden, wie die Wahrnehmung in den Denkprozess hineinwirkt, konkretisiert am Begriff der Vorstellungen in Kapitel 3. Das Thema Vorstellungen stellt zudem die Basis für die Beschäftigung mit Lernmaterialien dar, die in der Regel als Veranschaulichungen[1] mathematischer Inhalte auf Vorstellungen einwirken sollen. Mathematische, insbesondere zahlbezogene Fragestellungen werden bereits in diesen Kapiteln einbezogen; intensiv werden sie dann in Kapitel 4 bearbeitet. Dort wird dargestellt, wie sich die Entwicklung zahlbezogener Kompetenzen bei blinden und sehenden Kindern vollzieht, basierend auf Untersuchungen aus Neuro-, Kognitions- und Entwicklungspsychologie sowie Blindenpädagogik.

Gliederung

Im folgenden Kapitel 5 wird der Bogen geschlagen zum Arithmetikunterricht mit blinden Kindern. Die Ergebnisse der vorhergehenden Kapitel werden verknüpft, um Aussagen über die Anforderungen an diesen Unterricht im Allgemeinen und die Qualität von Lernmaterialien im Speziellen zu gewinnen. Kapitel 6 beschäftigt sich mit Bildungsstandards für den Grundschulbereich. Für diese wird ein blindenpädagogischer Kommentar erarbeitet. Das dient einerseits als Basis für die Analyse von Lernmaterialien im folgenden Kapitel, aber auch als Grundlage für die Integration der Ergebnisse aus den vorhergehenden Kapiteln. Die Praktikabilität der entwickelten Kriterien und der Nutzen auditiver Materialien

---

[1] Zu den Begriffen „Lernmaterial" und „Veranschaulichung" s. Kap. 5.1

werden in Kapitel 7 schließlich exemplarisch überprüft. Es werden konkrete Vorschläge zur Adaption von Teilen eines regulären Grundschullehrwerkes für den Gebrauch durch blinde Schülerinnen und Schüler im integrativen Unterricht gemacht.

1.5 Methodische Vorgehensweise

Theoriebasierte Exploration

In den vorangegangenen Kapiteln wurde begründet, warum die Recherche und Synthese relevanter Forschungsergebnisse einen zentralen Teil dieser Arbeit einnimmt. Ergebnisse aus verschiedenen Bezugswissenschaften sollen verknüpft werden und zur Erarbeitung von Hypothesen über den Erwerb zahlbezogener Kompetenzen und über die vorteilhafte Gestaltung von Lernmaterialien für den Arithmetikunterricht mit blinden Kindern eingesetzt werden. Eine solche Synthese lässt sich am besten in Form einer theoriebasierten Exploration (Bless 2003, S. 92f; Bortz/Döring 2002, S. 362ff) durchführen:

„Die theoriebasierte Exploration leitet im Zuge einer systematischen Durchsicht und Analyse aus vorhandenen wissenschaftlichen und alltäglichen Theorien neue Hypothesen ab." (Bortz/Döring 2002, S. 363)

Literaturanalyse

Eine theoriebasierte Exploration ist also keine simple Zusammenfassung, sondern ein Forschungsvorhaben, in dessen Kontext die relevanten, bereits durchgeführten Studien zum betreffenden Thema als Datenbasis zu betrachten sind (Shanahan 2000, S. 210). Auch wenn bei einem solchen Vorhaben die Freiheiten der Forscherin relativ groß sind (Bless 2003, S. 92), ist ein gewisses Maß an Systematisierung sinnvoll, um die Nachvollziehbarkeit und potentielle Reproduzierbarkeit der Ergebnisse zu gewährleisten. Dafür bietet sich der methodische Rahmen der Literaturanalyse an. Grundsätzlich gibt es zwei Varianten einer Literaturanalyse (Cooper 2005, S. 3f; Bortz/Döring 2002, S. 627ff). Die *Metaanalyse* (engl. *research synthesis*) fasst empirische Forschungsergebnisse zusammen und zieht mit Hilfe statistischer Verfahren Schlüsse aus der Gesamtmenge der Daten.

„Eine Metaanalyse fasst den aktuellen Forschungsstand zu einer Fragestellung zusammen, indem sie die empirischen Einzelergebnisse inhaltlich homogener Primärstudien statistisch aggregiert. Dabei kann überprüft werden, ob ein fraglicher Effekt in der Population vorliegt und wie groß er ist." (Bortz/Döring 2002, S. 628)

Ein *Review* dagegen stellt den Forschungsstand auf narrative Art dar:

„Ein Review fasst den aktuellen Forschungsstand in einem Gebiet zusammen, indem er einschlägige Literatur strukturiert vorstellt und mit kritischen Kommentaren versieht. Dabei können theoretische, empirische und methodische Stärken und Schwächen der referierten Konzeptualisierungen des fraglichen Themas diskutiert werden." (Bortz/ Döring 2002, S. 627)

COOPER bezeichnet dieses Verfahren als *theoretical review* (Cooper 2005, S. 3), FINK spricht von einem *descriptive review* (Fink 2005, S. 198). COOPERS Charakterisierung dieses Verfahrens stellt (ergänzend zu BORTZ'S Definition) als typisch heraus, dass bedeutende Experimente beschrieben und Aspekte verschiedener Theorien reformuliert und/oder integriert werden (Cooper 2005, S. 3).

Metaanalyse und Review stehen nicht in Konkurrenz, sondern haben beide ihre Berechtigung. Metaanalysen sind aufgrund der statistischen Auswertung von höherer Objektivität. Dies führt allerdings dazu, dass nur Daten aus methodisch weitgehend gleichwertigen Studien zu einem relativ eng gefassten Thema verwendet werden können (Bortz/Döring 2002, S. 627f). Da in der vorliegenden Arbeit Ergebnisse aus verschiedenen Forschungszweigen mit sehr unterschiedlichen Methoden und Adressatengruppen zusammengeführt werden sollen, ist dieses Verfahren hier nicht geeignet. Reviews sind wesentlich breiter angelegt und diskutieren nicht nur den Wert der einzelnen Studien und ihre Methodik, sondern auch die zugrunde liegenden Theorien und ihre Bezüge zueinander.

Ziel muss es also sein, im Rahmen einer theoriebasierten Exploration ein ausführliches Review durchzuführen. Grundlegend dafür sind die oben dargestellten Forschungsfragen (s. Kap. 1.4). Forschungsergebnisse und Theorien zu Wahrnehmung und Denkprozessen blinder Menschen, zum kognitiven Umgang mit Zahlen, zur Entwicklung zahlbezogenen Denkens im Kindesalter und zu Veranschaulichungsmitteln im Arithmetikunterricht werden erhoben. Sie stammen aus den Gebieten Neuropsychologie, Kognitionspsychologie, Entwicklungspsychologie, Wahrnehmungspsychologie, Blindenpädagogik, Mathematikdidaktik und Integrationspädagogik. Gemeinsamer Kontext ist die Frage nach bedarfsangemessenen Lernmaterialien für den Arithmetikunterricht mit blinden Kindern.

_{Einbezogene Fachgebiete}

Die Synthese von Ergebnissen, die wie hier auf der Basis verschiedener Forschungsansätze und Methoden entstanden sind, sich aber auf ähnliche oder gleiche Forschungsfragen beziehen, wird als großer Vorteil von theoretischen Reviews betrachtet. Die Wahrscheinlichkeit, dass ein Ergebnis falsch oder nicht hinreichend tragfähig ist, sinkt deutlich, wenn unterschiedliche Verfahren gleiche Ergebnisse erbringen (Cooper 2005, S. 14). Dafür ist es allerdings auch erforderlich, die je unterschiedlichen Forschungsmethoden und Terminologien der einzelnen Fachgebiete zu überblicken und in Verbindung zu setzen.

Auch im Rahmen eines Reviews gibt es forschungsmethodische Schwierigkeiten. COOPER warnt vor dem „*Publication Bias*": Studien, die statis-

Publication Bias

tisch signifikante Ergebnisse vorweisen können, haben generell höhere Chancen auf Veröffentlichung als Studien, in denen die Nullhypothese nicht zurückgewiesen werden kann (nicht-signifikante Ergebnisse) (Cooper 2005, S. 54). Letztere können aber dennoch von Interesse sein: Wenn z.b. keine Signifikanz nachgewiesen werden konnte, weil die Anzahl untersuchter Probanden zu gering war, ist es trotzdem möglich, dass die Ergebnisse relevant sind und zumindest vorsichtig als Tendenz interpretiert werden können. Manchmal ist auch der Nachweis, dass (mit ausreichender Probandenzahl) keine Signifikanz erreicht werden konnte, von großer Bedeutung, weil die Forschungshypothese damit ins Wanken gerät und die Suche nach neuen Hypothesen angebracht erscheint.

Im vorliegenden Kontext ist ein *Publication Bias* vor allem bei den kognitionspsychologischen Studien an sehenden Versuchspersonen zu erwarten. Neuropsychologische Studien haben sehr oft eine geringe Probandenzahl, weil die Untersuchungen mit bildgebenden Verfahren teuer und aufwändig sind. Daher sind kleine Untersuchungsgruppen häufig anzutreffen und die Bedeutung statistisch signifikanter Ergebnisse für die Veröffentlichung sinkt. Auch Fallstudien zu einzelnen Patienten mit Hirnverletzungen werden veröffentlicht. In Studien mit blinden Versuchspersonen ist es in der Regel schwierig, eine homogene Probandengruppe zusammen zu stellen (s. S. 5), weshalb auch dort die Zahl der Probanden üblicherweise eher klein ist und Signifikanz für die Veröffentlichung nicht unbedingt erwartet wird.

Recherchemethoden

Oben wurde bereits verdeutlicht, dass die Synthese von Ergebnissen aus verschiedenen Fachgebieten den Publication Bias reduziert. Die Nutzung vieler verschiedener, auch informeller Quellen für die Recherche trägt ebenfalls dazu bei, dem *Publication Bias* entgegen zu wirken (Cooper 2005, S. 74; Shanahan 2000, S. 217). Für die vorliegende Arbeit wurden die folgenden Quellen und Vorgehensweisen verwendet:

- Nutzung von fachbezogenen Literaturdatenbanken und spezialisierten Suchmaschinen im Internet: ERIC, MathEduc, PSYNDEX, FIS Bildung, Google Scholar, ScienceDirect, PubMed
- „Schneeballverfahren": Auswertung von Literaturverzeichnissen relevanter Veröffentlichungen
- Regelmäßige Durchsicht neuer Veröffentlichungen: Bezug aktueller Inhaltsverzeichnisse relevanter Zeitschriften über ZID (Zeitschrifteninformationsdienst) und über ScienceDirect Topic Alert (darüber vor allem Zugang zu englischsprachigen Artikeln aus Neuro- und Kognitionspsychologie)
- Zugang zu unveröffentlichten oder schwer zugänglichen blindenpädagogischen Arbeiten über Emmy Csocsán

Methodische Vorgehensweise

- Verwendung vorhandener Literaturanalysen (z.B. vom Hofe 1995; Hahn 2006; Röder/Rösler 2004; Warren 1994): Da der Fokus dieser Arbeit auf der Zusammenführung mehrerer verschiedener Fachgebiete liegt, stellen vorhandene Literaturanalysen zu einzelnen Themen hilfreiche Startpunkte dar und sichern ab, dass möglichst viele relevante Veröffentlichungen berücksichtigt werden (Cooper 2005, S. 25f, 58f; Shanahan 2000, S. 214).

Aus der großen Menge der Veröffentlichungen, die über diese Quellen gefunden wurden, müssen in einem zweiten Schritt relevante Publikationen ausgewählt werden. Dafür sind Kriterien notwendig. Bei den neuropsychologischen Untersuchungen war die Aktualität der Veröffentlichungen ein wichtiger Faktor, weil neue und verfeinerte bildgebende Verfahren (EEG, MRT) immer wieder aktuelle und exaktere Ergebnisse erbringen. Ähnliches gilt für die Kognitions- und Entwicklungspsychologie, deren Erkenntnisse heute häufig mit neuropsychologischen Ergebnissen in Beziehung gesetzt werden. Insbesondere die Erforschung von mathematischer Kognition ist ein junger Forschungszweig, weshalb die auf einer relativ kleinen empirischen Basis beruhenden Theorien noch häufig wechseln oder modifiziert werden. Die Angabe einer klaren zeitlichen Grenze, ab der Veröffentlichungen nicht mehr berücksichtigt werden, ist allerdings nicht sinnvoll möglich. Hier erwies sich das Schneeballverfahren als hilfreich: Die Literaturverzeichnisse aktueller Veröffentlichungen zeigen, welche älteren Studien dafür grundlegend waren oder damit vereinbar sind.

Auswahlkriterien

Die Menge an Studien mit blinden Versuchspersonen ist eher gering, so dass in diesem Fall die Aktualität nicht immer als entscheidendes Kriterium Verwendung finden kann. Ältere Studien müssen – unter Beachtung des damaligen Forschungsstandes – in die Synthese einbezogen werden. Ein wichtiges Kriterium für die Auswahl blindheitsbezogener Studien bestand darin, dass die untersuchten Personen möglichst vollblind und geburtsblind sein sollten. Sehbehinderte oder späterblindete Probanden verfügen über visuelle Erfahrungen, die zu grundlegend anderen Ergebnissen führen können. Studien, die sich auf blinde Kinder beziehen, wurden zudem gegenüber Studien mit Erwachsenen bevorzugt, da auch die Zielgruppe der vorliegenden Arbeit aus Kindern besteht. Es ist allerdings nicht ausreichend und auch nicht immer sinnvoll, sich nur auf Studien mit Kindern zu stützen.

Die Artikel, die in die Synthese eingehen, müssen also noch in ihrer Bedeutung eingeschätzt werden. Studien mit erwachsenen oder sehenden, sehbehinderten und späterblindeten Teilnehmern werden vorsichtig interpretiert und wenn möglich durch Studien mit blinden Teilnehmern und Kindern ergänzt. Ältere Veröffentlichungen werden im Kontext der Theorien betrachtet, die zu ihrer Zeit aktuell waren, und mit heutigen Ergebnissen und Theorien kontrastiert.

Ausblick Im nun folgenden Kapitel wird die theoriebasierte Exploration zunächst mit Bezug auf die auditive und haptische Wahrnehmung durchgeführt. Die folgenden Kapitel zum Thema Vorstellungen, zur Entwicklung arithmetischer Fähigkeiten bei blinden Kindern und zur Auswahl und Gestaltung von Lernmaterialien sind ebenfalls explorativ angelegt, bauen aber auch auf zuvor erarbeiteten Kenntnissen und Theorien auf. Die abschließenden Kapitel zu Bildungsstandards und schließlich zur Adaption konkreter Schulbuchseiten integrieren die Ergebnisse des Reviews und belegen exemplarisch, dass diese Ergebnisse nutzbringend eingesetzt werden können.

2 Sensorische Grundlagen des Mathematiklernens blinder Kinder

2.1 Einleitung

Fragestellungen innerhalb der Blindenpädagogik, seien sie sozialer, emotionaler, kognitiver oder didaktischer Art, beschäftigen sich immer auch damit, welche Quantität und Qualität an Informationen den blinden Menschen zur Verfügung steht, bzw. wie diese verbessert werden kann. Auch die Kognition, die ja eigentlich „im Kopf" stattfindet, hängt davon ab:

Aufnahme von Information

„Kognition ist die Aktivität des Wissens: Der Erwerb, die Organisation und der Gebrauch von Wissen [...]." (Neisser 1976, S. 13)

Für den Erwerb des Wissens ist die Aufnahme von Information durch die Sinne notwendig, so dass eine veränderte, nichtvisuelle Form der Wahrnehmung große kognitive Unterschiede bei Organisation und Gebrauch nach sich ziehen kann. Die Erforschung blindenspezifischer Themen lässt sich daher zusammenfassend auch als Beschäftigung mit Fragen der Information beschreiben (Tobin 2008). Für die Entwicklung und Auswahl von passenden Materialien im Arithmetikunterricht ist grundlegend, ob und wie die didaktisch erwünschte Information den blinden Schülern zugänglich gemacht werden kann. Deshalb ist es notwendig, die Charakteristika der Informationsaufnahme blinder Kinder möglichst genau zu kennen. Dafür stehen heute vielfältige Forschungsergebnisse aus der neurowissenschaftlichen und kognitiven Wahrnehmungsforschung zur Verfügung, die im Folgenden beschrieben und zusammengeführt werden sollen.

Die absolute Menge der Wahrnehmungen blinder Menschen wird im Vergleich zu Sehenden häufig als verringert beschrieben. Das Sehen liefert viele und detailreiche Informationen über die Umwelt, die blinden Kindern und Erwachsenen nicht zur Verfügung stehen. Die Veränderung der Wahrnehmung durch Blindheit wird dabei meist auf zwei Dimensionen beschrieben: Quantitative Unterschiede entstehen durch Verringerung der Menge und des Variationsreichtums von Informationen. Qualitative Unterschiede ergeben sich z.B. daraus, dass sehr große, sehr empfindliche oder schwer erreichbare Gegenstände nur unvollständig zugänglich sind (vgl. Hatwell 1985 [1966], S. 23; Dekker/Drenth/Zaal 1997, S. 6f; Brambring 1999, S. 137)[1].

Diese „objektive" Reduktion der absoluten Informationsmenge ist jedoch nicht gleichzusetzen mit einer Reduktion der Quantität und Qualität von

---

[1] Eine Analyse der historischen Literatur zu diesem Thema findet sich bei HUDELMAYER (1970) und bei WALTHES (2005)

Informationen, die durch die Wahrnehmungskonstruktion im Gehirn schließlich der kognitiven Verarbeitung zufließen. Bei Sehenden findet ein beachtlicher Teil der durch die Augen aufgenommenen Inputs gar keine Beachtung und ist damit auch keiner Weiterverarbeitung zugänglich. Zudem werden bei Sehenden Inputs der anderen Sinne durch die Dominanz des Sehens verdrängt (s. S. 25). Es gibt also prinzipiell keine *einfache* Antwort auf die Frage, ob und wie sich nicht vorhandenes Sehvermögen auf die einer Person zur Verfügung stehenden Informationen über die Umwelt auswirkt.

Konstruktivismus als Basis

Die sehr interessante und umfangreiche philosophische und erkenntnistheoretische Literatur zum Thema Wahrnehmung und spezieller zur Blindheit kann im Rahmen dieser Arbeit nicht in allen Details behandelt werden[1]. Einige kurze Anmerkungen zur erkenntnistheoretischen Strömung des Konstruktivismus sind hier allerdings angebracht, um die theoretische Perspektive, die gedankliche Basis dieser Arbeit zu beschreiben.

Das Nervensystem des Menschen lässt sich auffassen als ein operational geschlossenes System (Maturana/Varela 1987, S. 179ff). Das bedeutet unter anderem, dass nichts, was von außen an dieses System herantritt, in irgendeiner Weise durch das System direkt „abgebildet" werden kann. Jede Wahrnehmung ist subjektiv und nur von der Struktur des wahrnehmenden Bewusstseins abhängig. Die Wahrnehmung bildet also nicht objektive Wirklichkeit ab, sondern ist ein konstruktiver Prozess des Individuums (Roth 2003a). MATURANA & VARELA drücken dies so aus:

„Welche neuronalen Aktivitäten durch welche Perturbationen ausgelöst werden, ist allein durch die individuelle Struktur jeder Person und nicht durch die Eigenschaften des perturbierenden Agens bestimmt." (Maturana/Varela 1987, S. 27).

Die Form, in der ein Organismus eine Perturbation (einen äußeren Reiz) wahrnimmt, hängt also ausschließlich von eben diesem Organismus ab. Die konstruktive Leistung der Wahrnehmung besteht dabei ganz generell darin, im Strom der durch die Sinnesorgane aufgenommen Reize Unterscheidungen zu machen und Einheiten zu bilden (Walthes 2005, S. 31ff). Am Beispiel der auditiven Wahrnehmung wird dies in Kap. 2.3.2 deutlich.

Wahrnehmung ist die Grundlage aller Lernprozesse (Csocsán 2004, S. 192), denn sie ermöglicht Informationsaufnahme. Wenn sie als Konstruktion begriffen wird, dann folgt daraus, dass Erfahrung und Vorwissen - als Basis für die Qualität der Konstruktion - eine entscheidende Rolle spielen. Nicht die sogenannte „Vollsinnigkeit" ist damit die Grund-

---

[1] Siehe dazu z.B. SPITTLER-MASSOLLE (2001); zusammenfassend WALTHES (2005)

lage einer den Ansprüchen der Umwelt angemessenen Wahrnehmung, sondern die Vielfalt und Qualität der Erfahrungen, wobei die Sinnesmodalität dieser Erfahrungen zweitrangig ist (Walthes 2005, S. 44). Aus der Innensicht des Organismus kann bei Blindheit nicht vom „Fehlen" des visuellen Sinns gesprochen werden, denn das System operiert auf der Grundlage der *vorhandenen* Komponenten, es ist *in sich vollständig* (Walthes 2005, S. 30). Dass andere Menschen über andere Komponenten (z.b. das Sehen) verfügen, ist aus dieser Perspektive nicht relevant. „Fehlender Sehsinn", auch der Begriff „Blindheit" selbst, sind Beschreibungen sehender Menschen, die von außen herangetragen werden und erst im Vergleich entstehen.

Doch auch die Außensicht, der Vergleich blinder und sehender Menschen, zeigt, dass Sehen-Können nicht mit „Vollsinnigkeit" gleichzusetzen ist. Auditiver und haptischer Sinn arbeiten bei blinden Menschen effektiver als bei sehenden, wie die in diesem Kapitel zusammengefassten neurowissenschaftlichen Daten zeigen werden. Üblicherweise wird dieses Phänomen als Kompensation für den Ausfall des Sehens gedeutet. Wenn aber haptische und auditive Wahrnehmung prinzipiell zu besseren Leistungen fähig sind, als von sehenden Menschen erreicht werden, dann kann auch anders herum formuliert werden, dass das Sehen die Leistungsfähigkeit der anderen Sinne beschränkt. Die Idee, dass die Sinne sich gegenseitig an ihrer Vervollkommnung hindern, ist schon bei DENIS DIDEROT (1713-1784) im „Brief über die Blinden zum Gebrauch für die Sehenden[1]" zu finden und wird von SPITTLER-MASSOLLE für die Blindenpädagogik fruchtbar gemacht (Spittler-Massolle 2001, S. 166f). „Vollsinnigkeit" ist demnach nicht mit Voll*ständigkeit* gleichzusetzen, und eine defizitäre Bewertung von Blindheit als Ausfall des Sehsinns ist nicht zu rechtfertigen (Spittler-Massolle 2001, S. 206).

Auf Grundlage einer solchen theoretischen Perspektive soll in dieser Arbeit versucht werden, substantielle Aussagen über die Bedingungen zu treffen, die mit Blindheit im Unterricht und speziell beim Erwerb arithmetischer Konzepte einhergehen. Konkret sollen sich die folgenden Kapitel an der Fragestellung orientieren, für welchen mathematischen Lerninhalt welches Lernmaterial geeignet ist, insbesondere, wann es primär haptisch oder primär auditiv strukturiert sein sollte. Mathematik als „Wissenschaft von den Mustern" beschäftigt sich mit den Regelmäßigkeiten, die wir in Raum und Zeit erkennen (Devlin 2000, S. 11). Die meisten mathematischen Konzepte lassen sich entweder räumlich oder zeitlich interpretieren und veranschaulichen, oder sie stellen Abstraktionen räumlicher oder zeitlicher Abläufe dar. Es zeigt sich allerdings, dass die einzelnen Sinne verschieden gut für die Verarbeitung und Repräsen-

Ziele dieses Kapitels

---

[1] 'Lettre sur les aveugles à l'usage de ceux qui voient' (1749)

tation von Phänomenen in Raum oder Zeit geeignet sind. Dies soll im Folgenden untersucht werden und kann im konkreten Fall als Hinweis für die Eignung einer Modalität für ein Veranschaulichungsmittel zu einem bestimmten arithmetischen Unterrichtsgegenstand dienen. Im Rahmen dieses Kapitels sollen daher neurowissenschaftliche und kognitionspsychologische Forschungen einen differenzierten Blick auf das spezifische didaktische Potenzial des Lernens mit verschiedenen Sinnesmodalitäten ermöglichen.

2.2 Haptische Wahrnehmung

Bestandteile der Haptik

Haptische Wahrnehmung bezeichnet die Gesamtheit der Wahrnehmungen, die durch den Hautsinn (Somatosensorik, Oberflächensensibilität) und den Haltungssinn gewonnen werden. Der Haltungssinn kann dabei noch weiter untergliedert werden in das vestibuläre System (Gleichgewicht) und das kin-ästhetische System (auch Propriozeption oder Tiefensensibilität: Stellung und Bewegung der Gliedmaßen). Die Informationen aus Haut- und Haltungssinn müssen für einen vollständigen Tasteindruck integriert werden. Dies wird unten genauer ausgeführt (s. S. 31). Durch die Haptik können so neben der geometrischen Form, die auch dem Sehen zugänglich ist, das Gewicht, die Härte und die Temperatur sowie die Oberflächenstruktur (z.B. klebrig, glatt) wahrgenommen werden. Als *taktile* Wahrnehmung werden in der Wahrnehmungspsychologie nur Empfindungen bezeichnet, die auf mechanische Verformung der Haut zurückgehen; außerdem Temperaturempfinden und (oberflächliches) Schmerzempfinden (Goldstein 1997, S. 431; Klatzky/Lederman 2002, S. 148) - anders ausgedrückt handelt es sich um passive Tastempfindungen. Jede Form von aktivem Tasten (z.B. Ertasten eines Gegenstandes, Lesen von Brailleschrift) ist also dementsprechend als *haptische* Wahrnehmung einzuordnen.

Raumsinn

Bis in die Mitte des 20. Jahrhunderts wurde als weiteres Element der haptischen Wahrnehmung angenommen, dass blinde Menschen zusätzlich über einen „Raumsinn" verfügen, der sich als Druckempfindung im Gesicht manifestiert und sie vor Hindernissen in ihrer Nähe warnt. SAERBERG beschreibt diese Form der Wahrnehmung wie folgt:

> „Nähere ich mich einer Wand, so höre ich etwas schwer Definierbares und spüre eine Art leichten Druck im Magen, am Kopf, im Ohr oder auf der Stirn und weiß, dass etwas im Wege steht. Daran vorbeigegangen, öffnet sich der Raum wieder für das Gefühl. Unbewegte Gegenstände sind also fühlend hörbar." (Saerberg 2006, 101)

Die Zuordnung dieser Fähigkeit zum Tastsinn muss heute als überholt bezeichnet werden. Stattdessen wird die auditive Wahrnehmung von Schallreflexionen dafür verantwortlich gemacht, dass große Objekte schon aus einer gewissen Entfernung entdeckt werden (Kish o.J.; Saerberg 2006, 101f). Die beschriebenen Druckempfindungen werden möglicherweise vom Gehirn auf der Basis der auditiven Informationen erzeugt, dazu gibt es aber bisher m.W. keine Untersuchungen.

Die Haptik hat nicht nur Wahrnehmungs- sondern auch Handlungscharakter (Harder 1990). In den meisten Fällen ist Bewegung, und damit auch unbewusste oder bewusste Handlungsplanung erforderlich, um sich haptisch über die Struktur eines Gegenstandes zu informieren. Fehlt diese Handlungsplanung, z.B. weil kein Interesse vorhanden ist oder die kognitiven Fähigkeiten (noch) nicht ausreichen, bekommen die gewonnenen Eindrücke Zufallscharakter und der Zusammenhang geht verloren.

<small>Handlungscharakter des Tastens</small>

Dieser Handlungsaspekt von Wahrnehmung lässt sich auch auf die anderen Sinne beziehen. NEISSER (1976) hat ein Modell der Wahrnehmung entworfen, das diesem Umstand Rechung trägt. Er beschreibt Wahrnehmung (hier mit Bezug auf Sehen) als einen Zyklus:

„In jedem Augenblick konstruiert der Wahrnehmende Antizipationen bestimmter Arten von Information, die ihn dazu befähigen, sie aufzunehmen, wenn sie verfügbar werden. Oft muss er den optischen Bereich aktiv erkunden, um sie verfügbar zu machen, indem er seine Augen, seinen Kopf oder seinen Körper bewegt. Diese Erkundungen sind durch die antizipierenden Schemata geleitet, die Pläne für die Wahrnehmungstätigkeit und Bereitschaften für gewisse Arten optischer Struktur sind. Das Ergebnis der Erkundungen - die aufgenommene Information - verändert das ursprüngliche Schema." (Neisser 1976, S. 26)

Damit wird Wahrnehmung, unabhängig von der Modalität, als aktive Tätigkeit des Individuums aufgefasst. Diese Tätigkeit nimmt Planung in Anspruch und basiert auf früheren Erfahrungen (ebd. 21f). Die antizipierenden Schemata beinhalten die Erfahrungen des Individuums und werden als Wahrnehmungspläne beschrieben, die sehr flexibel durch neue Information verändert werden können (ebd. 41f). Über den Inhalt der Schemata ist damit noch nichts ausgesagt – welches Schema jeweils aktiv ist, hängt vom (oft unbewussten) Ziel der Wahrnehmung ab. So kann man sich beim Tasten beispielsweise darauf konzentrieren, aus welchem Material (z.B. Holz, Metall) ein Gegenstand besteht, oder man kann sich für die Form des Gegenstandes interessieren. Schemata können konkrete wie abstraktere Ziele haben: z.B. wird ein Kleinkind bei der Betrachtung einiger Punkte feststellen, dass die Punkte rot sind, während ein Erwachsener sofort das Würfelmuster erkennt und feststellt, dass es sich um fünf Punkte handelt. Die Farbe ist für ihn unerheblich. Diese Zielorientierung hat auch zur Folge, dass Schemata normalerweise mehrere Sinne einbeziehen, weil sie sich allgemein auf Objekte und Ereignisse richten, die im Alltag meist mit mehreren Sinnen erfahren werden, nicht auf isolierte Sinneseindrücke.

Obwohl es bereits 1976 formuliert wurde, insbesondere also vor dem Aufkommen neurowissenschaftlicher Ansätze, stellt dieses Modell noch immer ein hilfreiches Denkmuster dar, das sich auch mit neueren Theorien der Wahrnehmung gut verträgt. Es beschreibt Wahrnehmung als konstruktiv, basierend auf Handlung und Bewegung, und erfasst die Bedeutung früherer Erfahrungen sowie deren ständige Revision durch neue Eindrücke. Es bleibt nicht auf visuelle Wahrnehmung beschränkt, sondern bezieht ausdrücklich alle Modalitäten mit ein. Dies entspricht auch der wahrnehmungstheoretischen und blindenpädagogischen Ausrichtung dieser Arbeit.

Tasten in Forschung und Unterrichtspraxis

Die haptische Wahrnehmung findet sowohl in den psychologischen Disziplinen als auch in den Didaktiken weniger Beachtung als das Sehen (Thompson/Chronicle 2006, S. 78). NEISSER (1976, S. 29f) begründet dies damit, dass das Tasten schwerer experimentell und theoretisch zu fassen ist. Es gibt kein einzelnes Tastorgan vergleichbar den Ohren oder Augen; das aktive Tasten nimmt vielmehr eine Reihe verschiedener Informationen (Verformung der Haut, Gelenkstellung etc., s.o.) in Anspruch, die in einer komplexen Beziehung zueinander stehen. Im Kontext der Blindenpädagogik ist das Tasten andererseits ein sehr wichtiges und vielfältig bearbeitetes Thema (z.B. Katz 1925; Révész 1938; Pluhar 1988; Ostad 1989; Fromm 1993; Heller 2000; D'Angiulli 2007). Für den Arithmetikunterricht mit blinden Schülerinnen und Schülern ist die haptisch-räumliche Wahrnehmung von hoher Bedeutung: Arithmetische Zusammenhänge werden für Sehende üblicherweise räumlich repräsentiert (z.B. der Zahlenstrahl, die räumlich-simultane Darstellung der Multiplikation in rechteckigen Punktmustern) und bestimmen so auch die mathematikbezogenen Vorstellungen der zumeist sehenden Lehrkräfte. Für blinde Schüler werden visuelle Veranschaulichungen häufig direkt durch haptische ersetzt, weil beide Modalitäten Raumwahrnehmung ermöglichen. Es ist jedoch zu fragen, ob dies immer den Bedingungen blinder Schüler entspricht, denn haptische Raumwahrnehmung funktioniert anders als visuelle Raumwahrnehmung, wie im Folgenden gezeigt wird.

2.2.1 Haptische Verarbeitungswege im Gehirn

Die Beschäftigung mit Erkenntnissen der Hirnforschung kann einen Eindruck von der Verknüpfung verschiedener Aspekte der haptischen Wahrnehmung vermitteln. Auch Unterschiede zwischen sehenden und blinden Menschen werden deutlich, ohne dass der Vergleich von Leistungen anhand des äußerlich beobachtbaren Verhaltens notwendig ist. Der mit Abstand größte Anteil kognitions- und neuropsychologischer Forschung

Haptische Wahrnehmung | 25

zu Fragen der Wahrnehmung bezieht sich allerdings, wie oben bereits angedeutet, auf das Sehen. Es gibt inzwischen aber auch einige interessante Veröffentlichungen, die sich mit Tasten und mit Blindheit auseinandersetzen. Eine Übersicht findet sich bei HELLER (2000) und HELLER & BALLESTEROS (2006b).

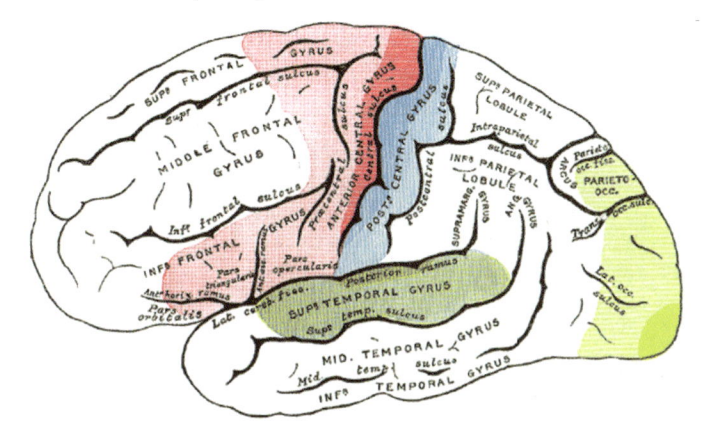

Sinnesareale im Gehirn

Abb. 1: Sinnesareale im Gehirn
upload.wikimedia.org/wikipedia/commons/d/d0/Gray756.png

Abb. 1[1] zeigt, wo sich die Verarbeitungszentren für Sehen, Hören und Tasten im Gehirn befinden. Der visuelle Kortex (gelb dargestellt[2]) befindet sich im Okzipitallappen (am Hinterkopf), die auditive Wahrnehmung wird im Temporallappen (Schläfenlappen; grün) verarbeitet. Die somatosensorische Verarbeitung findet im Parietallappen (Scheitellappen; blau) statt. Dem somatosensorischen Kortex direkt benachbart sind die motorischen Areale (rot). Somatosensorik und Motorik sind für das Tasten entscheidend.

Im somatosensorischen Kortex zeigen sich leistungssteigernde Veränderungen bei geburtsblinden Menschen gegenüber sehenden oder späterblindeten Menschen, wie RÖDER & NEVILLE zusammenfassend belegen (Röder/Neville 2003). Die Hirnforschung zeigt aber auch, dass Teile des visuellen Kortex einbezogen werden können. In vielen verschiedenen Studien hat sich in den letzten Jahren gezeigt, dass Teile des visuellen Kortex bei blinden Menschen während der haptischen Wahrnehmung aktiv sind (Sadato et al. 1998; Sadato et al. 1996; Uhl et al. 1991; Uhl et

Besonderheiten bei blinden Menschen

---

[1] Hier und bei allen weiteren grafischen Elementen gilt, dass sie im Text ausführlich beschrieben werden, um ihre Inhalte Leserinnen und Lesern mit Sehschädigung zugänglich zu machen.

[2] Die jeweils dunkler eingefärbten Bereiche zeigen die primären Areale.

al. 1993; Büchel et al. 1998; Burton et al. 2002a; Goldreich/Kanics 2003; Stilla et al. 2008). Welche Aufgaben übernimmt er dabei? PASCUAL-LEONE et al. (2006, S. 174ff) zeigen anhand mehrerer Studien, dass vor allem die Verarbeitung feiner räumlicher Details (z.b. kleine Abstände wahrnehmen, Lesen von Brailleschrift) in diesen Bereichen stattfindet, während der somatosensorische Kortex, dem üblicherweise die gesamte haptische Wahrnehmung zugeschrieben wird, für die taktile Tastempfindung (z.b. Rauheit und Temperatur der Oberfläche) zuständig ist.

Die Experimente zeigen dies, indem durch transkranielle magnetische Stimulation (TMS)[1] die Funktion des visuellen bzw. somatosensorischen Kortex kurzzeitig gestört wird. Ist die TMS auf den visuellen Kortex gerichtet, so können die Versuchspersonen zwar angeben, dass sie z.b. gerade Braillezeichen wahrnehmen, sie können diese aber nicht lesen und reguläre nicht von unsinnigen Zeichen unterscheiden. Sie nehmen also über den somatosensorischen Kortex die vertraute Braille-Textur wahr, können aber ohne Beteiligung des „visuellen" Kortex keine räumlichen Details erkennen. Wenn die TMS-Unterbrechung den somatosensorischen Kortex betrifft, so geben die Personen dagegen an, dass sie überhaupt nichts wahrgenommen haben, obwohl sie mit den Fingern das Braillezeichen berührten. Menschen, bei denen die Blindheit mit der Geburt oder in der frühen Kindheit einsetzte, können - vor allem mit dem bevorzugten „Lesefinger" für Braille - Linienmuster mit wesentlich geringerem Abstand wahrnehmen als Sehende (Pascual-Leone et al. 2006, S. 177ff). Die Autoren gehen von einer Korrelation mit der verstärkten haptischen Aktivierung des visuellen Kortex aus.

Der visuelle Kortex übernimmt bei geburts- oder früherblindeten Menschen noch weitere Aufgaben. Verschiedene Studien haben gezeigt, dass auch die auditiv-verbale Verarbeitung dort zu einer Aktivierung führt (genaueres dazu in Kap. 2.3.1). Sogar der primäre visuelle Kortex (V1) ist bei dieser Personengruppe in die Verarbeitung einbezogen. Diese Region ist bei blinden Menschen während des Lesens von Braille (Sadato 2005), des Hörens von Wörtern (Burton et al. 2002a; Burton et al. 2002b), und des Hörens nonverbaler Reize aktiv (Liotti/Ryder/Woldorff 1998; Röder/Rösler/Neville 2000; Röder/Rösler /Neville 2001). Wird sie per TMS ausgeschaltet, sind bei blinden Menschen auch die semantische Verarbeitung sowie das episodische Langzeitgedächtnis betroffen. Bei Sehenden ergibt sich dagegen keine derartige Beeinträchtigung (Amedi et al. 2005; Raz/Amedi/Zohary 2005). BURTON (2003)[2] zeigt auf der Basis einer Analyse eigener und fremder Untersuchungen, dass diese

---

[1] zur TMS s. HALLET (2007)

[2] Für eine genauere Analyse der Aufgaben des visuellen Kortex bei blinden Menschen und der möglichen Ursachen für diese Aktivierung sei auf diesen Artikel verwiesen

Aktivierungen tatsächlich die auditive und haptische Wahrnehmung unterstützen und damit nicht als zufällige, durch visuelle Deprivation hervorgerufene Phänomene zu werten sind.

PASCUAL-LEONE et al. (2006, S. 191) nehmen daher an, dass der „visuelle" Kortex nur scheinbar zum visuellen System gehört, weil er visuelle Information bevorzugt. Sie vermuten, dass diese Region unter anderem für die Auswertung von genauen räumlichen Informationen zuständig ist, unabhängig von der Input-Modalität. Sie gehen davon aus, dass die Effektivität und leichte Zugänglichkeit visueller Information bei Sehenden dazu führt, dass die prinzipiell multimodal strukturierten Regionen vorzugsweise visuelle Informationen verarbeiten. Die These, dass einige Hirnregionen, die bislang dem visuellen Kortex zugerechnet werden, auch Reize anderer Modalitäten verarbeiten können, wird von PASCUAL-LEONE et al. experimentell eindrucksvoll bestätigt. Sie konnten zeigen, dass bei Sehenden nach völliger visueller Deprivation schon nach fünf Tagen eine Zunahme der Aktivität im extrastriären Kortex (visueller Kortex ohne V1) bei haptischer Wahrnehmung nachzuweisen ist. Innerhalb von 24 Stunden nach Entfernung der Augenbinde war diese Aktivität bereits wieder verschwunden. Eine so rasche, flexible Umwidmung von Hirnregionen lässt sich nicht mit der Bildung neuer neuronaler Verbindungen erklären, die üblicherweise zur Erklärung neuronaler Plastizität herangezogen wird. Es gibt offenbar verschiedene Formen dieses Phänomens, das im folgenden Exkurs näher beleuchtet wird.

<small>Neue Sicht auf den visuellen Kortex</small>

Exkurs: Neuronale Plastizität

Neuronale Plastizität kann verschiedene Formen annehmen (Burton 2003). Im gerade beschriebenen Fall werden Regionen, die prinzipiell für die multimodale Verarbeitung geeignet sind, bei Sehenden nur für visuelle Reize genutzt, bei blinden Menschen aber entfällt diese Maskierung. Das zeigt sich daran, dass auch kurzfristige visuelle Deprivation bereits einen deutlichen Effekt hat. Entsprechend gibt es in diesem Fall auch keinen prinzipiellen Unterschied zwischen geburtsblinden und späterblindeten Personen.

Die andere Form der Plastizität, bei der neue Verknüpfungen zwischen Nervenzellen wachsen bzw. bestehende dauerhaft verstärkt werden, findet sich z.B. im messbar vergrößerten auditorischen Kortex geburtsblinder Menschen wieder (s. S. 53). Dies hängt vermutlich mit der Existenz von Entwicklungsfenstern (sensiblen Phasen) in der frühen Kindheit zusammen. In dieser Zeit ist die Plastizität des Gehirns in bestimmten Regionen besonders hoch, so dass z.B. visueller Input bei Sehenden zu einer ‚normalen' Entwicklung führt, während fehlender Input dauerhafte kortikale Veränderungen zur Folge hat, selbst wenn das Sehvermögen des Auges später wieder hergestellt wird (Röder/Neville 2003). Für die Aktivierung des primären visuellen Kortex durch haptische Reize bei blinden Menschen wird vermutet, dass die Blindheit spätestens im 16. Lebensjahr eingetreten sein muss, damit eine solche Aktivierung stattfindet (Sadato et al. 2002). Bei früherblindeten Menschen wird neben einer Aktivierung des visuellen Kortex durch nicht-visuelle Reize auch ein Verlust an Hirnmasse im primären visuellen Kortex beobachtet (Pan et al. 2007). Es gibt bisher keine genauen Informationen darüber, wann bestimmte sensible Phasen stattfinden (Elbert 2004).

Die Blindheit resultiert aber vor allem auch in verstärkten Anforderungen an die anderen sensorischen Areale (Röder/Neville 2003). Anders ausgedrückt: Bei sehenden Menschen sind somatosensorischer und auditiver Kortex vergleichsweise unterentwickelt, weil geringere Anforderungen an sie gestellt werden, da Sehende seltener die Aufmerksamkeit auf diese Sinne richten. Dieser Mechanismus zeigt sich in ähnlicher Form auch bei Musikern, die ein Streichinstrument spielen. Dadurch entstehen hohe Anforderungen an die Koordination der Finger. Das somatosensorische Areal dieser Personengruppe ist ebenfalls vergrößert, wobei das Ausmaß der Vergrößerung abhängig ist vom Alter, indem das Lernen des Streichinstruments begann. Somatosensorischer und auditiver Kortex haben also Entwicklungsmöglichkeiten, die bei sehenden Menschen häufig ungenutzt bleiben. Zudem werden Möglichkeiten des visuellen Kortex, nicht-visuelle Reize zu verarbeiten, durch den visuellen Input maskiert. Dies untermauert die schon im 18. Jahrhundert durch DIDEROT vertretene Idee, dass die Sinne sich gegenseitig an ihrer Vervollkommnung hindern (s. S. 21). Es bedeutet auch, dass nicht die Blindheit selbst, sondern die verstärkten Anforderungen an die anderen Sinne Ursache dieser Leistungssteigerung ist. Ein Bereitstellen von interessanten Tast- und Hörangeboten in der Frühförderung und im Unterricht mit blinden und sehbehinderten Kindern kann daher die Leistungsfähigkeit von haptischer und auditiver Wahrnehmung zusätzlich fördern.

Insgesamt deuten die Forschungsergebnisse darauf hin, dass einige Bereiche des visuellen Kortex sowohl durch haptische als auch durch visuelle Stimuli sowie haptische und visuelle Vorstellungen aktiviert werden können (Sathian/Prather 2006, S. 165). Zusammenfassend kann man sagen, dass sich die Verarbeitung von haptisch-räumlicher Wahrnehmung bei blinden Menschen in einem Netzwerk aus Zentren des somatosensorischen, visuellen und des motorischen Kortex vollzieht (Sathian/Prather 2006, S. 166; Ballesteros/Heller 2006, S. 212). Im nächsten Abschnitt soll nun mit Hilfe kognitionspsychologischer Forschungsergebnisse die haptisch-räumliche Wahrnehmung auf Verhaltensebene genauer beschrieben werden.

2.2.2 Tasten und Raum aus kognitionspsychologischer Sicht

Räumliche Wahrnehmung beschäftigt sich mit Ort, Entfernung und Richtung wahrgenommener Objekte (Millar 2006, S. 31), oder anders ausgedrückt mit der Erfassung von Ort und Gestalt von Objekten oder dem eigenen Körper. Tasten, das nicht taktiler Natur ist (also nicht nur Temperatur oder Oberflächenstruktur erfasst), ist untrennbar mit Raumwahrnehmung verbunden. Bei Menschen, die nicht über visuelle Wahrnehmung verfügen, übernimmt das Tasten die Hauptarbeit in der räumlichen Orientierung[1]. Die haptische Raumwahrnehmung ist aufgrund der vielfachen Verwendung haptisch-räumlicher Lernmaterialien im Mathematikunterricht (s. Kap. 5.4.2) auch in dieser Arbeit von großer Bedeutung.

Tasten wird häufig als sukzessiver Prozess beschrieben (z.b. Ostad 1989). Im direkten Vergleich mit dem Sehen ist allerdings zu beachten, dass dieses streng genommen ebenfalls sukzessiv funktioniert: Die Fovea, die Stelle des schärfsten Sehens, macht nur einen kleinen Bereich der Netzhaut (und damit des Gesichtsfeldes) aus und kann selten einen wahrzunehmenden Gegenstand vollständig erfassen. Bewegungen der Augen, des Kopfes und/oder des ganzen Körpers sind notwendig für die visuelle Erkundung der Umwelt[2]. Diese Bewegungen geschehen in der Regel sehr schnell. Das gilt vor allem für die Augenbewegungen (Sakkaden), die meist weniger als 200 Millisekunden beanspruchen. Die Bewegung der Finger von einem Punkt zum anderen beim Tasten erfordert dagegen wesentlich mehr Zeit, so dass der sukzessive Charakter wesentlich stärker zu Tage tritt. Darüber hinaus liefert der periphere Anteil des visuellen Gesichtsfeldes *gleichzeitig* zur Information aus der Fovea zusätzliche Informationen, die der Orientierung dienen. Etwas Vergleichbares gelingt beim Tasten nur in Bezug auf kleine Objekte (James et al. 2006, S. 140). Trotz der im Vergleich zu Sehenden deutlich besseren haptischen Fähigkeiten blinder Menschen ist also eine Benachteiligung in Bezug auf die Geschwindigkeit der haptischen Reizaufnahme blinder Menschen im Vergleich zur visuellen Auffassung Sehender vorhanden. Als ein Vorteil haptischer Wahrnehmung ist dagegen festzuhalten, dass ein Objekt nicht wie beim Sehen nur von einer Seite betrachtet werden kann - es können gleichzeitig Vorder- und Rückseite eines Objekts (von geeigneter Größe) tastend erfasst werden (s. auch S. 87).

> Visuelle und haptische Raumwahrnehmung

Sehen liefert also aufgrund der Schnelligkeit und der vorhandenen Referenzinformation von der Netzhaut außerhalb der Fovea vergleichsweise präzise Echtzeit-Informationen über räumliche Strukturen. Es ist daher

---

[1] Das Hören ist allerdings auch beteiligt (s. S. 43)

[2] Zur Rolle der Zeit beim Sehen aus kognitionspsychologischer Sicht siehe auch NEISSER (1976, S. 26f)

für die Raumwahrnehmung hervorragend geeignet und unterstützt auch die Integration von räumlichen Informationen der anderen Sinne (Warren 1994, S. 98). Dies zeigte sich bereits im vorigen Kapitel: Der visuelle Kortex ist auch an der haptisch-räumlichen Wahrnehmung beteiligt, vor allem bei blinden Personen (s. S. 25ff). Die Bedeutung des Sehens für die Raumwahrnehmung zeigt sich auch darin, dass es für die Erkennung von visuellen Objekten keinen messbaren Nutzen hat, zusätzlich haptische Informationen zur Verfügung zu stellen; umgekehrt unterstützt das Hinzufügen visueller Reize aber die haptische Formerkennung (Millar 1971). Visuelle Unterstützung (Sehen der Handbewegungen, des umgebenden Raumes und des betasteten Gegenstands) ist bei Sehenden und selbst hochgradig Sehbehinderten sehr hilfreich für die haptische Wahrnehmung. Es stellt Referenzinformationen zur Verfügung und hat wahrscheinlich einen Effekt auf die Aufmerksamkeitslenkung (Heller 2006, S. 68).

Vergleicht man die Leistungen sehender und blinder Menschen bei rein haptischen Aufgaben, so schneiden die Blinden in der Regel besser ab. Vor allem bei Kindern ist dieser Unterschied groß. BALLESTEROS et al. (2005) haben mit Hilfe ihrer haptischen Testbatterie mehr als hundert blinde und sehende Kinder zwischen 3 und 16 Jahren untersucht, wobei die sehenden Kinder durch einen Vorhang visuell abgeschirmt wurden. Sie stellen fest, dass blinde Probanden bei Aufgaben zum räumlichen Verständnis (Analyse von Symmetrie, Richtung u.ä.) und Aufgaben mit tastbaren Darstellungen (Figur-Grund-Unterscheidung, Erkennen unvollständiger Figuren) signifikant bessere Leistungen erbrachten. Diese Unterschiede bestanden auch schon bei den jüngeren Kindern und waren z.T. im in den niedrigeren Altersstufen sogar größer. Auch HELLER (2006) zeigt, dass sehende Erwachsene mit Augenbinde langsamer und weniger exakt tasten als blinde.

Schlussfolgerungen

Aus diesen Ergebnissen ist der Schluss zu ziehen, dass die haptisch-räumlichen Fähigkeiten blinder Kinder nicht unterschätzt werden dürfen. Dennoch sind die Anforderungen der haptischen Raumwahrnehmung oft komplexer als die Anforderungen der visuellen Raumwahrnehmung. Der sukzessive Ablauf des Tastens führt zu erhöhten Anforderungen an Arbeitsgedächtnis und (Tast-)Handlungsplanung. Aus diesem Grund wird in Vergleichen mit sehenden Kindern, wie sie z.B. in Piaget-Versuchen bei HATWELL (1985 [1966]) vorkommen, häufig eine verzögerte Entwicklung abstrakterer räumlich-kognitiver Konzepte festgestellt. Ob das Raumkonzept blinder Kinder sich tatsächlich verzögert entwickelt, oder ob die gemessenen Unterschiede auf den erhöhten Anforderungen beim Tasten beruhen, ist allerdings fraglich.

2.2.2.1 Intersensorische Struktur der haptischen Wahrnehmung

Komponenten des Tastens sind im Wesentlichen Berührung, Körperstellung und Bewegung. Unter ‚blinden' Bedingungen wird die haptisch-räumliche Wahrnehmung dabei im Wesentlichen bestimmt von

- den Tastempfindungen der Fingerspitze, die über die Oberfläche gleitet,
- den Informationen aus Tastbewegungen, welche durch die haptischen Muster hervorgerufen werden und
- der Fähigkeit, systematisch zu tasten, um nach externen und/oder egozentrischen Orientierungsmöglichkeiten zu suchen, so dass die Information aus Tastempfindungen und -bewegungen räumlich organisiert werden kann (Millar 1999).

Dies erzeugt eine intersensorische Struktur, durch die sich haptische Wahrnehmung stark von visueller Wahrnehmung unterscheidet. Zwar sind auch an der visuellen Wahrnehmung andere Quellen beteiligt (neben den Augen z.B. propriozeptive Informationen über die Kopfhaltung), doch beim Tasten *variiert* die Bedeutung der einzelnen Komponenten mit der Größe, Tiefe und Zusammensetzung des Tastobjekts (Millar 1997, S. 14ff). Zudem ist systematisches Tasten von großer Bedeutung. Dies lässt den Handlungscharakter, den Wahrnehmung allgemein besitzt (s. S. 23), stärker zu Tage treten, Handlungsplanung gewinnt an Bedeutung. Die stark situationsabhängige Ausprägung der verschiedenen Inputs bedingt beim Tasten eine weniger stabile Organisation als bei der visuellen Raumwahrnehmung. Diese intersensorische Struktur lässt sich am besten als Konvergenz von Inputs aus spezialisierten, aber komplementären Quellen beschreiben. MILLAR bezeichnet dies als die „CAPIN-Metapher" (*Converging Active Processing in Interrelated Networks*).

_{CAPIN-Metapher}

Die Informationen aus diesen verschiedenen Quellen beziehen sich z.T. auf unterschiedliche Umweltaspekte, z.T. aber auch auf denselben Aspekt. Es kommt zu Redundanzen, also zu Informationen für denselben räumlichen Aspekt aus verschiedenen Sinnesquellen (Millar 1997, S. 19). Beim Ertasten der Form eines Tisches liefern die Fingerspitzen beispielsweise Informationen über die Qualität der Oberfläche (Textur, Temperatur), die über die propriozeptive Bewegungswahrnehmung nicht zugänglich sind. Die Ecken des Tisches können dagegen beim Entlangstreichen über den Hautsinn und über die Bewegungswahrnehmung der Finger und Hände als spitz empfunden werden. Das Vorhandensein sensorischer Redundanz ist von entscheidender Bedeutung für die Konstruktion einer für Orientierung und Handlung nutzbaren räumlichen Repräsentation durch Tasten (Millar 2000).

Redundanz

Typologie hapti-scher Muster	MILLAR (1997, S. 22f) unterscheidet verschiedene Typen von haptischen Mustern. Diese Aufteilung ergibt sich aus drei Parametern des intersensorischen Netzwerks, die abhängig vom Tastobjekt variieren: (1) die erforderliche Genauigkeit der Hautrezeptoren, (2) Art und Reichweite der explorativen Bewegungen, (3) Menge und Typ der Bezugsrahmen. Diese Parameter wurden oben bereits als bestimmend für die haptisch Raumwahrnehmung beschrieben (s. S. 31).
Bezugsrahmen	Der Begriff ‚Bezugsrahmen' beschreibt bei MILLAR Orientierungshilfen und Ankerpunkte, die bei der raumbezogenen Wahrnehmung genutzt werden können, um Ort, Richtung, Entfernung oder Konfiguration eines Reizes zu bestimmen (Millar 1999, S. 133). Sie definiert verschiedene Typen: Ein *externer* Bezugsrahmen beruht auf Informationen aus der Umgebung (z.B. die Tischkante in Relation zu einem Objekt auf dem Tisch). Ein *objektzentrierter* Bezugsrahmen konzentriert sich auf die Relationen der Teile innerhalb eines Objektes (z.B. die Kanten und Ecken eines Würfels). Die Orientierung am eigenen Körper wird als *körperzentriert* oder *egozentrisch* bezeichnet. Dabei dienen die Mittellinie des Körpers, sowie Hände und Finger als Ankerpunkte, und auch die Stellung der Glieder spielt eine große Rolle. Häufig werden in der Literatur jedoch nur zwei Formen von Referenzinformation unterschieden: *egozentrisch*, d.h. abhängig von der Position des Körpers und *extern*, also unabhängig von der Körperstellung (Warren 1994, S. 99). Dabei kann die objektzentrierte Enkodierung, wie sie MILLAR oben definiert, mit unter den Begriff „extern" eingeordnet werden. Egozentrische Enkodierung wird nicht selten auch als „kinästhetisch" bezeichnet, weil die propriozeptiven Informationen über die eigenen Tastbewegungen für die Wahrnehmung ebenso wichtig sind wie die Orientierung am Körper (s. S. 37).

Sechs Typen von haptischen Mustern ergeben sich aus charakteristischen Profilen der drei beschriebenen Parameter (Millar 1997, S. 23ff):

- **Große, dreidimensionale, stationäre Objekte** (z.B. ein Tisch) erfordern grobe explorative Bewegungen und geringe Auflösung der Hautrezep-toren. Der Bezugsrahmen ist egozentrisch, da die Schwerkraft für das Objekt ebenso wie für den Körper oben und unten definiert. MILLAR (1997, S. 23) betrachtet daher die Formwahrnehmung als relativ einfach.

- **Kleine, dreidimensionale, bewegliche Objekte** (z.B. geometrische Modelle oder Rechenkette, s. S. 206), die in beide Hände oder in eine Hand passen, erfordern entsprechend kleinere Bewegungen. Sie werden objektzentriert (extern) enkodiert. Die erforderliche Auflösung ist abhängig vom Objekt von unterschiedlicher Bedeutung. Veranschaulichungen und Arbeitsmaterialien im Mathematikunterricht lassen sich häufig in diese Kategorie einordnen. Größere Objekte, die fest auf dem Tisch stehen (z.b. Rechenschiffchen, s. S. 207) gehören allerdings eher in die vorige Kategorie. Die Übergänge sind hier fließend.

- Bei **Objekten, welche die Haut passiv, also ohne Eigenbewegung berühren** (taktile Wahrnehmung), wird die Organisation der Inputs von außen bestimmt. Vorwissen ist von großer Bedeutung, da die Wahrnehmung nicht selbst organisiert werden kann. Auflösung ist daher ein wichtiger Faktor. Die simultane Berührung mit den Fingern und beiden Händen an verschiedenen Stellen ermöglicht die Ermittlung von Relationen innerhalb des Objekts. Dieser Typ spielt im Alltag allerdings eher selten eine Rolle.

- **Reliefdarstellungen** erfordern explorative Bewegungen mit Armen, Händen und Fingern. Die Bedeutung der Auflösung variiert je nach Darstellung. Der Bezugsrahmen ist entweder objektorientiert (wenn z.B. in einer Karte ein Koordinatensystem eingearbeitet ist) oder egozentrisch anhand der Körpermittellinie, der Bewegungsrichtungen oder der Relation zwischen den Händen[1].

- **Symbolische Formen**, wie sie in der Moon-Schrift und in der Legende von Reliefdarstellungen vorkommen, bilden eine weitere Kategorie. Bei der Moon-Schrift und anderen gut ausgewählten Symbolen ist die Auflösung weniger wichtig, weil die Zeichen vereinfacht sind. Ein Bezugsrahmen kann durch das Nachfahren der Symbole mit den Fingern hergestellt werden. Die Moon-Schrift ist in der Schule in Deutschland nicht in Gebrauch.

∧	∪	C	⊃	Γ	Γ
A	B	C	D	E	F
∩	o	I	⌐	<	L
G	H	I	J	K	L
⊓	N	O	⌐	⌐	\
M	N	O	P	Q	R
/	−	∪	V	∩	>
S	T	U	V	W	X
⌐	Z				
Y	Z				

Abb. 2: Moon-Schrift
upload.wikimedia.org/wikipedia/commons/e/e2/Moonalphabet.svg

---

[1] Für eine genauere Analyse s. S. 206ff

- Die **Brailleschrift** macht im Gegensatz zur Moon-Schrift eine sehr gute Auflösung erforderlich. Explorative Bewegungen innerhalb eines Buchstabens sind kaum möglich. Daher ist eine objektzentrierte Enkodierung schwierig. Ein externer Bezugsrahmen existiert nicht, und für egozentrische Enkodierung sind die Buchstaben zu klein.

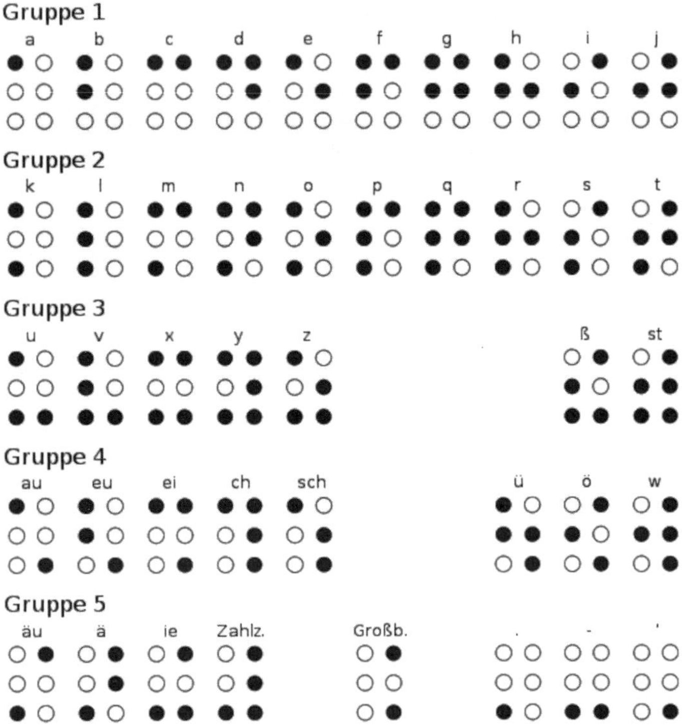

Abb. 3: Brailleschrift
de.wikipedia.org/wiki/Datei:Brailleschrift_05_KMJ.svg

Brailleschrift nimmt damit eine Sonderstellung ein. Das Fehlen nutzbarer Bezugsrahmen irritiert zunächst. Immerhin ist diese Art der Schriftwahrnehmung trotzdem so effektiv, dass sich Braille gegenüber anderen tastbaren Schriftformen (erhabene lateinische Buchstaben oder Moonschrift) durchgesetzt hat. Wie ist ohne Bezugsrahmen überhaupt flüssiges Lesen möglich? Eine Antwort ergibt sich erst, wenn man die (visuozentristische) Annahme, die exakte räumliche Struktur der Zeichen sei entscheidend für das Erkennen der Buchstaben, fallen lässt: Erfahrene Brailleleser nutzen die Texturunterschiede (Dichtemuster), die sich aus der Punktdichte ergeben, für die Dekodierung der Schrift (Millar 2000,

S. 126). Diese Dichtemuster werden mit Hilfe auch des visuellen Kortex verarbeitet (s. S. 26).

Große Räume, welche die Fortbewegung des ganzen Körpers erfordern (z.B. ein Zimmer), erfasst MILLAR in dieser Aufstellung gar nicht, weil es ihr um die Formwahrnehmung geht. Für große Räume kann kein rein egozentrischer Bezugsrahmen verwendet werden, weil der Körper selbst keine feste Position hat. Insgesamt zeigt MILLARS Kategorisierung, dass die Größe des zu ertastenden Objekts einen wichtigen Einfluss auf die zu verwendende Taststrategie und die benötigten kognitiven Ressourcen hat. Haptische Wahrnehmung kann sowohl augenblicklich und ohne bewussten Denkprozess räumliche Information zur Verfügung stellen (z.B. über die Beschaffenheit einer Murmel) als auch aufwendige, konstruktiv-kognitive Prozesse erfordern, z.B. beim Ertasten einer im Relief dargestellten Karte von Europa. Die Verschiedenartigkeit der Tastwahrnehmung von Objekten verschiedener Größe und Struktur zeigt sich auch auf der neuropsychologischen Ebene: Die Wahrnehmung und Verarbeitung makro-geometrischer Strukturen (Form) und mikro-geometrischer Strukturen (Textur) geschieht in verschiedenen Hirnregionen (Crutch et al. 2005). Damit ist auch eine Dissoziation der Fähigkeiten möglich: Ein Kind, das gut mit größeren Tastobjekten (→ Form) umgehen kann, ist nicht automatisch auch ein guter Brailleleser (→ Textur), und umgekehrt.

Größe als bestimmende Variable

2.2.2.2 Egozentrisch-kinästhetische Raumwahrnehmung

Es ist interessant, dass MILLAR die Erfassung großer, stationärer Objekte als einfach betrachtet (s. S. 32), obwohl hier die Sukzessivität, der Bewegungsaspekt des Tastens, besonders stark zum Tragen kommt. Es dauert eine gewisse Zeit, bis z.B. die Kanten eines Tisches mit den Händen umfahren sind. Aus MILLARS Sicht ist jedoch entscheidend, dass mit der Körpermittellinie ein verlässlicher egozentrischer Bezugsrahmen zur Verfügung steht. Der in der blindenpädagogischen Literatur problematisierte sukzessive Charakter des Tastens (s. z.B. historisch Th. HELLER, 1904b) verliert seine negative Konnotation, wenn man die Bewegungen, die das Tasten erfordert, nicht als Hindernis begreift, sondern sie als *essentiell* für die kinästhetische Repräsentation der Form versteht.

Bewegung und Wahrnehmung

In der Auseinandersetzung mit dem Modell des Wahrnehmungszyklus von NEISSER (S. S. 23) wurde bereits deutlich, dass Wahrnehmung immer auch Handlungscharakter hat. Dies wird durch die Notwendigkeit von Bewegung für das aktive Tasten noch verstärkt, d.h. der Handlungsaspekt ist bei haptischer Wahrnehmung besonders ausgeprägt. Tastbewegungen sind zielgeleitet und müssen daher bewusst oder unbewusst geplant sein. NEISSER bezieht Bewegung explizit in sein Modell mit ein. Das macht seinen Ansatz für die Blindenpädagogik besonders interessant. Er geht davon aus, dass *alle* Sinne sich evolutionär entwickelt haben, „um einem beweglichen Organismus in einer Welt zu dienen, die auch bewegliche Objekte umfasst" (Neisser 1976, S. 37f).

Die Idee, Bewegung als Grundlage statt als Hindernis für die Wahrnehmung zu betrachten, muss also nicht nur in Bezug auf Tasten weiter verfolgt werden[1] (Neisser 1976, S. 93ff). Auch beim Sehen vermittelt Bewegung eine große Menge an Information, z.b. durch Veränderungen der Verdeckung und Größenveränderung des Netzhautbildes. Diese Informationen werden im Alltag regelmäßig genutzt, kommen aufgrund ihrer Komplexität aber in psychologischen Versuchsanordnungen zum Sehen oft gar nicht vor - weder die Versuchperson noch die Objekte bewegen sich. Doch auch die visuelle Erfassung statischer Objekte ohne Bewegung des Körpers enthält eine sukzessive Komponente (Heller 2006, S. 51). Große Objekte können nicht „auf einen Blick" erfasst werden. Für die Wahrnehmung von Details ist das periphere Sehen nicht ausreichend, so dass es nötig ist, durch Blickbewegungen die Fovea, die nur einen geringen Teil des eigentlichen Gesichtsfeldes abdeckt, auf verschiedene Teile des Objektes zu richten. Insgesamt ist daher festzuhalten, dass Wahrnehmung immer eine zeitliche Komponente beinhaltet und Handlungsaspekte in sich trägt. Beide bekommen jedoch beim Tasten eine höhere Bedeutung als beim Sehen.

MAHAR et al. (1994) haben gezeigt, dass das Tasten besser als das Sehen dafür geeignet ist, zeitlich strukturierte Reize zu verarbeiten. In ihrem Versuch wurden Probanden taktil mit Vibrationen konfrontiert, deren Frequenz variierte. In einer visuellen Variante des Versuchs veränderte sich die Helligkeit des präsentierten Lichts. Diese Vibrations- bzw. Helligkeitsmuster sollten verglichen und unterschieden werden. In diesem Experiment wurde passives Tasten untersucht, es fand also gar keine Bewegung statt, dennoch waren die zeitlichen Muster taktil leichter zu erkennen als visuell. Es kann vermutet werden, dass die haptische Wahrnehmung zeitlicher Abläufe deshalb besser gelingt, weil im Alltag aktives Tasten sehr viel häufiger vorkommt als passives und in diesem Fall

---

[1] WALTHES (2005, S. 41ff) führt dies noch weiter aus. Sie zitiert einige Versuche und philosophische Überlegungen, die aufzeigen, dass Eigenbewegung die ontogenetische Grundlage der Wahrnehmung darstellt: Die ersten Bewegungen des Säuglings führen zur Selbstberührung sowie zur Berührung anderer Objekte. Bei der Selbstberührung kommt es zu einer Doppelempfindung von Berühren und Berührt-Werden, die bei der Berührung anderer Objekte fehlt. Diese ursprüngliche Unterscheidung ist eine frühe, wenn nicht die erste Unterschiedserfahrung, auf der sich alle weiteren wahrnehmungs- und handlungsbezogenen Unterscheidungen gründen. Bewegung strukturiert die Wahrnehmung und ermöglicht Passung zwischen Individuum und wahrgenommener Umwelt. Handeln und Bewegen sind ohne Tasten nicht denkbar, so dass der haptische Sinn auf dieser Grundlage als der ursprünglichste Sinn bezeichnet werden kann.

Haptische Wahrnehmung

immer Bewegung und damit Sukzessivität eine Rolle spielt. Der Vergleich der Sinne in Bezug auf die zeitliche Verarbeitung wird im Abschnitt zum Hören (s. Kap. 2.3.2) wieder aufgenommen.

Die haptische Wahrnehmung wird zusammenfassend häufig als „egozentrisch" und „kinästhetisch" bezeichnet. Als egozentrisch gilt der Bezugsrahmen (wie oben beschrieben), wenn er sich auf den eigenen Körper bezieht (z.b. die Körpermittellinie oder die Ausdehnung der Hand). Kinästhetische Wahrnehmung beinhaltet die Wahrnehmung der eigenen Bewegung über Gelenkstellung und Muskelspannung. Beides gemeinsam ermöglicht die egozentrisch-kinästhetische Wahrnehmung von Raum und Form. MILLAR hat die Bedeutung eines egozentrischen Bezugsrahmens in der Raumwahrnehmung blinder Menschen immer wieder belegt und betont (zusammenfassend in Millar 2006, S. 28f). in der haptischen Raumerfassung ist das Gedächtnis für den Ort besser in Situationen, in denen Entfernung und Position eines Objekts auf der Basis von Körperteilen, Körperposition oder Bewegungen gespeichert werden können. Veränderungen der Körperposition führen zu einer Erhöhung der Fehlerquote. Im Folgenden sollen zur Konkretisierung einige Versuche zu diesem Thema beschrieben werden.

egozentrisch-kinästhetische Raumwahrnehmung

Bei der Benutzung eines externen Bezugsrahmens fällt es schwerer, Bewegungen zu enkodieren, die schräg zur Körperachse verlaufen, weil sie von den Hauptrichtungen horizontal und vertikal abweichen. Dies sollte bei egozentrisch-kinästhetischer Enkodierung nicht der Fall sein, weil Informationen über Gelenkstellung und Muskelspannung sich nicht so stark an Hauptrichtungen orientieren. Diese Idee ist grundlegend für einen Versuch vom MILLAR (1985). Sie ließ geburtsblinde Kinder zwischen 7 und 12 Jahren eine gerade Bewegung von einem Start- zu einem Zielpunkt ausführen. Dann sollte entweder von demselben oder einem anderen Startpunkt, also mit der gleichen oder einer anderen Bewegung als zuvor, der ursprüngliche Zielpunkt angesteuert werden. Wenn der Startpunkt sich änderte und deshalb eine externe Raumrepräsentation erforderlich wurde, zeigten die jüngeren Kinder in der Gruppe (Durchschnitt 9 Jahre) erkennbar schlechtere Leistungen im Vergleich zu einem gleich bleibenden Startpunkt, während sich bei den älteren Kindern (Durchschnitt 11 Jahre) kein deutlicher Unterschied ergab. Die Variation der ursprünglichen Bewegung (horizontal/vertikal/schräg) hatte dagegen keinen Einfluss auf die Leistungen der Kinder. Sie konnten schräge Bewegungen ebenso gut wiederholen wie horizontale oder vertikale Bewegungen - ein Hinweis auf kinästhetische Enkodierung. Das deutet zusammenfassend darauf hin, dass blinde Kinder zwar eine egozentrisch-kinästhetische Strategie bevorzugen, aber mit zunehmendem Alter besser in der Lage sind, eine externe Strategie zu nutzen.

Egozentrischer Bezug bei blinden Kindern

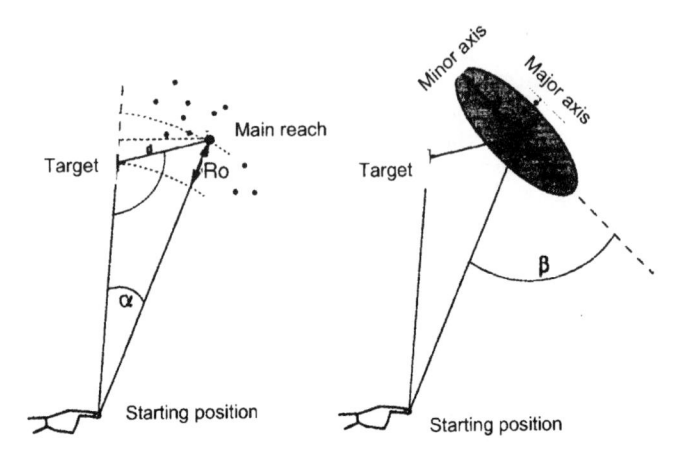

Abb. 4 : Fehlerellipse bei ITTYERAH, GAUNET & ROSSETTI (2007, S. 174)

Aktuelle Forschungen zum Typ der Raumrepräsentation

Zur Differenzierung zwischen kinästhetischer und externer Verarbeitung räumlicher Informationen bei sehenden Probanden gibt es ein erprobtes Verfahren: Die Versuchteilnehmer bekommen die Aufgabe, auf einem Touchscreen zu zeigen, an welcher Stelle kurz vorher ein Licht aufgeblitzt ist. Dabei dürfen sie entweder sofort nach dem Blitzen die Stelle zeigen, oder sie müssen einige Sekunden warten. Die Punkte, die die Probanden mit ihrem Finger zeigen, werden aufgezeichnet, und die Verteilung dieser Punkte und ihre Abweichung zum exakten Ort des Stimulus lassen Schlüsse auf die Art der räumlichen Verarbeitung zu. Ausgewertet werden dabei der Abweichungswinkel der Zeigebewegung, zu lange/zu kurze Bewegungen sowie Größe und Form der „Fehlerfläche", also der Verteilung der gezeigten Punkte auf der Zeigeebene, gemessen als Verhältnis der Achsen einer Ellipse (s. Abb. 4). Besonders die Lage der „Fehlerellipse" ist charakteristisch: die Achsen dieser Ellipse, die der Verteilung gezeigter Punkte angepasst wird, verlaufen bei externer Kodierung eher parallel zu den Rändern des Touchscreens, bei kinästhetischer Kodierung sind sie dagegen an der Bewegungsrichtung orientiert (Ittyerah/Gaunet/Rossetti 2007, S. 175). Dabei stellt sich heraus, dass sehende Probanden, die sofort nach Aufblitzen des Stimulus auf die Stelle zeigen sollten, sich eher kinästhetisch orientierten, während nach einer Wartezeit von acht Sekunden eher eine externe Orientierung z.B. an den Rändern des Touchscreens stattfand.

GAUNET & ROSSETTI (2006) haben diesen Versuch mit geburtsblinden, späterblindeten und sehenden Probanden unter Augenbinde durchgeführt. Die geburtsblinden Personen verwendeten durchweg, auch nach Wartezeit, die kinästhetische Orientierung. Die Sehenden zeigten trotz der

Augenbinde das übliche Muster und wechselten zu einem externen Bezugsrahmen, wenn die Antwort verzögert zu geben war. Die Ergebnisse der späterblindeten Probanden zeigten bei Versuchen ohne Wartezeit die kinästhetische Enkodierung, bei einer Wartezeit von acht Sekunden lagen ihre Ergebnisse zwischen denen der sehenden und der geburtsblinden Teilnehmer.

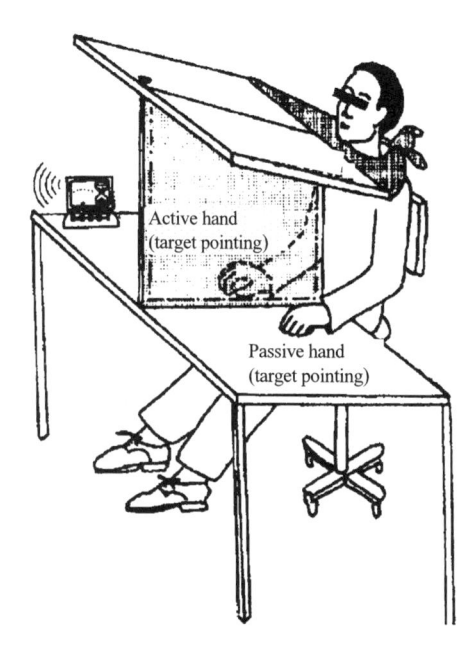

Abb. 5: Versuchsanordnung bei ITTYERAH, GAUNET & ROSSETTI (2007, S. 174)

ITTYERAH, GAUNET & ROSSETTI (2007) haben diesen Versuch mit Kindern wiederholt. 40 sehende und 40 geburtsblinde Kinder nahmen teil, davon jeweils 10 aus den Altergruppen 6, 8, 10 und 12 Jahre. In diesen Untergruppen waren je 5 Jungen und 5 Mädchen, alle Kinder waren Rechtshänder. Der Touchscreen war sagittal positioniert, d.h. aufrecht und parallel zur Körpermittellinie, zwischen den Armen. Er war von beiden Seiten nutzbar, so dass eine Hand für die Aufnahme der Zielposition dienen konnte und die andere Hand zum aktiven Zeigen. Der Zeigefinger einer Hand wurde durch den Versuchsleiter zur Zielposition geführt, die Kinder sollten diese Position dann mit dem anderen Zeigefinger zeigen.

Externe Repräsentation bei blinden Kindern	Die Zeigepunkte der blinden Kinder nahmen weniger Fläche ein, sie zeigten also genauer als die sehenden Kinder. Die Entwicklungsverläufe in beiden Gruppen zeigten aber insgesamt ein ähnliches Muster. Dies führt zu der Vermutung, dass Reifungsprozesse des Gehirns, die unabhängig vom visuellen Status ablaufen, hier eine bedeutende Rolle spielen (Ittyerah/Gaunet/Ros-setti 2007, S. 179). Sowohl bei blinden als auch bei sehenden Kindern war ein Wechsel zu externer Kodierung festzustellen, wenn eine Wartezeit zwischen Stimulus und Antwort eingefügt wurde. Dadurch werden die obigen Ergebnisse von MILLAR (1985) gestützt, die in derselben Altersgruppe blinder Kinder die Entwicklung externer Repräsentationen beobachtet hatte (s. S. 37). Dies steht jedoch im Kontrast zu den eben zitierten Ergebnissen von GAUNET & ROSSETTI (2006), die bei blinden Erwachsenen keine externe Enkodierung feststellen konnten. ITTYERAH, GAUNET & ROSSETTI vermuten, dass die externe Raumrepräsentation von blinden Kindern zwar entwickelt wird, aber aufgrund ihrer geringeren Effektivität bei Blindheit im Lauf der weiteren Entwicklung wieder an Bedeutung verliert (2007, S. 180). Hier besteht weiterer Forschungsbedarf, um diese Vermutung abzusichern.
	Die Ergebnisse von GAUNET & ROSSETTI (2006) dürfen jedoch auch nicht so interpretiert werden, dass die externe Raumrepräsentation mit höherem Altern gar nicht mehr möglich ist. Blinde Erwachsene, die im Alltag häufig unabhängig Wege in der Umgebung zurücklegen, zeigen in Versuchen zur externen Raumrepräsentation gute Leistungen (Loomis/Klatzky/Golledge 2001, S. 284f). Ob hier überdurchschnittliche kognitive Fähigkeiten der Probanden die Ursache für die hohe Mobilität darstellen, oder ob umgekehrt die alltägliche Erfahrung mit Anforderungen der nonvisuellen Orientierung zu guten kognitiven Leistungen führt, bleibt offen. Wahrscheinlich ist, dass sich beide Faktoren gegenseitig beeinflussen. Die Verwendung externer Raumrepräsentationen gelingt also auch blinden Erwachsenen. Der Kontext ist hier vermutlich entscheidend: Für die Bewegung im Raum ist die Orientierung an externen Bezugspunkten sehr nützlich, für das Zeigen auf ein Ziel dagegen ist keine Fortbewegung notwendig und die Propriozeption stellt eine zuverlässige und leicht zugängliche Orientierungsmöglichkeit zur Verfügung. Die Tatsache, dass Erwachsene im Gegensatz zu Kindern automatisch darauf zurückgreifen, ist also eher als Anpassung an die eigenen Wahrnehmungsbedingungen zu werten und nicht grundsätzlich als Defizit zu betrachten.
Redundanz von Referenzinformationen	Externe und egozentrische Referenzen können auch gemeinsam genutzt werden. Für MILLAR ist der wichtigste Unterschied zwischen Sehen und Tasten in Bezug auf Raumwahrnehmung darin zu sehen, dass beim Sehen externe Referenzinformationen zur Orientierung immer im Hintergrund vorhanden sind. Beim Tasten steht ein externer Hintergrund nicht

automatisch zur Verfügung, und selbst wenn er vorhanden ist, muss seine Verwendung erst erlernt werden (Millar 2006, S. 40 u. 42). Räumliche Verarbeitung kann - nach MILLARS Referenzhypothese (s. S. 31) - als Organisation oder Integration redundanter Reize beschrieben werden, die als Referenzinformationen zur Bearbeitung einer Frage nach dem Ort, der Entfernung oder der Richtung dienen (Millar 2006, S. 31). Die Kongruenz der verfügbaren Referenzinformation ist entscheidend für die Exaktheit der räumlichen Wahrnehmung. Die Quelle der Information - visuell oder haptisch, egozentrisch oder extern - ist dagegen von untergeordneter Bedeutung. MILLAR konnte sogar zeigen, dass sich die Genauigkeit der haptischen Raumwahrnehmung verdoppeln lässt, wenn egozentrische *und* externe Referenzinformationen zur Verfügung stehen und genutzt werden (Millar 2006, S. 40). Dieser additive Charakter deutet darauf hin, dass diese beiden Formen von Information unabhängig voneinander verarbeitet werden. Zumindest für die Verarbeitung visueller Information lassen sich entsprechend voneinander getrennte Hirnregionen zur Verarbeitung egozentrischer und externer Information feststellen, was dieser These weiteres Gewicht verleiht (Millar 2006, S. 43).

2.2.2.3 Haptische Identifizierung von Objekten

Neben der Differenzierung externer und egozentrischer Bezugsrahmen erweist sich eine weitere Unterscheidung als bedeutsam: Das Tasten kann wie beschrieben zur genauen räumlichen Analyse genutzt werden, im Alltag genügt es aber häufig, bekannte Objekte anhand weniger Merkmale zu *identifizieren*. Der Tastsinn wird im Vergleich zum Sehen häufig als vergleichsweise langsam und reduziert beschrieben, wenn es um räumliche Wahrnehmung geht (Millar 1997, S. 16f). Wenn das Ziel dagegen in der Identifizierung eines Objektes besteht, kann das Tasten als Expertensystem betrachtet werden. Durch die Untersuchung von Größe, Härte, Oberflächenstruktur, Temperatur und auffälligen Merkmalen wie Spitzen oder Löchern können Objekte erkannt werden, ohne vorher die genaue räumliche Struktur zu untersuchen. Auch Untersuchungen von KLATZKY, LEDERMAN & REED (1987) und LEDERMAN & KLATZKY (1997) belegen dies. In einer neurowissenschaftlichen Untersuchung konnten REED, KLATZKY & HALGREN (2005) nachweisen, dass diese Trennung von Verarbeitung des Objekts (‚Was?') und des Ortes (‚Wo?') getrennten Verarbeitungswegen im Gehirn entspricht[1].

Raumwahrnehmung vs. Identifizierung

---

[1] Eine vergleichbare Dissoziation findet sich im visuellen System (Ungerleider/Mishkin 1982; Ungerleider/Haxby 1994) und im auditiven System (Anourova et al. 2001; Kaas/Hackett 1999). Vermutlich handelt es sich um ein modalitätsunabhängiges Organisationsprinzip des Gehirns (Reed/Klatzky/Halgren 2005, S. 725).

Identifizierung als Standardmodus beim Tasten

SIMPKINS (1979) beschreibt einen Versuch, in dem Kinder mit Sehschädigung im Alter zwischen vier und sieben Jahren verschiedene geometrische Objekte zum Tasten bekamen. Nach jedem einzelnen Objekt wurden ihnen vier weitere Objekte vorgelegt, aus denen sie das zum ersten Objekt Passende auswählen sollten. Dabei zeigt sich, dass vorhandenes Sehvermögen keinen Einfluss ausübte, aber die Ergebnisse mit steigendem Alter der Kinder besser wurden. Es war zu beobachten, dass sich die jüngeren Kinder bei der Exploration der Formen vor allem auf auffällige Merkmale (z.B. Löcher, Spitzen) konzentrierten, während die älteren Kinder häufiger das Objekt in einer Hand hielten und die Kontur mit der anderen Hand verfolgten. Haptische Formwahrnehmung erfordert vergleichsweise mehr Erfahrung und effektive Taststrategien, die den jüngeren Kindern noch nicht zur Verfügung stehen.

Auch bei älteren Schülern kann die Konkurrenz zwischen haptisch hervorstechenden Merkmalen und geometrischen Konzepten noch zu Schwierigkeiten führen, wie eine Studie von ARGYROPOULOS (2002) zeigt. 19 Schüler einer griechischen Blindenschule im Alter zwischen 13 und 19 Jahren bekamen Winkel in Form tastbarer Linien vorgelegt mit der Aufgabe, diese zu kategorisieren. Die meisten Schüler bezeichneten spitze Winkel als „größer" und stumpfe Winkel als „kleiner", weil der haptische Eindruck an der Spitze eines spitzen Winkels intensiver ist als an einem stumpfen Winkel (Argyropoulos 2002, S. 13).

2.2.2.4 Folgerungen für den Unterricht

Von blinden Schülern kann also beim Umgang mit Unterrichtsmaterialien nicht unbedingt erwartet werden, dass sie sich für die räumliche Struktur interessieren; dies gilt vor allem in der Grundschule (Csocsán et al. 2003, S. 11). Auch WARREN (1994, S. 160) weist darauf hin, dass blinde Kinder erst mit der Zeit lernen, situationsabhängig wichtige und unwichtige Aspekte eines ertasteten Objekts zu unterscheiden. Haptische Erfahrungen von jungen blinden Kindern sind – bezogen auf den Raum - häufig eher zufälliger Natur (Ahlberg/Csocsán 1994, S. 21) und tragen wenig zur Übung und Entwicklung der Formwahrnehmung bei. Taktile Qualitäten wie Textur und Härte ziehen leicht die Aufmerksamkeit auf sich und sind einfach zu unterscheiden, während die Formwahrnehmung komplexer ist und ein systematisches Vorgehen erfordert (Klatzky/Lederman/Reed 1987). Im Alltag ist das sinnvoll, weil so die Stärken des Tastsinns für die Identifizierung ausgenutzt werden, aber gerade im Mathematikunterricht ist der mathematische Gehalt häufig in der räumlichen Struktur von Veranschaulichungen repräsentiert.

Die externe Raumrepräsentation ist von hoher Bedeutung für den Mathematikunterricht, weil sie für den Umgang mit Veranschaulichungen nützlich ist. Diese erfordern aufgrund ihrer Größe und Beweglichkeit häufig eine objektzentrierte, also externe Enkodierung (s. S. 32). Die „Übersicht" anhand externer Bezugsrahmen zu erreichen, wird auch für blinde Schüler häufig als höchste Stufe des Raumverständnisses angesehen, was sich nach dieser Analyse aber als visuozentristische Zuschreibung erweist[1]. Für Menschen mit Sehschädigung ist zu vermuten, dass externe Repräsentationen im Alltag nicht immer nützlich sind. UNGAR (2002, S. 9f) kommt ebenfalls zu diesem Schluss. Im Anschluss an MILLAR (2006, S. 40f; s. S. 40) weist er allerdings zusätzlich darauf hin, dass sich egozentrische Strategien durch externe Strategien ergänzen lassen, und dass diese Kombination zu den besten Ergebnissen in der Raumwahrnehmung blinder Menschen führt. Die Entwicklung externer Strategien sollte daher unterstützt und angeregt werden, ohne dabei den Wert egozentrischer Strategien in Zweifel zu ziehen. Hier zeigt sich die Bedeutung von angemessenem Geometrieunterricht für blinde Schüler, die auch HAHN (2006) hervorhebt.

Die Bedeutung kinästhetisch-egozentrischer Repräsentationen für die haptische Raumwahrnehmung hat noch spezifischere Auswirkungen auf den Unterricht. Es ist damit zu rechnen, dass blinde Kinder Schwierigkeiten im Umgang mit Veranschaulichungen haben, wenn sich deren Position oder Größe in Relation zum eigenen Körper ändert. Das kann geschehen, wenn sie mit der Veranschaulichung eines Mitschülers am Nebentisch oder einer vergrößerten Demonstrationsversion arbeiten sollen.

2.2.3 Tasten und Kurzzeitgedächtnis

Aufgrund des zeitlichen Aspekts von aktivem Tasten rückt noch ein weiteres, von der Kognitionspsychologie viel beachtetes Thema ins Blickfeld: das Gedächtnis. Insbesondere das Arbeitsgedächtnis ist dafür verantwortlich, dass die nacheinander gewonnenen Tasteindrücke zu einem Gesamteindruck verknüpft werden können. Zur Orientierung erscheint es sinnvoll, die Gedächtnisformen in einem Überblick kurz darzustellen.

Das **Ultrakurzzeitgedächtnis** kann begrifflich noch zum Bereich der Wahrnehmung gerechnet werden, weil es mit der unbewussten Vorverarbeitung der Signale im Zusammenhang steht. Beim Sehen wird es auch als visueller Pufferspeicher bezeichnet, beim Hören als Echogedächtnis. Dieses Gedächtnis enthält den „rohen" unverarbeiteten Sinneseindruck und damit viel Information, ist aber sehr flüchtig (wenige 100 Millisekunden). Es ist aktiv, wenn man sich einen soeben wahrgenommenen Reiz noch einmal vergegenwärtigt – z.B., wenn man sich erinnert, an

Gedächtnistypen

---

[1] Der starke Einfluss visueller Raumkonzepte in blindenpädagogischen Kontexten zeigt sich auch in LÄNGERs soziologischer Analyse des Mobilitätstrainings für Blinde (2002, S. 49ff, 187).

welcher Stelle das Körpers man soeben berührt wurde (Spitzer 2004, S. 116ff).

Im **Kurzzeitgedächtnis** können wenige Informationen für kurze Zeit behalten werden, z.b. die Telefonnummer, die man sich merkt, wählt und dann wieder vergisst. Die Kapazität beträgt durchschnittlich sieben (plus/minus zwei) Einheiten, die als *Chunks* bezeichnet werden. Es ist grob für eine Zeitspanne von einigen Sekunden, allerhöchstens eine halbe Minute aktiv (Roth 2003a, S. 96).

Der Begriff „**Arbeitsgedächtnis**" (Baddeley/Hitch 1974; Baddeley 1987) beschreibt eine Teilfunktion des Kurzzeitgedächtnisses. Es hält situativ relevante Wahrnehmungen, Gedächtnisinhalte und Vorstellungen aktiv und konstituiert so den „Strom des Bewusstseins". MIYAKE & SHAH (1999) definieren, dass das Arbeitsgedächtnis diejenigen Mechanismen oder Prozesse beinhaltet, die im Dienste der komplexen Kognition aufgabenrelevante Informationen steuern, ordnen und aufrechterhalten. ROTH (2003b, S. 158ff) nimmt an, dass das Arbeitsgedächtnis den „Flaschenhals" des Kurzzeitgedächtnisses bildet, also für die begrenzte Kapazität von sieben Einheiten verantwortlich ist.

Das **Langzeitgedächtnis** umfasst verschiedene Formen. Erinnerungen an Ereignisse aus dem eigenen Leben (episodisches Gedächtnis) sowie allgemeines Wissen und Sprache (semantisches Gedächtnis) werden dem deklarativen (expliziten) Gedächtnis zugeordnet. Das prozedurale Gedächtnis enthält gelernte und automatisierte Handlungsabläufe (z.B. Fahrradfahren). Diese Form von Gedächtnis ist implizit, also nicht bewusst zugänglich (Spitzer 2004, S. 116ff). Etwas allgemeiner gefasst: Funktionen des impliziten Gedächtnisses sind immer dann zu beobachten, wenn sich die Leistung von Versuchspersonen verbessert, weil zu einem früheren Zeitpunkt schon aufgabenrelevante Handlungserfahrungen gesammelt wurden.

In Bezug auf die haptischen Gedächtnisleistungen blinder Menschen bieten sich zwei gegenläufige Hypothesen an:
- Blinde Menschen verfügen über ein besseres haptisches Gedächtnis als Sehende, weil sie es häufiger benötigen, es gibt also einen Trainingseffekt.
- Sehende Menschen können mit haptischen Eindrücken besser umgehen, weil sie auf passende visuelle Erfahrungen und Vorstellungen zurückgreifen können, welche sich besser für raumbezogene Denkprozesse eignen.

MILLAR (2000) hat sich mit den Bedingungen auseinandergesetzt, die für eine erfolgreiche Speicherung haptischer Informationen von Bedeutung sind. Sie stellt einen deutlichen Zusammenhang fest zwischen Kapazität des Kurzzeitgedächtnisses und der Möglichkeit, das Tastobjekt zu benennen. Bereits frühere Untersuchungen (1974; 1975; 1978a; 1978b) zeigten, dass bei bekannten Objekten (MILLAR verwendete Braillezeichen) eine phonologische Rekodierung stattfindet, d.h. die sprachlichen Bezeichnungen werden aus dem Langzeitgedächtnis abgerufen und zugeordnet. Hier zeigt sich wieder die Identifizierung als Stärke des Tastsinns. Diese Rekodierung wirkt sich positiv auf die Gedächtnisleistung aus: Auf diese Weise können sechs oder mehr Einheiten gespeichert werden. Unbekannte Tastobjekte (hier braille-ähnliche, sinnlose Zeichen) können dagegen nicht phonologisch rekodiert werden, was zu einem deutlichen Absinken der Leistung führt: nur noch zwei bis drei Objekte können so im Kurzzeitgedächtnis gespeichert werden. Inwieweit von Braillezeichen auf größere Tastobjekte verallgemeinert werden darf, ist allerdings unklar, da Braillezeichen von geübten Lesern eher anhand der Textur als anhand der räumlichen Struktur identifiziert werden (Millar 1999; s. S. 34).

<small>Haptisches Kurzzeitgedächtnis</small>

Die Ergebnisse der haptischen Testbatterie von BALLESTEROS, BARDISA, MILLAR & REALES (2005) erlauben einen Vergleich des haptischen Kurzzeitgedächtnisses blinder und sehender Kinder. Sehende Kinder arbeiten bei diesem Test unter Augenbinde. Die Werte der älteren blinden Kinder entsprechen bei bekannten Objekten denen der erwachsenen Probanden bei MILLAR (s.o.), es werden also ca. 6 Einheiten gespeichert. Für die Altersgruppen ‚3-5 Jahre' und ‚6/7 Jahre', die in dieser Arbeit besonders interessieren, stellen BALLESTEROS et al. zunächst fest, dass die Leistungen sowohl blinder als auch sehender Kinder noch deutlich unter den Werten für Erwachsene liegen. Dies entspricht den Erwartungen, denn die Kapazität des Kurzzeitgedächtnisses nimmt bei sehenden Kindern und Jugendlichen mit dem Alter linear zu (Gathercole et al. 2004)[1].

<small>Haptische Testbatterie</small>

Die haptische Testbatterie enthält drei verschiedene Untertests zum Kurzzeitgedächtnis. Im *dot-span*-Test sollten die Kinder sich die ertastete Anzahl von Punkten merken und im Anschluss sofort wiedergeben. Dieser Versuch erlaubt den Kindern eine phonologische Rekodierung mit Hilfe des Zahlwortes. Es wurden eine bis sechs Punktmengen als tastbare Abbildung nebeneinander dargestellt. Die blinden und sehenden Kinder zwischen 3 und 7 Jahren konnten sich durchschnittlich ca. 1-3 Punkt-

---

[1] Leider sind die von GATHERCOLE et al. verwendeten Tests so verschieden von den Tests aus der haptischen Testbatterie von BALLESTEROS et al., dass hier kein Vergleich zwischen haptischem und visuellem Arbeitsgedächtnis möglich ist.

mengen merken, wobei die älteren Kinder erwartungsgemäß bessere Leistungen zeigten. Wichtig ist, dass die blinden Kinder hier signifikant besser abschnitten als die Sehenden.

Der *object-span*-Test untersucht das Kurzzeitgedächtnis für bekannte ertastete Objekte. Hier lagen die erreichten Spannen insgesamt etwas höher (ca. 2-4 Objekte) als für Punktmengen. Die Merkfähigkeit erhöhte sich auch hier erwartungsgemäß mit dem Alter. Der visuelle Status hatte diesmal jedoch *keinen* signifikanten Effekt auf die Ergebnisse, d.h. anders als im *dot-span*-Test schnitten blinde Kinder nicht besser ab als sehende. Auch in diesem Versuch ist phonologische Rekodierung möglich, da es sich um bekannte Objekte handelt. Wie ist der Vorteil der blinden Kinder im *dot-span*-Test zu erklären, bzw. warum lässt sich für die *object span* nichts Vergleichbares messen? Zu Beginn dieses Kapitels wurde festgestellt, dass der Tastsinn als Expertensystem für die Identifizierung (im Gegensatz zur räumlichen Analyse) gelten kann. Bekannte Objekte können relativ leicht benannt werden. Im *dot-span*-Test ist für das Zählen der Punkte die Taststrategie von größerer Bedeutung. Dies erzeugt möglicherweise einen Vorteil der blinden Kinder, die damit mehr Erfahrung haben.

Der dritte Test, „*movement span*", erforderte das Speichern einer Sequenz von Bewegungen. Auch hier liegen die durchschnittlichen Leistungen von 3-7jährigen im Bereich von 1-3 Bewegungen; die Leistung erhöht sich wieder mit dem Alter. Gemittelt über alle Altersstufen ist kein signifikanter Unterschied zwischen blinden und sehenden Probanden festzustellen, aber für die Gruppe der 3-5jährigen galt, dass die blinden Kinder signifikant bessere Leistungen zeigten (durchschnittlich 1,89 Bewegungen) als die sehenden (0,80). Bei den 6-7jährigen war dieser Unterschied jedoch bereits verschwunden (blind 2,89; sehend 2,90). Diese Ergebnisse lassen sich möglicherweise damit erklären, dass nur bei den jüngsten Kindern ein Trainingseffekt aufgrund der blindheitsbedingt größeren Bedeutung der kinästhetischen Wahrnehmung erkennbar ist. Später begrenzt die Gedächtniskapazität die Leistung bei blinden und sehenden Probanden gleichermaßen.

Zusammenfassung	Die Ergebnisse zeigen zusammenfassend, dass das haptische Kurzzeitgedächtnis blinder Kinder und Jugendlicher in etwa vergleichbar ist mit dem Sehender. Ein Trainingseffekt aufgrund der höheren Bedeutung der Tastwahrnehmung bei Blindheit ist nur in Einzelfällen zu beobachten. Ein Effekt in die andere Richtung aufgrund der Möglichkeit visueller Rekodierung bei den sehenden Kindern ist nicht auszumachen. Allerdings kann nicht ausgeschlossen werden, dass beide Effekte (Trainingseffekt und visuelle Rekodierung) vorhanden sind und sich die Leistungen daher angleichen.

Haptische Wahrnehmung

Leider bieten die hier zitierten Studien keine Anhaltspunkte über die Arbeitsweise des haptischen Arbeitsgedächtnisses, also die Gedächtnisleistung *während* des Ertastens größerer Objekte. Es ist wahrscheinlich, dass hier die Möglichkeit der Identifizierung und Benennung ebenso wichtig ist wie für das Kurzzeitgedächtnis, da sie das *Chunking*[1] vieler verschiedener haptischer Informationen zu einer Einheit (dem Namen) erlaubt. Das relativ geringe Fassungsvermögen, das BALLESTEROS et al. insgesamt für Grundschulkinder festgestellt haben, ist ein deutlicher Hinweis darauf, dass Veranschaulichungen im Unterricht möglichst einfach zu halten sind. Es ist tastend ungleich schwerer, sich schnell eines wichtigen Details zu vergewissern als visuell, wenn dieses Detail erst neu gesucht werden muss. Daher hat die Gedächtnisleistung größere Bedeutung. Bewusstes Benennen von Einzelteilen ist wichtig, um das Fassungsvermögen des Arbeitgedächtnisses durch die Möglichkeit phonologischer Rekodierung zu erhöhen.

Folgerungen

Ein Exkurs zu einer Untersuchung von HUDELMAYER (1970) soll abschließend illustrieren, welche Auswirkungen die haptische Gedächtnisleistung auf Testergebnisse haben kann.

Exkurs: Untersuchung zur Begriffsbildung bei blinden Kindern
HUDELMAYER ging von der Arbeitshypothese aus, dass die Fähigkeit zur Begriffsbildung bei blinden Menschen grundsätzlich beeinträchtigt ist. Um dies zu untersuchen, entwarf er handgroße Karten, auf denen mehrere Merkmale variierten: Die Umrandung war glatt, geriffelt oder gepunktet, der Hintergrund war rau, gestreift oder glatt, in der Mitte befanden sich verschiedene Symbole (Punkte, Kreise oder Kreuze), und die Anzahl dieser Symbole schwankte zwischen eins und drei. Analog gestaltete er auch akustisches Material. Dabei variierte die Tonqualität (Klingel, Summer, Pfeifton), die Tonlänge (kurz, lang) und die Anzahl der Töne (eins, zwei, drei). Das akustische Material variierte nur auf drei Dimensionen, weil HUDELMAYER in einen Vortest festgestellt hatte, dass die Schüler damit insgesamt geringere Leistungen zeigten.

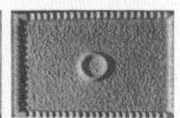

Abb. 6: Haptisches Versuchsmaterial bei HUDELMAYER (1970, S. 119)

Vierzig der teilnehmenden Schülerinnen und Schüler waren geburtsblind oder vor dem zweiten Geburtstag erblindet und zwischen 9 und 15 Jahren alt. Zwei weitere Gruppen mit je 40 Teilnehmern wurden aus sehenden

---

[1] Zusammenfassen zu *chunks*, die Im Arbeitsgedächtnis als eine Einheit geführt werden

Schülern gebildet, die nach Alter, Geschlecht und Intelligenz (gemessen mit dem Verbalteil des HAWIK) mit den Teilnehmern der ersten Gruppe parallelisiert wurden. Einer dieser Gruppen wurden die Karten visuell präsentiert, der anderen haptisch.

Den Schülern wurden nun die Karten nacheinander vorgelegt bzw. die Tonfolgen vorgespielt. Auf vergangene Karten/Tonfolgen durften sie nicht zurückgreifen. Ihre Aufgabe war es, die Regel zu finden, nach der eine Karte / eine Tonfolge als zugehörig oder nicht zugehörig zu einer Menge kategorisiert wurde, deren bestimmende Merkmale vorher nicht bekannt waren. Diese zu entdeckenden Regeln konnten bis zu drei verschiedene Merkmale mit einbeziehen, z.B. alle Karten mit rauem Hintergrund, alle Tonfolgen mit kurzen und summenden Tönen oder alle Karten mit zwei Kreuzen und durchgezogenem Rand. Die erste präsentierte Karte/Tonfolge war immer zugehörig, danach mussten die Schüler jeweils eine Vermutung zur Zugehörigkeit abgeben und bekamen sofort die Rückmeldung, ob sie richtig lagen oder nicht. Jede Sequenz war so aufgebaut, das nach fünf Karten die Regel theoretisch feststand. Gemessen wurde die tatsächliche Anzahl der benötigten Karten zum Erkennen der Regel.

Die Auswertung für den haptisch-visuellen Versuchsteil ergab, dass sowohl die Gruppe der visuell arbeitenden Sehenden als auch die Gruppe der haptisch arbeitenden Sehenden signifikant bessere Ergebnisse erzielte als die Gruppe der blinden Versuchsteilnehmer. Zwischen den beiden sehenden Gruppen war kein signifikanter Unterschied festzustellen. Es machte also keinen Unterschied, ob die sehenden Teilnehmer das Material haptisch oder visuell präsentiert bekamen, ihre Leistungen waren in beiden Fällen deutlich besser als die der blinden Teilnehmer. HUDELMAYER (S. 145) wertete dies zunächst als Bestätigung der Hypothese, dass Blindheit die Fähigkeit zur Begriffsbildung grundsätzlich beeinträchtigt. Bei der Auswertung der auditiven Aufgaben konnten dann jedoch keine signifikanten Unterschiede zwischen sehenden und blinden Teilnehmern gefunden werden. Damit musste die Arbeitshypothese verworfen werden: Es war keine grundlegende, supramodale Beeinträchtigung des Begriffsbildens bei blinden Schülern festzustellen, denn sie schnitten im auditiven Versuchsteil ebenso gut ab wie ihre sehenden Altersgenossen. Nur mit dem haptischen Material hatten sie größere Schwierigkeiten.

Die Begründung für diese Ergebnisse sieht HUDELMAYER darin, dass die sehenden Teilnehmer auch auf der Basis des haptischen Materials visuelle Vorstellungen erzeugen und nutzen konnten. „Offenbar boten die visuellen und die aus visualisierten Tastdaten gegebenen Repräsentationen günstigere mnestische Voraussetzungen als diejenigen von ausschließlich taktiler Qualität" (S. 174).

Es ist möglich, dass den blinden Teilnehmern für die phonologische Rekodierung der abstrakten Merkmale die Wörter fehlten (z.B. geriffelt/ge-punktet; rau/gestreift), was die Gedächtnisleitung stark beeinträchtigt (s.o.). Für eine genauere Analyse müsste der Versuch wiederholt werden. HUDELMAYERS Ergebnisse zeigen, dass die haptische Darbietung von Versuchs- oder auch Unterrichtsmaterialien nachteilige Effekte mit sich bringen kann. HUDELMAYER schließt aus seinen Ergebnissen, dass blinde Schüler durch den notwendigen Einsatz haptischer Materialien im Unterricht gegenüber Sehenden benachteiligt sind, geht jedoch nicht soweit, einen stärkeren Einsatz auditiver Materialien zu fordern. Die Ergebnisse zeigen auch, wie problematisch es ist, die kognitiven Fähigkeiten blinder und sehender Kinder zu vergleichen. Wenn HUDELMAYER seinen Versuch ohne auditiven Anteil durchgeführt hätte, wäre er leicht zu einem falschen Ergebnis gekommen.

2.2.4 Fazit

Die hier dargestellten Forschungsergebnisse zur haptischen Wahrnehmung haben Folgen für den Einsatz von haptischen Lernmaterialien im Unterricht, die in Kap. 7 konkretisiert werden. Die wichtigsten Punkte werden nun kurz zusammengefasst.

Expertensystem für Identifizierung

Über das Tasten werden mit Texturen, Härte und Temperatur Aspekte von Gegenständen wahrnehmbar, die dem Sehen nicht oder nicht direkt zugänglich sind. Diese erweisen sich als sehr hilfreich für die Identifizierung von Objekten. Im Alltag ist es deshalb häufig gar nicht notwendig, tastend die räumliche Struktur eines Objekts vollständig zu erfassen. Vor allem blinde Kinder fokussieren ihre Aufmerksamkeit eher auf diese auffälligen Aspekte und weniger auf die räumliche Struktur, wenn sie ein neues Objekt erforschen.

Kinästhetisch-egozentrische Raumwahrnehmung

Die Wahrnehmung von Körperstellung und Bewegung (Propriozeption) ist von grundlegender Bedeutung für das Tasten. Der Körper als Bezugsrahmen und die Tastbewegungen als Indikatoren für Position und Form eines Tastobjekts sind unter blinden Bedingungen sehr nützliche Informationsquellen über die räumliche Struktur der Umwelt. Das Raumkonzept blinder Menschen ist damit optimal an ihre Wahrnehmungsbedingungen angepasst und kann nicht als minderwertig gegenüber der meist externen, überblicksartig organisierten Raumwahrnehmung sehender Menschen betrachtet werden. Externe Bezugsrahmen können von blinden Menschen ebenfalls genutzt werden, wenn die Situation es erfordert. Kinder am Schulanfang müssen diese Art der Raumrepräsentation aber erst noch entwickeln.

Kognitive Anforderungen
Die Tastwahrnehmung blinder Menschen ist aufgrund von Neuroplastizität und anderen Trainingseffekten in einigen Bereichen besser entwickelt als die von sehenden Personen. Haptische Raumwahrnehmung stellt allerdings aufgrund der Sukzessivität und der variablen Kombination verschiedener Sinnesbereiche (Hautrezeptoren, Propriozeption) erhöhte Anforderungen an Planung und Strategien der Reizaufnahme. Zusätzlich ist das Arbeitsgedächtnis für haptische Informationen auch bei blinden Menschen, vor allem bei Kindern, schnell ausgelastet, wenn phonologische Rekodierung nicht möglich ist. Dies führt zu gegenüber dem Sehen vergleichsweise höheren kognitiven Anforderungen.

Eine unreflektierte Gleichsetzung der haptischen Wahrnehmung blinder Menschen mit der visuellen Wahrnehmung sehender Menschen, eine Verkürzung auf die Formel „Blinde Menschen sehen mit den Händen", kann also problematische Folgen haben, da das Profil der Stärken und Schwächen des haptischen Sinns anders gelagert als das Profil des Sehens. Die haptisch-räumliche Wahrnehmung ist komplexer und anders strukturiert. Diesen Bedingungen müssen haptische Veranschaulichungen Rechnung tragen. Ebenso wichtig ist es, die perzeptiven Möglichkeiten blinder Schüler voll auszuschöpfen. Im folgenden Kapitel wird daher mit dem Hören ein Wahrnehmungsbereich behandelt, der ebenfalls für die Veranschaulichung arithmetischer Inhalte geeignet ist (s. Kap. 5.4.3 und 7), im derzeitigen Unterricht mit blinden Kindern (abgesehen von Sprache) aber nur wenig Beachtung findet.

2.3 Auditive Wahrnehmung

Charakterisierung des Hörens

Das Hören ist wie das Sehen ein Fernsinn, vermittelt also Informationen auch über weit vom Körper entfernte Objekte. Es ist aber grundsätzlich anders strukturiert als das Sehen. Es beschäftigt sich weniger mit den aus visuell-räumlicher Sicht interessanten *Oberflächen*, die den Schall wie auch das Licht reflektieren, sondern eher mit den Klang*quellen* (Bregman 1990). Anders gesagt: Sehen beschäftigt sich vornehmlich mit Objekten, während über das Hören vor allem Ereignisse wahrnehmbar werden (Ong 1971; Forrester 2000). Objekte, die selbst keinen Klang erzeugen, können durch Hören nicht oder nur eingeschränkt über Schallreflexion erfasst werden. Andererseits ist es gut möglich, einen Klang auch dann zu hören, wenn die Klangquelle sich hinter einer (visuell verdeckenden) Oberfläche befindet, man kann also „um die Ecke hören".

Hören und Raum

Das Gehör liefert Informationen über die Richtung, aus der ein Geräusch kommt. Auch die Entfernung kann ermittelt werden, sofern ein Richtwert für die Lautstärke des Geräuschs vorhanden ist, damit aus der tatsächlichen Lautstärke die Entfernung abgeschätzt werden kann. Der auditive

Auditive Wahrnehmung

Sinn unterstützt so die Orientierung und Lokalisierung. Von blinden und sehbehinderten Personen wird er effektiv dafür genutzt (Després/Candas/Dufour 2005). Die Informationen, die durch das Richtungshören über entfernte Schallquellen und reflektierende Oberflächen gewonnen werden können, erhöhen die Redundanz der räumlichen Informationen über die Umwelt (s. Kap. 2.2.2) und unterstützen so die Mobilität blinder Menschen (Saerberg 2006, 94ff). Dies ist aber in Zusammenhang mit auditiven (nicht sprachlichen) Lernmaterialien für den Arithmetikunterricht ein eher nebensächlicher Aspekt und wird deshalb nicht weiter vertieft.

Wie schon im vorangegangenen Kapitel ist es sinnvoll, die hier zu verfolgende Fragestellung an die Forschungsergebnisse zur auditiven Wahrnehmung genauer zu spezifizieren. Forschungen zur *Sprach*wahrnehmung sind ein ganz eigener Bereich und werden hier weitestgehend ausgeschlossen. Für den Kontext auditiver Lernmaterialien stellen sich die folgenden Fragen: *Fragestellung*

- Gibt es Unterschiede in der auditiven Wahrnehmung blinder und sehender Personen? Wie sind diese Unterschiede beschaffen?
- Welche Möglichkeiten und welche Grenzen kennzeichnen solche Lernmaterialien, die die auditive Wahrnehmung mit einbeziehen?
- Wie ist der kognitive Ablauf beim Zählen gehörter Einheiten (z.B. Klatschen oder Glockenschläge) zu beschreiben?
- Welche Bedeutung hat das Hören für die Entwicklung des Zahlbegriffs und des Zählens?

Die zwei letzten Punkte erscheinen deswegen von besonderem Interesse, weil es Hinweise darauf gibt, dass blinde Kinder in der Zählentwicklung das Hören gegenüber dem Tasten bevorzugen (s. S. 172ff in dieser Arbeit; Ahlberg/Csocsán 1997; Ahlberg/Csocsán 1999). Da es speziell hierzu – abgesehen von den Veröffentlichungen von AHLBERG und CSOCSÁN - kaum Literatur gibt, wird im Folgenden immer wieder Literatur aus der Musikkognitionsforschung zitiert. SPITZER (2004, S. 196ff) belegt, dass Musik im Gehirn von Musikern deutlich anders verarbeitet wird als bei musikalischen Laien. Auch die ganz individuelle musikalische Lernbiographie hat deutliche Auswirkungen (Altenmüller et al. 2000). Es liegt nahe, dass dies in ähnlicher Form auch für blinde Menschen gilt, die das Hören im Alltag stärker einsetzen und sozusagen als Fachleute für das Hören gelten können. Die Neuro- und Kognitionspsychologie hat diese Frage genauer untersucht. Insbesondere interessiert die Verarbeitung von Rhythmen, also von zählbaren, sequenziell strukturierten Klängen, da dies die Verarbeitung von Mustern in Allgemeinen und Anzahlen im Speziellen betrifft.

2.3.1 Auditive Leistungen sehender und blinder Personen

Sinn von Leistungsvergleichen

Im Folgenden sollen die Leistungen der auditiven Wahrnehmung und Kognition bei blinden und sehenden Menschen analysiert und verglichen werden. Die Überlegungen zum Leistungsvergleich, die in Kap. 1 (S. 5) für das Tasten angestellt wurden, sind hier ebenso gültig: Es ist wenig sinnvoll, die Leistungen blinder und sehender Personen oder die Leistungen der verschiedenen Sinne direkt zu vergleichen, da die Ausgangsbedingungen jeweils zu unterschiedlich sind. Allerdings bezog sich bei der haptischen Wahrnehmung der größte Anteil der Vergleiche auf das Sehen bzw. Nicht-Sehen stark beeinflusst wird, weil Sehende aus dem Tasteindruck eine visuelle Vorstellung des Raumes erzeugen. Diese Vorstellung bildet dann die Basis der weiteren kognitiven Operationen, wodurch der Unterschied zur Raumkognition blinder Menschen sehr groß wird. Der Einfluss des Sehens auf die auditive Wahrnehmung ist wesentlich geringer. Insbesondere werden Rhythmen auch von sehenden Personen auditiv verarbeitet und nicht in visuelle Vorstellungen umgewandelt, weil das Hören dafür grundsätzlich besser geeignet ist als Sehen (s.u.).

Leistungsvorteile bei blinden Menschen

In der Vergangenheit (und z.T. noch heute in der Volksmeinung) war die Ansicht verbreitet, dass blinde Menschen über ein „schärferes" Gehör verfügen. Tatsächlich lassen sich aber keine Hinweise auf organische Vorteile finden - blinde Menschen können weder besonders leise noch besonders hohe oder tiefe Töne besser hören als Sehende. Vorteile existieren dennoch, jedoch auf anderer Ebene: Blinde Menschen hören *genauer*. Geburtsblinde oder früh erblindete Menschen[1] zeigen bei Tests der auditiven Wahrnehmung (verbal und nonverbal) konsistent bessere Leistungen als Sehende. Einige Beobachtungen sollen hier kurz aufgeführt werden.

Sprache: RÖDER et al. (2000) zeigen, dass das Gehirn geburtsblinder Erwachsener Sprache schneller verarbeitet als des Gehirn Sehender. Unter erschwerten Bedingungen (geringe Lautstärke, Hintergrundgeräusche) verstehen blinde Menschen Sprache besser als Sehende (Niemeyer/Starlinger 1981b).

Tonhöhe: Signifikante Unterschiede zugunsten blinder Menschen sind auch bei der Unterscheidung von Tonhöhen zu beobachten (Niemeyer/Starlinger 1981a; Gougoux et al. 2004). Blinde Menschen verfügen bei entsprechender musikalischer Ausbildung zudem zu einem höheren Prozentsatz über das absolute Gehör (Spitzer 2004, S. 239).

---

[1] Erblindung in den ersten zwei Lebensjahren

Zeitliche Auflösung: Die zeitliche Auflösung einer Sequenz von verschiedenen Tonhöhen gelingt blinden Versuchspersonen besser als Sehenden, d.h. sie können auch bei sehr kurzen, schnell aufeinander folgenden Tönen noch angeben, in welcher Reihenfolge diese auftraten (Gougoux et al. 2004).

Lokalisation: Geburtsblinde Personen können Klangquellen besser lokalisieren als sehende, selbst mit nur einem Ohr[1] (Lessard et al. 1998; Röder/Neville 2003).

STEVENS & WEAVER (2005; 2009) bieten einen Erklärungsansatz für diese Beobachtungen an. Sie zeigen mit Hilfe eigener Versuche und durch Re-Analyse anderer Veröffentlichungen, dass viele der beobachteten Leistungsvorteile auf einer schnelleren Verarbeitung auditiver Stimuli basieren. Sie vermuten, dass das Gehirn geburtsblinder Menschen deutlich schneller als das Gehirn Sehender in der Lage ist, aus den konstituierenden Elementen der auditiven Wahrnehmung eine stabile Repräsentation eines auditiven Objekts zu erzeugen, welches dann einer weiteren kognitiven Analyse und Verarbeitung zur Verfügung steht. Diese Repräsentation entspricht dem Inhalt des Echogedächtnisses (Näätänen/Winkler 1999; näheres hierzu ab S. 54). STEVENS & WEAVER vermuten, dass diese schnelle Konsolidierung der Repräsentation auch zu einer Effizienzsteigerung im Arbeitsgedächtnis beiträgt, weil so Interferenzen mit zeitlich nachfolgenden Reizen verringert werden.

Begründung auf neurologischer Ebene

Die neuronale Basis der erhöhten Leistungsfähigkeit der auditiven Verarbeitung bei geburtsblinden Menschen ist laut STEVENS & WEAVER wahrscheinlich in der Vergrößerung des tonotopischen Areals im primären auditiven Kortex geburtsblinder Menschen zu sehen. In diesem Areal sind die Neurone wie auf einer Karte entsprechend den Frequenzen (Tonhöhen) räumlich angeordnet. Niedrige Frequenzen finden sich anterolateral (vorn und seitlich), hohe posteromedial (hinten und zur Mitte hin). Eine Vergrößerung dieses Neuronenverbands führt nach ELBERT, STERR ET AL. (2002) zu einer verbesserten Wiedergabetreue der Tonhöhe, was wiederum die Verarbeitung vereinfacht und beschleunigt.

Darüber hinaus lässt sich (wie auch schon beim Tasten, s. Kap. 2.2.1) eine Aktivierung des visuellen Kortex geburtsblinder Menschen bei der Verarbeitung auditiver Reize feststellen. Der visuelle Kortex (auch das primäre Areal V1) ist offenbar an der Verarbeitung von nicht vorhersehbaren (d.h. nicht repetitiven) Veränderungen in einer Abfolge von Klängen beteiligt unter der Voraussetzung, dass die Aufmerksamkeit auf diese

---

[1] Dies ist möglich durch die unterschiedlichen Reflexionen an der Ohrmuschel, die abhängig von der Richtung entstehen

Klänge gerichtet ist (Kujala et al. 2005). Auch das trägt wahrscheinlich zu der oben genannten erhöhten Leistungsfähigkeit der auditiven Wahrnehmung blinder Menschen bei.

2.3.2 Verarbeitungswege auditiver Wahrnehmung

Hören als sukzessive Wahrnehmung

Wie schon beim Tasten ist auch beim Hören festzustellen, dass es stärker als das Sehen sukzessiv organisiert ist; allerdings ist der für das Tasten so wichtige Handlungsaspekt beim Hören von vergleichsweise geringerer Bedeutung. Um Musik genießen zu können, ganze Sätze zu verstehen oder die Anzahl einer Sequenz von Tönen zu bestimmen, benötigen Menschen die Fähigkeit, eine Synthese über die Zeit hinweg zu vollziehen, um die nacheinander gehörten Klänge in Beziehung zu setzen. Eine Melodie wäre ohne zeitliche Synthese als Ganzheit gar nicht zugänglich (Spitzer 2004, S. 115). CSOCSÁN nennt diesen Zusammenklang über die Zeit den „Sinfonieeffekt" (Csocsán et al. 2003, S. 38). Deshalb sind für das Hören das Echogedächtnis und das Arbeitsgedächtnis (s. Exkurs S. 43) von größter Bedeutung. Daran orientiert sich auch die Gliederung dieses Abschnitts.

2.3.2.1 Ebene des Echogedächtnisses

Beschreibung des Hörvorgangs

Aus einem kontinuierlichen Strom von Frequenzen mit unterschiedlicher Lautstärke (Amplitude), einer so genannten *auditiven Szene* (Bregman 1990), konstruiert das Gehirn als Basis für die weitere Verarbeitung einzelne, elementare Ereignisse. Aus dem am Ohr eintreffenden Frequenzgemisch müssen z.B. einzelne Wörter, verschiedene Instrumente, Hundebellen oder Meeresrauschen isoliert werden. Dies ist ein erstaunlich vielgestaltiges Ergebnis der Analyse eines sehr reduzierten Inputs[1], wie BREGMAN (1990, S. 5f) mit einem Beispiel verdeutlicht: Man stelle sich vor, am Ufer eines Sees zu stehen. Nun werden zwei schmale Kanäle in den Strand gegraben, die bis ins Wasser führen. In diesen Gräben werden Lappen so angebracht, dass sie mit dem eingehenden Wellenschlag in Bewegung geraten. Die Kanäle entsprechen dabei den Ohren, die Lappen symbolisieren die Trommelfelle, der Wellenschlag steht für die Schallwellen. Ist es möglich, aus den Bewegungen der Lappen darauf zu schließen, wie viele Boote sich wo auf dem See befinden, wie stark der Wind bläst und ob gerade etwas ins Wasser gefallen ist?

Definition der Hörereignisse

Die primäre Unterscheidung elementarer, nicht weiter unterteilbarer Hörereignisse geschieht vorbewusst im Echogedächtnis. Sie muss auf zwei Dimensionen stattfinden. Zeitlich („horizontal") sind Beginn und Ende eines Ereignisses von Bedeutung; bei gleichzeitigen Klängen („vertikal",

---

[1] Zur physiologischen Funktionsweise des Hörens siehe GOLDSTEIN (1997, S. 313ff)

Auditive Wahrnehmung | 55

z.B. ein Orchesterklang) müssen verschiedene Frequenzspektren voneinander getrennt werden (Deutsch 1999). Auf die Unterscheidung einzelner Elementarereignisse folgt deren Gruppierung zu größeren Einheiten, z.B. die Zusammenfassung einzelner Trommelschlag zu einem Takt. Unterscheidung und Gruppierung geschehen beide auf der Basis von Tonhöhe, Lautstärke, zeitlicher und räumlicher Lokalisierung, und weiteren multidimensionalen Charakterisierungen wie z.b. Klangfarbe (Deutsch 1999, S. 299f).

Die hier beschriebene hierarchische Trennung der *Unterscheidung* von elementaren Ereignissen und deren weiterer *Gruppierung* wird allerdings nicht von allen Autoren verfolgt. BREGMAN (1990, S. 10) spricht in beiden Fällen von einem *auditory stream* (dt.: auditiver Strom), den er analog zu einem visuellen Objekt versteht. Welche Form der Strom hat, der schlussendlich bewusst verarbeitet wird, hängt davon ab, worauf die Person ihre Aufmerksamkeit richtet - so kann man z.B. Wörter als Ganzheit hören, um einen Satz zu verstehen, oder zum Buchstabieren die einzelnen Phoneme analysieren. In einem Orchesterklang kann der Gesamtklang von Interesse sein oder ein einzelnes Instrument bzw. eine einzelne Melodie herausgehört werden. Im Kontext der vorliegenden Arbeit erweist sich die obige Trennung nach DEUTSCH jedoch als nützlich, da sich Zahlbegriff und Arithmetik mit diskreten, also trennbaren und nur deshalb zählbaren Objekten beschäftigen. Die Gruppierungsmechanismen sind hier deshalb von besonderem Interesse.

Die Bildung eines auditiven Stroms durch Gruppierung lässt sich am besten anhand der gestaltpsychologischen Prinzipien beschreiben. Die Gestaltprinzipien wurden ursprünglich in Bezug auf visuelle Wahrnehmung entwickelt, viele davon lassen sich aber analog für auditiv-temporale Ereignisse formulieren. Dabei werden räumliche Zusammenhänge durch temporale ersetzt (zusammengefasst nach Koffka 1935, S. 434ff; Bregman 1990; Williams 1994; Goldstein 1997, S. 372ff; Deutsch 1999, S. 300; Kubovy/van Valkenburg 2001):

Auditive Gestaltgesetze

- **Gesetz der Nähe**
  Zeitlich dicht aufeinander folgende Ereignisse werden als Gestalt wahrgenommen, Pausen trennen.
- **Gesetz der Kontinuität**
  Eine auf- oder absteigende Reihe von Tönen oder ein nahtloses Gleiten (Glissando) werden als zusammengehörig empfunden, größere Sprünge in der Melodieführung als trennend.
- **Gesetz der Ähnlichkeit**
  Töne ähnlicher Lautstärke, Tonhöhe oder Klangfarbe bilden eine Gestalt, Wechsel in diesen Eigenschaften markieren den Beginn einer neuen Gestalt.

- **Gesetz des gemeinsamen Schicksals**
  Klänge, die gleichzeitig beginnen und enden, werden als zu demselben Ereignis oder derselben Gruppierung gehörig wahrgenommen. Gleiches gilt, wenn sie gleichzeitig lauter oder leiser werden. Plötzliche Veränderungen der Lautstärke werden dagegen als Kriterium für das Hinzutreten/Beenden eines Klangereignisses gewertet.
- **Gesetz der Geschlossenheit**
  Werden gleich bleibende oder gleitende Töne (die also aufgrund der Kontinuität als Gestalt wahrgenommen werden) kurz durch weißes Rauschen unterbrochen, so hat der Hörer den Eindruck, die Töne wären während des Rauschens im Hintergrund weitergelaufen.

Die Gestaltgesetze entsprechen den physikalischen Eigenschaften von wahrgenommenen Objekten und sind als Ergebnis der evolutionären Anpassung an die Welt zu betrachten (Spitzer 2004, S. 121). Töne gleicher Klangfarbe stammen z.B. in der Regel aus der gleichen Quelle, es macht also Sinn, diese Töne zu gruppieren (Bregman 1990, S. 24). Die Gesetze folgen alle der sogenannten Prägnanztendenz: Der menschliche Wahrnehmungs- und Denkapparat ist stets bestrebt, aus den Sinneseindrücken eine Wahrnehmung von größtmöglicher Einfachheit und Regelmäßigkeit zu konstruieren. Bei mehreren möglichen Strukturierungen derselben Reizkonfiguration setzt sich immer diejenige Ordnung durch, die die einfachste, einheitlichste, 'beste' Gesamtgestalt ergibt, daher wird dies auch als „Gesetz der guten Gestalt" bezeichnet.

Die einzelnen Gesetze können auch in verschiedene Richtungen deuten. Dies geschieht, wenn beispielsweise innerhalb einer Melodie, die durch das Gesetz der Kontinuität als zusammengehörig empfunden wird, die spielenden Instrumente wechseln (Gesetz der Ähnlichkeit). Es gibt keine klare, situationsunabhängige Hierarchie der Gesetze, nur einige generalisierende Beobachtungen. So wird Gleichzeitigkeit beim Hören höher bewertet als die Lokalisation, d.h. gleichzeitig auftretende Klänge aus räumlich verschiedenen Quellen werden trotz der räumlichen Trennung als ein Ereignis wahrgenommen (Turgeon/Bregman 2001). Dies entspricht der physikalischen Beobachtung, dass die Klangquelle häufig durch Echoeffekte und Reflexion an Oberflächen verschleiert wird und daher die Lokalisation kein sehr zuverlässiges Indiz darstellt. BREGMAN (1990, S. 651f) beschreibt die ablaufenden unbewussten Entscheidungsprozesse mit der Metapher einer demokratischen Wahl, bei der diejenige Wahrnehmungsinterpretation gewinnt, auf die möglichst viele Indizien hinweisen.

| Innere Rhythmisierung | Die Gestaltgesetze sind in ihrem Einfluss auf die Wahrnehmung so machtvoll, dass z.T. Strukturen konstruiert werden, die objektiv gar nicht vorhanden sind. SPITZER (2004, S. 129) macht das am Beispiel des Mar-

tinshorns deutlich. Wir „hören" einen *Vierer*rhythmus - tatü-tata -, der im ursprünglichen Reiz nicht vorhanden ist: Dort gibt es nur einen *Zweier*rhythmus durch die beiden sich abwechselnden Töne. Auch Sequenzen von völlig gleichförmigen Tönen (z.B. Uhrticken) werden im Kopf gruppiert, wobei der erste Ton des „hinzugehörten" Rhythmus akzentuiert erscheint (Trehub 1985). Dies wird als innere Rhythmisierung bezeichnet und ist auch schon bei Kindern zu beobachten (Demany/McKenzie/Vurpillot 1977; Bertrand 1999; Dowling 1999).

Dass diese gestaltbildenden Prozesse automatisiert und vorbewusst im auditiven Kortex ablaufen, lässt sich auch durch neuropsychologische Studien belegen. Diese Studien beruhen auf der Beobachtung von per Elektroenzephalogramm (EEG) gemessenen Hirnströmen. Die Störung einer zuvor gleichmäßig wiederholten auditiv-temporalen Struktur (wenn z.B. in einem Dreierrhythmus plötzlich ein Vierertakt vorkommt) hat eine charakteristische Komponente in den gemessenen ereigniskorrelierten Potentialen (EKP) des auditiven Kortex zur Folge, d.h. es gibt einen auffällig veränderten Ausschlag in der Messkurve (s. Abb. 7: *Deviant* im Vergleich zu *Control*). Dies gilt auch dann, wenn die Versuchsperson ihre Aufmerksamkeit auf etwas anderes (z.B. eine visuelle Aufgabe) richtet. Diese Komponente, die in einer verstärkten Negativierung der Hirnströme besteht, wird als *Mismatch Negativity* (MMN) bezeichnet (s. z.B. Näätänen et al. 2001). Die Differenz der Kurven zu den Bedingungen *Control* und *Deviant* ergibt die *Mismatch negativity*. Der englische Ausdruck bedeutet „Negativität, die durch etwas Unpassendes ausgelöst wird".

Neuropsychologische Belege

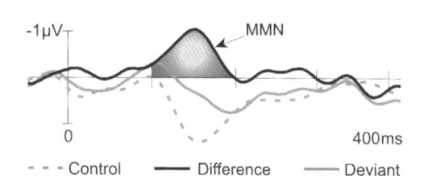

Abb. 7: Mismatch Negativity
https://mustelid.physiol.ox.ac.uk/drupal/sites/default/files/footstep_MMN.jpg

Die MMN ist über dem auditorischen und dem frontalen Kortex messbar. Die frontale Komponente wird mit der Aufmerksamkeitsfokussierung auf den überraschenden, abweichenden Reiz in Verbindung gebracht (Gumenyuk et al. 2003, S. 1415), während die auditorische Komponente mehr mit der Verarbeitung des abweichenden Reizes zu tun hat. *Mismatch Negativity* verdeutlicht die Existenz neuraler Gedächtnisspuren, die das Gehirn als Repräsentation repetitiver Aspekte der akustischen Vergangenheit verwendet. Sie wird bei einer ganzen Breite verschiedener auditiver Strukturen beobachtet, z.B. bei plötzlichen Änderungen der Tonhöhe, Änderungen der Tondauer, der Dauer der Pausen, aber auch bei komplexeren Strukturen wie Änderungen in der Kontur einer Melodie, dem Rhythmus und der Sprache (Näätänen et al. 2001, S. 284). Der auditorische Kortex ist damit in der Lage, auch relativ abstrakte Regeln aus einer gehörten Sequenz abzuleiten und auf neue Hörereignisse anzuwenden. Dies entspricht den Gruppierungsprozessen, die auf psychologischer Ebene als Gestaltgesetze beschrieben sind. NÄÄTÄNEN et al. sprechen von „primitiver" oder „sensorischer" Intelligenz.

Die Gedächtnisspuren, auf denen die MMN basiert, werden mindestens zehn Sekunden aufrechterhalten. Das entspricht der Dauer, mit der auch konkretere Informationen wie z.b. die Tonhöhe im sensorischen Gedächtnis verbleiben. Daraus lässt sich ableiten, dass die abstrakten Aspekte vom auditorischen Kortex ähnlich verarbeitet werden wie die ursprünglichen Reize (Korzyukov et al. 2003).

<small>MMN bei Kindern</small>

Mismatch Negativity tritt auch bei Kindern auf[1], wie der folgende Versuch zeigt. Bei Kindern ist die Beteiligung des frontalen Kortex geringer, wenn die Strukturen abstrakter sind. GUMENYUK, KORZYUKOV ET AL. (2003) haben Tonpaare verglichen, die im Normalfall aufsteigende, in den MMN-auslösenden Abweichungen absteigende Tonhöhe hatten. In der ersten, einfacheren Bedingung waren die Tonabstände immer Ganztonschritte. Hier waren die Aktivierungsmuster der Kinder vergleichbar mit denen Erwachsener. In der abstrakteren Bedingung variierten die Tonabstände zwischen einem und zehn Tonschritten, nur die Richtung der Intervalle bestimmte, ob der Normalfall (aufsteigendes Intervall) oder eine Abweichung (absteigendes Intervall) vorlag. In diesem Fall konnte bei den Kindern eine im Vergleich zu Erwachsenen deutlich schwächere frontale Komponente der MMN beobachtet werden. Die Autoren begründen dies mit der nicht abgeschlossenen Hirnentwicklung bei Kindern.

<small>Leistungsvorteile durch Training</small>

Die meisten Gestaltgesetze sind erfahrungsunabhängig und lassen sich z.B. bei Musikern ebenso wie bei Nichtmusikern nachweisen. Es gibt allerdings auch Unterschiede zwischen diesen Personengruppen. Einige abstraktere Strukturen werden beispielsweise nur bei Musikern automatisch verarbeitet, wie eine Untersuchung von van ZUIJEN, SUSSMAN et al. (2003) zeigt. Die Forscher verglichen die Reaktionen von Musikern und Nicht-Musikern auf Strukturen, die entweder dem Prinzip der Ähnlichkeit (gleiche Tonhöhe) oder dem Prinzip der Kontinuität (Gruppen mit absteigender Tonhöhe) Rechnung trugen. Die Kategorisierung von Gruppen mit absteigender Tonhöhe ist dabei als etwas abstrakter zu werten,

---

[1] Die Probanden waren zwischen 8 und 12 Jahren alt

Auditive Wahrnehmung | 59

weil nicht einfach die Tonhöhe eines Tons mit der vorherigen Tonhöhe vergleichen werden muss, sondern das Bildungsgesetz „Tonhöhe geht nach unten" die Grundlage der Gruppierung darstellt. Im ersten Fall wurden bei beiden Gruppen MMN-Komponenten gemessen, im zweiten Fall nur bei den Musikern. Dies deutet darauf hin, dass die Wahrnehmung abstrakterer temporaler Zusammenhänge erfahrungsabhängig ist. Dies zeigt sich z.B. darin, dass neunjährige Kinder mit musikalischer Ausbildung sich die Kontur einer Melodie besser merken können als Kinder ohne musikalische Ausbildung (Morrongiello/Roes/Donnelly 1989). Denkbar ist, dass diese Leistungssteigerung wie bei blinden Menschen auf eine trainingsbedingte Vergrößerung des tonotopischen Areals zurückzuführen ist (s. Kap. 2.3.1).

Besonders interessant für diese Arbeit ist die Beobachtung, dass auch die *Anzahl* der Töne einer Gruppe zu den abstrakten Strukturen gehört, die sich über die MMN untersuchen lassen. Dies zeigte sich in einer weiteren Untersuchung (van Zuijen et al. 2005). Die Stimuli in dieser Studie bestanden aus Gruppen von Tönen, die jeweils durch Tonhöhenänderung voneinander abgegrenzt waren. In der ersten Bedingung variierte die Anzahl der Töne, aber nicht die Zeitdauer bis zum nächsten Tonhöhenwechsel (d.h. bei weniger Tönen pro Zeit war die Dauer der einzelnen Töne länger). In der zweiten Bedingung blieb dagegen die Anzahl der Töne konstant, die Zeitdauer der Gruppe variierte dagegen (d.h. bei längerer Zeitdauer der Gruppe waren auch die einzelnen Töne länger).

Vorbewusste Verarbeitung von Anzahlen

▬▬▬ ▬▬▬ ▬▬▬   ▬▬▬ ▬▬▬ ▬▬▬

Abb. 8: Anzahl-MMN, Bed. 1   Abb. 9: Anzahl-MMN, Bed. 2

War die Zeitdauer der Gruppen konstant (Bed. I), zeigte sich sowohl bei Musikern als auch Nicht-Musikern die MMN, wenn ein abweichender Stimulus von längerer Dauer auftrat. War die Tonanzahl konstant (Bed. II), trat die MMN bei abweichender Anzahl nur bei den Musikern auf. Eine Untersuchung von RUUSUVIRTA, HUOTILAINEN & NÄÄTÄNEN (2008) bestätigt diese Fähigkeit des auditorischen Kortex.

Gehörte Anzahlen sind für die Zahlbegriffsentwicklung blinder Kinder von großer Bedeutung (s. S. 179). Dafür kann dieses Ergebnis einen Erklärungsansatz bieten. Zunächst ist aus diesen Untersuchungen abzuleiten, dass auch ein so abstrakter Aspekt wie die Anzahl der gehörten Einheiten einer vorbewussten „sensorischen Intelligenz" zugänglich ist und bereits auf dieser niedrigen kognitiven Ebene verarbeitet werden kann. In der oben zitierten Studie gelang dies jedoch nur der Gruppe der Musiker, für welche in der Praxis die Anzahl der Schläge im Takt von besonderer Bedeutung ist. Es gibt bislang keine vergleichbaren empirischen Studien mit blinden Personen, und die hier zitierten Ergebnisse können nicht ohne Anstriche auf deren Bedingungen übertragen werden. Wenn man jedoch in Betracht zieht, wie umfassend und vielfältig die beschriebenen Leistungsvorteile blinder Menschen gegenüber sehenden bei der auditiven Wahrnehmung sind (s. Kap. 2.3.1), erscheint es plausibel, dass auch die Verarbeitung von Anzahlen dazugehören könnte. Inwieweit dies auch schon für Kinder, und insbesondere blinde Kinder gilt, kann auf der Basis dieses Forschungsstands nicht mit Sicherheit beantwortet werden.

2.3.2.2 Ebene des Arbeitsgedächtnisses

Die im vorigen Abschnitt beschriebenen Gruppierungsprozesse beruhen auf dem Ultrakurzzeitgedächtnis (Echogedächtnis) und bilden die Grundlage für die Wahrnehmung auditiver Szenen. Bei der Zusammenfassung und Verarbeitung zeitlich längerer Abschnitte kommt das Arbeitsgedächtnis zum Tragen. Die Gruppierungen, die im auditorischen Kortex gebildet werden, entsprechen in der Musik einem Motiv. Um aus Motiven eine Melodie oder einen Rhythmus entstehen zu lassen, muss das Gehirn in der Lage sein, mehrere davon als eine Phrase „zusammenzuhören". Nicht zufällig sind Phrasen in der Musik in der Regel gerade so lang, dass das Arbeitsgedächtnis sie noch fassen kann (Spitzer 2004, S. 131).

Psychische Gegenwart

Entscheidend für die Wahrnehmung einer größeren Anzahl auditiver Ereignisse ist die Tatsache, dass das Arbeitsgedächtnis in der Lage ist, die Sequentialität von zeitlich aufeinander folgenden Ereignissen zu überwinden und sie zu einer Ganzheit zusammenzufassen. Obwohl eine Melodie oder ein gesprochener Satz also als Sequenz wahrgenommen werden, entsteht im Arbeitsgedächtnis daraus eine Ganzheit. Dies wird auch als „psychische Gegenwart" (engl. *perceptual present*) bezeichnet, wobei die Angaben über die Dauer zwischen 2 und 10 Sekunden schwanken (Bruhn 2000, S. 52; Clarke 1999, S. 476). In diesem Zeitrahmen sind Menschen in der Lage, sequenzielle Abläufe als Ganzes zu erfassen.

Erhöhte Kapazität durch innere Rhythmisierung

Je besser die innere Rhythmisierung auf der Basis der Gestaltprinzipien (s. S. 54) funktioniert, desto größer ist das Fassungsvermögen des Arbeitsgedächtnisses, da das *chunking* von Einzeltönen zu Gruppen die Menge der gespeicherten Informationen erhöht (Spitzer 2004, S. 216). Die Zahl von 7±2 speicherbaren Einheiten bleibt dabei erhalten, doch werden so nicht mehr Einzeltöne, sondern die Gruppierungen als *chunks* gespeichert. Auch bei (in diesem Fall sehenden) Kindern im Grundschulalter ist schon festzustellen, dass die Gedächtniskapazität für einen gehörten Rhythmus vom zugrunde liegenden Takt abhängt und nicht von der Anzahl der Einzeltöne (Drake/Gérard 1989).

Beobachtungen mit blinden Kindern zeigen, dass sie die Anzahl von Klopfgeräuschen bis z.t. erstaunlich großen Mengen angeben können. CSOCSÁN (2000) und AHLBERG (1997, S. 36) beschreiben, dass blinde Kinder oft die Anzahl gehörter Einheiten bis zu einer Menge von sieben oder acht angeben können, ohne das ihnen vor dem Hören bekannt war, dass sie später nach der Anzahl gefragt werden. Zu diesem Thema wurde an der Universität Dortmund eine Pilotstudie durchgeführt (Csocsán/ Frebel 2002): Blinden (N=16) und sehenden (N=20) Erstklässlern wurde die Aufgabe gestellt, rhythmische Zahldarstellungen nachzuahmen und die Anzahl der Töne im Muster anzugeben. Es wurden die Zahlen 6, 12 und 18 jeweils in Zweier- und in Dreiergruppen dargestellt. Dabei waren die Durchschnittsleistungen der blinden Kinder deutlich besser als die der sehenden[1]. Dies betrifft vor allem die Nachahmungsaufgaben für die 12er- und 18er-Muster. Bei der Angabe der Tonanzahl waren die Leistungen beider Gruppen für die 6 vergleichbar gut, die 12 gelang den blinden Schülern deutlich besser, bei der 18 hatten beide Gruppen große Schwierigkeiten. Letzteres ist für Erstklässler auch nicht verwunderlich. Die guten Leistungen der blinden Schüler bei 12 Tönen (ca. 50% Lösungshäufigkeit gegenüber 25% bei den sehenden Schülern) sind dagegen vor allem auch deshalb bemerkenswert, weil diese Art der Zahldarstellung im Unterricht nicht thematisiert wurde. Dies lässt sich in Verknüpfung mit den hier analysierten Studien zur auditiven Wahrnehmung so interpretieren, dass blinde Kinder in Lage waren, ihr besseres Gedächtnis für auditive Sequenzen für die Anzahlbestimmung zu nutzen. Die Art der Darstellung (2er- oder 3er-Gruppen) spielte im Übrigen keine erkennbare Rolle für die Lösungshäufigkeiten.

Auswirkungen: Zählen bei blinden Kindern

Andere Untersuchungen von AHLBERG & CSOCSÁN (1994; 1997) zeigen, dass blinde Kinder beim Kopfrechnen häufig und effizient eine Variante des zählenden Rechnens verwenden, die als „Zählen und Hören" bezeichnet wird. Für die Aufgabe „12 – 7" wird beispielsweise von der 12 abwärts gezählt (11, 10, ...; laut oder im Kopf), und die Anzahl der gezählten Einheiten (hier 7) wird dabei hörend verfolgt, bis das Ergebnis (5) erreicht ist. Dies geschieht, ohne die Finger oder andere Hilfsmittel zu benutzen. Dieses Verfahren entwickeln die Kinder von sich aus, ohne Anleitung durch die Lehrerin. Offenbar ist es für sie eine nützliche Art und Weise, die Menge der gezählten Einheiten zu verfolgen (mehr dazu in Kap. 4.5.2).

Die Beobachtung, dass die Anzahlbestimmung sequenziell dargebotener Reize auditiv gut gelingt, wird auch noch von anderer Seite unterstützt: LECHELT (1975) untersuchte, wie gut (sehende) Probanden die Anzahl

---

[1] Aufgrund der kleinen Stichprobengröße kann aber nicht von signifikanten Ergebnissen gesprochen werden

schnell dargebotener Signale (zwischen 3 und 8 pro Sekunde) visuell, auditiv und haptisch bestimmen konnten. Dabei ergab sich eine klare Überlegenheit der auditiven Wahrnehmung, die nahezu immer korrekte Ergebnisse lieferte. Beim Sehen und Tasten wurde die Anzahl jeweils unterschätzt, wobei das Ergebnis für die visuelle Darbietung noch schlechter ausfiel als für die haptische Darbietung. BARTH et al. (2003) konnten diese Ergebnisse für die Modalitäten Sehen und Hören bestätigen. Außerdem fiel in dieser Untersuchung auf, dass Personen mit musikalischer Vorbildung unter auditiven Bedingungen konsistent bessere Ergebnisse erbrachten als die übrigen Probanden.

Hypothese

Die Gesamtheit dieser Beobachtungen erlaubt die Formulierung der Hypothese, dass bei blinden Menschen Anzahlen auditiver Ereignisse bereits vorbewusst im Rahmen des Echogedächtnisses verarbeitet werden können, wie ZUIJEN et al. (2005) es bei Musikern beobachten konnten. Auch ist anzunehmen, dass sie vorgegebene Strukturen oder die innere Rhythmisierung zur Gruppierung nutzen und so das Fassungsvermögen des Arbeitsgedächtnisses erhöhen.

Arbeitsgedächtnis bei blinden Kindern allgemein

Die nun folgenden Studien zeigen darüber hinaus, dass das Arbeitsgedächtnis für sequenziell-auditive Inhalte bei blinden Kindern auch dann effektiver funktioniert als bei sehenden Kindern, wenn diese Inhalte nicht oder nur indirekt der inneren Rhythmisierung zugänglich sind.

Ein Versuch von HATWELL[1] (1985 [1966], S. 109ff) belegt, dass schon bei Kindern im Alter von 8 Jahren ein Vorsprung der Blinden bei der Verarbeitung von Sprache (gelesen oder gehört) zu beobachten ist. Im Rahmen ihrer Versuche zur Seriation (sensu PIAGET) hat sie sich mit der Transitivität beschäftigt. Im Versuch wurden den Kindern 14 Fragen gestellt nach dem Muster „A ist größer als B, und B ist größer als C. Wer ist am größten?" Dabei wurden die Relationen „größer", „kleiner" und „gleich" verschieden kombiniert und jede Frage wurde (unter Verwendung verschiedener Namen für A, B und C) doppelt gestellt. Die Präsentation erfolgte mündlich und schriftlich für die sehenden Kinder und ausschließlich mündlich für die blinden Kinder. Blinde Kinder erbrachten hier bessere Leistungen als Sehende, wenn die Aufgabe den Sehenden mündlich präsentiert wurde. Dieses Ergebnis war signifikant in der Altersgruppe der Achtjährigen. Zur Begründung gibt HATWELL an, dass blinde Kinder über mehr Erfahrung mit dieser Darbietungsform verfügen. Die sehenden Kinder hatten offenbar Schwierigkeiten damit, die Relationen korrekt im Arbeitsgedächtnis zu repräsentieren. Selbst sehende Kinder, die eine schriftliche Fassung bekamen, lagen mit 8 Jahren aber noch signifikant unter der Leistung der blinden mit der mündlichen Fassung.

---

[1] Mehr zu HATWELLS Untersuchung: s. S. 100 in dieser Arbeit

Sie wurden oft von der Art der Fragestellung beeinflusst: Wenn die Frage etwa die Form hatte „B>A, B<C, wer ist der Kleinste?", antworteten sie mit „B", da im zweiten Teil der Frage B<C genannt wurde. Die Blinden machten diesen Fehler deutlich seltener. Dies ist ein Hinweis darauf, dass blinde Kinder im Umgang mit sequenzieller Information geübter sind als ihre sehenden Altersgenossen, selbst wenn letztere auf visuelle Unterstützung durch Schrift zurückgreifen können.

Ein weiteres interessantes Ergebnis zum Kurzzeitgedächtnis blinder Kinder wurde anhand des Verbalteils der Wechsler Intelligence Scale for Children (WISC) ermittelt (Tillman/Osborne 1969). Die Leistungen blinder Kinder (sieben bis elf Jahre alt) im Verbalteil des Tests wurden mit denen Sehender verglichen. Dabei fiel auf, das die Ergebnisse der blinden Kinder im Vergleich mit den Sehenden einen „Ausreißer" aufwiesen: Sie schnitten im Untertest „digit span" (Merken von Zahlenreihen) relativ zu den anderen Untertests deutlich besser ab und lagen dabei in allen Altersgruppen über dem Durchschnitt ihrer sehenden Altersgenossen. Dieses Ergebnis konnte später von SMITS & MOMMERS (1976) in einer Studie mit niederländischen Kindern im Alter von sieben bis 13 Jahren bestätigt werden. Auch DEKKER (1993) und DEKKER & KOOLE (1992) fanden in ihrem Intelligenztest für blinde Kinder dasselbe Muster. Sie haben zusätzlich blinde mit sehbehinderten Probanden verglichen und ebenfalls gefunden, dass die Gedächtnisleistungen der blinden Teilnehmer besser waren. Offenbar ist die Leistung des Arbeitsgedächtnisses für auditiv-sequenzielle Informationen bei blinden Kindern in der Regel hoch und liegt über den Leistungen von sehenden Kindern. Dies steht im Gegensatz zu den Ergebnissen bezüglich des Tastsinns, wo keine höhere Effizienz des haptischen Arbeitsgedächtnisses zu beobachten war.

2.3.2.3 Ebene des Langzeitgedächtnisses

Für noch größere, globale zeitliche Strukturen wie z.B. die Abfolge der Sätze einer Symphonie ist festzustellen, dass ohne bewusste, durch Hintergrundwissen gestützte Analyse keine automatische Enkodierung stattfindet (Tillmann/Bigand 2004; Bigand/Poulin-Charronnat 2006, S. 114f.). Das Arbeitsgedächtnis bestimmt die Grenzen der impliziten Wahrnehmung musikalischer Strukturen (Bigand/Poulin-Charronnat 2006, S. 119).

Für die Speicherung von Gehörtem im Langzeitgedächtnis spielt die Vorerfahrung der Person eine entscheidende Rolle. Musiker oder Musikliebhaber verfügen z.B. viel stärker als Uninteressierte über entsprechende Schemata. Dadurch können neue musikalische Eindrücke mit Bedeutung gefüllt, strukturiert und in ein bereits bestehendes Netz von Wissen eingeordnet werden (Spitzer 2004, S. 132f). Auch bei Kindern im Alter von 5 Jahren sind bereits Unterschiede mit Vorteilen für junge Musiktreibende festgestellt worden (Dowling 1999, S. 618). Wieder bietet es sich an, dies auf die Situation blinder Menschen zu übertragen. Geburts- und späterblindete Erwachsene verfügen nachweislich über ein besseres auditiv-verbales Langzeitgedächtnis als Sehende (Röder/Rösler 2003), und zwar sowohl in Bezug auf verbale Informationen als auch in Bezug auf Umweltgeräusche. Wenn das sonst dominante Sehen entfällt, werden auditive (wie auch haptische) Eindrücke mit größerer Aufmerksamkeit verfolgt und daher auch häufiger im Langzeitgedächtnis gespeichert. Dieses gespeicherte Wissen erleichtert wiederum die Analyse neuer Eindrücke und ist die Basis für eine reiche Vorstellungswelt (mehr dazu in Kap. 3.3.2).

2.3.3 Eignung der auditiven Wahrnehmung für sequenziell strukturierte Information

Insgesamt wird in der Literatur immer wieder darauf hingewiesen, dass die Verarbeitung von zeitlich strukturierter Information auditiv besser gelingt als visuell (s. z.B. Droit-Volet 2003, S. 196f). Auditive Reize scheinen auch besser dazu geeignet zu sein, in einem gewissen Zeitrahmen die Aufmerksamkeit aufrecht zu halten, was sich darin ausdrückt, dass die Zeitdauer subjektiv als länger bewertet wird als bei visuellen Reizen von objektiv gleicher Dauer (Penney 2003).

Hören und Bewegung

Auditive Rhythmen oder Musik rufen bei Menschen häufig spontan passende Bewegungen hervor (Tanzen, Klatschen etc.). Dies ist für visuelle Rhythmen (z.B. Lichtblitze) kaum zu beobachten (Repp/Penel 2004). Ein gehörter Rhythmus kann effektiver als ein gesehener durch Fingerklopfen wiedergegeben werden. Unter auditiven Bedingungen ist das Klopfen regelmäßiger und passt sich besser Veränderungen des wahrgenommenen Rhythmus an (Repp/Penel 2002). Mit Hilfe von bildgebenden Verfahren konnte diese Beobachtung erklärt werden: Schon beim Hören des Rhythmus wurden automatisch auch motorische Areale im Gehirn aktiviert, beim Sehen blieb diese Aktivierung jedoch aus. Für das Weiterführen eines wahrgenommenen Rhythmus durch Klopfen ist es notwendig, den Rhythmus in der Vorstellung fortzuführen. Beim gesehenen Rhythmus muss also über die visuelle Vorstellung (und möglicherweise über eine auditive Rekodierung, s. nächster Absatz) ein motorischer Output erzeugt werden, während ein gehörter Rhythmus schon während der Wahrnehmung motorisch repräsentiert ist und daher auch reibungslos durch Klopfen wiedergegeben werden kann (Spitzer 2004, S. 219ff). Das Gehirn nutzt offenbar prämotorische Hirnareale[1], die auch bei vorgestellten Bewegungen aktiv sind, um den Rhythmus zu verarbeiten; diese Aktivierung ist integraler Bestandteil der Rhythmuswahrnehmung und

---

[1] Diese Areale dienen der Vorbereitung von Bewegungen

nicht einfach ein Nebenprodukt (Popescu/Otsuka/Ioannides 2004). Hören ist ebenso wie Bewegen ein zeitbezogener Vorgang, daher mag eine so enge Verknüpfung nicht überraschen. Die visuelle Wahrnehmung ist dagegen stärker auf den Raum ausgerichtet. Dass die auditive Wahrnehmung besser als Tasten und Sehen geeignet ist, Muster in Sequenzen zu erkennen, zeigen auch weitere Untersuchungen (Handel/Buffardi 1969; Conway/Christiansen 2005).

GUTTMAN et al. (2005) konnten nachweisen, dass visuell wahrgenommene Rhythmen automatisch und vorbewusst auditiv rekodiert werden. Dies lässt vermuten, dass die zerebrale Verarbeitung zeitlicher Wahrnehmungsaspekte eng mit dem Hören verknüpft ist, ebenso wie dies für das Sehen bzw. Tasten und die räumliche Wahrnehmung gilt (s. Kap. 2.2). Auch Säuglinge können verschiedene rhythmische Muster unterscheiden (Chang/Trehub 1977; Trehub/Thorpe 1989). Werden auditive und visuelle Reizsequenzen (Töne und Blitze) gemeinsam angeboten, zeigt sich schon bei Säuglingen eine Dominanz des Hörens über das Sehen, d.h. bei Diskrepanzen zwischen gehörter und gesehener Sequenz wird vornehmlich die gehörte Sequenz wahrgenommen (Lewkowicz 1988a; 1988b). Auch hier dominiert in einer zeitlich strukturierten Situation das Hören, obwohl bei sehenden Menschen üblicherweise das Sehen die führende Rolle übernimmt.

Auditive Dominanz bei der Rhythmusverarbeitung

Diese Ergebnisse lassen insgesamt vermuten, dass das Gehör besser für die Wahrnehmung zeitlicher Sequenzen geeignet ist als Sehen. Bei aller gebotenen Vorsicht lässt sich, etwas vereinfacht, die folgende Zusammenfassung formulieren: Sehen dominiert die räumliche Verarbeitung vor dem Tasten und dem Hören (in dieser Reihenfolge), Hören dagegen dominiert die zeitliche Verarbeitung vor dem Tasten und dem Sehen (s. auch Klatzky/Lederman 2002, S. 151; Kubovy/van Valkenburg 2001; Kubovy 1988). Dies ist ein wichtiges Ergebnis in Bezug auf die Frage, in welchem Zusammenhang auditive Lernmaterialien im Unterricht eingesetzt werden sollten (s. Kap. 5.4.3)

2.3.4 Fazit
Verarbeitung zeitlich strukturierter Information
Die vorangehenden Ausführungen haben gezeigt, dass sich das Hören besonders gut für die Wahrnehmung von sequenziell dargebotener Information eignet. Dies gilt vor allem auch für blinde Menschen, da ihre auditive Wahrnehmung in vielen Zusammenhängen messbar schneller und effektiver arbeitet als die Sehender. Auch für das auditive Arbeitsgedächtnis ist eine höhere Effizienz bei blinden Personen nachweisbar.

Vorteile des Hörens gegenüber dem Tasten
Auch für das Tasten waren Leistungsvorteile gegenüber Sehenden auf der Wahrnehmungsebene nachweisbar, die sich wie beim Hören neurowissenschaftlich untermauern ließen. Allerdings zeigte sich auch, dass die kognitiven Anforderungen bei der haptischen Wahrnehmung (abhängig vom Tastobjekt) relativ hoch sein können. Dies liegt in der hohen Bedeutung von Handlungsplanung und Taststrategie für die haptische Wahrnehmung begründet. In der auditiven Wahrnehmung dagegen zeigen die Forschungsergebnisse, dass viele Verarbeitungsschritte bereits auf niedriger Ebene im auditiven Kortex erfolgen (Gruppierungsprozesse), und dass diese automatische Vorverarbeitung auf die Leistung der Wahrnehmung und des Arbeitsgedächtnisses großen Einfluss hat. Selbst die Anzahl sequenzieller Hörereignisse kann bereits auf der Ebene des Echogedächtnisses vorverarbeitet werden. Das haptische Zählen räumlich verteilter Elemente ist ungleich komplexer.

Die wahrgenommenen Informationen haben unter blinden Bedingungen fast immer sequenziellen Charakter, da sowohl Tasten als auch Hören stärker zeitbezogen sind als das Sehen. Der Vorteil des Überblicks, der das Sehen auszeichnet, geht bei haptischer Adaption schnell verloren. Beim Hören dagegen ermöglicht das sehr leistungsfähige Echo- und Arbeitsgedächtnis eine Verarbeitung, die z.T. dem simultanen Eindruck schon recht nahe kommt (Bildung von Ganzheiten in der psychischen Gegenwart). Dies führt zu der Forderung, die Lernmaterialien im Unterricht mit blinden Schülern so zu gestalten, dass auch die Stärken der auditiven Wahrnehmung möglichst häufig nutzbar gemacht werden. Wie und wann dies geschehen kann, wird in den Kapiteln 5.4.3 und 7 vertieft. Das nun folgende Kapitel setzt sich mit einem Thema auseinander, das kognitiv betrachtet eine Stufe über den Prozessen der Wahrnehmung anzusiedeln ist, aber gleichzeitig stark von den Wahrnehmungen abhängt: den Vorstellungen.

3 Vorstellungen im Arithmetikunterricht mit blinden Kindern

3.1 Einleitung

Es ist eine große Kluft zu überwinden, wenn neurowissenschaftliche Erkenntnisse auf die Unterrichtspraxis angewendet werden sollen (s. Kap. 1.3). BLAKEMORE & FRITH (2006, S. 23) sind der Ansicht, dass die Kognitionspsychologie als Vermittlerin zwischen Neurowissenschaft und Pädagogik fungieren kann. Im Supervenienzmodell (s. S. 9) ist sie zwischen diesen beiden Polen angeordnet. Da auch Vorwissen und insbesondere die Organisation dieses Vorwissens für das schulische Lernen eine bedeutende Rolle spielen (Stern/Grabner/Schumacher 2005, S. 33; s. S. 8), bietet es sich an, kognitionspsychologische Studien zum Thema „Vorstellungen" einzubeziehen. Vorstellungen können Vorwissen aktivieren und beeinflussen aktuelle Denkprozesse, wie in diesem Kapitel noch weiter ausgeführt wird.

Vorstellungen sind auch in der allgemeinen Mathematikdidaktik ein wichtiger Begriff. Eine häufige Klage von Lehrerinnen und Lehrern ist, dass Kinder Verfahren und Algorithmen einsetzen, ohne den Sachkontext zu beachten („Kapitänsaufgaben", z.B. Selter/Spiegel 2005, S. 30ff; Lorenz/Radatz 1993, S. 143). Sie scheinen zwischen Aufgaben im Mathematikunterricht und den mathematischen Verfahren, die sie im Alltag benutzen, keine enge Beziehung zu sehen. An die alltäglichen Erfahrungen, z.B. beim Umgang mit Mengen aller Art oder mit Geld, kann der Unterricht nicht immer anknüpfen – das Rechnen wird in der Schule zu einem Spiel, dessen Regeln für viele Kinder mit der Welt außerhalb der Mathematikstunde wenig zu tun haben. Diese Problematik weist darauf hin, dass es im Unterricht oft nicht gelingt, das Vorwissen und die Vorstellungen einzubeziehen, die Kinder zu mathematischen Begriffen bereits entwickelt haben, bzw. dass es nicht gelingt, den Kindern die Entwicklung tragfähiger Vorstellungen zu ermöglichen (vom Hofe 2003, S. 4f; Hengartner/Röthlisberger 1995, S. 82).

Auf den ersten Blick scheint klar, was unter dem Begriff „Vorstellung" aus didaktischer Sicht zu verstehen ist. Bei genauerem Hinsehen ist jedoch festzustellen, dass dieses Wort sowohl in der Umgangssprache als auch in der Fachliteratur in einem weiten Feld von Kontexten gebraucht wird. Darüber hinaus finden sich in der Literatur auch viele verwandte bis synonyme Termini wie z.B. Anschauung, Grundvorstellung, Verinnerlichung, Visualisierung, Repräsentation und Imagination. Diese Begriffe haben gemeinsam, dass sie im Kontinuum zwischen der Reizaufnahme durch die Sinne und den abstrakten kognitiven Prozessen angesiedelt sind. Wo genau ein Begriff hier zu verorten ist, variiert nicht nur von

Ziele des Kapitels

Terminus zu Terminus, sondern oft auch von Autor zu Autor. Erstes Ziel dieses Kapitels ist daher eine eigene Einordnung des Begriffs „Vorstellung". Dazu ist es erforderlich, Schwerpunkte zu setzen. Das geschieht auf der Basis der thematischen Ausrichtung dieser Arbeit - kognitionspsychologischen, mathematikdidaktischen und blindenpädagogischen Überlegungen wird der Vortritt gewährt.

Das erste Unterkapitel (3.2) betrachtet den Vorstellungsbegriff in der Psychologie. Insbesondere interessieren im Kontext dieser Arbeit die Forschungen und Theorien von PIAGET und die Ergebnisse aus der Kognitionspsychologie. Dies dient als Grundlage und erste Charakterisierung des Begriffs für die weiteren Kapitel. Danach wird die blindenpädagogische Perspektive auf Vorstellungen untersucht. Im vorherigen Kapitel wurde deutlich, dass die auf auditive und haptische Informationen ausgerichtete Wahrnehmung blinder Menschen sich grundlegend von der stark visuell geprägten Wahrnehmung Sehender unterscheidet. Aufgrund der Abhängigkeit der Vorstellungen von der Wahrnehmung - ein Zusammenhang, der in diesem Kapitel noch genauer beleuchtet werden soll - ist zu erwarten, dass die Voraussetzungen blinder Kinder im Bereich der Vorstellungen deutlich von denen sehender Kinder abweichen. Des Weiteren ist dieses Thema für Überlegungen bezüglich der Gestaltung von Lernmaterialien äußerst wichtig. Im Kap. 3.3 über die Vorstellungen blinder Menschen wird versucht, die nicht-visuelle Vorstellungswelt zu charakterisieren und anhand von Beispielen zu zeigen, dass die Andersartigkeit dieser Vorstellungen für sehende Menschen schwer zu erfassen und oft auch überraschend ist. Sehende Lehrpersonen müssen sich dies vergegenwärtigen, wenn sie Lernmaterialien für blinde Schüler auswählen und ihren Nutzen im Unterricht bewerten wollen. Abschließend werden Vorstellungen aus Sicht der Mathematikdidaktik untersucht (Kap. 3.4). Hier lassen sich die Zusammenhänge zwischen Begriffen und Vorstellungen an mathematischen Denkgegenständen konkretisieren.

3.2 Vorstellungen in der Psychologie

In diesem Abschnitt soll zunächst zusammenfassend dargestellt werden, wie der Vorstellungsbegriff in der Psychologie konzeptualisiert wurde und wird. Auf einen kurzen historischen Rückblick folgen Kapitel über Vorstellungen bei PIAGET und in der Kognitionspsychologie.

3.2.1 Begriffsgenese – ein kurzer Blick in die Geschichte

Galton

SIR FRANCIS GALTON ist eine der ersten Veröffentlichung zum Thema zu verdanken; sie stammt aus dem Jahr 1880. GALTON befragte Menschen seiner Zeit nach bildlichen Vorstellungen, z.B. von Zahlen oder von Landschaftsbeschreibungen in Romanen. Seine Ergebnisse zum Thema

Zahlen werden später (s. S. 151) diskutiert werden. Interessant ist, dass die Wissenschaftler unter den Befragten ihm größtenteils antworteten, sie würden so etwas nicht kennen (Galton 1880, S. 302f). GALTON interpretiert dies als mentales Defizit auf Seiten der Befragten, es ist aber auch gut denkbar, dass den Betreffenden Vorstellungsdenken zu wenig rational und zu wenig abstrakt erschien und sie ihm deshalb keine Bedeutung beimaßen.

Für WILHELM WUNDT (1832-1920), einen Begründer der Psychologie als wissenschaftliche Disziplin, war dagegen die Bedeutung von Vorstellung für das Denken kaum zu überschätzen:

Wundt

„Unter einer Vorstellung verstehen wir der geläufigen Wortbedeutung nach das in unserm Bewußtsein erzeugte Bild eines Gegenstandes. Die Welt, so weit wir sie kennen, besteht nur aus unseren Vorstellungen." (Wundt 1874)

„Vorstellung" fungiert bei WUNDT in heutiger Terminologie als Oberbegriff für alle Arten von nicht-abstrakten kognitiven Repräsentationen[1], wozu auch die Wahrnehmung gehört. „Anschauung" bezeichnet dagegen die Repräsentation unter aktiver Beteiligung des Bewusstseins und kommt damit dem *heutigen* Begriff von Vorstellung am nächsten. WUNDT war der Ansicht, dass Vorstellungen die Elementarbausteine psychischer Prozesse darstellen, d.h. *jeder* psychische Prozess sollte sich ausschließlich darauf zurückführen lassen.

„Auch das abstrakte Denken hat in der Anschauung seine Quelle, und was in ihm von unmittelbarer Evidenz enthalten ist, das muss schließlich auf ein anschauliches Verhältnis zurückgeführt werden können." (Wundt 1893, S. 84)

OSWALD KÜLPE (1862-1915), ein Schüler WUNDTS, kam im Gegensatz zu diesem zu der Überzeugung, dass Denkprozesse *nicht* ausschließlich auf Vorstellungen reduzierbar seien. Gemeinsam mit KARL MARBE, KARL BÜHLER u.a. begründete er die „Würzburger Schule". Die Methode der Introspektion, schon in WUNDTS Arbeit von zentraler Bedeutung, wurde von ihnen weiterentwickelt, um den anschaulichen oder unanschaulichen Charakter von Denkprozessen zu analysieren. Sie kamen zu dem Schluss, dass auch nicht-bildhafte Einflussfaktoren wie ein Regel- oder Beziehungsbewusstsein existieren (Jüttner 2003, S. 43; Aebli 1980, S. 291f, 295).

Würzburger Schule

---

[1] „Repräsentation" wird in der gesamten Arbeit im weitest möglichen Sinne verstanden.

Behaviorismus — Für WUNDT und die Würzburger Schule war Introspektion das Forschungsinstrument der Wahl. Die Nichtreproduzierbarkeit und fehlende Quantifizierbarkeit dieser Methode war in der Folge jedoch der wichtigste Kritikpunkt von JOHN B. WATSON (1878-1958) und den Behavioristen. Psychisches Erleben, und damit auch Vorstellung, wurde von ihnen als ein Epiphänomen betrachtet. Daher wurde auch die Erforschung von Vorstellungen als nicht wissenschaftlich disqualifiziert. Erst mehr als 30 Jahre später wurde sie mit dem aufkommenden Wissenschaftszweig der Kognitionspsychologie (s. Kap. 3.2.3) wieder interessant (Jüttner 2003, S. 42ff).

Piaget — Eine Ausnahme zu dieser Regel stellt PIAGET (1896-1980) dar, der seine Methoden und damit die Entwicklungspsychologie relativ unabhängig von den herrschenden Paradigmen entwickelte. PIAGETS Forschungen werden zwar heute vielfältig kritisiert (s. Kap. 4.2.2), doch seine dem Konstruktivismus zuzuordnenden Überlegungen zum Thema Vorstellungen und die Abgrenzung von Vorstellungen zu Operationen sind noch immer von Interesse. Im Übrigen stellen sie die Grundlage dar für einige in späteren Kapiteln zitierte Forschungen (Hatwell 1985 [1966]; s. S. 119).

3.2.2 Vorstellungen und Operationen bei PIAGET

Definition — PIAGET analysierte, welche Rolle Vorstellungen gegenüber den kognitiven Operationen einnehmen und wie sie sich im Lauf der Entwicklung verändern. Er spricht von Vorstellungen als inneren Bildern und kennzeichnet diese wie folgt:

„Das visuelle[1] Bild ist eine figurale Evokation von Objekten, von Relationen und sogar von Klassen, usw., die sie in einer konkreten und scheinbar-sinnlichen Form übersetzt, dabei aber einen hohen Grad an Schematisierung enthält [...]" (Piaget/Inhelder 1979, S. 471)

Diese Definition macht deutlich, dass sich Vorstellungen immer in einem Spannungsfeld von Konkretheit und Abstraktion befinden. Da es laut PIAGET im sensomotorischen Stadium noch keine von der Handlung losgelösten Denkprozesse gibt, kann zu diesem Zeitpunkt auch noch nicht von Vorstellung gesprochen werden (Piaget/Inhelder 1980, S. 61f). Diese Schlussfolgerung muss heute hinterfragt werden. Beispielsweise zeigen die Versuche von WYNN, dass auch Säuglinge schon eine vom augenblicklichen Sinneseindruck unabhängige Repräsentation von Ob-

---

[1] Wie für viele andere Forscher und Forscherinnen vor und nach ihm (explizit: Lorenz 1992, S. 10f) stehen auch für PIAGET visuelle Vorstellungen im Vordergrund der Überlegungen, andere Sinnesmodalitäten kommen nicht vor oder spielen eine untergeordnete Rolle.

jekten aufbauen können (Wynn 1998, S. 11, mehr dazu auf S. 127 in dieser Arbeit).

Im präoperationalen Stadium treten nach PIAGET dann innere Bilder mit *statischem* Charakter auf, während *dynamische* Bilder, also Bilder, die eine Transformation oder Bewegung ermöglichen, erst ab dem konkretoperationalen Stadium vorkommen. Dies begründet PIAGET damit, dass das präoperatorische Denken noch keine Transformationen kennt, sondern nur Konfigurationen oder Zustände (Piaget/Inhelder 1979, S. 469). Dieses Ergebnis wird auch von kognitionspsychologischer Seite bestätigt: KOSSLYN et al. (1990) zeigen, dass Kinder zu Beginn der Grundschulzeit schlechte Leistungen bei der Transformation von Vorstellungen erbringen. Zwischen 7 und 11 Jahren nimmt diese Fähigkeit dann zu und erreicht in etwa um das 13. Lebensjahr die Qualität Erwachsener. — *Statische und dynamische Bilder*

Es lässt sich unterscheiden zwischen Bildern mit *reproduktivem* Charakter, die dem Gedächtnis entstammen, und *antizipatorischen* Bildern, also Vorstellungen von etwas, das in dieser Form noch nicht vorher wahrgenommen wurde. Die Hypothese liegt nahe, dass reproduktive Vorstellungen grundsätzlich ein geringeres kognitives Niveau erfordern als antizipatorische Vorstellungen. Dies wird von PIAGET & INHELDER (1979, S. 144) allerdings widerlegt. Sie haben untersucht, wann diese Typen von Vorstellungen von Kindern zur Lösung von Aufgaben genutzt werden können und finden in ihren Untersuchungen keinen Unterschied zwischen beiden Formen. Nicht von der perzeptiven Vertrautheit, sondern von der Komplexität der Relationen innerhalb der Vorstellung ist abhängig, wann Kinder diese Vorstellungen erfolgreich in ihr Denken einbinden können. Die Unterscheidung von antizipatorischen und reproduktiven Vorstellungen bleibt damit in der Praxis folgenlos. Wenn Vorstellungen, die auf Bekanntem beruhen, in Denkprozessen dasselbe kognitive Niveau erreichen wie neu zusammengesetzte Bilder, die vorher nie so wahrgenommen wurden, dann lässt sich schließen, dass Vorstellen *immer* ein konstruktiver Akt ist, selbst wenn die Vorstellung statisch-reproduktiven Charakter hat. — *Reproduktion und Antizipation*

Vorstellungen von Bewegungen oder Transformationen sind auch in ihrer entwickelten Form sehr unvollkommen, darauf weisen PIAGET & INHELDER ebenfalls hin. Wenn man introspektiv beispielsweise die eigene Vorstellung eines herannahenden Autos analysiert, stellt man fest, dass die Bewegung des Autos visuell durch eine Abfolge statischer Bilder repräsentiert ist: — *Kontinuität von Bewegungsvorstellungen*

„[...] sobald man glaubt, die Kontinuität zu erfassen, bemerkt man, dass man das Bild durch das Denken verlängert hat und das Ganze in seiner Bewegung nicht mehr wirklich ‚sieht'." (Piaget/Inhelder 1979, S. 475)

Diese Unfähigkeit des Bildes, Bewegungen zu erfassen, obwohl die visuelle Wahrnehmung von Bewegungsabläufen alltäglich ist und sehr gut funktioniert, ist ein wichtiger Hinweis darauf, dass Wahrnehmungen nicht direkt in Vorstellungen übertragbar sind. Es muss hier allerdings beachten werden, dass PIAGET sich ausschließlich auf visuelle Vorstellungen bezieht. Wie in den Kapiteln zum Thema Hören und Tasten gezeigt wurde, ist das visuelle System schlechter als die beiden anderen Sinne für die Verarbeitung von zeitlichen Abläufen geeignet (s. S. 65). Diese Eigenschaft findet sich auch in den Vorstellungen wieder. Auditive Vorstellungen (z.B. Melodien) zeigen die im Visuellen vermisste Kontinuität (Spitzer 2004, S. 171; Halpern 2001; Marin/Perry 1999). Gleiches gilt für Vorstellungen, die sich auf haptische Wahrnehmungen beziehen. Letztere basieren auf innerer, vorgestellter Bewegung (Schnurnberger 1996, S. 14; Millar 1997, S. 22f; s. auch Kap. 3.3.4).

Verinnerlichte Nachahmung

Wären Vorstellungen im Allgemeinen als eine Verlängerung der Wahrnehmung erklärbar, dann dürfte die Vorstellung von Bewegungen nicht so problematisch sein. Diese Befunde sind für PIAGET nur zu erklären, wenn man davon ausgeht, dass Vorstellungen ihren Ursprung in *verinnerlichten Nachahmungen* haben: Die Vorstellung…

„[…] ist - wie die Nachahmung - eine Akkomodation von sensomotorischen Schemata, eine aktiv entworfene Kopie, und nicht eine Spur oder ein sinnlicher Niederschlag wahrgenommener Gegenstände. Sie ist also innere Nachahmung und setzt die Akkomodation der Schemata der Wahrnehmungstätigkeit fort (im Gegensatz zur Wahrnehmung als solcher), ebenso wie die äußere Nachahmung auf der vorherigen Stufe die Akkomodation der sensomotorischen Schemata (die am Ursprung der Wahrnehmungstätigkeit selbst stehen) fortsetzt." (Piaget 1974, S. 142f)

Vorstellungen haben damit - ebenso wie Operationen - ihren Ursprung im Handeln, und zwar im nachahmenden Handeln (s. auch Piaget/Inhelder 1979, S. 15ff; Lorenz 1992, S. 5).

Figurative und operative Strukturen

PIAGET beschreibt und systematisiert Operationen und Vorstellungen auch noch in anderer Form, als Unterkategorie der figurativen und operativen Strukturen (Piaget 2001, S. 21ff). Figurative Strukturen umfassen bei PIAGET die Wahrnehmungen, die Vorstellungen und die Nachahmung im weiteren Sinn (gestisch, stimmlich, grafisch; durch tatsächliche motorische Reproduktion). Sie kombinieren die Eindrücke der verschiedenen Wahrnehmungsorgane zu einer Gesamtrepräsentation und dienen damit semiotisch gesehen als Symbol, das an sich noch keine Bedeutung hat. Zu den operativen Strukturen dagegen gehören sensomotorische Handlungen (außer der Nachahmung), die verinnerlichten Handlungen des präoperationalen Stadiums und die umkehrbaren verinnerlichten Handlungen, also die echten Operationen im Sinne PIAGETS. Diese Strukturen beziehen sich damit auf die Veränderung, oder Transformation, und die Beziehungen zwischen zwei Zuständen. Sie weisen den Zeichen der figurativen Strukturen eine Bedeutung zu. Figurative Strukturen und die Sprache stellen das symbolische Material für die Aktionen der operativen Strukturen bereit (Piaget/Inhelder 1979, S. 34f; Hatwell 1985 [1966], S. 31ff).

Die folgende Tabelle soll dies in einer Übersicht darstellen:

Figurative Strukturen	**Operative Strukturen**
• Irreversibel	• Reversibel
• zentriert auf Zustand	• zentriert auf Transformation zwischen zwei Zuständen
• Abstraktion durch Fokussierung auf einen Aspekt bei Vernachlässigung der anderen	• Abstraktion der durch Handeln entstandenen Beziehungen zwischen Gegenständen
→ unzusammenhängend	→ Bildung von Gruppierungen
Symbol	Bedeutungszuweisung
maximale Akkomodation	Äquilibrium zwischen Akkomodation und Assimilation
Gemeinsamer Ursprung in sensomotorischen Schemata	

Tabelle 1: Figurative und operative Strukturen

PIAGET untersucht die Funktion von Sprache und figurativen Strukturen noch genauer. Er unterscheidet im Sinne der Semiotik zwischen *Symbolen*, deren Ausprägung durch das Symbolisierte motiviert ist (weil eine Ähnlichkeit besteht) und *Zeichen*, die willkürlich sind und soziokulturell vermittelt werden[1]. In diesem Sinne sind Vorstellungen Symbole, während die Sprache aus Zeichen besteht. Vorstellungen haben den Nachteil, dass sie schwer zu kommunizieren sind. Der Nachteil der Sprache dagegen besteht darin, dass sie individuelle Erfahrungen schlecht ausdrücken kann, gerade weil sie ein kollektives und damit eher abstraktes Zeichensystem darstellt (Piaget/Inhelder 1979, S. 497). Dies gilt besonders für die Vorstellungen blinder Menschen, da Sprache auf eine visuelle Welt ausgerichtet ist. Vorstellungen können Wahrgenommenes viel exakter

Sprache

---

[1] Hier kommt es leicht zu Verwechslungen mit den Begrifflichkeiten bei BRUNER (1988). Symbole im Sinne PIAGETS werden von BRUNER der ikonischen Ebene zugeordnet, während PIAGETS Verständnis von Zeichen der symbolischen Ebene bei BRUNER entspricht.

wiederherstellen, als die Sprache das jemals könnte. Sie dienen damit als semiotisches Instrument dafür, das Wahrgenommene zu evozieren und zu denken (ebd., S. 498).

Operation und Vorstellung

Der Zusammenhang zwischen Operationen und Vorstellungen bei PIAGET lässt sich zusammenfassend wie folgt formulieren: Die Denkobjekte werden durch Vorstellungen (oder Sprache) repräsentiert, während die Beziehungen zwischen den Objekten, die durch Operationen vermittelten Transformationen, amodalen und abstrakten Charakter haben. In der Folge können allerdings auch die Beziehungen selbst zu Objekten werden und durch Vorstellungen und/oder Sprache repräsentiert sein (Aebli 1980, S. 307). Eine solche Vorstellung hat einen höheren Abstraktheitsgrad[1], wird aber dadurch nicht selbst zur Operation:

„[…] die Operation bewirkt die Transformation, während das Bild sie repräsentiert. Die Repräsentation einer Operation bleibt figurativ und verschmilzt nicht mit der Operation selbst: so genau diese Vorstellung auch sein mag, sie bleibt eine Imitation der Operation […] (Aebli 1980, S. 306)."

Vorstellungen dienen bei PIAGET also als Inhalt für Denkoperationen. Auch reproduktive Vorstellungen sind dabei kognitive Konstruktionen, keine Abbilder aus dem Gedächtnis. Vorstellungen werden als statisch und unzusammenhängend charakterisiert und bedürfen der Organisation durch operative Strukturen. Zumindest für visuelle Vorstellungen gilt, dass sie kontinuierliche Veränderungen nicht wiedergeben können.

3.2.3 Die Bedeutung von Vorstellungen für das Denken

Funktion der Vorstellungen für die Kognition

In der Kognitionspsychologie wurde das Thema „Vorstellung" in den letzten Jahrzehnten dominiert durch die sogenannte *Imagery*-Debatte, die sich mit der Frage beschäftigt, in welche Funktion Vorstellungen im Denkprozess erfüllen. KOSSLYN (1980, 1994) schlägt eine Theorie vor, nach der Vorstellungsbilder Hilfskonstruktionen auf der Basis von abstrakten Gedächtnisinhalten sind. Der eigentliche „Code" der Repräsentationen im Langzeitgedächtnis ist nicht bildhaft, die Vorstellungsbilder, die temporär daraus erzeugt werden, sind aber notwendig für visuelles Denken[2]. Wie PIAGET betrachtet er Vorstellungen also als Inhalt von Denkoperationen. Für PYLYSHYN (1981, 1984) sind Vorstellungen nur ein Produkt symbolisch kodierter Regeln und logischer Propositionen, es sind Epiphänomene, die keine Bedeutung für die Denkprozesse haben und auf „stillem Wissen" darüber beruhen, wie die gleiche Situation in

---

[1] Mehr zu den Stufen der Abstraktion: s. S. 82

[2] Erneut zeigt sich hier, dass nicht-visuelle Wahrnehmungen, bzw. nicht-visuelle Vorstellungen nur wenig Beachtung finden.

der Außenwelt ablaufen würde. PYLYSHYN geht allerdings von einem sensualistischen Standpunkt aus. Bilder sind für ihn echte Abbilder der Wirklichkeit, und Sprache interpretiert er als Wortketten im selben Sinne. Dies wird von AEBLI kritisiert:

> „Indem Pylyshyn die mangelnde Eignung der unmittelbar gegebenen, konkreten Bilder und der Wortketten zum Denken betont und ihre Ungeeignetheit als Speichermedium zeigt, verwirft er zugleich das verarbeitete, strukturierte Bild der Wirklichkeit und semantisch fundierte Sprache als Medium des Wissens und Denkens." (Aebli 1980, S. 293)

Weitere Kritikpunkte an PYLYSHYNS Theorie ergeben sich aus kognitionspsychologischen Experimenten. Der Umgang mit Vorstellungsbildern zur Lösung von Problemen weist viele Parallelen zum Umgang mit realen Gegenständen auf. Wenn z.B. entschieden werden soll, ob zwei gegeneinander verdrehte geometrische Figuren dasselbe dreidimensionale Objekt darstellen, erhöht sich die Reaktionszeit der Versuchspersonen linear mit dem Maß der Drehung (Shepard/Metzler 1971). Das legt nahe, dass zum Lösen dieses Problems Objekte in der Vorstellung gedreht werden. Auch bei einer mentalen Reise zu einem Punkt auf einer auswendig gelernten Landkarte hängt die Zeit, mit der Versuchspersonen von einem Ort zum nächsten springen, von deren Entfernung auf der Karte ab (Kosslyn/Ball/Reiser 1978; mehr dazu auf S. 91). Zur mentalen Rotation gibt es auch einige Versuche mit blinden Versuchspersonen (Warren 1994, S. 107ff; s. Kap. 3.3.4 in dieser Arbeit). Dabei zeigt sich, dass vor allem Geburtsblinde mehr Schwierigkeiten mit derartigen Aufgaben haben als Sehende. Insgesamt, und dass ist hier wichtig, läuft der kognitive Prozess aber prinzipiell vergleichbar ab. Auch bei geburtsblinden Probanden erhöhte sich die Reaktionszeit linear mit dem Maß der Drehung.

Vorstellungen haben Einfluss auf das Denken

Diese Ergebnisse sind mit PYLYSHYNS Theorie schwerlich zu erklären. Es deutet also vieles darauf hin, dass Vorstellungen Bedeutung für und Einfluss auf Denkprozesse haben. Ob es allerdings tatsächlich die „konkrete" Drehung des Objekts im Geiste ist, die für die Zeitverzögerung verantwortlich ist, kann hinterfragt werden. Wie schon PIAGET (s. S. 71) weist auch AEBLI auf introspektive Befunde hin, die zeigen, dass die Bewegung selbst nicht visuell vorstellbar ist:

> „Die Drehung selbst kann man nicht sehen. [...] Es ist, genau betrachtet, nicht die größere Drehung, die mehr Zeit braucht, sondern die aufwendigere Rekonstruktion einer komplexen Objektvorstellung nach einer größeren Drehung, beziehungsweise die öftere Rekonstruktion des Objekts in Zwischenlagen [...]." (Aebli 1980, S. 306)

Vorstellungen als Ergebnis von und als Grundlage für Operationen

PIAGET und AEBLI machen deutlich, dass Vorstellungen konstruktiv auf der Basis von Denkoperationen entstehen. KOSSLYN fokussiert stärker auf ihre Funktion als Basis *für* Denkoperationen (Bideaud 1992a, S. 356). Diese zyklische Struktur – Vorstellungen als Basis für kognitive Vorgänge einerseits und als Ergebnis von kognitiven Prozessen andererseits - erinnert an das Modell der Wahrnehmungszyklen von NEISSER (s. S. 23). Für ihn sind Vorstellungen Wahrnehmungsantizipationen und damit „Schemata, die der Wahrnehmende für andere Zwecke aus dem Wahrnehmungszyklus herausgelöst hat" (Neisser 1976, S. 105). Vorstellungen werden damit durch kognitive Strukturen (Schemata) konstruiert, bzw. werden hier mit ihnen gleichgesetzt. Sie sind aber aus diesem Zyklus herausgelöst und dienen wiederum als Grundlage für weiteres Denken und Handeln (ebd. S. 106ff). Die Überlegungen zu Funktion und Qualität von Vorstellungen, die in diesem Kapitel wiedergegeben wurden, werden unten (Kap. 3.4.2) mit didaktischem Bezug wieder aufgegriffen. Zunächst sollen nun aber die Vorstellungen blinder Menschen genauer beschrieben werden.

3.3 Vorstellungen in der Blindenpädagogik

In den vorigen Kapiteln wurden Vorstellungen aus psychologischer Sicht im Hinblick auf ihre Bedeutung für Denkprozesse analysiert. Nun steht der *Inhalt* von Vorstellungen im Vordergrund, insbesondere der Inhalt von Vorstellungen blinder Menschen. Schon PIAGET beschrieb ein grundsätzliches Problem einer solchen Fragestellung: Vorstellungen sind schwer zu kommunizieren (s. S. 73). Aufgrund der großen Individualität sind Aussagen über ihren Inhalt zudem kaum zu generalisieren. Daher werden in diesem Kapitel introspektive Beschreibungen als Beispiele genutzt, um empirische Aussagen zu stützen und eine für sehende Leser gut zugängliche Darstellung der Vorstellungen blinder Menschen zu erreichen.

Beispiel

„Auch Blinde können sich ein Bild machen', erklärt mir mein Begleiter. Ein Baum wächst in der Vorstellung - aus den ertastbaren Wurzeln, aus seinem Stamm heraus - in die Höhe im Geräusch der kahlen Zweige, die sich im Wind bewegen und aneinander reiben, oder, im Sommer, im je andern Rieseln oder Rauschen der Blätter. In solchen Beobachtungen, und auch in den wechselnden Ausdehnungen des Schattens, wird die Grösse des Baumes erfahrbar und sogar seine Form. Auch der Hintergrund, vor dem sich für mich die Bäume abzeichnen, liesse sich mit geschlossenen Augen ins Bild einfügen, denke ich mir. Eine Wolke kann sich zu erkennen geben, wenn sie vor die Sonne tritt und wenn es vorübergehend kühl wird. Die Sonne situiert sich am Himmel im Gefühl der Wärme, auf die sich suchend ein Gesicht ausrichtet, und der Himmel selber... Ein Flugzeug bringt ihn plötzlich erschreckend nahe. Ein unerträglicher Lärm für jemanden, der sich auf seine Ohren zu verlassen hat: ‚Ich werde vorübergehend taubblind', sagt der Herr, der sich von mir führen lässt, obwohl es meistens kaum nötig zu sein scheint. ‚Die Welt verschwindet. Nichts ist mehr da als das Dröhnen.' Langsam baut sich die Umgebung in leiseren Geräuschen wieder auf." (Frey 1995)

Dieses Zitat stammt aus einem Zeitschriftenartikel. Die Autorin beschreibt darin einen Spaziergang mit einem blinden Begleiter. Die hier wiedergegebene Vorstellung von einem Baum macht deutlich, wie aus vielfältigen, unterschiedlichen Sinneseindrücken – der Tastempfindung von Wurzeln und Stamm, dem Höreindruck von Zweigen und Blättern und der Temperaturwahrnehmung von Schatten und Sonnenwärme – ein Gesamteindruck entsteht. Auch wenn haptische und auditive Vorstellungen von der Forschung meist getrennt betrachtet werden (was sich auch in der Gliederung dieses Abschnitts widerspiegelt), sind sie im Alltag oft in einer Gesamtwahrnehmung oder Vorstellung verknüpft. Dies ist z.B. für die Orientierung und Mobilität blinder Menschen von großem Vorteil (Gardiner/Perkins 2005; Saerberg 2006, S. 114f). Nichtvisuelle Vorstellungen sind multimodal, vielfältig und detailliert, wie in diesem Teilkapitel gezeigt werden soll. Der folgende Abschnitt lässt allerdings erkennen, dass Vorstellungen in der Vergangenheit der Blindenpädagogik eher defizitär betrachtet wurden.

3.3.1 Vorstellungen in der Geschichte der Blindenpädagogik

In der Blindenpädagogik wurde die Frage nach den Vorstellungen der blinden Schüler schon früh diskutiert, wohl auch in Reaktion auf die Regeldidaktik, die zu jener Zeit (19. und beginnendes 20. Jahrhundert) auf dem PESTALOZZI'schen Prinzip der Anschauungen aufbaute. Diese Anschauungen waren - nicht überraschend - im Wesentlichen visuell gedacht. Im Zeitalter PESTALOZZIS war Mathematikunterricht noch stark durch die alte Kunst der Rechenmeister geprägt - es ging um das Erlernen einer Fertigkeit; Verständnis und Einsicht spielten in den Lehrgängen keine Rolle. PESTALOZZI sah dagegen eher die Bildung des Charakters als Aufgabe der Mathematik und war der erste, der sich mit der Bedeutung von Anschauung im Unterricht beschäftigte. Er wollte das Zahlverständnis aufbauen, indem er mit Mengen von Objekten begann und über Strichmengen zu Zahlwörtern und -zeichen fortschritt. Er verwandte auch Maßverhältnisse (Linien und Quadrate) (vom Hofe 2003, S. 24ff). Ein Überspringen der Anschauung im Unterricht bedeutete für ihn die Überlastung des Gedächtnisses und eine Übersättigung mit „Gedankenhülsen, mit trockenen Analysen der Begriffe, mit Definitionen und Distinktionen" (Pestalozzi 1803, S. 110, nach vom Hofe 2003, S. 24).

Einfluss Pestalozzis

Einen Einblick in die blindenpädagogischen Sichtweisen dieser Zeit vermitteln die Quellentexte, die DEGENHARDT & RATH (2001) zusammengestellt haben. WALTHES (2005, S. 24ff) und HUDELMAYER (1970) haben ebenfalls historische Quellen zu diesem Thema analysiert.

Defizitäre Sichtweisen

Im ‚Handbuch des Blindenwesens' von 1900 (Merle 1900) findet sich ein Eintrag zum ‚Anschauungsunterricht'. Dort wird davon ausgegangen, „dass der normal beanlagte Blinde im Stande ist, zu präcisen Vorstellungen mittels der ihm verbleibenden Sinne zu gelangen." (ebd., S. 23). Die Fähigkeit, genaue Vorstellungen zu entwickeln, wird also blinden Menschen zugestanden. Das fehlende Sehvermögen führt aber im Weiteren dazu, dass die Vorstellungen blinder Menschen (wie auch die Wahrnehmungen) als mängelbehaftet und in der Menge reduziert betrachtet werden:

„Die Vorstellungen, die es [das sehende Kind, J.L.] aus den Gesichtswahrnehmungen erhält, sind die weitaus zahlreichsten, klarsten […]. Der Gesichtssinn ist für die erste geistige Entwicklung der fruchtbarste. Das bl. Kind entbehrt dieses gesegneten Nährbodens, wird durch sein Gebrechen von seiner Umgebung abgeschlossen, es vegetiert zunächst bloß […]. Unverkennbar ein großer Nachtheil!" (Riemer 1900, S. 107)

Visuelle Vorstellungen werden also als hochwertiger und für die kognitive Entwicklung nahezu unersetzlich eingeschätzt. Ähnliche Ansichten finden sich bei vielen anderen Autoren jener Zeit (z.B. Klein 1819/1991; Heller 1888; Lembcke 1899/2001; Merle 1900, S. 25; Tóth 1930). Sie sind aber auch in anderen Wissenschaftsdisziplinen verbreitet, wie SAERBERG (2006, 118ff) für die allgemeine Wahrnehmungspsychologie und die Phänomenologie zeigt.

Die Schlussfolgerungen aus der defizitären Sicht auf Vorstellungen blinder Menschen gehen in verschiedene Richtungen. MERLE (1900, S. 25) ist der Ansicht, dass durch die mangelhafte Wahrnehmung die Einbildungskraft maß- und ziellosen Charakter annehme und fordert die systematische Vermittlung von Anschauungen im „Anschauungsunterricht". Auch KLEIN geht davon aus, dass der Phantasie blinder Menschen wichtige Nahrung fehlt, dass sie aber auf der anderen Seite über Dinge phantasieren, die ihnen durch die Wahrnehmung nicht zugänglich sind (1819/1991, S. 22, zit. nach Walthes 2005, S. 24).

Surrogatvorstellungen

Parallel zu dieser Annahme einer überbordenden oder ziellosen Phantasie wurde auch die Meinung vertreten, die Vorstellungswelt blinder Menschen sei unanschaulicher als die Sehender. KREMER (1933, S. 44) geht wie KLEIN davon aus, dass die Vorstellungen blinder Menschen zum Teil Surrogatvorstellungen seien, also aus der Sprache erworbene, bruchstückhafte Ersatzvorstellungen für sinnlich nicht zugängliche Phänomene. Diese Surrogate sind seiner Meinung nach von geringerer Intensität (Kremer 1933, S. 45). Grundsätzlich weist er den nichtvisuellen Sinnen, vor allem dem Hören, nur wenig Bedeutung für das „Gegenstandsbewusstein" zu. Gegenstandsbewusstsein beruht nach seiner Ansicht vor allem auf Raum- und Formwahrnehmung (Kremer 1933, S. 39). Dies führt ihn zu der Überzeugung, das gesamte Denken blinder Menschen sei grundsätzlich durch abstrakte und synthetische Tendenzen geprägt, wobei der Begriff „Abstraktion" für Unanschaulichkeit steht und negativ konnotiert ist. Synthese bezeichnet die Notwendigkeit, bei sequenziell strukturierten Tast- und Hörwahrnehmungen eine Ganzheit über die Zeit zu erzeugen. Die hier vollzogene, aus heutiger Sicht fehlgeleitete Übertragung von Eigenschaften der Wahrnehmung auf Prozesse der höheren Kognition wird später von HUDELMAYER (1970, S. 52) als unzulässig erkannt.

Einige Vertreter der Blindenpädagogik sahen die Situation blinder Menschen in Bezug auf Vorstellungen allerdings auch als weniger schwierig an. HITSCHMANN (1895 [2001]), selbst blind, wies in einem damals stark kritisierten Artikel auf die Unterschiede zwischen Sehen und Tasten hin und forderte, „den Blinden in der Weise zu entwickeln, wie es den ihm eigentümlichen Anlagen entspricht […]" (Hitschmann 1895 [2001], S. 62) - eine frühe Kritik am Visuozentrismus in der Blindenpädagogik, der wenig Erfolg beschieden war. HITSCHMANN ging zwar ebenfalls davon aus, dass die Vorstellungswelt blinder Menschen ärmer ist als die der Sehenden, war aber der Ansicht, dass die unanschaulichen „Surrogatvorstellungen" blinder Personen zusammen mit den im Alltag erworbenen konkreten Vorstellungen ausreichend sind und hielt den Anschauungsunterricht für überflüssig. Auch TH. HELLER (1904b) war der Meinung, dass Surrogatvorstellungen nicht inhaltsleer sind, sondern über die Sprache mit Bedeutung versehen und mit Hilfe von Tasten und Hören sinnlich gefüllt werden können. TÓTH (1930) kam zu dem Schluss, dass die Vorstellungsinhalte blinder Menschen zwar „eingeengt" seien, dass dieses die Entwicklung der geistigen Fähigkeiten aber nicht beeinträchtige. Allerdings hält er sie für nach oben begrenzt.

Positivere Sichtweisen

HITSCHMANN, HELLER und TÓTH vertreten damit Standpunkte, die den nichtvisuellen Vorstellungen eine weniger problematische Rolle für die Entwicklungsmöglichkeiten blinder Menschen zusprechen. Von einer ärmeren Vorstellungswelt gehen jedoch alle Autoren aus. Dies gilt außerhalb der Blindenpädagogik auch für WUNDT, der mit Bezug auf Berichte über begabte blinde Personen seiner Zeit Folgendes schrieb:

„Besonders schlagend bezeugen die Entwicklungsfähigkeit des Tastsinnes die seltenen Fälle der Blindgeborenen oder in frühester Lebenszeit Erblindeten. Hier, wo die räumliche Anschauung vollständig in den Tast- und Bewegungsvorstellungen aufgeht, [...] kann sich dennoch ein verhältnismäßig reiches Vorstellungsleben entwickeln, das sich neue und eigentümliche Mittel des Ausdrucks schafft. Von der Form, in der solchen Unglücklichen die Welt erscheint, kann sich der Mensch, der im Vollbesitz seiner Sinne steht, freilich kaum ein anschauliches Bild machen." (Wundt 1874)

WUNDT bezeichnet die Vorstellungen blinder Menschen als „verhältnismäßig reich", sieht also durchaus eine Einschränkung. Wie HITSCHMANN spricht er jedoch von „eigentümlichen" Eigenschaften nichtvisueller Vorstellungen. Der Ausdruck „eigentümlich" war in der Sprache dieser Zeit nicht im Sinne von „seltsam", also negativ konnotiert zu verstehen, sondern eher im neutralen Sinne von „charakteristisch". Damit gehen WUNDT und HITSCHMANN grundsätzlich davon aus, dass Blindheit ganz eigene Vorstellungen und Denkweisen zur Folge hat und von sehenden Menschen nicht nachvollzogen werden kann. Diese Denkweise ist zukunftsweisend, wie das folgende Kapitel zeigt.

3.3.2 Die Vorstellungswelt blinder Menschen aus heutiger Sicht

Im Anschluss an die eben dargestellten historischen Theorien stellt sich die Frage, ob eine nichtvisuelle Vorstellungswelt tatsächlich als ärmer oder abstrakter zu bezeichnen ist als eine visuelle. Prinzipiell gilt: Vorstellungen basieren auf der Gesamtheit der Wahrnehmung und bleiben nicht auf den visuellen Bereich beschränkt (Fauser/Irmert-Müller 1996, S. 212), wie es die visuell dominierte Literatur aus Psychologie und Regeldidaktik vielleicht suggerieren könnte.

Keine „ärmere" Vorstellungswelt

In Kapitel 2 wurde für Hören und Tasten ausführlich belegt, wie plastisch das Gehirn auf das Nichtvorhandensein visueller Stimuli reagiert. Der visuelle Kortex übernimmt Aufgaben in der Verarbeitung der Reize anderer Modalitäten, die dadurch effektiver und qualitativ besser ausgewertet werden können. Dies hat im direkten Vergleich mit Sehenden eine Leistungssteigerung zur Folge. Für einige Hirnregionen konnte sogar gezeigt werden, dass sie innerhalb von Tagen beginnen, haptische Reize auszuwerten, obwohl sie üblicherweise dem visuellen Kortex zugerechnet werden (s. S. 27). Dies war nur im Sinne einer „Demaskierung" zu erklären: Die betreffenden Regionen sind grundsätzlich jederzeit in der Lage, haptische Reize auszuwerten, das wird normalerweise durch die Dominanz visueller Reize verdeckt. Bereits zu Beginn dieser Arbeit (s. S. 19ff) wurde vertreten, dass die Wahrnehmung blinder Menschen nicht als reduziert beschrieben werden kann, denn sie ist mit den Informationen aus den zur Verfügung stehenden Sinnen angefüllt und in sich vollständig. Auf dieser Basis ergibt es keinen Sinn, von einer grundsätzlich ärmeren Vorstellungswelt auszugehen, da Vorstellungen auf Wahrnehmungen basieren. Auf den Zusammenhang zwischen Wahrnehmung und Vorstellung wird in Kap. 3.4.2 noch genauer eingegangen.

Ursache der Defizit-Hypothese zu Vorstellung und Wahrnehmung bei Blindheit ist wohl die Ausgangsposition sehender Pädagogen und Psychologen, die sich in eine vornehmlich auditiv-haptische Welt einzufühlen versuchen. Mehr oder weniger explizit ist dabei die visuozentristische Idee maßgeblich, dass das Auge garantiere, die Welt so wahrzunehmen, wie sie wirklich ist (Walthes 2005, S. 25). Da sehende Menschen visuell dominiert sind, empfinden sie ihre eigenen auditiven und haptischen Wahrnehmungen und Vorstellungen leicht als arm, lückenhaft oder abstrakt. Die detaillierten Wahrnehmungen und Vorstellungen einer blinden Person, wie sie z.B. im einführenden Beispiel beschrieben sind, können sehende Menschen nur aus solchen Erzählungen nachvollziehen, aber nicht tatsächlich nachempfinden. Für Sehende, die sich mit dem Thema Blindheit auseinandersetzen, ist es deshalb umso wichtiger, sich nicht unreflektiert von implizitem Visuozentrismus leiten zu lassen.

Selbst bei Menschen, die im Laufe ihres Lebens erblinden, bleiben visuelle Vorstellungen häufig erhalten. SACKS vergleicht in einem Beitrag für die Zeitung „The New Yorker" (28.07.2003) die Erfahrungen verschiedener späterblindeter Menschen (u.a. John Hull, Sabriye Tenberken, Jacques Lusseyran) und kommt zu dem Schluss, dass die Ausprägung und der Nutzen von visuellen Vorstellungen nach einigen Jahren der Blindheit nicht vorhersagbar ist. Er vermutet, dass es u.a. davon abhängt, wie wichtig und ausgeprägt die visuellen Vorstellungen dieser Menschen vor der Erblindung waren. Dies ist ein Hinweis darauf, dass bei Kindern, die relativ kurz vor Schuleintritt (oder gegebenenfalls noch später) erblindet sind, darauf geachtet werden sollte, ob und in welcher Form ihnen visuelle Vorstellungen im Unterricht nützlich sein könnten.

Späterblindete Menschen

Eine Studie über Träume blinder Personen vermittelt einen ersten empirisch basierten Eindruck der nichtvisuellen Vorstellungswelt. Träume entstammen demselben Formenkreis wie Vorstellungen und basieren ebenfalls auf der Wahrnehmung (Hobson/Pace-Schott/Stickgold 2000). HUROVITZ ET AL. (1999) fassen ältere Studien über die Träume blinder Menschen zusammen und bestätigen sie mit eigenen Forschungsergebnissen: In Traumbeschreibungen geburtsblinder Menschen kommen auditive Vorstellungen einerseits und haptische, olfaktorische und gustatorische[1] Vorstellungen andererseits ungefähr gleich häufig vor. Die Beschreibung eines blinden Mannes unterstreicht beispielhaft die Vielseitigkeit von Sinneseindrücken in Träumen:

Inhalt von Träumen

---

[1] Von HUROVITZ ET AL. für die Auswertung in einer Kategorie zusammengefasst

"In solchen Träumen gehe ich meistens auf Landstraßen oder schönen Wald- oder Wiesenwegen dahin, höre die Vögel zwitschern, rieche den Duft der Blumen und kann, wenn sich ein Feld in der Nähe befindet, das Getreide betasten. Manchmal gehen auch andere Menschen mit mir mit, die mich aber nicht zu führen brauchen, denn ich kann in diesen Träumen ganz allein ohne Blindenstock gehen." (Fast o.J.)

Beispiel einer haptisch generierten Vorstellung

Vorstellungen als Inhalt von kognitiven Prozessen haben weit reichende Auswirkungen auf Denken und Handeln. Die scheinbar einfache Feststellung der Bedeutung haptischer und auditiver Vorstellungen hat komplexe, für sehende Beobachter oft unerwartete Folgen, wie ein Beispiel von SPITTLER-MASSOLLE (1998, S. 207f) zeigt. Er beschreibt, wie ein blinder Mann (auf eigenen Wunsch) mit seinem Mobilitätstrainer auf den Fußballplatz geht. Die beiden spielen eine Weile den Ball hin und her, dann schlägt der Sehende vor, auf das Tor zu schießen. Er weist den jungen Mann darauf hin, dass er sich „ins Tor" stellen solle, worauf dieser meint, da sei er doch schon - er steht vor einem Torpfosten. Dass mit dem Begriff ‚Tor' der Raum *zwischen* den Pfosten bezeichnet wird, ist aus der „blinden" Perspektive nicht selbstverständlich - das Tor ist das, was man anfassen kann, also die Pfosten, der Raum dazwischen gehört nicht zwangsläufig dazu. SPITTLER-MASSOLLE weist darauf hin, dass diese Sichtweise auch im Sinne der geplanten Handlung ist: Der Blinde wird den Ball wohl nur halten können, wenn dieser direkt auf ihn zufliegt.

Es gibt in der blindheitsbezogenen Forschung zwei Kontexte, in denen das Thema „Vorstellungsinhalte" auch empirisch ausführlicher untersucht wurde (Warren 1994, S. 174ff): Wörter, die sich auf nur visuell erfahrbare Phänomene beziehen und die Raumwahrnehmung bzw. -vorstellung. Diese Forschungen sollen nun dargestellt werden.

3.3.3 Vorstellungen zu Wörtern

Verbalismus

Die Verwendung von Wörtern mit rein visuellem Gehalt (z.B. Farben) durch blinde Kinder wurde in der Vergangenheit als „Verbalismus" bezeichnet und als gefährlich betrachtet (s. z.B. Roth 1974, S. 328). MERLE (1900) ging sogar davon aus, dass bei Kindern im Vorschulalter aufgrund fehlender Anschauungen insgesamt kaum sinnlich gefüllte Wörter zur Verfügung stehen (allerdings wurde damals auch den sehenden Kindern ein „Anschauungsdefizit" zugeschrieben):

"Wenn schon das sehende Kind die Schulräume mit einem bedeutenden Wortschatz betritt, welchem der sinnliche Inhalt fehlt, so sind die vorhandenen Anschauungen des bl. Kindes zu diesem Zeitpunkte gleich Null einzuschätzen." (Merle 1900, S. 25)

Ähnlich sieht es RIEMER, der die vorschulische Sprachentwicklung blinder Kinder für sinnleer hält. Das blinde Kind „lernt, so zu sagen, eine Fremdsprache reden, die es erst später, und auch dann nur zu Theil verstehen lernt [...]" (Riemer 1900, S. 107). Hier ist sicherlich der Einfluss WUNDTS zu spüren, für den unanschauliche, abstrakte Denkinhalte nicht existierten (s. S. 69).

Heute wird angenommen, dass blinde Kinder „visuelle" Wörter nach und nach aus dem sprachlichen Kontext mit eigenen Bedeutungen füllen. Das Wort „rot" lässt sich z.b. mit Wärme oder Feuer verknüpfen. BURKHARD, eine geburtsblinde Autorin, beschreibt, wie sie Farben in ihrer Kindheit ins Spiel eingebunden hat (Burkhard 1981, S. 32):

„Auch hartes oder weiches Material kann für mich etwas wie ein Farbsymbol werden. Ich sage Symbol, weil das Material oft gar nicht die Farbe hat, die es im Moment für mich darstellt. Als Kind besaß ich eine große Schachtel mit Stoffrestchen. Damit spielte ich gern. Alle warmen Wollstoffe waren rot, Baumwolle gelb oder grünlich. Kalte Leinwand war weiß. Seide, die sich kühl anfühlte, war blau wie frische Seeluft. Blau war aber auch weich, umhüllend wie der Marienmantel, den ich in einem Krippenspiel trug. [...] Die Stoffe rollte ich zusammen und spielte mit ihnen als Gestalten Geschichten, Märchen oder eigene Phantasien. Farben waren für mich damals auch gut oder böse, nachdem ich sie an Märchenfiguren kennenlernte."

Klar erkennbar ist hier, dass BURKHARD kalte und warme Farben mit den entsprechenden Tastempfindungen zusammenbringt[1]. Welche Farben als „kalt" oder „warm" bezeichnet werden, geht aus der Sprache hervor. Aber auch Erfahrungen spielen eine Rolle, wie sich am Marienmantel oder der „blauen" Seeluft zeigt.

SUSANNA MILLAR (1997, S. 220f) weist in Bezug auf Verbalismus darauf hin, dass auch ein großer Anteil der Wortbedeutungen Sehender nicht sinnlich gefüllt ist. Beschreibungen, die über die Sprache vermittelt werden, haben großen Anteil an der Konstruktion von Wortbedeutung. Viele Wortinhalte sind grundsätzlich nicht direkt wahrnehmbar, z.B. philosophische Begriffe. Andere beziehen sich auf Dinge, die zwar physikalisch messbar, aber nicht wahrnehmbar sind, z.B. die „Farben" Ultraviolett und Infrarot. Hier sind auch die Vorstellungen sehender Menschen von Modellen und Metaphern geprägt. MILLAR hat sich in der Folge mit dem klassischen Beispiel für „visuelle" Wörter, den Farbwörtern, auseinandergesetzt. Sie führte eine Studie durch, in der blinde und sehende

Farbwörter bei blinden Kindern

---

[1] Dieses Prinzip wird auch in der Zuordnung von Farben zu Tastqualitäten für die Adaption verwendet (Staatliche Schule für Sehgeschädigte Schleswig 2006; s. S.205)

Kinder die Sinnhaftigkeit von Adjektiv-Substantiv-Paarungen (z.B. „schwarzer Schnee") bewerten sollten. Die Adjektive entstammten den Bereichen Farbe, Tasten, Hören und Raum. Es ergaben sich kaum Unterschiede zwischen sehenden und blinden Kindern. Die jüngeren blinden Probanden schnitten etwas schlechter ab, zeigten aber dennoch insgesamt gute Leistungen. Die älteren Kinder (10 Jahre und älter) machten bei den Farbadjektiven ebenso wenig Fehler wie sehende Kinder. Sie brauchten lediglich etwas mehr Zeit für die Antwort, was laut MILLAR auf komplexere kognitive Mechanismen bei der Beurteilung der Sinnhaftigkeit hindeutet (Millar 1997, S. 222). Eine ähnliche Untersuchung hatte bereits TÓTH (1930) durchgeführt. Auch er stellte fest, dass Wörter mit visuellem Gehalt nicht abstrakt bleiben und konnte ebenfalls die von MILLAR beschriebene verlängerte Reaktionszeit beobachten.

Daraus lässt sich schließen, dass blinde Kinder über Wissen in Bezug auf Farben verfügen. Ob dieses Wissen in Vorstellungen gründet oder eher abstrakter Natur ist, kann auf der Basis dieser Studie nicht entschieden werden – wie einleitend bereits gesagt sind die konkreten Inhalte von Vorstellungen schwer zu erfassen. Nicht jede Wortbedeutung ist gleichzeitig eine Vorstellung - die meisten Menschen haben keine echte Vorstellung von Wörtern mit sehr abstraktem Inhalt (z.B. „Homomorphismus" oder „Tautologie"). Diese Wörter werden zwar im sprachlichen Kontext verstanden, haben also Bedeutung; sie werden aber entweder nicht mit einer aus der Wahrnehmung gespeisten Vorstellung verknüpft, oder diese Vorstellung trägt wenig zum Verständnis bei bzw. deckt nur einen unbedeutenden Anteil der Wortbedeutung ab (z.B. könnte einem philosophischen Begriff eine visuelle Vorstellung eines Buchdeckels von passender Literatur erzeugt werden). Die obigen Untersuchungen von MILLAR und TÓTH belegen, dass Farbwörter für blinde Kinder Bedeutung haben, zeigen aber nicht, worauf diese Bedeutung fußt.

Vorstellungsbasiert oder nicht?

Ein Experiment von ZIMLER & KEENAN (1983) mit Kindern im Alter zwischen sieben und zwölf Jahren belegt, dass visuelle Wörter nicht völlig abstrakt bleiben. Die Forscher ließen sehende und blinde Kinder Wortlisten (4 Wörter) auswendig lernen, die drei Kategorien zuzuordnen waren: rote Farbe („redness"), Lautstärke („loudness") und Rundheit („roundness"). Sie verwendeten eine in der kognitionspsychologischen Vorstellungsforschung verbreitete Methode: Vorstellungen wirken unterstützend auf Ultrakurzzeit-, Kurzzeit- und Langzeitgedächtnis (Jüttner 2003, S. 46ff). Daher werden Wörter, die leicht vorstellbar sind, besser im Gedächtnis behalten (dazu Paivio/Okovita 1971, S. 506). Bei sehenden Kindern sollte also die Liste mit visuellen („roten") Wörtern zu besserer Gedächtnisleistung führen, bei blinden Kindern vor allem die Lautstärke. Die haptisch und visuell zugängliche Rundheit sollte bei beiden Gruppen die Erinnerung unterstützen. Die untersuchten blinden Kinder brachten bei der Lautstärke zwar bessere Leistungen, aber auch bei den „runden" Wörtern. Die Wörter aus der Kategorie „rote Farbe" wurden - entgegen den Erwartungen - von beiden Gruppen gleich gut erinnert.

Wie ist das zu interpretieren? Folgt man dem Paradigma der Vorstellungsforschung, so müssen auch blinde Kinder über ausgeprägte Vorstellungen zu Wörtern im Kontext von Farbe verfügen, sonst könnten sie nicht mit den Sehenden gleichziehen. Allerdings weisen die besseren Ergebnisse in der Kategorie „Rundheit" (im Vergleich zu den Sehenden) darauf hin, dass auch ein insgesamt leistungsfähigeres Gedächtnis (s. S. 62) bei den blinden Probanden eine Rolle spielen dürfte. Betrachtet man das *Profil* der Leistungen blinder Kinder, so fällt auf, dass sie auditive und haptische Begriffe besser als die sehenden Kinder erinnern, während visuelle Begriffe „nur" gleichgut abgerufen werden können. Dies deutet auf ein Zusammenspiel aus besseren Gedächtnisleistungen und höheren kognitiven Anforderungen durch die visuellen Begriffe hin. Damit werden die obigen Ergebnisse von MILLAR bestätigt. Die Existenz von Vorstellungen zu visuellen Wörtern kann so zwar nicht belegt werden, die insgesamt guten Leistungen der blinden Kinder deuten aber zumindest darauf hin. ZIMLER & KEENAN verwandten zusätzlich Listen von Wortpaaren. Die Paare bestanden aus Wörtern mit rein visuellem Inhalt (V-V), rein auditivem Inhalt (A-A) oder waren gemischt (V-A, A-V). Die Autoren konnten bei den blinden Kindern keinen Unterschied zwischen den verschiedenen Bedingungen feststellen, also auch nicht zwischen den V-V- und A-A-Paaren. Dies kann eher als Beleg für das Vorhandensein von Vorstellungen für „visuelle" Inhalte gewertet werden, denn sonst wäre ein Leistungsunterschied zu erwarten gewesen.

Eine Studie von PAIVIO & OKOVITA (1971), in der dieselbe Methode auf Jugendliche zwischen 14 und 18 Jahren angewendet wird, kommt dagegen zu dem Ergebnis, dass Wörter mit auditivem Hintergrund von den blinden Jugendlichen signifikant besser erinnert werden, während die Sehenden bei visuell bezogenen Wörtern bessere Leistungen zeigen. Ob diese Diskrepanz zu den Ergebnissen von ZIMLER & KEENAN auf dem Altersunterschied der Versuchspersonen beruht oder auf anderen Variablen, bleibt leider unklar (Warren 1994, S. 179). Hier besteht weiterer Forschungsbedarf, um die Wechselwirkung zwischen Gedächtnisleistung und Vorstellung besser zu klären. Bereits auf Seite 5 in dieser Arbeit wurde außerdem deutlich, dass Forschung mit blinden Probanden aufgrund der geringen Größe und großen Heterogenität dieser Personengruppe grundsätzlich mit methodischen Problemen zu kämpfen hat. Insgesamt deuten die zitierten Ergebnisse aber zumindest darauf hin, dass die Vorstellungen blinder Kinder zu visuellen Wörtern kognitiv weniger leicht zugänglich sind - gemessen an Erinnerungsleistungen bei ZIMLER & KEENAN sowie PAIVIO & OKOVITA und der Reaktionsgeschwindigkeit bei MILLAR. In Verbindung mit der dennoch recht hohen Leistungsfähigkeit, die sowohl MILLAR als auch ZIMLER & KEENAN beobachten konnten, lässt sich vermuten, dass hier assoziierte Vorstellungen aus dem haptischen und auditiven Bereich zum Einsatz kommen. Dies entspricht durchaus dem alten Begriff der „Surrogatvorstellungen" im vorigen Kapitel, sofern dieser nicht defizitorientiert verstanden wird. Die Studien zeigen insgesamt ganz klar, dass blinde Kinder kompetent und erfolgreich mit visuellen Wörtern umgehen.

3.3.4 Vorstellungen von Raum und Form

Die Raumwahrnehmung (und damit auch die Raumvorstellung) blinder Menschen im Alltag sind durch eine Vielfalt von Sinneseindrücken geprägt:

> „[…] taktuelle Wahrnehmung von Händen und Füßen, das Pendeln des Taststocks, akustische Wahrnehmungen jeder Art, Geruchsempfindungen, sensorische Empfindungen der Haut, Wärme- und Kälteeindrücke sowie die ständig sich verändernden sensomotorischen Empfindungen des Auf und Ab der Wegstrecke greifen ineinander und betten sich in ein Gesamt der Raumwahrnehmung […]" (Saerberg 2006, 113)

Diese Vielfalt ist allerdings unter kontrollierten experimentellen Bedingungen schwer fassbar, so dass ein großer Teil der vorhandenen Studien sich allein mit dem Tastsinn beschäftigt. Zudem sind auch die Lernmaterialien, die im Zentrum dieser Arbeit stehen, vor allem haptisch zugänglich. Die Orientierung und Mobilität im Raum spielt daher im Folgenden eine untergeordnete Rolle.

Bei der Thematisierung der haptischen Raumwahrnehmung in Kap. 2.2.2 stellte sich heraus, dass die Raumkonzepte geburtsblinder Menschen eher egozentrisch-kinästhetischen Charakter haben. Die externe Überblicksdarstellung des Raumes, die bei Sehenden als höchstentwickelte Form der Raumwahrnehmung und –vorstellung gilt, wird von blinden Menschen weniger genutzt, weil sie ihren Bedingungen weniger gut angepasst ist. Hier soll nun konkreter betrachtet werden, wie sich die Vorstellungen vom Raum bei geburtsblinden Menschen beschreiben lassen.

Sehende und auch späterblindete Menschen machen sich in der Regel visuelle Vorstellungen von ertasteten Objekten (Lederman et al. 1990; Vanlierde/Wanet-Defalque 2004; James et al. 2006; Pascual-Leone et al. 2006). Visuelle Vorstellungen sind aber nicht notwendig für die Raumwahrnehmung, deshalb behandelt dieses Kapitel vornehmlich die Vorstellungen von Menschen, die geburtsblind oder sehr früh erblindet sind.

Bedeutung der Bewegungen

Dass blinde Menschen über Raumvorstellung *verfügen*, ist unstrittig (s. z.B. Cornoldi/Vecchi 2000[1]), sie sind aber naturgemäß anders geartet. Haptische Wahrnehmung - als Grundlage der Vorstellung - beinhaltet in der Regel die Bewegung der Finger, der Hand und des Armes entlang der Konturen eines Objekts. Da diese Bewegung Zeit in Anspruch nimmt, neigen sehende Menschen dazu, die Bewegung als Hindernis zu betrachten, die einer Wahrnehmung des Objekts als Ganzes (Synthese) im Wege steht bzw. ein höheres Maß an Abstraktion erfordert. TH. HELLER (1904b, S. 13ff) war beispielsweise dieser Ansicht. In SCHURNBERGERS Beschreibung stellt sich die Situation ganz anders dar:

> „Ein blinder Mensch nimmt z.B. die viereckige Form einer Tafel wahr, indem er reale Tastbewegungen längs ihrer Kanten ausführt, und er stellt sich ein Viereck vor, indem er es durch virtuelle Bewegung innerlich erzeugt." (Schnurnberger 1996, S. 14)

Die Bewegung ist nicht hinderlich, wie von Sehenden oft intuitiv auf Basis der eigenen Erfahrung angenommen, sondern sie ist vielmehr konstitutiv für die Raumvorstellung unter blinden Bedingungen. Dies wurde bereits in Kap. 2.2.2 als kinästhetische Raumauffassung beschrieben.

Perspektive

Vorstellungen, die rein auf Tasterfahrungen beruhen, sind in der Regel nicht perspektivisch und zeigen das Objekt nicht nur von einer Seite. Die Objekte werden in ihrer Ganzheit vorgestellt. Blinde Menschen, die aufgefordert werden, ein Objekt zu zeichnen[2], bilden oft alle Seiten des Objekts ab, nicht nur die „sichtbaren" vorderen Teile[3]. Anders ausgedrückt stellen sich Sehende z.B. nur einen „halben Baum" vor (die sichtbare Hälfte), während die Vorstellung Blinder „den ganzen Baum" enthält, wie HELLER einen blinden Interviewpartner zitiert (2006, S. 55). Eine andere Studie (Newell et al. 2001) zeigt sogar, dass beim Tasten bevorzugt die (visuell oft nicht zugängliche) Rückseite eines Objekts betrachtet wird, was wohl technische Gründe hat - beim Umfassen eines Objekts befinden sich die Fingerspitzen in der Regel auf der vom Körper abgewandten Seite.

---

[1] CORNOLDI & VECCHI sprechen etwas irritierend von „visuospatial imagery" bei blinden Menschen. Sie gehen dann aber davon aus, dass diese Vorstellungen auf haptischer und auditiver Information beruhen. Sie wählen diesen Begriff, weil sie sich hauptsächlich mit dem Arbeitsgedächtnis beschäftigen, zu dem in der Standarddarstellung (Baddeley/Hitch 1974) als eine Komponente der räumlich-visuelle Aspekt (*visuospatial sketchpad*) gehört.

[2] Dabei wird Kunststofffolie verwendet, die durch die Reibung der Stiftspitze eine tastbare Linie ergibt

[3] Blinde Menschen können allerdings schnell lernen, perspektivische Darstellungen zu interpretieren (Heller/Ballesteros 2006a, S. 6)

Gehör	Auch das Gehör trägt wesentlich zur Raumvorstellung bei, wie schon das Eingangsbeispiel (s. S. 76) zeigt. Zur Vorstellung eines Baumes gehört das Geräusch der Blätter im Wind. Die Entfernung und Richtung von Geräuschquellen (z.B. Wasser, Autogeräusche) kann auditiv bestimmt werden und dient damit der Orientierung (Gardiner/Perkins 2005). SAERBERG (2006, 94ff) beschreibt die Vielschichtigkeit der Hörempfindungen, die von blinden Menschen für die Orientierung im Alltag genutzt wird und damit auch in Vorstellungen einfließt. So können Geräusche der Identifizierung von Objekten dienen, und sie können eine Richtung anzeigen. Die Geräusche in einem alltäglichen Umfeld lassen so ein Koordinatennetz entstehen, das die räumlichen Beziehungen der Klangquellen beinhaltet. Weiter spricht SAERBERG von „Grundklängen", die bestimmte Orte charakterisieren: Diese sind nicht als einzelnes Geräusch zu verstehen, sondern als „Summe allen geräuschhaften Vorkommens […]. Der Grundklang bedarf also wesentlich der Ausbreitung im Raum, den er erfüllt und den er zum hörbaren Erklingen bringt" (ebd., 95). Die typischen Klänge bekannter Räume werden auch im Gedächtnis gespeichert und dienen als Grundlage für die sichere Orientierung, ähnlich den visuellen Erinnerungen Sehender an einen bekannten Weg. Die Klänge unterscheiden sich jedoch deutlich von den Bildern Sehender: „Sie bilden eben nicht Bilder einer Straße oder eines Bahnhofs, sondern Klänge derselben, und ich bin sehr skeptisch, ob sie in Bilder übersetzbar sind" (ebd., 97).
Kein höherer Abstraktheitsgrad	RÖDER & NEVILLE (2003) finden in ihrer Zusammenfassung neuropsychologischer Studien zum Thema Raumvorstellung bei Blindheit keinen Hinweis darauf, dass blinde Menschen verbale oder andere abstrakte Elemente in Raumvorstellungen einbeziehen. Dieses Ergebnis wurde durch FLEMING, BALL, ORMEROD & COLLINS (2006) bestätigt. Sie gaben geburtsblinden und sehenden Versuchspersonen gesprochene Informationen zu einer räumlichen Anordnung und überprüften später, wie gut sich die Probanden an die Beschreibungen erinnerten. Dafür wurden vier Beschreibungen als Antwortalternativen gegeben. Zwei der möglichen Antworten waren falsch, eine stimmte wörtlich mit dem ursprünglichen Text überein und eine Beschreibung war inhaltlich richtig, aber mit anderem Wortlaut versehen. Ziel war es, zu überprüfen, ob die blinden Versuchspersonen eher verbale Erinnerungen (an den Wortlaut) nutzten oder ob sie eine Vorstellung der beschriebenen räumlichen Anordnung verwendeten. Beide Gruppen konnten mit vergleichbarer Fehlerquote die inhaltlich richtige Beschreibung angeben, was die Autoren zu dem Schluss bringt, dass geburtsblinde Menschen sich ebenso wie sehende analoge Vorstellungen von räumlichen Situationen zunutze machen. Der einzige feststellbare Unterschied zwischen blinden und sehenden Probanden bestand überraschenderweise darin, dass die blinden Versuchspersonen *schlechtere* Leistungen als die sehenden erbrachten, wenn die Aufgabe lautete, die wörtlich übereinstimmende Beschreibung anzuge-

ben. Blinde Menschen zeigen in der Regel bessere Leistungen als Sehende bei Tests des verbalen Gedächtnisses, und dies konnte auch für die Versuchspersonen in dieser Studie repliziert werden, wenn keine zusätzliche räumliche Anforderung vorhanden war. FLEMING, BALL et al. schließen daraus, dass die räumliche Aufgabe an die blinden Probanden höhere Anforderungen stellte als an die sehenden, weshalb die Leistung des verbalen Gedächtnisses beeinträchtigt wurde.

VECCHI, MONTICELLI & CORNOLDI (1995) stellen einen Unterschied zwischen passivem und aktivem Umgang mit räumlichen Zusammenhängen bei blinden Probanden fest. Dabei verstehen sie unter passivem Umgang die Fähigkeit, räumliche Strukturen aus dem Gedächtnis abzurufen, und unter aktivem Umgang die Fähigkeit, räumliche Strukturen in der Vorstellung zu verändern (z.B. zu rotieren oder sich hindurch zu bewegen). Die Autoren betrachten diese unterschiedlichen Prozesse als verschiedene Komponenten des Arbeitsgedächtnisses. Die Aufgabe für die blinden und sehenden Probanden bestand darin, sich (passiv) räumliche Positionen auf einer zweidimensionalen Matrix (ähnlich einem Schachbrett) zu merken oder (aktiv) eine solche Position nach einer Folge von vorgestellten Bewegungen auf dieser Matrix anzugeben. Dabei stellte sich heraus, dass die blinden Probanden im Vergleich zu den sehenden mehr Schwierigkeiten mit der aktiven Form der Fragestellung hatten.

Manipulation von Vorstellungen

Dieses Ergebnis erstaunt, da blinde Menschen sich häufiger als sehende in Situationen befinden, in denen sie sich Wege im Raum einprägen müssen. Ein Trainingseffekt wäre also denkbar gewesen. VECCHI et al. schließen daraus, dass die dynamische Behandlung räumlicher Vorstellungen blinden Menschen schwerer fällt als sehenden. In Kap. 2.2.2.2 wurde jedoch bereits erarbeitet, dass blinde Menschen sich Wege oft nicht in Form der Draufsicht einprägen, sondern linear die Route mit ihren Orientierungspunkten abspeichern (s. auch Roderfeld 2004). Dieser Form der Orientierung im Raum trägt die Methode von VECCHI et al. nicht Rechnung, denn die Angabe der Endposition im Raster der Matrix ist so wesentlich schwerer. Erneut wird hier deutlich, dass der empirische Vergleich der Leistungen blinder und sehender Versuchspersonen mit großen methodischen Problemen behaftet ist (s. S. 5).

VANLIERDE & WANET-DEFALQUE (2004) verwendeten ebenfalls eine Matrix. Ihre Stichprobe bestand aus geburts- oder früherblindeten, späterblindeten und sehenden Personen. Sie stellten ihren Probanden die Aufgabe, Symmetrien zu finden: Sie sollten sich diese Matrix zusammen mit einer horizontalen oder vertikalen Achse vorstellen, welche die Matrix in zwei gleiche Hälften teilt. Sie bekamen eine Aufnahme vorgespielt, in der sie verbal darüber informiert wurden, welche sechs Felder der

Symmetrien erkennen

Matrix gefüllt (bzw. schwarz) seien. Dies geschah, indem den Reihen folgend alle Felder von links nach rechts als weiß oder schwarz benannt wurden (z.B. „1. Reihe: weiß, weiß, weiß, weiß, weiß, weiß; 2. Reihe: weiß, schwarz, weiß, schwarz, weiß, weiß,..."). Anhand dieser Informationen sollten die Probanden angeben, wie viele der gefüllten Felder bezüglich der Achse ein „Spiegelbild" besäßen. Vor Testbeginn bekamen sie ein Beispiel einer solchen Matrix zum Betrachten bzw. Betasten. Nach dem Test wurden sie gebeten, ihre Strategie zu beschreiben. Bezüglich der Leistungen ergaben sich in diesem Fall keine signifikanten Unterschiede zwischen den verschiedenen Gruppen von Probanden. Dies mag auch an der relativ kleinen Stichprobe liegen (n=10 für die früherblindeten Teilnehmer). Ein Unterschied trat jedoch ganz deutlich zu Tage: die gewählten Strategien. Während die sehenden und späterblindeten Probanden angaben, dass sie eine visuell-räumliche Vorstellung der Matrix verwendet hatten, beschrieben fast alle der früherblindeten Untersuchungsteilnehmer eine abstraktere Variante. Sie hatten sich die Koordinaten der gefüllten Felder gemerkt. Nur eine Person aus dieser Gruppe gab an, dass sie ihre Finger auf der Tischplatte entsprechend der gefüllten Felder angeordnet hatte.

In Anbetracht der Ausführungen zum auditiven Arbeitsgedächtnis in Kap. 2.3.2.2 kann die Hypothese geäußert werden, dass die Probanden den Wechsel zwischen den Worten „weiß" und „schwarz" als Rhythmus enkodieren können. Diese Strategie sollte zu besseren Leistungen in den Aufgaben führen, in denen die Spiegelachse vertikal verlief, weil dann ein direkter Vergleich innerhalb der Reihen möglich ist. Die Daten von VANLIERDE & WANET-DEFALQUE weisen allerdings keinen Unterschied zwischen vertikaler und horizontaler Achse auf, weder in der Gesamtstichprobe noch in den einzelnen Gruppen (Vanlierde/Wanet-Defalque 2004, S. 216). Diese Vorgehensweise wurde auch von keinem Teilnehmer als Strategie erwähnt. Daher muss diese Hypothese als unwahrscheinlich verworfen werden.

Inwieweit die früherblindeten Teilnehmer bei dieser Aufgabenstellung dennoch räumliche Vorstellungen genutzt haben, bleibt hier unklar. Die beiden Versuche von VECCHI ET AL. (1995) und VANLIERDE & WANET-DEFALQUE (2004) zeigen insgesamt, dass blinde Menschen ihre eigenen, den konkreten Situationen angemessenen Strategien entwickeln und dass dies zu großen Schwierigkeiten in der Vergleichbarkeit mit sehenden Probanden führen kann. Theorien, die auf der Basis von Daten mit sehenden Probanden entwickelt wurden (wie hier das *visuospatial sketchpad* als Teil des Arbeitsgedächtnisses) passen auch nicht notwendigerweise auf die Situation blinder Menschen.

Im Gegensatz zu den zuvor zitierten Ergebnissen wurde bei VANLIERDE & WANET-DEFALQUE mit Hilfe der Befragung offenbar, dass die blinden Teilnehmer tatsächlich eine abstraktere Strategie anwendeten als die sehenden. Diese war unter den gegebenen Bedingungen offenbar hilfreicher. Dies passt zu der Beobachtung aus Kap. 2.2.3, nach der das haptische Arbeitsgedächtnis für unbekannte Objekte weniger leistungsfähig ist als das visuelle Arbeitsgedächtnis. Auch der nächste hier dargestellte Versuch weist in diese Richtung.

BLANCO & TRAVIESO (2003) haben den bereits erwähnten Versuch von KOSSLYN, BALL & REISER (1978; s. auch S. 75) zur Bewegung auf imaginierten Landkarten unter haptischen Bedingungen wiederholt. KOSSLYN et al. hatten sehenden Probanden die fiktive Karte einer Insel vorgelegt, auf der einige Orte markiert waren. Die Probanden lernten zunächst, diese Orte auf einer unmarkierten Karte möglichst genau wieder zu finden und wurden dann aufgefordert, sich nur im Geiste von einem Ort zum anderen zu bewegen. Mit Hilfe eines Schalters gaben sie an, wann sie die vorgestellte Bewegung starteten und wann sie am Ziel waren. Dabei korrelierte die so gemessene Zeit linear mit den tatsächlichen Entfernungen auf der Karte, d.h. je weiter die Orte auf der Karte voneinander entfernt waren, desto länger brauchten die Teilnehmer, um sich in ihrer Vorstellung von einem Ort zum anderen zu bewegen. Dies ist für KOSSLYN et al. ein Hinweis auf die Verwendung einer analogen, visuell-räumlichen Vorstellung.

Bewegung auf imaginierten Landkarten

BLANCO & TRAVIESO verwendeten eine Reliefkarte und legten sie jeweils sieben sehenden, sehbehinderten und geburtsblinden oder früherblindeten[1] Versuchspersonen vor. Sehende und sehbehinderte Teilnehmer bekamen eine Augenbinde. Im ersten Schritt, dem Erlernen der Karte, waren die blinden Teilnehmer klar im Vorteil: sie benötigten im Schnitt 1,6 Versuche zu Erlernen, während die Teilnehmer mit Sehbehinderung 2,3 Versuche benötigten und die sehenden Teilnehmer 2,6 Versuche. Auch für die erste haptische Erkundung der Karte brauchten die sehenden und sehbehinderten Teilnehmer länger als die blinden Probanden. Beim Vergleich der benötigten Zeit für die vorgestellte Bewegung konnte in allen Gruppen das Ergebnis von KOSSLYN, BALL & REISER repliziert werden, d.h. die benötigte Zeit stieg linear mit der Entfernung auf der Karte. Demnach hatten auch die Vorstellungen der blinden Probanden einen konkreten, analogen Inhalt. Auffällig war allerdings, dass blinde Teilnehmer signifikant längere Zeiten für die imaginierte Bewegung angaben. Zur Ursache dieses Befundes stellen die Autoren keine Vermutungen an. Es ist möglich, dass sie die geringere Geschwindigkeit von Tastbewegungen gegenüber Augenbewegungen widerspiegeln.

---

[1] Hier: Erblindung vor dem 6. Lebensjahr

| Verwendung von Hilfskontexten | Die Teilnehmer wurden nach dem Versuch zu ihren Vorstellungen befragt. Die sehenden und sehbehinderten Probanden gaben an, eine visuelle Vorstellung der Karte genutzt zu haben. Bei den blinden Teilnehmern ergab sich ein weniger homogenes Ergebnis. Sie nutzten nicht direkt eine haptische Repräsentation der Karte, sondern bezogen die haptischen Informationen auf eine andere, ihnen vertraute Form, z.b. die Karte von Spanien (ihrem Heimatland) oder passende, einfache geometrische Formen. Ein einzelner blinder Teilnehmer berichtete, dass er die Anzahl der Finger, die zwischen die Objekte passten, in rhythmische Impulse umgesetzt habe. Bei diesem Teilnehmer war die Korrelation von Zeit und Entfernung am stärksten. |

Diese Beobachtungen können aufgrund der geringen Teilnehmerzahl nicht verallgemeinert werden. Sie vermitteln jedoch einen Eindruck von den Raumvorstellungen blinder Menschen. Offenbar war es für die blinden Teilnehmer dieser Studie nicht möglich oder nicht effektiv, eine ausreichend detaillierte Vorstellung der Karte selbst zu verwenden. Sie nutzten deshalb einfache und/oder vertraute Formen als Hilfskontext oder setzten rhythmische, also zeitliche Impulse als Hilfe ein.

| Fazit | Die Raumvorstellungen blinder Menschen basieren auf haptischen Wahrnehmungen und sind grundsätzlich nicht weniger konkret als die Vorstellungen Sehender (Millar 1997, S. 222f; Röder/Neville 2003; Pascual-Leone et al. 2006, S. 181f; Fleming et al. 2006). Die Beschränkung des Arbeitsgedächtnisses bei haptisch-räumlichen Informationen führt allerdings wahrscheinlich dazu, dass für komplexe, detailreiche räumliche Strukturen Hilfskonstruktionen notwendig werden. Diese können z.B. auf einfacheren oder vertrauteren Formen beruhen oder rhythmische Bewegungen und damit die zeitliche Komponente zur Unterstützung verwenden (Blanco/Travieso 2003). Diese Hilfskonstruktionen sind sehr individuell. |

3.3.5 Auditive Vorstellungen

| Bedeutung auditiver Vorstellungen | Auditive Vorstellungen wurden in der blindenpädagogischen Literatur z.T. als unbedeutend für das Denken betrachtet, wenn sie nicht sprachlich sind. Aufgrund der Flüchtigkeit und fehlenden „Greifbarkeit" auditiver Wahrnehmungen erscheinen sie weniger mit der Sachwelt verknüpft (Kremer 1933, S. 39, sowie S. 79 und S. 208ff in dieser Arbeit). Auch im kognitionspsychologischen Diskurs über Vorstellungen spielen sie keine große Rolle (Reisberg 1992, S. vii). Das Eingangsbeispiel dieses Kapitels (s. S. 76) von der Vorstellung eines Baumes weist jedoch darauf hin, dass auditive Aspekte wie das Rascheln der Blätter entscheidende Beiträge zu Vorstellungen von Objekten liefern können. Auch die Ergebnisse aus Studien zu Wortbedeutung (s. Kap. 3.3.3) zeigen, dass Wörter mit auditivem ebenso wie haptischem Inhalt von blinden Kindern etwas besser |

erinnert werden als „visuelle Wörter". Die Ergebnisse der Traumstudie (Hurovitz et al. 1999, s. S. 81) lassen ebenfalls vermuten, dass auditive Vorstellungen für blinde Menschen eine in etwa gleich große Rolle spielen wie haptische Vorstellungen. Für den Arithmetikunterricht mit blinden Kindern sind auditive Vorstellungen von Zahlen von hoher Relevanz (s. S. 61f in dieser Arbeit). Auch in der allgemeinen mathematikdidaktischen Literatur finden sich Hinweise auf auditive Vorstellungen sehender Kinder (Baroody 1987, S. 135, 140; Caluori 2001, S. 255).

Wie gestalten sich auditive Vorstellungen? Für visuelle Vorstellungen ist gut belegt, dass die Aktivierung im Gehirn stark der Aktivierung bei visueller Wahrnehmung ähnelt, es werden also zum Teil die gleichen Areale verwendet (Spitzer 2004, S. 170; Marin/Perry 1999, S. 689f). Dasselbe gilt für haptische Vorstellungen (s. S. 88). Bei auditiven Vorstellungen ist entsprechend der auditive Kortex beteiligt (Kraemer et al. 2005), so dass auf dieser Ebene kein Unterschied zwischen den verschiedenen Sinnesmodalitäten besteht. Wie bei der auditiven Wahrnehmung ist auch bei den Vorstellungen der Faktor Zeit von hoher Bedeutung. Die Ergebnisse zum Thema Musik legen nahe,

Vorstellungen ähneln der Wahrnehmung

„dass die Versuchspersonen ein vorgestelltes Lied innerlich etwa wie ein Tonband abspielen lassen und dass die für musikalisches Vorstellungsvermögen verwendeten internen Repräsentanzen zumindest teilweise analoge, zeitliche Charakteristika aufweisen" (Spitzer 2004, S. 171).

Dies wurde schon von HALPERN (1992) belegt. Sie zeigt zudem, dass das auch Originaltempo der Musik dabei erhalten bleibt. INTONS-PETERSON (1992) stellt allerdings fest, dass es möglich ist, Musik in der Vorstellung bei Bedarf bewusst schneller „abzuspielen". Ein Zitat aus einem Brief von Wolfgang Amadeus Mozart, in dem der den Prozess des Komponierens beschreibt, lässt erahnen, dass auditiv-zeitliche Vorstellungen sogar ganzheitlich erfassbar sind:

„Wenn ich recht für mich bin und guter Dinge, etwa auf Reisen im Wagen, oder beim Spazierengehen und in der Nacht, wenn ich nicht schlafen kann: da kommen mir die Gedanken stromweis und am besten. Woher und wie, das weiß ich nicht, kann auch nichts dazu. Die mir nun gefallen, die behalte ich im Kopfe und summe sie auch wohl vor mich hin, wie mir andre wenigstens gesagt haben.

Halte ich das nun fest, so kommt mir bald eins nach dem andern bei, wozu es wohl zu gebrauchen wäre nach Contrapunkt, Klang der verschiednen Instrumente, et cetera. Das erhitzt mir nun die Seele, wenn ich nämlich nicht gestört werde: da wird es immer größer, und ich breite es immer weiter und heller aus;

und das Ding wird im Kopfe wahrlich fast fertig, wenn es auch lang ist, so daß ich's hernach mit einem Blicke, wie ein schönes Bild oder einen hübschen Menschen, im Geiste übersehe, und wenn es auch gar nicht nach einander, wie es hernach kommen muß, in der Einbildung höre, sondern wie gleich Alles zusammen.

All das Finden und Machen geht in mir nur wie in einem schönen starken Traume vor; aber das Überhören, so Alles zusammen, ist doch das Beste." (zit. nach Brentano 1988)

Es kann nur vermutet werden, dass die Fähigkeit des Arbeitsgedächtnisses, auditive Strukturen zu Ganzheiten zusammenzufassen (s. S. 60) hier eine Rolle spielt. Denkbar ist auch eine irgendwie geartete Verbindung mit einer visuell-räumlichen Vorstellung, da MOZART es mit einem „schönen Bild" vergleicht. Im Normalfall dürfte diese Fähigkeit, ein Musikstück in der Vorstellung gleichzeitig und als Ganzes zu erfassen, allerdings geringere Ausmaße annehmen als bei einem musikalischen Genie.

Auditiver Beitrag zur Vorstellung der „Sachwelt"

Einen Eindruck von der Vielgestaltigkeit, dem Detailreichtum und der Informationsdichte von auditiver Wahrnehmung und Vorstellung vermittelt eine Beschreibung von TÓTH (1930, S. 90ff). Er forderte blinde Kinder auf, in den Ferien zu Hause Tierstimmen zu beobachten und dann im Unterricht nachzuahmen.

„Ein 12jähriger Knabe hörte z.B., wie seine Mutter des Morgens die Schweine zum Schweinehirten hinaustrieb und der Haushund das langsam trabende und grunzende alte Schwein angriff. Die Stimmimitation begann mit dem Tuten des Schweinehirten, darauf folgte die Stimme der Mutter, wie sie die Schweine antrieb. Dann kamen die abwechselnden Stimmen der aus dem Stall hinauseilenden Schweine, wobei die verschiedenen Stimmen der älteren und jüngeren Schweine ganz deutlich zu unterscheiden war. Der Haushund griff die Schweine an und auf sein Gebell wendete sich das ältere Schwein mit angreifender Stimme gegen den Hund, die jungen liefen aber heulend auseinander. Aus den Stimmen konnte man ganz gut heraushören, dass der Hund und das alte Schwein miteinander in Streit geraten waren, der Hund das Schwein gebissen hat, dieses aber den Hund fest anstieß, zuletzt liefen sie heulend-quietschend auseinander. Die die Handlung begleitenden Töne waren so ausdrucksvoll nachgeahmt, dass im sehenden Zuhörer die ganze Handlung sozusagen sich neu widerspiegelte." (Tóth 1930, S. 91)

Fazit

Eine Nachahmung ist nicht dasselbe wie eine Vorstellung. Dennoch vermittelt dieses Beispiel, wie auditive Wahrnehmung einem blinden Kind die Geschehnisse in seiner Umwelt vermitteln und die Vorstellungswelt anfüllen kann. Insgesamt wird in diesem Abschnitt deutlich, dass auditive Vorstellungen für blinde Menschen ebenso wichtig sind wie haptische Vorstellungen. Die These, dass nur Tastvorstellungen für das rationale Denken, für Vorstellung von der „Sachwelt" nützlich sind (Kremer 1933, S. 39), muss zurückgewiesen werden. Insgesamt zeigt sich aber auch, dass in diesem Bereich noch hoher Forschungsbedarf besteht.

3.4 Vorstellungen in der Mathematikdidaktik

Im letzten Teil dieses Kapitels sollen nun nachgezeichnet werden, wie das Thema Vorstellungen in der Mathematikdidaktik aufgegriffen wird. Dabei geht es vor allem um ihre Wirkung auf mathematische Lern- und Denkprozesse.

3.4.1 Grundvorstellungen und verwandte Konzepte

In der aktuellen Diskussion des Vorstellungsbegriffs in der Mathematikdidaktik zeichnet sich, angeregt unter anderem durch VOM HOFE (1995; 2003), eine didaktisch motivierte Unterscheidung ab zwischen subjektiven, individuellen Schülervorstellungen und normativ vom Fach her gedachten Grundvorstellungen. RUF & GALLIN (1998) sprechen analog dazu vom Regulären und Singulären im Unterricht. Grundvorstellungen werden hier relativ knapp dargestellt, weil sie für die Frage nach den Auswirkungen von Blindheit auf individuelle Vorstellungen eher indirekt von Bedeutung sind.

Das Konzept der Grundvorstellungen, wie es VOM HOFE verfolgt (1995; 2003; 2004), unterscheidet sich von dem Vorstellungsbegriff, der in den psychologischen Theorien (s. Kap. 3.2) zum Tragen kommt. Dort geht es immer um die individuellen Vorstellungen einzelner Personen. Grundvorstellungen dagegen sind als didaktische Leitlinien vom dem Gegenstand, der Mathematik, her gedacht. Sie haben normativen, regulären Charakter und beschreiben die Intention des Unterrichts (vom Hofe 1995, S. 103). Der Wert von Grundvorstellungen für die Lehrperson besteht unbestritten darin, dass sie helfen, Unterricht und Curriculum zu strukturieren und Schülervorstellungen einordnen zu können. WEBER (2007, S. 109ff) kritisiert allerdings die defizitorientierte Sichtweise VOM HOFES auf individuelle Schülervorstellungen. Diese finden in diesem Konzept nur im Sinne von Fehlvorstellungen Beachtung und können daher nicht fruchtbar gemacht werden. Schülervorstellungen müssen für WEBER nicht notwendig mit den vorgegebenen Grundvorstellungen übereinstimmen, um effektiv das Verständnis mathematischer Sachverhalte zu unterstützen.

Grundvorstellungen

Fundamentale Ideen Grundvorstellungen können für denselben mathematischen Begriff von Altersstufe zu Altersstufe variieren. Sie sind didaktisch orientiert und deshalb dem Horizont der Lerngruppe angepasst (vom Hofe 2003, S. 128f). Damit grenzt VOM HOFE die Grundvorstellungen gegen das Konzept der „fundamentalen Ideen" ab (Bruner 1970; für die Mathematikdidaktik z.B. Wittmann 1983). Fundamentale Ideen sind rein gegenstandsbezogen gedacht und beschreiben inhaltliche Kernbereiche eines wissenschaftlichen Fachgebiets.

Kernideen In der Dialogischen Didaktik von RUF & GALLIN (1998) wird die Beziehung zwischen Singulärem (individuell, analog Schülervorstellungen) und Regulärem (normativ, analog Grundvorstellungen) herausgearbeitet. Zu diesem Konzept gehören auch „Kernideen". WEBER (2007, S. 122) beschreibt diese treffend als „Grundvorstellungen mit singulärem Anstrich". Lehrpersonen und Schüler sind aufgefordert, sich derjenigen eigenen Vorstellungen bewusst zu werden, die den Kern des mathematischen Inhalts betreffen. Die Lehrperson hat die Aufgabe, mit ihren eigenen Kernideen zu arbeiten, um diese den Schülern als Ansatzpunkt anzubieten, und die Kernideen der Schüler anhand ihrer Aussagen und Lerntagebücher zu analysieren. Dadurch kann sie nicht-viable, also nicht zielführende Kernideen der Schüler erkennen. Auch „falsche" Kernideen können und sollen im Unterricht diskutiert und analysiert werden. Die Autoren bezeichnen Kernideen auch als fachliche und emotionale Fixpunkte (Gallin/Ruf 1990, S. 55). Dieser affektive Aspekt von Kernideen kann die Beschäftigung damit sehr motivierend und fruchtbar machen. Das Konzept von LENGNINK (Lengnink 2005), die sich mit dem Lebensweltbezug von Mathematik auseinandersetzt, geht in eine ähnliche Richtung. Dabei wird den Schülern die Möglichkeit gegeben, ihre eigenen Vorstellungen selbstbewusst neben die Grundvorstellungen des Unterrichts zu stellen. Vorstellungen der Schüler werden als produktiv und nützlich für Lernprozess betrachtet.

3.4.2 Schülervorstellungen

Für die Beschäftigung mit der Wirkung von Schülervorstellungen auf Lernen und Denken ist es notwendig, die allgemeinen Eigenschaften von Vorstellungen genauer zu beschreiben. Denn obwohl Vorstellungen individuell sehr verschieden sind (s. Kap. 3.2), gibt es generalisierbare Gemeinsamkeiten: ihre Unschärfe, ihre Unabhängigkeit von der aktuellen Wahrnehmung und andererseits ihre Kontextbezogenheit. Zunächst soll aber der Begriff der Individualität noch etwas erläutert werden.

Individualität Vorstellungen basieren auf Wahrnehmungen, und diese sind immer individuell (s. S. 20). Deshalb sind auch Vorstellungen notwendigerweise von Person zu Person sehr verschieden. Sie sind aber mehr als nur eine zeitlich versetzte Reproduktion von Wahrnehmungen aus dem Gedächtnis. Sie schließen zwar an Erinnerungen an, sind aber nicht eindeutig auf diese rückführbar (Lorenz 1992, S. 50).

„Es werden nicht sedimentierte Bilder aus dem Gedächtnis abgerufen, sondern bedeutungshaltige Informationen zu einem Bild gefügt" (ebd. S. 45f).

LORENZ bezeichnet Vorstellungen deshalb auch als „bildhafte Form des subjektiven Wissens" (ebd. S. 56). Mit seiner Sichtweise schließt er an PIAGET an, der Vorstellungen auch als „aktiv entworfene Kopie" beschrieben hatte (s. S. 72). Sie werden zu jeder Zeit in Abhängigkeit von den Erfahrungen der Person und der aktuellen Situation[1] aktiv konstruiert. Damit hängt die individuelle Ausgestaltung von Vorstellungen nicht nur von den gespeicherten und aktuellen Wahrnehmungen einer Person ab, sondern auch von Wissen und Handlungserfahrungen. Sowohl ihre Ausgestaltung bezüglich der Sinnesmodalität und der Inhalte als auch ihr Detailreichtum und ihre Flexibilität sind von Person zu Person sehr unterschiedlich (Galton 1880; Sacks 2003; Lorenz 1992, S. 50). Dies zeigte sich z.B. auch im Versuch von BLANCO & TRAVIESO (2003; s. S. 91), in dem die blinden Teilnehmer von sehr unterschiedlichen Vorstellungen für die Bewegung auf einer imaginierten Karte berichteten.

Die aktive Konstruktion von Vorstellungen führt auch dazu, dass sie nicht den Beschränkungen der Realität unterliegen. Das vorgestellte Objekt oder die vorgestellte Relation muss nicht in dieser Form schon einmal wahrgenommen worden sein. Eigenschaften können neu zusammengefügt werden, so dass z.B. auch ein Elefant mit Federkleid vorstellbar ist. Allerdings gilt die Einschränkung, dass ein Hinausgehen über die zur Verfügung stehenden Modi der Wahrnehmung nicht denkbar ist. Konkret bedeutet das, dass geburtsblinde Menschen keine visuellen Vorstellungen entwickeln können.

Unabhängigkeit von der konkreten Wahrnehmung

In der Regel sind Vorstellungen auch nicht direkt abhängig vom Modus der Präsentation eines Lernmaterials im Unterricht. Der aktuell angesprochene Sinneskanal ist nicht zwangsläufig entscheidend für die Modalität der Vorstellung. Die meisten Sehenden z.B. machen sich eine visuelle Vorstellung, wenn sie etwas ertasten (s. S. 86). Auch die genaue numerische Größe spiegelt sich selten in der hervorgerufenen Vorstellung (Lorenz 1992, S. 49f): Wenn es in einer Aufgabe um z.B. den Geldbetrag 12,27€ geht, erscheint in Gedanken vielleicht der Umriss einiger Münzen und Geldscheine, die aber nicht den exakten Geldbetrag darstellen.

---

[1] Zur Kontextbezogenheit s.u.

Unschärfe und Abstraktion

Vorstellungen sind nicht nur unabhängig von der konkreten Wahrnehmung, sie sind in der Regel auch vage und unbestimmt (Lorenz 1992, S. 47f). Dies ist keineswegs ein negativer Aspekt, sondern eine ihrer Stärken - nur so lassen Vorstellungen sich in verschiedenen konkreten Situationen anwenden. Sie sind daher prinzipiell auch Abstraktionen, welche die wesentlichen Aspekte verschiedener Wahrnehmungs- und Handlungserfahrungen herausdestillieren müssen (Lorenz 1992, S. 48).

Vorstellungen wurden nicht immer so aufgefasst. KÜHNEL, einer der Begründer des aktiv-entdeckenden Lernens (Hasemann 2003, S. 61), nutzte dafür den Begriff „Stellvertretungsvorstellungen". Für ihn war eine solche Unschärfe und Loslösung von der Realität nicht mit dem von WUNDT (s. S. 69) übernommenen Vorstellungsbegriff in Einklang zu bringen. Er verstand unter ‚Vorstellung' etwas sehr Konkretes und war deshalb der Ansicht, mathematische Begriffe[1] könne man sich nicht vorstellen:

> „Da nun unser Vorstellen an Raum und Zeit gebunden ist, - wir stellen uns einen Hund immer in bestimmter Größe und Färbung vor - so können wir den Begriff überhaupt nicht vorstellen, sondern wir können nur eine Synthese jener wesentlichen Merkmale uns denken, d.h. eine Abstraktion" (Kühnel 1916; S. 55).

Dies zeigt, wie WUNDT und KÜHNEL davon ausgingen, dass Wahrnehmung und die darauf fußenden Vorstellungen vollständig mit der äußeren Realität korrelieren. Um dennoch zu erklären, wie Begriffe auf der Vorstellungsebene repräsentiert werden, musste die Existenz von Stellvertretungsvorstellungen angenommen werden, die den notwendigen Abstraktionsgrad annehmen können (ebd., S. 56). Diese Unterscheidung wird heute nicht mehr gemacht.

Für den Mathematikunterricht ist der erhöhte Abstraktionsgrad von Vorstellungen von großer Bedeutung. Die Aufmerksamkeit der Schüler muss von den vielen konkreten Elementen eines Lernmaterials bzw. einer Handlung *weg* und auf den abstrakten mathematischen Inhalt *hin* gelenkt werden (Lorenz 1993, S. 135f; mehr dazu in Kap. 5.3). Es ist beispielsweise mathematisch gesehen unerheblich, mit welchen Objekten (Perlen, Plättchen, Äpfeln) eine additive Handlung stattfindet, welche Farbe oder Oberflächenstruktur sie aufweisen - wichtig ist nur ihre Anzahl. Diese Aufmerksamkeitsfokussierung auf den abstrakten mathematischen Gehalt (von Glasersfeld 1981) geschieht keineswegs automatisch und bedarf häufig der Anleitung oder Initiierung durch die Lehrperson. VOIGT (1993, S. 150) spricht in Bezug auf den Umgang mit Veranschaulichun-

---

[1] Zum Zusammenhang zwischen Begriffen und Vorstellungen s. auch Kap. 5.1

gen sogar vom „Mathematisieren" anstelle von „Veranschaulichen", um die Anforderungen, die hier an die Schüler gestellt werden, zu betonen.

Vorstellungen weisen also ein gewisses Maß an Abstraktion auf und sind im Prinzip unabhängig von der konkreten Wahrnehmung. Dennoch werden sie durch die aktuelle Situation der Person beeinflusst. Das betrifft die äußeren Umstände ebenso wie den sozialen Kontext (Madelung 1996, S. 114). Der Zusammenhang zwischen Vorstellung und Situation muss daher noch genauer betrachtet werden. Dafür bieten sich verschiedene theoretische Rahmungen an. Kontextbezogenheit

BAUERSFELD (1983) geht mit seinem Konzept der *Subjektiven Erfahrungsbereiche* (SEB) davon aus, dass objektiv gleichen Aufgabestellungen aus der Sicht des Individuums völlig verschiedene ‚Welten' entsprechen können: z.B. die ‚Zahlenwelt', die mit Erfahrungen mit Ziffern und dem schriftlichen Rechen auf Papier verbunden ist, und die ‚Geldwelt', die mit Erfahrungen des Spielens mit Münzen, des Einkaufens und ähnlichem zusammenhängt (vom Hofe 1995, S. 110). Allerdings sind Vorstellungen nicht direkt gleichzusetzen mit Subjektiven Erfahrungsbereichen: BAUERSFELD charakterisiert letztere als einen Speicher von Erfahrungen, der kumulativ und nicht-hierarchisch strukturiert ist und die situative Bindung aufrechterhält. Subjektive Erfahrungsbereiche

„Die SEB'e umfassen stets die Gesamtheit des als subjektiv wichtig Erfahrenen und Verarbeiteten, einschließlich der Gefühle, der Körpererfahrung usw., also nicht nur die kognitive Dimension." (Bauersfeld 1983, S. 2)

Als Elemente von SEB'en nennt er auch noch Sinnzuschreibungen, Sprache, Handlungsmöglichkeiten, verfügbare Routinen, Bedeutung für das Ich usw. - also anders ausgedrückt, die Welt, wie sie ein Mensch gerade subjektiv erlebt. Die SEB'e werden (abgesehen von der Passung zur Situation) in Abhängigkeit davon aktiviert, wie häufig sie in der Vergangenheit „gebraucht" wurden und wie intensiv die Erfahrung ihrer Bildung war.

VARELA bezeichnet ein vergleichbares Konzept als „Mikrowelt" (Varela 1994, S. 15ff). Wissen und Routinen, die eine Situation erfordert, stehen dem Menschen in einer Mikrowelt zu einem großen Teil direkt zur Verfügung. Normalerweise muss niemand überlegen, wie man beim Essen Messer und Gabel benutzt oder ein Buch liest. Doch sobald eine Veränderung eintritt, kommt es zu einem Zusammenbruch dieser „Mikrowelt". Eine solche Veränderung kann der Wechsel der Umgebung sein (zu Hause/Arbeitsplatz) oder die Feststellung, dass man etwas vergessen hat. Mikrowelten stehen uns für die meisten Situationen zur Verfügung und verleihen uns dadurch Handlungsfähigkeit. Mikrowelten

| Vorstellungen und SEB'e | Vorstellungen können hier eingeordnet werden als Teile von spezifischen Mikrowelten oder SEB'en. Bezogen auf Mathematikunterricht kann eine mathematisch-formal gleiche Textaufgabe in verschiedenen Einkleidungen bei einer Person völlig verschiedene SEB'e und damit auch unterschiedliche Vorstellungen hervorrufen und so verschiedene Lösungswege bzw. -versuche erzeugen (Stern 1998). VOM HOFE (1995, S. 113ff) unterstreicht dies eindrücklich in der Analyse eines Fallbeispiels von MALLE (1988). Es geht um die Einführung der negativen Zahlen mit Hilfe der Thermometer-Metapher. Die Aufgabe lautet: |

„Es hat am Abend 5 Grad unter Null. Durch einen Föhneinbruch steigt die Temperatur über Nacht um 12 Grad. Welche Temperatur hat es am Morgen?"

Der befragte Junge reagiert nicht wie erwartet z.b. mit der Vorstellung eines Thermometers, bei dem die Quecksilbersäule von -5°C auf +7°C ansteigt, sondern ihn beschäftigt die Frage, wie das Ganze vor sich geht - seine Vorstellung beinhaltet zwei verschieden temperierte Luftmassen, die sich vermischen. Dies führt ihn zu der Frage, welche Temperatur wohl diese Mischung hat (vom Hofe 1995, S. 113ff). Die Aufgabe ist seiner Lebenswelt entnommen, Föhn als Wetterphänomen ist ihm vertraut, und vielleicht gerade deshalb entsteht eine ins Physikalische gehende Vorstellung, die zum Lösen der mathematischen Aufgabe eher hinderlich ist.

Auch die bemerkenswerten Ergebnisse von NUNES, DIAS SCHLIEMANN & CARRAHER (1993) zu „Straßenmathematik und Schulmathematik", sind in diesem Kontext zu nennen. Am Beispiel von Straßenhandel betreibenden brasilianischen Kindern haben die Autoren gezeigt, wie weit arithmetische Fähigkeiten in den verschiedenen Lebenswelten auseinanderklaffen können. Im Straßenverkauf waren die beobachteten Kinder in der Lage, Preise zu addieren und Wechselgeld zu geben, im Schulkontext dagegen konnten sie aus mathematischer Sicht völlig analoge Aufgaben nicht lösen. Es müssen aber nicht zwangsläufig so unterschiedliche Lebenskontexte wie Schule und Arbeit sein, die unterschiedliche SEB'e aktivieren. Auch unterschiedliche Tätigkeiten an Veranschaulichungen innerhalb des Mathematikunterrichts (z.B. Operieren mit Rechengeld und mit Steckwürfeln) können SEB'e aufrufen, die relativ unverbunden nebeneinander stehen (Krauthausen/Scherer 2003, S. 214).

| Vorstellungen als kognitive Inhalte | PIAGET arbeitet heraus, dass Vorstellungen zwar als Träger von Bedeutung fungieren, aber nicht selbst Bedeutung sind (s. S. 73). Bedeutung im Sinne eines mathematischen Begriffs bleibt abstrakt. Dies entspricht auch der dualistischen Sichtweise KOSSLYNS (s. S. 75). Vorstellungen bilden damit die Inhalte für abstrakte kognitive Strukturen (Lorenz 1998, S. 57; |

Capurro 1996, S. 42). Abstrakte Begriffe und anschauliche Vorstellungen müssen verknüpft sein, um zielführende Denkprozesse zu ermöglichen.

Diese Erkenntnis wurde bereits von KÜHNEL für die Mathematikdidaktik formuliert. Die Stellvertretungsvorstellungen (s. S. 98) werden laut KÜHNEL in der Entwicklung von Kindern zunehmend abstrakt: Der Zahlbegriff ist zunächst mit einer konkreten Menge verbunden, auf der nächsten Stufe wird das mit einer Menge assoziierte Zahlwort selbst zur Stellvertretungsvorstellung. Auf der dritten Stufe kommt das Zahlzeichen hinzu (Kühnel 1916, S. 58ff). Eine gelungene Entwicklung ist jedoch nicht dadurch gekennzeichnet, dass nur noch eine einzige Stellvertretervorstellung auf der symbolischen Ebene vorhanden ist, vielmehr müssen die weniger abstrakten Varianten erhalten bleiben:

„Wer es daher zu höchster Entwicklung seiner mathematischen Fähigkeiten bringen will, der muß […] einerseits nach immer größerer Reinheit des Begriffs […] streben, andererseits aber ebenso sich bemühen, für jeden Begriff fast automatisch nicht nur symbolische, sondern auch individuell ausgestaltete Stellvertretervorstellungen bereitzuhalten. Das Absterben der sachlichen Zahlvorstellung zugunsten der lediglich symbolischen Bezeichnung des Zahlbegriffs führt zu einer begrifflichen Verknöcherung, der der Irrtum eng benachbart ist." (ebd. S. 85)

Mit dieser auch heute noch sehr aktuellen These ist im Kern bereits begründet, warum Veranschaulichungen im Arithmetikunterricht eine große Rolle spielen sollten (s. Kap. 5.3).

Die Funktion von Vorstellungen geht aber über das Bereitstellen von Inhalten für die Kognition hinaus. Sie wirken auch handlungsleitend. NEISSER bezeichnet Vorstellungen auch als Pläne:

Vorstellungen als Pläne

„Vorstellungen sind nicht Bilder im Kopf, sondern Pläne, um mehr Informationen aus möglichen Umgebungen zu erhalten." (Neisser 1976, S. 106)

In NEISSERS Terminologie sind Vorstellungen Wahrnehmungsantizipationen, die aus dem Wahrnehmungszyklus (s. S. 23) herausgelöst agieren (ebd., S. 118). Wie wirkt sich dies in der Praxis aus? In mathematischen Problemlösesituationen wird die Entscheidung, in welcher Richtung man nach einer Lösung sucht, häufig als ‚intuitiv' beschrieben. Dabei spielt eine vage Vorstellung des erwarteten Ergebnisses eine wichtige Rolle, diese ist aber in der Regel vorbewusst (Bauersfeld 1996, S. 145).

„Es findet keine Kontrolle der Operationsentscheidung bzw. allgemeiner der Ansatzfindung statt. ‚Was man da machen muß', das ist plötzlich zuhanden, ist einfach da" (ebd., S. 146).

Auch MARTON & BOOTH (1997, S. 161) zeigen, wie abstrakte Konzepte mit Vorstellungen[1] einher gehen: Sie geben dem Denkprozess eine Richtung. Man kann die Wirkung von Vorstellungen wie die eines unauffälligen Begleiters beschreiben, der warnt, hilft, Lösungsvorschläge anbietet, der aber oft nur in Erscheinung tritt, wenn die Routine nicht funktioniert (Fauser/Irmert-Müller 1996, S. 219).

3.5 Fazit

Vorstellungen sind vielschichtige Denkobjekte. Sie können als *Ergebnis von* Denkprozessen betrachtet werden (PIAGET, AEBLI) oder als semantische *Basis für* Denkprozesse (KOSSLYN). Sie haben darüber hinaus steuernde Wirkung auf das Denken (NEISSER, BAUERSFELD, MARTON/ BOOTH). In jedem Fall sind sie nicht selbst Bedeutung, sondern Bedeutungsträger.

In unserer durch Schriftsprache und naturwissenschaftlich geprägten Gesellschaft werden Vorstellungen oft unterschätzt. Sie haben gegenüber der Sprache den Vorteil, dass sie detaillierter sind und zusammenfassen können, was verbal erst mühsam sequenziell wiedergegeben werden muss. Sie sind also reicher an Details als andere Repräsentationsformen, aber auch durch ihren Abstraktionsgrad ärmer als die Wahrnehmung (Lorenz 1992, S. 41ff). Bezogen auf Mathematik heißt dies,
- dass das Verständnis abstrakter mathematischer Begriffe Vorstellungen braucht,
- dass mathematische Denkprozesse zu neuen Vorstellungen und zu neuen Verknüpfungen zwischen Vorstellungen führen können, und
- dass Vorstellungen bewusst oder unbewusst das mathematische Denken steuern können.

Mit Hilfe von Vorstellungen, die eine strukturelle Passung zu den mathematischen Begriffen aufweisen, kann in der Vorstellung operiert werden, „so dass Beziehungen entdeckt, Beziehungsnetze aufgebaut und durch das Evozieren des Vorstellungsbildes jederzeit reproduziert werden können" (Lorenz 1998, S. 80).

Die informelle Mathematik, die blinde und sehende Kinder individuell im vorschulischen Bereich entwickeln und die sie im Alltag verwenden, ruht fest auf Vorstellungen, denn sie entsteht aus der Interaktion mit der Welt. Um zu verhindern, dass Kinder im Mathematikunterricht den Kontakt zu den Alltagsvorstellungen verlieren und keine neuen, wirksamen

---

[1] Sie verwenden allerdings nicht den Begriff „Vorstellung", sondern sprechen von „Erfahrung", da in ihrer Theorie keine Trennung zwischen Innen- und Außenwelt vollzogen wird (s. S. 140)

Fazit

Vorstellungen aufbauen, müssen die Lernkontexte und die Lernmaterialien so gestaltet sein, dass der Anschluss an die „Alltagsmathematik" möglich ist und gefördert wird. Bei blinden Kindern ist festzustellen, dass die traditionellen Hypothesen einer ärmeren, abstrakteren oder maßlosen Vorstellungswelt nicht zu halten sind. Auch bei ihnen sind vorschulische Vorstellungen grundlegend für die Entwicklung arithmetischer Kompetenzen. Es muss aber von einer gegenüber sehenden Menschen veränderten Charakteristik dieser Vorstellungen ausgegangen werden, wie die in Kap. 3.3 beschriebenen Eigenschaften haptischer und auditiver Vorstellungen verdeutlichen. Haptische Vorstellungen beruhen auf Bewegung und sind eher sequenziell organisiert, was im Vergleich zum Sehen eine veränderte Struktur von Raumvorstellungen zur Folge hat. Für auditive Vorstellungen ist anzunehmen, dass sie eine ähnlich hohe Bedeutung für das Denken blinder Kinder haben wie haptische Vorstellungen. Sie werden im Unterricht aber bisher kaum aufgegriffen. Besonders zu diesem Thema besteht noch hoher Forschungsbedarf.

Die Erforschung mathematikbezogener Vorstellungen ist eine Möglichkeit, auf psychologischer und didaktischer Ebene die Struktur mathematischer Kognition zu untersuchen und Anforderungen an Lernmaterialien zu erheben. Sie war aufgrund des Zusammenhangs zwischen Wahrnehmung und Vorstellung für diese Arbeit von besonderer Bedeutung und hat einige grundlegende Unterschiede zwischen blinden und sehenden Menschen aufgezeigt. Im nächsten Kapitel soll nun der Entwicklungsaspekt die Beschreibung der Ausgangsbedingungen blinder Kinder im arithmetischen Anfangsunterricht vervollständigen.

4 Entwicklung zahlbezogener Kompetenzen

In den vorhergehenden Kapiteln wurden Forschungsergebnisse zu Wahrnehmungsbedingungen und Vorstellungen blinder und sehender Kinder untersucht. Nun soll dies in Verbindung gesetzt werden mit der Entwicklung zahlbezogener Kompetenzen, um auf dieser Grundlage die mathematisch-kognitiven Voraussetzungen blinder Kinder beim Schuleintritt einschätzen zu können. Dafür werden (neben Neuro- und Kognitionspsychologie) auch Forschungsergebnisse aus Entwicklungspsychologie und aus mathematikdidaktischer und blindenpädagogischer Literatur herangezogen.

Nach einer Klärung der Begriffe „Zahlbegriff" und „zahlbezogene Kompetenzen" wird zunächst die Zahlbegriffsentwicklung nach PIAGET dargestellt und kritisch beleuchtet, die auch einige Studien mit blinden Kindern angeregt hat. Im nächsten Abschnitt werden die aktuellen Forschungsergebnisse aus Kognitions- und Neuropsychologie zum Zahlensinn und zum „mentalen Zahlenstrahl" analysiert. Hier stellt sich die Frage, ob und wie diese Grundvoraussetzungen bei Blindheit anders einzuschätzen sind. Abschließend werden Forschungsergebnisse zur Zählentwicklung und zum Entwicklungsstand sehender und blinder Kinder bei Schuleintritt dargelegt.

4.1 Begriffsbildungen: Zahlbegriff und zahlbezogene Kompetenzen

Kern dieser Arbeit ist die Untersuchung arithmetischer Fähigkeiten und ihrer Entwicklung unter der Bedingung von Blindheit. Dieser Könnensbereich ist für die kindliche Entwicklung unbestritten zentral und wird daher auch in der psychologischen und fachdidaktischen Forschung schon seit vielen Jahrzehnten mit großer Intensität beforscht. Allerdings haben sich die Perspektiven auf diesen Bereich in den letzten Jahrzehnten auch mehrfach verschoben und erweitert, was seinen Ausdruck in einer Vielzahl von miteinander verbundenen Konstrukten und damit einhergehend unterschiedlichen Begriffsbildungen findet. Der vertieften Analyse soll daher ein Überblick über verschiedene Forschungsperspektiven, Konzepte und Begriffsbildungen vorangestellt werden.

Die ältesten, und vergleichsweise soliden empirischen Befunde zur kindlichen Entwicklung im Bereich der Arithmetik, die auch heute noch rezipiert werden, gehen wohl auf PIAGET zurück (s. dazu Kap. 4.2). Er spricht vornehmlich vom „Zahlbegriff" und arbeitet zu diesem verschiedene Aspekte heraus, für deren Vorliegen im kindlichen Denken er – modern ausgedrückt – Indikatoren in aufgabenbasierten Interviewstudien

Entwicklungspsychologie

identifiziert. Die Vorgehensweise von PIAGET ist dabei stark von der fachmathematischen Perspektive geprägt. Er legt den kognitiven Prozessen, die er beobachten will, aus der fachwissenschaftlichen Analyse resultierende Konstrukte zugrunde. Dies zeigt sich z.b. in einem Zitat von PIAGET & SZEMINSKA:

„Eine Kardinalzahl ist eine Klasse, deren Elemente aufgefaßt werden als untereinander äquivalente und dennoch unterschiedene „Einheiten", deren Differenzen also nur darin bestehen, daß man sie aufreihen, also anordnen kann. Umgekehrt sind die Ordinalzahlen eine Reihe, deren Glieder, obgleich sie aufeinander folgen nach den Ordnungs-Relationen, die ihnen ihre jeweiligen Rangstufen zuweisen, ebenfalls Einheiten sind, die einander äquivalent sind und infolgedessen kardinal zusammengefügt werden können. Die finiten Zahlen sind also zwangsläufig zugleich Kardinal- wie Ordinalzahlen." (Piaget/Szeminska 1969, S. 208)

Aus methodischer Sicht muss man feststellen, dass sich durch PIAGETS Vorgehen auch sein Forschungshorizont stark einschränkt: Er beobachtet gewissermaßen, wann in der kindlichen Entwicklung bestimmte, durch die fachliche Analyse des Zahlbegriffs normativ gegebene Entwicklungsstufen erreicht sind und greift daher eine Vielzahl von individuellen Entwicklungsverläufen und Vorläuferfähigkeiten nicht auf (mehr dazu in Kap. 4.2.2). Bei aller Kritik an diesem Vorgehen kann man ihm jedoch eine gewisse Validität nicht absprechen. Auch durch Formalisierung gewonnene oder formal beschreibbare mathematische Strukturen und Begriffe sind ja nicht willkürliche Konstrukte, sondern sind entstanden durch Abstraktion von Wahrnehmung, Handlung und Kommunikation und besitzen somit eine psychische Basis.

Zahlaspekte aus didaktischer Sicht

Inhaltlich führen PIAGETS Theorien auf eine Auffassung vom Zahlbegriff, die bis in die heutige fachdidaktische und psychologische Forschung hineinwirkt: Zahlen sind vieldimensionale Denkgegenstände. Neben dem Kardinal- und Ordinalaspekt werden heute noch weitere Zahlaspekte beschrieben. Die verschiedenen Zahlaspekte als Teile des Zahlbegriffs machen deutlich, wie vielfältig die Facetten sind, die von den Lernenden koordiniert werden müssen (Padberg 2005, S. 14ff, s. Tabelle 2)

MOSER OPITZ (2001) zieht es aufgrund dieser Vielseitigkeit von Zahlen sogar vor, von vielen „Zahlbegriffen" zu sprechen. Wie eben bei PADBERG soll für diese Arbeit aber „Zahlbegriff" weiterhin als Oberbegriff verwendet werden, der viele Zahlaspekte beinhaltet. Die Bezeichnung ‚Aspekt' verdeutlicht gut, dass es sich nicht um einzeln zu betrachtende Eigenschaften von Zahlen handelt. Die Aspekte stellen verschiedene Perspektiven auf das Thema „Zahl" dar und hängen untrennbar zusammen. Je nach Situation ist nicht ein einzelner Aspekt allein von Bedeutung, sondern tritt vielmehr in den Vordergrund, während die anderen Aspekte im Hintergrund weiterhin eine Rolle spielen. Entscheidend für einen tragfähigen Zahlbegriff ist in diesem Sinne nicht allein die Vertrautheit mit allen Zahlaspekten, sondern vor allem auch die Fähigkeit, in jeder Situation die passenden Aspekte in den Fokus zu rücken und innerhalb einer Alltagssituation oder Aufgabe je nach Notwendigkeit flexibel zwischen den Aspekten zu wechseln (Marton/Booth 1997, S. 101; s. S. 167). Die enge Verknüpfung von Ordinal- und Kardinalaspekt beim Zählen ist ein Beispiel für dieses Verständnis von Zahlaspekten und wird im nächsten Abschnitt, der Beschäftigung mit PIAGETS Behandlung des Zahlbegriffs, noch eine größere Rolle spielen.

Zahlaspekt	Erläuterung	Beispiel
Kardinalzahl	(Wie viele?) Mächtigkeit von Mengen	7 Früchte
Ordinalzahl a) Zählzahl b) Ordnungszahl[1]	(Der wievielte?) a) Folge der natürlichen Zahlen b) Rangplatz von Elementen	a) Seite 9, Startnummer 36 b) 3. Platz, 10. Juni
Operator	(Wie oft?) Vielfachheit eines Vorganges	dreimal klatschen
Maßzahl	(Wie lang? Wie teuer?...) Maßzahlen für Größen	5 Meter, 7 Stunden
Rechenzahl a) algebraischer Aspekt b) algorithmischer Aspekt	a) Algebraische Struktur mit gewissen Gesetzen b) Anwendung von Algorithmen	a) Kommutativgesetz: 2+4=4+2 b) schriftliche Division
Codierungszahl[2]	Zahlen als Bezeichnung für Objekte	Telefonnummern etc.

Tabelle 2: Zahlaspekte (nach Padberg 2005)

---

[1] Unterschied zwischen a) und b): Die Anordnung ist bei a) durch die äußeren Umstände nicht streng vorgegeben - z.B. können bei einem Buch die Seiten des Vorworts mit römischen Ziffern bezeichnet sein, so dass die physisch „1. Seite" nicht dasselbe ist wie „Seite 1" (Neubrand/Möller 1990, S. 2).

[2] Beim Codierungszahlaspekt dienen Zahlen als Namen oder Kennzeichen, so dass eine Zuordnung zu den „echten" Zahlaspekten fragwürdig ist. Im Alltag von Kindern spielen sie andererseits eine wichtige Rolle, so dass sie auch nicht als nebensächlich abgetan werden können und hier mit aufgeführt werden müssen.

Individuelle kindliche Entwicklung	Verfolgt man die wissenschaftliche Beschäftigung mit der Entwicklung des Zahlbegriffs beim Kind weiter, so findet man seit den Achtziger Jahren in der Grundschuldidaktik und später auch in der allgemeinen Mathematikdidaktik und der Blindenpädagogik eine Hinwendung einerseits zu individuellen kindlichen Fähigkeiten und Entwicklungen, andererseits zu so genannten Vorläuferfähigkeiten. RESNICK (1989) weist in diesem Zusammenhang auf die vorhandenen „protoquantitativen Schemata" im Vorschulalter hin und fordert, dass diese im Anfangsunterricht Beachtung finden (s. S. 117). Sowohl in der Forschung als auch in der Unterrichtsentwicklung entstehen zunehmend Konzepte, die individuelle Lernausgangslagen zu Schulbeginn (Hasemann 2001), individuelle Rechenstrategien (Spiegel/Selter 2003) und individuelle Vorstellungen (Lorenz 1992) berücksichtigen. In der Blindenpädagogik bevorzugen AHLBERG & CSOCSÁN (1999) die Formulierungen „Umgang mit Zahlen", „Zahlerfahrung" und „Zahlverständnis" um auszudrücken, dass der kognitive Umgang mit Zahlen in der Entwicklung, aber auch situationsabhängig einer ständigen Veränderung unterliegt (s. S. 166ff). Auf dieser Basis werden vielfältige Ausprägungen identifiziert und immer weiter ausdifferenzierte Diagnosemodelle für spezifische Schwierigkeiten entwickelt. Insbesondere bildet sich eine intensive Forschung zum Phänomen der „Rechenschwäche" heraus (z.B. Lorenz/Radatz 1993; Gerster/Schulz 2004; Fritz/Ricken/Schmidt 2009). Leistungsdefizite werden nicht mehr symptomatisch als Zurückbleiben hinter einer präskriptiven Entwicklungsstufe beschrieben, sondern auf ihre Ursachen und Zusammenhänge hin analysiert.
Neuro- und Kognitionspsychologie	Eine weitere Entwicklungsrichtung in der Erforschung der kindlichen arithmetischen Fähigkeiten zeichnet sich seit den Neunziger Jahren ab und ergänzt entwicklungspsychologische und fachdidaktische Konzepte: Die kognitive Psychologie und später auch die Neuropsychologie interessieren sich zunehmend für die Grundlagenfähigkeiten. Neue Konzepte des Zahlverständnisses werden entwickelt und empirisch überprüft, wie etwa der „Zahlensinn" und der „mentale Zahlenstrahl" (s. Kap. 4.3). Die Bemühungen um die Verknüpfung dieser Grundlagenfähigkeiten mit den weiterführenden Entwicklungen arithmetischer Fähigkeiten dauern bis heute an und sind auch Teil der Zielsetzung der vorliegenden Arbeit (s. Kap. 1.3).

Insgesamt wird deutlich, dass die Entwicklung des Zahlbegriffs wesentlich komplexer und vielfältiger verläuft als von PIAGET beschrieben, und dass ein generelles Stufenmodell nur eine erste Näherung darstellen kann. Insofern gilt für diese Arbeit ein erweitertes Verständnis vom Zahlbegriff, das frühkindliche Ausgangspunkte und individuelle Entwicklungen mit einbezieht. SOPHIAN schreibt zum Zahlbegriff:

„There is no single criterion by which we can judge whether a child has a concept of number, because number development is not a matter of acquiring any single concept. Even very young children may share some of the knowledge we as adults have about numbers, and yet their knowledge is also likely to differ from ours in important ways." (Sophian 1998, S. 27)

Der Zahlbegriff ist nicht mehr von der Mathematik her gedacht, sondern beschreibt die zahlbezogenen kognitiven Möglichkeiten eines Individuums: Der Zahlbegriff eines Mathematikers ist vielseitiger und kohärenter als der eines nicht an mathematischen Problemen interessierten Erwachsenen, weil der Mathematiker z.B. mit den Peano-Axiomen, mit Primzahlen und vielen weiteren mathematischen Zahleigenschaften vertraut ist. Der Zahlbegriff eines erwachsenen Nicht-Mathematikers ist wiederum in der Regel vollständiger als der eines Kindes. MARTON & BOOTH beschreiben Lernen passend dazu als Veränderung der Art und Weise, in der ein Phänomen (z.B. Zahlen) erfahren wird. Die Erfahrungswelt wächst und verändert sich wie ein Lebewesen: Erfahrung ähnelt einem Samenkorn. Obwohl sie sich nach einem Lernprozess auf der Basis neu erworbenen Wissens und Könnens völlig anders gestaltet als zuvor, ist sie dennoch im Grunde dieselbe geblieben (Marton/Booth 1997, S. 158).

Seit dem Ende der Neunziger Jahre hat eine weitere Entwicklungslinie die Betrachtung des Zahlbegriffs beeinflusst: die Konzeptualisierung von schulischen Fähigkeiten als Kompetenzen (s. z.B. Hartig/Klieme/Leutner 2008). Der hierbei im Zentrum stehende Kompetenzbegriff ist noch weiter gefasst als das eben skizzierte Verständnis vom Zahlbegriff: Kompetenz wird angesehen als eine Eigenschaft, welche „die Personen befähigt, bestimmte Arten von Problemen erfolgreich zu lösen, also konkrete Anforderungssituationen eines bestimmten Typs zu bewältigen" (Klieme et al. 2007, S. 72). Dazu gehören die verfügbaren oder erlernbaren kognitiven Fähigkeiten und Fertigkeiten der Person sowie die damit verbundenen motivationalen, volitionalen und sozialen Bereitschaften (ebd., S. 72; Weinert 2002, S. 27f). Etwas vereinfacht ausgedrückt beinhaltet eine Kompetenz das für die erfolgreiche Bewältigung einer Situation benötigte Wissen sowie die Fähigkeit und auch die Bereitschaft, dieses Wissen anzuwenden. In der Psychologie wird ein solches Konzept genutzt, um sowohl die personen- als auch situationsbezogenen Aspekte einer Fähigkeit zu beschreiben und psychometrisch zu modellieren (Hartig/Klieme/Leutner 2008). In der Bildungssteuerung wurde in den letzten Jahren begonnen, die alten curricularen Formate durch „Kompetenzpläne" zu ersetzen. Die Bezeichnungen hierfür changieren noch durch die Bundesländer und Schulformen (Kernlehrplan, Bildungsstandards, Bildungspläne usw.), ihnen allen gemeinsam ist aber die „Output-Orientierung": die Anforderungen an Unterricht werden über die Fähig-

Bildungsforschung: Kompetenzen

keiten definiert, die Schülerinnen und Schüler am Abschluss gewisser Lernepochen haben sollen (s. auch Kap.6).

Im Bereich der Grundschule kann man hinsichtlich der arithmetischen Fähigkeiten von „zahlbezogenen Kompetenzen" sprechen. Der Vorteil einer solchen kompetenzorientierten Sichtweise liegt darin, dass der konkrete Umgang mit Zahlen, Rechenoperationen und die Anwendung in verschiedenen Kontexten integriert konzeptualisiert werden. Der Mathematik-Lehrplan für die Grundschule in Nordrhein-Westfalen enthält zum Bereich „Zahlen und Operationen" beispielsweise die folgende Zielvorgabe:

> „Auf der Grundlage tragfähiger Zahl- und Operationsvorstellungen sowie verlässlicher Kenntnisse und Fertigkeiten entwickeln und nutzen die Schülerinnen und Schüler Rechenstrategien, rechnen überschlagend und führen die schriftlichen Rechenverfahren verständig aus." (Ministerium für Schule und Weiterbildung NRW 2008, S. 58)

Hier werden also Vorstellungen und Wissen zu Zahlen und Operationen als Grundlage für erfolgreiches Rechnen genannt.

In den KMK-Bildungsstandards für Mathematik in der Grundschule (KMK 2004) ist ebenfalls der Kompetenzbereich „Zahlen und Operationen" ausgewiesen. Er wird dreifach aufgegliedert:
- Zahldarstellungen und Zahlbeziehungen verstehen,
- Rechenoperationen verstehen und beherrschen,
- in Kontexten rechnen.

Das Verständnis von Zahldarstellungen und Zahlbeziehungen stellt in gewissem Maße die Basis für das Rechnen dar, andererseits sind zahl- und operationsbezogene Kompetenzen aber auch eng miteinander verknüpft (Rasch/Schütte 2008, S. 66). Aus fachmathematischer Sicht lässt sich zwischen „Zahlen" und „Operationen" klar unterscheiden. Diese Einteilung ist aber aus lernpsychologischer Sicht inakzeptabel, denn die Zahlen als Gegenstände des Lernens konstituieren sich erst durch den Umgang mit ihnen, also durch Operationen und Beziehungen. Die Teile-Ganzes-Relation (s. S. 113 und 168) beispielsweise ist für das Zahlverständnis ebenso wie für Rechenoperationen wichtig. In diesem Sinne soll in dieser Arbeit nicht scharf zwischen zahlbezogenen und operationsbezogenen Kompetenzen unterschieden werden. Wenn von zahlbezogenen Kompetenzen die Rede ist, so sind protoquantitative Schemata ebenso einbezogen wie grundlegende Operationsvorstellungen.

Der Kompetenzbegriff wurde hier erläutert, um zu klären, was im Folgenden unter „zahlbezogenen Kompetenzen" zu verstehen ist. Er wird in Kap. 6 noch vertieft. An dieser Stelle sollen nun zunächst entwicklungspsychologische, kognitionspsychologische und neuropsychologische Studien herangezogen werden, um die Eigenschaften und die Entwicklung zahlbezogener Kompetenzen bei blinden und sehenden Kindern zu beschreiben.

4.2 Die Zahlbegriffsentwicklung nach PIAGET

PIAGETs Theorie ist vielfältig kritisiert und in einigen Punkten widerlegt worden. Die heutige Bedeutung seiner Überlegungen wird am Schluss dieses Abschnitts diskutiert werden. Es unabhängig davon aber notwendig, seine Arbeit hier darzustellen, da ein großer Teil der zur Verfügung stehenden Forschungen mit blinden Kindern Aspekte seiner Entwicklungstheorie aufgreift (z.B. Wan-Lin/Tait 1987, Hatwell 1985 [1966], Warren 1994)[1].

PIAGET konzentrierte sich in seiner Theorie zur Zahlbegriffsentwicklung auf die Aspekte der Kardinalität und Ordinalität. AUS PIAGETS Sicht (z.B. Piaget/Szeminska 1969) ist es nicht sinnvoll, vor dem Erreichen der Stufe des konkret-operationalen Denkens (mit ca. 7 Jahren) von dem Vorhandensein eines Zahlbegriffs im kindlichen Denken zu sprechen. Das Verständnis der Klassifikations- und Klasseninklusionsoperationen muss als Grundlage des Kardinalaspekts zur Verfügung stehen und das Verständnis der Seriation (Ordnungsrelation) als dient Grundlage des Ordinalaspekts. Da Kindern im Vorschulalter noch keine Operationen im PIAGET'schen Sinne zur Verfügung stehen („präoperationales Denken"), können sie demzufolge auch nicht über den Zahlbegriff verfügen.

Kardinal- und Ordinalzahl

Eine Kardinalzahl ist für PIAGET eine *Klasse*, deren Elemente aufgefasst werden als untereinander äquivalente und dennoch unterschiedene „Einheiten". Dagegen stellen die Ordinalzahlen eine *Reihe* dar, deren Glieder entsprechend der Ordnungsrelation aufeinander folgen. Sie sind ebenfalls äquivalente Einheiten, so dass sie kardinal zusammengefügt werden können. Die natürlichen Zahlen sind damit zwangsläufig zugleich Kardinal- und Ordinalzahlen (Piaget/Szeminska 1969, S. 208).

Kardinale und ordinale Strukturen entwickeln sich parallel unter gegenseitiger Beeinflussung und verschmelzen schließlich zum Zahlbegriff. PIAGET betont dabei die Bedeutung pränumerischer Aktivitäten (z.B. Anordnen von Objekten verschiedener Länge, Größe etc.; Sortieren anhand von Merkmalen wie Farbe und Form). Wenn ein Kind während des frühen präoperationalen Stadiums etwas zählt, so ist dies aber nicht auf

---

[1] Auf die Wiedergabe der hinlänglich bekannten Grundlagen von PIAGETs Entwicklungspsychologie (z.B. Beschreibung der Entwicklungsstufen) soll hier verzichtet werden.

der Ebene der Operationen anzusiedeln. PIAGET spricht sogar von völliger Bedeutungslosigkeit des verbalen, sozial vermittelten Zählens (Piaget/Szeminska 1969, S. 47), da die Kinder zwei gleiche, zuvor korrekt gezählte Mengen wieder als verschieden groß betrachten, sobald diese wahrnehmungsmäßig (z.b. durch Auseinanderziehen einer der Reihen) verschieden erscheinen. Das Konzept der Invarianz (s.u.) ist noch nicht verfügbar. An dieser Abwertung des verbalen Zählens und auch an der Methodik von Piagets Versuchen zur Invarianz ist aus heutiger Sicht einiges zu kritisieren. Dies wird später wieder aufgegriffen.

4.2.1 Grundlegende Konzepte für den Zahlbegriff

Es ist im obigen Text schon deutlich geworden, dass für die Entwicklung des Zahlbegriffs nach PIAGET die Invarianz und weitere pränumerische Konzepte als notwendig erachtet werden. Diese Konzepte sollen nun kurz vorgestellt werden (Zusammenfassungen in Hasemann 2003, S. 9ff; Moser Opitz 2001, S. 27ff; genauer Piaget/Szeminska 1969; zur Oeveste 1987).

Invarianz   Ein bekanntes Beispiel für Invarianz (Erhaltung) kontinuierlicher Mengen ist der Umschüttversuch: Eine konstante Menge Flüssigkeit wird von einem schmalen in ein breites Behältnis gegossen. Die Kinder sollen erkennen, dass trotz des sich ändernden Wasserstands die Wasser*menge* invariant ist. Für diskontinuierliche Mengen (Zahlinvarianz) werden Reihen von Objekten verwendet, die unterschiedlich lang sind (mit unterschiedlichem Abstand der Elemente) und/oder unterschiedlich viele Elemente enthalten. Es können verschiedene Formen von Invarianz unterschieden werden, abhängig davon, welche Größe in den Fokus genommen wird. WAN-LIN & TAIT (1987) untersuchen Anzahl, Flüssigkeitsmenge, Substanz, Gewicht, Volumen, Abstand, Fläche und Länge. Der Erwerb dieser verschiedenen Invarianzformen geschieht nicht gleichzeitig, sondern nacheinander über den Zeitraum von einigen Jahren. Auch die Reihenfolge des Erscheinens dieser Formen ist Objekt der Forschung (s. Kap. 4.2.3).

Invarianz stellt für PIAGET eine Grundlage nicht nur des Zahlbegriffs, sondern aller Denkprozesse auf operationalem Niveau dar (Moser Opitz 2001, S. 34). Mit der Invarianz wird erkannt, dass eine Veränderung der Form oder Ausdehnung nicht zwangsläufig auch zur Veränderung des Volumens, des Gewichts, der Anzahl oder anderer messbarer Eigenschaften führt. Dafür ist es nötig, den Suggestionen der Wahrnehmung (größere Ausdehnung → größere Anzahl; höherer Wasserstand → größeres Volumen) zu widerstehen und das Denken von der Wahrnehmung abzukoppeln. Dies ist eine entscheidende Veränderung am Übergang von der präoperationalen zur konkret-operationalen Phase.

Bei der Klassifikation geht es darum, Objekte entsprechend gemeinsamer Merkmale (z.B. Farbe, Form) in Klassen zu sortieren. Auf der Basis dieser Fähigkeit können dann durch Stück-für-Stück-Korrespondenz die Elemente einer Menge den Elementen einer anderen Menge zugeordnet werden. Dies ermöglicht den Mengenvergleich und stellt auch die Voraussetzung für die Zahlinvarianz dar. Die Herstellung von Stück-für-Stück-Korrespondenz gilt „als grundlegende Operation für die Entwicklung der Kardinalzahl", weil sie „ursprünglicher" ist als das Abzählen (zur Oeveste 1987, S. 36). Ursprünglicher ist diese Methode aus mathematischer Sicht, sie weil dem logischen Aufbau der Kardinalzahlen aus den Peano-Axiomen entspricht, aber nicht in Bezug auf die beobachtete Entwicklung der Kinder, wie sich noch zeigen wird (s. Kap. 4.2.2 und 4.4.3).

<small>Klassifikation und Kardinalzahl</small>

PIAGET nennt als Weiterentwicklungen der Klassifikation die multiple Klassifikation und die Klasseninklusion. Multiple Klassifikation bezieht mindestens zwei Merkmale als Sortierkriterien mit ein (z.B. Farbe und Form). Klasseninklusion bedeutet, dass die Beziehung zwischen Menge (z.B. Blumen) und Untermenge (z.B. Rosen) verstanden ist. Um dies zu erfassen, werden die Kinder z.B. gefragt, ob es mehr Blumen oder mehr Rosen gibt. Dies gilt als Voraussetzung für die Entwicklung der Teile-Ganzes-Relation. Es beinhaltet zunächst die Erkenntnis, dass eine Menge sich aufteilen und aus den Teilen auch wieder zusammensetzen lässt. Dann können die Mengen quantifiziert werden; z.B. sind ‚3' und ‚4' in ‚7' enthalten und ergänzen sich wiederum zu ‚7'. Die Teile-Ganzes-Relation ist von hoher Bedeutung für den Zahlbegriff und die Rechenoperationen (Resnick 1989; Stern 1998, S. 75ff; Ennemoser/Krajewski 2007; s. S. 169).

Die Forschung PIAGETS und seiner Nachfolger zeigt, dass die Klasseninklusion erst im späten Grundschulalter erworben wird (zur Oeveste 1987, S. 40). Damit würden Kinder im ersten Schuljahr noch nicht über einen operatorischen Zahlbegriff verfügen, der das Verständnis von Rechenoperationen aus PIAGETS Sicht überhaupt erst ermöglicht. Über eine implizite Teile-Ganzes-Relation in ihrer mengenbezogenen Form dagegen verfügen Kinder nachweislich bereits mit 4-5 Jahren (Ennemoser/ Krajewski 2007; Sophian/McCorgray 1994; Resnick 1989). Diese Diskrepanz hat vermutlich eher forschungsmethodische Gründe (s. auch Kap. 4.2.2). Die Frage nach „mehr Blumen oder mehr Rosen" ist in ihrer Form ungewöhnlich. Die jüngeren Kinder erwarten anhand der Fragestellung eher den Vergleich zweier sich ausschließender Klassen (wie Rosen und Nelken) und verstehen möglicherweise gar nicht den Sinn der Frage oder deuten sie um (zur Oeveste 1987, S. 33).

Seriation und Ordinalzahl	Bei der Seriation geht es um das Ordnen von Elementen z.b. nach Länge oder Gewicht. Bei der einfachen Seriation können Kinder z.b. Puppen oder Stäbe der Größe nach ordnen. Als Weiterentwicklung der einfachen Seriation betrachten PIAGET & SZEMINSKA (1969) die multiple Seriation und die Transitivität. Für die multiple Seriation müssen Objekte nach zwei Dimensionen gleichzeitig geordnet werden. Transitivität bedeutet, dass der logische Schluss „Aus A<B und B<C folgt A<C" möglich ist. Seriation stellt die Grundlage für den Ordinalaspekt der Zahl dar.
Kardination und Ordination	Für die Entwicklung des Zahlbegriffs betrachten PIAGET & SZEMINSKA (1969) die ordinale Korrespondenz als entscheidenden Schritt: Es werden zwei korrespondierende Reihen gebildet, d.h. Puppen und Spazierstöcke werden der Größe entsprechend einander zugeordnet und gleichzeitig in eine Reihenfolge gebracht (Piaget/Szeminska 1969, S. 135). Im Gegensatz zur Stück-für-Stück-Korrespondenz im Rahmen der Klassifikation ist hier die Zuordnung der Elemente nicht beliebig, sondern hängt von deren jeweiliger Position in der Reihe ab. Zunächst können die Kinder nur die Endpunkte der Reihe, also den kleinsten/größten Stock der entsprechenden Puppe zuordnen. In dieser Phase geschieht die Zuordnung noch nicht operatorisch, sondern wahrnehmungsmäßig. Erst wenn die Kinder auch Elemente aus dem Inneren der Reihe korrekt zuordnen können, hat die Synthese von Ordination und Kardination stattgefunden. Dafür müssen sie in der Lage sein, die ordinale Position durch Zählen mit der Kardinalität der gezählten Objekte in Verbindung zu setzen.

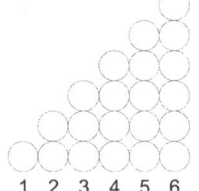

1 2 3 4 5 6   Abb. 10: Kardinal- und Ordinalaspekt

Die Verknüpfung von Ordinal- und Kardinalaspekt wird von PIAGET auch mit Hilfe des Treppenmodells erläutert. Dabei ist jede Stufe definiert durch den Platz in der Reihe und die Anzahl der enthaltenen Einheiten. Stufe 6 befindet sich an sechster Position und enthält genau sechs Einheiten. „Die Konstruktion der Zahl dagegen besteht [...] in der Gleichsetzung der Unterschiede, d.h. in der Vereinigung der Klassen und der asymmetrischen Relation zu einem völlig operatorischen Ganzen. Die aufgezählten Glieder sind dann untereinander sowohl äquivalent (und in dieser Hinsicht haben sie Anteil an der Klasse) als auch voneinander verschieden durch ihre Reihenfolge in der Aufzählung (und insofern haben sie Anteil an der symmetrischen Relation)." (Piaget/Szeminska 1969, S. 133).

PIAGET ist der Überzeugung, dass sich Invarianz, Klassifikation, Seriation sowie Kardinal- und Ordinalzahl parallel in jeweils drei Stufen entwickeln. Nachfolgeuntersuchungen zeigten allerdings, dass im Vorschulalter (ca. 5 Jahre) bereits die Seriation (einschl. Transitivitätsschluss) und die Ordinalzahl zur Verfügung stehen, zu Beginn der Grundschule dann auch die Kardinalzahl, die Klasseninklusion dagegen erst zum Ende der Grundschulzeit mit 9-10 Jahren erreicht wird (zur Oeveste 1987, S. 40). Dies deutet zum einen auf Probleme in der Forschung PIAGETS hin (s. Kap. 4.2.2), zum anderen auch auf die Bedeutung des Zählens und des Ordinalaspekts im Vorschulalter (dazu mehr in Kap. 4.4.3).

4.2.2 Kritik an der Entwicklungspsychologie nach PIAGET

Zu PIAGETS Experimenten und Schlussfolgerungen existieren inzwischen zahlreiche kontradiktorische Forschungsergebnisse und methodische Kritikpunkte, die hier zusammenfassend dargestellt werden sollen[1]. Die Kritik am Zahlbegriffskonzept nimmt dabei den größten Raum ein.

PIAGET verwendete nur nichtstandardisierte Methoden (Wember 1986), d.h. die statistischen Standards für empirische Untersuchungen werden nicht erfüllt. Es ist auch kaum möglich, seine Ergebnisse zu falsifizieren, da sie so stark auf seinen theoretischen Überlegungen basieren, dass diese nicht widerlegt werden können. Es kommt zu einem Zirkelschluss (ebd.). Fraglich ist auch, ob PIAGETS Methode des Schließens von beobachteten Verhaltensweisen auf innere, kognitive Vorgänge zulässig ist. Diese Frage hat er in seinen Veröffentlichungen nicht thematisiert (Moser Opitz 2001, S. 42).

Methodologie und Wissenschaftstheoretie

Die Anweisungen und Fragestellungen in PIAGETS Experimenten können von den Kindern missverstanden werden, wie die Versuche zu Klasseninklusion zeigen (s. S. 113). Die sprachlichen Anforderungen beim Erklären der eigenen Überlegungen durch die Kinder sind zudem relativ hoch. Es wurden keine Tests der sprachlichen Fähigkeiten selbst durchgeführt, um dies als konfundierende Variable auszuschließen. Zudem ist es auch umgekehrt möglich, dass die Testleiter die kindlichen Äußerungen missverstehen (Freudenthal 1973).

Sprachliche Anforderungen

Die Versuchsanordnungen sind oft weit von der Lebenswelt der Kinder entfernt, die Situation ist ihnen fremd (z.B. Wember 1986, Donaldson

Bedeutung der Situation

---

[1] Ausführlichere Darstellungen finden sich z.B. bei MOSER OPITZ (2001, S. 42ff) und WEMBER (1986)

1982). Wenn Reihen von Murmeln verglichen werden, ist es nicht so selbstverständlich, dass die Kinder sich auf die Anzahl konzentrieren, wie wenn es sich um Bonbons handelt (Mehler/Bever 1967, s. die Kritik am Zahlbegriffskonzept unten)

Homogenität der Entwicklungsstufen

Das Denken kann in einem Bereich weiter fortgeschritten sein als in einem anderen (Stern 2002, S. 35f). Das widerspricht der von PIAGET postulierten Homogenität der Entwicklungsstufen. Beispielsweise erreicht die Ordinalzahl (und auch Seriation inklusive der Transitivität) schon im Alter von 4½ Jahren operatives Niveau, während die Kardinalzahl auf operativen Niveau erst mit 6-7 Jahren festgestellt werden kann (zur Oeveste 1987, S. 40; auch Brainerd 1979, Williams 1991).

Zahlbegriffskonzept

PIAGET ging davon aus, dass erst im Alter von 6-7 Jahren, wenn seinen Beobachtungen zufolge operatives Denken möglich ist, auch vom Vorhandensein des Zahlbegriffs gesprochen werden darf. Dies wurde bereits einleitend kritisiert (s. S. 105f). Heute wird davon ausgegangen, dass Kinder bereits mit 3-4 Jahren ein - wenn auch eingeschränktes - numerisches Verständnis besitzen (Sophian 1988; Resnick 1989; Bisanz et al. 2005). Der Ordinalaspekt entwickelt sich zudem vor dem Kardinalaspekt (s.o.). Addition und Subtraktion im Zahlbereich bis 10 sind auf dieser Basis möglich, bevor der Kardinalaspekt verstanden ist (Brainerd 1979). Diese Aspekte werden im Zusammenhang mit dem Zählen noch genauer erörtert (s. Kap. 4.4).

Der Zahlinvarianz-Versuch bei PIAGET (s. S. 112) erfasst nur einen einzelnen Aspekt von Invarianz, nämlich die Invarianz nach Veränderung der Anordnung. Invarianz einer Menge lässt sich zusätzlich auch über die Zeit, unter Veränderung des Standpunktes und nach Auseinandernehmen und Zusammensetzen thematisieren, was bei PIAGET keine Beachtung findet (Freudenthal 1983, S. 84ff). Hinzu kommt, dass die Umstände bei PIAGET bewusst irreführend sind. In PIAGETs Versuch wurden Reihen mit einer bestimmten Anzahl von Murmeln in ihrer Länge verändert und dann die Frage gestellt, ob es sich nun um mehr Murmeln handelt. Die meisten Kinder unter vier Jahren beantworteten dies mit ‚ja', woraus PIAGET folgerte, dass sie sich durch die Veränderung der Reihenlänge täuschen ließen. MEHLER & BEVER (1967) konnten zeigen, dass es sich hier um ein Artefakt der Versuchsbedingungen handelt. Sie legten den Kindern Reihen mit Bonbons vor und ließen sie stumm entscheiden, welche Reihe sie nehmen wollten, anstatt ihnen Fragen zu stellen - die kürzere Reihe enthielt mehr Bonbons als die längere. Schon Zweijährige entschieden sich daraufhin für die Reihe mit der größeren *Anzahl*. Im Zusammenhang mit den in Kapitel 4.3 dargestellten Forschungsergebnissen zum Zahlensinn ist dies nicht überraschend.

Die Kinder haben ein partielles Konzept von Zahlen und von Invarianz, bevor sie die PIAGETsche Invarianzaufgabe lösen (Donaldson 1982; Voigt 1983; Baroody 1987; Resnick 1989). RESNICK (1989) weist darauf hin, dass Kinder im Vorschulalter bereits über „protoquantitative Schemata" verfügen, die jedoch einen impliziten Charakter haben und durch die Wahrnehmung leicht zu täuschen sind. In diesem Sinne sind sie nicht operatorisch und finden in den klassischen PIAGET-Experimenten keine Beachtung. Dennoch sind sie vorhanden. RESNICK fordert dazu auf, weniger darauf zu achten, was die Kinder im Vorschulalter noch *nicht können* und stärker darauf zu fokussieren, was sie *können* (Resnick 1989, S. 163).

PIAGETS Annahmen über die Reihenfolge von Entwicklungsschritten und die logische Struktur von dem Denken zugrunde liegenden Konzepten waren stark durch die stringente Logik der Fachmathematik seiner Zeit beeinflusst (s. S. 105f und Bideaud 1992b). Auch seine Definition des Zahlbegriffs ist davon geprägt, insbesondere durch den Mengenbegriff von CANTOR. Es erweist sich aus heutiger Sicht als nicht sinnvoll, dieses Gedankengebäude auf das Lernen, die Entwicklung und das Denken von Kindern zu übertragen, da die logische Struktur der Mathematik nicht analog zur Struktur ihrer phylogenetischen und ontogenetischen Entwicklung ist. Die Forderung, dass Klassifikation und Seriation auch in ihren multiplen Formen und den logisch tiefer liegenden Aspekten Klasseninklusion und Transitivität notwendig sind, damit ein Kind überhaupt einen Zahlbegriff entwickeln kann, muss in dieser Form als überholt betrachtet werden, das zeigen heutige Erkenntnisse zur Zahlbegriffsentwicklung und zur Zahlverarbeitung im Gehirn, die in den folgenden Kapiteln dargestellt werden.

PIAGET hat sich in seiner Forschung stark auf die „innere" Entwicklung des kindlichen Denkens konzentriert und dabei wenig Augenmerk darauf gerichtet, welchen Einfluss die Umwelt ausüben kann - durch die soziale Vermittlung (beispielsweise des Zählens) und durch die Lernmöglichkeiten und -anlässe, die sich im Alltag und in Kindergarten oder Schule bieten. Diese kulturelle Einbindung von Zahlen hat er nicht in seine Untersuchungen einbezogen:

„Number is also a cultural object, the product of the same sociohistorical evolution investigated by Piaget. The paradox is that Piaget only explored the mechanisms of growth of scientific knowledge in terms of their evolution, overlooking the fact that these mechanisms produce permanent cultural representations, or knowledge 'objects'." (Bideaud 1992a, S. 354)

Die Bedeutung von zahlbezogenen Erfahrungsmöglichkeiten wird von PIAGET daher unterschätzt, wie MOSER OPITZ klarstellt:

„Nicht ein logisch-mathematisches System macht es in erster Linie aus, dass Kinder rechnen lernen, sondern eine Welt mit Zahlen, in der die Kinder ihre kognitiven Werkzeuge anwenden und weiter entwickeln können." (Moser Opitz 2001, S. 59)

PIAGET mag insofern Recht behalten, als ein *nach seiner Definition* operationaler Zahlbegriff tatsächlich erst entwickelt ist wird, wenn das Kind das Schulalter erreicht. Ein weniger ausgereiftes, noch mit Widersprüchen und Unzulänglichkeiten behaftetes Zahlverständnis ist aber offenbar schon früher vorhanden. Der operationale Zahlbegriff ist nicht Voraussetzung für zahlbezogenes Lernen, sondern wird in Auseinandersetzung mit Mathematik im Alltag, im Kindergarten und in der Schule erworben (Moser Opitz 2001, S. 62).

Die Entwicklung des Zahlbegriffs stellt sich damit als ein Wechselspiel aus äußeren Anregungen durch die Umwelt und innerer, kognitiver Entwicklung dar. Einfache Klassifikation, Seriation und Mengenvergleich durch Stück-für-Stück-Korrespondenz können auch aus heutiger Sicht noch als Grundlage von Ordinal- und Kardinalaspekt gelten (ebd., S. 62). Sie entwickeln sich aber früher, als PIAGET geglaubt hatte (zur Oeveste 1987), so dass sie einen früher vorhandenen partiellen Zahlbegriff untermauern können. ZUR OEVESTE (1987) stellt in seiner umfangreichen Replikationsstudie auch fest, dass unterschiedliche Entwicklungsverläufe möglich sind. Dadurch öffnet sich auch die Tür für den Einfluss der Umwelt auf die Entwicklung.

Würdigung PIAGETS aus heutiger Sicht

WEMBER geht auf die Frage ein, wie PIAGETs Theorie unter Berücksichtigung der vielfältigen Kritik dennoch für den Unterricht relevant bleibt. Er schlägt vor, „PIAGETs Entwicklungsstufen als idealtypische Beschreibungen von intellektuellen Qualitäten auf[zu]fassen, die der Mensch im Verlauf seiner Entwicklung aktiv in einem kontinuierlichen Aufbauprozess erwirbt" (Wember 1986, S. 60). Man kann die Stufen weiterhin zur Einordnung des Entwicklungsstandes und zum Verständnis möglicher Lernschwierigkeiten nutzen, ohne PIAGETs strenge Folge homogener Stufen zu übernehmen.

Noch immer relevant ist auch die Sichtweise auf kindliche Entwicklung und Lernen, die sich aus dem Äquilibrationsmodell ergibt:

„Piagets Äquilibrationsmodell der kognitiven Entwicklung zeigt – anders als z.B. verhaltenstheoretische Lernmodelle – das Kind als einen aktiven Lerner, der ständig bemüht ist, durch eigene kognitive Anstrengung die Welt um sich herum zu erfassen und sinnvoll zu deuten; das Äquilibrationsmodell macht aber auch gleichzeitig deutlich, dass die einem Lerner zur Verfügung stehenden Assimilationsschemata seine Auffassungs- und Verständnismöglichkeiten begrenzen und letztlich bestimmen, welcher Teil des Stimulusfeldes aus Sicht des Lerners überhaupt zum effektiven Stimulus wird." (Wember 1986, S. 206)

Die mentale Eigenaktivität des Kindes gilt damit als zentrale Komponente auch schulischer Lehr- und Lernprozesse (ebd., S. 229). Der Zahlbegriff kann nicht direkt vermittelt oder „erklärt" werden. Es ist nur möglich, Situationen zu schaffen, die den Kindern Gelegenheit geben, ihre Denkwerkzeuge anzuwenden und zu entwickeln (Moser Opitz 2001, S. 41; Stern 2002, S. 40). Auch das mathematikdidaktische Prinzip des aktiv-entdeckenden Lernens basiert auf PIAGETS entwicklungspsychologischem Modell (Wittmann/Müller 2006b, S. 9). Diese Grundhaltung ist es, die PIAGET noch heute Bedeutung verleiht.

Die kognitiven Strukturen blinder Kinder - wie die sehender Kinder - basieren demzufolge auf ihren Wahrnehmungs- und Handlungsmöglichkeiten. Die entsprechenden Forschungsergebnisse aus der Blindenpädagogik, die auf der Basis von PIAGETS Versuchen entstanden sind, sollen im nächsten Abschnitt aufgearbeitet werden.

4.2.3 Piagetianische Forschung mit blinden Kindern

WARREN (1994, S. 84ff) fasst verschiedene Studien mit blinden Kindern zusammen, die auf den Theorien PIAGETS basieren. Der größte Anteil der Forschung zu diesem Thema befasst sich mit der Invarianz von Substanz, Gewicht und Volumen. Im Vergleich zu sehenden Kindern ergibt sich dabei in der Regel eine Entwicklungsverzögerung von ca. zwei Jahren. WARREN stellt fest, dass ein höheres Alter beim Eintreten der Blindheit sich ebenso wie ein Sehrest begünstigend auf die Entwicklung der Invarianz auswirkt. Interessanter als ein schlichter Vergleich mit den Leistungen sehender Kinder ist allerdings eine genauere Analyse der Frage, was die Entwicklung bei blinden Kindern behindert oder begünstigt.

HATWELL (1985 [1966]) hat sich mit den Implikationen der Theorie von PIAGET für die Intelligenzentwicklung blinder Kinder auseinandergesetzt. Sie vermutet, dass Blindheit sich vor allem über die figurativen Strukturen auf die Intelligenzentwicklung auswirkt, die ja für die Repräsentation der Sinneseindrücke verantwortlich sind (s. S. 73). Sie stellt die generelle Hypothese auf, dass es einen Zusammenhang gibt zwischen der Angemessenheit des Wahrnehmungsmaterials, auf dem eine Operation basiert, und der Entwicklung dieser Operation selbst. Daraus ergeben sich einige spezifische Hypothesen für den Vergleich blinder Kinder mit sehenden Kindern:

Hypothesen zur Entwicklung von Operationen

- Bezüglich infralogischer Operationen, die sich generell stark auf figuratives Material stützen, zeigen blinde Kinder Entwicklungsverzögerungen.
- Logisch-mathematische Operationen, welche die konkrete Manipulation von Wahrnehmungsmaterial verlangen, entwickeln sich ebenfalls verzögert.
- Logisch-mathematische Operationen, die auf verbalem Inhalt basieren, lassen keinen signifikanten Unterschied erwarten.

Infralogische und logisch-mathematische Operationen

Infralogische Operationen konstruieren ein Objekt aus seinen Teilen, die sich in Raum und Zeit erstrecken können. Sie leiten sich von Relationen ab, die auf der Entfernung und relativen Position zwischen den Teilen eines Objektes basieren. Die Invarianz (Erhaltung) wird zu diesem Formenkreis gerechnet. Logisch-mathematische Operationen stellen dagegen Beziehungen zwischen gegebenen Objekten her, die nicht auf der raumzeitlichen Anordnung beruhen. Vor allem Ähnlichkeiten und Unterschiede spielen dabei eine Rolle. Die beiden Formen sind als gleichwertig zu betrachten, sie unterscheiden sich nur in den Relationen, die sie erzeugen. Infralogische Strukturen gruppieren Teile zu einem Ganzen, logisch-mathematische Strukturen gruppieren Objekte z.b. in Klassen oder Reihen (Hatwell 1985 [1966], S. 29).

HATWELL konzentriert sich auf die Phase, in der sich die konkreten Operationen entwickeln bzw. zur Geltung kommen: das Stadium des anschaulichen Denkens (ein Teil der präoperationalen Phase, Alter 4-7 Jahre) und das konkret-operationale Stadium. Dieser Entwicklungszeitraum hat zwei besonders interessante Aspekte. Zu Beginn hindern Wahrnehmung und mentale Bilder operatives Denken durch ihr „Vordrängen", d.h. die Kinder sind von ihrer Wahrnehmung leicht beeinflussbar. Es stellt sich die Frage, ob Blindheit einen Einfluss auf diese Situation hat. Außerdem hat die Unterscheidung von infralogischen und mathematisch-logischen Operationen zu diesem Zeitpunkt die größten Auswirkungen, da das abstrakte Denken der späteren formalen Phase den Einfluss konkreter und räumlicher Strukturen reduziert (Hatwell 1985 [1966], S. 36ff).

Versuche zur Invarianz

HATWELL führte zur Invarianz die folgenden Versuche durch (1985 [1966], S. 67ff): Blinde und sehende Kinder bekamen zwei identische Kugeln aus Ton und wurden gefragt, ob diese gleich seien. Sie wurden dann aufgefordert, aus einer Kugel eine Wurst zu formen und anzugeben, ob nun noch genauso viel Ton in der Wurst sei, und warum. Dann formten sie wieder einen Ball daraus. Der gleiche Vorgang wurde mit der Umformung zu einem Pfannkuchen und der Zerteilung in vier bis fünf Teile durchgeführt. Dieses Verfahren wurde auch angewendet, um die Gewichtserhaltung zu bewerten. Wie in den von WARREN zusammengefassten Studien (s.o.) erreichten Sehende die verschiedenen Formen der Erhaltung ca. 2-3 Jahre vor den Blinden. Der zeitliche Unterschied zwischen der Erhaltung von Substanz und Gewicht erwies sich sogar als größer als bei den sehenden Kindern der Untersuchung. HATWELL vermutet, dass blinde Kinder über ein geringeres Maß an Erfahrungen mit dem objektiven Messen von Gewicht verfügen, sowohl in der Schule als auch im Alltag. Die Blindheit selbst kann also nicht als Ursache der beobachteten Verzögerung betrachtet werden. Sie nimmt nur indirekt über die Verringerung der Erfahrungsmöglichkeiten Einfluss.

WAN-LIN & TAIT (1987) haben die Reihenfolge des Erscheinens acht verschiedener Formen der Invarianz (Anzahl, Flüssigkeitsmenge, Substanz, Gewicht, Volumen, Abstand, Fläche und Länge) an sehenden, sehbehinderten und blinden Kindern in Taiwan untersucht. Für die hier besonders interessante Invarianz der Anzahl ergaben sich folgende Ergebnisse: In allen untersuchten Gruppen wurde die Zahlinvarianz als erste Form erreicht. Bei den sehenden Kindern geschah dies im Alter von 6-8 Jahren, bei den blinden und sehbehinderten Kindern trat Zahlinvarianz zwischen 7 und 13 Jahren zum ersten Mal auf (Wan-Lin/Tait 1987, S. 424f). Der deutlichste Unterschied zwischen blinden und sehenden Kindern in der Reihenfolge bestand allerdings darin, dass blinde Kinder die Invarianz von Gewicht und Abstand relativ gesehen eher erreichten und die Erhaltung der Flüssigkeitsmenge später. WAN-LIN & TAIT vermuten, dass die Abstandsinvarianz durch das Mobilitätstraining gefördert wurde, welches die blinden Kinder erhielten. Auch hier gibt es also wieder Hinweise auf die Bedeutung der Erfahrung.

Die Hypothese HATWELLS zur fehlenden Erfahrung mit Gewichtsinvarianz (s.o.) wird dadurch unterstützt, dass bei WAN-LIN & TAIT Kinder aus der Stadt auf diesem Gebiet bessere Leistungen zeigten als Kinder aus ländlichen Gebieten. Dies könnte durch den Kontakt der taiwanesischen Stadtkinder mit dem Handel begründet werden, bei dem das Abmessen von Gewichten häufig vorkommt (Wan-Lin/Tait 1987, S. 423ff). Weitere Hinweise für die Bedeutung von Erfahrung ergeben sich aus einer anderen Studie von TAIT (1990). Bei den Kindern einer indischen Untersuchungsgruppe trat die Invarianz der Flüssigkeitsmenge, für die in der früheren Studie Verzögerungen festgestellt wurden, sogar als erste Form der Invarianz überhaupt auf. TAIT begründet dies damit, dass das Umfüllen von Wasser diesen Kindern sehr vertraut war, da sie ihr Trinkwasser aus einem Brunnen bezogen.

Abschließend lässt sich sagen, dass Blindheit in den durchgeführten Studien zu einer allgemeinen Verzögerung der Entwicklung von Invarianz im Vergleich zu sehenden Kindern führt. TAIT (1990) führt dies auf Defizite in der Förderung zurück:

„The results at this point suggest that rather than discussing the 'deficits' or 'delays' in blind children, educators should begin to examine 'deficits' in their educational models that do not provide blind children with sufficient experiences with tangible materials." (ebd., S. 382)

Auch WARREN (1994, S. 89) ist der Ansicht, dass eine stimulierende Lernumgebung in Förderprogrammen, der Schule und im Elternhaus zu einer verbesserten allgemeinen Entwicklung beiträgt. Dies bestätigt die Ausführungen zu Beginn dieser Arbeit (S. 20), die besagen, dass die Vielfalt an Erfahrungen, nicht die „Vollsinnigkeit", die Grundlage der effektiven Auseinandersetzung mit der Umwelt und damit der kognitiven Entwicklung sind (vgl. auch Neisser 1976, S. 21f; Walthes 2005, S. 44).

Versuche zur Klassifikation

Zum PIAGETSCHEN Begriff der Klassifikation gibt es weniger Studien, aber es lässt sich schließen, dass die Entwicklung ganz ähnlich verläuft wie bei Sehenden und nur wenig verzögert ist. Als Ursache für die Verzögerung gelten auch hier die fehlenden Erfahrungsmöglichkeiten (Warren 1994, S. 194ff).

HATWELL (1985 [1966], S. 97ff) hat sehenden und blinden Kindern Aufgaben zur Klassifikation gestellt, die entweder physische (tastbare) oder verbale Objekte betreffen. Sehende Kinder lösten die wahrnehmungsbezogenen Aufgaben eher als die verbalen, während bei Blinden der Zeitpunkt in etwa gleich war. Daher vermutet HATWELL, dass die Sehenden wahrnehmungsbezogene Aufgaben unter anderem mit Hilfe sensomotorischer Prozesse lösen, also noch gar nicht auf der Basis von Operationen. Blinde Kinder benutzen dafür elaboriertere symbolische und logische Prozesse – Operationen, die sich – wie bei den Sehenden – etwa im Alter von 9 Jahren entwickelt haben[1]. HATWELL schließt, dass das logische Denken bei den Blinden im Grunde normal entwickelt ist, obwohl Aufgaben, die den Umgang mit konkreten Objekten erfordern, ihnen größere Schwierigkeiten bereiten als den sehenden Kindern. Mit Bezug auf die Analyse in Kap. 2.2.2 ist hinzuzufügen, dass die haptische Raumwahrnehmung für blinde Kinder eine komplexere Aufgabe darstellt als für die Sehenden, selbst wenn letztere unter Augenbinde arbeiten. Den sehenden Kindern stehen visuelle Raumvorstellungen zur Verfügung, welche die Verarbeitung räumlicher Zusammenhänge unterstützen.

Ein weiterer Versuch von HATWELL (1985 [1966], S. 104ff) untersucht die Klasseninklusion. Das Material in diesem Versuch ist ein (künstli-

---

[1] Dies impliziert auch eine Kritik an PIAGETs Ansicht, dass mit dem Erreichen der konkret-operationalen Phase im Alter von ca. 7 Jahren alle Operationen in etwa gleichzeitig verfügbar sind. Dies wurde bereits im vorigen Kapitel thematisiert.

cher) Strauß mit vier Gänseblümchen und zwei Rosen. Den Kindern werden unter anderem die folgenden Fragen gestellt:
(a) Sind mehr Blumen oder mehr Gänseblümchen auf dem Tisch? Warum?
(b) Wenn man alle Blumen auf der Welt zählen würde und dann alle Gänseblümchen, wovon gäbe es mehr? Warum?

Dieser Versuch ist laut HATWELL den verbalen Aufgaben zuzurechnen, weil kein direkter Umgang mit dem Material erforderlich ist, auch wenn es präsent ist. Die Aufgabenstellung erfolgt mündlich. Frage (a) hat einen wahrnehmbaren Inhalt, während Frage (b) rein hypothetischer Natur ist. Es ergaben sich jedoch keine signifikanten Unterschiede zwischen den beiden Fragen, weder für sehende noch für blinde Kinder. Auch die Unterschiede zwischen der Gruppe der Sehenden und der Gruppe der Blinden waren nicht signifikant. Sie betrugen höchstens ein Jahr. Die meisten Kinder, sehend oder blind, zeigten zwischen 8 und 10 Jahren ein Verständnis der Inklusion, was die Ergebnisse anderer Studien repliziert (zur Oeveste 1987; s. S. 113).

Auch zur Seriation hat HATWELL Versuche durchgeführt (Hatwell 1985 [1966], S. 91ff). Sie vermutet, dass die Anordnung von Würfeln nach ihrer Größe und Stäben nach ihrer Länge Blinden schwerer fallen wird als Sehenden, das aber bei der Anordnung von Gewichten kein Unterschied zu beobachten ist. Im Versuch wurde den Kindern zunächst an drei Objekten erklärt, wie die Anordnung aussehen soll. Dann wurden sie aufgefordert, selbstständig zunächst fünf und dann sieben Objekte zu ordnen. Zum Schluss musste ein achtes Objekt in die fertige Reihe eingefügt werden. Die Ergebnisse entsprachen den Vermutungen. Bei der Anordnung der Würfel und Stäbe betrug die Entwicklungsverzögerung der blinden Kinder ein bis drei Jahre (auch im Vergleich mit sehenden Kindern, die haptisch hinter einem Schirm arbeiteten). Bei der Anordnung der Gewichte ließ sich im Vergleich dagegen kaum eine Verzögerung feststellen, auch nicht gegenüber den späterblindeten Kindern.

Versuche zur Seriation

Der Versuch, den HATWELL zur Transitivität durchgeführt hat, wurde bereits (s. S. 62) dargestellt. Hier sei nur zusammengefasst, dass die blinden Kinder die ihnen mündlich gestellten Aufgaben *besser* lösten als die sehenden. Für die Altersgruppe der 8-jährigen ist der Unterschied in der Anzahl der richtig gelösten Aufgaben signifikant, und dies unabhängig davon, ob die Sehenden die Aufgaben schriftlich oder ebenfalls mündlich präsentiert bekamen.

Auf der Grundlage der hier dargestellten Ergebnisse hat sich HATWELL mit der Funktion von figurativen Strukturen für die Entwicklung der logischen Operationen auseinandergesetzt (Hatwell 1985 [1966],

Schlussfolgerungen

S. 127f). Bezüglich Operationen mit konkretem Material schlussfolgert sie, dass das geringere Maß an figurativem Wissen die Entwicklung von blinden Kindern gegenüber sehenden verzögert. Dieses Wissen ist notwendig für die Koordination von verschiedenen Aspekten der Objekte zu einer invarianten und stabilen Welt. Aus HATWELLS Sicht belegt besonders der Vergleich von Gewichtsinvarianz und Gewichtsseriation (Invarianz wird im Vergleich mit Sehenden verzögert entwickelt, Seriation dagegen nicht) die Bedeutung reichhaltiger mentaler Bilder für die Entwicklung infralogischer Operationen (z.B. Invarianz) und ihre geringere Bedeutung für die mathematisch-logischen Operationen (Klassifikation, Seriation).

Forschungsmethodische Überlegungen

Insgesamt stimmt der gefundene Verlauf der Entwicklung überein mit der von PIAGET für sehende Kinder beschriebenen Sequenz. Es wurde also eine Verzögerung in stärker wahrnehmungsabhängigen Teilbereichen wie der Invarianz beobachtet, aber dauerhafte Einschränkungen waren nicht zu erkennen. HATWELL kommt zu dem Schluss, dass die weniger reichhaltige Ausprägung der figurativen Strukturen für Verzögerungen in der Entwicklung verantwortlich ist, stellt also mit anderen Worten ein Defizit bei Wahrnehmungen und Vorstellungen blinder Kinder fest. Dazu ist anzumerken, dass auch bei HATWELL die Einschränkungen gelten, die HELLER & BALLESTEROS (2006, S. 206) für Studien mit blinden Probanden formuliert haben (s. S. 5). Die relativ geringe Zahl an Teilnehmern, 30 Kinder mit Sehschädigung (Hatwell 1985 [1966], S. 48), kann zu statistischen Unzulänglichkeiten führen. HATWELLS verallgemeinernde Schlussfolgerungen sollten daher eher als Hinweise auf *mögliche* Entwicklungsverläufe betrachtet werden. Die PIAGET'schen Versuche beruhen auf visuell-räumlichen Strukturen, was für blinde Probanden nur haptisch umsetzbar ist. Die Unterschiede zwischen visuell-räumlicher und haptisch-räumlicher Wahrnehmung wurden in Kap. 2.2.2 ausführlich dargestellt und führen zu großen methodischen Bedenken beim Vergleich der Ergebnisse blinder und sehender Kinder.

Desiderata

Zeitbezogene Operationen wären leichter auditiv umsetzbar und daher hier von großem Interesse. Leider hat PIAGET sie weniger intensiv bearbeitet und nicht direkt in Beziehung zum hier interessierenden Zahlbegriff gesetzt[1]. Die Recherche für diese Arbeit ergab leider keine Forschung mit blinden Kindern zum PIAGET'SCHEN Zeitbegriff; auch WARREN (1994, S. 95f) beklagt dies. Denkbar wären Versuche zur Klassifikation und Seriation auf der Basis von Tonhöhe, Tonlänge oder Tonanzahl. Die Untersuchung von HUDELMAYER (s. S. 47) zum Begriffsbilden bei blinden Kindern setzt sich zwar mit diesen Aspekten auseinander, steht

---

[1] zu finden u.a. in: Piaget 2001, S. 69ff; Piaget/Inhelder 1980, S. 109f

aber nicht in der Tradition Piagets. Sie lässt vermuten, dass keine Leistungsdifferenz zwischen blinden und sehenden Kindern messbar wäre.

Vor allem bei der Behandlung der Invarianz in diesem Kapitel (s. S. 120) wurde deutlich, dass nicht die Blindheit selbst zu Entwicklungsverzögerungen führt, sondern die daraus resultierende Einschränkung der Erfahrungsmöglichkeiten. Dies ist wohl das wichtigste Fazit aus diesem Abschnitt. Blinde Kinder verfügen aus praktischen Gründen oft über einen geringeren Erfahrungsschatz bezüglich kontinuierlicher Mengen – sie dürfen z.b. seltener als sehende Kinder selbst Saft in ihr Glas gießen (Csocsán et al. 2003, S. 64). Ähnliche Einschränkungen gelten auch für die anderen Bereiche der kognitiven Entwicklung. Sowohl Fördermaterialien als auch alltägliche Dinge und Situationen sind oft visuell ausgerichtet und daher schwieriger oder gar nicht zugänglich für blinde Kinder. So kann es passieren, dass ihnen Handlungserfahrungen fehlen, die für die kognitive Entwicklung wichtig sind. Positiv betrachtet bedeutet dies allerdings, dass Blindheit nur indirekt zu einer Benachteiligung führt. Gute Förderung kann demnach einen Ausgleich schaffen.

Fazit

Im nächsten Kapitel wird das Thema Zahlverständnis auf der Basis ganz anderer Forschungsmethoden betrachtet, die zu PIAGETS Zeiten noch in weiter Ferne lagen. Bei der Kritik an seinem Versuch zur Zahlinvarianz (s. S. 116) klang es bereits an: gewisse zahlbezogene Fähigkeiten sind bei Menschen (und vielen Tieren) angeboren, andere entwickeln sich schon sehr früh. Kognitions- und neuropsychologische Untersuchungen geben darüber Aufschluss.

4.3 Zahlen und Arithmetik im Gehirn

Wenn man etwas über die Anfänge und die Entwicklung zahlbezogener Kompetenzen bei blinden Kindern erfahren möchte, so ist es hilfreich, die neurowissenschaftliche und psychologische Forschung zu Kognition und Entwicklung einzubeziehen. Sie liefert Informationen darüber, welche Fähigkeiten angeboren sind und wie sich davon ausgehend die frühe Entwicklung zahlbezogener Kompetenzen vollzieht. Im Kontext dieser Arbeit interessiert besonders, ob und wie die veränderte Wahrnehmung bei Blindheit Unterschiede bei Entwicklungsprozessen nach sich zieht.

4.3.1 Der „Zahlensinn": Erste Charakterisierung

Die Frage, wo und wie Zahlen im Gehirn verarbeitet werden, hat in den letzten Jahren von Seiten der Entwicklungs-, Kognitions- und Neuropsychologie viel Aufmerksamkeit erfahren. Die Forscherinnen und Forscher arbeiten intensiv am Umgang des Gehirns mit visuell (seltener auch auditiv oder haptisch) erfassten endlichen Mengen diskreter Objekte, oder einfacher ausgedrückt, an der Wahrnehmung und Erkennung von Anzahlen. Die Hauptergebnisse werden hier zunächst kurz im Überblick dargestellt und dann differenzierter betrachtet.

<small>Subitizing, ANS und Zahlensinn</small>

In vielen psychologischen Untersuchungen (Zusammenfassungen in Dehaene 1997, S. 66ff und Fischer 1992) ist nachgewiesen worden, dass Anzahlen von bis zu drei Elementen unterschieden werden können, ohne dass sie im herkömmlichen Sin-ne gezählt oder einfach als Muster abgespeichert und wiedererkannt werden. Dieses Phänomen wird als *Subitizing* bezeichnet. Auffällig ist dabei die Diskontinuität, die beim Übergang zu Mengen mit vier Elementen auftritt. Sie zeigt sich in den Reaktionszeiten der Versuchspersonen: Wenn die Anzahl ein bis drei Elemente beträgt, sind die Reaktionszeiten auf gleich bleibend niedrigem Niveau. Für Mengen ab vier Elementen dagegen steigen sie linear an, was einen von da ab einsetzenden Abzählmechanismus vermuten lässt.

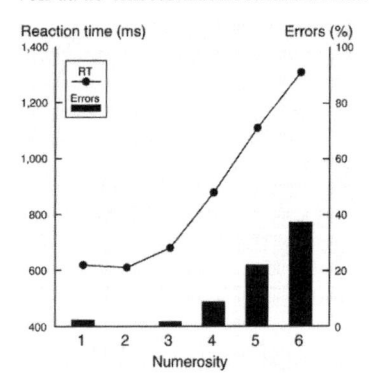

Abb. 11: Reaktionszeiten beim Subitizing (DEHAENE & COHEN 1994, S. 959)

Bei größeren Mengen steht zusätzlich zum Zählen auch ein Schätzmechanismus zur Verfügung, der keine genauen Anzahlen ergibt, aber, wie das Subitizing, auch kein *bewusstes* Schätzen oder Zählen erfordert. Dieser Mechanismus wird in aktueller Literatur als *Approximate Number System* (ANS, dt. approximatives Zahlsystem) bezeichnet (s. z.B. Halberda/Mazzocco/Feigen-son 2008). Die Differenzierung zwischen Subitizing und ANS wird weiter unten noch genauer ausgeführt (s. S. 131). Der einprägsame Begriff „Zahlensinn" wird in der Literatur teilweise als Oberbegriff für Subitizing und ANS verwendet (z.B. von Aster/Shalev 2007, S. 871). Das liegt auch darin begründet, dass die Unterscheidung zwischen Subitizing und ANS noch relativ neu ist. Das Wort „Zahlensinn" ist etwas missverständlich: Der Zahlensinn ist auf einer höheren kognitiven Ebene als z.B. Gehör oder Tastsinn anzuordnen. Dies wird in den folgenden Kapiteln noch deutlich werden. Dennoch soll er hier dem Sprachgebrauch folgend als Oberbegriff verwendet werden.

Wie ist es möglich, in Experimenten auf den Zahlensinn zuzugreifen, wenn bei Menschen normalerweise weitergehendes Zahlenwissen und/oder Zählfertigkeiten gleichzeitig aktiviert werden? Zu diesem Zweck werden Tierversuche herangezogen, wo diese Überformung durch erlernte Fähigkeiten ausgeschlossen werden kann. Der Zahlensinn ist offenbar evolutionär so früh entstanden, dass er bei Menschen und höheren Tieren gleichermaßen beobachtet werden kann. In Tierversuchen mit verschiedenen Spezies ist gezeigt worden, dass die betreffenden Tiere kleine Anzahlen (nicht größer als 5) exakt repräsentieren und verarbeiten können, und dass dies bei größeren Mengen noch approximativ möglich ist (vgl. Brannon/Roitman 2003 und Brannon 2005 für eine ausführliche Darstellung des Forschungsstandes). Dabei wird nachweislich die Anzahl repräsentiert und nicht etwa die Größe der Oberfläche, die Zeitdauer oder andere Eigenschaften, die als konfundierende Faktoren anzuführen wären. Auch beherrschen nicht nur im Labor trainierte Tiere diese Fähigkeiten, sondern ebenso wildlebende Tiere. Wilde Schimpansen beispielsweise greifen eine rivalisierende Gruppe nur an, wenn sie anhand der Rufe der anderen Gruppe feststellen, dass sie in Überzahl sind (Wilson/Hauser/Wrangham 2001).

Experimente mit Tieren

Eine andere Möglichkeit für die Forschung besteht darin, Kleinkinder und Säuglinge zu untersuchen, die noch nicht über Sprache und Zählfertigkeiten verfügen. STARKEY & COOPER (1980) konnten mit Hilfe der Habituationstechnik[1] zeigen, dass bereits Säuglinge im Alter von sechs Monaten zwischen Punktmengen von zwei und drei unterscheiden. STRAUSS & CURTIS (1981) räumten anschließend den Verdacht aus, dass Konfiguration oder Dichte der Punktmuster ausschlaggebend für das Ergebnis waren, indem sie Farbfotografien verschiedener Objekte in verschiedener Anordnung aus unterschiedlichen Entfernungen verwendeten. BIJELJAC-BABIC, BERTONCINI & MEHLER (1993) konnten im auditiven Bereich Vergleichbares zeigen. Sie untersuchten, ob Neugeborene in der Lage sind, Worte mit verschieden vielen Silben zu unterscheiden. Um zu überprüfen, ob die Zeitdauer der Worte eine Rolle spielt, wurde diese in einigen Versuchen konstant gehalten, während die Anzahl der Silben variierte. Es zeigte sich, dass die Neugeborenen die Worte nach Anzahl der Silben unterschieden.

Experimente mit Kleinkindern

WYNN (1992) konnte bereits für Kinder im Alter von fünf Monaten zeigen, dass sie nicht nur Anzahlen unterschieden, sondern auch deren Veränderung bemerkten: Die Säuglinge betrachteten zunächst eine Puppe, die dann durch einen Schirm verdeckt wurde. Als nächstes konnten sie

---

[1] Säuglinge schauen überraschende, neue Darstellungen länger an als bereits bekannte. Auch die Frequenz des Saugens am Schnuller ändert sich bei überraschenden Veränderungen (s. dazu Blankenberger 2003, S. 7).

beobachten, wie eine Hand eine weitere Puppe hinter den Schirm stellte. Die Kinder reagierten mit Überraschung (gemessen mit Hilfe der Saugfrequenz am Nuckel), wenn nach Entfernen des Schirms nur eine Puppe zu sehen war (analog 1+1=1). Eine vergleichbare Reaktion erfolgte auf die Operationalisierung von 2-1=2. BRANNON (2005, S. 90f) zeigt, dass auch Tiere in dieser konkreten Operationalisierung Anzahlen ordnen, „addieren" und „subtrahieren" können. Interessant ist weiterhin die Beobachtung von WYNN, dass die Säuglinge auf die „Verwandlung" einer Puppe z.B. in einen Ball (Vertauschung der Objekte hinter dem Schirm) nicht messbar reagierten.

Supramodalität   Die oben beschriebenen Beobachtungen von BIJELJAC-BABIC, BERTONCINI & MEHLER zur Unterscheidung von Wörtern nach Silbenanzahl und WILSON, HAUSER & WRANGHAM zur Reaktionen wildlebender Affen auf Rufe von Rivalen deuten darauf hin, dass der Zahlensinn nicht an die visuelle Wahrnehmung gebunden ist. Mit Bezug auf blinde Kinder ist das ein sehr wichtiger Umstand, auf den hier deshalb genauer eingegangen wird. Wegweisend ist ein Versuch mit Ratten, den CHURCH & MECK 1984 publiziert haben. Die Tiere lernten zunächst, ein Signal aus zwei hintereinander erklingenden Tönen mit einem bestimmten Hebel sowie ein Signal von vier Tönen mit einem anderen Hebel zu assoziieren. Ebenso, aber in einer getrennten Situation lernten sie, auf zwei und vier Lichtblitze zu reagieren. Als man ihnen nun direkt nacheinander zwei Töne und zwei Blitze präsentierte, wäre zu erwarten gewesen, dass sie den ersten Hebel betätigten, wie sie es zuvor für das Zwei-Ton-Signal und auch das Zwei-Blitz-Signal gelernt hatten. Die Tiere wählten jedoch den zweiten Hebel, der für sie offenbar mit der Anzahl ‚vier' verknüpft war und nicht konkret mit vier Blitzen bzw. vier Tönen. Die Sinnesmodalität des Reizes spielte keine Rolle; die abstrakte *Anzahl* der Reize war das Kriterium, an dem sich die Ratten orientierten. Diese Unabhängigkeit vom Wahrnehmungskanal wird auch als Supramodalität bezeichnet. Ein Experiment, bei dem per Direktableitung die Feuerrate einzelner Neuronen einer Katze gemessen wurde (Thompson, Mayers et al. 1970), bestätigt dies auf neurologischer Ebene. Ein bestimmtes Neuron reagierte dabei beispielsweise immer auf die Anzahl ‚6', unabhängig davon, ob sie in Form von Lichtblitzen, kurzen oder langen Tönen präsentiert wurde.

Bei den gerade beschriebenen Versuchen von CHURCH & MECK und THOMPSON, MAYERS ET AL. ist zu beachten, dass die Reize jeweils in sequenzieller Form auftraten, so dass man vermuten könnte, dieses Nacheinander sei der entscheidende Aspekt. Es wäre denkbar, dass die Ratten bei CHURCH & MECK einfach auf die Anzahl der *Ereignisse* reagierten. Ein Versuch mit Säuglingen im Alter von 6-8 Monaten (Starkey/Spelke/Gelman 1990) zeigt jedoch, dass Sequentialität keine Voraussetzung ist. Die Säuglinge sahen nebeneinander angeordnet Bilder mit zwei und drei Objekten, gleichzeitig hörten sie zwei oder drei Trommelschläge. Nun konnte beobachtet werden, dass sie konsistent das Bild, welches zur Anzahl der Trommelschläge passte, länger betrachteten. Sie verknüpften also eine Sequenz von Tönen mit einer simultanen visuellen Darstellung.

BARTH, KANWISHER & SPELKE (2003) haben an Erwachsenen untersucht, welche Auswirkungen die Notwendigkeit der Übertragung von einer Sinnesmodalität in eine andere (visuell - auditiv) oder von einem Format in ein anderes (simultan – sequenziell) bei Aufgaben zum Anzahlvergleich hat. Bei Untersuchung von Reaktionszeit und Fehlerrate fanden sie keine Unterschiede zwischen Aufgaben mit gleicher Modalität bzw. gleichem Format und verschiedener Modalität bzw. verschiedenem Format. Lediglich wenn Format *und* Modalität gleichzeitig wechselten, verlängerte sich die Reaktionszeit ein wenig. Dies ist ein weiterer Beleg für die Hypothese, dass die Anzahl im Gehirn in eine abstrakte, formats- und modalitätsunabhängige Repräsentation überführt wird. Für diese Repräsentation von Anzahlen ist es unerheblich, durch welchen Wahrnehmungskanal die Anzahl aufgenommen wird und ob dies in simultanem oder sequenziellem Format geschieht. Mit Hilfe des Zahlensinns können daher auch schon Kinder im Vorschulalter das Ergebnis der Addition größerer Mengen schätzen, wenn ein Addend als Punktmuster und der andere als Tonfolge dargestellt wird (Barth/Beckmann/Spelke 2008).

Bei der Konfrontation mit Mengen von Objekten, Ereignissen oder Handlungen steht die (bei größeren Mengen geschätzte) Anzahl der Elemente dem Gehirn also für eine Weiterverarbeitung zur Verfügung, ohne dass bewusstes Zählen notwendig ist. WYNN fasst dies sehr prägnant zusammen und soll daher ausführlich zitiert werden:

„[…] infants' numerical representations are abstract enough to apply to different situations and to different kinds of entities. Infants can represent numbers of physical objects and visual patterns, regardless of their colour, size, and configuration. They can also represent numbers of sounds, and numbers of actions. They can represent numbers of items presented simultaneously and numbers of items presented sequentially, numbers of items presented visually and numbers of items presented aurally. Finally, they can recognize numerical correspondences between different kinds of items; for example between a number of objects and that same number of sounds. These findings all indicate that infants have a capacity for representing numerical values independently of situation-specific or perceptual information." (Wynn 1998, S. 11)

WYNN macht in diesem Zitat keine Angaben über Versuche mit haptischer Wahrnehmung, die aus blindenpädagogischer Sicht besonders interessant wäre. Aktuelle Studien zu der Frage, ob bei gleichzeitiger taktiler Stimulation mehrerer Körperteile Subitizing stattfindet, haben widersprüchliche Ergebnisse erbracht (Gallace/Tan/Spence 2008, S. 792). Da diese Versuche allerdings mit sehenden Erwachsenen durchgeführt wurden, und da haptisches Zählen in der Praxis eher sequenziell und verbunden mit Eigenbewegung stattfindet, sind diese Ergebnisse auch von keinem großen Interesse für die vorliegende Arbeit. Zudem lässt sich vermuten, dass die Fähigkeit zum Subitizing simultaner taktiler Reize aus evolutionärer Sicht keinen großen Wert aufweist. Es kommt im Alltag häufig vor, dass ein Objekt (z.b. ein Stuhl) den Körper an mehreren Stellen gleichzeitig berührt, so dass auf diesem Weg gar keine sichere Aussage über die Anzahl von Objekten möglich ist. Andere psychologische Studien zur haptischen Wahrnehmung von Anzahlen konnten im Rahmen der Literaturrecherche nicht gefunden werden. Dafür muss auf Studien aus der Blindenpädagogik verwiesen werden, die in späteren Kapiteln genauer dargestellt werden (Sicilian 1988; Ahlberg/Csocsán 1994; Ahlberg/Csocsán 1997; s. Kap. 4.4.3 und 4.5).

Im Kontext der Blindenpädagogik ist zusammenfassend nicht nur die Existenz des Zahlensinns interessant, sondern vor allem die Tatsache, dass er sich als supramodal erweist. Auf dieser grundlegenden Ebene ist damit *keine* Benachteiligung geburtsblinder Kinder beim Erlernen arithmetischer Konzepte erkennbar.

4.3.2 Kognitive Modelle zur Funktionsweise des Zahlensinns

Akkumulator-Modell

Wie sich die kognitiven Grundlagen des Zahlensinns gestalten, wie diese unwillkürliche Repräsentation von Anzahlen erzeugt wird, wirft noch immer Fragen auf. MECK & CHURCH (1984) entwickelten die bis heute bekannteste[1] Metapher: In ein Wasserbecken wird für jedes diskrete Objekt eine immer gleiche Menge Flüssigkeit (z.B. Tropfen) gegeben. Die Flüssigkeitsmenge im Becken gibt dann die Gesamtmenge an. Das erklärt, warum größere Anzahlen nur ungefähr erfasst werden. Dieses Modell wird als ‚Akkumulator-Modell' bezeichnet. Man spricht hier auch von einer analogen Funktionsweise - im Gegensatz zum Zählen, das als digital bezeichnet werden kann.

Ein Kritikpunkt an diesem Modell ist die Sequentialität des Hinzufügens von einzelnen Tropfen, die der Simultanität der visuellen Wahrnehmung von Mengen widerspricht. Es ist nicht anzunehmen, dass Tiere und Säuglinge beim Betrachten einer größeren Menge jedes Objekt einzeln anschauen, um den entsprechenden „Tropfen" auszulösen (Mix/Huttenlo-

---

[1] zitiert z.B. in Gelman/Gallistel (1992), Dehaene (1997), Wynn (1998), Brannon/Roitman (2003), Cordes/Gelman (2005)

cher/Cohen Levine 2002). CORDES & GELMAN (2005) betrachten es aber als durchaus vorstellbar, dass die „Tropfen" bei simultaner Wahrnehmung gleichzeitig hinzugefügt werden. WYNN (1998, S. 22) betont, dass mit Hilfe dieses Modells der Zahlensinn auf elegante Art und Weise beschrieben werden kann. Auch die Prinzipien des Zählens (Gelman/ Gallistel 1978, s. S. 155) sind in ihm impliziert. Es gibt bislang allerdings keine Hinweise auf ein neuronales Korrelat zum Akkumulator, so dass der forschungsbezogene Wert dieses Modells unklar bleibt.

Die Akkumulator-Metapher bietet auch keinen Ansatz zur Erklärung der Diskontinuität in der Wahrnehmung von Mengen mit bis zu drei Elementen und größeren Mengen. Auch wenn die exakte Repräsentation von geringen Anzahlen (Subitizing) und die unscharfe, schätzende Repräsentation größerer Mengen oft unter dem Begriff ‚Zahlensinn' zusammengefasst werden, wird heute angenommen, dass es sich um kognitiv unterscheidbare Prozesse handelt (Fayol/Seron 2005; Brysbaert 2005; kritisch Noël/Rouselle/Mussolin 2005). In neueren Studien zeigte sich, dass Subitizing und ANS höchstwahrscheinlich ganz verschiedene Funktionsweisen haben.

Subitizing und ANS

FEIGENSON, CAREY & SPELKE (2002) haben zunächst erneut analysiert, welchen Einfluss die räumliche Ausdehnung von Objekten auf die Funktion des Subitizing hat. Wenn neue visuelle Objekte zu einer Menge hinzugefügt werden, verändert sich auch die Fläche, die von der Menge bedeckt wird. In einer Reihe von Experimenten mit ein bis drei Objekten stellten sie fest, dass bei Säuglingen in diesem Fall die räumliche Ausdehnung der Gesamtoberfläche und nicht die Anzahl von Objekten entscheidend war: Die Säuglinge reagierten in jedem Fall mit Dishabituation auf Veränderungen der Ausdehnung, aber bei Veränderungen der Anzahl fand eine Reaktion nur statt, wenn auch die Ausdehnung sich entsprechend änderte.

In anderen Experimenten wurde jedoch sehr wohl eine Repräsentation und Verarbeitung der Anzahl unabhängig von der Ausdehnung oder auch der zeitlichen Dauer nachgewiesen (s. S. 127). Zudem zeigt eine aktuelle Untersuchung von CORDES & BRANNON (2008), dass Säuglinge im Alter von sechs Monaten Anzahlen viel leichter unterscheiden können als Ausdehnungen. Für die Unterscheidung von Anzahlen muss die größere Menge nur zwei- bis dreimal so groß sein wie die kleinere, während für die Unterscheidung von verschiedenen Ausdehnungen das Vierfache notwendig ist. Auch für die analoge, unscharfe Repräsentation größerer Mengen durch das ANS zeigen Studien wie die von XU & SPELKE (2000), dass der Anzahl-Aspekt tatsächlich zentrale Bedeutung hat und die räumliche Ausdehnung keine Rolle spielt.

object files als Ursache für Subitizing

Wie erklärt sich dieser Widerspruch? FEIGENSON, CAREY & SPELKE (2002, S. 61ff) stellen die Vermutung auf, dass in ihrem Experiment ein ganz anderer kognitiver Prozess zum Tragen kam, der mit dem Namen „*object files*" umschrieben wird[1]. Für jedes Objekt wird demnach eine „Datei" (engl. *file*) erzeugt, welche die Eigenschaften des Objekts (z.B. Ausdehnung, Position, Lautstärke, Bewegungsrichtung) enthält. Verschiedene Dateien stehen für verschiedene Objekte. Dies ist ein ganz anderes, vielseitigeres Modell als die Akkumulator-Metapher. Das Experiment von WYNN (1992, s. S. 127), in dem Säuglinge auf basale Art zu „rechnen" scheinen, lässt sich mit Hilfe der *object files* erklären, ohne proto-arithmetische Denkprozesse anzunehmen. Für jede Puppe entsteht ein *file*, das auch bestehen bleibt, wenn sie hinter dem Schirm verschwindet. Wird der Schirm nun entfernt und es wurde eine Puppe unbemerkt hinzugefügt oder weggenommen, so stimmt die Anzahl der *files* nicht mehr mit der Anzahl der Puppen überein. Dies erzeugt die beobachtete Reaktion der Säuglinge. Wird eine der Puppen aber gegen einen Ball ausgetauscht, so müssen nur die Werte in den *files* verändert werden, ein weniger ungewöhnlicher Vorgang als das Verschwinden. Die Theorie der *object files* schmälert keinesfalls die Bedeutung der Forschungen von WYNN - sie stellt nur in Zweifel, ob die beobachteten Fähigkeiten der Säuglinge primär auf Zahlen ausgerichtet sind. Es ist wahrscheinlicher, dass dieses System ursprünglich zur allgemeinen Kodierung von Objekteigenschaften dient und das Subitizing „nur" ein Nebenprodukt dieses Prozesses darstellt.

CORDES & GELMAN (2005) sind ebenfalls der Überzeugung, dass das Subitizing-Phänomen nicht auf einer rein zahlbezogenen kognitiven Funktion beruht und dass sich je nach Experiment Subitizing oder ANS in den Ergebnissen zeigen:

> „We propose that the infant successes in quantification tasks are due to an interaction of object file representations and approximate magnitude representations of both number and continuous variables. It is suggested that a number of task variables influence which mechanisms (object files or accumulator) and which relevant dimensions (number, surface area, etc.) present themselves in the data." (Cordes/Gelman 2005, S. 136)

Sie merken an, dass es sich bei den *object files* definitionsgemäß um die Verarbeitung *visueller* Objekte handelt. Dies steht im Widerspruch zu Untersuchungen, die auditive Objekte (z.B. Silben: Bijeljac-Babic/Bertoncini/Mehler 1993) oder eine Sequenz von Ereignissen (Sprünge einer Puppe bei Wynn 1996) verwenden. Die Autoren halten es jedoch für gut denkbar, dass *object files* auch auf andere Situationen und Modalitäten

---

[1] LE CORRE & CAREY (2007, S. 397f) verwenden den Begriff „parallel individuation".

übertragbar sind. Dafür sprechen auch die Überlegungen von BREGMAN (1990, S. 11; s. S. 55f), der visuelle Objekte mit auditiven Ereignissen (*auditive streams*) gleichsetzt, die wie visuelle Objekte eine Reihe von Eigenschaften (hier z.b. Entfernung, Lautstärke, Klangfarbe) besitzen können.

Bei größeren Anzahlen muss das ANS als andere Art der Verarbeitung gewählt werden, denn die Kapazität der *object files* ist bereits bei ca. drei Dateien ausgeschöpft. Mehr kann nicht zur selben Zeit „online" gehalten werden - so erklärt sich in dieser Theorie die beim Subitizing auftretende Grenze. ANS und *object files* sind also unterscheidbare Prozesse, die das Gehirn je nach Situation einsetzt, um mit einer Anzahl wahrgenommener Objekten umzugehen (s. auch Brannon/Roitman 2003). Das schließt nicht aus, dass die *object files* als eine Grundlage arithmetischer Fähigkeiten in Frage kommen (Bisanz et al. 2005, S. 147; Sophian 1998; s. Kap. 4.4.2). Aufgrund ihrer allgemeinen Funktion und ihrer Begrenzung auf drei Objekte stehen sie aber nicht im Mittelpunkt des Interesses der kognitiven Forschung zur Mathematik.

4.3.3 Fallstudien zu arithmetischen Prozessen im Gehirn

Fallstudien an Patienten mit Hirnverletzungen oder Schlaganfallschäden haben großen Anteil an der Erforschung der neuro-kognitiven Basis arithmetischer Fähigkeiten. Da die Position und Ausdehnung einer Läsion über moderne bildgebende Verfahren gut ermittelt werden kann (mehr dazu bei Kucian/von Aster 2005), lässt sich über Verhaltensbeobachtung und psychologische Tests ein Zusammenhang zwischen beobachteten Fähigkeiten und hirnorganischer Schädigung einer Person feststellen. Darüber hinaus haben Fallstudien beispielhafte Funktion – sie können verschiedene Aspekte der Zahlverarbeitung im Gehirn exemplarisch darstellen.

_{Nutzen von Fallstudien}

Ein in der Literatur als „Mr. N." bekannt gewordener Patient (z.B. Dehaene 1997, S. 177ff) erlitt bei einem Unfall eine große Läsion in posterioren Bereich (Hinterhaupt) der linken Hemisphäre. Vor seiner Verletzung hatte er als Kaufmann gearbeitet. Die Verletzung hatte unter anderem auch starke Auffälligkeiten beim Umgang mit Zahlen zur Folge. Beispielsweise gab er als Ergebnis für 2+2 die 3 an. Die Zahlenreihe konnte er zwar aufsagen, aber bereits die Anforderung, nur jede zweite Zahl (1,3,5,...) zu nennen, bereitete größte Schwierigkeiten. Auf die Frage, ob 5+7=11 korrekt sei, antwortete er in mehr als 50% der Situationen mit „ja". Dies scheint auf eine schwere Akalkulie hinzudeuten, doch bei genauerer Betrachtung fällt auf, das auch Fähigkeiten erhalten sind: Anders als 5+7=11 bezeichnet er 5+7=19 nie als korrekt. Aufgefordert, Ziffern zu lesen, erkennt er zunächst nach etwas Nachdenken, dass es sich nicht um Buchstaben handelt. Um das entsprechende Zahlwort aus-

_{Akalkulie bei intaktem ANS}

zusprechen, beginnt er von 1 aufwärts zu zählen und endet bei dem passenden Zahlwort. Offenbar weiß er, wo es hingehen soll, muss sich das entsprechende Wort jedoch auf einem Umweg erarbeiten. Auf diese mühsame Weise „liest" er z.B. die Ziffern 7 und 8. Wenn er diese jedoch nicht benennen muss, sondern nur durch Zeigen angeben soll, welche der beiden größer ist, gelingt dies sofort und ohne großes Nachdenken. Das funktioniert auch bei zweistelligen Zahlen, allerdings nur, wenn die arithmetische Differenz nicht zu gering ist. Größenunterschiede, sofern sie nicht zu gering sind, scheinen also trotz der anderen Einschränkungen keine Schwierigkeiten zu bereiten. Auch das Zahlenwissen ist nicht völlig ausgelöscht. So weiß Mr. N, dass in der Regel mehr als 9 Kinder eine Schulklasse besuchen. Er gibt an, dass ein Jahr ca. 350 Tage habe, eine Stunde ca. 50 Minuten – immer liegt er mit seinen Antworten nahe an dem tatsächlichen Wert. Diese Beobachtungen lassen sich so interpretieren, dass Mr. N. zwar mit verbal oder arabisch präsentierten exakten Zahlen kaum noch oder gar nicht mehr umgehen bzw. rechnen kann, dass ihm aber die Repräsentation der kardinalen Größe noch gelingt – das ANS ist erhalten geblieben.

Doppelte Dissoziation

Besonders bedeutsam für die Forschung sind Fallstudien, die sich nach dem Prinzip der doppelten Dissoziation miteinander in Beziehung setzen lassen. In einem solchen Fall betrachtet man zwei verschiedene Fähigkeiten (A und B) und stellt fest, dass bei einem Patienten Fähigkeit A gestört und Fähigkeit B unbeeinträchtigt ist, während bei einem anderen Patienten der umgekehrte Fall eintritt, d.h. Fähigkeit A ist unbeeinträchtigt, aber Fähigkeit B gestört. Daraus lässt sich schließen, dass die beiden Fähigkeiten in verschiedenen Hirnregionen relativ unabhängig voneinander erzeugt werden.

Zahlfakten und Verständnis

Eine solche doppelte Dissoziation beschreiben DEHAENE & COHEN (1997). Der Patient M.A.R. beherrschte nach einer Läsion im inferiorparietalen Kortex noch die einfache Addition (Summe <10) und das 1x1; Subtraktion, Division und Addition mit größeren Zahlen waren dagegen nicht mehr möglich. Er hatte Schwierigkeiten, die Größere von zwei Ziffern anzugeben. Im Gegensatz zu „Mr. N." (wenn auch nicht in exakter doppelter Dissoziation) ist hier das ANS gestört. Die Patientin B.O.O. dagegen konnte nach einer Blutung im linken Nucleus lentiformis[1] ohne Probleme Ziffern nach numerischer Größe vergleichen, addieren, subtrahieren und dividieren, aber schon bei einfachen Multiplikationen (2x3, 4x4) machte sie viele Fehler. DEHAENE & COHEN folgern daraus, dass das kleine Einmaleins auf auswendig gelerntem Faktenwissen beruht, entsprechend seiner Vermittlung in der Schule. Genau dieses Wissen ist

---

[1] Teil der Basalganglien, die mit dem Langzeitgedächtnis in Verbindung gebracht werden

B.O.O. verloren gegangen - sie konnte zudem auch bekannte Reime nicht mehr aufsagen. Bei M.A.R. ist es dagegen erhalten geblieben, aber für ihn hat Arithmetik ihren semantischen Hintergrund verloren, so dass er Rechenvorgänge im Kopf nicht mehr ausführen kann[1].

Auf der Basis der Befunde aus Läsionsstudien und Untersuchungen mit bildgebenden Verfahren kann festgestellt werden, wo im Gehirn das ANS zu verorten ist. Es besteht Einigkeit darüber, dass es im inferioren parietalen Kortex (Bereich des oberen Hinterkopfes) zu lokalisieren ist (Dehaene 1997; Butterworth 1999; Blankenberger 2003; Kucian/von Aster 2005). Patienten wie M.A.R. (s.o.), bei denen eine Läsion in diesem Gebiet auftritt, *nachdem* sie Rechnen gelernt haben, können noch auf der Basis auswendig gelernter Zahlfakten „rechnen". Sie verlieren aber das Verständnis für das, was sie tun, ihnen fehlt die semantische Grundlage. Andererseits gibt es Menschen (wie Mr. N.), die nach einer Läsion an anderer Stelle im Gehirn nicht mehr kopfrechnen können, aber mit ihren Ergebnissen immer nah an der richtigen Lösung liegen, die also offenbar die Fähigkeit des Schätzens nicht verloren haben. Die Lokalisierung des ANS im inferior-parietalen Kortex, in dem Informationen zusammenfließen aus der visuellen, auditiven und haptischen Wahrnehmung, lässt sich gut mit der Supramodalität dieser Funktion in Verbindung bringen.

Lokalisierung des ANS

BLANKENBERGER (2003, S. 42) fasst weitere Ergebnisse solcher Fallstudien zusammen. Er setzt den von CIPOLOTTI, BUTTERWORTH & DENES (1991) geschilderten Fall ‚C.G.' in Verbindung mit einem Fall von ROSSOR, WARRINGTON & CIPOLOTTI (1995). C.G. hat alle numerischen Fähigkeiten jenseits des Bereichs 1-4 verloren, die Sprache ist jedoch völlig unbeeinträchtigt - sie weiß z.B. noch, dass ein Kilo schwerer als ein Gramm ist. Der von ROSSOR ET AL. geschilderte Fall beschreibt einen Mann, dessen Verständnis von gesprochener und geschriebener Sprache weitgehend erloschen ist, der jedoch addieren und subtrahieren kann und sich Multiplikationen, deren Ergebnis nicht mehr abgerufen werden kann, über wiederholte Addition erarbeitet. Diese doppelte Dissoziation zeigt, dass numerische Fähigkeiten nicht einfach als ein spezieller Aspekt von Sprache betrachtet werden dürfen. Dies wäre nahe liegend, da das Zählen sprachlich vermittelt ist. Weitere Fälle von doppelter Dissoziation beschreibt BLANKENBERGER (2003) für die Produktion sowie das Verständnis von Ziffern vs. Zahlwörtern.

Rechenfähigkeit und Sprache

Interessante Folgerungen ergeben sich auch aus Studien mit Split-brain-Patienten, bei denen das Corpus Callosum (die Brücke zwischen den

Linke und rechte Hemisphäre

---

[1] Eine vergleichbare Dissoziation ergibt sich auch aus den Fällen B.E. (Hittmair-Delazer/Semenza/Denes 1994) und J.G. (Delazer/Benke 1997)

Hemisphären) beschädigt oder durchtrennt ist, so dass die Kommunikation der Hirnhälften eingeschränkt oder unmöglich ist. Bilder, die nur dem linken Gesichtsfeld präsentiert werden, werden ausschließlich von der rechten Hemisphäre verarbeitet und umgekehrt[1]. Auf diese Weise können die unterschiedlichen Fähigkeiten der beiden einzelnen Hirnhälften untersucht werden. Für die Verarbeitung von Zahlen stellt sich die Situation folgendermaßen dar:

- Beide Hemisphären können Ziffern und Punktmengen erkennen und vergleichen, die Repräsentation von Mengen ist auf beiden Seiten möglich
- Sprache und Kopfrechnen funktionieren nur links gut, rechts sind ganz einfache Rechnungen möglich
- Ziffer/Zahlwort: Die rechte Seite kann einfache Muster wie die Ziffer ‚6' interpretieren, aber nicht das Zahlwort ‚sechs' (Dehaene 1997, S. 181ff)

Insgesamt zeigen die Fallstudien, dass bei zahlbezogener Kognition, die über den Mengenvergleich hinausgeht, viele verschiedene Hirnareale einbezogen werden, die z.T. unabhängig voneinander funktionieren. Wahrnehmung, Gedächtnis und Sprache sind z.B. von hoher Bedeutung.

4.3.4 Modelle für arithmetische Prozesse im Gehirn

Verschiedene Forschungsgruppen haben unterschiedliche Modelle entwickelt, um die komplexen Zusammenhänge unterschiedlicher kognitiver Prozesse während des Rechnens und allgemein während des Umgangs mit Zahlen im Gehirn zu beschreiben.

Abstract Modular Model

MCCLOSKEY (1992) vertritt in seinem als *Abstract Modular Model* bekannt gewordenem Modell die Ansicht, dass für jede Darstellungsform (z.B. geschriebene Zahlwörter, Ziffern, Sprache) spezifische Module im Gehirn existieren, welche die jeweilige Wahrnehmung in einen amodalen, abstrakten Code übersetzen, der dann dem Gehirn für die Weiterverarbeitung, z.B. beim Kopfrechnen, zur Verfügung steht. Auch die Repräsentation und der Abruf arithmetischer Fakten sollen in diesem Code stattfinden (McCloskey/Macaru-so 1995). Für die Produktion einer Antwort wird dann das gefundene Ergebnis wiederum in die passende Darstellungsform zurückübersetzt. Direkte Interaktionen zwischen den Modulen, ohne den Schritt zum abstrakten Code, nimmt er nicht an. Es ist anzumerken, dass MCCLOSKEYS abstrakte Repräsentation nichts mit der Repräsentation durch den Zahlensinn gemein hat: Er geht davon aus, dass

---

[1] Die Sehnerven kreuzen sich, bevor eine weitere Verarbeitung stattfindet, wobei die die Gesichtsfeldhälften vertauscht werden. Diese Kreuzung liegt außerhalb des Corpus Callosum und ist bei Split-Brain-Patienten nicht betroffen.

sie entsprechend dem Dezimalsystem organisiert ist (McCloskey 1992). BLANKENBERGER (2003) zeigt, dass inzwischen viele Forschungsergebnisse gegen dieses Modell sprechen.

Eine gänzlich andere These stellen NOËL & SERON (1997) auf: Sie vermuten, dass das Wahrgenommene zunächst in eine feste, einer Modalität entsprechende Darstellungsform umkodiert wird, die dann als Basis für abstraktes Wissen und Rechnungen dient. Diese favorisierte Repräsentationsform kann von Person zu Person variieren. Die Umkodierung findet dabei ohne den „Umweg" über eine abstrakte Repräsentation statt. Diese Theorie basiert auf Beobachtungen an Patienten mit Hirnschäden und darauf, dass man Menschen in visuelle und auditive Rechner unterteilen kann. Das Modell wird als *Preferred Entry Code Hypothesis* bezeichnet.

<small>Preferred Entry Code Hypothesis</small>

CLARK & CAMPBELL (1991) vertreten ein interaktives Modell. In ihrem *Encoding Complex Model* wird dargelegt, dass die verschiedenen numerischen Codes in einem Netzwerk zusammenhängen, in dem Umkodierung direkt von einer in die andere Form jederzeit möglich ist und mathematisches Wissen von jedem dieser Codes aus angesteuert werden kann. Dieses Netzwerk kann Zahlverständnis, Rechnen und Produktion des Ergebnisses erzeugen, ohne dass ein zentraler und/oder abstrakter Code notwendig wäre. Hauptproblem dieses Modells ist seine schlechte Überprüfbarkeit, da sich daraus Erklärungen für so gut wie alle Forschungsergebnisse und Beobachtungen ableiten lassen.

<small>Encoding Complex Model</small>

DEHAENE (1992) versucht, mit seinem *Triple Code Model* die Hypothese von CAMPBELL & CLARK, dass verschiedene numerische Codes am Umgang des Gehirns mit Zahlen beteiligt sein können, mit einem rigoroser gefassten Modell der Informationsverarbeitung in Einklang zu bringen. Er geht von zwei Voraussetzungen aus (Dehaene 1992, S. 30f):

<small>Triple Code Model</small>

(1) Die Repräsentation von Zahlen ist in genau *drei verschiedenen Codes* möglich. Der auditiv-verbale Code nutzt Module, die für die Verarbeitung von Sprache angelegt sind. Objekt der Verarbeitung ist das Analogon einer Wortsequenz (z.B. „sechshundert"). Im visuell-arabischen Code[1] werden die Zahlen in Ziffernformat verarbeitet. Der analog-magnitudinale Code entspricht dem *Approximate Number System* (ANS). Für jeden Code sind eigene Input-Output-Prozeduren vorhanden.

(2) Jeder einzelne Prozess oder (bei komplexeren Aufgaben) Subprozess ist genau einem spezifischen Code zugeordnet, welcher der internen Repräsentation des Verarbeitungsschritts entspricht.

---

[1] Bei blinden Braillelesern müsste man hier wohl analog von einem „haptischen Braillezahlen-Code" anstelle des visuell-arabischen Codes sprechen (mehr dazu auf S. 117).

DEHAENE konkretisiert dies durch die Vermutung, dass Rechenoperationen mit mehrstelligen Zahlen auf dem visuell-arabischen Code beruhen, sozusagen als schriftliches Rechnen im Kopf. Der Zugang zu arithmetischem Faktenwissen wie dem kleinen Einmaleins wird dagegen demnach über den auditiv-verbalen Code gesteuert (Dehaene 1992, S. 33). Komplizierte Rechnungen erfordern daher nach diesem Modell einen ständigen Wechsel dieser zwei Darstellungsformen.

Die drei beschriebenen Codes sind in ihrer Bedeutung nicht gleichwertig, wie DEHAENE weiter ausführt:

"Adult human numerical cognition can therefore be viewed as a layered modular architecture, the preverbal representation of approximate numerical magnitudes supporting the progressive emergence of language-dependent abilities such as verbal counting, number transcoding, and symbolic calculation." (Dehaene 1992, S. 35)

Der magnitudinale Code, also das ANS, wird damit als Grundlage für die Entwicklung höheren Zahlenwissens und höherer Rechenfertigkeiten angesehen. Er ist grundlegend für die Sinnhaftigkeit der geistigen Repräsentation von Zahlen, weshalb VON ASTER (2005, S. 14) in diesem Zusammenhang auch vom „semantischen Modul" (neben dem sprachlich-alphabetischen Modul und dem visuell-arabischen Modul) spricht. Dieser Aspekt wird in den folgenden Kapiteln wieder aufgegriffen.

Bewertung des Triple-Code-Modells

Die Vermutung, dass Faktenwissen wie z.B. das Einmaleins ausschließlich auditiv-verbal, also phonologisch gespeichert und abgerufen wird, wurde durch zwei Fallstudien an Patienten mit Hirnschäden bereits widerlegt (Whalen et al. 2002). Die Patienten konnten zwar gut rechnen und dies auch schriftlich wiedergeben, hatten aber mit der oralen Sprachproduktion größte Schwierigkeiten (Schäden in den Spracharealen Wernicke und Broca). Auch andere Fallstudien lassen vermuten, dass die drei verschiedenen Codes mit ihrer komplementären Struktur nicht ausreichen, um alle Beobachtungen zu erklären (Campbell/Epp 2005). VAN HARSKAMP & CIPOLOTTI (2001) beschreiben punktuelle Ausfälle sowohl für einfache Addition als auch für Subtraktion und Multiplikation. Solche Beobachtungen lassen sich nicht über Ausfälle der entsprechenden Codes erklären, denn diese dienen nach DEHAENE als Grundlage für mehrere Grundrechenarten gleichzeitig. So müsste ein Ausfall des auditiv-verbalen Codes mit dem arithmetischen Faktenwissen sowohl einfache Addition (Grundaufgaben müssen nicht jedes Mal neu berechnet werden) als auch Multiplikation erkennbar betreffen. Ein isolierter Ausfall der einfachen Addition bei Erhaltung der Multiplikation ist auf dieser Basis nicht erklärbar.

Es gibt also weiterhin Forschungsbedarf, um zu einem wirklich kohärenten und experimentell abgesicherten Modell zu gelangen. BLANKENBERGER (2003, S. 233) schlägt vor, gleichzeitig ablaufende, zusätzliche Prozesse anzunehmen, mit denen z.b. Regeln wie die Sonderrolle der 5 bei der Multiplikation implementiert werden - warum Aufgaben vom 5·n/n·5 schneller als andere gelöst werden, kann das Triple-Code-Modell allein nicht erklären. Die Situation ist offenbar komplexer, als sich mit dem Triple-Code-Modell erklären ließe. Auf diesem Hintergrund erscheint es für BLANKENBERGER sinnvoll, die Vorstellungen des Triple-Code-Modells mit denen des Encoding-Complex-Modells von CAMPBELL zu verknüpfen. In seinen Grundzügen wird das Triple-Code-Modell aber sowohl von BLANKENBERGER als auch von VON ASTER (2005, S. 13) bevorzugt. Es ist nicht nur experimentell am besten abgesichert, sondern erweist sich, wie VON ASTER & LORENZ (2005) zeigen, auch als nützlich für die Praxis, z.B. in der Analyse und Therapie von Rechenstörungen. Deshalb wird es auch den weiteren Überlegungen dieser Arbeit zugrunde liegen.

Eines haben die hier vorgestellten Modelle gemeinsam: Sie beschreiben den menschlichen Umgang mit Zahlen als eine Fähigkeit, die auf mehreren unterscheidbaren und abgegrenzten kognitiven bzw. neurologischen Strukturen beruht. Ein einheitliches und singuläres Modul der Zahlverarbeitung im Gehirn gibt es nicht (Dehaene 1992, S. 34).

4.3.5 Lokalisierung im Gehirn

Die neurowissenschaftlichen Fallstudien zum Zahlensinn (Kap. 4.3.3) weisen dem inferior-parietalen Areal eine bedeutende Rolle bei der Zahlverarbeitung zu. Dies kann mit bildgebenden Verfahren der Neurobiologie präzisiert werden, sowohl was die Lokalisierung als auch was die Funktionen der einzelnen Hirnareale betrifft. Die folgende Zusammenfassung orientiert sich an den Artikeln von KUCIAN & VON ASTER (2005) sowie DEHAENE, PIAZZA, PINEL & COHEN (2005) zum aktuellen Stand der Forschung und ergänzt diese mit weiteren Ergebnissen.

Der intraparietale Sulcus (IPS) ist aktiv, wenn die semantische Bedeutung von Zahlen gefragt ist - also beim Kopfrechnen, beim Vergleich von Anzahlen etc.; die Modalität (auditiv, visuell[1]) des eingehenden Reizes spielt dabei keine Rolle. Diese Region liegt innerhalb des inferior-parietalen Areals. Es gibt Hinweise, dass auch andere Strukturen mit einer starken ordinalen Komponente (z.B. Alphabet, Monate) hier verarbeitet werden.

Lokalisation des ANS

---

[1] Für den Tastsinn nicht erforscht

Aktuelle Studien finden Unterschiede zwischen den beiden Hemisphären (Ansari 2007). Im IPS der linken Seite zeichnet sich eine Spezialisierung auf kulturelle Zahldarstellungen (Ziffern, Zahlwörter) ab, die mit der Lokalisierung der Sprache in der linken Gehirnhälfte in Verbindung gebracht wird. Auch beim direkten Vergleich von exaktem Rechnen mit Überschlagsrechnungen und Größenvergleichen ergibt sich, dass beim exakten Rechnen die linke Hemisphäre stärker aktiviert wird, während bei den Schätzaufgaben beide Seiten gleichstark beteiligt waren. Dies gilt für neunjährige Kinder ebenso wie für Erwachsene (Kucian et al. 2008).

Effekte der Notation

Bezüglich der Notation von Zahlen wurde festgestellt, dass der rechte Gyrus fusiformis, ein Teil des visuellen Kortex, bei arabischen Ziffern stärker aktiv wird als bei ausgeschriebenen Zahlwörtern (Pinel et al. 1999; Pinel et al. 2001). Es gibt also eine Art „Ziffernmodul". Wie ist dieses Ergebnis in Bezug auf geburtsblinde Menschen zu werten, die arabische Ziffern nicht erfassen können? In Kap. 2.2.1 zeigte sich, dass der visuelle Kortex nicht ausschließlich bei der Verarbeitung visueller Reize aktiv ist, sondern sich vor allem bei blinden Personen auch an der haptischen und auditiven Wahrnehmung beteiligt – insbesondere ist er auch beim Lesen von Braille aktiv. Es gibt also zunächst keinen Grund, auszuschließen, dass diese Hirnregion bei blinden Menschen ebenfalls für Ziffern „zuständig" ist. Allerdings sind Ziffern in Brailleschrift nicht durch eigene Zeichen, sondern durch die ersten 10 Buchstaben des Alphabets repräsentiert, denen zur Unterscheidung ein spezielles Zahlzeichen vorausgeht:

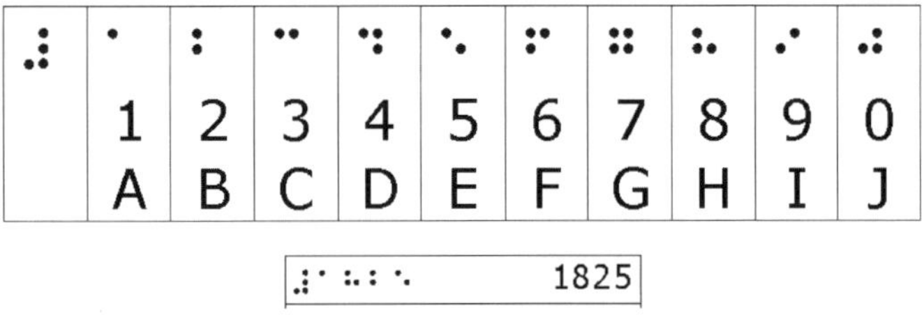

Abb.12: Brailleziffern
http://www.braille.ch/download/ps-zahl.gif

Wie sich dieser Umstand auf die neuronale Repräsentation auswirkt, ist schwer vorherzusagen. Studien dazu existieren m.W. nicht. Für die weitere Verarbeitung im IPS zeigt sich jedoch kein Effekt der Notation - ein weiterer Hinweis auf die notationsunabhängige, analoge Kodierung im semantischen Zusammenhang (Kucian/von Aster 2005, S. 66). Auch DEHAENE (1996) und PINEL et al. (1999) kommen zu dem Ergebnis, dass die inferior-parietalen Regionen durch die Art der Darstellung nicht beeinflusst werden.

Der linksseitige Gyrus angularis ist aktiv bei Aufgaben, die eine verbale Kodierung notwendig machen, z.B. bei der Multiplikation und Division, wenn bekannte Zahlfakten (Einmaleins) aus dem verbalen Gedächtnis abgerufen werden (Ischebeck et al. 2009). Eine stärkere Aktivierung korreliert mit besseren Leistungen, vermutlich weil dann mehr Zahlfakten für die Lösung herangezogen werden (Grabner et al. 2007). Er wird aber nicht nur in mathematischen Kontexten aktiviert, sondern ist ein Teil des Sprachsystems und liefert beispielsweise beim Lesen oder in Zusammenhang mit dem sprachlichen Kurzzeitgedächtnis die Semantik.

Verbale Kodierung

Der superior-posteriore Parietallappen ist bei vielen numerischen Manipulationen beteiligt. Seine genaue Funktion ist noch unklar, aber es wurden Aktivierungen nachgewiesen beim numerischen Größenvergleich, beim Subtrahieren, beim Überschlagen von Rechenaufgaben und auch beim Zählen (Kucian/von Aster 2005, S. 60ff; Dehaene et al. 2005, S. 441ff). Auch hier liegt keine Spezialisierung auf mathematischen Inhalte vor, sondern eher eine Beteiligung im Kontext von räumlicher Aufmerksamkeit und Orientierung, des räumlichen Arbeitsgedächtnisses und die Repräsentation anderer mentaler Kontinuitäten. DEHAENE vermutet, dass die raumbezogene Aktivität dieser Region vielleicht auch auf mental dem Raum ähnliche Aspekte wie die Zeit oder die Anordnung der Zahlen ausgeweitet ist.

Raumbezogene Aspekte

Insgesamt scheint die räumliche Interpretation der Zahlenreihe eine wichtige Rolle in der kognitiven Verarbeitung von Zahlen zu spielen. Diese These wird im folgenden Abschnitt erhärtet. In diesem Zusammenhang stellt sich im Anschluss an Kap. 2.2.2 die Frage, ob Blindheit auf dieser Ebene zu Veränderungen führt.

4.3.6 Kognitive Eigenschaften der Zahlverarbeitung

Experimente mit Menschen im Erwachsenenalter zeigen einige sehr interessante Effekte und Gesetzmäßigkeiten der Zahlverarbeitung im Gehirn, die über die bisher beschriebenen Eigenschaften des Zahlensinns hinausgehen: den Distanz-Effekt, das Weber-Fechner-Gesetz und den SNARC-Effekt.

Der Distanzeffekt betrifft die kognitiven Prozesse beim Vergleich zweier Zahlen. Zahlenpaare mit geringer Differenz (z.B. 4 und 5) werden in Versuchen *weniger schnell* nach Größe geordnet als solche mit großer Differenz (z.B. 4 und 9). Bemerkenswert ist, dass bei entsprechenden Reaktionstests nicht einmal ausgiebiges Training mit immer gleichen Ziffern Menschen in die Lage versetzt, numerisch nahe beieinander liegende Zahlen ebenso schnell nach der Größe zu sortieren wie weiter entfernte. Weiterhin gilt dies auch für zweistellige Zahlen, bei denen im Prinzip die Zehnerziffer unterstützend wirken könnte. Dennoch werden

Distanzeffekt

z.B. 65 und 71 langsamer geordnet als 65 und 79, obwohl in beiden Fällen die Zehner für die Entscheidung theoretisch ausreichen würden (Dehaene 1997).

Diese Beobachtungen deuten darauf hin, dass die Probanden solche Aufgaben nicht auf der Basis bekannter Zahlfakten lösen, denn dann müssten Zahlenwissen und strukturelle Besonderheiten des Dezimalsystems messbare Auswirkungen haben. Auch ein bewusster oder unbewusster Auszählmechanismus kommt nicht für die Erklärung in Frage, da der Effekt in diesem Fall umgekehrt sein müsste: Auszählen dauert *länger*, je größer die Differenz zweier Zahlen ist. Es steht zu vermuten, dass die Zahlen für den geforderten Größenvergleich automatisch in eine stetige innere Größe umgewandelt werden, einen inneren „Zahlenstrahl", den DEHAENE als Eigenschaft des analog-magnitudinalen Code beschreibt (Dehaene 1997, S. 73). Das passt auch zu den Ergebnissen bezüglich der beteiligten Hirnareale im letzten Abschnitt.

HALBERDA & FEIGENSON (2008) zeigen, dass bei sehenden Kindern die Genauigkeit des ANS (also des analog-magnitudinalen Codes, s. S. 137f) geringer ist, das heißt zwei Mengen müssen eine größere Distanz aufweisen, damit sie unterschieden werden können. Der Distanzeffekt unterliegt also einer Entwicklung. Dreijährige benötigen ein Verhältnis von 3:4, wenn sie Punktmengen unterscheiden sollen, Sechsjährige können noch Mengen im Verhältnis von 5:6 unterscheiden, und Erwachsenen gelingt dies hin zu einem Verhältnis von 10:11. Die Autoren gehen davon aus, dass diese Entwicklung mit der Reifung des Gehirns zusammenhängt, aber auch durch Erfahrung beeinflusst wird (ebd., S. 1464f).

SZÜCS & CSÉPE (2005) konnten nachweisen, dass der Distanzeffekt auch bei geburtsblinden Menschen auftritt. Sie testeten die Reaktionszeiten auf gesprochene Zahlen mit sehenden Versuchspersonen, denen die Augen verbunden waren, und mit geburtsblinden Personen. Dabei konnten sie auch einen Einfluss der Wortlänge auf die Reaktionszeiten ausschließen, der theoretisch denkbar wäre. Diese Ergebnisse werden durch CASTRO-NOVO & SERON (2007b) bestätigt, die ebenfalls den Distanzeffekt bei blinden Menschen untersucht haben. Zur Entwicklung bei blinden Kindern ergab die Recherche keine Studien. Auf der Basis der Ergebnisse von HALBERDA & FEIGENSON steht aber zu vermuten, dass der Distanzeffekt auch bei blinden Kindern auftritt. Es ist allerdings denkbar, dass sie bei nicht ausreichender Förderung durch weniger Kontakt zu schätzbaren Mengen eine geringere Schärfe dieses Effektes entwickeln.

Weber-Fechner-Gesetz

In Zusammenhang mit dem Distanzeffekt steht ein weiterer Effekt der Zahlengröße: Die - absolut betrachtet - gleiche Differenz zwischen zwei großen Zahlen (z.B. 1250 und 1255) wird subjektiv als *kleiner* empfunden als die Differenz zwischen kleinen Zahlen (z.B. 5 und 10). Bei der Unterscheidung von Punktmengen nach ihrer Größe gilt eine in vielen Versuchen bestätigte Proportionalität: Wenn die zu unterscheidenden Mengen jeweils verdoppelt werden, muss auch die Differenz verdoppelt werden (z.B. 10/13 → 20/26), um eine vergleichbare Quote von richtigen Antworten zu erhalten (Dehaene 1997, S. 71f). Dieser multiplikative Zusammenhang wird als WEBERSCHES Gesetz bezeichnet, nach seinem Entdecker, der schon 1834 zu diesem Ergebnis gekommen war. In weiteren Versuchen wurde dann präzisiert, dass der Effekt für große Zahlen nicht mehr exakt proportional ist. Schon 1860 stellte der Psychologe FECHNER fest, dass es sich wohl genauer um einen logarithmischen Zusammenhang handelt. Dadurch scheinen große Zahlen noch enger zusammenzurücken als kleine. Aktuelle Forschungen (z.B. Dehaene 2003; Nieder/Miller 2003) bestätigen die Existenz und Struktur des Weber-Fechner-Gesetzes.

Tierversuche geben Aufschluss über die Ursache dieser Beobachtungen (Thompson et al. 1970, Nieder/Miller 2003). Bei Experimenten auf der Basis von Direktableitungen lassen sich Neuronen finden, die beim Feuern eine Präferenz für eine bestimmte Anzahl gesehener Punkte (z.B. 5) aufweisen, aber auch bei Anzahlen nahe dieses Ziels feuern (z.B. 4 und 6). Der Versuch von THOMPSON et al. (1970) an einer Katze zeigt auch die Unschärfe nach dem Weber-Fechner-Gesetz: Das Neuron für die 6 begann bereits nach dem fünften Item zu feuern, die Rate stieg dann an, erreichte bei 6 ihren Höhepunkt und fiel danach wieder ab. Die Unschärfe des Zusammenhangs zwischen Anzahl und feuernden Neuronen nimmt dabei mit der Größe der Anzahl zu, ist also z.B. bei 75 größer als bei 5, womit eine Erklärung der logarithmischen Struktur des Weber-Fechner-Gesetzes möglich ist.

Das Weber-Fechner-Gesetz gilt nicht nur für Zahlen. Auch für kontinuierliche Größen wie Gewicht, Temperatur und zeitliche Dauer ist dieser Effekt beobachtet worden. Dies lässt vermuten, dass vergleichbare Mechanismen der nonverbalen Repräsentation für viele linear strukturierte Aspekte des Alltags, kontinuierlich oder diskret, im Gehirn am Werke sind (Cordes/Gelman 2005, S. 131). BRANNON (2005) zeigt, dass Distanzeffekt und Weber-Fechner-Gesetz auch bei Tieren zu finden sind, es handelt sich also offenbar nicht um Phänomene, die durch das menschliche Lernen beeinflusst sind.

Nimmt man die Funktionsweise von Distanzeffekt und Weber-Fechner-Gesetz zusammen, so scheint der analog-magnitudinale Code auf einer Art neuronal basiertem mentalen Zahlenstrahl zu beruhen, auf dem die größeren Zahlen logarithmisch zunehmend komprimiert erscheinen. Dies entspricht nicht zwangsläufig der Vorstellung von einem Zahlenstrahl, welche die meisten Menschen auf der Basis von Anschauungsmaterial in der Grundschule entwickeln. Die automatische Aktivierung und die fehlenden Trainingseffekte weisen darauf hin, dass die Quelle „tiefer", d.h. in unbewussten, nicht steuerbaren kognitiven Prozessen zu suchen ist. Die Probanden, die bei aller Anstrengung nicht 5 und 6 genauso schnell wie 2 und 9 ordnen können, stellen sich in der Regel nicht bewusst einen Zahlenstrahl vor, und dennoch ist das Prinzip des Zahlenstrahls, seine Struktur, in ihnen wirksam.

SNARC-Effekt   Dies belegt auch ein weiterer Effekt, den DEHAENE (1993) entdeckt hat, der sogenannte SNARC-Effekt. Die „Spatial Numerical Association of Response Codes[1]„ zeigt sich in folgendem Versuch: Die Probanden werden aufgefordert, durch Tastendruck mit der linken bzw. rechten Hand so schnell wie möglich anzugeben, ob eine Zahl gerade bzw. ungerade ist. Diese Aufgabe bezieht sich also auf eine mathematische Unterscheidung, die nicht von der Größe einer Zahl abhängt. Dabei zeigt sich, dass die Versuchteilnehmer mit der linken Hand schneller auf kleinere Zahlen, mit der rechten Hand schneller auf größere Zahlen reagieren. Dieses Ergebnis ist unabhängig davon, ob es sich um Links- oder Rechtshänder handelt, und auch davon, welche Kategorie (gerade/ungerade) welcher Hand zugeordnet ist. Daher ist es denkbar, dass sich die Reaktionen der Probanden auf einen internen Zahlenstrahl zurückführen lassen, der von links nach rechts verläuft. Dieser mentale Zahlenstrahl wird aktiviert, obwohl er für die Lösung der Aufgabe eigentlich unerheblich ist.

FIAS, BRYSBAERT et al. (1996) haben diesen Effekt repliziert und bestätigt. Die von DEHAENE verwendete Unterscheidung in gerade und ungerade Zahlen ist allerdings zwar nicht größenbezogen, hat aber dennoch mit Zahleigenschaften zu tun. Um dies als mögliche Ursache der Ergebnisse auszuschließen, haben FIAS, BRYSBAERT et al. eine Aufgabenstellung verwendet, die nichts mit der numerischen Eigenschaft der Zahlwörter zu tun hat: Die Probanden sollten angeben, ob das (in diesem Fall niederländische) Zahlwort den Buchstaben ‚e' enthält. Auch unter diesen Bedingungen zeigte sich der SNARC-Effekt. FIAS, BRYSBAERT et al. konnten außerdem zeigen, dass unabhängig von der *absoluten* Größe der verwendeten Zahlen die relativ gesehen kleineren Zahlen immer durch die linke Hand schneller bedient werden, die größeren durch die rechte Hand.

Weitere Belege für die Existenz eines mentalen Zahlenstrahls stammen von ZORZI, PRIFTIS & UMILTÀ (2002). Ihre Studie beschäftigt sich mit Neglect-Patienten. Solche Patienten haben aufgrund hirnorganischer Schädigungen große Schwierigkeiten, visuelle Reize wahrzunehmen, die

---

[1] „räumlich-numerische Assoziation von Antwort-Codes"

an einem (mehr oder weniger breiten) Rand auf der rechten oder linken Seite des Gesichtsfeldes auftreten (engl. „neglect" = Vernachlässigung, Nichtbeachtung). Wenn man sie auffordert, eine horizontal präsentierte Linie in der Mitte zu teilen, berücksichtigen sie nur den für sie wahrnehmbaren Abschnitt und nehmen die Teilung dadurch gegenüber der objektiven Mitte verschoben vor. ZORZI et al. baten nun Neglect-Patienten mit intakten numerischen Fähigkeiten, die Mitte eines durch zwei Zahlen angegebenen Intervalls zu schätzen. Dabei traten Verzerrungen auf, die denen bei der visuellen Linienteilung analog sind. Eine andere Studie (Longo & Lourenco 2007) nutzt das Phänomen des „Pseudo-Neglects": Bei gesunden Versuchspersonen tritt bei der physischen Linienteilung in der Regel ein Pseudo-Neglect auf, d.h. die Teilung ist objektiv immer ein wenig nach links verschoben. LONGO & LOURENCO konnten zeigen, dass auch dieses Phänomen den mentalen Zahlenstrahl ebenso betrifft wie eine physische Linie. Dies sind starke Hinweise auf die Existenz eines mental fest verankerten Zahlenstrahls mit ausgeprägt räumlichem Charakter.

Wie schon den Distanzeffekt konnten SZÜCS & CSÉPE (2005) sowie CASTRONOVO & SERON (2007b) auch die Existenz des SNARC-Effekts bei geburtsblinden Versuchspersonen nachweisen. Dies war aufgrund des räumlichen Charakters nicht uneingeschränkt zu erwarten und unterstreicht noch einmal den multimodalen Charakter des ANS als „Heimat" des mentalen Zahlenstrahls.

Die neuronale Funktionsweise des mentalen Zahlenstrahls ist indes noch unklar. KUCIAN & VON ASTER (2005) vermuten, dass die Anzahl durch einen amorphen Neuronenverband repräsentiert wird, in dem umso mehr Neurone aktiv sind, je größer die Menge ist. DEHAENE (2005, S. 440f) dagegen geht aufgrund von Experimenten mit Einzelableitungen (s. S. 128 und 143) davon aus, dass einzelne Neuronen jeweils für eine bestimmte Anzahl zuständig sind und - mit einer gewissen, mit größeren Zahlen zunehmenden Unschärfe - immer feuern, wenn in etwa diese Anzahl verarbeitet werden muss. Die zunehmende Unschärfe erklärt dabei, wie schon erwähnt, den approximativen Charakter und das Weber-Fechner-Gesetz.

Die bisherigen Ausführungen zum mentalen Zahlenstrahl belegen, dass er einen neuronal verankerten Verarbeitungsmechanismus darstellt, dessen Aktivierung kaum willentlich beeinflussbar ist. Diese unwillkürliche Aktivierung ist allerdings wiederum nicht in sämtlichen Situation zu beobachten, die mit Zahlen zu tun haben. Beim reinen Benennen von Zahlen fanden CHOCHON, COHEN, VAN DEN MOORTELE & DEHAENE (1999) im Vergleich zu Größenvergleich, Multiplikation und Subtraktion keine Aktivierung. Eine Analyse von FIAS & FISCHER (2005) deutet

_{Widersprüchliche Forschungsergebnisse}

ebenfalls darauf hin, dass der mentale Zahlenstrahl keine völlig stabile Repräsentation von Zahlen darstellt. Zum einen ist auch für das Alphabet oder die Monate ein vergleichbarer Effekt feststellbar, so dass sich dieses Phänomen nicht nur auf numerische Informationen beziehen lässt - es scheint sich vielmehr um ein grundlegendes Ordnungsprinzip des Gehirns für rein ordinale Sequenzen zu handeln. Zum anderen gibt es auch einen seitenverkehrten SNARC-Effekt, wenn die Probanden aufgefordert werden, sich das Ziffernblatt einer Uhr vorzustellen. FIAS & FISCHER vermuten, dass numerische Information dynamisch mit verschiedenen repräsentationalen Bezugsrahmen verknüpft werden kann und die Anordnung auf einer von links nach rechts verlaufenden Linie nur eine Art voreingestellten Standard darstellt (Fias/Fischer 2005, S. 49). Die Assoziation von Zahlen mit einer räumlichen Repräsentation entsteht auf der Basis von Lernen und Erfahrung und ist daher situationsabhängig und flexibel (Fias/Fischer 2005, S. 52). Insgesamt zeigen diese Unklarheiten, dass noch viel Forschungsbedarf besteht. Klar ist dagegen, dass die Verknüpfung dieser ordinalen Organisationsform mit den kardinalen Eigenschaften des Zahlensinns eine ideale semantische Grundlage für die Verarbeitung von Zahlen im Gehirn liefert.

4.3.7 Entwicklung des mentalen Zahlenstrahls

Das ANS ist bereits bei Geburt angelegt und stellt anzahlbezogene, also kardinale Informationen aus der Wahrnehmung zur Verfügung, wie die bisherigen Kapitel belegt haben. Das Phänomen des mentalen Zahlenstrahls, wie er sich auf der Basis des SNARC-Effekts darstellt, enthält zusätzlich auch den ordinalen Zusammenhang der Mengen. Dieser entwickelt sich erst erfahrungsabhängig im Kontakt mit den verbalen Zahlwörtern und schriftlichen Zahlzeichen, wie hier gezeigt werden soll.

Einfluss von kulturell vermittelten Zahlzeichen

Mit dem Erwerb des Zählens verändern sich die neuro- und kognitionspsychologisch darstellbaren Denkvorgänge messbar. VON ASTER (2005) beschreibt dies auf dem Hintergrund des Triple-Code-Modells (s. S. 137). Ziffern und Zahlwörter liefern die ‚Syntax', das Werkzeug, mit dessen Hilfe konkrete Mengen dargestellt und verarbeitet werden. Zahlbezogene Denkvorgänge werden dadurch effektiver als nur mit Hilfe von Subitizing und ANS (Krajewski 2005, S. 156). Unter dem Einfluss wachsender Kapazität des Arbeitsgedächtnisses entwickelt sich erfahrungsabhängig und auf der Basis von Neuroplastizität[1] zunächst das auditiv-verbale

---

[1] In den Abschnitten zum Tasten und Hören (Kap. 2) wurde bereits deutlich, dass unter dem Einfluss der individuellen Wahrnehmungsbedingungen neue neuronale Verbindungen entstehen und Hirnareale, die ursprünglich auf visuelle Reize ansprachen, auch Stimuli anderer Modalitäten verarbeiten können. Aus dieser Sicht ist die hier beschriebene Entwicklung des mentalen Zahlenstrahls nicht mehr so erstaunlich.

Modul. Zählwissen und Zahlfakten werden im Langzeitgedächtnis abgelegt und müssen zukünftig nicht mehr durch Ausrechnen ermittelt werden (von Aster 2005, S. 19).

Als weiteres kulturell vermitteltes, aber nonverbales Modul tritt spätestens mit Schulbeginn durch das Erlernen der Zifferndarstellung die visuell-arabische Repräsentation hinzu. Sie ermöglicht aufgrund ihrer logischen Struktur den Umgang mit größeren Zahlen und komplexe Rechenvorgänge (von Aster 2005, S. 20). Bei Brailllesern ist in diesem Zusammenhang zu beachten, dass es keine eigenen Zeichen für Ziffern in der Brailleschrift gibt (s. S. 140). Diese Situation ändert allerdings – abgesehen vom voranzustellenden Zahlzeichen – nichts an der logischen, für komplexere mathematische Zusammenhänge sehr hilfreichen Struktur des dezimalen Stellenwertsystems. Diese findet sich in Braille ebenso wieder wie in Schwarzschriftziffern.

Es gibt Hinweise darauf, dass die verbale Repräsentation nicht unbedingt immer der schriftlichen Form vorausgehen muss. DONLAN (1998) zeigt, dass bei Kindern mit Sprachbehinderung auch die Ziffern eine wichtige Rolle spielen können. Diese Kinder haben in der Regel Schwierigkeiten beim verbalen Zählen, entwickeln aber vergleichsweise schnell die Fähigkeit, auch mit zweistelligen Zahlen umzugehen. Bei ihnen könnten die verbalen Fertigkeiten durch Kontakt mit dem schriftlichen arabischen System verbessert werden. Die durch VON ASTER beschriebene Entwicklungsabfolge ist also vermutlich nicht obligatorisch.

Die Annahme, dass kulturell vermittelte Zahlzeichen (Zahlwörter und Ziffern) auf die Entwicklung des mentalen Zahlenstrahls Einfluss nehmen, wird durch weitere Studien unterstützt. So zeigt sich, dass der SNARC-Effekt, also der Hauptindikator für den mentalen Zahlenstrahl, bei Kindern erst ab der 2. bis 3. Klassenstufe nachweisbar ist (Berch et al. 1999; Schweiter/Weinhold Zulauf/von Aster 2005). In den im Folgenden zitierten Studien wird die Bedeutung der Zifferndarstellung für die Entwicklung des Zahlenstrahls offenbar. Diese Experimente nutzen den so genannten Stroop-Effekt, der zuerst bei Farbwörtern beobachtet wurde. Diese wurden in passenden oder unpassenden Schriftfarben (z.B. ‚rot' in blauer Schrift) präsentiert, was die Reaktionszeiten bei unpassenden Zusammensetzungen deutlich verlängert (Stroop 1935).

Der Stroop-Effekt erstreckt sich aber auch auf analoge Situationen: Fordert man Probanden auf, von zwei Ziffern die physikalisch größere anzugeben (also bei ‚3' und ‚5' die 3), so verlängert sich bei erwachsenen Probanden die Reaktionszeit, wenn sich physikalische und numerische Größe widersprechen (Henik/Tzelgov 1982). GIRELLI et al. (2000; s. auch Rubinsten et al. 2002) führten die Variante mit der Zahlengröße mit

Schülern durch und stellten fest, dass sich der Effekt erst bei Dritt- und Fünftklässlern zeigte, bei den ebenfalls untersuchten Erstklässlern trat er nicht auf. Dieses Ergebnis wird durch die Experimente von CORDES, GELMAN & WHALEN bestätigt (in Cordes/Gelman 2005)[1]. ZHOU, CHEN ET AL. (Zhou et al. 2007) stellten den Stroop-Effekt bei chinesischen Kindern dagegen schon im Kindergartenalter fest. Das deutet auf die Erfahrungsabhängigkeit der automatischen Aktivierung der Semantik hin, denn chinesische Kinder werden in Kindergarten und Elterhaus schon früher mit Zahlen konfrontiert (Zhou et al. 2007, S. 469).

Auch eine Studie von SIEGLER & OPFER (2003) macht deutlich, dass sich die Repräsentation von numerischen Größen in der Entwicklung verändert: Schüler verschiedenen Alters waren aufgefordert, Zahlen auf einem Zahlenstrahl einzutragen, bei dem nur Anfangs- und Endpunkt bezeichnet waren (0-100 und 0-1000). Die Ergebnisse der Zweitklässler ließen sich am besten durch eine logarithmische Funktion annähern, was der logarithmischen Struktur des mentalen Zahlenstrahls (Weber-Fechner-Gesetz) entspricht. Ergebnisse der Viertklässler waren durch logarithmische und lineare Darstellung vergleichbar gut zu beschreiben und die Ergebnisse der älteren Schüler entsprachen einem linearen Modell. Dies lässt sich dahingehend deuten, dass sich die ursprünglich logarithmische Struktur der neural vorgeprägten Größenrepräsentation im Kontakt mit der schulisch vermittelten linearen Struktur der natürlichen Zahlen zunehmend anpasst. CORDES (2005, S. 133) vermutet, das zu einem bestimmten Zeitpunkt in der Entwicklung eine bidirektionale Abbildung zwischen den kulturellen Zahlzeichen und der Repräsentation des mentalen Zahlenstrahls entsteht.

Neurologische Beschreibung der Entwicklung

Der Verlauf der Entwicklung des mentalen Zahlenstrahls lässt sich auch auf neurologischer Ebene darstellen. Auf der Basis von fMRI-Untersuchungen beschreibt VON ASTER (2005, S. 21f), dass sich im IPS (s. S. 139) ein Netzwerk entwickelt, welches diesen Zahlenstrahl steuert. Im anterioren Gyrus Cinguli (aCG) existiert eine Region, deren Aktivität bei Rechenaufgaben und beim Größenvergleich von der Kindheit bis ins Erwachsenenalter abnimmt, während die Aktivität im IPS zunimmt (siehe auch Kucian/von Aster 2005, S. 69; Kucian et al. 2008; Libertus/Brannon/Pelphrey 2009). Was bedeutet das? Der aCG wird im Zusammenhang mit Arbeitsgedächtnis und Aufmerksamkeitssteuerung aktiv, auch bei nicht mathematikbezogenen Aufgaben. Er wird von Kindern stärker benötigt als von Erwachsenen, weil das Lösen von Rechenaufgaben für sie anspruchsvoller ist und weniger automatisiert abläuft. Mit zunehmender Funktionalität des mentalen Zahlenstrahls, der Auto-

---

[1] Eine weiterführende Analyse der Entwicklung beim SNARC-Effekt findet sich bei NOËL, ROUSELLE & MUSSOLIN (2005).

matisierung von Rechenstrategien und zunehmendem Zahlenwissen wird der aCG immer weniger in Anspruch genommen (Kucian et al. 2008).

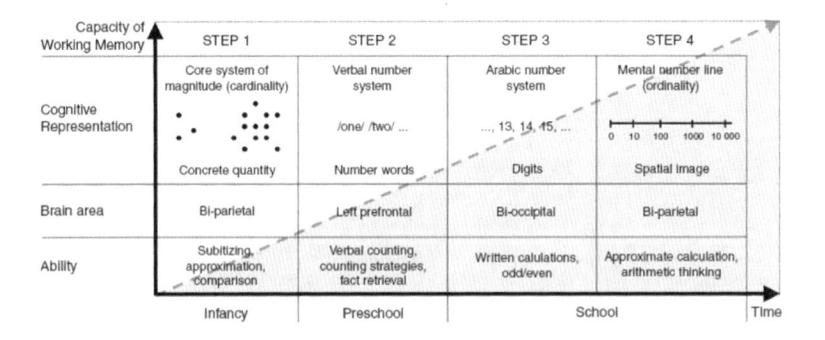

	STEP 1	STEP 2	STEP 3	STEP 4
Capacity of Working Memory				
Cognitive Representation	Core system of magnitude (cardinality) • • • • • • • Concrete quantity	Verbal number system /one/ /two/ ... Number words	Arabic number system ..., 13, 14, 15, ... Digits	Mental number line (ordinality) 0 10 100 1000 10 000 Spatial Image
Brain area	Bi-parietal	Left prefrontal	Bi-occipital	Bi-parietal
Ability	Subitizing, approximation, comparison	Verbal counting, counting strategies, fact retrieval	Written calculations, odd/even	Approximate calculation, arithmetic thinking
	Infancy	Preschool	School	Time

Abb. 13: Entwicklung der zahlbezogenen Kognition (Von Aster & Shalev 2007, S. 870)

Der mentale Zahlenstrahl – hier beschrieben als Weiterentwicklung des ursprünglichen Zahlensinns auf der Basis kulturell vermittelter Zahlkonzepte - ermöglicht die mentale Repräsentation von Mengen und bildet damit eine verbesserte semantische Grundlage für den Umgang mit großen Zahlen. Gleichzeitig stellt er eine Verknüpfung von Kardinal- und Ordinalaspekt dar, die für einen ausgereiften Zahlbegriff grundlegend ist.

Fazit

4.3.8 Mentaler Zahlenstrahl und Vorstellungen

Zahlensinn und mentaler Zahlenstrahl aus neurowissenschaftlicher Sicht müssen von Zahlvorstellungen aus psychologisch-didaktischer Sicht (s. Kap. 3) abgegrenzt werden. Der Zahlensinn und der mentale Zahlenstrahl haben die Eigenschaft, automatisch und vorbewusst zu agieren. Anders als Vorstellungen sind sie nicht leicht veränderbar und nicht kognitiv zugänglich. Sie werden nicht wie Vorstellungen in jedem Moment aktiv konstruiert, sondern beruhen auf relativ festen Verschaltungen[1] im Gehirn.

Es ist aber davon auszugehen, dass der mentale Zahlenstrahl auf die Qualität und Gestaltung der entsprechenden Vorstellungen der Zahlenreihe Einfluss hat. Um dies zu konkretisieren, bietet es sich an, Vorstellungen verschiedener Personen von der Reihe natürlicher Zahlen zu betrachten. Der vorstellungsmäßige Zahlenstrahl verläuft wie der mentale Zahlenstrahl oft von links nach rechts, manche Menschen beschreiben aber auch Vorstellungen, in denen er nach oben oder in den Raum hinein verläuft.

---

[1] Abgesehen von Neuroplastizität

Oft handelt es sich um eine gerade Linie, aber nicht selten hat sie auch Kurven. Wie bei allen Vorstellungen variiert auch hier die Intensität von Person zu Person (s. S. 97). Die folgenden Darstellungen vermitteln einen Eindruck von der Vielfalt, die schon allein für visuelle Vorstellungen der Zahlenreihe existiert[1].

Abb. 14 zeigt einen Zahlenstrahl, der von rechts nach links verläuft und bis zur 12 einen Halbkreis bildet – wahrscheinlich am Ziffernblatt der Uhr orientiert. Von dort geht es in Zehnerschritten bis zur 50 nach rechts oben, danach wieder schräg abwärts. Von 100 bis 112 ist erneut ein Halbkreis erkennbar. Der zweite Zahlenstrahl auf diesem Bild läuft von links unten nach rechts oben und einzelnen Bereichen sind Farben zugeordnet[2], beispielsweise ist der Bereich zwischen 80 und 90 rot. Über diese beiden Vorstellungen berichtete SIR FRANCIS GALTON (1881) vor mehr als hundert Jahren.

In Abb. 15 sind die Zahlen überhaupt nicht auf einem Strahl angeordnet, sondern als „Zahlenwolke" ohne für den Betrachter erkennbare Ordnung im Raum verteilt. Diese Darstellung wurde von LORENZ (1998, S. 94) mit einem Schüler erarbeitet, der Lernschwierigkeiten in Mathematik zeigte. Wie es zu dieser Vorstellung kam, ist unklar. Möglicherweise verfügt der Schüler aufgrund einer Störung im IPS nicht über einen mentalen Zahlenstrahl, oder er hat aus irgendeinem Grund keine Verbindung zwischen den in der Schule verwendeten Ziffern und der semantischen Zahlrepräsentation durch den Zahlensinn herstellen können. Offensichtlich ist, dass eine solche Vorstellung nicht als Grundlage für Rechenoperationen oder höhere arithmetische Konzepte dienen kann.

---

[1] Weitere individuelle Vorstellungen der Zahlenreihe finden sich z.B. bei LORENZ (1997, S. 53ff) und bei SERON (1992).

[2] Ca. 5-10% der Menschen haben synästhetische Empfindungen, Sinneskreuzungen, bei denen z.B. Zahlen mit Farben assoziiert werden, oder auch Wörter mit Tastempfindungen oder Musik mit Formen (Cytowic 2002; Ramachandran/Hubbard 2003; Seron et al. 1992).

Zahlen und Arithmetik im Gehirn | 151

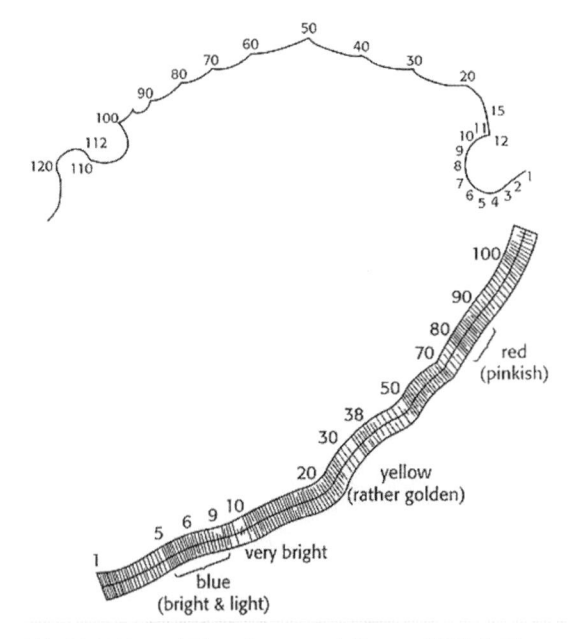

Abb. 14: Zahlenstrahldarstellungen nach GALTON (1881, S. 97)

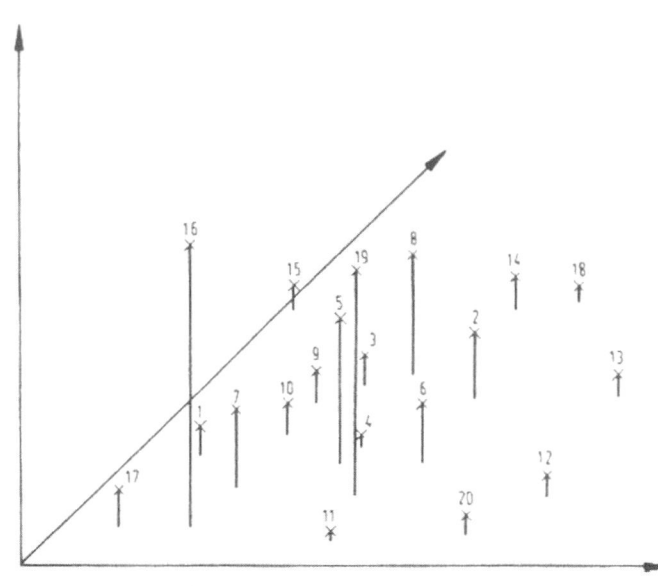

Abb. 15: „Zahlenwolke" (Lorenz 1998, S. 94)

4.3.9 Hypothesen zu den Auswirkungen von Blindheit

Zusammenfassend kann nun gefragt werden, ob es Hinweise auf negative Auswirkungen der Blindheit auf die Entwicklung der zahlbezogenen Fähigkeiten gibt.

Mentaler Zahlenstrahl

Der mentale Zahlenstrahl konnte zwar bisher in allen Untersuchungen (mit Erwachsenen) repliziert werden, gehört aber nicht zur genetischen „Grundausstattung", wie sich ja auch daran zeigt, dass er sich erst im Grundschulalter entwickelt. Offenbar gibt es in der Entwicklung auf der Basis des ursprünglichen Zahlensinns Faktoren, die für alle bisher untersuchten Gruppen von Probanden vorhanden sind und die Ausbildung des mentalen Zahlenstrahls fördern. Dass dazu auch blinde Menschen gehören, zeigen die bereits zitierten Ergebnisse von SZÜCS & CSÉPE (2005) und CASTRONOVO & SERON (2007a; 2007b).

Es ist nicht trivial, dieses Ergebnis mit den Erkenntnissen aus den Kapiteln zur Wahrnehmung (0) und Vorstellungen (3.3) bei Blindheit in Verbindung zu setzen. Offenbar existiert für die semantische Repräsentation von Zahlen im Gehirn keine grundsätzliche Benachteiligung geburtsblinder Menschen (Szücs/Csépe 2005). Kap. 2.2.2 und 3.3.4 zeigen auch, dass blinde Menschen grundsätzlich über räumliche Kognitionen und Vorstellungen verfügen – das Sehen ist nicht der einzige Raumsinn des Menschen. Dieselben Kapitel weisen jedoch darauf hin, dass dieses Raumverständnis durch den Fokus auf Tast- und Hörwahrnehmung anders strukturiert ist als bei sehenden Personen. Kurz gesagt ist bei blinden Menschen häufig eine eher auf (Tast-)Bewegung bezogene, egozentrische und sequenzielle Raumstruktur zu finden. Allerdings stehen weder Egozentrik noch Sequentialität in einem offensichtlichen Konflikt zur Ausbildung eines effektiv arbeitenden mentalen Zahlenstrahls, der den SNARC-Effekt erzeugt und als semantische Grundlage des Zahlbegriffs einschließlich Kardinal- und Ordinalaspekt dienen kann.

Raum, Zeit und Zahlen

Durch die blindheitsbedingte Bedeutung der eher sequenziell ausgerichteten Wahrnehmungsformen Hören und Tasten und durch die hohe Effektivität der sequenziellen Anzahlverarbeitung vor allem beim Hören (s. S. 61ff) ergibt sich noch eine andere Möglichkeit. Es ist vorstellbar, dass der mentale Zahlenstrahl bei blinden Menschen temporale Aspekte aufweist und stärker durch das laute Zählen mit Zahlwörtern geprägt ist (Csocsán 2000, S. 3). Die durch CHOCHON et al. (1999) sowie FIAS & FISCHER (2005) belegte Flexibilität und Situationsabhängigkeit der numerischen Repräsentation macht dies zu einer sinnvollen Hypothese, für die bisher allerdings keine empirischen Untersuchungen existieren. Es gibt jedoch zumindest Hinweise darauf, dass die Repräsentationen von Raum, Zeit und Menge neurologisch und kognitiv eng verknüpft sind (Walsh 2003). WALSH geht davon aus, dass die Verarbeitung von Raum,

Zeit und Menge auf der Basis eines gemeinsamen Systems zum Umgang mit Größen geschieht (A Theory Of Magnitude: ATOM). Dieses differenziert sich beim Menschen erfahrungsbasiert aus, so dass z.B. Zahlen stärker linkshemisphärisch verarbeitet werden, weil für sie im Gegensatz zu Raum und Zeit die Sprache eine entscheidende Rolle spielt. Insgesamt ist dies eine interessante Hypothese, die aber auf der Basis des gegenwärtigen Forschungsstandes nicht weiter belegt oder widerlegt werden kann.

Aus Sicht der allgemeinen Mathematikdidaktik stellen sich die Entwicklungschancen blinder Kinder eher negativ dar. Hier werden Störungen der visuellen Wahrnehmung häufig als eine mögliche Ursache für Lernschwierigkeiten bezeichnet. In der Literatur geht es dabei allerdings nicht um Blindheit, sondern um Probleme sehender Kinder mit der räumlichen Orientierung, der visuellen Analyse und Synthese und dem visuellen Gedächtnis (Lorenz 2005, S. 170f). GEARY & HOARD (2005), die den Forschungsstand bezüglich Rechenschwäche für den englischsprachigen Raum zusammenfassen, gehen ebenfalls davon aus, dass Störungen im visuell-räumlichen System die Ursache für Lernschwierigkeiten in Mathematik darstellen können. Sie zeigen aber auf, dass empirische Forschungsergebnisse zu dieser theoriebasierten Vermutung bislang weitestgehend fehlen. Förderprogramme, die vor allem die visuelle Wahrnehmung verbessern sollen, haben sich bei der Rechenschwächeförderung entsprechend als ineffizient herausgestellt (Lorenz 2005, S. 170).

<small>Blindheit und Rechenschwäche</small>

Aktuelle Ergebnisse aus der Neuropsychologie zeigen, dass es mindestens zwei Subtypen von Rechenschwäche gibt (von Aster/Shalev 2007; Simos et al. 2008). Zum einen sind Menschen betroffen, die gleichzeitig auch weitere Lernschwierigkeiten aufweisen, z.B. Legasthenie oder Aufmerksamkeitsdefizite. Eine verzögerte Entwicklung des Arbeitsgedächtnisses lässt sich mit solchen Lernschwierigkeiten in Verbindung setzen (Swanson/Jerman/Zheng 2008). In diesem Fall kann angenommen werden, dass die Rechenschwäche auf Schwierigkeiten bei der Verarbeitung von Zahlwörtern und Ziffern zurückzuführen ist. Dies kann nach VON ASTER & SHALEV (2007, S. 871) zu einer ungenügenden Ausbildung des mentalen Zahlenstrahls führen. Der zweite Subtyp beinhaltet Personen, bei denen die Rechenschwäche auftritt, ohne dass weitere Lernschwierigkeiten vorhanden sind. VON ASTER & SHALEV gehen davon aus, das in diesem Fall normalerweise der Zahlensinn, also Subitizing und/oder ANS nicht ausreichend funktionieren. Dies wird durch Untersuchungen der Aktivierungsmuster (Simos et al. 2008) und der Masse von grauer und weißer Substanz (Rotzer et al. 2008) in den entsprechenden Arealen bestätigt. VON ASTER & SHALEV weisen aber auch darauf hin, dass der Erwerb des mentalen Zahlenstrahls durch andere Ursachen beeinträchtigt werden kann, z.B. durch Angst im Unterricht oder durch ungünstige zahlbezogene Vorstellungen.

Wie in Kap. 2.2.2 gezeigt, ist die Raumwahrnehmung blinder Kinder anders strukturiert als die der Sehenden. Dies könnte zu einem erhöhten Risiko für Rechenschwäche führen. LORENZ (2005, S. 170f) ist der Ansicht, dass Störungen der visuellen Wahrnehmung zu Schwierigkeiten bei der Vorstellung räumlicher Beziehungen und der 1-zu-1-Zuordnung führen können. „Interne Bilder für arithmetische Operationen bleiben aus" (Lorenz 2005, S. 171). Die Überlegungen von LORENZ beziehen sich auf sehende Kinder, die Störungen in der visuellen Raumwahrnehmung haben, das Sehen aber selbstverständlich trotzdem nutzen. Diese Erkenntnisse sind daher nicht einfach auf blinde Kinder zu übertragen.

Der durch VON ASTER skizzierte Entwicklungsverlauf für den mentalen Zahlenstrahl (von Aster 2005; s. Kap. 4.3.7) deutet darauf hin, dass erst im vierten Schritt, nach dem Erwerb der Zahlwörter und Ziffernschreibweise, Raumwahrnehmung und Raumvorstellung eine Rolle spielen könnten. Die Diversität der Zahlenstrahlvorstellungen verschiedener Menschen (s. Kap. 4.3.8) zeigt, dass eine große Vielfalt an solchen Vorstellungen existiert, von denen die meisten keine Einschränkungen der Funktionalität mit sich bringen. Da viele geburtsblinde Menschen normale mathematische Fähigkeiten entwickeln, ist davon auszugehen, dass auch sie einen mentalen Zahlenstrahl ausbilden.

Fazit — Blinde Kinder verfügen wie sehende über den Zahlensinn als semantische Grundlage der Zahlen und auch die Weiterentwicklung des Zahlensinns zum mentalen Zahlenstrahl findet statt. Die Entwicklung des mentalen Zahlenstrahls bei weniger begabten blinden Kindern könnte allerdings bei nicht ausreichender Förderung immer noch stärker gefährdet sein, da ihnen grundlegende Erfahrungen mit Mengen schwieriger zugänglich sind. Dennoch ist festzuhalten, dass die Blindheit die Entwicklung des mentalen Zahlenstrahls, also der semantischen Grundlage des Zahlbegriffs, nicht *generell* verhindert oder beeinträchtigt.

4.4 Entwicklung des Zählens

Es ist auf den ersten Blick überraschend, dass sich im Gehirn von Erwachsenen überhaupt eine Struktur wie der mentale Zahlenstrahl findet, die unwillkürlich z.T. auch dann aktiviert wird, wenn der Sachkontext es an sich gar nicht erfordert. Dass diese Struktur sich erst durch den Kontakt mit abstrakten Zeichen wie Ziffern und Zahlwörtern zum Zahlenstrahl entwickelt, zeigt den immensen Einfluss der sozialen und dinglichen Umwelt auf das plastisch reagierende kindliche Gehirn. Zählen muss als grundlegend wichtige Aktivität für die Entwicklung des mentalen Zahlenstrahls gesehen werden, und damit als unerlässlich für die Entwicklung einer tragfähigen semantischen Grundlage für den Zahlbegriff. Deshalb wird es nun genauer betrachtet.

4.4.1 Theorien zum Zählen - Definitionen

Die Frage, was Zählen eigentlich ist, erscheint auf den ersten Blick trivial. Doch wenn man sich mit der Entwicklung und Bedeutung des Zählens beschäftigen will, muss auch geklärt sein, welche Fähigkeiten das Zählen ausmachen. VON GLASERSFELD (1993) warnt im Zusammenhang mit Experimenten zum numerischen Verständnis von Tieren vor vorschnellen Zuschreibungen von Zählfähigkeit auf der Basis von Verhaltensbeobachtung, da wir uns selbst oft nicht darüber bewusst sind, welche mentalen Prozesse stattfinden, wenn wir eine Zählhandlung ausführen (von Glasersfeld 1993, S. 229). Er formuliert die folgenden Voraussetzungen für „echtes" Zählen:

Prinzipien nach von Glasersfeld

1. Es müssen diskrete *zählbare* Elemente unterschieden werden.
2. Eine *Mehrzahl* solcher Elemente muss als zu zählende Menge erkannt werden.
3. Es wird eine *geordnete Folge individuell unterschiedlicher „Etiketten"* benötigt, beispielsweise die Reihe der Zahlwörter.
4. Die Elemente dieser Folge müssen in *1-zu-1-Korrespondenz* mit den Elementen der Menge gebracht werden.
5. Die *symbolische Funktion* der Zahlwörter muss verstanden sein - zumindest insofern, dass das letzte Zahlwort nicht nur ein Etikett im Zählvorgang ist, sondern auch die Anzahl angibt (Kardinalaspekt).

(von Glasersfeld 1993, S. 230)

Für den Konstruktivisten VON GLASERSFELD gründet sich numerisches Denken damit in der Wahrnehmung, oder genauer, in der Fähigkeit zur Unterscheidung diskreter Objekte (1.). Diese können dann als wiederholt wahrgenommen und zusammengefasst werden (2.). So wird Zahl als eine „beschränkte Mehrzahl" *(bounded plurality)* oder auch „Einheit von Einheiten" aufgefasst (ebd., S. 226f). Diese Mehrzahl muss nun mit den Zahlwörtern (oder anderen Zeichen) in Zusammenhang gebracht werden (3., 4.). Die Funktion dieser Zahlwörter muss zumindest in Hinblick auf die kardinale Bedeutung des letzten Zahlwortes verstanden sein, so dass Kardinal- und Ordinalaspekt verknüpft werden (5.). Von „echtem Zählen" kann man also nur sprechen, wenn neben der korrekten Ausführung der Zählhandlung auch der kardinale und ordinale Sinn dieser Handlung verstanden ist.

GELMAN & GALLISTEL (1978, S. 77ff) haben ebenfalls fünf Prinzipien formuliert, durch welche das Zählen charakterisiert werden kann. Im Unterschied zu VON GLASERSFELD ist dies aber nicht von den wahrnehmungsmäßigen und kognitiven Voraussetzungen her gedacht, sondern stärker von den mathematisch-logischen Bedingungen des Zählens beeinflusst. Diese Prinzipien stellen keinen „Gegenentwurf" zu den Vorausset-

Prinzipien nach Gelman & Gallistel

zungen VON GLASERSFELDS dar, sondern eine andere Perspektive. Sie haben sich für die Forschung als sehr nützlich erwiesen und werden in so gut wie allen psychologischen Arbeiten um das Thema Zählen aufgegriffen und verwendet.

- *Prinzip der stabilen Ordnung*: Die Liste der Zahlworte hat eine feste Ordnung, d.h. die Folge der Zählzahlen muss immer die gleiche sein.
- *Eineindeutigkeitsprinzip*: Jedem der zu zählenden Gegenstände darf nur ein Zahlwort zugeordnet werden.
- *Kardinalzahlprinzip*: Die zuletzt benutzte Zahl im Abzählprozess bestimmt die Anzahl der Elemente einer Menge.
- *Abstraktions-Prinzip*: Alle beliebigen Elemente – gleichgültig, welche qualitativen Merkmale sie haben – können zu einer Menge zusammengefasst werden.
- *Prinzip der beliebigen Reihenfolge*: Die Reihenfolge, in der die Elemente einer Menge abgezählt werden, und die Anordnung der zu zählenden Elemente sind für das Zählergebnis irrelevant.

Die ersten drei Prinzipien beschäftigen sich damit, *wie* gezählt wird (*how-to-count principles*) und sind auch in VON GLASERSFELDS Darstellung implizit vorhanden. Die letzten zwei Prinzipien beschreiben, *was* gezählt wird (*what-to-count principles*). Diese Aspekte schließt VON GLASERSFELD nicht mit ein.

Kinder lernen zusätzlich zu diesen Prinzipien auch Konventionen, wie z.B. das Zählen von links nach rechts, Beginn an einem Ende und nicht in der Mitte etc., durch Beobachtung kennen. Dass sich diese Konventionen von den Prinzipien unterscheiden, weil ihre Einhaltung bzw. Nichteinhaltung das Zählergebnis nicht beeinflusst, wird den meisten Kindern bereits in der Vorschulzeit klar (Padberg 2005, S. 9f).

4.4.2 Die Bedeutung des Zahlensinns für die Zählentwicklung

Zahlensinn und Kardinalität

Bei Erwachsenen bilden Zählfähigkeit und Zahlensinn eine kaum zu trennende Einheit im Zahlbegriff. Doch wie entsteht diese Verknüpfung? Es sei daran erinnert, dass zum Zeitpunkt des Erwerbs von Zählfähigkeiten bei Kindern der mentale Zahlstrahl noch nicht zur Verfügung steht, sondern „nur" der ursprünglichere, kardinal zu charakterisierende Zahlensinn (s. Kap. 4.3.2). Der Zahlensinn hat zwar kardinale Eigenschaften, erzeugt aber keinen vollgültigen Kardinalbegriff. Die Fähigkeit, Darstellungen von drei Elementen als verschieden von Darstellungen von zwei oder vier Elementen zu erkennen, impliziert nicht die Existenz einer abstrakten numerischen Repräsentation, die alle drei-elementigen Darstellungen zusammenfasst und von allen zwei- und vier-elementigen

Darstellungen unterscheidet (Sophian 1992, S. 29). Der Zahlensinn bietet ein repräsentationales Konzept von Kardinalität (ebd., S. 30), das nicht mit der Kardinalzahl sensu PIAGET oder dem Kardinalaspekt des Zahlbegriffs verwechselt werden darf. Dennoch bietet er eine semantische Grundlage für die Entwicklung der symbolischen und verbalen Zahlensysteme (Condry/Spelke 2008; Cordes/Gelman 2005, S. 131; von Aster 2005, S. 15). Auch DEHAENE ist dieser Ansicht:

„In essence, the number sense that we inherit from our evolutionary history plays the role of a germ favoring the emergence of more advanced mathematical abilities." (Dehaene 1997, S. 40)

Diese These liefert auch eine Erklärung für das so genannte „Learnability-Problem" (Sophian 1998, S. 42): Wie können Kinder vorschulisch komplexes Wissen wie den Zahlbegriff entwickeln, obwohl die Menge der *möglichen* Hypothesen über Zahlen und Mengen viel zu groß ist, als dass ein Vorgehen nach Versuch und Irrtum zum Erfolg führen könnte? Der Zahlensinn kann hier aufmerksamkeitsfokussierend wirken und so die Entwicklung des Kardinalaspekts beim (anfänglich sozial vermittelten, nicht kardinalen) Zählen erleichtern. Dabei ist es nicht notwendigerweise entscheidend, ob die Kinder eine Menge von Objekten über das ANS oder über *object files* analysieren. Sie können auf dieser Basis in jedem Fall dieselben Eigenschaften aus der Situation extrahieren, die ältere Kinder und Erwachsene numerisch erfassen. Insbesondere können sie Objekte gegeneinander abgrenzen und erkennen, dass mehrere Objekte vorhanden sind. Genau diese „Vielheit" von Objekten ist es, die zu Beginn der Zählentwicklung mit verbalen Zahlwörtern verknüpft wird (ebd., S. 33).

Learnability-Problem

Die Frage, wie genau es Kindern gelingt, die Informationen aus *object files* und ANS mit den Zahlwörtern zu einem Zahlbegriff zu verknüpfen, der Kardinal- und Ordinalaspekt vereint, muss noch immer als ungeklärt bezeichnet werden (Condry/Spelke 2008, S. 38). Es gibt allerdings Hinweise darauf, dass die *object files* für die Entwicklung der Zählprinzipien (nach GELMAN & GALLISTEL, S. S. 155) die größere Rolle spielen (Le Corre/Carey 2007)[1]. Für das ANS konnte oben (S. 142) bereits gezeigt werden, dass seine Genauigkeit mit dem Alter zunimmt. Dieselbe Untersuchung ergab auch, dass die Leistungen der 14-Jährigen durch große Heterogenität geprägt sind (Auflösung zwischen 2:3 und 9:10), und dass diese Genauigkeit mit den mathematischen Leistungen bis zurück ins Kindergartenalter korreliert (Halberda/Mazzocco/Feigenson 2008). Der IQ und weitere Faktoren wurden statistisch als Ursache ausgeschlossen.

Object files, ANS und Zählen

---

[1] LE CORRE & CAREY verwenden den Begriff „parallel individuation" statt „object files". Sie beziehen sich aber auf dasselbe Phänomen.

Es gibt also einen Zusammenhang zwischen der Funktionstüchtigkeit des ANS bei Jugendlichen und deren vorschulischen mathematischen Leistungen. Unklar bleibt bei dieser Datenlage jedoch, ob ein gut funktionierendes ANS bessere Leistungen in mathematischen Tests hervorbringt, ob stattdessen häufiger Kontakt mit mathematischen Themen das ANS trainiert, oder ob es eine dritte, bislang unbekannte Variable gibt, die beides beeinflusst. Unter Einbezug der obigen These von LECORRE & CAREY, dass die frühe Verknüpfung von Zahlwörtern und Mengen über *object files* und nicht das ANS stattfindet, erscheint Ersteres unwahrscheinlich, so dass die Bedeutung von Übung für die Genauigkeit des ANS hervorzuheben ist.

<small>Hypothesen zur Situation blinder Kinder</small>

Welche Auswirkungen könnte Blindheit auf die Entwicklung des ANS haben? Für blinde Kinder besteht bei unzureichender Förderung die Gefahr, dass sie insgesamt weniger Erfahrungen mit Mengen machen können. Dadurch könnte es an Übungsmöglichkeiten mangeln. Ein anderes Problem könnte darin bestehen, dass häufig nur ein Wahrnehmungskanal für die Mengenerfassung zur Verfügung steht: JORDAN, SUANDA & BRANNON (2008) stellen fest, dass multimodaler numerischer Input die Präzision des ANS verbessert. Vorhergehende Studien mit Säuglingen im Alter von sechs Monaten hatten für Punktmuster ebenso wie für Tonfolgen oder eine Folge visueller Ereignisse nachgewiesen, dass ein Verhältnis von 1:2 für die zu diskriminierenden Mengen notwendig ist, damit die Kindern den Unterschied bemerkten (s. z.B. Xu/Spelke 2000; Lipton/ Spelke 2003). JORDAN, SUANDA & BRANNON setzen ein Video von einem Ball ein, der wiederholt auf den Boden prallt. Es zeigte sich, dass bei rein visueller Präsentation das bekannte Verhältnis von 1:2 notwendig war, wenn allerdings das Aufprallen zusätzlich zu hören war, genügte ein Verhältnis von 2:3. Weitere Studien sind notwendig, um dieses Ergebnis begründen zu können. Ob und wie es sich auf die Entwicklung des ANS blinder Kinder auswirkt, die häufiger als sehende Kinder im Alltag mit monomodalen (auditiven oder haptischen) Mengen konfrontiert sind, kann nur vermutet werden, es ist aber denkbar, dass eine verzögerte Entwicklung zu beobachten wäre.

4.4.3 Theorien zum Zählen - Entwicklungsstufen

Im englischen Sprachraum entstand die Diskussion, ob die Prinzipien des Zählens (nach GELMAN & GALLISTEL) angeboren sind und der Zählentwicklung vorausgehen („Prinzipien zuerst"), oder ob sie erst sich aus dem durch Nachahmung erworbenen Zählmechanismus entwickeln („Mechanismen zuerst"). In ihrer strengen Form werden beide Pole heute kaum noch vertreten, wie MOSER OPITZ (2001, S. 67ff) zeigt. Man geht davon aus, dass sich auf der Basis des Zahlensinns die grundlegenden Prinzipien und die Mechanismen des Zählens parallel entwickeln und koordiniert werden (Sophian 1998, S. 33ff).

Ganz am Anfang der Zählentwicklung steht aber die kulturell vermittelte Zählfertigkeit, wie RITTLE-JOHNSON & SIEGLER (1998) in einer umfassenden Analyse der Veröffentlichungen im englischen Sprachraum zeigen. Das Zählen erhält also über den Zahlensinn eine semantisch-kardinale Bedeutung, wie schon im vorigen Abschnitt (4.4.2) vermutet wurde. Der Zahlensinn vermittelt dabei nicht „den Kardinalaspekt" per se, aber er stellt die Basis dafür her. Die Anzahl der gezählten Einheiten wird bei kleinen Mengen unwillkürlich durch den Zahlensinn aufgenommen und kann so mit der zuletzt ausgesprochenen Zahl in Beziehung gesetzt werden – der Startpunkt auf dem Weg zu einem umfassenderen, kardinalen und ordinalen Zahlbegriff (Baroody 1992, S. 105; Dehaene 1997, S. 106ff; Dehaene et al. 2005, S. 447). Das Zählen ist die dominierende zahlenbezogene Aktivität im Vorschulalter und liefert so die für die Entwicklung notwendigen Erfahrungen. Auch die Entwicklung des mentalen Zahlenstrahls hängt entscheidend davon ab, dass Zahlwörter gelernt und aktiv eingesetzt werden (s. Kap. 4.3.7). Anders als PIAGET glaubte (s. Kap. 4.2), ist es also sinnvoll, sich genauer mit dem Zählen im Vorschulalter zu beschäftigen.

Zählen und Zahlbegriffsentwicklung

FUSON hat auf der Basis empirischer Untersuchungen eine Entwicklungsabfolge des Zählens erarbeitet, die heute noch als gültig betrachtet wird. Sie spricht von fünf (idealtypisch herausgearbeiteten) Schritten (s. z.B. Fuson/Richards/Briars 1982, S. 141).

Zählentwicklung nach Fuson

- String level: In der ersten Phase hat das Kind die stabile Reihenfolge der Zahlworte verstanden und kann die Zahlwortreihe auswendig aufsagen. Sie ist aber als Ganzes und unstrukturiert vorhanden (einszweidreivier…). Das Eindeutigkeitsprinzip wird noch nicht sicher beherrscht, so dass Zählen nur beschränkt möglich ist.

- Unbreakable chain level: Die einzelnen Wörter werden nun voneinander getrennt, so dass eine Eins-zu-Eins-Zuordnung zu Zählobjekten möglich ist. Eine Anzahl kann nun erstmalig durch Zählen erfasst werden. Einfache Addition und Größenvergleich (sieben kommt nach fünf) werden möglich.

- Breakable chain level: In einem nächsten Schritt lernt das Kind, von einem anderen Zahlwort als „eins" aus weiter zu zählen (vorwärts und auch rückwärts). Dadurch können Rechnungen effektiver gelöst werden und der Größenvergleich geschieht deutlich schneller. Dies impliziert, dass das Kind den Zusammenhang zwischen Kardinalzahl und Zählzahl verstanden hat und anwenden kann.

- Numerable chain level: Kinder, welche die vierte Phase erreicht haben, können die konkreten Gegenstände, die sie bisher zum Zählen benötigten, bereits durch Zahlwörter ersetzen, so dass kein konkretes Anschauungsmaterial mehr zum zählenden Rechnen nötig ist. Sie können von einer Zahl x aus um y weiterzählen, ohne dabei über konkrete Objekte zu verfügen.

- Bidirectional chain level: Zuletzt ist das Kind auch in der Lage, Beziehungen zwischen Zahlen zu erkennen und diese beim Zählen und Rechnen zu nutzen. Vorwärts- und Rückwärtszählen ist jetzt flexibel einsetzbar und wenig fehlerbehaftet.

Zählentwicklung nach Hasemann

HASEMANN (2003, S. 8f) stellt auf der Basis einer großen empirischen Untersuchung ein leicht verändertes Konzept der Zählentwicklung vor:

- Phase 1: verbales Zählen (ab ca. 2 Jahren) entspricht dem *string level* bei Fuson: die Kinder verfügen über eine unstrukturierte, wie ein Gedicht aufgesagte Zahlwortreihe ohne kardinale Bedeutung.

- Phase 2: asynchrones Zählen (ab ca. 3,5 Jahren): Nun erscheinen die Zahlwörter in der richtigen Reihenfolge, aber es treten noch Fehler auf durch Weglassen oder Doppeltzählen der Objekte. Wenn diese Zuordnung dann gelingt, spricht man von synchronem Zählen.

- Phase 3: Ordnen der Objekte während des Zählens (ab ca. 4,5 Jahren): Dies geschieht z.B. durch Beiseiteschieben von bereits gezählten Objekten.

- Phase 4: resultatives Zählen (ab ca. 5 Jahren): Die Kinder wissen, dass sie immer mit der 1 beginnen müssen, dass jedes Objekt nur einmal gezählt werden darf und dass die letztgenannte Zahl die Anzahl der Objekte angibt. Ihnen ist klar, dass es zwischen den Zahlwörtern und den zu zählenden Objekten eine eindeutige Zuordnung gibt. Anders ausgedrückt: in dieser Phase beherrschen die Kinder bereits die *how-to-count principles* nach GELMAN & GALLISTEL. Im Rahmen der Definition VON GLASERSFELDS können sie jetzt zählen.

- Phase 5: abkürzendes Zählen (ab ca. 5,5 Jahren): Die Kinder erkennen und bilden Strukturen wie z.B. Würfelbilder. Sie gehen flexibel mit der Zahlwortreihe um (Rückwärts-, in Zweierschritten zählen) und beherrschen meist einfache Rechnungen.

Es ist selbstverständlich, dass die Altersangaben hier nur den Durchschnitt anzeigen. Die Untersuchung von VAN DE RIJT, VAN LUIT & HASEMANN (2000), auf der diese Entwicklungsreihenfolge basiert, erbrachte als weiteres wichtiges Ergebnis die Feststellung, dass die Leistungen der Kinder sehr heterogen sind.

Die Phasen nach HASEMANN beschreiben dieselbe Entwicklung wie die Abfolge nach FUSON auf andere Weise - stärker am beobachtbaren Verhalten orientiert und mit Blick auf Zählstrategien. Das ist hilfreich für den Vergleich mit blinden Kindern, die über andere Zählstrategien verfügen, wie sich unten zeigen wird.

Die Zählentwicklung beginnt also mit dem 2. Lebensjahr, recht früh im Kontext mit dem Spracherwerb, und ist für die meisten Kinder beim Eintritt in die Grundschule weitestgehend abgeschlossen. Das Erlernen der ersten Zählfertigkeiten ist kulturell vermittelt. Die Kinder beobachten Erwachsene und andere Kinder oder werden von diesen zum Zählen aufgefordert. Die kulturelle Vermitteltheit zeigt sich auch daran, dass Kinder, deren Sprache mehr Unregelmäßigkeiten aufweist, für das Erlernen der Zahlwörter länger brauchen. Im Deutschen stellen z.B. die Wörter ‚elf' und ‚zwölf' statt ‚ein-zehnzig' und ‚zwei-zehnzig' solche Abweichungen vom Dezimalsystem dar. Im Chinesischen und verwandten Sprachen dagegen folgen die Zahlwörter ganz genau der dezimalen Struktur, was sich in einer beschleunigten Zählentwicklung auswirkt (Fuson/Kwon 1991; Nunes/Bryant 1996, S. 45; Fayol/Seron 2005). Es gibt auch Naturvölker, bei denen für Mengen größer als fünf keine Zahlwörter existieren und von daher auch nicht gedacht werden können (Miller/Kelly/Zhou 2005).

Zählen und Sprache

Wann dem Zählen tatsächlich eine kardinale Bedeutung beizumessen ist, ist auch eine Frage der Definition, denn letztendlich lässt sich diese kognitive, nicht direkt beobachtbare Einsicht nur aus dem Verhalten der Kinder deuten. Dieses Verhalten kann aber abhängig vom Kontext und auch von der Größe des Zahlenraums (Ahlberg/Csocsán 1997; 1999) unterschiedlich ausfallen, ist also keinesfalls ein genauer Indikator. Häufig zitiert wird die Darstellung FUSONS (1988, S. 262), die dafür die folgenden drei Kriterien verlangt:
- Die Frage „Wie viele sind es?" wird durch Zählen beantwortet
- Kardinalwort-Prinzip: das letztgenannte Zahlwort wird wiederholt
- Die Kinder geben an, dass das letzte Zahlwort die Größe der Menge bezeichnet

Verständnis der Kardinalität

SOPHIAN (1992, S. 21) spricht dagegen erst von Verständnis der Kardinalität beim Zählen, wenn Zählen auch spontan eingesetzt wird, um zwei Mengen zu vergleichen. Die von FUSON genannten Kriterien könnten aus ihrer Sicht zunächst durch Nachahmung und Beobachtung entstehen. Die von SOPHIAN geforderte Fähigkeit zum Mengenvergleich durch Zählen entwickelt sich erst später, wie auch MOSER OPITZ anhand verschiedener Studien zeigt (2001, S. 50). SOPHIAN (ebd., S. 27) gibt an, dass sie bei Kindern im durchschnittlichen Alter von 4½ Jahren zu beobachten ist. Sie zeigt allerdings auch, dass Kinder im Alter von 3 Jahren bereits zwei Mengen erfolgreich vergleichen können, wenn ihnen die Anzahl *mitgeteilt* wird. Sie verstehen also wohl bereits den kardinalen Sinn dieser nicht selbst gezählten Zahlen, nutzen aber das Zählen (dass sie ebenfalls beherrschen!) nicht spontan, um Mengen zu vergleichen (ebd., 32f).

Als Fazit bleibt nur zu wiederholen, was bereits im einführenden Abschnitt (Kap. 4.1) festgestellt wurde: Der Zahlbegriff, und damit auch das Zählen, ist bei Kindern in ständiger Entwicklung begriffen. Festzustellen, wann Kinder über „den Zahlbegriff" verfügen oder „zählen können" ist eine Frage der Definition. Viel entscheidender ist es, die Entwicklung selbst zu beschreiben, wie es FUSON und HASEMANN tun, um auf dieser Basis einen Rahmen für die Beurteilung der Fähigkeiten von Kindern im täglichen Leben zu schaffen und Entwicklungshemmnisse zu identifizieren. Auf diesem Hintergrund wird nun die Zählentwicklung blinder Kinder in den Blick genommen. Zu diesem Thema gibt es erwartungsgemäß weniger Forschung als zur Zählentwicklung sehender Kinder. Neben einer Untersuchung von SICILIAN von 1988 werden in der Folge vor allem die Veröffentlichungen von AHLBERG und CSOCSÁN dargestellt.

Haptische Zählentwicklung

SICILIAN (1988) hat sich mit haptischen Zählstrategien geburtsblinder Kinder auseinander gesetzt. Er hat 24 Kinder im Alter zwischen 3 und 13 Jahren beim Zählen von sieben, acht und neun festen oder beweglichen Objekten in verschiedenen Konfigurationen (Linie, Kreis, zufällig verteilt, in drei Gruppen zufällig verteilt) beobachtet. Er stellt fest, dass eine Entwicklung auf drei Dimensionen stattfindet, und postuliert für jede Dimension jeweils drei Entwicklungsstufen (I-III):

- Preliminary scanning (sich vorher Überblick verschaffen): Zunächst (I) beginnen die Kinder direkt mit dem Zählen, später (II) tasten sie unsystematisch einige Objekte ab. Schließlich (III) werden alle Objekte systematisch betastet, bevor das Zählen beginnt.
- Count organizing (Organisation des Zählvorgangs anhand der Struktur): Zunächst (I) nutzen die Kinder die gegebene Struktur (Linie, Kreis) nicht und zählen sprunghaft. Etwas später (II) folgen sie der Struktur, halten aber nicht nach, welche Objekte schon gezählt sind bzw. wo sie mit dem Zählen begonnen haben. Schließlich (III) belassen sie eine Hand auf dem zuerst gezählten (festen) Objekt bzw. legen bereits gezählte (bewegliche) Objekte beiseite.
- Partitioning (1-zu-1-Zuordnung, Untergliederung in gezählte und nicht gezählte Objekte): Zunächst (I) werden mehrere Objekte berührt oder bewegt und mehrere Zahlwörter genannt, ohne dass eine direkte Korrespondenz besteht. Später (II) ist 1-zu-1-Korrespondenz gegeben, aber bereits gezählte Objekte werden nicht abgeteilt (durch Verschieben oder bei festen Objekten mit der linken Hand). Schließlich (III) findet die Untergliederung in gezählt/nicht gezählt statt.

SICILIAN macht keine Angaben zum Alter der Kinder in Bezug zu den Entwicklungsstufen. Diese Angaben wären aufgrund der geringen Anzahl untersuchter Kinder auch nicht repräsentativ. Leider ist so aber auch nicht erkennbar, inwiefern die blinden Kinder sich hier anders entwickeln als die sehenden. Die drei Entwicklungsstufen für *count organizing* und *partitioning* entsprechen jeweils dem asynchronen, synchronen und ordnenden Zählen (Phase 2 und 3) bei HASEMANN. *Preliminary scanning* spielt beim visuell organisierten Zählen eine weniger bedeutende Rolle, weil es in der Regel automatisch geschieht. Daher wird es von HASEMANN nicht thematisiert (Oder negativ ausgedrückt: Es ist im Gegensatz zum Tasten schwer zu beobachten, so dass ein Problem in diesem Bereich kaum auffällt).

SICILIAN geht davon aus, dass sich die fortgeschrittenen Strategien erst in der Folge von konzeptuellen Entwicklungen herausbilden, wenn die Kinder wissen, dass die 1-zu-1-Zuordnung wichtig für ein korrektes Resultat ist. Diese Vermutung muss heute kritisch betrachtet werden. Es ist, wie oben schon beschrieben, davon auszugehen, dass sich konzeptuelle Fortschritte und Zählfertigkeiten parallel entwickeln und wechselseitig Einfluss nehmen (Moser Opitz 2001, S. 67ff; Sophian 1998, S. 33ff). So zeigt z.B. HASEMANN (2003, S. 33),

„dass die Einsicht in die kardinale Korrespondenz (also die Fähigkeit, Eins-zu-Eins-Zuordnungen herzustellen und zu erkennen, wann zwei Mengen gleichmächtig sind) und die Entwicklung der Zählfertigkeiten parallel verlaufen und sich gegenseitig beeinflussen."

Es gibt keinen Grund anzunehmen, dass dies bei blinden Kindern anders wäre.

Haptisches Zählen ist allerdings in Bezug auf Überblick, Organisation und Untergliederung anspruchsvoller als visuelles Zählen. In Kap. 2.2.2 wurde gezeigt, dass die räumliche Interpretation ertasteter Strukturen hohe kognitive Anforderungen stellt. Die Strukturierung von Mengen ist also haptisch komplexer als visuell, so dass die Entwicklung angemessener Taststrategien (z.B. Muster ausnutzen, gruppieren) eine wesentlich größere Rolle in der Zählentwicklung spielt als bei Sehenden[1]. Die Strategien stellen höhere Ansprüche an Arbeitsgedächtnis, Handlungsplanung und -kontrolle. Dies lässt vermuten, dass blinde Kinder in ihrer Zählentwicklung gegenüber Sehenden Verzögerungen zeigen. Aber auch die Bedeutung des auditiven Zählens tritt hier ganz klar hervor, da es teilweise auf der Basis unbewusster, automatisierter Gruppierungsprozesse der auditiven Wahrnehmung funktioniert und deshalb geringere Anforderungen an Metastrategien stellt (s. Kap. 2.3.2).

---

[1] s. zur Bedeutung von Taststrategien auch MILLAR (2000, S. 124)

Eine Untersuchung von CSOCSÁN (1993; zit. in Ahlberg/Csocsán 1994, S. 22) bestätigt die Ergebnisse bezüglich der Taststrategien. Sie zeigt, dass Kinder, die selbstständig ein effektives Tastverhalten entwickelt hatten (z.b. beide Hände gleichzeitig benutzen) ein besseres Zahlverständnis zeigten als Kinder, die Objekte einer Menge einzeln nacheinander betasteten. Dabei bleibt unklar, ob die Kinder sowohl ein besseres Tastverhalten aufweisen als auch bessere Leistungen im Umgang mit Zahlen zeigten, weil sie insgesamt intelligenter waren als die übrigen Kinder, oder ob das Tastverhalten einen direkten Einfluss auf die arithmetischen Fähigkeiten ausübt. Mit dem obigen Zitat von HASEMANN ist man geneigt, anzunehmen, dass beide Deutungen richtig sind und sich kognitive Entwicklung, Tastverhalten und arithmetische Fähigkeiten gegenseitig beeinflussen.

Insgesamt konnte CSOCSÁN viele verschiedene spontane Taststrategien beobachten, obwohl die schulische Unterweisung zum haptischen Zählen einseitig nur das sequenzielle Berühren von einem Element nach dem anderen beinhaltete. Das deutet darauf hin, dass die durch die Schule vermittelte Strategie den Erfordernissen des tastenden Zählens nicht genügte und daher von den Kindern ergänzt wurde.

AHLBERG & CSOCSÁN (1994, S. 33ff) haben das Zählverhalten von sechs blinden Kindern im Alter von 7 und 8 Jahren qualitativ untersucht. Zwei der Kinder befinden sich noch auf Level I in allen drei Dimensionen nach SICILIAN (preliminary scanning, count organizing, partitioning, s.o.), die anderen aber zählen bereits sicher auf Level III. AHLBERG & CSOCSÁN (ebd., S. 41) leiten aus dem Tastverhalten der untersuchten Kinder ab, wie sich das Zahlverständnis, insbesondere das Verständnis der Teile-Ganzes-Relation (s. dazu S. 169), im Laufe der Entwicklung verändert.

1. Die Kinder betrachten eine Menge als Anzahl von **individuellen Objekten**, die nacheinander gezählt werden.
2. Die Kinder betrachten eine Menge als Anzahl von **individuellen Objekten und als in Gruppen unterteilte Objekte**. Sie zählen nicht nur ein Objekt nach dem anderen, sondern erfassen die Objekte zusätzlich, indem sie vorher oder nachher ihre Finger gleichzeitig auf die Objekte legen, bei fünf Objekten z.B. zwei Finger der linken Hand und drei Finger der rechten Hand. Diese Gruppierung zeigt einen konzeptuellen Fortschritt hin zu Zahlen als gruppierbare Einheiten.
3. Das sequenzielle Zählen fällt (bei kleinen Mengen) ganz weg und die Kinder **strukturieren** die Menge direkt mit allen Fingern gleichzeitig. Sie verstehen die Teile-Ganzes-Relation.

Die Autorinnen fügen allerdings hinzu, dass Kinder, die Verhalten auf der zweiten Stufe zeigen, durchaus auch über das Verständnis der Teile-Ganzes-Relation verfügen können. Sie zeigen das sequenzielle Zählen möglicherweise nur, weil es in der Schule so gelernt wird.

AHLBERG & CSOCSÁN (ebd., S. 72) vermuten, dass die beidhändige Vorgehensweise es ermöglicht, Mengen zu gruppieren. Dadurch wird das Verständnis von Zahlen als unterteilbare Einheiten mit einer Teile-Ganzes-Relation angeregt. Der Einwand, dass die allgemeine Intelligenz als weitere Variable eine Rolle spielt und sowohl die Taststrategien als auch die Zahlbegriffsentwicklung beeinflusst, kann aber hier nicht ausgeräumt werden[1].

Im Folgenden werden fokussiert die Kompetenzen der Kinder zu Schulbeginn betrachtet. Hierzu gibt es recht viele Forschungsergebnisse. Dies stellt zudem die Grundlage für den Arithmetikunterricht der ersten Klasse dar, der auch im Kap. 7 (Adaption von Materialien für den Unterricht mit blinden und sehenden Kindern) im Mittelpunkt des Interesses steht.

4.5 Zahlbezogene Kompetenzen bei Schulbeginn

4.5.1 Forschungsstand zu den Kompetenzen sehender Kinder

Zum Zählen gibt es vergleichsweise ausführliche Forschungen, weil es relativ gut zu beobachten und in psychologische Experimente zu fassen ist. Blinde und sehende Kinder bringen aus der Vorschulzeit aber noch weitere arithmetische Kompetenzen mit, die nun genauer betrachtet werden sollen.

PADBERG fasst einige große Studien aus jüngerer Zeit[2] zusammen und stellt fest, dass die Kinder zu Schulanfang in der Regel einige Ziffern lesen und auch schreiben können. Die meisten Kinder verfügen bereits über den Kardinalzahlaspekt und können vorgegebenen Mengen Zahlen zuordnen und umgekehrt. Auch der Maßzahlaspekt ist in Bezug auf vertraute Maße (Längen, Geldwerte) bereits bei vielen Kindern vorhanden.

Fähigkeiten zu Schulbeginn

HASEMANN (2003, S. 27ff) kommt ebenfalls zu dem Ergebnis, dass Kinder beim Schuleintritt bereits zählen und in Anfängen rechnen können. Dies zeigt sich an den Altersangaben in seiner Darstellung der Zählentwicklung (s. S. 160). Er weist aber ausdrücklich auf die Heterogenität der Leistungen hin (2003, S. 29; 119ff), der im Anfangsunterricht Rechnung getragen werden muss.

---

[1] Weitere Ergebnisse aus dieser Studie folgen weiter unten.

[2] Selter 1995; Grassmann/Mirwald 1995; Schroedel-Verlag 1997; Schmidt 1982

BISANZ et al. (2005) haben den aktuellen Forschungsstand aus englischsprachigen Veröffentlichungen zusammengefasst. Die Kinder...
- wissen, dass eine Menge kleiner wird, wenn man etwas wegnimmt und größer, wenn man etwas hinzufügt[1].
- können in begrenztem Umfang addieren und subtrahieren, abhängig von
  - numerischer Größe des Problems
  - Anschaulichkeit der Darbietung
  - Rechenoperation: Addition fällt leichter als Subtraktion
  - Sozialer Herkunft
  - Alter
- verfügen über verschiedene (wenn auch z.T. unausgereifte) Rechenstrategien, die sie flexibel einsetzen:
  - Fingerzählen (manipulativ oder visuell)
  - Faktenabruf aus dem Gedächtnis
  - Zählen ohne externe Repräsentation
- entwickeln mit der Hilfe von Instruktion, aber auch ohne, die Strategien hin zu größerer kognitiver Effizienz

Bedeutung von Vorwissen

Untersuchungen von STERN (2005) und KRAJEWSKI (2005) zeigen, dass das Vorwissen eine entscheidende Rolle für die Entwicklung der Mathematikleistungen in den späteren Jahren spielt. Auf der Basis des Vorwissens im Kindergartenalter lassen sich Lernschwierigkeiten am Ende des ersten Schuljahres vorhersagen (Weißhaupt/Peucker/Wirtz 2006). Wenn bereits in der Vorschulzeit ein relativ gut ausdifferenzierter Zahlbegriff (zumindest kardinal u. ordinal), Zahlwissen und flexible Zählfertigkeiten vorhanden sind, dann ist es in der Folge wesentlich leichter, sich den Unterrichtsstoff anzueignen und ihn verstehend zu durchdringen. Fehlen dagegen diese Voraussetzungen, entstehen Verständnislücken, die aufgrund der logisch-kumulativen Struktur der Mathematik schwer aufgeholt werden können.

4.5.2 Umgang mit Zahlen bei blinden Schulanfängern

AHLBERG & CSOCSÁN (1997; 1999) haben den Umgang mit Zahlen[2] von 25 blinden Kindern im Alter von 5-9 Jahren untersucht (durchschnittliches Alter 7;4). Ihre Ergebnisse sind sehr aufschlussreich und sollen daher nun ausführlich dargestellt werden. Die untersuchten Kinder besuchten den Kindergarten, die Vorschule oder die erste Klasse einer ungarischen Blindenschule. Alle waren geburtsblind und hatten keine wei-

---

[1] RESNICK (1989) bezeichnet dies als „proto-quantitatives Schema", s. auch S. 89.

[2] Die Autorinnen vermeiden, von „Rechenstrategien" o.ä. zu sprechen, da dieses Wort zu sehr ein geplantes, bewusstes Vorgehen impliziert. Daher bevorzugen sie den Begriff „Umgang" bzw. „Umgangsweise".

teren Behinderungen. Die Kinder bekamen Additions- und Subtraktionsaufgaben gestellt, die meisten davon im Zahlenraum bis zwanzig (größte Zahl: 49). Die Aufgaben waren mündlich präsentierte Textaufgaben, die sich entweder auf Geld bezogen (12 Aufgaben) oder eingebettet waren in eine Alltagsgeschichte von einem Dieb, der Brötchen stiehlt (8 Aufgaben). Dabei kamen auch Aufgaben vor, bei denen ein Addend oder Subtrahend gefragt war (z.b. x-2=7 oder 12+x=19). Außerdem wurden die Kinder gefragt, wie man eine Anzahl Münzen auf zwei Hände verteilen könne (Dekomposition). Wenn sie eine Lösung fanden (z.b. bei 9 Münzen 4 in eine Hand, 5 in die andere), wurde gefragt, ob es noch andere Möglichkeiten gibt, um die Münzen aufzuteilen. Wenn die Kinder 9 Münzen auf verschiedene Art aufteilen konnten, wurde die gleiche Frage mit 13 Münzen gestellt.

In ihrer Analyse konnten die Autorinnen beobachten, dass die Kinder auf verschiedene Arten mit Zahlen umgehen. Sie leiteten daraus ab, wie Kinder in einer gegebenen Situation und basierend auf ihren früheren Erfahrungen Zahlen erfahren. Auch wenn die Umgangsweisen unten in einer Reihenfolge dargestellt sind, die einem immer weiter entwickelten Zahlbegriff entspricht, darf dies nicht als Entwicklungsabfolge missverstanden werden. Die verschiedenen Wege, mit Zahlen umzugehen, schließen einander nicht aus (Ahlberg 2000, S. 91). Je nach Situation und Aufgabenstellung bevorzugen Kinder einzelne Umgangsweisen gegenüber anderen. Wenn sich Kinder unsicher bei der Bearbeitung einzelner Aufgaben sind, beispielsweise weil ihnen der Zahlenraum zu groß und unüberschaubar erscheint, nutzen sie oft eher Umgangsweisen, die weniger kompliziert sind und weniger Zahlverständnis erfordern (Ahlberg/ Csocsán 1997, S. 31), auch wenn sie bei anderen Aufgaben bereits weiter entwickelte Umgangsweisen zeigen. Zusätzlich zeigen sich auch Abhängigkeiten von der Art der Fragestellung und dem situativen Kontext.

Exkurs: Phänomenographie

Die Studien von AHLBERG & CSOCSÁN verfolgen einen phänomenographischen Ansatz. Dem liegt die Annahme zugrunde, dass die Umgangsweisen der Kinder mit Zahlen ihre innere Erfahrung mit Zahlen *konstituieren*. Erfahrung wird als interne Person-Welt-Beziehung verstanden; durch die Konzentration auf diese Beziehung verliert die Erforschung der Kognition ihren dualistischen Charakter (äußere Welt – innere Kognition). MARTON & BOOTH (1997, S. 13) formulieren dies so: „What this boils down to [...] is taking the experiences of people seriously and exploring the physical, the social, and the cultural world they experience. [...] There is not a real world 'out there' and a subjective world 'in here'. The world is not constructed by the learner, nor is it imposed upon her; it is constituted as an internal relation between them."

Erfahrung ist gekennzeichnet durch jene Aspekte eines Phänomens (z.B. des Zahlbegriffs), die aktuell im Fokus der Aufmerksamkeit stehen (Marton/Booth 1997, S. 101; s. auch S. 107). Je mehr Aspekte simultan in Vordergrund präsent sind, desto umfassender und fortgeschrittener ist die Art der Erfahrung (Marton/Booth 1997, S. 107). Dabei ist immer davon auszugehen, dass die Aspekte im Fokus der Aufmerksamkeit nicht isoliert stehen, sondern dass das Phänomen *vermittels* eines oder mehrerer Aspekte erfahren wird (Marton/Booth 1997, S. 209). Eine phänomenographisch arbeitende Forscherin versucht, den Standpunkt eines Kindes (bzw. eines anderen Erwachsenen) einzunehmen und dessen Erfahrungswelt zu beschreiben (Ahlberg 2000, S. 21f). Auf der Basis von Verhaltensbeobachtung, Aussagen und Produkten der Kinder werden Kategorien ermittelt, in die sich die verschiedenen Umgangs- und Erfahrungsweisen einordnen lassen. Ein wichtiger Grundsatz bei dieser Analyse ist die Annahme, dass die Äußerungen der Kinder logisch und aus ihrer Sicht konsistent sind, aber möglicherweise auf einer anderen Art der Erfahrung des Phänomens beruhen (Marton/Booth 1997, S. 134f).

In jedem einzelnen Fall steht die individuelle Erfahrungsweise in Zusammenhang mit der individuellen Struktur der Aufmerksamkeit. Das Forschungsinteresse der Phänomenographie richtet sich jedoch *nicht* auf Individuen, deren Umgangsweisen sich abhängig von vielen situativen und personenbezogenen Faktoren verändern können, sondern auf die bei Betrachtung vieler Individuen zu beobachtende Variation. Diese Variationsbreite zu erfassen und zu kategorisieren ist das Ziel phänomenographischer Forschung (ebd., S. 108f, 114). Anders ausgedrückt: Die *phänomenologische* Frage, wie eine Person ihre Welt erfährt, steht nicht im Vordergrund. Die *Phänomenographie* will erforschen, welche Aspekte von Erfahrungsweisen entscheidend sind für die Effizienz, mit der Menschen mit der Welt umgehen (ebd., S. 117). Ihre Ergebnisse stellen angemessene Charakterisierungen von Erfahrungsweisen eines Phänomens auf der Basis der vorhandenen Daten (Interviews, Videos, Texte etc.) dar und sind in diesem Sinne valide (ebd., S. 136).

Lernen wird in diesem Kontext beschrieben als Veränderung der Art und Weise, in der ein Phänomen erfahren wird. Es ähnelt einem organischen Prozess: Die Erfahrungswelt wächst und verändert sich wie ein Lebewesen. Obwohl sie sich nach einem Lernprozess völlig anders gestaltet als vorher, ist sie dennoch im Grunde dieselbe geblieben (ebd., S. 158). Insofern sind die Umgangsweisen mit Zahlen, die AHLBERG & CSOCSÁN beschreiben (s.u.), zwar nicht als Entwicklungsabfolge im klassischen Sinne zu verstehen, die Reihenfolge ihrer Darstellung ist aber in dem Sinne hierarchisch, dass immer mehr Aspekte des Phänomens „Zahl" gleichzeitig erfahren werden können.

Die Analysen von AHLBERG & CSOCSÁN wollen zeigen, wie blinde Kinder Zahlen erfahren, d.h. auf welche Zahlaspekte sie in welcher Situation hauptsächlich fokussieren (Ahlberg/Csocsán 1997, S. 35). Die Teil-Ganzes-Relation, die gleichzeitige Erfahrung einer Zahl als aus Teilen zusammengesetzt und als Ganzes, wird von ihnen in ihrer Bedeutung für die Zahlbegriffsentwicklung sehr hoch eingeschätzt. Als „vollständig" gilt eine Erfahrungsweise von Zahlen, die Ordinal- und Kardinalaspekt, das Ganze, die Teile und die einzelnen Einheiten simultan beinhaltet (Marton/Booth 1997, S. 104). Dabei stützen sie sich auf das aus der Wahrnehmung heraus begründete Zahlverständnis nach VON GLASERSFELD (Ahlberg 2000, S. 9f; von Glasersfeld 1993; s. S. 155), das Zahlen als „Einheit von Einheiten" (*unit of units*) auffasst.

4.5.2.1 Zahlwort nennen

Die erste Umgangsweise mit Zahlen, die AHLBERG & CSOCSÁN (1997, S. 13ff; 1999) beobachten konnten, ist, ein Zahlwort zu nennen. Dabei richten die Kinder ihre Aufmerksamkeit nicht auf exakte Quantifikation, sie zählen nicht und erfahren daher Zahlen als reine Zahlwörter. Sie wissen wohl, dass im situativen Kontext Zahlwörter gefragt sind, haben oder verwenden aber keine dem Problem angemessene Strategie, um die richtige Zahl zu ermitteln. Dieses Ergebnis bedeutet nicht, dass die Kinder generell noch nicht über einen weitergehenden Zahlbegriff verfügen. Sie waren aber im Kontext der speziellen Aufgabe nicht in der Lage, davon Gebrauch zu machen - auch ältere Kinder fallen auf diese Strategie zurück, wenn sie mit großen Zahlen konfrontiert werden.

Bei diesem Vorgehen der Kinder konnten drei unterschiedliche Verhaltensweisen beobachtet werden: Einige Kinder nennen zufällige Zahlwörter, einige wiederholen dieselben Zahlwörter, die in der Aufgabenstellung genannt wurden. Andere Kinder haben zwar die Zahlwortreihe im Blick, nennen aber lediglich den Nachfolger einer in der Aufgabe genannten Zahl.

Robert, 6;6 Jahre alt[1]:
[Die Regeln der Dekompositionsaufgabe sind Robert bekannt.]
I: Ich habe 5 Münzen. Ich gebe einige in eine Hand. Wie viele sollen es sein?
R: 5.
I: Wie viele sind in der anderen?
R: 6.
I: Und wenn ich 3 in eine Hand nehme?

---

[1] Übersetzte Verschriftlichungen der auf Ungarisch geführten Interviews wurden durch Emmy Csocsán zur Verfügung gestellt.

R: 4.
I: Wenn ich 4 in die erste Hand nehme, wie viele sind in der anderen?
R: 5.
I: Wenn ich zuerst 3 nehme?
R: Dann 4.
I: Weißt du, wie viele es zusammen sind?
R: 5.
I: Kann ich 4 in eine Hand nehmen und 5 in die andere?
R: Kannst du.

AHLBERG & CSOCSÁN geben an, dass vor allem die jüngeren Kinder dieses Verhalten zeigten, außerdem auch ältere Kinder bei Aufgaben mit größeren Zahlen. Es konnte bei 25 untersuchten Kindern und über alle Aufgaben 6-mal im Geldkontext, 7-mal im Diebstahlkontext und 9-mal bei der Dekomposition festgestellt werden.

4.5.2.2 Schätzen

Eine eher selten beobachtete Umgangsweise (Ahlberg/Csocsán 1997, S. 16ff; 1999, S. 554f) ist das Schätzen, d.h. die Antworten liegen zwar meist nahe der korrekten Lösung, doch eine richtige Antwort ist eher zufällig. Die Kinder geben Antworten, die erkennen lassen, dass sie das Problem verstanden haben, interessieren sich aber nicht für die exakte Lösung der Aufgabe. Kinder, die auf diese Weise mit Zahlen umgehen, haben eine vage Vorstellung von der Kardinalität der Zahlen. Sie erfahren laut AHLBERG & CSOCSÁN die Zahl in erster Linie als eine „Ausdehnung" (engl. *extent*), d.h. sie verstehen eine Zahl nicht nur als beliebiges Wort, sondern haben eine, wenn auch ungenaue, Vorstellung von der kardinalen Bedeutung. Jedoch haben sie noch nicht begriffen, was „Zählen" bedeutet oder setzen es in diesem Kontext nicht ein.

Réka , 7 Jahre alt:
I: 10 – 7 =
R: 2.
I: 10 – 7 =
R: 3.
I: Woher weißt du das?
R: Ich stelle mir die Zahl 7 vor und nehme 3 dazu.
I: Woher weißt du, dass es 3 sind?
R: ...
I: Hilf mir!
R: Warte! 4.
I: 10 – 7 =
R: Da sind 4 übrig.
I: Lass es uns zusammen rechnen.
R: Da ist eine Zahl 7 und 7 + 3 = 9.

I: 7 + 3 !
R: Nehme ich 1 dazu, jetzt sind es 8, nehme 1 dazu, dann hast du 8, nehme noch 1 dazu, dann hast du 9. Also sind es 3, weil du noch einen dazu nimmst, bekommst du 10.

Nach direkter Aufforderung rechnet Réka später doch noch, indem sie in Einerschritten addiert. Diese Vorgehensweise ist bei ihr aber offenbar fehleranfällig, was ihre Bevorzugung des Schätzens erklären könnte.

Im Hinblick auf den Zahlensinn ist das eine recht interessante Beobachtung – Schätzen in einem Kontext, der eigentlich auf exakte Zahlen ausgerichtet ist, wird in der Literatur selten beschrieben, und wenn, dann mit Bezug auf erwachsene Patienten mit Läsion im Gehirn (s. „Mr. N.", Kap. 4.3.3). Aufgrund der geringen Anzahl von Beobachtungen ist es leider nicht möglich, dies weiter zu untersuchen. Es bleibt fraglich, ob die Kinder dafür wirklich den Zahlensinn bzw. den mentalen Zahlenstrahl nutzen, oder inwieweit sie mit Hilfe von Vorstellungen rechnen. Auch ist nicht immer auszuschließen, dass die Kinder stumm gezählt und dann einen Fehler gemacht haben. Abweichungen um 1 sind bei zählendem Rechnen häufig zu beobachten (Padberg 2005, S. 82f).

4.5.2.3 Zählen

Mit Hilfe von Zählen versuchen die Kinder, die genaue Anzahl zu ermitteln. AHLBERG & CSOCSÁN (1997, S. 19; 1999) unterscheiden zwei verschiedene Vorgehensweisen beim Zählen: „Doppelt-Zählen" und „Zählen und Hören".

Viele Kinder in dieser Studie zählen in zwei Zahlreihen, entweder an einer Zahlreihe hinauf und an der anderen herunter (z.B. zählen sie bei der Aufgabe 13+5: 14/5, 15/4, 16/3, 17/2, 18/1) oder an beiden Zahlreihen hinauf (14/1, 15/2, 16/3, 17/4, 18/5). Auf diese Weise halten sie nach, wie weit sie schon gezählt haben. Dieses Doppelt-Zählen erfordert eine hohe Abstraktions- und Konzentrationsfähigkeit und stellt große Anforderungen an das Arbeitsgedächtnis, was sich auch in einer hohen Fehlerquote äußert (Im folgenden zweiten Beispiel von Réka zeigt sich dies deutlich). Kinder, die auf diese Weise mit Zahlen umgehen, erfahren Zahlen auch als Zahlwörter, fokussieren aber hauptsächlich auf ihre Eigenschaft als Position in einer Reihe (ordinal), da die Zahlwortreihe aufgesagt wird. Ein Kardinalbegriff im Sinne des Kardinalzahlprinzips von GELMAN & GALLISTEL (die zuletzt genannte Zahl gibt die gesuchte Menge an, s. S. 155) ist Voraussetzung für dieses Verfahren, steht aber bei dieser Umgangsweise nicht im Zentrum der Aufmerksamkeit. Die Kinder müssen für die Entwicklung dieses Verfahrens außerdem verstehen, dass Zahlen eine Teile-Ganzes-Relation beinhalten. Sie fokussieren aber nicht gleichzeitig auf die Teile und das Ganze, weshalb Zahlen dabei nicht als

Doppelt-Zählen

unterteilbare Einheiten erfahren werden (Ahlberg 2000, S. 54). Als Beispiel sollen noch einmal Teile aus dem Interview mit Réka dienen, die auch weiterhin zunächst schätzt und dann nach Aufforderung zählt.

Réka, 7 Jahre alt:
I: Wenn es 9 Brötchen gibt und der Bäcker findet nur 5 von ihnen, wie viele sind weggenommen worden?
R: 3.
I: Woher weißt du das?
R: Genau wie vorhin: 6, 1; 7, 2; 8, 3; 9, 4. Also sind nicht 3 sondern 4 weggenommen worden.
[...]

I: Wenn ich 5 in meine eine Hand lege, wie viele sind in der anderen Hand?
R: 3.
I: Woher weißt du das?
R: Genauso wie eben: 6, 1; 7, 2; 8, 3; 9, 4. Also sind da 4.

Réka korrigiert sich jeweils nach Ausführen des Doppelt-Zählens. Ihr ist also wohl bewusst, dass dies die exaktere Vorgehensweise darstellt. Möglicherweise erscheint es ihr aber zu langsam oder zu anstrengend, weshalb sie das Schätzen vorzieht.

Zählen und Hören Viele blinde Kinder sind in der Lage, das laute Nennen der „Mitzähl"-Zahl durch Kopfnicken zu ersetzen oder rein über das Hören nachzuhalten, wie viele Zahlwörter sie schon genannt haben. Sie zählen in nur einer Zahlenreihe („Zählen und Hören"). Die Fähigkeit, die Anzahl gehörter Einheiten ohne erkennbares Mitzählen zu bestimmen, möglicherweise unter Zuhilfenahme von Rhythmus, wurde bereits in Kap. 2.3.2 ausführlich erörtert. Hier zeigt sich, wie sie im Alltag blinder Kinder zum Einsatz kommt. Das Verfahren „Zählen und Hören" verwendeten die getesteten blinden Kinder jeden Alters in dieser Studie sehr häufig, lediglich das Verwenden bekannter Zahlfakten kam häufiger vor. AHLBERG & CSOCSÁN gehen davon aus, dass die Kinder die Zahlen bei dieser Strategie als Zahlwörter, als Position in einer Reihe (ordinal) und – im Gegensatz zum Doppelt-Zählen – auch als Ausdehnung (kardinal) erfahren, weil ihnen die Anzahl der bereits genannten Zahlen ohne direktes Mitzählen bewusst ist. Da sie beim Hören *gleichzeitig* die Zahlenreihe und die bereits gezählte Menge verfolgen, erfahren sie Zahlen damit als unterteilbare Einheiten (Teile-Ganzes-Relation), d.h. sie haben begriffen, dass eine Zahl immer für eine Menge steht, die in kleinere Teile zerlegt werden kann. Dies ist eine wichtige Verbesserung gegenüber der Erfahrungsweise von Zahlen beim Doppelt-Zählen im Hinblick auf die Vollständigkeit der Zahlerfahrung.

Viktor, 8 Jahre alt:
I: *12+x=19?*
V: *...*
I: *Laut bitte!*
V: *Darf ich für mich selbst zählen?*
I: *Es ist besser laut!*
V: *13, 14, 15, 16, 17, 18, 19.*
I: *Wie viele sind das zusammen?*
V: *7.*
I: *16+8=?*
V: *17, 18, 19, 20, 21, 22, 23, 24.*
I: *Gebrauchst du deine Finger zum Zählen?*
V: *Nein, nie.*

Viktor zählt stumm, er hört die Zahlwörter in der Vorstellung. Als er laut zählt, scheint ihm die Nennung der Zahlenreihe (13-19) als Antwort zu genügen, die 7 gibt er erst auf Aufforderung an. Möglicherweise ist sie für ihn so offensichtlich, dass er es für unnötig hält, sie auszusprechen.

Einige blinde Kinder können „Zählen und Hören" bis hin zu bemerkenswert großen Zahlen ausführen. Zum Teil fassen sie dabei zur Orientierung die Zahlwörter rhythmisch in Zweier-, Dreier- oder Vierergruppen zusammen („Hören und Gruppieren", Ahlberg/Csocsán 1997, S. 20). Auch dabei werden Zahlen als unterteilbare Einheiten erfahren. Im Fokus der Aufmerksamkeit stehen nicht nur die Einer und das Ganze wie beim einfachen „Zählen und Hören", sondern zusätzlich noch Teilmengen.

Hören und Gruppieren

Márta, 6 Jahre alt:
I: *Wenn du 3 Forints hast und du möchtest 7 haben, wie viele Forints brauchst du noch?*
M: *(Sie zählt für sich eins nach dem anderen.) 4.*
I: *Wie viel sind 13 und 5 Forints zusammen?*
M: *(Sie zählt für sich.)*
I: *Sag es mir laut!*
M: *14, 15, 16, 17, 18. (Sie betont die letzte Zahl.)*
I: *Wenn du von den 15 Forints 7 wegnimmst, wie viele hast du übrig?*
M: *15, 14, 13, wie viele Forints?*
I: *7.*
M: *13, 12, 11. Das sind 5. 10, 9. Es sind 8 übrig.*
I: *Wie viel brauchst du noch, um von 12 zur 19 zu kommen?*
M: *(Sie zählt für sich.) 13, 14, 15, 16.*
I: *Wie viele?*
M: *13, 14, 15. Das sind 3. 16, 17. Das sind 5. 18, 19.*
I: *Wie viele fehlen noch?*
M: *6.*

Hier zeigen sich wieder die hohen Anforderungen, die dieses Verfahren an Arbeitsgedächtnis und Konzentrationsvermögen stellt. Andere (vor allem ältere) Kinder beherrschen „Zählen und Hören" oder „Hören und Gruppieren" mit erstaunlicher Sicherheit. In einem dokumentierten Fall verwendete ein Kind dieses Verfahren für bis zu 18 Einheiten[1]:

Martón, 8 Jahre alt:
I: Wenn der Bäcker 24 Brötchen backt und es sind 6 übrig, wie viele hat der Dieb geklaut?
M: ... 18.
I: Woher weißt du das?
M: Einzeln.
I: Zeig es mir bitte.
M: 23, 22, 21, 20, 19, 18, 17, 16, 15, 14, 13, 12, 11, 10, 9, 8, 7, 6.
I: Woher weißt du, dass das 18 Zahlen sind?
M: In meinem Kopf.

Martón verwendet im gesamten Interview dieses Verfahren und macht sehr wenig Fehler. Er bestätigt immer wieder, dass er nicht gerechnet hat:

I: Wenn dort 9 Brötchen waren und er Bäcker findet nur 5 davon, wie viele sind geklaut worden?
M: 4.
I: Woher weißt du das?
M: 9-4.
I: Ich habe dir die 4 nicht genannt.
M: Aber er fand 5.
I: Aber woher weißt du, dass du 4 subtrahieren musst?
M: ...
I: Es waren 9 und es sind 5 übrig. Hast du subtrahiert oder addiert?
M: ...
I: Versuch es!
M: Ich sage es mir selbst: 8, 7, 6, 5.

<small>Forschung zum zählenden Rechnen</small>

Auch bei sehenden Kindern ist zählendes Rechnen zum Zeitpunkt des Schuleintritts die am weitesten verbreitete Strategie (Padberg 2005, S. 101). Es erscheint daher sinnvoll, die entsprechende Forschung mit den bisherigen Ausführungen zu verknüpfen. CARPENTER & MOSER (1982; 1984) beschreiben die Entwicklung des zählenden Rechnens bei sehenden Kindern. Sie gliedern ihre Darstellung eher anhand der mathematischen Struktur der Vorgehensweise, wohingegen AHLBERG & CSOCSÁN stärker vom beobachteten Verhalten ausgehen. Dennoch ist ein Vergleich der beiden Darstellungen sinnvoll und möglich. Die durch

---

[1] auch beschrieben in AHLBERG/CSOCSÁN (1997, S. 20)

CARPENTER & MOSER beschriebene Entwicklungsabfolge wird hier durch Beobachtungen von AHLBERG & CSOCSÁN ergänzt:

Vollständiges Auszählen
Vor allem bei der Benutzung von Material werden z.b. drei und vier Plättchen hingelegt und dann vollständig gezählt.

Weiterzählen vom ersten Summanden
Die Kinder beginnen nicht mehr bei eins, sondern schließen an den ersten Summanden an: 4, 5, 6, 7 (für 3+4). Dies entspricht weitestgehend dem „Zählen und Hören" bei AHLBERG & CSOCSÁN. Sehende Kinder gebrauchen allerdings in der Regel ihre Finger, um nachzuhalten, um wie viel sie schon weitergezählt haben. Ein typischer Fehler bei dieser Vorgehensweise ist ein um 1 zu kleines Ergebnis, weil die Kinder den ersten Summanden selbst als erste Zahl zählen (3, 4, 5, 6). Diese Rechenmethode, die von den Kindern in der Regel selbstständig entwickelt wird, erfordert zumindest implizit ein Verständnis von Kardinal- und Ordinalaspekt (Padberg 2005, S. 83). Darin stimmt PADBERG mit der Analyse von AHLBERG & CSOCSÁN überein.

Das *Doppelt-Zählen* wird von CARPENTER & MOSER nicht beschrieben, es dürfte aber auch in die Kategorie „Weiterzählen vom ersten Summanden" fallen. AHLBERG (2000, S. 86) stellt fest, dass das Doppelt-Zählen bei sehenden Kindern sehr selten beobachtet wird und vermutet als Ursache, dass diese durch die Möglichkeit zum Fingerzählen das Doppelt-Zählen nicht benötigen.

Weiterzählen vom größeren Summanden
Beim Weiterzählen vom größeren Summanden ist eine Weiterentwicklung der vorherigen Strategie, bei der das Kommutativgesetz (implizit) zum Einsatz kommt. Bei Aufgaben wie „2+5" wird nicht von 2, sondern von 5 aus weitergezählt.

Weiterzählen vom größeren Summanden in größeren Schritten
Bei dieser Form des Weiterzählens handelt es sich um die effektivste Form des zählenden Rechnens. Das Weiterzählen findet z.B. in Zweierschritten (13, 15, ...) oder Viererschritten statt. Eine hohe Zählkompetenz ist dafür notwendig. Bei AHLBERG & CSOCSÁN wird Zählen in größeren Schritten nicht als Kategorie geführt. Es wurde je nach Ausprägung dem „Hören und Gruppieren" (s.o.) oder dem „Gruppieren" beim „Ausführen von Operationen" (s.u.) zugerechnet.

4.5.2.4 Ausführen von Operationen

Rechnen in Einerschritten

AHLBERG & CSOCSÁN haben aus ihren Beobachtungen noch eine weitere Umgangsweise mit Zahlen abgeleitet, das Ausführen von Operationen, oder einfacher gesagt, das Rechnen. Einige Kinder rechnen in Einerschritten: Bei der Aufgabe 3+x=7 würde das z.b. bedeuten, viermal die 1 zu addieren, bis die Summe 7 erreicht ist. Dies unterscheidet sich von den Zählverfahren, da die Kinder nicht einfach wahrnehmungsmäßig „mitzählen", um zum Ergebnis zu kommen, sondern sich bewusst sein müssen, welchen Teil sie gerade addieren oder subtrahieren. Die zugrunde liegende Erfahrung ist eine andere: Es werden sukzessiv einzelne Einheiten einer Menge hinzugefügt oder weggenommen, während bei den Zählverfahren eher auf die Zahlenreihe fokussiert wird (Ahlberg/Csocsán 1997, S. 23f; 1999).

István, 7 Jahre alt:
[Die Frage ist, wie man 9 Forintmünzen auf zwei Hände aufteilen kann]
Ist: 6.
I: Woher weißt du das?
Ist: 6+3
I: Wie erhältst du die 6?
Ist: Ich sage die 6 zuerst. Ich sage es umgekehrt, weil es so einfacher ist. Ich addiere 1 dann sind es 7 und plus 1, dann sind es 8 und plus 1, dann sind es 9.
I: Ist es möglich, 2 in eine Hand zu nehmen? Wie viele sind in der anderen?
Ist: 7.
I: Woher weißt du das?
Ist: Ich addiere 1 zu 7, dann sind es 8 und plus 1, dann sind es 9.

István rechnet in Einerschritten. Dabei verwendet er implizit das Kommutativgesetz, um den Rechenweg zu verkürzen. In der obigen Kategorisierung von CARPENTER & MOSER würde er damit wahrscheinlich unter „Weiterzählen vom größeren Summanden" fallen. AHLBERG & CSOCSÁN werten dies aber, wie gesagt, als Ausführen einer Rechenoperation. Im zweiten Teil des Beispiels (7+2=9) verwendet István erneut dasselbe Verfahren. Hier nutzt er es allerdings, um die Richtigkeit seines Ergebnisses zu beweisen, denn für den angegebenen Rechenweg ist die Kenntnis der 7 Voraussetzung. Wie er ursprünglich darauf gekommen ist, bleibt verborgen; möglicherweise hat er bekannte Zahlfakten verwendet oder das Ergebnis von der vorherigen Aufgabe (6+3) abgeleitet (s.u.).

Gruppieren

Eine Weiterentwicklung dieses Verfahrens ist das Gruppieren. Die Kinder addieren oder subtrahieren dabei kleinere Anzahlen, üblicherweise zwischen 2 und 4. Dabei erfahren Kinder die Zahlen als eine unterteilbare Einheit (Teile-Ganzes-Relation). Dies ähnelt dem „Weiterzählen vom größeren Summanden in größeren Schritten" bei CARPENTER & MOSER (s.o.), ist aber aus Sicht von AHLBERG & CSOCSÁN, ebenso wie das Rechnen in Einerschritten, kein Zählverfahren.

Noémi, 8 Jahre alt:
I: Wenn der Bäcker 14 backt und es sind 8 übrig, wie viele sind geklaut worden?
N: 4 oder...
(I wiederholt die Aufgabe)
N: ... 6
I: Sag mir, wie du angefangen hast, die Aufgabe auszurechnen.
N: 10+2, 12+2, 14+2, so.
I: Hast du in Zweiern gerechnet?
N: Ja.

Eine dritte Methode unter der Überschrift „Ausführen von Operationen" ist das Ableiten von Fakten. Die betreffenden Kinder kennen einige Zahlfakten (z.b. Verdopplungsaufgaben) auswendig und beziehen dies in ihre Rechnungen mit ein. Dabei konzentrieren sie sich nicht auf die Zahlwortreihe oder auf einzelne Teilmengen, sondern auf die Beziehung zwischen dem Ganzen und den Teilen. Zahlen sind für sie strukturierbar. Dieses Verfahren wird aber von den beobachteten blinden Schülern recht selten verwendet (insgesamt nur fünfmal).

Ableiten von Fakten

Veronika, 8 Jahre alt:
I: Kann ich 13 Forint in meinen Händen aufteilen?
[V nennt 10+3 und 12+1]
I: Wenn ich 6 in eine Hand nehme, wie viele sind dann in der anderen?
V: 7.
I: Wie hast du das gerechnet?
V: 6+6=12 plus 1.

4.5.2.5 Verwenden von Fakten

Schließlich beschreiben AHLBERG & CSOCSÁN noch das Verwenden von Fakten (Ahlberg/Csocsán 1997, S. 29f; 1999). Es ist nicht auszuschließen, dass einige Kinder zwar Fakten auswendig gelernt haben, aber die Teile-Ganzes-Relation und die Struktur der Zahlen noch nicht verstehen. Dabei erfahren Kinder die Zahl einfach nur als ein Zahlwort, ohne die weiteren Bedeutungen einer Zahl begriffen zu haben. Blinde Menschen verfügen häufig über ein gutes Gedächtnis (s. S. 62), so dass sich die Kinder möglicherweise unerwartet viele Zahlfakten merken können (Csocsán et al. 2003, S. 12).

Bei anderen Kindern haben die auswendig beherrschten Zahlfakten aber eine semantische Basis in einem ausgereifteren Zahlbegriff. „Verwenden von Fakten" wurde eher von älteren Kindern gezeigt und auch mit Abstand am häufigsten zum Lösen der gestellten Probleme gebraucht: 13-mal im Geldkontext, 21-mal im Diebstahlkontext und 18-mal bei der Dekomposition.

Veronika, 8 Jahre alt:
I: Wenn dort 9 Brötchen waren, der Bäcker aber nur 5 davon findet, wie viele sind dann geklaut worden?
V: ... 4
I: Wie bist du darauf gekommen?
V: Ich wusste es auswendig.
I: Wie viele Brötchen hat der Bäcker gebacken, wenn der Dieb 3 klaut und es sind 4 übrig?
V: 7.
I: Wie hast du das gerechnet?
V: Ich wusste es auswendig.
I: Wie?
V: Ich habe nachgedacht.
I: Hast du addiert?
V: So: 3+4=7.

4.5.2.6 Zusammenfassung der Ergebnisse

Tabelle 3 zeigt, dass die Umgangsweisen „Zählen und Hören" sowie „Verwenden von Fakten" offenbar am häufigsten vorkommen[1]. Da die befragten Kinder z.T. bereits in der Schule sind, ist es nicht überraschend, dass sie einige Zahlfakten kennen. Allerdings bleibt dabei unklar, ob diese Fakten auf einer semantischen Basis beruhen oder unverstanden auswendig gelernt wurden.

| Bedeutung von „Zählen und Hören" | Interessanter ist die Häufigkeit von „Zählen und Hören", denn dieses Verfahren wurde von den betreffenden Kindern ohne Anleitung selbst entwickelt. Woher wissen sie, dass dieses Vorgehen „erlaubt" ist und zum korrekten Ergebnis führt? AHLBERG & CSOCSÁN (1999) erklären dies wie RESNICK (1989, S. 165) damit, dass das Verständnis der Kinder von den Rechenoperationen auf der Teil-Ganzes-Relation fußt. Diese Relation ist eine entscheidende Grundlage für das Verständnis der additiven Komposition. |

---

[1] Die Zahlen sind jenseits dieser absoluten Angaben kaum zu interpretieren, da nicht allen Kindern alle Aufgaben gestellt wurden - wenn ein Kind schon einige einfachere Aufgaben nicht lösen konnte, wurde abgebrochen. Für eine statistische Aussagekraft ist die untersuchte Anzahl von Kindern ohnehin zu gering, und dies entspricht auch nicht den Zielen eines phänomenographischen Ansatzes. Vielmehr geht es darum, die Vielfalt der Umgangsweisen zu beschreiben, zu kategorisieren und die entsprechenden Formen der Erfahrung herauszuarbeiten.

Umgangsweisen mit Zahlen	Aufgaben		
	Geld	Diebstahl	Dekomposition
Zahlwort nennen			
Zufällig	3	4	2
Nachfolger	3	1	5
Gleiche Zahl	-	2	2
Schätzen	2	4	4
Zählen			
Zählen und Hören	8	15	9
Doppelt-Zählen	2	2	2
Ausführen von Operationen			
Einerschritte	3	1	2
Gruppieren	3	5	6
Ableiten von Fakten	2	1	3
Verwenden von Fakten	13	21	18

Tabelle 3: Umgangsweisen mit Zahlen (nach AHLBERG/CSOCSÁN 1997, S. 31)

Die Beobachtung, dass die blinden Kinder in dieser Untersuchung das „Zählen und Hören" häufig verwenden und z.T. sehr sicher beherrschen, während sehende Kinder häufig Fingerzählen nutzen, hat wichtige Implikationen. FAYOL & SERON (2005, S. 15f) postulieren, dass das Fingerzählen als mögliche Verbindung zwischen präverbaler Repräsentation von Anzahlen (Zahlensinn) und dem Zählen im engeren Sinn in Frage kommt (s. dazu auch Brissiaud 1992). Die Propriozeption blinder Kinder ist aber häufig nicht gut genug ausgebildet, um die Finger für das Zählen nutzbar zu machen (Pluhar 1988; s. S. 250). Die kognitiven Anforderungen an die Körperwahrnehmung sind beim Fingerzählen ohne visuelle Kontrolle hoch, weshalb die Finger nicht wie bei sehenden Kindern als leicht zugängliches und immer verfügbares Werkzeug zum Zählen zur Verfügung stehen. Einige blinde Kinder können im Alter von 7 Jahren nicht einmal nach Aufforderung Anzahlen mit den Findern zeigen.

Sie lernen aber dennoch Zählen und Rechnen (Ahlberg/Csocsán 1994, S. 29ff). Das Fingerzählen kann also nicht der einzig mögliche Weg zum verständigen Zählen sein, da auch in anderen Studien gezeigt werden konnte, dass blinde Kinder dieses Verhalten kaum von sich aus zeigen (Crollen, Mahe et al. 2011; Crollen, Seron et al. 2011). Die Beobachtungen von AHLBERG & Csocsán weisen darauf hin, dass das Hören von Anzahlen bei Blindheit an die Stelle des Fingerzählens treten könnte. Es wurde bereits gezeigt, dass vor allem bei blinden Menschen die auditive Wahrnehmung sehr gut in der Lage ist, Anzahlen aufzunehmen (s. Kap. 2.3.2) und dass der Zahlensinn auch sequenziell-auditive Ereignisse verarbeiten kann (s. Kap. 4.3.1). Blinde Kinder nutzen „Zählen und Hören" offenbar, um sich Anzahlen zu vergegenwärtigen - ähnlich wie sehende Kinder die Finger zum Zählen und Rechnen einsetzen. Beim lauten oder verinnerlichten Zählen mit Zahlwörtern können die bereits genannten Zahlwörter selbst als Hörereignisse eine Menge repräsentieren, wie es die obigen Beispiele zum „Zählen und Hören" zeigen. „Zählen und Hören" ist also ein Zählverfahren, das die Mengenwahrnehmung unterstützt, und ermöglicht so auch die Weiterentwicklung der Teile-Ganzes-Relation und des Zahlbegriffs. Damit unterscheidet es sich vom „Doppelt-Zählen", bei dem der Fokus der Aufmerksamkeit auf der ordinalen Position liegt und die kardinale Bedeutung nur eine geringe Rolle spielt.

Alle zählenden Rechenverfahren unterliegen der Problematik, dass sie bei komplexeren Rechnungen (z.B. vierstellige Zahlen, Division) nicht mehr verwendet werden können. Zählendes Rechnen ist ein Hauptsymptom für Rechenschwäche (Schipper 2003; Emerson et al. 2010, S. 6). Blinde wie sehende Kinder müssen in der Schule andere Rechenverfahren kennen lernen und verstehen („Denkendes Rechnen")."Zählen und Hören" stellt dafür aber vermutlich kein Hindernis dar, sondern kann als bedeutende Entwicklungsstufe betrachtet werden. Es ermöglicht durch seine Verknüpfung von Ordinal- und Kardinalbegriff und den Einbezug der Teile-Ganzes-Relation die Herausbildung eines Zahlbegriffs, der das Verständnis von höheren Rechenverfahren unterstützt.

4.6 Fazit

Ausgangsfrage dieses Kapitels war es, inwiefern die Entwicklung zahlbezogener Kompetenzen durch Blindheit beeinflusst wird. Die Ergebnisse der Forschung im Rahmen der PIAGETSCHEN Theorie deuten auf Verzögerungen bei blinden Kindern hin (s. Kap. 4.2.3), sind aber nicht ohne methodische Mängel (s. Kap. 4.2.2). Auf der Basis neuerer Forschungsrichtungen lassen sich nun einige besser abgesicherte Ergebnisse formulieren.

Einige grundlegende Fähigkeiten für den Umgang mit Zahlen sind neurologisch verankert. Die Fähigkeiten zum Subitizing und das ANS sind aller Wahrscheinlichkeit nach angeboren (s. Kap. 4.3.1). Zudem sind sie multimodal angelegt und damit nicht allein von visuellem Input abhängig. Die Entwicklung des mentalen Zahlenstrahls, der sich ebenfalls neurowissenschaftlich beschreiben lässt, ist dagegen mit der Zählentwicklung und dem Erwerb der arabischen Notation gekoppelt (s. Kap. 4.3.7). Das bedeutet, er entwickelt sich in Auseinandersetzung mit der Umwelt, also in Abhängigkeit von der Wahrnehmung. Die wenigen Studien mit erwachsenen blinden Teilnehmern deuten darauf hin, dass er sich auch bei ihnen normal ausbildet, über die Entwicklung im Kindesalter und mögliche Verzögerungen lassen sich allerdings auf dieser Basis kaum Aussagen machen (s. Kap. 4.3.6). Dies wäre von Interesse für die Frühförderung und den Anfangsunterricht gewesen.

Da die alltägliche Umwelt blinder Kinder in der Regel visuell dominiert ist, können sich zudem Probleme ergeben, die auf einem Mangel an auditiv und/oder haptisch zugänglichen „zahlhaltigen" Situationen beruhen. Die Finger, die bei sehenden Kindern häufig das Zählen anregen oder als Zählhilfe dienen, werden von blinden Kindern selten genutzt. Offenbar ist das Sehen eine wichtige Voraussetzung dafür, dass die Finger den Zählvorgang tatsächlich unterstützen können (s. S. 179). Besonders im auditiven Bereich kommt noch hinzu, dass Zählanlässe für blinde Kinder von sehenden Eltern und Erziehern häufig gar nicht als solche erkannt, geschweige denn kommuniziert und genutzt werden. Die Bedeutung auditiven Zählens ergibt sich klar aus der Analyse der auditiven Wahrnehmung (Kap. 2.3) und den Beobachtungen zum Umgang mit Zahlen bei blinden Kindern (Kap. 4.5). Zudem ist es haptisch schwieriger als visuell, Mengen zu vergleichen und den Zählvorgang zu organisieren (s. Kap. 4.4.3), was die Bedeutung auditiver Zugänge zusätzlich verstärkt – ohne die Notwendigkeit von Förderung des haptischen Zählens zu vernachlässigen.

Ein ganz entscheidendes Teilkonzept des Zahlbegriffs ist die Teile-Ganzes-Relation (s. S. 113 und 169). Sie besagt, dass Zahlen aus Einheiten zusammengesetzt sind, und dass diese Einheiten gruppiert und strukturiert werden können. Damit ist die Teile-Ganzes-Relation ein wichtiger Teil des Zahlbegriffs und grundlegend für das Verständnis der Rechenoperationen (s. S. 169). Grundsätzlich lässt sich diese Relation - wie andere Beziehungen und Strukturen in der Mathematik - nicht konkret anschaulich machen, sondern muss von den Kindern aktiv konstruiert werden (Lorenz 1995, S. 10; s. S. 198). Dies erfordert im Unterricht bewusste Anregung, z.B. durch das Ausführen entsprechender Handlungen und durch Kommunikation verschiedener Strukturierungen von mehrdeutigen Veranschaulichungen (Söbbeke 2007; s. Kap. 5.3)

Mathematikdidaktische Autoren wie SÖBBEKE und LORENZ gehen dabei von sehenden Kindern aus. Blinde Kinder verfügen über weniger Gelegenheiten, Anzahlen simultan über die Sinne wahrzunehmen, damit Teile und Ganzes gleichzeitig im Fokus der Aufmerksamkeit stehen (Ahlberg 2000, S. 94f). Daher ist es von großer Wichtigkeit, entsprechende Situationen zu schaffen. Dazu müssen sie Gelegenheit bekommen, viele Objekte gleichzeitig mit den Finger zu berühren („Berühren und Gruppieren"; Ahlberg/Csocsán 1994) und über „Zählen und Hören" Ganzes und Teile quasi-simultan zu erfassen. Die Frage nach passenden Veranschaulichungen und Aktivitäten zur Vermittlung von Relationen und Operationen wird in den nun folgenden Kapiteln im Mittelpunkt des Interesses stehen.

5 Auswahl und Gestaltung von Lernmaterialien

Die vorangegangenen Kapitel haben gezeigt, dass die meisten Probleme blinder Schüler im Mathematikunterricht prinzipiell dieselben Ursachen haben wie Schwierigkeiten bei sehenden Kindern. Wenn Kindern Handlungs- und Wahrnehmungserfahrungen fehlen, die grundlegend für bestimmte mathematische Konzepte sind (z.B. der Umgang mit Mengen verschiedener Art für den Zahlbegriff), fehlt ihnen die Basis für das Verständnis abstrakter mathematischer Begriffe. Dass dieses Risiko bei blinden Kindern größer ist als bei sehenden, ist als *indirekte* Folge der Blindheit zu werten und kann daher bei guten Rahmenbedingungen weitgehend ausgeräumt werden. Um blinde Kinder bei der Entwicklung zahlbezogener Kompetenzen zu unterstützen, ist es wichtig, ihnen vielfältige Aktivitäten zu ermöglichen, bei denen sie durch Tasten und durch Hören mit Zahlen und Mengen konfrontiert sind. Die passenden Lernmaterialien, um die es in diesem Kapitel gehen soll, tragen viel zu diesem Vorhaben bei. Zunächst einmal ist jedoch, als Grundlage für die folgenden Überlegungen, das Verhältnis von Veranschaulichungen, Vorstellungen und Begriffen zu klären.

5.1 Veranschaulichungen, Vorstellungen, Begriffe

Die Objekte der Mathematik sind aus Sicht des Konstruktivismus mentale Konstruktionen, die nicht etwa entdeckt, sondern erfunden werden. Sie sind nicht originär in der Welt vorhanden, sondern entstehen als Produkt einer sozialen Interaktion innerhalb der Mathematik als Wissenschaft, deren strenge logische Regeln für ihr hohes Maß an Kohärenz verantwortlich sind (T. Leuders 2005, S. 25). Die logischen Zusammenhänge, Beziehungen und Muster, die sich aus den mathematischen Objekten und den Regeln ihrer Verknüpfung ergeben, werden als mathematische Strukturen bezeichnet (Heintz 2000, S. 37).

Mathematische Objekte und Strukturen

Strukturen und Objekte der Mathematik sind kognitiv in Begriffen und Begriffssystemen organisiert, die sprachlich und vorstellungsmäßig erfasst und kommuniziert werden können. Schon das Wort „Begriff" ist allerdings je nach Kontext unterschiedlich zu verstehen, wie sich schon bei der Klärung des „Zahlbegriffs" in Kap. 4.1 zeigte. In Alltagssituationen ist damit oft nur die korrekte Bezeichnung für einen Gegenstand gemeint. In der mathematikdidaktischen Diskussion ist zu unterscheiden zwischen dem Begriff als Teil der formalen Struktur in der Mathematik und dem Begriff als Teil der kognitiven Struktur des Individuums (Büchter/Leuders 2007, S. 62f):

Begriffe

„Ein Begriff ist
- eingebunden in ein mentales Netz von Begriffen und Vorstellungen,
- alles, was man mit ihm machen kann,
- manchmal repräsentiert durch einen Prototyp, ein typisches Beispiel,
- verbunden mit Erlebnissen, Situationen und Emotionen und
- umgeben von einer Wolke aus Assoziationen."

So verstanden sind Begriffe auch sehr individuell, geprägt durch Vorerfahrungen und Lerngeschichte.

Die Definitionen und Beziehungen zwischen Begriffen oder Begriffsaspekten (z.B. zwischen Kardinal- und Ordinalaspekt) werden mit Hilfe von mathematischer Sprache und von (meist visuellen) Darstellungen erfasst und präzisiert. Diese Präzisierung führt zu einer „idealen Seinsform", d.h. die in den Begriffen gefassten Objekte (z.B. „Zahl", „Kreis") sind so in der Regel nicht in der Welt beobachtbar (Hefendehl-Hebeker 2005, S. 108). Ein Beispiel dafür ist der Begriff der „Gerade", die aus mathematischer Sicht zwar unendliche Länge, aber keine Breite hat. Unendliche Länge und nicht existierende Breite sind jedoch weder vorstellbar, noch darstellbar, noch in der Umwelt beobachtbar. Die verschiedenen zahlbezogenen Erfahrungen, die von Menschen automatisch (über *object files* und ANS, s. Kap. 4.3.2) oder bewusst gesteuert (z.B. beim Zählen) gemacht werden, sind im mathematischen Zahlbegriff zusammengefasst und abstrahiert, sozusagen destilliert. FREUDENTHAL (1983, S. 81) beschreibt dies als Durchtrennung der Verbindungen zur Realität. Diese Vorgehensweise ist aus mathematisch-historischer Sicht sinnvoll, kann aber keinesfalls bei Kindern vorausgesetzt werden:

„Mathematics is characterised by a tendency which I have called *anontologisation*: cutting the bonds with reality. This tendency is entirely justified. It is, however, the result of historical and individual development and cannot be supposed to be innate to the learner's mind." (ebd., S. 81)

Erwerb von Begriffen

Es stellt sich also die Frage, wie mathematische Begriffe Schülern vermittelt werden können. Betrachtet man die Begriffe konstruktivistisch als hochabstrakte Produkte von Aushandlungsprozessen unter Mathematikern, die aus Beobachtungen der physischen Welt erwachsen, dann hat dies ein wichtiges didaktisches Prinzip zur Folge: Kinder können demnach nur Verständnis für einen Begriff entwickeln, wenn sie zuvor Erfahrungen mit den zugehörigen Phänomenen gemacht haben (Marton/Booth 1997, S. 158ff; Ahlberg 2000). FREUDENTHAL beschreibt dieses Prinzip für den algebraischen Begriff der „Gruppe":

„In order to teach groups, rather than starting from the group concept and looking around for material that concretises this concept, one shall look first for phenomena that might compel the learner to constitute the mental object that is being mathematised *by* the group concept [Hervorh. im Orig.]." (Freudenthal 1983, S. 32)

Aus Erfahrungen erwachsen Vorstellungen, die als modale (sinnliche) kognitive Repräsentation amodaler (abstrakter) mathematischer Begriffe und Strukturen betrachtet werden können (s. Kap. 3.4.2). Aufgrund der Idealisierung und Abstraktion von sinnlich wahrnehmbaren Phänomenen müssen sie aber durch Wissen präzisiert werden. Die Vorstellung einer Gerade kann beispielsweise nicht ohne Breite sein, sonst wäre sie nicht sichtbar bzw. tastbar. Diese Vorstellung muss also um das Wissen ergänzt werden, dass Geraden nur als eindimensional definiert sind. Vorstellungen

Entscheidend für den Nutzen von Vorstellungen für die Begriffsentwicklung ist ihre Passung mit den mathematischen Strukturen. Es lassen sich Grundvorstellungen formulieren, die eine gute Passung aufweisen (vom Hofe 1995; s. Kap. 3.4.1). Für den Zahlbegriff ist beispielsweise die Vorstellung des Zahlenstrahls sehr machtvoll. Der Zahlenstrahl repräsentiert viele wichtige Aspekte der mathematisch definierten „Natürlichen Zahlen": die Unendlichkeit lässt sich kaum besser veranschaulichen, Bewegungen auf dem Zahlenstrahl repräsentieren Rechenoperationen, die dezimale Struktur kann betont werden (Freudenthal 1983, S. 101f).

Individuelle Schülervorstellungen können von Grundvorstellungen abweichen, ohne dass dadurch Probleme auftreten, sie können für das Lernen aber auch hinderlich sein (s. Kap. 3.4.2 und Abb. 15, S. 151). Um den Schülern die Entwicklung tragfähiger Vorstellungen zu ermöglichen oder zu erleichtern, werden Veranschaulichungen benötigt. Die Schülervorstellungen bleiben zwar individuell und werden von jedem Schüler auf der Basis seiner Wahrnehmung und seines Vorwissens aktiv konstruiert, doch durch bewusste Auswahl der Veranschaulichungen und durchdachte Verwendung im Unterricht können Lehrpersonen viel dazu beitragen, dass den Schülern die Konstruktion nützlicher Vorstellungen gelingt – dies ist das Thema des vorliegenden Kapitels. Veranschaulichungen

Für Materialien im Mathematikunterricht gibt es verschiedene Bezeichnungen, die in der Literatur uneinheitlich verwendet werden. LORENZ (z.B. 1992) spricht von Veranschaulichungen oder Veranschaulichungsmitteln. Dies sind Materialien, die einen mathematischen Inhalt repräsentieren sollen. Veranschaulichungsmittel dienen im Arithmetikunterricht als Mittel zur Zahldarstellung, als Mittel zum Rechnen und als Argumentations- und Beweismittel (Krauthausen/Scherer 2003, S. 227f). KRAUTHAUSEN & SCHERER (ebd., S. 212ff) weisen allerdings darauf hin, dass der Begriff „*Ver*-anschaulichung" aus Lehrsicht gedacht ist: Die Lehrperson überlegt, wie sie den Schülern einen mathematischen Inhalt veranschaulichen kann. Aus Schülersicht müsse man streng genommen von „Anschauungsmitteln" sprechen, die aktiv zur Konstruktion mathematischen Verstehens genutzt werden können. Die Autoren führen aber weiter aus, dass dies keine trennscharfe Unterscheidung ermögliche. Es sei jedoch wünschenswert, dass die Lehrperson die schülerbezogene Perspektive der „Anschauungsmittel" in ihre Überlegungen mit einbezieht. Da es in dieser Arbeit gerade um die Frage der Auswahl von Veranschaulichungen geht, die von der Lehrperson getroffen wird, soll weiterhin der Begriff „Veranschaulichung" oder „Veranschaulichungsmittel" Verwendung finden[1].

In dieser Arbeit wird zudem der neutralere Begriff „Lernmaterialien" verwendet, der als Oberbegriff für alle im Unterricht verwendeten Medien stehen kann. Viele der folgenden Überlegungen lassen sich auch z.B. auf Arbeitsblätter oder Schulbuchseiten anwenden, die im engeren Sinne keine Veranschaulichungen darstellen.

Beispiel

Ein Beispiel soll zum Einstieg verdeutlichen, dass Kinder beim Lernen ihre eigenen, oft überraschenden Wege gehen und dabei Materialien in unerwarteter Weise nutzen. WALTHES (2005, S. 12ff) beschreibt, wie sich ein sechsjähriger, blinder Junge lebhaft für ihren Fotoapparat interessiert. Er möchte wissen, was man fotografieren kann und ist so fasziniert, dass sie ihm eine Sofortbildkamera schenkt. Er macht daraufhin begeistert Fotos und lässt sich die Bilder beschreiben.

> „Er hielt den Fotoapparat direkt an eine Wand:
> - Wenn ich das hier fotografiere, sieht man dann da durch?
> - Nein, durch eine Wand kann man nicht hindurch fotografieren.
> - Und wenn ich das hier dahin halte, was sieht man dann?
> - Da ist ein Fenster, da kann man draußen den Garten sehen.
>
> Wenn er an der Tür stand und seine Freunde auf der Schaukel hörte, die hinter der Längsseite des Hauses war, fragte er:
> - Kann ich die jetzt fotografieren?
> - Nein, da ist die Ecke mit der Wassertonne davor, das geht nicht.

Zusammenhänge, von denen die Eltern längst geglaubt hatten, sie seien ihm klar geworden, standen nun noch einmal in Frage. Wieso kann man durch ein Fenster schauen und durch die Wand nicht, beides ist doch gleich hart und fest? Wo kann ich bei einem Gitter durchsehen und wo nicht, wie ist das mit dem Hören und dem Se-

---

[1] Die Tatsache, dass sich das Wort „Ver*anschau*lichung" aus dem Bereich der visuellen Wahrnehmung herleitet, ist kein grundsätzliches Problem. Es bleibt in seiner Bedeutung auch in der allgemeinen didaktischen Literatur nicht auf rein visuelle Materialien beschränkt.

hen? Können die Sehenden alles sehen, was ich höre und noch viel mehr? Es stellte sich z.B. heraus, dass er dachte, wenn er in seinem Zimmer sei, könnten ihn die Sehenden auch durch die Wand und durch die geschlossene Tür sehen." (ebd., S. 14)

Zwei Dinge werden an diesem Beispiel deutlich: Zum einen ist hier ein (für ein blindes Kind) ungewöhnliches Geschenk zu einem wichtigen Forschungsobjekt geworden, an dem der Junge sich – im Dialog mit sehenden Erwachsenen - die Eigenschaften des Sehens erarbeiten konnte. Ein aufmerksamer Blick für die aktuellen Interessen des Kindes und die Überzeugung, dass jedes Verhalten eines Kindes aus dessen Sicht einen Sinn hat (auch das Interesse eines blinden Kindes an einem Fotoapparat), haben dies ermöglicht.

Zum anderen wird deutlich, dass es für den Jungen keine direkte Möglichkeit gibt, Informationen über die Welt des Sehens zu erhalten. Er muss sich diese erst indirekt über die Kommunikation mit Sehenden erarbeiten, was ihm hier durch den Fotoapparat als Lernmaterial erleichtert wird. Dasselbe gilt umgekehrt für eine sehende Lehrperson, die ebenfalls keine Möglichkeit hat, die Welterfahrung eines blinden Schülers direkt nachzuvollziehen. Auch für diese Situation ist es hilfreich, wenn Lernmaterialien den sprachlichen Austausch unterstützen können.

Ziel dieses Kapitels ist es, Kriterien für die Auswahl passender Lernmaterialien zu entwickeln. Diese Auswahl muss sich nicht nur an den inhaltlichen Unterrichtszielen, sondern auch an den Bedingungen blinder Schüler orientieren. Die Formulierung entsprechender Anforderungen an Lernmaterialien soll den Schwerpunkt dieses Kapitels bilden. Zunächst werden auf den Einsatz von Lernmaterialien bezogene Bedingungen des integrativen Unterrichts skizziert, dann folgen die mathematikdidaktischen Anforderungen, die an Veranschaulichungen zu stellen sind. Danach werden auditive und haptische Materialien genauer in den Blick genommen.

Zielsetzung

5.2 Umgang mit Heterogenität im Unterricht

5.2.1 Heterogenität als Ausgangssituation

Integrativer Unterricht mit blinden und sehenden Schülern stellt auf verschiedenen Ebenen besondere Anforderungen an die Lehrperson. Hilfreich ist eine Grundhaltung, die Verschiedenheit zulässt und als wertvoll empfindet (Kap. 5.2.2). Auf dieser Basis entstehen Offenheit und Wertschätzung für die individuellen Vorstellungen und Denkwege blinder, aber auch sehender Schüler und die Bereitschaft, die eigenen Vorstellungen zu reflektieren (Kap. 5.2.3).

Vor allem in der Grundschule, aber auch in allen anderen Schulformen und Altersstufen muss davon ausgegangen werden, dass die Schüler keinesfalls eine homogene Gruppe bilden (Peschel 2001, S. 75). Die Vielfalt und Individualität der Vorstellungen und Vorerfahrungen von Kindern ist bereits in den vorangegangenen Kapiteln thematisiert worden. Auch die große Leistungsheterogenität vor allem zu Schulbeginn ist bereits bekannt (Hasemann 2001; s. S. 160). In der flexiblen Schuleingangsphase, die in einigen Bundesländern praktiziert wird, ist Alters- und Leistungsheterogenität zur Normalität geworden (Nührenbörger 2006, S. 6). Integration von Schülern mit Behinderung führt also nicht dazu, dass aus einer homogenen Klasse „normaler" Schüler plötzlich eine heterogene Lerngruppe wird. Die Teilnahme von Schülern mit Behinderung am Unterricht hat allerdings zur Folge, dass die Heterogenität offensichtlich wird und der Lehrer nicht mehr nur aufgefordert, sondern geradezu gezwungen ist, sich damit auseinander zu setzen.

Integration von Schülern mit Seheschäigung

Zurzeit werden ca. 25% der Schülerinnen und Schüler mit Förderschwerpunkt Sehen (d.h. Blindheit und Sehbehinderung) in Deutschland integriert beschult. In Zahlen besuchten im Jahr 2003 4.736 blinde oder sehbehinderte Schüler eine Sonderschule, 1.431 Schüler eine Regelschule. Davon entfallen 715 Schüler – in etwa 1/7 aller Schüler mit Förderschwerpunkt Sehen – auf die Regelgrundschule (KMK 2005). Bei ca. 17.000 Grundschulen in Deutschland (Statistisches Bundesamt 31.08.2007) trifft dies auf ungefähr jede 25. Grundschule zu. Einschränkend ist anzumerken, dass die Integrationsquote je nach Gesetzgebung in den Bundesländern stark schwankt, und dass hin und wieder auch mehrere Schüler mit Förderschwerpunkt Sehen gleichzeitig dieselbe Grundschule besuchen. Dennoch zeigen diese Zahlen, dass Integration blinder und sehbehinderter Schüler für die Blindenpädagogik, aber auch für die allgemeine Didaktik ein wichtiges Thema ist. Nicht-visuelle Lernmaterialien sind darüber hinaus auch nützlich für die Förderung von Schülern mit visuellen Wahrnehmungsstörungen (z.B. Rechts-Links-Vertauschung, Probleme bei der Figur-Grund-Wahrnehmung), die zu Lernschwierigkeiten in Mathematik führen können (s. Kap. 4.3.9). Dies kann hier aber nicht ausführlicher thematisiert werden.

Die in der aktuellen Sonderpädagogik vertretene Sichtweise, die nicht auf Defizite und ihre Therapie fokussiert, sondern die individuelle Kompetenz jedes einzelnen Menschen in den Mittelpunkt stellt, hat die Idealvorstellung einer „Schule für alle" zur Folge (Walthes 2005, S. 126ff). Nicht das Kind muss sich den Bedingungen der Schule anpassen, sondern die Schule den Bedingungen des Kindes. Dies gilt selbstverständlich für alle Schüler, nicht nur für die Schüler mit offiziell anerkannten Behinderungen. Konkret bedeutet es aber, dass ein blinder Schüler nicht vom Unterricht einer wohnortnahen Regelschule ausgeschlossen ist und ein weit entferntes Internat[1] besucht, sondern dass die Bedingungen der Regelschule an seine Bedürfnisse angepasst werden.

Die folgenden Abschnitte beschäftigen sich damit, welche Schwierigkeiten in der unterrichtlichen Interaktion von (in der Regel sehenden) Lehrpersonen und blinden Schülern auftreten können. Dabei wird von gemeinsamem Unterricht sehender und blinder Kinder ausgegangen, doch viele Themen betreffen auch den Unterricht an Blindenschulen.

5.2.2 Umgang der Lehrpersonen mit Behinderung und Blindheit

Unterricht kann allgemein auch als Kommunikationsprozess zwischen Lehrperson und Schülern beschrieben werden (Csocsán 2004, S. 190). Im Kontext des Unterrichts mit blinden Schülern ist das Bild von Behinderung und Blindheit, welches reflektiert oder unreflektiert die Kommunikation und das Verhalten der Lehrpersonen steuert, von großer Bedeutung. Zu diesem Thema gibt es viel Literatur, die hier nur ausschnitthaft dargestellt werden kann (z.B. Länger 2002; Spittler-Massolle 2001; Walthes et al. 1994; Walthes 2005).

Das Weltbild sehender Menschen ist notwendigerweise visuozentristisch,   Visuozentrismus
d.h. – wertfrei formuliert – Sehende können die Wahrnehmungen und Vorstellungen von blinden oder sehbehinderten Personen prinzipiell nicht nachempfinden. Blinde Wahrnehmung ist grundsätzlich verschieden von der Wahrnehmung sehender Personen, die ihre Augen schließen, wie in den Kapiteln zur Wahrnehmung (0) und den Vorstellungen (3) immer wieder deutlich wurde. Visuozentrismus wirkt sich immer dann negativ aus, wenn dieses Weltbild unreflektiert auf blinde Menschen und ihre Situation übertragen wird.

Für viele sehende Personen erscheint das Leben ohne Sehvermögen als sehr schwierig, denn sie sind selbst stark visuell dominiert und können sich nicht vorstellen, ohne Sehen zurechtzukommen (Walthes 2005, S. 74). Stereotype Einstellungsmuster, nach denen blinde Menschen entweder als hilflos oder als mit übernatürlichen Fähigkeiten begabt beschrieben werden, können zusätzlich Unsicherheit auslösen (Weinläder 1985, S. 527). Solche Einstellungen der Lehrperson können nicht nur deren grundsätzliche Bereitschaft beeinflussen, ein blindes Kind zu unterrichten, sondern teilen sich über Kommunikation und Verhalten auch den Schülern mit. Schädliche Einstellungen können von Schülern mit

---

[1] Aufgrund der geringen absoluten Zahl blinder Kinder in Deutschland gibt es vergleichsweise wenig Blindenschulen, so dass Internatsunterbringung oder lang dauernde tägliche Fahrten auch von Schulanfängern in Kauf genommen werden müssen.

Sehschädigung übernommen werden, so dass sie selbst davon ausgehen, in ihrem Leben immer hilflos und abhängig zu bleiben. Es besteht auch die Gefahr, dass die Persönlichkeit eines blinden Kindes auf die Sehschädigung reduziert wird (Rath 1999, S. 70f). Tauchen z.B. Lernschwierigkeiten in Mathematik auf, so werden diese im ungünstigen Fall einfach mit der Sehschädigung begründet. Andere den Lernprozess belastende Ursachen, sei es der Mangel an grundlegenden Erfahrungen mit Mengen, eine Dysfunktion im zahlverarbeitenden System des Gehirns oder auch emotionale Probleme, werden nicht in Erwägung gezogen.

Probleme erst im Kontakt mit der Umwelt

Wenn ein Großteil der Schwierigkeiten, die im Unterricht oder anderswo auftauchen, ursächlich auf die (meist nicht veränderbare) Blindheit bezogen wird, entziehen sich diese Probleme einer echten Lösung. Dadurch werden die die pädagogischen Möglichkeiten sehr eingeschränkt. Geht man dagegen davon aus, dass Wahrnehmung und Denken eines blinden Menschen in sich vollständig und funktionstüchtig sind (s. S. 20) und die eigentliche Behinderung erst im Kontakt mit der auf Sehen ausgerichteten Umwelt entsteht, verliert die Behinderung ihren unveränderlichen, untherapierbaren Charakter:

> „Blindheit mag eine Tatsache und die zutreffende Begründung für Nicht-Sehen-Können sein, alles was sich jedoch an Problemen damit verbindet, sind Produkte des kommunikativen Umgangs damit." (Walthes et al. 1994, S. 55)

Durch diese Änderung der Denkweise eröffnen sich viele Möglichkeiten, in die Umwelt einzugreifen und die Passung zu erhöhen – z.B. die Auswahl und Gestaltung der Veranschaulichungen an die Bedingungen des blinden Schülers anzupassen. Die Sehschädigung verliert ihren dominierenden Status für die Persönlichkeit der Person und wird zu einem Merkmal unter vielen.

Ein weiterer problematischer Aspekt eines unreflektierten Bildes von Behinderung ist, dass Behinderung als Störung empfunden wird (ebd., S. 54f). Beispielsweise wird Kommunikation von sehenden Menschen oft als gestört erlebt, wenn sie in Kontakt mit blinden Menschen kommen:

> „Durch eine blinde Person werden Sehende zu ‚Behinderten': Sie verlieren ihre Sprache und verstummen, da sie ihr gesamtes System optischer Bezüge nicht mehr etablieren können." (Länger 2002, S. 143)

Verschiedenheit fruchtbar machen

Die emotionale Qualität der Lehrer-Schüler-Interaktion kann durch Unsicherheiten und Einstellungen der Lehrpersonen im Umgang mit einem blinden Kind leicht beeinflusst werden. Gerade im gemeinsamen Unterricht mit blinden und sehenden Kindern ist es daher wichtig, schädliche

Einstellungen so weit wie möglich abzulegen. Sie erscheinen auch nicht mehr zeitgemäß, wenn in der Mathematikdidaktik ebenfalls die Fruchtbarmachung von Verschiedenheit als wichtiger Grundsatz geführt wird (s. S. 194 und S. 202). WALTHES formuliert die Hoffnung auf eine entsprechende pädagogische Grundhaltung:

> „Die Intransparenz der Wahrnehmung, die im Zusammenhang mit Blindheit und Sehbehinderung offensichtlich wird, im Grunde jedoch alle Wahrnehmenden betrifft, und die Unterschiedlichkeit der Weltaneignung von Kindern und Erwachsenen, könnte zu einer pädagogischen Grundhaltung führen, die durch Neugier und dem Kennenlernen-Wollen der je spezifischen Aneignungsweise geprägt ist." (Walthes 1998, S. 68)

Bei der Betrachtung von Unterschieden zwischen blinden und sehenden Schülern darf im Übrigen nicht vergessen werden, dass auch die Gruppe der blinden Schüler selbst keinesfalls homogen ist. Sie ist sogar sehr heterogen (Laufenberg 1993, S. 378f). Letztendlich besteht die Herausforderung in einem zeitgemäßen Unterricht darin, jeden Schüler und jede Schülerin unabhängig von äußeren Merkmalen oder Behinderungen als Individuum zu betrachten und entsprechend zu fördern.

5.2.3 Vielfältige Vorstellungen in der unterrichtlichen Interaktion

Nicht nur die Schüler verfügen über Vorstellungen von mathematischen Begriffen und Operationen, auch die Lehrperson wird im Umgang mit Schüleräußerungen und bei der Auswahl von Veranschaulichungen, Methoden und Aufgaben in gewissem Umfang durch eigene Vorstellungen gesteuert. Dies betrifft Vorstellungen zum Thema Blindheit und Behinderung ebenso wie Vorstellungen von mathematischen Begriffen. Wenn Lehrervorstellungen unreflektiert in den Unterricht hineinwirken, kann das zur Folge haben, dass Schülervorstellungen, die zu weit von denen der Lehrerin abweichen, unbeachtet und ungenutzt bleiben oder gar als „falsch" abgetan werden. Es ist also wichtig, dass sich die Lehrperson ihrer Vorstellungen bewusst ist, damit sie reflektiert einschätzen kann, wann diese Vorstellungen das Denken und die Wahrnehmung zu sehr einengen. Wie es möglich ist, die eigenen Vorstellungen gewinnbringend zu reflektieren, zeigen z.B. GALLIN & RUF mit der Arbeit an den Kernideen[1] (Gallin/Ruf 1990, S. 109ff).

Vorstellungen der Lehrperson

Auch von Blindenpädagogen wurde in der Vergangenheit vermutet, die Vorstellungen blinder Menschen seien zu abstrakt oder beinhalteten ein Übermaß an freier Phantasie (s. Kap. 3.3.1). Heute muss man dagegen davon ausgehen, dass die Vorstellungen blinder Menschen in ihrer Funk-

Vorstellungen blinder Schüler

---

[1] Zur Abgrenzung der Begriffe „Vorstellung" und „Kernidee" s. Kap. 3.4.1

tion denen Sehender gleichen, aber auf den jeweils zur Verfügung stehenden Sinneserfahrungen basieren und sich daher unterscheiden. Da Sehende kaum in der Lage sind, die Vorstellungen blinder Schüler nachzuvollziehen, muss es für Schüler *und* Lehrpersonen die Möglichkeit geben, über ihre Vorstellungen zu reflektieren und sich auszutauschen. Dazu ist die Sprache ein wichtiges Mittel (Spittler-Massolle 2001, S. 215). Über die verbale und schriftliche Kommunikation (z.b. im Lerntagebuch, s. Beck 2002; Ruf/Gallin 1998) kann die Lehrperson Informationen zu den Vorstellungen und Denkweisen der Schüler gewinnen, z.B. darüber, ob die Vorstellungen, die Rechenoperationen zugrunde liegen, eher haptischer oder eher auditiver Natur sind.

Kommunikation mit Veranschaulichungen

Doch auch Veranschaulichungen sind für die Kommunikation notwendig. Vorstellungen sind sprachlich nicht immer leicht wiederzugeben, vor allem nicht für blinde Grundschüler, weil die durch Sehende geprägte Sprache oft nur wenig differenzierte Begriffe für die Beschreibung auditiver oder haptischer Wahrnehmungen bereithält (z.B. für verschiedene Tast- und Klangqualitäten; s. Frey 1995). Die verfügbaren Begriffe müssen möglicherweise im Unterricht erst erläutert werden, weil sie noch nicht zum Wortschatz der Schüler gehören. Die Kommunikationsfunktion von Veranschaulichungsmitteln (s. S. 202) kommt in diesem Zusammenhang besonders zur Geltung. Es sei hier an das Eingangsbeispiel dieses Kapitels erinnert: Die Sofortbildkamera als Lernmaterial ermöglichte es einem blinden Jungen, sich im Austausch mit Sehenden über seine Fotos die Eigenschaften des Sehens zu erarbeiten. Umgekehrt erfuhren die Sehenden dadurch, welche Vorstellungen über das Sehen er entwickelt hatte (s. S. 186). Beobachtungen der Handlungen von blinden Schülern an den Lernmaterialien können Aufschluss über die zugrunde liegenden Vorstellungen geben. So kann man z.B. sehen, ob ein Kind die Markierungen der Fünfer- und Zehnerstruktur am Zahlenstrahl nutzt, oder ob es einfach die Einerstriche zählt. Beobachtungen des Zählverhaltens können Aufschluss über den Stand der Zählentwicklung und der Taststrategien geben (Sicilian 1988, s. Kap. 4.4.3).

Diagnostische Grundhaltung

Die Sammlung von Informationen über Schülervorstellungen blinder und sehender Schüler aus der Kommunikation und Beobachtung darf allerdings nicht in einer vorschnellen Festschreibung oder Ursachenzuweisung münden. Da die Wahrnehmungen und Vorstellungen der Schüler nicht direkt zugänglich sind, kann dies schnell zu Fehldiagnosen führen. Hilfreich ist eine Grundeinstellung, wie WALTHES sie beschreibt:

> „Verstehen wollen bedeutet hingegen nicht Wissen, nicht Erklären, aber Wissen wollen. Zum Verstehen wollen gehört die Neugier, über den anderen, seine Strategie, seine Denkweise etwas kennen lernen zu wollen, zum Verstehen gehört der Dialog" (Walthes 2005, S. 98).

Methoden der Beobachtung und Diagnose im Unterricht können hier nicht weiter vertieft werden. Voraussetzung für die Interpretation von Äußerungen, Handlungen und Produkten der Schüler ist allerdings die Annahme, dass jedes Verhalten, jede Äußerung für das Individuum einen Sinn hat, auch wenn sich dieser für Außenstehende nicht sofort (oder nie!) erschließt. Als Beispiel dafür seien die Forschungen angeführt, nach denen blinde Menschen selten ein externes Raumkonzept nutzen und den Raum eher egozentrisch repräsentieren. Dies wurde häufig als Fehl- oder Unterentwicklung des Raumverständnisses interpretiert, obwohl es unter nicht-visuellen Bedingungen die effektivere Repräsentationsform darstellt (s. S. 35ff). SPITTLER-MASSOLLE (2001, S. 211) findet deutliche Worte für diese Situation:

> „Auch im blindenpädagogischen Diskurs der Gegenwart sind kaum Hinweise dafür zu finden, dass blinden Menschen zugestanden wird, sich mit ihren Sinneskonzeptionen zu entwickeln."

Die Auswahl der Veranschaulichungsmittel bestimmt mit, welche Vorstellungen der Schüler überhaupt kommuniziert werden. Wenn im Unterricht keine auditiven Veranschaulichungen vorkommen, bleiben die entsprechenden Vorstellungen der Schüler von der Kommunikation ausgeschlossen, da es keinen Anlass und wenig sprachliche Möglichkeiten gibt, um sie zu thematisieren. Dies gilt nicht nur für blinde Kinder: BAUERSFELD & O'BRIEN (2002, S. 5) beklagen die Dominanz des Visuellen im allgemeinen Mathematikunterricht. Sie fordern, dass im Unterricht alle Sinne angesprochen werden und dass der modale Transfer unterstützt wird. Brachliegende, nonvisuelle Erfahrungen und Vorstellungen auch der sehenden Kinder sollten aufgegriffen und in nützliche Bahnen gelenkt werden. Trotz der notwendigen Beschränkung auf wenige, vielfältig einsetzbare Veranschaulichungen darf daher nicht vergessen werden, verschiedene Sinneskanäle anzusprechen und verschiedene Zugänge zu mathematischen Inhalten zu ermöglichen. Dieser Konflikt ist Thema des nächsten Abschnitts.

Verschiedene Zugänge ermöglichen

5.3 Mathematikdidaktische Anforderungen an Lernmaterialien

Im Folgenden sollen wesentliche Anforderungen an die Gestaltung und Verwendung von Veranschaulichungsmitteln systematisch zusammengestellt und in ein Begründungsgefüge gebracht werden. Dabei gilt dem Arithmetiklernen blinder Kinder im integrativen Unterricht besondere Aufmerksamkeit.

Vorerfahrungen steuern das Denken

Alle Kinder verfügen über Erfahrungen aus der vorschulischen und alltäglichen informellen Mathematik – das Aufteilen von Bonbons, das Umfüllen von Flüssigkeiten, das Zählen, ihr Wissen über Zahlen (Uhrzeit, Hausnummer…); den Umgang mit Geld, einfaches Addieren. Es ist von großer Bedeutung, dass die Lernmaterialien den Anschluss an solche Vorerfahrungen ermöglichen. Kinder gehen nicht als „tabula rasa" an die Arbeit mit einem neuen Lernmaterial heran, sondern bringen Vorerfahrungen mit, die - z.B. in Form von Vorstellungen - zur Grundlage des Lernprozesses werden. Vorstellungen sind nicht nur das erwünschte Ergebnis des Umgangs mit Veranschaulichungen, sondern sie gehen diesem Umgang auch voraus und beeinflussen ihn ihrerseits (Bauersfeld 1996, S. 146). Mit NEISSER (1976, S. 106; s. S. 101) können sie als Pläne für die Informationsaufnahme beschrieben werden und bestimmen so, was ein Schüler in einer bestimmten Situation wahrnimmt und was nicht. SEEGER (1993) weist darauf hin, dass Veranschaulichungsmittel nicht nur (idealerweise) Verständnis erzeugen, sondern auch Verständnis voraussetzen, um die inhärente mathematische Struktur überhaupt erst zu erfassen. Die inhaltlichen Voraussetzungen sollten daher vor der Benutzung erarbeitet und gefestigt worden sein (Radatz 1993).

Vielfalt der kindlichen Zugangsweisen

Diese Heterogenität der Voraussetzungen von Schülern führt dazu, dass ihre Deutungen und Strukturierungsideen zu Veranschaulichungen nicht vorhersehbar und oft unerwartet sind (Söbbeke 2007; Lorenz 1992, S. 46). Besonders die Deutungen blinder Kinder, deren Umgang mit den Veranschaulichungen nicht auf visueller Basis geschieht, können auf sehende Lehrpersonen und Mitschüler ungewöhnlich und überraschend wirken. Die Lehrperson muss diese Deutungen auf der Basis der Wahrnehmungsbedingungen und Erfahrungsmöglichkeiten blinder Kinder interpretieren, um ihren Nutzen für das mathematische Denken bewerten zu können (mehr dazu in Kap. 5.2.3).

Wenn man auf die Unterschiede zwischen den Vorstellungen blinder und sehender Schüler fokussiert, gerät leicht aus dem Blick, dass Vorstellungen grundsätzlich sehr individuell sind. Das bedeutet, dass man keine Homogenität visueller Vorstellungen bei sehenden Schülern erwarten kann und im Unterricht grundsätzlich mit hoher Variabilität rechnen und umgehen muss. Auch die Vorstellungen blinder Schüler sind individuell. Sie werden leicht in Abgrenzung zu sehenden Schülern als Gruppe „in einen Topf gesteckt". Wie etwas repräsentiert wird und zu welchen Anteilen auditive, haptische oder auch z.B. olfaktorische Vorstellungen beteiligt sind, ist nicht vorhersagbar. Bei Schülern, die erst kurz vor Schuleintritt oder später erblindet sind, ist zusätzlich mit visuellen Vorstellungen zu rechnen. Offenbar ist eine Vielfalt verschiedenster Materialien wichtig, um den unterschiedlichen Vorerfahrungen, Vorstellungen und Denkweisen blinder und sehender Schüler gerecht zu werden (Schindele 1985, S. 116f).

Doch die Verwendung verschiedener Veranschaulichungsmittel zum gleichen Thema kann problematische Folgen haben. Derselbe mathematische Inhalt (z.B. die Aufgabe 6+7) zieht an verschiedenen Materialien (haptischer oder visueller Zahlenstrahl, Mehrsystemblöcke, Zahldarstellung durch Klatschen…) sehr unterschiedliche Wahrnehmungen und Handlungen nach sich, die längst nicht von allen Schülern in einander überführt werden können (Lorenz 2005, S. 147f). Unterschiedliche Materialien und Handlungen können zudem unterschiedliche subjektive Erfahrungsbereiche (s. S. 99) aktivieren, die gerade bei Schulanfängern noch unverbunden nebeneinander existieren (Krauthausen/Scherer 2003, S. 214). Der Schritt von der Veranschaulichung zum abstrakten mathematischen Inhalt wird von vielen Schülern nicht automatisch vollzogen (McNeil & Jarvin 2007). Von schwächeren Schülern, bei denen die für den Umgang mit einem Veranschaulichungsmittel grundlegenden Konzepte (z.B. Stellenwertsystem für Mehrsystemblöcke) noch nicht sicher zur Verfügung stehen, werden neue Veranschaulichungen eher als neues Problem denn als Hilfe empfunden (Lorenz 1993, S. 142). Deshalb ist es unerlässlich, eine didaktisch wohlüberlegte Entscheidung für wenige Materialien zu treffen (Krauthausen/Scherer 2003, S. 231).

Beschränkung auf wenige Materialien

Für blinde Schüler verstärkt sich diese Problematik zusätzlich, weil sie ein neues Material erst einmal genau kennen lernen müssen, um sich im Umgang damit leicht orientieren zu können. Diese Phase des Kennenlernens ist zeitaufwendig (Csocsán et al. 2003, S. 47), aber erforderlich, damit die Konzentration auf den mathematischen Gehalt nicht behindert wird. Dies gilt vor allem für haptische Materialien (mehr dazu in Kap. 5.4.1). Auch für sehende Kinder wird vermutet, dass unvertraute Materialien zu viel Verarbeitungskapazität in Anspruch nehmen können und es dann nicht mehr möglich ist, gleichzeitig auch Aufmerksamkeit auf den intendierten mathematischen Inhalt zu richten (Boulton-Lewis 1998, S. 222).

Um die Zahl der verwendeten Materialien niedrig zu halten, sollten Lernmaterialien vielfältig einsetzbar sein. Unterschiedliche Inhaltsbereiche, nicht nur eng umgrenzte Unterrichtsinhalte, sollten mit ihnen bearbeitet werden können. Außerdem sollte eine strukturgleiche Erweiterung auf die Inhalte kommender Schuljahre möglich sein (z.B. vom 20er-Feld zum 100er-Feld) (Nührenbörger 2007).

Vielfältige Einsetzbarkeit

Ein weiterer, eher praktischer Grund für wieder verwendbare Materialien ist der Herstellungsaufwand. Dies ist vor allem im integrativen Unterricht, aber auch an der Blindenschule von hoher Bedeutung, da es weniger käuflich zu erwerbende Materialien für den Unterricht mit blinden Kindern gibt, und diese aufgrund der geringen Stückzahlen vergleichsweise teuer sind. Daher werden viele Materialien von Lehrpersonen, Integrationshelfern oder Eltern selbst erstellt oder adaptiert[1]. Wenn es sich um Verbrauchsmaterialien handelt, die z.b. zerschnitten werden sollen, dann kann es sinnvoll sein, dies aufgrund des großen Herstellungsaufwandes zu ändern, indem z.B. Klettbandhalterungen verwendet werden oder leicht reproduzierbare Materialien in der Textverarbeitung auf dem Computer gespeichert werden (Weihe-Kölker 2000, S. 3).

Es gilt also, die idealen Materialien im Spannungsfeld von Vielfalt und Reduktion auszuwählen. Die Passung von Materialien hängt dabei nicht nur vom mathematischen Inhalt ab, sondern auch von den Wahrnehmungs- und Lernbedingungen der Schüler. Deshalb gibt es kein ideales Lernmaterial für alle Schüler einer Gruppe, nicht einmal dann, wenn alle Schüler sehend sind. Durch Beobachtung, Kommunikation und Analyse der Produkte ihrer Schüler (s. Kap. 5.2.3) muss sich die Lehrperson einen Überblick darüber verschaffen, welche Materialien für ihre (blinden und sehenden) Schüler am besten geeignet sind. Dabei kann sie sich nicht nur auf mathematikdidaktisches Wissen stützen, sondern benötigt auch Wissen über Wahrnehmung und Vorstellungen bei Blindheit.

Repräsentation der mathematischen Grundidee

Veranschaulichungen dienen im Arithmetikunterricht als Mittel zur Zahldarstellung, Mittel zum Rechnen und als Argumentations- und Beweismittel (Krauthausen/Scherer 2003, S. 226ff). Allgemein stellen sie Modelle für mathematische Zusammenhänge dar. In Ihrer Funktion für Zahldarstellung und Rechnen müssen sie die Ausbildung von Vorstellungen und das kognitive Operieren mit den Vorstellungen unterstützen (Krauthausen/Scherer 2003, S. 215ff). Ein wichtiges Kriterium für den Nutzen mathematikbezogener Vorstellungen, und damit auch der entsprechenden Veranschaulichungen, ist die strukturelle Passung zu den abstrakten mathematischen Begriffen und Strukturen. Veranschaulichungen sind allerdings - wie jedes Modell – begrenzt und können nur einen Ausschnitt des abstrakt-mathematischen Zusammenhangs mit all seinen Facetten und Anwendungen abbilden. Daher ist es entscheidend, dass geprüft wird, in welcher Weise welches Veranschaulichungsmittel bestimmte Strukturierungen oder Operationen unterstützt. Das verwendete Veranschaulichungsmittel kann durch seine modellhafte Beschränktheit die Denkprozesse auch behindern (Lorenz 2007) – ein wichtiges Kriterium auch für die Wahl zwischen haptischen und auditiven Materialien, die ganz unterschiedliche Eigenschaften aufweisen (s. Kap. 5.4). Bei diesen

---

[1] Ein Überblick über käuflich verfügbare Materialien und Vorschläge für die eigene Herstellung findet sich unter www.isar-projekt.de.

Überlegungen bleibt jedoch immer zu bedenken, dass Vorstellungen auf den ganz individuellen Voraussetzungen (Vorerfahrungen, Wahrnehmungsbedingungen) von Schülern beruhen und ihre Entstehung nicht direkt beeinflussbar ist (s. Kap. 3.4.2). Selbst wenn eine Veranschaulichung also sehr gut zum mathematischen Inhalt passt, bleibt die Frage, ob und wie die Ausbildung entsprechender Vorstellungen im Unterricht beeinflusst werden kann.

Ein erster Schritt in diese Richtung ist getan, wenn die mathematischen Strukturen leicht im Material wieder zu finden sind. „Das Material sollte die Aufmerksamkeit auf den zu lernenden arithmetischen Inhalt lenken, davon ablenkende Merkmale sollten reduziert sein" (Gerster 1994, S. 41). Bei Materialien für blinde Schüler ist zu bedenken, dass auch erhöhte Anforderungen bei der Orientierung auf haptischen Materialien ablenkend wirken können (s. Kap. 2.2.4). Reduktion auf das mathematisch Wesentliche und die haptische Betonung wichtiger Strukturierungen ist bei Materialien für blinde Kinder von besonderer Bedeutung (Csocsán/ Hogefeld/Terbrack 2001, S. 302).

Gute Strukturierung

Was bedeutet das konkret für Veranschaulichungen zum Zahlbegriff? Der Zahlbegriff zeichnet sich wie alle mathematischen Begriffe durch einen hohen Grad an Verallgemeinerung und Abstraktheit aus (s. Kap. 5.1). Für einen tragfähigen Zahlbegriff, der in der Folge das Verständnis von Rechenoperationen und die Zahlbereichserweiterungen unterstützt, sind vor allem die abstrakten Beziehungen *zwischen* Zahlen von Bedeutung (Hefendehl-Hebeker 2001, S. 102). Zahlen stehen nicht nur für konkrete Mengen, sondern sie bilden Relationen ab und haben in diesem Sinne keine eigene Größe (Lorenz 2005; Stern 2005). Bei Veranschaulichungen im arithmetischen Bereich müssen daher im Wesentlichen die Zahl*beziehungen* thematisiert werden, nicht die konkreten Vorstellungen der zur Zahl gehörigen Menge.

Veranschaulichung abstrakter Strukturen

In Bezug auf PIAGETS Sichtweise auf Vorstellungen (S. 74f) wurde bereits deutlich, dass abstrakte Beziehungen nicht in statischen Vorstellungen repräsentiert sein können, sondern auf Handlungen und kognitiven Operationen beruhen. In der Grundschule kann dabei rein kognitives Operieren noch nicht vorausgesetzt werden, und auch später sollte es nicht alleiniges Mittel sein. Die kognitive Transformation von Vorstellungen ist vor allem zu Beginn der Grundschulzeit noch eine schwere Aufgabe für die Schüler (Kosslyn 1990). Deshalb müssen die Lernmaterialien so gestaltet sein, dass konkrete Handlungen mit ihnen möglich sind, die den mathematischen Beziehungen und Strukturen entsprechen (Radatz 1993, S. 21; Söbbeke 2007, S. 9). SUNDERMANN & SELTER (2000) verdeutlichen, dass Letzteres immer überprüft werden muss. Handlungsorientiertes „Lernen mit allen Sinnen" verkommt leicht zum

Handeln

„übertrieben reichhaltigen Angebot von wenig substantiellen Aktivitäten" (ebd., S. 113), wenn der Bezug zur mathematischen Struktur nicht vorhanden ist: Die Autoren beschreiben z.b. eine Aufgabe, bei der die Anzahlen der Elemente aus zwei „Fühlsäckchen" multipliziert werden sollen. Die Tasthandlung unterstützt hier bestenfalls die Zählkompetenz und Anzahlerfassung, während die Multiplikation selbst durch das Material nicht veranschaulicht wird, sondern im Kopf stattfinden muss.

Übergang zum denkenden Rechnen

Arithmetische Veranschaulichungsmittel in der Grundschule ist müssen insbesondere einen der wichtigsten Entwicklungsschritte in diesem Alter, die Ablösung vom zählenden und den Übergang zum denkenden Rechnen unterstützen (Krauthausen/Scherer 2003, S. 232; Hasemann 2003, S. 98ff). Dieser Aspekt ist in der ersten Klasse so wichtig, dass er als einzige wirklich inhaltsbezogene Anforderung hier mit eingeht; die anderen Anforderungen betreffen eher prozessbezogene Eigenschaften der Veranschaulichungen. Das denkende Rechnen nutzt die Kraft der Fünf, die Struktur des Stellenwertsystems und andere Rechenvorteile (z.b. Verdoppelung, bekannte Zahlfakten) aus. Voraussetzung dafür ist die Fähigkeit, Mengen zu strukturieren. Dafür muss die simultane Erfassung von Anzahlen bis fünf und die strukturierte Erfassung größerer Zahlen durch das Material verstärkt werden (Hasemann 2003, S. 129f).

Grundlegend für die Fähigkeit, Mengen bewusst zu strukturieren, das Verständnis der Teile-Ganzes-Relation. Dieses Konzept ist für blinde Kinder schwerer zu erfassen als für sehende. Das Verständnis der Relationen zwischen Zahlen und der Teile-Ganzes-Relation beruht auf Erfahrungen mit zählbaren Mengen und kontinuierlichen Mengen wie Flüssigkeiten, Längen etc.. Solche Erfahrungen machen viele blinde Kinder im Alltag seltener als ihre Altersgenossen, weil es für sie schwieriger ist, z.B. Wasser in ein Glas zu füllen, Kuchen zu schneiden oder einen Riegel Schokolade zu teilen (Csocsán et al. 2003, S. 12). Sie können andere Kinder nicht dabei beobachten und bekommen seltener selbst Gelegenheit dazu, weil es zu viel Zeit kostet oder die Erwachsenen nicht wollen, dass sie etwas verschütten. Auditive Erfahrungsmöglichkeiten (Zeitdauer, Anzahl von Klängen) werden im Alltag zudem kaum thematisiert. Für den Erwerb der Teile-Ganzes-Relation sind simultane sensorische Erfahrungen unerlässlich, und diese können von blinden Kindern eher auditiv als haptisch gemacht werden (Csocsán 2000; s. Kap. 2.3.2). Sowohl für das Zählen als auch für die Teile-Ganzes-Relation ist daher die Verwendung auditiver Materialien notwendig.

Fokussierung auf abstrakten Gehalt

Beziehungen und Strukturen können jedoch nicht direkt in einem Veranschaulichungsmittel gesehen, gehört oder ertastet werden. Sie sind nicht unmittelbar in den Wahrnehmungen und Handlungen enthalten, sondern müssen von den Schülern selbst aktiv konstruiert werden. Entscheidend für den Nutzen einer Veranschaulichung ist die Möglichkeit, nicht konkrete Zahlen oder Handlungen, sondern Zahlbeziehungen und abstrakte Operationen zu vermitteln (Steinbring 1994, S. 7). Die Loslösung von den Einzelheiten der aktuellen Wahrnehmung und die Verknüpfung eines Veranschaulichungsmittels bzw. einer darauf beruhenden Vorstellung mit einer an sich abstrakten Relation ist der erste Schritt zur Abstraktion (Damerow 1996, S. 371ff). Dafür ist vor allem das Nachdenken über den mathematischen Gehalt, die Metakognition notwendig. Dazu einige Beispiele:

„Mathematikunterricht in einer 2. Klasse.
Thema: Zehnerübergang
Rahmengeschichte: Der Frosch und das Känguruh springen auf dem Zahlenstrahl. Der Frosch springt immer bis zur nächsten 10, das Känguruh springt sofort in einem Satz zum Ziel.

Zwei beispielhafte Aussagen aus einer längeren Unterrichtsepisode:

Lehrer: Der Frosch kann zwar nicht ganz so weit wie das Känguruh springen, aber ich glaub', der ist ganz schlau. Warum springt der auf 'nen Zehner? Wer hat 'ne Idee?
Schüler (später): Außerdem ist das Känguruh besser, weil es das ja in einem Sprung macht, es muss nicht zweimal hüpfen, ... und dann ist das Känguruh auch schlauer. Wenn da 'ne Straße wär', dann springt das Känguruh einfach 'rüber. Der kann doch überfahren werden der Frosch..."

(Steinbring 1994, S. 7)

Hier zeigt sich deutlich, dass die Aufmerksamkeit auf die mathematisch relevanten Aspekte gerichtet werden muss, sonst besteht die Gefahr einer Fokussierung auf nicht relevante konkrete Details und Vorstellungen (s. auch Lorenz 1992, S. 82f).

Auch eine Untersuchung von SÖBBEKE (2007) hat gezeigt, dass Schulanfänger oft Schwierigkeiten haben, sich von dem konkreten Wahrnehmungsinhalt zu lösen und die Aufmerksamkeit auf die mathematische Struktur oder Beziehung zu richten, die in der räumlichen Struktur des Materials repräsentiert ist. SÖBBEKE beschreibt z.B., wie einem Erstklässler zwei Punktekarten präsentiert werden, die beide 3x6 Punkte als Punktefeld darstellen. Die eine Karte liegt aufrecht vor ihm, die andere quer. Nachdem er zunächst anmerkt, das beide Karten „eigentlich gleich" seien, fokussiert er so sehr auf die Wahrnehmung der konkreten Situation, dass er die Möglichkeit, im 3x6-Feld auch die Aufgabe 6x3 zu sehen, verneint. Doch wie kann es gelingen, die mathematischen Strukturen und Relationen in den Fokus zu rücken und Vorstellungen zu erzeugen, die sich für das Verständnis als hilfreich erweisen?

| Dokumentier-barkeit | Eine Möglichkeit, das Nachdenken über Relationen und Strukturen zu fördern, ist das Darstellen dieser gefundenen Beziehungen durch Zeichnungen. Durch die eigene Produktion solcher Ikonisierungen werden die Schüler angeregt, Wichtiges von Unwichtigem zu trennen und Vorstellungen zu entwickeln, die durch einen ausreichenden Abstraktionsgrad flexibel einsetzbar sind. Im Unterricht mit sehenden Schülern werden daher häufig Zeichnungen auf der Basis von Veranschaulichungen angefertigt, die z.b. Zahldarstellungen oder Handlungen zeigen. Veranschaulichungen sollten dementsprechend so gestaltet sein, dass die Übertragung in eine ikonische Darstellung leicht gelingt (Krauthausen/Scherer 2003, S. 232). Dies fördert auch die wichtige Fähigkeit, flexibel zwischen Repräsentationsebenen zu wechseln (Böttinger 2007).

Im Übrigen ermöglicht die Ikonisierung auch eine Dokumentation der Ergebnisse für das spätere Nachschlagen und für die Kommunikation (s. S. 202). Die Lernergebnisse ausschließlich über sprachliche Beschreibungen zu dokumentieren und zu kommunizieren, übersteigt vor allem bei Schulanfängern die verbalen und schriftlichen Fähigkeiten. Wie dies blinden Schülern ermöglicht werden kann, wird ab S. 230 eingehender diskutiert. |

| Mehrdeutigkeit und Offenheit | Die Verwendung von Veranschaulichungen, die eine inhärente Mehrdeutigkeit aufweisen, kann ebenfalls die Metakognition und die Fokussierung auf den mathematischen Gehalt unterstützen. Mehrdeutigkeit ist prinzipiell eine Eigenschaft aller Veranschaulichungen, weil sie vom einzelnen Schüler immer verschieden interpretiert werden können. Dies wurde jedoch in der Vergangenheit eher als Problem angesehen, weil man versuchte, mathematische Eindeutigkeit auch z.B. bei der Übertragung eines Sachbildes in eine Aufgabe zu erreichen, oder ein aus Lehrersicht adäquates Vorstellungsbild allen Schülern gleichermaßen zu vermitteln. Heute wird dagegen gefordert, Mehrdeutigkeiten zuzulassen und in der Klasse zu thematisieren (Steinbring 1994, S. 16ff). SÖBBEKE (2007, S. 7) spricht von der Einführung in eine „spezielle Kultur der Deutung […], die sowohl dem symbolischen Charakter der Anschauungsmittel als auch deren Mehrdeutigkeit gerecht wird." Schüler müssen lernen, aktiv Strukturen zu erkennen, zu nutzen und zu bewerten (Voigt 1993). Dies kann z.B. durch die explizite Behandlung mehrdeutiger Bilder geschehen („Welche Aufgaben kann man in diesem Bild sehen?"), oder durch die Diskussion unterschiedlicher Strukturierungen in Punktmustern. Die Schüler müssen zudem lernen, sich von einer erfassten Struktur zu lösen und flexibel eine andere Struktur im Material zu erkennen, denn dies ist eine entscheidende Fähigkeit für das Lösen mathematischer Probleme (Söbbeke 2007). |

Die Bevorzugung mehrdeutiger Lernmaterialien geht sehr oft einher mit einer Offenheit für die Nutzung auf unterschiedlichen Leistungsniveaus, mit Hilfe unterschiedlicher Sinneskanäle und für individuelle Bearbeitungs- und Lösungswege. Die große Heterogenität innerhalb der Gruppe der blinden Kinder und die vielfältigen Unterschiede zwischen blinden und sehenden Kindern in Wahrnehmung, Denken und Handeln machen Offenheit von Lernmaterialien zu einem besonders wichtigen Punkt. Mehrdeutigkeit eines Veranschaulichungsmittels und Offenheit für verschiedene Leistungsniveaus, Strukturierungen, Strategien und Lösungswege dienen der Angemessenheit an die unterschiedlichen Bedingungen der einzelnen Schüler.

Die explizite Thematisierung von Umdeutungen im Unterricht führt außerdem dazu, dass die Aufmerksamkeit von den konkreten Eindrücken hin zu den abstrakten mathematischen Ideen gelenkt wird, die für verschiedene Deutungen und Verwendungen des Materials konstant bleiben. Eine Veranschaulichung, die verschiedene Deutungen zulässt, kann im Idealfall auch z.B. den verschiedenartigen Raumkonzepten und den daraus resultierenden Deutungen und Lösungswegen blinder und sehender Kinder Rechnung tragen. Voraussetzung dafür ist selbstverständlich, dass die Deutungen blinder Kinder im Unterricht als Bereicherung empfunden und gleichwertig neben die der sehenden Kinder gestellt werden (s. Kap. 5.2).

Als Beispiel kann die Beobachtung von CSOCSÁN et al. (2003, S. 74; s. S. 239) dienen, nach der blinde Kinder bei den Zehnerstangen der Mehrsystemblöcke dazu neigen, die tastbaren Trennlinien zwischen den Einerwürfeln selbst als Objekte zu betrachten, und nicht die Würfel dazwischen. Von diesen Markierungen gibt es nur neun. Dennoch ist diese Deutung nicht per se als „falsch" abzuwerten - eher könnte man das Material als ungeeignet bezeichnen. Die blinden Kinder folgen hier ihrer Wahrnehmung und zählen die haptisch auffälligsten Objekte – in den meisten Kontexten ein sehr sinnvolles Verhalten. Ob bei den Zehnerstangen die neun Markierungen oder die zehn „Würfel" zu zählen sind, wird nicht durch das Material vorgegeben, sondern beruht auf dem Dezimalsystem, also einer abstrakten mathematischen Struktur, die in die Veranschaulichung hineininterpretiert werden muss. Der Zusammenhang zwischen den Einerwürfeln und den Zehnerstangen ist für die blinden Kinder nicht unbedingt offensichtlich. Wenn die verschiedenen Deutungen zunächst wertfrei aufgegriffen und in der Klasse diskutiert werden, können die sehenden und blinden Kinder viel über den Zusammenhang von Zehnerstangen und Einerwürfeln und die Bedeutung der Zahl 10 im Dezimalsystem lernen. Die blinden Kinder erfahren zusätzlich noch etwas über die Unterschiede zwischen visueller und haptischer Wahrnehmung[1].

Abb. 16: Mehrsystemblöcke
http://www.didaktische.ph-karlsruhe.de/material_arithmetik.htm

Aus praktischer Sicht muss bei bewusst mehrdeutig gehaltenen Veranschaulichungen bedacht sein, dass blinde Kinder mehr Zeit benötigen, um ein Material haptisch kennen zu lernen, sich darauf zu orientieren und um Handlungen damit auszuführen, selbst wenn es haptisch sehr gut zugänglich ist. Dieser Zeitbedarf kann dazu führen, dass sie die Mehrdeutigkeit der Materialien weniger gut nutzen können, d.h. weniger verschiedene Strukturierungsmöglichkeiten entdecken und/oder weniger flexibel zwischen ihnen wechseln. Dies kann zumindest teilweise durch offene Lernformen aufgefangen werden, in denen blinde Kinder in ihrem eigenen Tempo arbeiten können.

Kommunikation mit Veranschaulichungen

Individuelle Deutungen und Lösungswege müssen im Unterricht diskutiert werden. Auch dieser Austausch dient der Entwicklung von Metakognition und dem flexiblem Umgang mit verschiedenen Strukturierungen (Lorenz 2007, S. 16). Veranschaulichungen haben auch die Funktion eines Argumentationsmittels, also eines Mediums zur Kommunikation mathematischer Ideen im Unterricht (Krauthausen/Scherer 2003, S. 228; Boulton-Lewis 1998, 235; s. S. 193). Auf den Austausch zwischen Schülern wird heute vergleichsweise mehr Wert gelegt, während die Instruktion durch die Lehrperson weniger Raum einnimmt. Aus diesem Grund müssen Veranschaulichungsmittel eine Doppelfunktion erfüllen – einerseits sollen sie die Schüler beim Aufbau von adäquaten Vorstellungen von Zahlen und Rechenoperationen unterstützen, andererseits werden sie genutzt, um eigene Wege der Problemlösung anderen Schülern (und der Lehrperson) zu verdeutlichen (Lorenz 2007). Sprache ist hierfür häufig zu umständlich oder nicht ausreichend (s. S. 73). Veranschaulichungen müssen also die Kommunikation mathematischer Inhalte

---

[1] Für die Unterrichtspraxis wäre es allerdings insgesamt wohl sinnvoller, die Würfel zusätzlich durch Punkte zu markieren oder mit Steckwürfeln oder Montessori-Perlen zu arbeiten, bei denen die zehn Würfel haptisch besser hervortreten.

unterstützen. Dies ist für blinde Schüler mit ihren nicht-visuellen Vorstellungen ein besonders wichtiger Aspekt (s. S. 192).

Die Kommunikationsfunktion von Veranschaulichungen hat praktische Konsequenzen: Methodisch gesehen müssen Veranschaulichungsmittel im Rahmen ganz unterschiedlicher Arbeits- und Sozialformen einsetzbar sein. Für die Kommunikation der Lehrperson oder eines Schülers mit der gesamten Klasse wird eine „Demonstrationsversion" benötigt, an der ein Sachverhalt erläutert und ein Lösungsweg dargelegt werden kann. Für blinde Schüler, die den Aktionen an der Tafel nicht folgen können, müssen hier allerdings andere Lösungen gesucht werden (s. S. 243).

Praktische Anforderungen

Es gibt noch weitere Anforderungen an Lernmaterialien, die aus der Praxis entstehen. Das Preis-Leistungs-Verhältnis bzw. der Herstellungsaufwand müssen stimmen, und auch ökologische Aspekte sollten bei der Herstellung Berücksichtigung finden. Weiterhin sollten die Materialien auch ästhetisch ansprechend gestaltet sein. Die Handhabbarkeit ist wichtig, d.h. Lernmaterialien müssen in Größe und Handhabung den motorischen Fähigkeiten von Kindern angepasst werden. Haltbarkeit unter Alltagsbedingungen und organisatorische Handhabbarkeit (schnell zu verteilen/wegzuräumen) spielen ebenfalls ein wichtige Rolle.

Die hier erarbeiteten mathematikdidaktischen Anforderungen für die Auswahl und Gestaltung von Veranschaulichungen sollen nun noch einmal zu einem Katalog zusammengefasst werden. Dieser Katalog dient als Referenz für die konkrete Auseinandersetzung mit haptischen und auditiven Materialien (s. Kap. 6.2 und 7).

Zusammenfassung

Zunächst wurde diskutiert, was die Heterogenität der Wahrnehmungsbedingungen, Vorerfahrungen und Vorstellungen der Schüler in einer Klasse für Veranschaulichungen bedeutet. Die Verwendung eines neuen Veranschaulichungsmittels erzeugt immer einen zusätzlichen Lernaufwand, was dafür spricht, ihre Zahl so gering wie möglich zu halten. Umgekehrt sollte aber die Bandbreite der Wahrnehmungs- und Handlungsmöglichkeiten mit den verfügbaren Veranschaulichungsmitteln ausreichen, um die Heterogenität der Wahrnehmungsbedingungen, Vorstellungen und Leistungsniveaus in einer Klasse abzudecken. Aus diesen gegenläufigen Argumenten erwächst die folgende Anforderung:

(1) **Vielfältige Einsetzbarkeit**
Veranschaulichungen müssen für verschiedene Unterrichtsinhalte über längere Zeit verwendbar sein, wenn nötig mit strukturgleichen Erweiterungen.

Die abstrakten mathematischen Strukturen bzw. die mathematikdidaktische Grundvorstellung sollten angemessen veranschaulicht sein. „Angemessenheit" bemisst sich dabei sowohl am fachlichen Gehalt als auch an den Lernvoraussetzungen der Schüler. Dies ist gewährleistet, wenn die folgenden Anforderungen erfüllt sind:

(2) **Betonung erwünschter Strukturierungen**
Ablenkende, unwichtige Details müssen reduziert sein und erwünschte Strukturierungen durch Markierungen unterstützt werden.

(3) **Handlungsmöglichkeiten**
Es müssen Handlungsmöglichkeiten gegeben sein und durch die Gestaltung unterstützt werden, die den Strukturierungsmöglichkeiten und den darauf basierenden Zahl- und Operationsvorstellungen entsprechen.

(4) **Offenheit**
Veranschaulichungsmittel sollten mehrdeutig und offen für individuell verschiedene Strategien sein.

Die eigenen, auf Veranschaulichungen basierenden Gedankengänge sollten für die Umwelt und für die eigene Rückschau zu einem späteren Zeitpunkt zugänglich zu machen sein. Dadurch werden Kommunikation und Reflexion ermöglicht, und dies dient wiederum auch der Fokussierung der Aufmerksamkeit auf abstrakte Strukturen und Begriffe:

(5) **Dokumentierbarkeit**
Mathematische Beziehungen und Strukturen, auf die sich beim Umgang mit Veranschaulichungen und beim gedanklichen Operieren mit Vorstellungen die Aufmerksamkeit richtet, sollten dokumentierbar sein. Dafür ist es wichtig, dass eine Ikonisierung von Schülerinnen und Schülern leicht auszuführen ist.

(6) **Kommunikation**
Die Kommunikation mathematischer Ideen sollte durch das Veranschaulichungsmittel unterstützt werden.

Speziell für Veranschaulichungen im Arithmetikunterricht der Grundschule ist es wichtig, dass der Übergang zum denkenden Rechnen gefördert wird. Hierzu muss das Verständnis der Teile-Ganzes-Relation unterstützt werden - bei sehenden und in besonderem Maße bei blinden Schülern. Dies führt auf die folgende Anforderung:

(7) **Simultane und strukturierte Wahrnehmung von Anzahlen**
Die Veranschaulichung soll die simultane Wahrnehmung und die Strukturierung von Anzahlen durch ihre Gestaltung erleichtern (z.B. durch Hervorheben von Fünfern und Zehnern).

Neben diesen Anforderungen, die sich aus didaktischen Erwägungen zur Lernsituation ergeben, gibt es weitere Aspekte, die eher auf den praktischen und ökonomischen Einsatz der Veranschaulichung als Lehrmittel abzielen:

(8) Das **Preis-Leistungs-Verhältnis** bei käuflichen Materialien und der **Herstellungsaufwand** bei Materialien, die selbst erstellt oder modifiziert werden, sollen den ökonomischen und zeitlichen Möglichkeiten im Schulbetrieb angemessen sein.
(9) **Ökologische und ästhetische Anforderungen** an die Veranschaulichungsmittel sind ebenfalls von Bedeutung. Hier kann es zu Konflikten mit der Ökonomie kommen.
(10) Für den täglichen Umgang der Schülerinnen und Schüler mit den Materialien sind die **Handhabbarkeit** (unabhängig von den didaktischen Aspekten) und die **Haltbarkeit** von Bedeutung. Aus Sicht der Lehrkraft ist die **organisatorische Handhabbarkeit** eine wichtige Anforderung. Dazu gehören beispielsweise auch das Vorhandensein einer Demonstrationsversion und die Einsetzbarkeit in verschiedenen Arbeits- und Sozialformen.

Dieser Katalog von Anforderungen an Veranschaulichungen im integrativen Unterricht kann als Basis dienen für die genauere Betrachtung haptischer und auditiver Materialien in den nun folgenden Kapiteln.

5.4 Lernmaterialien für den Arithmetikunterricht mit blinden Kindern

Hier sollen kurz die im Unterricht mit blinden Kindern üblichen Lernmaterialien vorgestellt werden. Dann wird begründet, warum auditive Materialien wenig verwendet werden – und warum dies sich ändern sollte.

5.4.1 Haptische Lernmaterialien

Dieses Kapitel soll einen Überblick über gebräuchliche Veranschaulichungen im Arithmetikunterricht mit blinden Kindern vermitteln. Diese sind in der Regel haptischer Natur. Die Kategorisierung der dargestellten Veranschaulichungsmittel orientiert sich an den üblichen Materialien für sehende Kinder im arithmetischen Anfangsunterricht der 1. Klasse und stellt jeweils Adaptionen für blinde Kinder kurz dar; genauere Ausführungen zur Adaption folgen in den Kapiteln 6.2 und 7. Insbesondere werden hier solche Materialien vorgestellt, die sich auch für den Unterricht mit dem „Zahlenbuch" aus der Reihe „mathe 2000" eignen, da dies der Adaption von Schulbuchseiten in Kap. 7 zugrunde liegt. Diese Materialien zeichnen sich dadurch aus, dass sie didaktisch durchdacht und ausführlich erprobt sind und den obigen Anforderungen an gute Veranschaulichungen so weit wie möglich entsprechen.

Zählgegenstände

Unstrukturierte Mengen von realen Objekten (z.B. Bohnen) werden als Zählgegenstände bezeichnet. Sie sind in der Regel tastbar und können ohne weitere Adaption verwendet werden. Es ist wichtig, zu unterscheiden, ob die zu zählenden Objekte beweglich oder fixiert sind. Im letzteren Fall ähneln sie einem Mengenbild und erfordern andere Zählstrategien, da das Wegschieben der gezählten Objekte nicht möglich ist.

Zähl- und Mengenbilder

Bilder, auf denen Alltagssituationen mit zählbaren Elementen dargestellt werden, sollen hier als Zählbilder bezeichnet werden. Als Mengenbilder sind dagegen Darstellungen von Objektmengen ohne situativen Kontext (z.B. sechs Käfer, vier Tassen) zu bezeichnen. Für blinde Kinder können Bilder mit Hilfe von fixierten realen Objekten, Tiefziehfolie oder Oberflächen mit verschiedenen Tastqualitäten als Reliefdarstellungen adaptiert werden.

Zahlenstrahl und Punktreihen

Der Zahlenstrahl ist eine bedeutende mathematische Grundvorstellung (Freudenthal 1983, S. 101ff; Lorenz 1997, S. 96ff). Er korrespondiert mit dem mentalen Zahlenstrahl, und es ist anzunehmen, dass er dessen Gestalt beeinflusst (s. Kap. 4.3.7). LORENZ (1992, S. 153), FLOER (1993, S. 114) und HASEMANN (2003, S. 83) weisen allerdings darauf hin, dass der Zahlenstrahl für die Darstellung von Multiplikation und Division wenig geeignet ist, und dass es den Schülern zu Beginn oft schwer fällt, die Zwischenräume zwischen den Strichen für die ganzen Zahlen richtig zu deuten. Auch die Null als Startzahl (anstelle der gewohnten Eins) ist für Schulanfänger irritierend. HASEMANN empfiehlt, mit der Zwanzigerreihe als Vorform des Zahlenstrahls zu beginnen, wie es auch im Zahlenbuch (mathe 2000) geschieht. Diese kann als Reliefdarstellung oder mit Hilfe von Rechenschiffchen tastbar gemacht werden.

Rechenkette

Die Rechenkette oder Rechenschnur ist ein klassisches Veranschaulichungsmittel aus der Blindenpädagogik, das im Unterricht mir sehenden Kindern weniger genutzt wird. Es ähnelt in seiner räumlichen Struktur den Punktreihen und wird deshalb hier erwähnt. Schon im 19. Jahrhundert an Blindenschulen wurde die sogenannte „Rechenschnur" verwendet, eine Kette von einhundert in gleichmäßigen Abständen fixierten Perlen, von denen jede fünfte und jede zehnte speziell markiert war. Solche Ketten sind in modifizierter Form noch heute in Gebrauch (Csocsán et al. 2003, S. 69f). KLEIN (1819/1991, S. 102) schlug vor, dass die Schüler während des haptischen Zählens laut mitzählen. Dies kann nach den Ergebnissen von AHLBERG & CSOCSÁN (s. S. 172) leicht dazu geführt haben, dass die Schüler auch eine auditive Vorstellung von Anzahlen entwickelt haben: Das laute Aufsagen der Zahlwörter ermöglicht selbst einen wahrnehmbaren Eindruck der gezählten Menge, wie es beim „Zählen und Hören" genutzt wird.

Es gibt heute Varianten mit 10, 20 und 100 Perlen. Oft hat jede fünfte und jede zehnte Perle eine andere Form oder Größe (bzw. Farbe). Bei einigen Modellen sind die Perlen in gewissen Abständen voneinander durch Knoten fixiert. Zum Teil werden sie mit Nägeln auf Korkplatten befestigt, damit sie nicht immer mit einer Hand festgehalten werden müssen. Heute wird meist eine Version mit verschiebbaren Perlen verwendet, vorzugsweise auf Pfeifenreinigern aufgezogen, damit sie nicht verrutschen. Die Herstellung ist einfach, so dass die Anzahl der Perlen leicht zu variieren ist. Für den Lehrgang mit dem Zahlenbuch können z.B. zwanzig Perlen aufgezogen werden.

Abb. 17: Rechenkette
(Csocsán 2003)

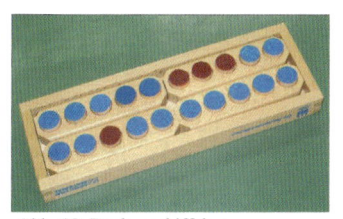

Abb. 18: Rechenschiffchen
(AK blind/sehbehindert in NRW, 2004)

Punktefelder haben eine hohe Bedeutung im Unterricht. Vor allem im Zusammenhang mit der „mathe 2000"-Reihe sind sie unverzichtbar (Krauthausen/Scherer 2003, S. 24). Sie werden häufig zusammen mit Wendeplättchen genutzt, die auf die Felder gelegt werden. Sie dienen der Orientierung im Zahlenraum und der Vorbereitung des Rechnens (z.B. Zahlzerlegungen, Ergänzen bis zur Zehn, Verdoppeln und Halbieren, konkrete Darstellung von Additionen) (Hasemann 2003, S. 85). In der ersten Klasse werden in der Regel Zwanzigerfelder verwendet, später Hunderterfelder, die auch der Beschäftigung mit der Multiplikation dienen.

Punktefelder, Rechenschiffchen

Für blinde Kinder können Punktefelder mit tastbaren Punkten als Reliefdarstellung umgesetzt werden. Damit die Wendeplättchen nicht verrutschen, sollten Plättchen und Unterlage magnetisch sein. Günstig für die Handhabbarkeit beim haptischen Umgang ist in der ersten Klasse die Verwendung von Rechenschiffchen mit Vertiefungen, in welche die Wendeplättchen eingefügt werden können (Csocsán/Hogefeld/Terbrack 2001, S. 306; Linscheidt 2003, S. 84). Rechenschiffchen sind beweglich und können frei angeordnet werden, auch z.b. als Zwanzigerreihe. Üblicherweise stellen sie ein Zwanzigerfeld dar. Für blinde Kinder müssen die Wendeplättchen mit verschiedenen Texturen (z.b. glatt/samtig) für die Farben beklebt werden.

Punktmuster Würfelbilder und andere nicht-rechteckige Punktmuster werden im Zahlenbuch ebenfalls häufig eingesetzt. Solche Punktmuster können wie die Punktefelder als Reliefdarstellung adaptiert werden (z.b. mit selbstklebenden Filzpunkten).

Nutzen haptischer Veranschaulichungen Haptische Lernmaterialien spielen insgesamt eine bedeutende Rolle im Unterricht mit blinden Kindern. Sie ermöglichen die Veranschaulichung räumlicher Zusammenhänge und entsprechen am ehesten den visuellen Materialien sehender Mitschüler. Dadurch ermöglichen sie im Idealfall gemeinsames Arbeiten sehender und blinder Schüler an räumlich veranschaulichten mathematischen Themen. Probleme entstehen, wenn eine unkritische Übertragung visueller Veranschaulichungen ins Haptische stattfindet oder die blinden Kinder unter ungünstigen Bedingungen mit solchen Materialien umgehen müssen (z.b. Zeitmangel). Einige Eigenschaften haptischer Wahrnehmung müssen Beachtung finden (s. Kap. 2.2):
- Die Schüler brauchen für das Kennen lernen und den Umgang mehr Zeit und z.T. auch zusätzliche Förderung.
- Die kognitiven Anforderungen der haptischen Raumwahrnehmung sind höher als im visuellen Fall.
- Ausdauer und Konzentration spielen bei der Benutzung eine bedeutendere Rolle.
- Wird der Tastvorgang zu langwierig oder komplex, kann der mathematische Gehalt leicht in den Hintergrund treten.

In Bezug auf die Zahlbegriffsentwicklung stellt sich dass Problem, dass eine wirklich simultane Wahrnehmung oft nicht möglich ist und das Zählen hohe Anforderungen an die räumliche Kognition und die Handlungsplanung stellt (s. S. 162f). Dies behindert die Entwicklung des Zahlbegriffs vor allem im Vor- und Grundschulbereich, da diese Fähigkeiten dann noch nicht weit entwickelt sind. Auf diesem Hintergrund ist es erstaunlich, dass auditive Materialien so wenig Beachtung finden.

5.4.2 Dominanz haptischer Materialien

In den von der KMK formulierten Anforderungen für die Lehrerbildung wird nur Basiswissen zur „Gestaltung taktiler Medien" gefordert, auditive Medien kommen nicht vor (KMK 2008, S. 47). Beobachten lässt sich dieses Ungleichgewicht auch bei einem Blick auf Sammlungen von

Unterrichtsmaterial: In der Materialdatenbank des Projekts ISaR[1] stehen 99 Materialien in auditiver Form 1444 Materialien in haptischer Form gegenüber. Was ist die Ursache dieser Differenz? Haben auditive Materialien aus didaktischer Sicht tatsächlich so wenig Nutzen, oder gibt es andere Ursachen?

Dass für den Erstrechenunterricht Veranschaulichungen notwendig sind, wurde bereits von J. W. KLEIN (1765-1848), dem Gründer der ersten deutschsprachigen Blindenschule in Wien, berücksichtigt. Er orientierte sich dabei an seinem Zeitgenossen PESTALOZZI (1746-1827), der sich mit der Bedeutung von Anschauung im Unterricht auseinandergesetzt hatte (vom Hofe 2003, S. 24ff). Neben der russischen Rechenmaschine benutzte er reale Zählgegenstände und die Rechenschnur (s. S. 206) im Unterricht (Klein 1819/1991, S. 86ff). Wie bereits angemerkt, verwendete er vermutlich unbewusst eine „auditive Veranschaulichung", indem er die Schüler dazu anhielt, beim Benutzen der Rechenschnur laut zu zählen. Dies könnte die Entwicklung der Rechenmethode „Zählen und Hören" (s. S. 172) bei den Schülern unterstützt haben. KLEIN berichtet auch, wie blinde Kinder spontan Zahlen durch Klatschen darstellen, und vermutet die Ursache dafür in dem geringeren Bedarf an Selbsttätigkeit beim Hören:

Abwertung des Hörens

„Das Gehör fordert, wie das Gesicht, weniger äußere Selbstthätigkeit als der Tastsinn, daher wird das blinde Kind zuerst für das Hörbare empfänglich. Alle seine Unterhaltungen und Spiele, selbst sein Lernen setzt es damit in Verbindung. Während es zählen und Nahmen lernt, klatscht es sich oder andern dabey einen gewissen Tact in die Hände." (Klein 1819/1991, S. 31)

Mit seiner Vermutung liegt KLEIN aus heutiger Sicht durchaus richtig, denn der Bedarf an Handlungsplanung für das Tasten von Anzahlen ist ja tatsächlich höher als für das Hören (s. S. 66).

Aus diesem Zitat spricht jedoch erkennbar auch Verwunderung darüber, dass „selbst das Lernen" mit dem Hören in Verbindung gesetzt wird. In der Geschichte der Blindenpädagogik wurden auditive Materialien als wenig nützlich oder gar schädlich für den Unterricht eingeschätzt. Die Forschung und Entwicklung von Methoden bezog sich weitgehend auf das Tasten (Walthes 2006, S. 247f). SIMON HELLER war beispielsweise der Ansicht, dass alles bloß Gehörte für das blinde Kind nur Objekt „phantastischer Spekulation", nicht aber gegenständlicher Verstandesaktion werde. Raumwahrnehmung erschien ihm von entscheidender Bedeutung für das Denken; dem Tasten schrieb er einen höheren „Realitäts-

---

[1] ISaR steht für „Integration von Schülerinnen und Schülern mit einer Sehschädigung an Regelschulen"

grad" als dem Hören zu (Heller 1888 und Heller 1904a, zit. nach Hudelmayer 1970, S. 15, 43). KREMER weist dem Hören ebenfalls nur wenig Bedeutung für das „Gegenstandsbewusstsein" zu (Kremer 1933, S. 39).

Schon 1931 hat MAYNTZ immerhin darauf hingewiesen, dass die vorschulische Zahlbegriffsbildung blinder Kinder auf der Basis von „Gehörswahrnehmungen" geschieht – möglicherweise machte er ähnliche Beobachtungen wie KLEIN. Diese Wahrnehmungen stellen für ihn aber nichts „Dingliches" dar und müssen daher in der Schule durch die Zählgegenstände der Tastwelt, die für ihn gleichzeitig die Sachwelt ist, ergänzt werden (zit. nach Hahn 2006). In seinen Ausführungen zum Thema „Anschauungsunterricht" fordert MERLE, dass auch Gehörswahrnehmungen berücksichtigt werden müssen (1900, S. 23), sieht ihre Bedeutung aber hauptsächlich in der Ergänzung und Erweiterung des Tastsinns (1900, S. 24). Hören wird also in seiner Bedeutung für das Lernen zwar wahrgenommen, aber immer als dem Tasten nachrangig betrachtet. Auch heute noch wird dem Hören z.T. geringer Nutzen beigemessen, das Tasten wird für die Erfahrung der Sachwelt in den Mittelpunkt gestellt:

> „Blinde Menschen sind bei der Umwelterfassung und zur Lebensbewältigung verstärkt auf den Einsatz der nonvisuellen Sinnesmodalitäten angewiesen. Eine zentrale Rolle spielt dabei der Tastsinn, die haptische Wahrnehmung. Wenn auch der Gehörsinn manche sachliche und personale Identifikation ermöglicht und auch gewisse räumliche Informationen bei der eigenen Fortbildung liefert, ist es doch der Tastsinn, der konkrete, detailgetreue Sachinformationen vermittelt, die den Aufbau eines realistischen Umweltmodells ermöglichen." (Hahn 2006, S. 273)

Ursachen	Die Ursachen für die Abwertung des Hörens für den Unterricht mit blinden Kindern sind vielfältig. Ein Auslöser ist die Idee, Hörwahrnehmungen seien weniger für rationale Denkvorgänge geeignet. Auditive Reize werden als flüchtig erlebt, sie scheinen so nur schlecht einer rationalen Analyse zugänglich. Musik, als wichtiger Aspekt der auditiven Wahrnehmung, ist eng mit Emotionen verknüpft (s. z.B. Bigand/Poulin-Charronnat 2006) und wird daher als nicht rational betrachtet.

Die visuell so wichtigen räumlichen Strukturen sind kaum auditiv zu verdeutlichen. Die Grundvorstellungen und Kernideen, die von der Fachdidaktik Mathematik formuliert werden oder ihr zumindest implizit zugrunde liegen, haben visuellen Charakter. Das Tasten steht dem Sehen näher, weil es wie das Sehen detaillierte räumliche Informationen vermitteln kann. Dadurch wird die Umsetzung visueller Materialien und visueller Vorstellungen der Lehrperson in eine für blinde Schüler nutzbare Form erleichtert. Die für den Unterrichtsgegenstand wesentlichen Aspekte von Lernmaterialien sind - analog zur visuellen Darstellung - häufig in der Form oder räumlichen Anordnung kodiert, das gilt besonders auch für das Fach Mathematik (Maier 1999, S. 128ff). Mathematik wird auch gern als Wissenschaft von den Mustern bezeichnet (Wittmann/Müller 2006b, S. 9), und diese Muster sind nicht selten genuin räumlich oder werden räumlich veranschaulicht. Das Hören dagegen ist eher auf zeitliche Ereignisse ausgerichtet. Es kann nur sehr spezielle räumliche Aspekte verarbeiten, die kaum mit den üblichen visuell-räumlichen Veranschaulichungen vereinbar sind (s. S. 50).

Die Tatsache, dass die Tätigkeit des Tastens von außen besser beobachtbar ist als das Hören, spielt ebenfalls eine wichtige Rolle (Walthes 2006, S. 248). Bei haptischem Material kann die Lehrperson (wenn sie selbst sehend ist) das Tastverhalten beobachten und so erfahren, auf welchen Aspekt eines Gegenstandes sich die Kinder gerade konzentrieren. Im Unterricht mit sehenden Kindern vermittelt die Blickrichtung der Kinder ähnliche, wenn auch weniger genaue Informationen. Beim Hören dagegen ist kaum von außen zu erkennen, welcher Aspekt der gesamten auditiven Szene – das auditive Lernmaterial, das Ticken der Uhr, spielende Kinder auf dem Schulhof – sich gerade im Zentrum der Aufmerksamkeit des Schülers befindet. Dies ist jedoch ein Problem auf Seiten der Lehrperson, dass keinen Einfluss auf die Wahl der Repräsentationsform haben sollte. Maßgeblich müssen die oben formulierten Anforderungen an Veranschaulichungsmittel sein (s. Kap. 5.3).

5.4.3 Notwendigkeit und Einsatzmöglichkeiten auditiver Materialien

Aufgrund der Analyse aus Kap. 3.3.5 ist davon auszugehen, dass blinde Schüler zu einem bedeutenden Teil auch auditive Vorstellungen mit in den Unterricht bringen. Will man blinde Kinder gemäß ihren Wahrnehmungsbedingungen und Fähigkeiten fördern, so darf der auditive Bereich nicht ausgeklammert werden. Es ist also zu überprüfen, ob und wie mathematische Zusammenhänge auch in auditiver Form präsentiert werden können. Die Analysen der vorangegangenen Kapitel weisen darauf hin, dass die gerade beschriebene Dominanz der Haptik im Unterricht mit blinden Schülern nicht deren Wahrnehmungsbedingungen entspricht. Dieses Kapitel soll sich daher mit der Frage auseinandersetzen, in welcher Form auditives Material im Arithmetikunterricht mit blinden Kindern stärkere Beachtung finden kann. Zu diesem Zweck seien die Ergebnisse vorangegangener Kapitel noch einmal kurz zusammengefasst:

Es gibt Leistungsunterschiede in der auditiven Wahrnehmung blinder und sehender Personen. Vor allem bei geburtsblinden Menschen werden auditive Reize im auditorischen Kortex schneller verarbeitet. Dies beeinflusst die nachfolgenden, darauf aufbauenden Verarbeitungsschritte und führt zu besseren Leistungen auf vielen verschiedenen Gebieten, von der

Eigenschaften der auditiven Wahrnehmung

Unterscheidung von Tonhöhen bis hin zur Sprachverarbeitung. Auch die Effizienz des Arbeitsgedächtnisses wird so erhöht. Zusätzlich ist anzunehmen, dass Trainingseffekte auftreten, da das Gehör für blinde Menschen eine wesentlich höhere Bedeutung hat als für Sehende und daher deutlich häufiger die Aufmerksamkeit auf gehörten Stimuli liegt.

Vieles deutet also darauf hin, dass die auditive Wahrnehmung eine Stärke blinder Kinder darstellt. Es wäre ein Fehler, dies im Unterricht nicht zu nutzen. Die (bisher begrenzten) Erfahrungen mit auditiven Zahldarstellungen weisen im Übrigen darauf hin, dass diese Materialien für blinde Kinder sehr motivierend sind (Csocsán et al. 2003, S. 40). Im integrativen Unterricht kommt hinzu, dass auditive Materialien es ihnen ermöglichen, auf gleicher Ebene mit ihren sehenden Klassenkameraden zu arbeiten, oder sie sogar zu übertreffen. Bei haptischen Materialien dagegen sind sie häufig langsamer und empfinden den Umgang damit möglicherweise als mühsam oder bruchstückhaft (Burkhard 1981, S. 35). Daher sind auditive Materialien für das Selbstbewusstsein der blinden Kinder und für ihr Ansehen in der Klasse von großem Wert.

Die auditive Wahrnehmung ist zwar in der Lage, Geräuschquellen zu lokalisieren und die Orientierung zu unterstützen, für die Vermittlung räumlicher Zusammenhänge im Mathematikunterricht reichen diese Fähigkeiten jedoch nicht aus. Die große Stärke der auditiven Wahrnehmung zeigt sich bei der Verarbeitung zeitlich strukturierter Situationen: Hier ist das Hören allen anderen Sinnessystemen überlegen. Schon auf der Ebene des Echogedächtnisses werden kurze zeitliche Sequenzen zu Ganzheiten zusammengefasst und unabhängig von der Aufmerksamkeitsleistung kategorisiert. Dies geschieht mit einem erstaunlich hohen Abstraktheitsgrad. Selbst die tonale Struktur (aufsteigend / absteigend) und die Anzahl der Elemente einer Gruppierung werden automatisch analysiert und stehen einer Weiterverarbeitung offen. Auch das Arbeitsgedächtnis ist im zeitlichen Rahmen der „psychischen Gegenwart" in der Lage, aufeinander folgende Ereignisse zusammenzufügen. Das ermöglicht es dem Gehirn, die Sequentialität auditiver Reize zu überwinden und auditive Strukturen zu konstruieren.

Möglichkeiten auditiver Veranschaulichung

Auditive Strukturen können auf vielfältige Art Eingang in den Unterricht finden. Durch Klopfen und Klatschen oder mit Musikinstrumenten können hörbare Mengen und Rhythmen erzeugt und wahrgenommen werden. Geräusche aus der Umwelt sind ebenfalls zählbar und strukturierbar. In Verbindung mit gesprochenen Zahlwörtern können durch Betonung oder Pausen Strukturen der Zahlenreihe hörbar gemacht werden (1, 2, **3**, 4, 5, **6**, 7…). In Melodien können die Töne für die Ziffern stehen.

Diese verschiedenen Möglichkeiten sollen nun ebenso wie zuvor die haptischen Veranschaulichungen dargestellt werden. Auditive Materialien unterscheiden sich durch die weitgehend fehlende Räumlichkeit grundlegend von den Materialien für sehende Kinder oder den bekannten haptischen Veranschaulichungen. Die Zahl der zur Verfügung stehenden auditiven Materialien und Unterrichtsideen ist deutlich geringer, da das Hören im Unterricht mit sehenden, aber auch mit blinden Kindern kaum eine Rolle spielt (allerdings finden sich erste Ansätze bei Drolshagen 2001; Csocsán et al. 2003; Bauersfeld/O'Brien 2002; Cslovjecsek 2001; Cslovjecsek et al. 2011; Reiter 2011; Droßard et al. 2012). In Schulbüchern wird das Hören ebenfalls kaum thematisiert. Auch empirische Studien oder Unterrichtsversuche sind selten. Da es also bisher für die Verwendung auditiver Materialien kaum eine Tradition gibt, können hier auch keine „Standard-Veranschaulichungen" für die zu adaptierenden Schulbuchseiten ausgewählt werden, wie es bei den haptischen Materialien der Fall war. Daher muss versucht werden, eine eigene Gliederung auditiver Möglichkeiten der Veranschaulichung zu finden.

Bei auditiven Materialien können die aus mathematischer Sicht entscheidenden Klangstrukturen durch Lautstärke, Klangdauer, Pausen, Klangfarbe und Tonhöhe erzeugt und betont werden. Dadurch entstehen Rhythmen und Melodien. Doch auch Umweltgeräusche können eingesetzt werden. Entscheidend für die Verwendung im Arithmetikunterricht ist die Existenz einer Menge von trennbaren und damit zählbaren Hörereignissen. Deshalb werden hier „Hörszenen" (Umweltgeräusche), monotone Klangsequenzen, Rhythmen und Melodien (mit Tonleitern als Spezialfall) als Kategorien gewählt, die sich in den Kap. 6.2 und 7 an den didaktischen Anforderungen messen lassen müssen. Erste Ideen für den Einsatz und Vergleiche mit haptischen Materialien werden formuliert, um ihren Nutzen besser zu verdeutlichen. Für eine vertiefte Betrachtung sei erneut auf die folgenden Kapitel verwiesen.

Häufige Lernziele beim Einsatz visueller Bilder sind das Zählen ungeordneter Mengen und die Klassifikation verschiedenartiger Objekte. Die räumliche Wahrnehmung, die bei haptischen Bildern komplizierend wirkt, muss daher aus mathematischer Sicht gar nicht zwingend beteiligt sein, denn bei der haptischen Adaption von visuellen Zählbildern geht einiges vom Detailreichtum des Bildes für die Sehenden verloren (s. S. 247ff). DROLSHAGEN (2001), die Materialien zum Zahlenbuch für den gemeinsamen Unterricht von Blinden und Sehenden entwickelt hat, verwendet daher Hörszenen. Dabei bleibt der situative, realistische Kontext erhalten: Im Hintergrund sind z.B. Vögel und Autogeräusche zu hören, es handelt sich um eine natürliche auditive Szene. Die zu zählenden Ereignisse (z.B. Hundebellen) müssen nicht erst tastend gesucht werden, sondern stehen schon aufgrund ihrer Lautstärke im Vordergrund. Hörszenen

Hörszenen

können auch geordnete Mengen enthalten, z.b. Wassertropfen, Glockenschläge, rhythmische Maschinengeräusche oder Schritte[1].

Hörszenen können auch selbst erzeugt werden, z.b. als Schrittgeräusche auf geradem Gelände und auf der Treppe (Bergmann 2004, S. 21f). Zählgegenstände, wie sie im vorigen Abschnitt thematisiert wurden, können durch Fallenlassen in eine Schüssel gleichmäßige oder rhythmische Geräusche erzeugen. Dadurch kann die Anzahl der Objekte auditiv erkennbar werden. Auch Additionen und Subtraktionen sind so repräsentierbar. Die entstehenden Geräusche können allerdings auch ungleichmäßig, also ungeordnet wirken, gerade wenn Kinder dies selbst ausführen.

Rhythmen

Rhythmen unterscheiden sich von Hörszenen dadurch, dass die konkrete Klangquelle und der situative Kontext weniger stark im Fokus der Aufmerksamkeit stehen. Die Klangquelle lädt im Allgemeinen weniger zu phantasievollen Assoziationen ein (z.b. Klopfen auf den Tisch, Uhrticken im Gegensatz zu Hundegebell) und es gibt kaum Hintergrundgeräusche. Entscheidend ist die rhythmische Struktur der Klänge, also ihre Beziehungen untereinander. Eine klare Trennung zu Hörszenen ist aber nicht immer möglich, wie z.b. Schrittgeräusche oder Glockenschläge deutlich machen.

Rhythmen können als Tonaufnahmen präsentiert werden oder mit dem eigenen Körper und mit Instrumenten erzeugt werden. So sind Strukturierungen und Zerlegungen von Zahlen darstellbar, aber auch Addition und Multiplikation. Ein einfaches Spiel in Partnerarbeit besteht z.B. darin, dass ein Kind eine Zahl rhythmisiert klatscht, das zweite Kind wiederholt dies und nennt die Anzahl der Töne. Dies geschieht abwechselnd. Als Variante kann das erste Kind auch zwei Zahlen klatschen und das zweite fügt beide Mengen zum Ergebnis der Addition zusammen (Csocsán et al. 2003, S. 80ff).

Monotone Sequenzen

Auch monotone Sequenzen, die objektiv völlig regelmäßig und betonungslos sind, werden bei der Verarbeitung auditiver Reize im Gehirn gruppiert (z.B. tropfender Wasserhahn, Metronom, Uhrticken). Dadurch entstehen „virtuelle" Rhythmen, meist im Zweier- oder Dreiertakt, bei denen der erste Ton jeder Gruppe betont erscheint (s. S. 56). Diesen Effekt machen sich blinde Kinder zu Nutze, wenn sie „hören und zählen" (s. S. 172). Solche Tonfolgen werden hier als Untergruppe der rhythmischen Veranschaulichungen betrachtet.

Tonleitern und Melodien

Die Tonhöhe kann zur Darstellung des Zahlwertes verwendet werden (große Zahl – hoher Ton). Bei einer Tonleiter (als spezielle Form der

---

[1] Ein Beispiel für eine Hörszene findet sich auch in Kap. 3.3.5

Melodie) hat die ansteigende Tonhöhe ordinalen Charakter, während die Anzahl der bereits erklungenen Töne den Kardinalaspekt einbringt. Da Tonhöhen von den meisten Menschen nur relativ zueinander wahrgenommen werden[1], können sie nicht unabhängig für einzelne Zahlwerte stehen. Sie vermitteln eher die Struktur einer *Reihe* von Zahlen (z.B. aufsteigend / absteigend). Melodien können Zahlenmuster und -folgen darstellen.

Exkurs
Ein Beispiel für die Sekundarstufe soll hier Erwähnung finden, weil es die Stärke der auditiven Wahrnehmung für zeitliche Strukturen verdeutlicht. In diesem Fall werden die Ziffern, nicht die Zahlwerte vertont.

MISAKI (2002), ein japanischer Lehrer für Sehgeschädigte, nutzt mit seiner Vertonung von Dezimalstellen rationaler Zahlen eindrucksvoll die Fähigkeit des auditiven Sinns zur Musterbildung und zeitlichen Integration. Dezimaldarstellungen von Brüchen weisen immer eine Periode auf. Den Ziffern 0-9 wird je ein Ton auf der Tonleiter zugeordnet. Bei der Zahl

$$1/7 = 0{,}142857142857142857142857142857142857285...$$

besteht die Periode aus 6 Ziffern und ist visuell wie auditiv leicht erkennbar. Betrachtet man aber

$$1/19 = 0{,}052631578947368421052631578947368421...,$$

so wird es schwierig, in Schwarzschrift oder Braille die 18-stellige Periode zu erfassen. Hört man dagegen die Vertonung an, so braucht es nur wenig Zeit, bis man das Muster bemerkt. Das Hören ist, wie oben gezeigt, darauf ausgerichtet, zeitliche Strukturen wie Melodien und Rhythmen wahrzunehmen. Durch die Wiederholung der Sequenz wird das Gehirn in die Lage versetzt, Strukturen (Gruppierungen, Motive) zu bilden und ermöglicht es dadurch dem Arbeitsgedächtnis, die ganze 18-zählige Sequenz als eine Melodie wahrzunehmen und die Wiederholung dieser Melodie zu erkennen.

Tonleitern und Melodien können natürlich auch in Verbindung mit Rhythmen eingesetzt werden, wie es bei Musikstücken normalerweise der Fall ist. Bei Rhythmen werden betonte Schläge durch eine erhöhte Tonlage (z.B. eine Terz oder Quarte über dem Grundton) verstärkt. Bei Tonleitern kann die Dezimalstruktur durch Pausen verdeutlicht werden. Rhythmen und Melodien verbinden sich zu Musik und können auch der Auflockerung dienen. Aus im Unterricht entwickelten Rhythmen und

Verknüpfung von Melodie und Rhythmus

---

[1] Außer von Menschen mit absolutem Gehör

Melodien können die Schüler in Kooperation mit der Musiklehrerin Musikstücke erzeugen, wie es REITER (2011) in der Sekundarstufe für auditiv dargestellte Graphen erprobt hat.

Für arithmetikdidaktische Zwecke sind jedoch eher möglichst einfache, aufs Wesentliche reduzierte Klangsequenzen sinnvoll. Da die einzelnen, zählbaren Elemente der Veranschaulichungen im Arithmetikunterricht in der Regel gleichförmig sind (wie bei einem Punktefeld), sollten die Einzelklänge ebenfalls gleichwertig sein. Nur die betonten, also strukturierenden Klänge müssen sich durch andere Klangqualität abheben. Dies geschieht am besten durch die Lautstärke und durch Pausen, denn so werden die Einzelklänge weiterhin als derselbe Klang wahrgenommen. Daher sind Rhythmen häufig passender als Melodien.

Praktische Hinweise

Die Flüchtigkeit auditiver Darstellungen führt auf die Frage, wie Schüler ihre Ergebnisse im Umgang mit auditiven Materialien dokumentieren können. Eine technische Lösung bieten leicht zu bedienende Aufnahmegeräte, die auch im Rahmen eines Lerntagebuchs oder Posters einsetzbar sind. Per Knopfdruck können die Aufnahme oder das Abspielen leicht gestartet werden. Groß und leicht zu bedienen ist der „BIGmack", der auch für Kinder mit körperlichen Behinderungen eingesetzt wird. Kleine Tonaufzeichnungsmodule sind im Technikfachhandel verfügbar.

Abb. 19: BIGmack
http://www.rehavista.de/produkt/11750

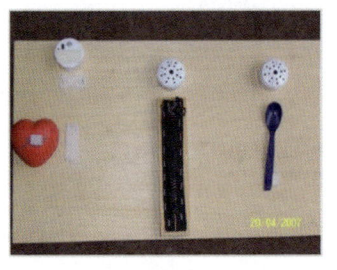

Abb. 20: Kleine Tonaufzeichnungsmodule
Brietzke-Schäfer (2007)

Tonaufnahmen, die im Computer weiterverarbeitet werden, können ebenfalls im Rahmen einer Präsentation eingesetzt werden, allerdings sind die entsprechenden Programme für Grundschulkinder in der Regel schwer zu bedienen. Schwierigkeiten sind darin zu erkennen, dass das Abspielen eine ruhige Umgebung erfordert, und wenn keine Kopfhörer zur Verfügung stehen, könnten je nach Situation auch andere Schüler gestört werden. Gleichzeitiges Abspielen verschiedener Aufnahmen wäre ohne Kopfhörer ebenfalls ungünstig.

Die Qualität und Quantität der Nebengeräusche und der allgemeine Lärmpegel (auch beim Experimentieren mit Geräuschen durch die Schüler) sind von großer Bedeutung für den Lernerfolg (Bernius/Gilles 2004, S. 16f). Möglicherweise ist räumliche Trennung sinnvoll. Auch die akustische Qualität der Umgebung ist von Bedeutung: Ist der Klassenraum zu hallig oder gibt es zuviel Nebengeräusche (von außen oder z.B. durch das Geräusch verrutschender Stühle auf dem Boden), dann leidet die Konzentration auf das Gehörte – und häufig auch die Konzentration auf den gesamten Unterricht.

Nachdem nun Anforderungen an den integrativen Unterricht (Kap. 5.2) im Allgemeinen und die Veranschaulichungen für den Arithmetikunterricht (5.3) im Besonderen formuliert wurden und eine erste Orientierung in Bezug auf haptische und auditive Veranschaulichungen erfolgt ist (Kap. 5.4), soll nun ein genauerer Blick auf die Inhalte des arithmetischen Anfangsunterrichts weitere Anhaltspunkte für die Auswahl von Veranschaulichungen liefern. Dies erfolgt im folgenden Kapitel auf der Basis von Bildungsstandards.

Fazit

6 Mathematikdidaktische Kompetenzen aus blindenpädagogischer Perspektive

6.1 Bedeutung des Kompetenzbegriffs für die Gestaltung von Lernmaterialien

Die mathematikdidaktischen Anforderungen an gute Veranschaulichungen (Kap. 5.3) gelten für visuelle Materialien ebenso wie für haptische oder auditive Materialien (und alle Arten von Mischformen). Bei diesen Anforderungen stand im Vordergrund, dass der didaktisch erwünschte mathematische Inhalt möglichst gut vermittelt werden soll. Mathematikdidaktische Kriterien sind in diesem Kontext den blindenspezifischen Kriterien übergeordnet (Csocsán/Hogefeld/Terbrack 2001, S. 303), d.h. auch bei der Adaption von Lernmaterialien für den Unterricht mit blinden Kindern müssen die inhaltlichen Ziele den Ausgangspunkt der Überlegungen bilden. Wird ein Lernmaterial für den Unterricht mit blinden Kindern adaptiert, so scheint es in der Praxis zunächst nahe liegend, von den vorgegebenen Materialien für die sehenden Kinder auszugehen, denn alle Kinder sollen möglichst gemeinsam arbeiten können. Dabei besteht jedoch die große Gefahr, dass die äußere Struktur der Aufgabe, das Format, unreflektiert und visuozentristisch ins Haptische übersetzt wird.

Ziel ist jedoch nicht die äußere Übereinstimmung der Materialien; vielmehr muss sichergestellt sein, dass die Kompetenzen, die mit Hilfe des Materials erworben oder gefördert werden sollen, für blinde und sehende Kinder vergleichbar sind. Daher ist es entscheidend, bei der Adaption zunächst die innere Struktur eines Materials, die vorausgesetzten und zu erwerbenden Kompetenzen, zu analysieren. Diese sind eine wesentliche Determinante dafür, wie die Adaption für die blinden Kinder zu gestalten ist. Erst im zweiten Schritt müssen blindenpädagogische Überlegungen sicherstellen, dass die betreffenden Kompetenzen mit dem adaptierten Material auch gefördert werden können. Dies wird an den Beispielen in Kap. 7 weiter vertieft.

Als Grundlage für die Analyse der Kompetenzen, die in Schulbuchaufgaben und -materialien konkretisiert werden, bietet sich ein Blick auf die kompetenzorientierten Bildungsstandards an. Der Grundschullehrplan für das Fach Mathematik in Nordrhein-Westfalen weist folgende prozessbezogene Kompetenzen aus (MSW NRW 2008, S. 57ff): Problemlösen / kreativ sein, Modellieren, Argumentieren, Darstellen / kommunizieren. Die inhaltsbezogenen Kompetenzen sind in folgende Kategorien gefasst: Zahlen und Operationen, Raum und Form, Größen und Messen, Daten, Häufigkeiten und Wahrscheinlichkeiten.

Bildungsstandards NRW

Dabei ist zu beachten, dass inhalts- und prozessbezogene Kompetenzen nur in einer theoretischen Analyse trennbar sind. In der Praxis des Lehrens und Lernens sind sie eng verwoben. Prozessbezogene Kompetenzen werden nur durch die Auseinandersetzung mit konkreten Lerninhalten erworben und weiterentwickelt, also unter Nutzung inhaltsbezogener Kompetenzen. Andererseits unterstützen sie auch den Erwerb inhaltsbezogener Kompetenzen (ebd., S. 56). Generell lassen sich Tätigkeiten von Schülern also nicht eindeutig einer einzelnen Kompetenz zuordnen. Beim Zählen der Punkte eines Punktmusters beispielsweise werden zahlbezogene ebenso wie geometrische Kompetenzen gefördert.

Vergleich mit NCTM-Standards

In ihrer inhaltlichen Füllung sind die Kompetenzbereiche im nordrhein-westfälischen Lehrplan allerdings nicht gut auf Materialien für den Beginn der ersten Klasse anzuwenden, wie es für das nächste Kapitel erforderlich ist. Die Kompetenzerwartungen, die in diesem Lehrplan für das Ende der Schuleingangsphase (Klasse 2) formuliert werden, beinhalten viele konkrete Angaben, z.B. zum Rechnen im Hunderterraum (ebd., S. 61), die für die erste Klasse noch keine Rolle spielen. Die *Standards for School Mathematics* des NCTM (National Council of Teachers of Mathematics 2000) beschreiben dagegen als erste Stufe den Zeitraum von der frühen Kindheit bis in die zweite Klasse. Sie beziehen daher auch Fähigkeiten aus dem Vorschulbereich mit ein und sind insgesamt hier nützlicher. Ein Vergleich zweier Abschnitte, die sich mit demselben mathematischen Inhalt auseinandersetzen, soll dies belegen:

Lehrplan NRW
Bereich: Zahlen und Operationen, Schwerpunkt: Zahlvorstellungen
Kompetenzerwartungen am Ende der Schuleingangsphase
Die Schülerinnen und Schüler
- stellen Zahlen im Zahlenraum bis 100 unter Anwendung der Struktur des Zehnersystems dar (Prinzip der Bündelung, Stellenwertschreibweise)
- wechseln zwischen verschiedenen Zahldarstellungen und erläutern Gemeinsamkeiten und Unterschiede an Beispielen
- nutzen Strukturen in Zahldarstellungen zur Anzahlerfassung im Zahlenraum bis 100
- orientieren sich im Zahlenraum bis 100 durch Zählen (in Schritten) sowie durch Ordnen und Vergleichen von Zahlen
- entdecken und beschreiben Beziehungen zwischen Zahlen mit eigenen Worten (z.B. ist Vorgänger/Nachfolger von, ist die Hälfte/das doppelte von ist um 3 größer)

Number and Operations Standard (NCTM)

Expectations: Instructional programs from prekindergarten through grade 2 should enable all students to
- Understand numbers, ways of representing numbers, relationships among numbers, and number systems

In prekindergarten through grade 2 all students should
- count with understanding and recognize „how many" in sets of objects;
- use multiple models to develop initial understandings of place value and the base-ten number system;
- develop understanding of the relative position and magnitude of whole numbers and of ordinal and cardinal numbers and their connections;
- develop a sense of whole numbers and represent and use them in flexible ways, including relating, composing, and decomposing numbers;
- connect number words and numerals to the quantities they represent, using various physical models and representations;
- understand and represent commonly used fractions, such as 1/4, 1/3, and 1/2.

In den NCTM-Standards spielen mit dem Zählen, Kardinal- und Ordinalaspekt, dem Verständnis von ganzen Zahlen und der Verknüpfung der Zahlwörtern mit den zugehörigen Mengen auch Aspekte eine Rolle, die im Vorschulbereich entwickelt werden und am Beginn der ersten Klasse noch von hoher Bedeutung sind. Daher können die NCTM-Standards besser als Grundlage der geplanten Analyse von Schulbuchseiten aus dem Zahlenbuch 1 dienen. Die vom NCTM verwendeten Kategorien sind denen des Grundschullehrplans aus NRW sehr ähnlich und beschreiben ebenfalls inhalts- und prozessbezogene Kompetenzen, die im betreffenden Zeitraum erworben werden sollten: Number and Operations, Algebra, Geometry, Measurement, Data Analysis and Probability; Problem Solving, Reasoning and Proof, Communication, Connections, Representation.

Diese Standards sind den deutschen Standards ähnlich genug, um leicht übertragbar zu sein, passen aber in ihrer inhaltlichen Füllung, wie oben gezeigt, besser für die Analyse von Schulbuchseiten zum Beginn der ersten Klasse. Daher werden sie im folgenden Kapitel ausführlich dargestellt und zusätzlich aus blindenpädagogischer Perspektive betrachtet.

6.2 Blindenpädagogische Anmerkungen zu den NCTM-Standards

Im Folgenden sollen nun die NCTM-Standards genauer betrachtet und um die Besonderheiten der Situation blinder Kinder ergänzt werden. Dabei liegt der Fokus auf den Themen, die auch im ausgewählten Abschnitt aus dem Zahlenbuch (s. Kap. 7) wichtig sind und in den vorangegangenen Kapiteln schwerpunktmäßig behandelt wurden. Standards, die damit weniger zu tun haben, werden dementsprechend weniger intensiv analysiert. Auch wird im Sinne der Lesbarkeit auf ein „Abarbeiten" der Unterthemen einzelner Standards verzichtet. Argumentationslinien und Zusammenhänge ergeben sich nicht aus der vorgegebenen Reihenfolge, sondern aus dem blindenpädagogischen Kontext.

6.2.1 Number and Operations Standard

Instructional programs from prekindergarten through grade 2 should enable all students to—	Expectations: In prekindergarten through grade 2 all students should—
(1) Understand numbers, ways of representing numbers, relationships among numbers, and number systems	(a) count with understanding and recognize „how many" in sets of objects; (b) use multiple models to develop initial understandings of place value and the base-ten number system; (c) develop understanding of the relative position and magnitude of whole numbers and of ordinal and cardinal numbers and their connections; (d) develop a sense of whole numbers and represent and use them in flexible ways, including relating, composing, and decomposing numbers; (e) connect number words and numerals to the quantities they represent, using various physical models and representations; (f) understand and represent commonly used fractions, such as 1/4, 1/3, and 1/2.

Im *Number and Operations Standard* geht es zunächst um das Zahlverständnis („*Understand Numbers"*). Für die Analyse der hier ausgewählten Schulbuchseiten sind vor allem die *Expectations* (a) bis (e) interessant. Brüche (f) spielen zu Beginn der ersten Klasse noch keine wichtige Rolle. Zusammenfassend geht es also um das Zählen (a), Grundzüge des Stellenwertsystems (b), Kardinal- und Ordinalaspekt (c), einen flexiblen

Zahlbegriff und die Teile-Ganzes-Relation (d) und die Verknüpfung von realen Mengen mit den Zahlen in verschiedenen Repräsentationen (e).

Zählen (*Expectation* a) ist von großer Bedeutung für die Zahlbegriffsentwicklung und die Ausbildung des mentalen Zahlenstrahls (National Council of Teachers of Mathematics (NCTM) 2000, S. 79; s. Kap. 4.4). Die Analyse zur Zählentwicklung bei blinden Kindern (s. S. 162ff) zeigte, dass Zählen mit Hilfe des Tastsinns deutlich komplexer ist als über das Sehen. SICILIAN (1988) und CSOCSÁN (1993) stimmen darin überein, dass bei einer guten Taststrategie zum Zählen

Haptisches Zählen

- beide Hände einbezogen werden,
- die Menge zunächst überblicksmäßig gescannt wird,
- räumliche Strukturen der Menge genutzt werden und
- bereits gezählte Objekte abgeteilt werden.

Diese Punkte zeigen, dass die Anforderungen an Handlungsplanung und Motorik höher sind als beim visuellen Zählen. Dies trägt vermutlich zu den beobachteten Verzögerungen in der Zahlbegriffsentwicklung blinder Kinder bei (Csocsán et al. 2003, S. 25). Zwar müssen auch sehende Kinder lernen, Muster zu erkennen und zu nutzen (s. S. 198), doch sie erhalten leichter den Überblick über eine Struktur und haben einfacheren Zugang zu räumlichen Zusammenhängen. Auch die motorische Schwierigkeit, beide Hände gleichzeitig einzusetzen, betrifft sie nicht. Beim Ertasten einer Menge werden immer nur die momentan berührten Elemente direkt wahrgenommen. Hintergrundwahrnehmung der anderen Objekte, wie sie beim Sehen zur Verfügung steht, existiert haptisch nicht. Dies führt dazu, dass die Wahrnehmung einer Menge als Ganzes (Kardinalaspekt) und die Wahrnehmung der Position in einer Reihe (Ordinalaspekt) weniger leicht zugänglich sind und die Verknüpfung beider Aspekte weniger leicht zu erfahren ist (Exp. c).

Auch das Verständnis von Zahlen als zusammengesetzten Einheiten (Exp. d) bzw. die Teile-Ganzes-Relation sind von diesen Einschränkungen betroffen. Durch rein sukzessives Zählen wird die Teile-Ganzes-Relation nicht erfahrbar (Ahlberg 1994, S. 41). Das Ausnutzen bekannter räumlicher Muster (z.B. Würfelbilder) für eine strukturierte Anzahlauffassung ist haptisch ebenfalls schwieriger als visuell. Dies beeinträchtigt den Wert haptischer Veranschaulichungen in dieser Beziehung. Räumliche Regelmäßigkeiten, die von sehenden Kindern zum Strukturieren und zur simultanen Mengenwahrnehmung genutzt werden können, werden von blinden Kindern tastend möglicherweise nicht erkannt. Neben einer haptisch leicht zugänglichen Strukturierung der Materialien[1] ist es hier

---

[1] Siehe auch Anf. 2 (mathematikdidaktische Anforderungen an Veranschaulichungen, Kap. 5.3, S. 170)

auch nötig, dass die Lehrperson überprüft, ob der Schüler die entscheidenden räumlichen Strukturen tatsächlich nutzt.

Auditives Zählen Auditiv ist es leichter, Mengen zu erfassen und Muster zu nutzen. Der Zugang zu gehörten Anzahlen ist direkter, weil ein Teil der Mengenwahrnehmung und Mustererkennung bereits vollkommen unbewusst auf Wahrnehmungsebene stattfindet (s. Kap. 2.3.2). Die zeitliche Struktur des Hörens hat zur Folge, dass es leicht in Verdacht gerät, zählendes Rechnen zu fördern (z.B. Wittmann/Müller 2006b, S. 22). Für blinde Kinder ist dies aber schon deshalb kein sinnvolles Argument, da auch haptisch kaum eine simultane Wahrnehmung möglich ist. Auditive Reize werden vom Gehirn besser als haptische zu einer Ganzheit zusammengefasst, Muster sind leichter erkennbar, weil das Arbeitsgedächtnis für diese Art von Reizen besser ausgelegt ist (s. Kap. 2.3.2). Das Erkennen und Nutzen von Mustern für den Zählvorgang ist auditiv daher *einfacher* als haptisch und die simultane und strukturierte Wahrnehmung von Anzahlen wird so besser unterstützt. Auch bei sehenden Kindern ist auf der Basis der in dieser Arbeit zusammengetragenen Ergebnisse davon auszugehen, dass kleine Anzahlen von Klängen als Ganzheit wahrgenommen werden (s. S. 128ff) und größere Anzahlen strukturiert weiterverarbeitet werden (s. Kap. 2.3.2). Die Gefahr, dass zählendes Rechnen unterstützt wird, besteht aus dieser Sicht nur dann, wenn die eigentlich leicht mögliche Strukturierung durch das Material nicht unterstützt und durch die Aufgabenstellung nicht eingefordert wird. Dies sollte allerdings auch bei haptischen und visuellen Lernmaterialien nicht passieren.

Die Beobachtungen von AHLBERG & CSOCSÁN (1997; 1999; s. S. 172) zum Vorgehen „Zählen und Hören" bei Addition und Subtraktion machen zusätzlich deutlich, dass das Gehör eine große Rolle für die Zählentwicklung blinder Kinder spielt. „Zählen und Hören" sollte bei blinden Kindern gefördert werden, weil die Kinder so Gruppierungen vornehmen müssen und die Teile-Ganzes-Relation erfahren können. Dies stellt die notwendige Basis für das denkende Rechnen, also den Einsatz von Rechenstrategien und das Ausnutzen von Strukturen dar[1].

Zählendes Rechnen Auch sehende Kinder entwickeln – oft anhand ihrer Finger - von sich aus zählende Rechenstrategien. Dies ist bei blinden wie sehenden Kindern ein normaler Entwicklungsschritt (NCTM 2000, S. 82; s. S. 174f); es ist jedoch sehr wichtig, dass sie sich von dort aus weiter entwickeln. Die blinden Schüler sollten nicht beim „Doppelt-Zählen" (s. S. 171) verharren, denn dies ist eine rein zählende Technik, die zudem große Anforderungen an die Konzentration stellt und fehleranfällig ist. „Zählen und Hören" stellt eine wesentlich bessere Basis für denkendes Rechnen dar

---

[1] Siehe auch Anf. 7 (S. 170)

als „Doppelt-Zählen". Die hohe Effizienz, die einige blinde Kinder beim Doppelt-Zählen erreichen, birgt allerdings die Gefahr, dass sie diese Methode weiter benutzen, ohne dass es im Unterricht auffällt. Darauf müssen Lehrpersonen besonders achten, denn Doppelt-Zählen ist wesentlich weniger offensichtlich als Fingerzählen bei sehenden Kindern.

Expectation (d) beinhaltet das Verständnis der Beziehungen zwischen Zahlen und die Teile-Ganzes-Relation (*composing/decomposing numbers*), also wichtige Voraussetzungen für denkendes Rechnen. Dies spielt bei blinden Kindern eine wichtige Rolle, weil sie im Erwerb dieses Konzepts oft beeinträchtigt sind (s. S. 198)

<small>Teile-Ganzes-Relation</small>

Expectation (e) betrifft die Verknüpfung von Ziffern und Zahlwörtern mit verschiedenen Repräsentationen von Mengen. Dies wird unten (6.2.9 und 0) weiter ausgeführt.

(2) **Understand meanings** of operations and how they relate to one another	(a) understand various meanings of addition and subtraction of whole numbers and the relationship between the two operations; (b) understand the effects of adding and subtracting whole numbers; (c) understand situations that entail multiplication and division, such as equal groupings of objects and sharing equally.

Im nächsten Teilbereich geht es um das Operationsverständnis, also um eine Verknüpfung der Rechenoperationen mit vielfältigen realen Erfahrungen. Dieses Verständnis gründet sich prinzipiell auf Handlungen (Hinzufügen / Wegnehmen) im Alltag und auf Handlungen an Veranschaulichungen im Mathematikunterricht (NCTM 2000, S. 82; s. S. 197). Die Handlungsmöglichkeiten, die ein Veranschaulichungsmittel dem einzelnen Schüler bietet, hängen allerdings auch von dessen motorischen Fähigkeiten und räumlich-kognitiven Fähigkeiten ab; genauer gesagt von der Passung zwischen Bedingungen des Schülers und Gestaltung der Veranschaulichung. Für die Ausführung von Handlungen, die Rechenoperationen repräsentieren, ist es von hoher Bedeutung, dass die Schüler in der Lage sind, ihre Handlungen und deren Ergebnisse kognitiv zu verfolgen und zu deuten. Aus diesem Grund gibt es aus blindenpädagogischer Sicht hier einiges anzumerken.

Die im Vergleich zum Visuellen häufig erschwerte Orientierung auf einer haptischen Veranschaulichung behindert die Handlungen blinder Schüler – sie brauchen meist länger. Die erschwerte Orientierung führt aber auch zu Behinderungen auf kognitiver Ebene: Die Anforderungen an die

<small>Erschwerte Orientierung</small>

räumliche Kognition und Planung beim Ertasten und Handeln behindern die Fokussierung auf den mathematischen Kontext.

Wichtig für das Verständnis der Effekte von Handlungen ist zudem der Vergleich der Mengengrößen vor und nach einer Operation. Auch hier sind die haptische Raumwahrnehmung und das haptische Arbeitsgedächtnis weniger gut geeignet als ihre visuellen Varianten (Csocsán et al. 2003, S. 12; s. auch die Untersuchung von HUDELMAYER auf S. 47).

Vertrautheit — Vertrautheit mit dem Material ist daher von großer Bedeutung, denn auf gut bekannten Veranschaulichungen gelingen Orientierung und Handlungen schneller. Anforderung (1), die vielfältige Einsetzbarkeit, gilt für Materialien für blinde Schüler in verschärfter Form. Vertrautheit hat auch positive Auswirkungen auf die Leistung des Arbeitsgedächtnisses. Unwichtige Details können bei vertrauten Objekten leichter ignoriert werden. In Kap. 2.2.3 wurde gezeigt, dass das haptische Arbeitsgedächtnis weniger raumbezogene Daten aufnehmen kann als das visuelle und das phonologische Arbeitsgedächtnis. Dies gilt vor allem dann, wenn die Tastobjekte neu und unbekannt sind, also speziell auch für bisher unbekannte oder selten benutzte Lernmaterialien.

Durch das Wissen um sprachliche Bezeichnungen von Objekten oder Objektteilen wird zusätzlich Unterstützung durch das sehr effektive verbal-phonologische Arbeitsgedächtnis ermöglicht (s. S. 45). Die Information „drei Kastanien" ist leichter im Arbeits- und Langzeitgedächtnis zu speichern als „drei Holzdinge mit Spitzen". Auch geometrische Begriffe wie (z.B. Winkel, Kante, Dreieck, senkrecht, …) haben hier unterstützende Wirkung[1].

Motivation — Die insgesamt relativ hohen kognitiven Anforderungen beim Handeln mit haptischen Materialien haben zur Folge, dass auch Persönlichkeitsmerkmale wie Aktivität, Aufmerksamkeit, Ausdauer, Frustrationstoleranz und Interessen eine große Rolle für den Lernerfolg blinder Kinder spielen (Csocsán-Horvath 1991, S. 76). Anders ausgedrückt: Der motivationale Aspekt des Kompetenzbegriffs (s. S. 109f) wird bei blinden Schülern oft in stärkerem Maße vorausgesetzt. Um ihre Kompetenzen einzusetzen und weiterzuentwickeln, benötigen sie mehr Motivation und Leistungsbereitschaft als ihre sehenden Mitschüler. Um diese Belastung nicht noch zu verstärken und um sicherzustellen, dass ein blindes Kind Tastobjekte gründlich untersuchen und sich alle notwendigen Fertigkeiten für den Umgang damit aneignen kann, ist es wichtig, dass es genug Zeit hat, sich mit neuen Materialien vertraut zu machen und mit bekannten Mate-

---

[1] Für die Förderung blinder Kinder auf dem Gebiet der Geometrie setzt sich HAHN (2006) ein.

rialien zu hantieren. Dabei muss auch in Betracht gezogen werden, dass der soziale Druck, die sehenden Schüler nicht warten zu lassen, negative Auswirkungen haben kann.

Für einen erfahrungsbasierten Operationsbegriff dürfen bei blinden Kindern die auditiven Erfahrungen nicht vergessen werden. Die eben dargestellte Problematik haptischer Handlungen kann durch diese Ergänzung etwas entschärft werden. Auditiv lassen sich Rechenoperationen durch selbst erzeugte oder angehörte Rhythmen darstellen: Die Sequenz „3x klopfen, Pause, 4x klopfen" kann die Aufgabe 3+4=7 repräsentieren; 4x3 Schläge mit Betonung auf dem 1., 4., 7. und 10. Schlag stehen für 4x3=12. Der Nutzen von geklopften Mengen als Veranschaulichung wird in Kap. 7 vertieft.

Auditive Operationen

(3) Compute fluently and make reasonable estimates	(a) develop and use strategies for whole-number computations, with a focus on addition and subtraction; (b) develop fluency with basic number combinations for addition and subtraction; (c) use a variety of methods and tools to compute, including objects, mental computation, estimation, paper and pencil, and calculators.

Flüssiges Rechnen (*Compute fluently*) wird in den NCTM-Standards definiert als die Fähigkeit, effizient und korrekt mit einstelligen Zahlen zu rechnen (NCTM 2000, S. 83). Als Basis dafür darf nicht das Auswendiglernen von Verfahren und das (unproduktive) Üben anhand von Rechenpäckchen betrachtet werden. Der Fokus liegt auf dem Verständnis und der sinnvollen Auswahl von passenden Strategien (Exp. a) und Hilfsmitteln (Exp. c). Insofern spielt hier auch ein funktionales Zahlverständnis als Teil des Zahlbegriffs eine wichtige Rolle. Üben ist eine weitere Voraussetzung für effizientes und korrektes Arbeiten, aber nicht die einzige. Das NCTM betont vor allem die Bedeutung von flüssigem Umgang mit Addition und Subtraktion einstelliger Zahlen (Exp. b).

Flüssiges Rechnen

Die Entwicklung und das Verständnis von Rechenstrategien (Exp. a) basiert auf einem sicheren Operationsverständnis und einem soliden Zahlbegriff inklusive der Teile-Ganzes-Relation (s. *Understand Numbers*, S. 222) als Grundlage des Additions- und Subtraktionsbegriffs. Die Ergebnisse von AHLBERG & CSOCSÁN (s. Kap. 4.5.2) zeigten, dass dies für blinde Kinder ein Problem darstellen kann. Die Autorinnen gehen davon aus, dass die Strategie „Zählen und Hören" eine gute Ausgangsposition für das Verständnis der Teile-Ganzes-Relation und die Entwick-

Rechenstrategien

lung des denkenden Rechnens darstellt. Das unterstützt die Bedeutung auditiver Zahlrepräsentationen.

Grundaufgaben   *Exp.* (b), der flüssige Umgang mit den Grundaufgaben der Addition und Subtraktion, wird von blinden Kindern mit Hilfe ihres meist guten Langzeitgedächtnisses (s. S. 64) in der Regel ohne große Probleme erreicht. Dies zeigt sich auch in den Ergebnissen von AHLBERG & CSOCSÁN, die das Verwenden bekannter Zahlfakten als eine der am häufigsten verwendeten Rechenmethoden der von ihnen beobachteten Kinder beschreiben (s. S. 177). Ein Unterricht, in dem Auswendiglernen von Verfahren und Ergebnissen überbetont wird und Verständnis zu wenig gefördert, birgt allerdings die Gefahr, dass blinde und auch sehende Kinder viele Zahlfakten kennen, ohne sie zu verstehen.

Rechenhilfen   Die Verwendung verschiedener Methoden und Rechenhilfen (Exp. c) ist entscheidend für die Entwicklung eines abstrakteren Operationsverständnisses. Die Schüler müssen zudem lernen, die jeweils passende Methode selbst auszuwählen. Dabei ist zu beachten, dass blinde Kinder mehr als sehende auf Kopfrechnen und Schätzen angewiesen sind, weil schriftliche Strategien mit der Punktschriftmaschine schwieriger auszuführen und weniger hilfreich sind. Für die Verwendung haptischer Veranschaulichungen (z.B. Rechenschiffchen) brauchen sie zudem länger. Im Unterricht ist es wichtig, Methoden, die hauptsächlich für den blinden Schüler nützlich sind (z.B. „Zählen und Hören", Klopfen von Anzahlen) zuzulassen und zu würdigen, damit er nicht genötigt ist, sich den für ihn weniger hilfreichen Methoden der sehenden Mitschüler anzupassen.

6.2.2 Algebra Standard

Instructional programs from prekindergarten through grade 2 should enable all students to—	Expectations: In prekindergarten through grade 2 all students should—
(1) Understand patterns, relations, and functions	(a) sort, classify, and order objects by size, number, and other properties; (b) recognize, describe, and extend patterns such as sequences of sounds and shapes or simple numeric patterns and translate from one representation to another; (c) analyze how both repeating and growing patterns are generated.

Muster erkennen   Das Erkennen, Beschreiben und Erzeugen von Mustern (*Understand patterns*) ist der Beginn algebraischen Denkens, lange bevor die Schüler in Kontakt mit mathematischen Symbolen und Variablen kommen (NCTM 2000, S. 91). Bei blinden Kindern wurden oft Verzögerungen in der Entwicklung von Fähigkeiten zur Klassifikation und Seriation (nach PIAGET) beobachtet (s. Kap. 4.2.3). Dies ließ sich mit fehlenden Erfahrungsmöglichkeiten begründen. Die Blindheit selbst ist demnach nicht der Auslöser für diese Verzögerungen, sondern die für blinde Kinder unpassende, visuell ausgerichtete Umwelt. Die Umwelt den Bedürfnissen der Kinder anzupassen, ist Aufgabe der Frühförderung und der Schule, was die Bedeutung von guten Veranschaulichungen für blinde Kindern noch einmal unterstreicht.

Um Objekte zu klassifizieren und zu ordnen (Exp. a), müssen Ähnlichkeiten und Unterschiede erkannt werden. Dafür sind Vergleiche der Eigenschaften notwendig. Je nach Art der zu vergleichenden Eigenschaften kann die Schwierigkeit dieser Aufgabenstellung stark variieren. Textur, Gewicht sowie auditive Eigenschaften sind relativ einfach zu vergleichen, während Vergleiche auf haptisch-räumlicher Basis (Form, Größe) für blinde Kinder einen höheren Schwierigkeitsgrad aufweisen. Anders ausgedrückt: Beim Sortieren von Objekten nach räumlichen Eigenschaften spielt die geometrische Kompetenz bei blinden Kindern zusätzlich eine große Rolle. Soll also die algebraische Kompetenz im Mittelpunkt einer Aufgabe stehen, sind andere Eigenschaften für den Vergleich zu wählen. Reliefdarstellungen einfacher Objekte und Formen können sich im Vergleich mit dreidimensionalen Objekten hier als hilfreich erweisen. Ihre Reduziertheit, die sonst häufig ein Problem darstellt (s. S. 247), führt hier dazu, dass die entscheidenden Unterschiede betont werden, da es weniger andere Details gibt (Csocsán et al. 2003, S. 45; historisch: Kunz 1900, S. 81).

Klassifizieren und ordnen

Für Größenvergleiche gilt, dass zwei Objekte möglichst gleichzeitig mit beiden Händen betastet werden sollten. Diese Strategie kann von Grundschülern nicht unbedingt erwartet werden, d.h. die Lehrperson muss darauf achten und es im Zweifelsfall fördern. Zudem müssen sich die Objekte dafür eignen. Cuisenaire-Stäbe sind beispielsweise klein genug, dass ihre Länge mit je einer Hand zu erfassen ist, was den Größenvergleich mit zwei Händen erleichtert. Sollen mehr als zwei Objekte geordnet werden (z.B. alle zehn Cuisenaire-Stäbe), so ist dies haptisch eine sehr schwierige Aufgabe. Das Klassifizieren einer größeren Menge von Objekten wird dadurch erschwert, dass ein simultaner Tasteindruck aller Objekte nicht möglich ist. Die Konstruktion des „Überblicks" und die Orientierung in der Reihe der bereits geordneten Stäbe stellen hohe Anforderungen an das Arbeitsgedächtnis und die Handlungsplanung.

Auditive Vergleiche (Zeitdauer, Tonhöhe…) haben wiederum den Nachteil, dass eine echte Gleichzeitigkeit nur schwer möglich ist. Zwei haptische Objekte lassen sich im Idealfall gleichzeitig betasten, während das gleichzeitige Abspielen von auditiven Sequenzen in vielen Fällen verwirrend wirkt. Andererseits ist das auditive Arbeitsgedächtnis im Prinzip effektiver als das Gedächtnis für haptische Eindrücke, und der Hörvorgang ist oft schneller und kognitiv weniger anspruchsvoll. Klassifikations- und Seriationsaufgaben, bei denen viele einzelne Elemente verglichen werden müssen, sollten daher eher auditiv präsentiert werden, denn sie können auch haptisch nicht simultan erfasst werden. Ein Beispiel dafür findet sich in Kap. 7.5. Eine weitere Möglichkeit ist die Verwendung von Wörtern als Objekte für eine Klassifikation. Darüber hinaus können Schüler, die bereits lesen können, auch Wortkarten in Punktschrift verwenden.

Sprachliche Einschränkungen

Um Objekte der Wahrnehmung nach einer bestimmten Eigenschaft zu ordnen oder zu klassifizieren, werden Wörter für diese Eigenschaft benötigt. Visuell betrifft dies z.B. Farben (alle roten Klötze), Formen (alle Dreiecke) oder räumliche Positionen. Auditive und haptische Eigenschaften werden - auch im Alltag blinder Kinder - seltener thematisiert, weil sie für ihre sehenden Bezugspersonen und Altersgenossen weniger dominant sind. Auch der Wortschatz der Alltagssprache ist visuell dominiert und für diese Eigenschaften weniger ausdifferenziert. Das gilt vor allem für Texturunterschiede, Klangfarben und für die zeitliche Position eines Klanges innerhalb einer auditiven Szene. Dies ist bei der Gestaltung der Materialien zu berücksichtigen[1]. Im Unterricht sollte der Wortschatz soweit es geht erweitert werden.

Auditive Folgen

Muster und Folgen (Exp. b und c) lassen sich über das Hören sehr gut vermitteln. Dabei wird die Stärke des auditiven Arbeitsgedächtnisses genutzt. Sehende Kinder profitieren ebenfalls vom Wechsel der Repräsentationen und Sinnesmodalitäten: Das Erkennen von isomorphen Mustern in verschiedenen Repräsentationen (z.B. auditive Rhythmen, Folgen von unterschiedlich großen Objekten, beide in der Form AABAAB...) fördert den Abstraktheitsgrad des Nachdenkens über Bildungsregeln von Folgen (NCTM 2000, S. 91f).

(2) Represent and analyze mathematical situations and structures using algebraic symbols	(a) illustrate general principles and properties of operations, such as commutativity, using specific numbers; (b) use concrete, pictorial, and verbal representations to develop an understanding of invented and conventional symbolic notations.

Mathematische Zusammenhänge wie Kommutativität und Assoziativität der Addition werden von den Kindern oft selbstständig entdeckt und für

---

[1] Siehe auch Anf. 6 (Kommunikation); Kap. 6.2.7 (*Communication Standard*)

das Rechnen genutzt, ohne dass sie diese Gesetze in Worte fassen oder auf abstrakterer Ebene verstehen (z.B. 7+5 = 5+2+5 = 10+2 = 12). Im Unterricht sollte das Erkennen und Darstellen solcher Regeln geübt werden (Exp. a). Dafür können die Kinder eigene Darstellungsformen und Schreibweisen entwickeln und kommen in Kontakt mit formellen mathematischen Schreibweisen (Exp. b). Voraussetzung ist, dass die Kinder die Gesetze und Eigenschaften, die sie darstellen sollen, auch verstehen. Dieses Verständnis beruht auf Handlungserfahrungen, bei der Kommutativität z.B. mit dem Hinzufügen (Addieren) von Objekten und mit der Teile-Ganzes-Relation. Das umweltinduzierte Erfahrungsdefizit vieler blinder Kinder kann hier erneut zu Schwierigkeiten führen, wie schon im Zusammenhang mit Rechenoperationen im Rahmen des *Number and Operations Standard* dargelegt wurde (s. S. 225).

Exp. (b) lässt sich verknüpfen mit den Überlegungen zu Ikonisierung (s. S. 200). Die Ikonisierung beim zeichnerischen Darstellen von Veranschaulichungen fördert den Wechsel von Abstraktionsebenen und das Nachdenken über die mathematisch entscheidenden Aspekte, hier die algebraischen Regeln. Die haptische Ikonisierung ist jedoch mit einigen Schwierigkeiten verbunden, für die es keine einfache Lösung gibt. Es ist immer im konkreten Fall zu entscheiden, ob und in welcher Form die eigene Produktion von Ikonisierungen gefragt ist.

Ikonisierung

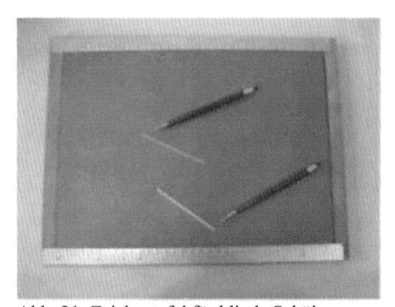

Abb. 21: Zeichentafel für blinde Schüler
http://www.isar-projekt.de/information/information_detail.php?thema_id=1&eintrag_id=146#information_inhalt

Im Idealfall sind Veranschaulichungen so gestaltet, dass sie auch von blinden Schülern einfach zu zeichnen sind. Mit Hilfe von spezieller Zeichenfolie, auf der ein Kugelschreiber oder Metallstift tastbare Linien hinterlässt, können blinde Schüler das Zeichnen gewinnbringend einsetzen, wie z.B. die Arbeiten von ZOLLITSCH (2003) und HAHN (2006, S. 275ff) zeigen. Zeichnen unterstützt den Prozess geometrischer Vorstellungsbildung (Hahn 2006, S. 263). Aufgrund der Bedeutung von Ikonisierung für Vorstellungen und Abstraktionsvermögen sollte dies nicht nur auf Geometrie- und Kunstunterricht beschränkt bleiben. Einfache Dar-

Zeichnen

stellungen (z.B. Strichlisten, Kreise für Wendeplättchen) können leicht selbst angefertigt werden. Damit ist es den Schülern möglich, den Prozess der Ikonisierung selbstständig durchzuführen. In den Umgang mit den Zeichengeräten und in die zweidimensionale Darstellungsform allgemein sollte allerdings gesondert eingeführt werden (Hahn 2006, S. 317; Ostad 1989, S. 222). Es ist auch bei der Unterrichtsplanung zu beachten, dass es viel Zeit in Anspruch nimmt.

Objekte oder Reliefdarstellungen aufkleben	Es gibt noch weitere Möglichkeiten der Dokumentation. Kleine Objekte (z.B. Klebepunkte aus Filz für Punktmuster) können auch direkt auf einem Blatt befestigt werden (je nach Möglichkeit geklebt, durch Magnete oder Klettband). Durch die Fixierung verlieren die Ikone ihre Manipulierbarkeit und werden so zum Zeichen für eine Strukturierungsidee. Die Ikone werden von den Kindern dabei bewusst angeordnet und fixiert, aber nicht selbst produziert. Ein solches Vorgehen ist auch sinnvoll, wenn das unterrichtliche Ziel vor allem darin besteht, die Ergebnisse für andere Personen oder für eigenes Nachschlagen festzuhalten. Es ist zudem schneller ausführbar als das Zeichnen und erlaubt dadurch auch das Ausprobieren verschiedener Anordnungen[1].
Sprache	Eine weitere Möglichkeit ist das ausschließliche oder begleitende Nutzen von verbalen Beschreibungen. Dies ist abhängig von den sprachlichen Fähigkeiten der Schüler und von der Veranschaulichung bzw. der Situation, die beschrieben werden soll. Sprache hat den Vorteil, dass die Schüler sie unabhängig von räumlichen und motorischen Fähigkeiten selbst produzieren können und dass es insgesamt schneller geht. Sie ist durch ihre Sequentialität aber nur bedingt geeignet, um Vorstellungen oder Handlungen zu beschreiben und stellt auch keine Ikonisierung dar, sondern eine Symbolisierung.

OSTAD (1989, S. 32ff) kritisiert, dass im Unterricht mit blinden Kindern sehr häufig nur die enaktive und die symbolische Ebene (nach Bruner et al. 1988) vorkommen, während die ikonische Ebene vernachlässigt wird, weil sie in der Praxis schwieriger zugänglich ist. OSTAD (1989, S. 36, 57f) und HAHN (2006, S. 317f) fordern daher den Einsatz von Zeichnungen und Reliefdarstellungen als Brücke zwischen konkreten Objekten und abstrakten Symbolen. Die speziellen Bedingungen und Kriterien, die für Reliefdarstellungen gelten (s. S. 247) dürfen dabei natürlich nicht in Vergessenheit geraten. Reliefdarstellungen können nur dann die ikonische Ebene besetzen, wenn sie den Erfahrungen und Fähigkeiten der Kinder angemessen sind. Werden die Unterschiede zwischen realem Objekt und Reliefdarstellung zu groß oder die Darstellungen zu komplex,

---

[1] Anf. 4, Offenheit (S. 170)

dann verlieren sie ihren ikonischen Charakter, weil keine Verbindung zum konkreten Ausgangsmaterial mehr hergestellt wird.

(3) **Use mathematical models** to represent and understand quantitative relationships	(a) model situations that involve the addition and subtraction of whole numbers, using objects, pictures, and symbols.

Hier geht es um die Verknüpfung von Realsituationen, die Addition und Subtraktion enthalten, mit mathematischen Operationen. Die Wahl der Darstellungsform (enaktiv, ikonisch, symbolisch) ist dabei noch nicht festgelegt. Der Vorgang der Modellierung selbst stellt an blinde Kinder keine anderen Anforderungen als an sehende. Alle hier für den Unterricht mit blinden Kindern bedeutsamen Gesichtspunkte werden bereits in den Abschnitten zum *Number and Operations Standard* (Operationen) und zum *Representation Standard* (Darstellungsformen) thematisiert.

(4) **Analyze change** in various contexts	(a) describe qualitative change, such as a student's growing taller; (b) describe quantitative change, such as a student's growing two inches in one year.

Wachstum spielt in der ersten Klasse noch keine große Rolle. Bei der Beschreibung von Wachstum ist zu beachten, dass die behandelten Realsituationen, in denen Wachstum stattfindet, auch von blinden Schülern erfahrbar sein sollten. Einige Veränderungen sind nur visuell gut wahrnehmbar, weil die betreffenden Objekte gar nicht oder nicht gut zu tasten sind (z.B. Mondphasen, zarte Pflanzen). Das hier vorgeschlagene Körperwachstum stellt aber in dieser Hinsicht kein Problem dar.

6.2.3 Geometry Standard

Instructional programs from prekindergarten through grade 2 should enable all students to—	Expectations: In prekindergarten through grade 2 all students should—
(1) **Analyze characteristics** and properties of two- and three-dimensional geometric shapes and develop mathematical arguments about geometric relationships	(a) recognize, name, build, draw, compare, and sort two- and three-dimensional shapes; (b) describe attributes and parts of two- and three-dimensional shapes; (c) investigate and predict the results of putting together and taking apart two- and three-dimensional shapes.

Geometrieunterricht mit blinden Schülern stellt besonders hohe Anforderungen an didaktisches Geschick und die Gestaltung der Lernmaterialien (Hahn 2006, S. 189). Das liegt vor allem daran, dass die Geometrie als mathematische Fachdisziplin ihren Ausgangspunkt in visuell-räumlichen Konzepten hat. Haptische Raumerfahrung weist einige wichtige Unterschiede dazu auf (s. Kap. 2.2.2). Raumkonzepte spielen auch in nichtgeometrischen Kontexten im Mathematikunterricht eine bedeutende Rolle. Die mathematische Struktur ist bei visuellen Lernmaterialien sehr häufig räumlich veranschaulicht, auch wenn es nicht um Geometrie geht (Maier 1999, S. 128ff). Deshalb, und weil auf den zu adaptierenden Schulbuchseiten auch Geometrie enthalten ist, werden hier relativ ausführlich blindenpädagogische Anmerkungen zum *Geometry Standard* formuliert.

Die rein technische Umsetzung visueller Gestaltungsprinzipien ins Tastbare genügt in der Regel nicht, das sollte bereits auf der Basis der vorangegangenen Kapitel selbstverständlich sein (s. auch Laufenberg 1993, S. 379). Bei Tastmaterialien muss grundsätzlich sehr genau auf prägnante Kontrastierungen durch unterschiedliche Texturen und auf leicht tastbare Konturen und Zwischenräume geachtet werden[1]. Außerdem sollten die räumlichen Strukturen so einfach wie möglich sein, d.h. wenig irrelevante Details enthalten (Helios 2001, S. 14) und einfache geometrische Formen verwenden.

Konzentration auf räumliche Aspekte

Die räumliche Struktur steht beim Tasten nicht so selbstverständlich im Vordergrund wie beim Sehen. Für blinde Kinder sind Textur, auffällige Merkmale wie Löcher oder Spitzen, das Geräusch beim Klopfen mit dem Fingerknöchel oder auch der Geruch von ähnlich hoher Bedeutung, so dass die Fokussierung auf die räumliche Struktur keinesfalls vorausgesetzt werden kann (s. S. 41ff.). Schon J.W. KLEIN bemerkte, dass blinde Menschen

„[…] alle ihnen unter die Hände kommende neue Gegenstände leise zu schlagen oder dieselben gegen die Zähne zu stoßen pflegen, um sie tönen zu hören, wie sie denn überhaupt mit den Ohren immer beschäftigt sind" (Klein 1819/1991, S. 213).

Mit NEISSER könnte man sagen, die Kinder verfügen nicht von sich aus über antizipierende Schemata, welche die Aufmerksamkeit auf die Form eines Objekts richten (s. S. 23). Dies kann sich so auswirken, dass ein blinder Schulanfänger sich beim Umgang mit geometrischen Formen zunächst überhaupt nicht für die Kreis, Dreieck und Quadrat interessiert, sondern nur die Spitzen von Dreieck und Quadrat bemerkt und sich ansonsten mit der Textur oder anderen Eigenschaften der Objekte beschäf-

---

[1] siehe auch Anf. 2, Betonung erwünschter Strukturierungen (S. 170)

tigt. Dreieck und Quadrat werden so nicht unterschieden. Die Lehrperson ist hier gefordert, das blinde Kind diesbezüglich zu beobachten und bei Bedarf besonders zu fördern.

Kap. 2.2.2 zeigte, dass blinde Menschen, vor allem auch blinde Kinder, vorzugsweise eine kinästhetisch-egozentrische Repräsentation des Raumes verwenden. Das bedeutet, dass der eigene Körper als Orientierungspunkt dient und dass die Tast- oder Körperbewegungen selbst Element der Raumwahrnehmung sind. Ein externes, überblicksartiges und simultanes Raumkonzept (ähnlich einer visuellen Landkarte) wird seltener verwendet. In Bezug auf geometrische Formen kann dies zur Folge haben, dass blinde Kinder z.B. zwei Dreiecke, von denen eines auf der Grundseite und das andere auf der Spitze steht, nicht als gleich erkennen. Daher ist es wichtig, dass sie bewegliche, also drehbare Formen zur Exploration erhalten. Das Sammeln von Erfahrungen ist hier insgesamt ein ganz wichtiger Aspekt, um den Fokus der Aufmerksamkeit mehr auf die räumliche Struktur zu lenken. Geometrie als mathematische Disziplin ist durchdrungen von visuellen Konzepten, ist also gezwungenermaßen visuozentristisch. Bei aller Anpassung an ihre eigenen Raumkonzepte müssen blinde Kinder auch lernen, mit diesen visuell geprägten Begriffen und Methoden umzugehen. Dies ist auch deshalb wichtig, weil in der Kommunikation mit Sehenden (z.B. über Punktmuster) Begriffe wie Dreieck, Quadrat oder Ecke und Kante immer wieder auftauchen.

Kinästhetisches Raumkonzeptes

Darüber hinaus sind Begriffe von geometrischen Grundformen sehr hilfreich für die räumliche Wahrnehmung von komplexeren Objekten. Sie können als Hilfskonstruktionen für Vorstellungen dienen (s. S. 91) und ermöglichen es, ertastete Formen zur Unterstützung des Arbeitsgedächtnisses sprachlich zu rekodieren (s. S. 45).

CSOCSÁN (1993) stellt fest, dass das Erlernen von Taststrategien sehr wichtig ist, um mit den gängigen haptischen Materialien im Unterricht arbeiten zu können (s. dazu auch Ostad 1989, S. 1). Beidhändiges Tasten erleichtert z.B. das Erkennen von Symmetrien, weil so die Mittellinie des Körpers als Referenz diesen kann, wenn die Hände synchron die beiden Seiten einer Figur abfahren (Heller/Ballesteros 2006a, S. 3). Vor allem bei den oft noch unausgereiften Taststrategien der Schulanfänger liefert das Tasten weniger Informationen, der Zusammenhang kann verloren gehen und die gewonnenen Eindrücke bekommen im ungünstigsten Fall Zufallscharakter (s. S. 23). All dies führt dazu, dass der mathematische Gehalt von Tastmaterialien weniger leicht zugänglich ist oder hinter den Anforderungen des Tastens selbst geradezu verschwindet.

Taststrategien

Insgesamt sollten die Ziele einer Förderung von Taststrategien darin bestehen,
- effektive Taststrategien zu entwickeln (z.b. beidhändiges Tasten)
- die Aufmerksamkeit auf räumliche Zusammenhänge zu lenken
- den Wortschatz für ertastete räumliche Merkmale zu erweitern
- die Wissensbasis von Tastobjekten zu vergrößern[1] und
- das Lesen von Brailleschrift anzubahnen.

(2) **Specify locations** and describe spatial relationships using coordinate geometry and other representational systems	(a) describe, name, and interpret relative positions in space and apply ideas about relative position; (b) describe, name, and interpret direction and distance in navigating space and apply ideas about direction and distance; (c) find and name locations with simple relationships such as „near to" and in coordinate systems such as maps.

In dieser Teilkompetenz geht es darum, dass die Schüler Erfahrungen mit den Konzepten „Position", „Richtung" und „Entfernung" machen und ihre Erfahrungen auf verschiedene Arten darstellen lernen. Viele blinde Schüler bekommen Orientierungs- und Mobilitätstraining. Es ist daher möglich, dass ein blinder Schüler bereits außerunterrichtliche Lernerfahrungen mit den Themen „Position" und „Richtung" hat. Diese Erfahrungen können, wenn vorhanden, im Unterricht thematisiert werden, idealerweise in Kooperation mit dem Mobilitätstrainer.

Die bei blinden Kindern verbreitete egozentrische Raumrepräsentation führt dazu, dass Routen blinder Kinder sich eher als eine Reihung von Orientierungspunkten darstellen (Roderfeld 2004; s. S. 35ff). Sie können und sollten zwar mit der „Vogelperspektive" einer visuell inspirierten Karte vertraut gemacht werden, doch die egozentrische Version ist den Bedingungen der haptischen Raumwahrnehmung am besten angepasst. Soweit möglich, sollte sie daher zugelassen und keinesfalls als minderwertig betrachtet werden. Aus geometrischer Sicht mag sie weniger „wertvoll" erscheinen, doch für Zwecke der Navigation im Alltag ist sie gut geeignet.

Der Beitrag des Hörens zur Raumwahrnehmung sollte nicht vergessen werden. Begriffe wie „in der Nähe von", „rechts/links" usw. können gut durch entsprechend angeordnete Klangquellen verdeutlicht werden.

---

[1] Z.B. durch geometrische Förderung, wie HAHN (2006) sie vorschlägt.

(3) **Apply transformations** and use symmetry to analyze mathematical situations	(a) recognize and apply slides, flips, and turns; (b) recognize and create shapes that have symmetry.

Die Schüler sollen Transformationen und Symmetrie erkennen und erzeugen lernen. Auch bei guter haptischer Gestaltung stoßen gerade blinde Kinder am Schulanfang hier an ihre Grenzen. Die Ergebnisse von BALLESTEROS et al. (2005; s. S. 45f) zeigen zwar die höhere Leistungsfähigkeit blinder Kinder gegenüber sehenden in rein haptischen Aufgabenstellungen, gleichzeitig wird aber auch deutlich, dass viele Aufgaben von der Mehrheit der blinden Kinder erst im Alter von frühestens acht Jahren sicher beherrscht werden. Zu diesen Fähigkeiten, die zu Schulbeginn nicht vorausgesetzt werden können, gehört das Erkennen von Symmetrien ebenso wie die Orientierung in grafischen Darstellungen. Dies wird auch bei der Analyse von Reliefdarstellungen (s. S. 247) deutlich.

Spiegelungen (Exp. a) und bilaterale Symmetrie (Exp. b) werden tastend im Allgemeinen gut erkannt (Heller/Ballesteros 2006a). Dafür ist es jedoch Vorraussetzung, dass die Objekte mit beiden Händen parallel betastet werden (Millar 2000, S. 129) und dementsprechend auch die Symmetrieachse zwischen den Händen in einer Ebene mit der Körpermittellinie verläuft. Vor allem Kindern im Grundschulalter gelingt es manchmal nicht, beide Hände gleichmäßig und gleich schnell zu bewegen, was sie am Erkennen der Symmetrie hindert (Csocsán-Horvath 1988). CSOCSÁN-HORVATH stellt auch bei einigen blinden Jugendlichen im Alter von 16 Jahren noch fest, dass bei einfachen achsensymmetrischen Figuren die Symmetrieachse nicht gefunden werden konnte, obwohl dieses Thema sogar im Mathematikunterricht bereits behandelt worden war[1]. In ihrer Stichprobe von 78 blinden und 25 hochgradig sehbehinderten Schülern zwischen 9 und 16 Jahren zeigte sich eine große interindividuelle Heterogenität der Fähigkeiten. Das Alter der Probanden spielte keine entscheidende Rolle für die Lösungshäufigkeit. Vorhandenes Sehvermögen dagegen wirkte sich deutlich positiv auf die Leistungen aus.

Spiegelungen und Symmetrie

Bei Verschiebungen geht es mehr als bei den anderen Transformationen um einen Ortswechsel. Um diesen zu bemerken und seine Richtung und Entfernung zu bestimmen, brauchen blinde Kinder gute räumliche Referenzrahmen. Wenn die Verschiebung groß genug ist, kann sie an der Körpermittellinie orientiert werden. Drehsymmetrien und Drehungen sind haptisch schwieriger zu erkennen, weil sie nicht an der Körpermittelinie orientierbar sind und daher objektzentriert erfasst werden müssen.

Verschiebungen und Drehungen

---

[1] Dies hat selbstverständlich auch Auswirkungen auf die Entwicklung geometrischer Kompetenzen, kann hier aber nicht näher analysiert werden.

Für das Verständnis von Transformationen und Symmetrien ist es insgesamt entscheidend, dass blinde Kinder selbst Transformationen ausführen[1], anstatt sie nur auf taktilen Abbildungen zu betrachten.

Auch Rhythmen und Melodien enthalten Symmetrien oder können „gespiegelt" werden. Dies dient der Vertiefung der mathematischen Begriffe, setzt aber in der ersten Klasse voraus, dass es sich um sehr einfache Strukturen handelt.

(4) Use visualization, spatial reasoning, and geometric modeling to solve problems	(a) create mental images of geometric shapes using spatial memory and spatial visualization; (b) recognize and represent shapes from different perspectives; (c) relate ideas in geometry to ideas in number and measurement; (d) recognize geometric shapes and structures in the environment and specify their location.

In dieser Teilkompetenz geht es um die Anwendung geometrischer Fähigkeiten im Alltag und in Verbindung mit anderen Themenbereichen der Mathematik. Ein konkreter Anwendungsbereich dieser Kompetenz im Rahmen der hier betrachteten Schulbuchseiten ist das Strukturieren von Mengenbildern oder Punktmustern. Dafür müssen die Schüler ihr räumliches Vorstellungsvermögen und die Fähigkeit, diese Vorstellungen zu transformieren, einsetzen (NCTM 2000, S. 100f). Auch unter den sehenden Schülern gibt es am Schulanfang Kinder, welche nicht die notwendigen räumlich-visuellen Fähigkeiten mitbringen, um die Strukturen richtig zu deuten oder selbstständig ein Material (z.B. ein Punktefeld) zu strukturieren (Krauthausen/Scherer 2003, S. 215). Für sie können alternative Zugänge über haptische oder auditive Materialien sehr hilfreich sein.

In Kap. 3.3.4 konnte gezeigt werden, dass blinde Menschen über räumliches Vorstellungsvermögen (Exp. a) verfügen, das auf haptischen und auditiven Erfahrungen beruht. Aufgrund der geringeren Kapazität des haptischen Arbeitsgedächtnisses ist die Erzeugung und Transformation solcher Vorstellungen jedoch anspruchsvoller als bei Sehenden. Beim kognitiven Umgang mit komplexen Formen werden einfachere und vertrautere Formen, z.B. geometrische Grundformen als Ersatz verwendet (Blanco/Travieso 2003; s. S. 91). Dies unterstreicht noch einmal die Bedeutung von geometrischem Grundwissen für blinde Kinder.

---

[1] Siehe auch Anf. 3, Handlungsmöglichkeiten (S. 170)

Das Erkennen von Formen aus verschiedenen Perspektiven (Exp. b) unterliegt ähnlichen Schwierigkeiten wie der Umgang mit Symmetrien und Transformationen daher sei auf die Überlegungen auf S. 237 verwiesen. Exp. (c), die Verknüpfung von Geometrie mit Zahlen und Maßen, ist von besonderer Bedeutung in Verbindung mit den ausgewählten Seiten aus dem Zahlenbuch. Das Konstruieren von Mustern in Punktmengen für geschicktes Zählen ist ein wichtiger Bestandteil dieses Lehrgangs. Die Verknüpfungen zwischen Geometrie und Arithmetik zu erkennen und zu nutzen, kann blinden Schülern gut gelingen, wenn die dafür verwendeten Veranschaulichungen ihren Bedingungen angemessen sind. Dies wird im gesamten Kapitel thematisiert.

Das Erkennen geometrischer Formen in der Umwelt (Exp. d) kann blinden Schülern helfen, ihre haptischen Eindrücke zu kategorisieren und im Gedächtnis zu speichern. Die Variationsbreite der Anforderungen an die haptische Wahrnehmung von alltäglichen Objekten und Räumen verschiedener Größe und Struktur (s. S. 32f) hat zur Folge, dass intraindividuelle Unterschiede möglich sind. Haptische Wahrnehmung von Brailleschrift, handgroßen Lernmaterialien oder ganzen Räumen unterscheidet sich so grundlegend in ihren Anforderungen an taktile Auflösung, Taststrategie, Arbeitsgedächtnis u.a., dass dasselbe Kind bei diesen Tastaufgaben Fähigkeiten auf ganz unterschiedlichem Niveau zeigen kann.

Weitere beachtenswerte Unterschiede ergeben sich aus den eher praktischen Aspekten des Tastvorgangs. Objekte werden immer ganz und dreidimensional wahrgenommen und auch vorgestellt, nicht nur von der Vorderseite. Bei unbeweglichen Objekten wird die Hinterseite z.T. sogar ausführlicher ertastet, weil die Fingerspitzen beim Umfassen dort zu liegen kommen (s. S. 87). Die Zwischenräume zwischen oder innerhalb von Tastobjekten werden nicht unbedingt als Teil des Objekts wahrgenommen. Dies wurde in Kap. 3.3.4 am Beispiel des Fußballtores deutlich, das für die dort zitierte blinde Person nur aus den Pfosten bestand, nicht aus dem Raum dazwischen. Im Umgang mit Veranschaulichungen kann dies bedeutsame Folgen haben: Zehnerstangen (aus den Mehrsystemblöcken) sind üblicherweise mit neun trennenden Einkerbungen versehen, um zu zeigen, dass sie aus zehn Einerwürfeln zusammengesetzt werden können. CSOCSÁN et al. (2003, S. 74) beschreiben, dass blinde Schüler eher die neun Trennlinien zwischen den Würfeln als Objekt wahrnehmen, nicht die Würfel selbst, da die Trennlinien beim Tasten auffälliger sind (s. S. 201).

Praktische Aspekte des Tastvorgangs

6.2.4 Measurement Standard

Dieser Standard spielt für die Adaption der ausgewählten Schulbuchseiten keine bedeutende Rolle und wird daher nur der Vollständigkeit halber kurz thematisiert.

Instructional programs from prekindergarten through grade 2 should enable all students to—	Expectations: In prekindergarten through grade 2 all students should—
(1) Understand measurable attributes of objects and the units, systems, and processes of measurement	(a) recognize the attributes of length, volume, weight, area, and time; (b) compare and order objects according to these attributes; (c) understand how to measure using nonstandard and standard units; (d) select an appropriate unit and tool for the attribute being measured.
(2) Apply appropriate techniques, tools, and formulas to determine measurements	(a) measure with multiple copies of units of the same size, such as paper clips laid end to end; (b) use repetition of a single unit to measure something larger than the unit, for instance, measuring the length of a room with a single meterstick; (c) use tools to measure; (d) develop common referents for measures to make comparisons and estimates.

Das Vergleichen und Ordnen von Objekten anhand verschiedener messbarer Eigenschaften wurde bereits auf S. 229 thematisiert. Hier sei noch einmal daran erinnert, dass der direkte Vergleich von mehr als zwei Objekten haptisch kaum möglich ist. Zudem fehlen vielen blinden Kindern Erfahrungen im Umgang mit kontinuierlichen Mengen, da sie z.B. seltener die Gelegenheit haben, ein Glas Saft einzugießen oder etwas auszumessen (Csocsán et al. 2003, S. 64). Dies muss im Unterricht berücksichtigt und gefördert werden, da es für viele mathematische Bereiche eine wichtige Grundlage darstellt. Beispielsweise ist das Konzept der Einheiten, das in diesem Standard betont wird, eng verknüpft mit dem Zahlbegriff (die Zahl als zusammengesetzte Einheit, s. S. 155). Das Benutzen einer kleineren Einheit zum Ausmessen einer größeren trägt einen wichtigen Teil zum Verständnis der Teile-Ganzes-Relation bei und bereitet die Bruchrechnung vor.

Haptisches Ausmessen von Länge und Fläche ist enger mit der Zeit verknüpft als die visuelle Betrachtung dieser Größen, weil die Tastbewegung mit ihrer starken zeitlichen Komponente selbst Teil der Raumerfassung ist (s. S. 87). CSOCSÁN et al. (2003, S. 64f) schlagen vor, möglichst oft den Körper selbst als Referenzgröße zu verwenden, indem Größen mit Körperteilen ausgemessen werden. Dadurch wird die egozentrische, körperorientierte haptische Wahrnehmung am besten genutzt.

Das Gewicht ist direkt haptisch wahrnehmbar und sollte daher im Zusammenhang mit Größen und Maßen relativ ausführlich Verwendung finden. Da hier sehende und blinde Kinder gleiche Voraussetzungen mitbringen, trägt dies auch zur Integration bei. Ähnliches könnte man für die Größe „Zeit" annehmen. Erfahrungen zeigen allerdings, dass sich das Zeitkonzept bei blinden Kindern eher verzögert entwickelt (Csocsán et al. 2003, S. 66); insgesamt ist dies aber kaum erforscht (Warren 1994, S. 96), daher können hier keine Ursachen oder passende Fördermöglichkeiten angegeben werden. Da Zeit aber sowohl beim Tasten eine große Rolle spielt als auch auditiv gut zugänglich ist, bietet es sich an, sie auch im Kontext „Messen" ausführlich einzubeziehen, z.B. mit Hilfe eines Metronoms oder einer Uhr. Weiterführend können dann die Zeiteinteilungen des Tages, der Woche usw. thematisiert werden (Csocsán et al. 2003, S. 66).

6.2.5 Data Analysis and Probability Standard

Instructional programs from prekindergarten through grade 2 should enable all students to—	Expectations: In prekindergarten through grade 2 all students should—
(1) Formulate questions that can be addressed with data and collect, organize, and display relevant data to answer them	(a) pose questions and gather data about themselves and their surroundings; (b) sort and classify objects according to their attributes and organize data about the objects; (c) represent data using concrete objects, pictures, and graphs.

Dieser Standard ist eng verknüpft mit den vorangegangenen Standards, und taucht auch bei der Adaption der Schulbuchseiten in Verknüpfung mit dem Thema Zahlen auf. Sortieren nach Eigenschaften (Exp. b) war bereits Thema im *Algebra Standard*, Zählen im *Number and Operations Standard*, und Form als Eigenschaft eines Objekts im *Geometry Standard*. Der Fokus beim *Data Analysis and Probability Standard* liegt auf dem Umgang mit Daten, vor allem der Darstellung und Auswertung. Die Schüler sollen ihre Daten so darstellen (Exp. c), dass sie leicht auszuwerten sind. Dafür ist es wichtig, dass sie lernen, Strukturen zu nutzen, die ihnen beim Betrachten den Überblick erleichtern, bzw. beim Betasten die schnelle Orientierung und den Vergleich. Konkret bedeutet dies z.B. die Fünfergliederung bei Strichlisten (s. Kap. 7.9). Die Bedürfnisse an eine leicht zu erstellende und auszuwertende Darstellung können bei blinden Schülern anders ausfallen als bei sehenden – dies wird in Bezug auf den *Representation Standard* genauer betrachtet.

(2) **Select and use** appropriate statistical methods to analyze data	(a) describe parts of the data and the set of data as a whole to determine what the data show.

Das Ergebnis der eigenen Auswertung zu beschreiben ist für blinde Schüler im Idealfall nicht schwieriger als für sehende. Das setzt allerdings voraus, dass die Darstellung der Daten im früheren Schritt gelungen ist.

(3) **Develop and evaluate** inferences and predictions that are based on data	(a) discuss events related to students' experiences as likely or unlikely.
(4) **Understand and apply** basic concepts of probability	

Diese zwei Teilbereiche behandeln grundlegende statistische Themen, die in dieser Altersklasse nur vorbereitet werden können (NCTM 2000, S. 113). Die Einschätzung der Wahrscheinlichkeit eines Ereignisses ist allerdings in vielen Fällen eine Leistung, die auf Alltagserfahrungen beruht. Je nach Thema kann es vorkommen, dass dem blinden Schüler weniger entsprechende Erfahrungen zur Verfügung stehen.

6.2.6 Problem Solving Standard / Reasoning and Proof Standard

Instructional programs from prekindergarten through grade 2 should enable all students to—
(a) build new mathematical knowledge through problem solving;
(b) solve problems that arise in mathematics and in other contexts;
(c) apply and adapt a variety of appropriate strategies to solve problems;
(d) monitor and reflect on the process of mathematical problem solving.

(a) recognize reasoning and proof as fundamental aspects of mathematics;
(b) make and investigate mathematical conjectures;
(c) develop and evaluate mathematical arguments and proofs;
(d) select and use various types of reasoning and methods of proof.

Problemlösen, logisches Denken und Beweisen sind höhere kognitive Fähigkeiten, die bei blinden Kindern im Vergleich zu sehenden nicht grundsätzlich beeinträchtigt sind. Diese Kompetenzen sind aber nicht ohne Inhalt (Sprache, Erinnerungen, Vorstellungen, Handlungen) denkbar (NCTM 2000, S. 121), der in irgendeiner Weise auf Wahrnehmung beruht. Das kann dazu führen, dass blinde Kinder andere und unerwartete Lösungswege beschreiten. Offenheit für die Ideen der Schüler (blind oder sehend) ist allerdings ein Qualitätsmerkmal für jeden guten Unterricht[1] (s. auch Anf. 4).

Fehlende Förderung und fehlende Anpassung der sie umgebenden visuellen Welt an die Bedürfnisse blinder Kinder können im ungünstigen Fall auch unzureichende Vorerfahrungen mit dem jeweiligen Thema zur Folge haben. Das beeinträchtigt die Passung und Vielfalt von zur Verfügung stehenden Vorstellungen und Strategien. Für den Unterricht bedeutet dies, dass die Veranschaulichungen entsprechend den Anforderungen (s. Kap. 5.3) gestaltet sein müssen, um auch den blinden Kindern die bestmöglichen Ausgangsbedingungen zur Verfügung zu stellen. Zudem sollte die Lehrperson darauf achten, Aufgaben so zu wählen oder anzupassen, dass sie dem erwarteten Erfahrungshorizont blinder Kinder angemessen sind und Erfahrungen mit aus mathematischer Sicht wichtigen Aspekten (z.B. Formwahrnehmung) fördern.

6.2.7 Communication Standard

Instructional programs from prekindergarten through grade 2 should enable all students to—
(a) organize and consolidate their mathematical thinking through communication;
(b) communicate their mathematical thinking coherently and clearly to peers, teachers, and others;
(c) analyze and evaluate the mathematical thinking and strategies of others;
(d) use the language of mathematics to express mathematical ideas precisely.

Allgemeine Aspekte der Kommunikation im Unterricht waren bereits in Kap. 5.2 ein Thema. Die sprachlichen Fähigkeiten von blinden Kindern sind in der Regel gut, selbst in Bezug auf Wörter mit visuellem Gehalt (s. Kap. 3.3.3).

Da blinde Kinder die Vorgehensweisen ihrer Mitschüler nicht so gut beobachten können, gewinnt die Kommunikation für sie zusätzlich an Bedeutung. Vor allem im integrativen Situationen hat der Austausch auch das Potential, den Unterricht durch die Verschiedenheit der Wahrnehmungen und Vorstellungen blinder und sehender Schüler zu bereichern (Csocsán et al. 2003, S. 43; Spittler-Massolle 2001, S. 215). Bei allen Schülern wird durch die Beschreibung eigener Vorstellungen und den Kontakt mit fremden Vorstellungen die Metakognition angeregt (s.

---
[1] Siehe auch Anf. 4, Offenheit (S. 170)

S. 202). Die blinden Schüler werden so zudem immer wieder mit den visuellen Konzepten Sehender konfrontiert und lernen, die Themen und Anforderungen der sie umgebenden visuell ausgerichteten Welt einzuschätzen.

Kommunikation mit Veranschaulichungen

Veranschaulichungen sollten die Kommunikation über Vorstellungen initiieren und unterstützen (s. S. 185). Auf der Basis von Veranschaulichungen können die eigenen Vorstellungen den anderen Schülern und dem Lehrer mitgeteilt und die Vorstellungen anderer Schüler nachvollzogen werden[1] (s. S. 196), denn Vorstellungen sind kaum rein verbal zu beschreiben. Auch der Wortschatz von Schulanfängern ist dafür noch nicht ausreichend groß. In einem Unterricht, indem haptische und auditive Veranschaulichungen eine wichtige Rolle spielen, ist es zudem wichtig, bewusst den Wortschatz für diese Bereiche zu erweitern. Beschreibungen von Texturen oder Klangqualitäten erfordern ausreichend differenzierte Begrifflichkeiten. BAUERSFELD & O'BRIEN (2002, S. 17ff) schlagen dafür nützliche Aktivitäten vor: z.B. sollen Kinder in Partnerarbeit Gegenstände oder geometrische Figuren ertasten und möglichst viele ihrer Eigenschaften beschreiben, bevor sie den Namen des Gegenstandes angeben. In einer anderen Variante sollen die Gegenstände nur in der Vorstellung entstehen.

Neben diesen wortschatzbezogenen Schwierigkeiten ist zu beachten, dass bei der Kommunikation zwischen den Veranschaulichungen der sehenden Schüler und den haptischen Adaptionen der blinden Schüler übersetzt werden muss. Die Version des blinden Schülers sollte daher so gestaltet sein, dass die sehenden Schüler ihre Materialien darin wieder erkennen können. Die Strukturen sollten also auch visuell gut erkennbar, Beschriftungen zusätzlich in Schwarzschrift ausgeführt sein. Davon profitieren zusätzlich auch Kinder mit hochgradiger Sehbehinderung, die neben dem Tasten auch ihr Sehvermögen nutzen.

Demonstrationsversion

Für die Kommunikation mit der ganzen Klasse werden üblicherweise große Demonstrationsversionen verwendet. Durch die unterschiedliche Größe von Schüler- und Demonstrationsversion werden beim Wechsel sehr unterschiedliche Tastbewegungen nötig (vorausgesetzt, die Demonstrationsversion ist überhaupt haptisch zugänglich). Bewegungen sind jedoch entscheidende Elemente der kinästhetischen Raumrepräsentation, so dass die Orientierung auf der ungewohnten Demonstrationsversion deutlich erschwert ist (s. S. 32ff). Gleiches gilt, wenn sich die Lage relativ zum Körper ändert (z.B. vom waagerechten Tisch zur senkrechten Tafel), da der Körper als Referenzrahmen für die Orientierung dient.

---

[1] Siehe auch Anf. 5, Kommunikation (S. 170)

Dadurch ist es für den blinden Schüler schwieriger, an der Demonstrationsversion etwas zu erläutern.

Bei häufiger Benutzung und abhängig von der individuellen Orientierungsfähigkeit können adaptierte Demonstrationsversionen durchaus eingesetzt werden. Allerdings steht oft gar keine haptisch zugängliche Version zur Verfügung bzw. müsste erst in Handarbeit erstellt werden, weil das Ausgangsmaterial der Klasse visuell ist (z.B. bei Punktefeldern). Auch aus diesem Grund ist es einfacher, dass ein blinder Schüler auf der Basis seiner eigenen Version mit der Klasse und dem Lehrer kommuniziert. Wenn ein Mitschüler oder die Lehrperson an der Demonstrationsversion etwas vorführt, kann (je nach Bedarf und Möglichkeit) ein Integrationshelfer, die Lehrperson oder auch ein Mitschüler die Hände des blinden Schülers führen, um die gezeigten Zusammenhänge nachzuvollziehen. Geht es um einfache Erklärungen, dann können Mitschüler und Lehrperson ihre Handlungen verbal so begleiten, dass der blinde Schüler sie allein nachvollziehen kann.

Farb-Oberflächen-Zusammenstellung

Farbe	Material
rot	Teddyplüsch, Nickysamt
blau	Metall- oder Lackfolie
grün	Wellpappe (grün, gewellt) oder Moosgummi (Wellenform)
gelb	Leinen oder glatter Stoff
orange	Velourpapier oder glattes Moosgummi
braun	Leder
schwarz	Schmirgelpapier
weiß	weiße Rauhfasertapete

Abb. 22: Farb-Textur-Zusammenstellung
(Staatliche Schule für Sehgeschädigte Schleswig 2006)

| Farben | Farben können bei der Adaption von Lernmaterialien relativ einfach durch Texturen ersetzt werden. Für den blinden Schüler bedeutet dies allerdings, dass er Eigenschaften seiner haptischen Materialien (Textur) für die sehenden Mitschüler (Farbe) übersetzen muss. Da dies einen zusätzlichen Lernaufwand bedeutet, ist es sinnvoll, die Zuordnungen von Textur zu Farbe bei verschiedenen Materialien konstant zu halten (Staatliche Schule für Sehgeschädigte Schleswig 2006). |
| Auditive Veranschaulichungen | Auditive Veranschaulichungen haben den Vorteil, dass alle Schüler mit demselben Material arbeiten und keine Übersetzungen nötig sind. Aus praktischer Sicht kann die Präsentation auditiver Materialien im Rahmen der Kommunikation mathematischer Ideen allerdings problematisch sein: Bei Partner- oder Gruppenarbeit ist es ungünstig, wenn alle Gruppen gleichzeitig etwas abspielen oder Rhythmen klopfen. Für Tonaufnahmen sind Abspielgeräte für jede Gruppe und Kopfhörer hilfreich, ansonsten ist möglicherweise räumliche Trennung notwendig. Eine weitere Möglichkeit besteht darin, Stationenarbeit zu planen, bei der nur eine Station auditive Materialien erfordert. |

6.2.8 Connections Standard

Instructional programs from prekindergarten through grade 2 should enable all students to—
(a) recognize and use connections among mathematical ideas;
(b) understand how mathematical ideas interconnect and build on one another to produce a coherent whole;
(c) recognize and apply mathematics in contexts outside of mathematics.

Für Kinder im frühen Grundschulalter ist es entscheidend, Verbindungen zwischen informellen und schulischen mathematikbezogenen Erfahrungen zu knüpfen (NCTM 2000, S. 131). Wie schon für die Standards *Problem Solving* und *Reasoning and Proof* beschrieben, können hier Probleme entstehen, wenn blinde Schüler wenig informelle, mathematisch wichtige Erfahrungen mitbringen. Zudem ist es wichtig, dass die im Unterricht verwendeten Aufgabenstellungen und Veranschaulichungen geeignet sind, an die haptisch und auditiv geprägten Erfahrungen blinder Schüler anzuknüpfen. Modellierungsaufgaben und Sachaufgaben, deren Realitätsbezug dem blinden Schüler nicht vertraut ist, stellen ungünstige Ausgangspunkte für die Entwicklung dieser Kompetenz dar (z.B. das Thema „Schattenwurf"). Andererseits können solche Aufgaben auch als Chance betrachtet werden, blinden Schülern Einblick in ein Thema zu vermitteln, dass ihnen schwer zugänglich ist, dass aber für sehende Menschen hohe Bedeutung hat. Eine eingehendere Diskussion dieses Konflikts findet sich in Kap. 7.5.

6.2.9 Representation Standard

Instructional programs from prekindergarten through grade 2 should enable all students to—
(a) create and use representations to organize, record, and communicate mathematical ideas;
(b) select, apply, and translate among mathematical representations to solve problems;
(c) use representations to model and interpret physical, social, and mathematical phenomena.

Der Umgang mit haptischen Veranschaulichungen erfordert mehr Erfahrung und Lernen. Effektive Taststrategien für die Nutzung von Reliefdarstellungen können für blinde Kinder als wichtiger Teil dieser Kompetenz betrachtet werden. Reliefdarstellungen sind auch in anderen Schulfächern und im späteren Berufsalltag von großem Nutzen: Auch bei blinden Kindern verbessert die Beigabe eines Bildes, also einer Reliefdarstellung, zu einem Sachtext die Speicherung der Inhalte im Langzeitgedächtnis (Pring/Rusted 1985). ALDRICH & SHEPPARD (2001, S. 69) sprechen in Anlehnung an den Begriff der *„literacy"* hier von *„graphicacy"*.

Doch auch auditive Veranschaulichungen bringen Herausforderungen mit sich: Das Zuhören muss von vielen Kindern, ob sehend oder blind, erst gelernt werden (sehende Kinder: Bernius 2004; blinde Kinder: Arter/Hill 1999). Dies kann durch entsprechende Veranschaulichungen gefördert werden. Daher werden beide Themen hier genauer betrachtet.

Grafische Darstellungen gehören zu den am häufigsten verwendeten Veranschaulichungen für sehende Kinder. Ihre haptischen Adaptionen, die Reliefdarstellungen, stellen an blinde Kinder jedoch besondere Herausforderungen. Ihr Nutzen war daher lange umstritten. In der Blindenpädagogik herrschte vor 100 Jahren ein Streit zwischen „Bilderfreunden" und „Bilderfeinden". Die Bilderfeinde waren unter anderem der Ansicht, das Betrachten von Flachmodellen vermittele keine Vorstellung von etwas Körperlichem (zitiert in Pluhar 1988 und Fromm 1993). Zudem gab es auch keine technischen Möglichkeiten der schnellen und günstigen Herstellung solcher Bilder (Kunz 1900, S. 78). *Reliefdarstellungen*

Die Entwicklung des Tiefziehverfahrens in den fünfziger Jahren des 20. Jahrhunderts ermöglichte jedoch schließlich eine rationelle Reproduktion von Reliefdarstellungen und sorgte so allein durch die einfache Verfügbarkeit für eine Wende. In der Praxis zeigte sich, dass Reliefdarstellungen im Unterricht von Nutzen sein können (Fromm 1993)[1]. FROMM kriti-

---

[1] Eine historische Aufarbeitung findet sich auch bei OSTAD (1989, S. 2ff) und bei HAHN (2006).

siert an den „Bilderfeinden", dass sie zu sehr auf die rein perzeptive Ebene fokussiert hätten, auf der die großen Unterschiede zwischen Objekt und tastbarer Abbildung tatsächlich unüberwindbar erscheinen können: Die Reduzierung auf die Kontur kann z.B. weder die Rundungen noch die Oberflächenstruktur und Härte einer Vase angemessen wiedergeben. FROMM weist darauf hin, dass die Wahrnehmung einer tastbaren Darstellung eben nicht auf dieser perzeptiven Ebene verbleibt, sondern mit Hilfe höherer kognitiver Prozesse gedeutet und verstanden werden kann.

Dies macht aber auch deutlich, *dass* erhöhte kognitive Anstrengungen nötig sind, um diese reduzierte Form der Veranschaulichung sinnvoll nutzen zu können. Reliefdarstellungen weisen einen höheren Abstraktionsgrad auf als dreidimensionale Objekte (Laufenberg 1993, S. 377f). Bei blinden Schulanfängern kann nicht vorausgesetzt werden, dass sie zweidimensionale[1] Darstellungen sicher deuten können (Ostad 1989). Daher muss gefragt werden, unter welchen Bedingungen Reliefdarstellungen mathematische Inhalte angemessen veranschaulichen können, um eine Verschleierung mathematischer Inhalte durch Probleme bei der Wahrnehmung von Reliefdarstellungen zu vermeiden.

Schwierigkeiten blinder Schüler

Grundsätzlich sind dreidimensionale Objekte haptisch leichter zu erkennen und zu verarbeiten als zweidimensionale Reliefdarstellungen (Ballesteros/Manga/Reales 1997; Klatzky/Lederman 2002; Pring 2008, S. 166). Diese zweidimensionalen Darstellungen enthalten oft weniger hervorstechende Merkmale und Orientierungspunkte (s. S. 32), so dass nur geringe Redundanz in den verfügbaren Wahrnehmungen vorhanden ist. Viele Aspekte der haptischen Wahrnehmung, die normalerweise für die Identifikation von Objekten genutzt werden, fehlen entweder ganz (z.B. Oberflächenqualität) oder sind visuell geprägt (Darstellung nur von einer Seite) (Lederman et al. 1990). Je weniger Orientierungsmöglichkeiten ein Tastobjekt bietet, desto stärker sind die Verarbeitungsressourcen, das Arbeitsgedächtnis und die Aufmerksamkeit der tastenden Person gefordert (Millar 1999, S. 132f). In einer Studie von OSTAD (1989) mit 40 geburtsblinden Schülern und Schülerinnen im Alter von 7 bis 17 Jahren zeigte sich, dass *altersunabhängig* weniger als ein Drittel der Reliefdarstellungen von Alltagsgegenständen erkannt wurden. Diese Rate wurde häufig repliziert, wie der Review von THOMPSON & CHRONICLE (2006, S. 78) zeigt – eine erstaunlich schlechte Bilanz.

Beispiel

Die folgende Beschreibung eines Experimentes zeigt beispielhaft, welche Schwierigkeiten blinde Kinder mit Reliefdarstellungen haben können:

---

[1] Damit sind tastbare Grafiken oder Bilder gemeint, die selbstverständlich erhabene Linien und Schraffuren enthalten und damit nicht im engen Sinne zweidimensional sind.

D'ANGIULLI (2007) befragte einen geburtsblinden Schüler im Alter von 13 Jahren zu acht tastbaren Umrisszeichnungen von Alltagsgegenständen (Apfel, Tasse, Schere, Telefon, Schlüssel, Gesicht, Flasche, Tisch). Apfel, Tasse, Schere und Schlüssel wurden nicht erkannt. Der Schüler wurde im Anschluss gefragt, ob er die Darstellungen angemessen finde. Den Apfel identifizierte er als Kopf, war aber nach Erklärung mit der Darstellung einverstanden. Für den Schlüssel gab er an, dass die Zeichnung viel zu groß sei. Zudem entsprach sie nicht ganz dem Schlüssel, den er kannte. Bei der Tasse vermisste er die Darstellung des Hohlraums, in den Flüssigkeiten eingefüllt werden. Sie war perspektivisch gezeichnet, so dass der obere, eigentlich kreisrunde Rand zu einer Ellipse verzerrt war. Der Schüler zeichnete auf die Frage nach der aus seiner Sicht richtigen Darstellung ein „U". Die Schere war mit nach oben weit geöffneten Klingen dargestellt. Sowohl die Ausrichtung als auch die Tatsache, dass sie geöffnet war, bezeichnete er als unerwartet. Doch auch mit einigen der erkannten Darstellungen war er nicht einverstanden. Bei dem perspektivisch dargestellten Tisch irritierte die Verdeckung der hinteren Beine. Bei der Flasche, die er am Flaschenhals erkannt hatte, fehlte ihm, wie schon bei der Tasse, die Öffnung.

Insgesamt zeigt dieses Beispiel, dass Strichzeichnungen, die an visuellen Gewohnheiten ausgerichtet sind, auch für ältere Schüler z.T. schwer zu erkennen sind. Insbesondere Perspektive, Verdeckung und Größenunterschiede sind problematisch. Haptisch und handlungsbezogen relevante Aspekte wie der Hohlraum der Tasse und der Flasche fehlen dagegen. Auch ein geringerer Erfahrungshorizont mit der Vielfalt von Varianten, die alle dieselbe Bezeichnung tragen (wie hier beim Schlüssel), kann zu Problemen führen.

Zweidimensionale Reliefdarstellungen von dreidimensionalen Objekten zeigen den Raum von einer bestimmten Perspektive aus. Solche perspektivischen Darstellungen entstehen aber nicht beim Tastvorgang und sind vor allem Kindern wenig vertraut (Laufenberg 1993, S. 377f). Die meisten geburtsblinden Menschen bevorzugen spontan Darstellungen, die alle Seiten eines Objektes wie aufgeklappt zeigen (Heller/Kennedy/Joyner 1995). Während bei sehenden und späterblindeten Menschen der Effekt zu beobachten ist, dass größere Objekte als weiter entfernt imaginiert werden (damit sie vollständig ins Gesichtsfeld passen) sind bei geburtsblinden Menschen keine Unterschiede bezüglich der vorgestellten Entfernung zu beobachten (Vanlierde/Wanet-Defalque 2005). Dies entspricht eher den Ergebnissen des Tastvorganges.

Perspektive

Dennoch zeigen andere Studien, dass auch geburtsblinde Menschen zweidimensionale Darstellungen interpretieren können, selbst wenn diese perspektivische Eigenschaften haben (Heller 2006, S. 66f; D'Angiulli/

Kennedy/Heller 1998). Auch die eigene Produktion zweidimensionaler Darstellungen gelingt blindgeborenen Menschen (Hahn 2006, S. 275ff; Kennedy/Juricevic 2006; Zollitsch 2003; Kennedy 2000). HELLER (2006, S. 66f) macht aber auch deutlich, dass der Umgang mit perspektivischen Darstellungen nicht direkt beim ersten Kontakt problemlos möglich ist, sondern Erfahrung erfordert – bei blinden Erstklässlern kann dies also auf keinen Fall vorausgesetzt werden.

HELLER (2006, S. 66f) weist außerdem darauf hin, dass in Bezug auf perspektivische Darstellungen noch Forschungsbedarf besteht zu der Frage, welche Ansicht und Perspektive für blinde Betrachter am leichtesten zu interpretieren sei. Die Widersprüchlichkeit der eben zitierten Ergebnisse, die Reliefdarstellungen einerseits als kaum verständlich für blinde Menschen, andererseits als leicht erlernbar darstellen, liegt auch in der Heterogenität der verwendeten Tastobjekte und der Forschungsfragen begründet. Abhängig davon, ob die dargestellten Objekte aus dem Alltag bekannt oder unbekannt, einfach oder komplex waren, Perspektive enthielten oder nicht, lassen sich ganz unterschiedliche Ergebnisse erzielen (Thompson/Chronicle 2006, S. 77).

Unterschiede in der Erkennbarkeit Anders als bei visuellen Bildern gibt es große Unterschiede in der Erkennbarkeit von Reliefdarstellungen. Bei manchen Gegenständen bleiben im Relief haptisch wichtige Merkmale erhalten, bei anderen nicht. Wenn die Form prägnant und gut haptisch zu verfolgen ist (Kamm, Hammer, Kreuz...), dann ist auch das Relief einfach zu interpretieren. Probleme treten auf bei Objekten, die haptisch nicht an der Form, sondern an anderen Tasteindrücken erkannt werden, wie z.B. die Rosenblüte an den weichen, samtigen Blütenblättern. Diese ist visuell leicht an ihrer Form zu erkennen, haptisch ist die Form aber für die Identifizierung einer realen Blüte uninteressant und durch die Zartheit der Blütenblätter schwer zu ertasten (Csocsán-Horvath 1991, S. 77).

Solche Darstellungen, deren Tasteindruck wenig mit der Wahrnehmung des dreidimensionalen Objekts gemein hat, können zwar gelernt werden, die Lehrperson sollte sich aber bewusst sein, dass eine solche Abbildung für die Schüler möglicherweise eher eine symbolische als eine ikonische Repräsentation des Objekts darstellt (ebd., S. 77), weil sie zu weit von dem Sinneseindruck des realen Objekts abweicht. In solchen Situationen sollte nach Möglichkeit eine andere Form der Repräsentation gewählt werden (Laufenberg 1993, S. 378).

Blinde Kinder können eine Reliefdarstellung nur dann richtig interpretieren, wenn ihnen die abgebildeten Gegenstände auch von ihrer Form her bekannt sind. PLUHAR (1988) dokumentiert beispielsweise, dass das Körperschema blinder Kinder noch im Alter von zehn Jahren z.T. nicht ausreichend ausgebildet ist, um eine tastbar gezeichnete menschliche Figur zu erkennen. Ein anderes Beispiel: Ein blindes Kind, das bereits einiges an Wissen über ein Auto gesammelt hat - es hat schon oft die Tür geöffnet, weiß, wie sich die Sitze anfühlen, ist darin gefahren, hat schon einmal vorne das Lenkrad und den Schaltknüppel untersucht - wird mit Recht behaupten, zu wissen, „was ein Auto ist". Dennoch ist es gut möglich, dass es die äußere Form des Autos, wie sie in einem Tastbild dargestellt ist, nicht kennt (Aldrich/Sheppard 2001, S. 70). Dieses Wissen ist in seinem Alltag nicht von Bedeutung.

Es bietet sich hier - positiv ausgedrückt - die Möglichkeit, über Reliefdarstellungen Formwissen zu vermitteln, das zuvor nicht zugänglich war. Reliefdarstellungen können Informationen über Dinge vermitteln, die wegen ihres Ausmaßes oder ihrer Gefährlichkeit nicht direkt erfahrbar sind (Csocsán-Horvath 1991, S. 77). Dies sollte jedoch nicht in einer Situation geschehen, in der das unterrichtliche Ziel die Vermittlung mathematischer Inhalte ist. Wenn der Inhalt der Darstellung erst mühsam erarbeitet und gelernt werden muss, wird das eigentlich angestrebte mathematische Verständnis stark behindert. Mit anderen Worten: Es werden wahrnehmungs- und prozessbezogene Kompetenzen geübt und es wird Faktenwissen erworben. Dies ist zwar auch wichtig, aber kein inhaltliches Ziel des Mathematikunterrichts.

Zusammenfassend ist festzuhalten, dass bei der Verwendung von Reliefdarstellungen in der Grundschule Vorsicht und genaues Abwägen angebracht sind. Eine gezielte Schulung im Umgang mit Reliefdarstellungen ist notwendig[1]. Sie eignen sich im mathematischen Kontext bei Schulanfängern am besten, wenn es sich um einfache Darstellungen handelt, die z.B. für den Größenvergleich, die Seriation und das Erkennen von Ähnlichkeiten und Mustern eingesetzt werden können (Csocsán et al. 2003, S. 45). Hier ist die Reduziertheit der Darstellung, der ikonische Charakter ein Vorteil, weil nur wenig vom Wesentlichen, nämlich dem Vergleich von bestimmten Merkmalen oder der Bestimmung der Anzahl, ablenkt.

Hinweise zu Einsatz und Gestaltung

Die folgenden Kriterien sollten erfüllt sein, um eine schnelle und einfache Orientierung und Interpretation durch den Schüler zu ermöglichen:
- Reduktion auf das Wesentliche, keine unnötigen Details
- Klare Strukturierung
- Keine Verdeckungen
- Keine Perspektive
- Verwendung verschiedener Oberflächenstrukturen

---

[1] mehr dazu bei OSTAD (1989, S. 1) und HAHN (2006, S. 315)

- Unterstützung der Orientierung durch Markierungen (z.B. Koordinatensystem)
- Kontrastreiche Farben und Verwendung von Schwarzschrift, um die Benutzung durch Schüler mit Sehbehinderung und sehende Mitschüler zu ermöglichen

(nach Csocsán-Horvath 1991, S. 77 und Aldrich/Sheppard 2001)

Bei der Gestaltung von haptischen Lernmaterialien ist zudem die Ästhetik zu beachten[1]. So ist z.B. Sandpapier zwar ein auffälliger, aber sehr unangenehm zu tastender Untergrund. Für Reliefdarstellungen wird in oft Tiefziehfolie aus Kunststoff verwendet, da sie eine rationelle Vervielfältigung erlaubt. Bei häufiger Verwendung kann dies aber langweilig und ermüdend wirken (Laufenberg 1993, S. 379; Aldrich/Sheppard 2001, S. 71) – vergleichbar etwa mit einem Schulbuch, das ausschließlich schwarz-weiße Strichzeichnungen enthält. Die glatte Oberfläche der Folie wird von den meisten Nutzern als unangenehm empfunden. Angeraute Oberflächen werden bevorzugt und erhöhen auch die Tastgeschwindigkeit, da der Finger nicht „festklebt" (Jehoel et al. 2006, S. 68ff). Neuere Tiefziehgeräte sind in der Lage, verschiedene Texturen zu erzeugen. Allerdings können die Vorlieben hier individuell sehr unterschiedlich sein (Weihe-Kölker 2000, S. 2). Wenn das Material speziell für einen Schüler hergestellt wird, ist es sinnvoll, auf solche Eigenarten einzugehen, soweit es technisch und didaktisch machbar ist. Der Zeitaufwand für die eigene Herstellung des Tastbildes mit verschiedenen Materialien (Filz, Samt, Metallfolie…) ist allerdings eher hoch[2].

Auditive Repräsentationen – auch für sehende Kinder?

Auditive Materialien sind oft leichter zugänglich und erfordern einen geringeren Lernaufwand als haptische Veranschaulichungen, da die hervorstechenden Merkmale einer Hörempfindung und ihre zeitlichen Beziehungen vom Gehirn gut verarbeitet werden können (s. Kap. 2.3.2). Zu bedenken ist jedoch, dass dies für komplexere auditive Muster nicht unbedingt gilt, und dass die sehenden Schüler im Zuhören insgesamt weniger geübt sind als die blinden. Da *jedes* neue Material auch ein neuer Lerninhalt ist und vor allem für schwächere Schüler ein Problem darstellen kann, ist im integrativen Unterricht ist zu fragen, ob die sehenden Kinder nicht besser bei ihren vertrauten visuellen Materialien bleiben sollten. Auditive Materialien könnten dem Grundsatz widersprechen, so wenig Veranschaulichungen wie möglich einzusetzen.

Es gibt nur wenig Literatur, die sich mit auditiven Materialien für sehende Kinder auseinandersetzt. Arbeiten mit Rhythmen und Tönen für die

---

[1] Siehe auch Anf. 9 (S. 170)

[2] Siehe Anf. 8, Herstellungsaufwand (S. 170)

Entwicklung des Zählens wird im Rahmen eines ganzheitlichen Zugangs immer wieder empfohlen (Hasemann 2003, S. 63f; Moser Opitz 2001, S. 63, 129; Lorenz/Radatz 1993, S. 118f), ist aber kaum empirisch untersucht oder unterrichtpraktisch ausgearbeitet. HASEMANN (2003, S. 63f) fordert, auditives Zählen in den Unterricht einzubeziehen. Er begründet dies damit, dass so die Vorerfahrungen der (sehenden) Kinder aufgegriffen werden, und dass die Entwicklung eines abstrahierten Zahlbegriffes unterstützt wird, denn Zahlen können sich auf Objekte und Ereignisse aller Sinne beziehen.

Beobachtungen anderer Autoren zeigen, dass auditiv unterstützte Strategien durchaus zu den Vorerfahrungen sehender Kinder gehören: BAROODY (1987, S. 135) beschreibt, wie sehende Kinder Rhythmus im Unterricht nutzen: Sie klopfen beispielsweise mit dem Finger oder Stift auf den Tisch und drücken „vier" durch den Rhythmus taptap-taptap aus. Auch beim kleinen 1x1 spielt Rhythmus eine Rolle (Baroody 1987, S. 140): Kinder zählen für die Dreier-Reihe 1, 2, **3**, 4, 5, **6**, 7… und betonen jeweils die dritte Zahl. Eine neuere Untersuchung aus der Schweiz bestätigt den Einsatz des Klopfens als Hilfe beim Zählen. CALUORI (2001, S. 247) beschreibt, dass einige sehende Zählanfänger im Vorschulalter nicht die Finger, sondern das Klopfen einsetzen, um dem Zählvorgang ein sensorisch erfassbares Korsett zu geben. BAUERSFELD & O'BRIEN haben sich vergleichsweise ausführlich mit dem Einsatz nichtvisueller Materialien beschäftigt. Sie weisen daraufhin, dass der modale Transfer, also der reflektierte Wechsel von Wahrnehmungskanälen, im Unterricht bisher kaum stattfindet. Sie halten die Dominanz des Visuellen sogar für gefährlich (2002, S. 5).

In einer Pilotstudie von CSOCSÁN (2003, S. 39f), die sich mit der Verwendung von Rhythmen im Unterricht mit blinden und sehenden Kindern beschäftigt, wurde eine interessante Beobachtung gemacht. Sowohl bei den blinden als auch bei den sehenden Schüler ließen sich zwei Gruppen identifizieren: Es gab sehende und blinde Kinder, die sich sehr für diese Art von Aufgaben interessierten und solche, die kein besonderes Interesse zeigten. Das Interesse war dabei, anders als die Leistung, *unabhängig* von der Teilnahme am Musikunterricht. Diese Studie ist zu klein, um allgemeine Folgerungen zu erlauben, aber es ist davon auszugehen, dass auditive Muster für einen Teil der blinden wie auch der sehenden Kinder ein sehr reizvolles Material darstellen.

Aus diesen Ausführungen ist der Schluss zu ziehen, dass sehende Kinder die Fähigkeiten und die Motivation zur auditiven Mengenerfassung und Strukturwahrnehmung mit in die Schule bringen, auch wenn ihre Erfahrungen in diesem Bereich geringer sind als die der blinden Kinder. Sie müssen allerdings teilweise erst lernen, überhaupt ihre Aufmerksamkeit

Zuhörförderung

bewusst und über längere Zeit auf das Gehör zu richten, also zuzuhören. Dass diese Fähigkeit nicht bei allen Schülern gleichermaßen vorhanden ist, darauf weisen BERNIUS (2004, S. 11ff) und KAHLERT (2006, S. 322f) hin. Sie schlagen vor, das Zuhören in der Schule insgesamt mehr zu fördern (statt es nur zu fordern!) und berichten von positiven Effekten auf die Konzentration und die sprachlichen Fähigkeiten. Auch BERNIUS & GILLES (2004) machen sich für die Zuhörförderung im Unterricht stark.

Kinder mit Problemen in der visuellen Verarbeitung

Ein weiterer Aspekt spricht allgemein für die sinnliche Vielfalt von Veranschaulichungen für sehende Kinder: Sie kann eine Alternative für Kinder mit Problemen in der visuellen Wahrnehmung bieten. Die gestörte Verarbeitung visuell-räumlicher Wahrnehmung ist eine der Ursachen für Lernschwierigkeiten in Mathematik (Lorenz/Radatz 1993, S. 18ff; Lorenz 2005, S. 170f). In diesen Fällen ist es natürlich einerseits wichtig, die visuelle Wahrnehmung zu fördern. Im Unterricht, wenn es konkret um die Entwicklung mathematischer Kompetenzen geht, können solche Schüler jedoch sehr von der Verfügbarkeit auditiver oder haptischer Materialien profitieren.

Insgesamt lässt sich folgern, dass auditive Materialien auch für sehende Kinder von hohem Wert sind. Sie sollten zudem nicht nur sporadisch eingesetzt werden, sondern regelmäßig Verwendung finden, damit alle Schüler daran gewöhnt sind, auditive Ereignisse als Mengen oder Strukturen wahrzunehmen. Die Fähigkeit des Zuhörens allgemein kann auch in vielen weiteren Schulfächern gefördert werden (z.B. Hörbeispiele im Sachunterricht), nicht nur in Musik oder, wie hier thematisiert, in Mathematik.

6.3 Fazit

Die ausführliche Analyse der NCTM-Standards aus blindenpädagogischer Perspektive hat eine Vielzahl an unterrichtsrelevanten Anmerkungen und Hinweisen ergeben. Sie hat aber auch gezeigt, welch große Bedeutung dem Wissen um Besonderheiten der Wahrnehmung, Kognition und Entwicklung blinder Kinder zukommt. Einige Kompetenzen bekommen ein verändertes Gewicht, weil ihr Erwerb für blinde Schüler schwieriger ist (z.B. der Umgang mit haptischen Darstellungen im *Representation Standard*), oder weil ihnen voraussichtlich Vorerfahrungen und Vorwissen fehlen (z.B. für die Teile-Ganzes-Relation im *Number and Operations Standard*). Im nun folgenden Kapitel wird der Praxisbezug noch verstärkt. Das in den früheren Kapiteln gesammelte Wissen, die didaktischen Anforderungen zu Veranschaulichungen und die Analyse der Bildungsstandards werden genutzt, um exemplarisch Vorschläge für die Adaption eines Schulbuchabschnitts zu generieren.

7 Adaption von Materialien für den Unterricht mit blinden und sehenden Kindern

7.1 Einleitung

Auf den folgenden Seiten soll gezeigt werden, wie sich die im theoretischen Review erarbeiteten Erkenntnisse bei der Gestaltung von Lehr- und Lernmitteln und Lernumgebungen einsetzen lassen. Eingebunden in Adaptionsvorschläge für Schulbuchseiten werden auch für die verwendeten Veranschaulichungen Adaptionen entwickelt, die sich an den Anforderungen aus Kap. 5.3 messen lassen müssen. *Zielsetzung*

Als „Anwendungsfall" für eine solche unterrichtpraktische Umsetzung wurde ein kohärenter Abschnitt eines führenden Grundschullehrwerkes, des „Zahlenbuchs" gewählt (Wittmann/Müller 2006a). Dieses Lehrwerk ist über Jahrzehnte in der Praxis erprobt und entwickelt worden und fachdidaktisch auf aktuellem Stand. Das bedeutet z.b., dass großer Wert auf das Erkennen und Erzeugen von Mustern und Strukturen gelegt wird, die als Grundlage der Mathematik als Wissenschaft verstanden werden (Wittmann/Müller 2006b, S. 9). Diese Konzeption entspricht den aktuellen Bildungsstandards (KMK 2004). Bei der Auswahl und Entwicklung der Veranschaulichungen für das Zahlenbuch wurden Kriterien beachtet, die denen aus Kap. 5.3 vergleichbar sind (Wittmann/Müller 2006b, S. 12). Ebenfalls zur zeitgemäßen Konzeption gehören selbstdifferenzierende, das aktive Entdecken anregende Aufgabenstellungen, mit denen verschieden leistungsstarke Kinder unter Verwendung verschiedener Zugänge am gleichen Gegenstand arbeiten können (Wittmann/Müller 2006b, S. 15).

All diese Aspekte führen dazu, dass die Grundkonzeption des Buches, seine Veranschaulichungen und Aufgaben für den Einsatz im integrativen unterricht nicht *grundsätzlich* überarbeitet werden müssen. Es geht eher darum, die vorhandenen Aufgaben und Darstellungsformen den Bedürfnissen blinder Kinder anzupassen und zu ergänzen.

Lernmaterialien für den arithmetischen Anfangsunterricht sind von besonderer Bedeutung, da die in diesem Zeitraum thematisierten Inhalte grundlegend für den weiteren Unterricht in der gesamten Schulzeit sind. Verständnislücken und Fehlvorstellungen im Anfangsunterricht sind auslösend für Rechenschwäche (Schipper 2003). Aus diesem Grund wurde ein Abschnitt aus dem Schulbuch für die erste Klasse für die konkrete Adaption ausgewählt. Der gewählte Abschnitt des „Zahlenbuchs" knüpft an die zahlbezogenen Kenntnisse der Kinder aus dem Alltag an und thematisiert die Zahlen 1-10. Die Zahlbegriffsentwicklung, die in Kap. 4 ausführlich untersucht wurde, spielt hier eine entsprechend wichtige Rolle. Die erwähnte Verknüpfung mit Zahlen im Alltag ist zudem für den integrativen Unterricht ein spannendes Thema, weil die Alltagserfahrungen blinder und sehender Kinder große Unterschiede aufweisen. Besonderes Augenmerk gilt auch in diesem Abschnitt der Erkennung und Verwendung von Regelmäßigkeiten und Mustern, die zunächst in ganz verschiedenen Situationen vorkommen und später auf die „Kraft der Fünf" fokussiert werden. Die verwendeten Muster sind in einem Schulbuch für Sehende erwartungsgemäß hauptsächlich visuell-räumlicher Natur. Daher ist die Frage, wie sie für blinde Kinder adaptiert werden sollen, anspruchsvoll und interessant.

Es ist nicht Ziel dieses Kapitels, eine fertige Unterrichtsreihe für den integrativen Unterricht zur Verfügung zu stellen. Da sich die Situationen im integrativen Unterricht je nach personeller Unterstützung, Klassengröße, Eigenschaften und Fähigkeiten des blinden Kindes usw. stark unterscheiden, wäre ein solches Vorgehen von geringem praktischem Nutzen. Ziel ist es vielmehr, beispielhaft aufzuzeigen, welche Aspekte bei der Adaption zu bedenken sind und welche Aufgaben auditive und haptische Materialien übernehmen können bzw. sollten.

Aufbau der folgenden Kapitel — Alle Kapitel dieses Abschnitts beginnen mit einer Beschreibung der Schulbuchseite und der Aufgaben. Auch Aufgaben aus dem zugehörigen Arbeitsheft werden thematisiert. Danach folgt eine auf sehende Kinder bezogene Analyse der Kompetenzstruktur der Aufgaben. Daran muss sich die Adaption für blinde Kinder messen lassen, denn sie sollte möglichst ähnliche Anforderungen stellen. Diese Analyse geschieht auf der Basis der NCTM-Standards, die die Altersstufen vom Kindergarten bis in die zweite Klasse abdecken und damit für den Anfangsunterricht besser geeignet sind als die deutschen, auf den gesamten Grundschulzeitraum ausgerichteten Bildungsstandards (s. Kap. 6.1). Sie wurden im vorhergehenden Kapitel blindenpädagogisch gewichtet und kommentiert (s. Kap. 6.2).

Die Standards werden als Kategorien genutzt, um möglichst alle kompetenzbezogenen Aspekte einer Aufgabe zu erfassen. Aus diesem Grund werden sie eher weit interpretiert. Je nach Ähnlichkeit der Methoden, Veranschaulichungen und zu fördernden Kompetenzen werden die einzelnen Aufgaben der Seite dabei getrennt behandelt oder zusammengefasst. Anschließend werden auf dieser Basis Vorschläge zur Adaption der Schulbuchseite (bzw. Aufgabe) entwickelt. Schließlich wird noch einmal überprüft, ob die Adaption geeignet ist, die erwünschten Kompetenzen zu fördern.

7.2 Zahlenkarten

Auf den Seiten 12 und 13 geht es um die Zuordnung verschiedener Zahldarstellungen zueinander. Zu Beginn der Beschäftigung mit diesen Seiten sollen im Stuhlkreis Mengen realer Objekte den Darstellungen durch Ziffern, Strichlisten oder Punktmuster zugeordnet werden. Dann werden zu einer vorgegebenen Zahl verschiedene Darstellungen gesucht (Wittmann/Müller 2006b, S. 47).

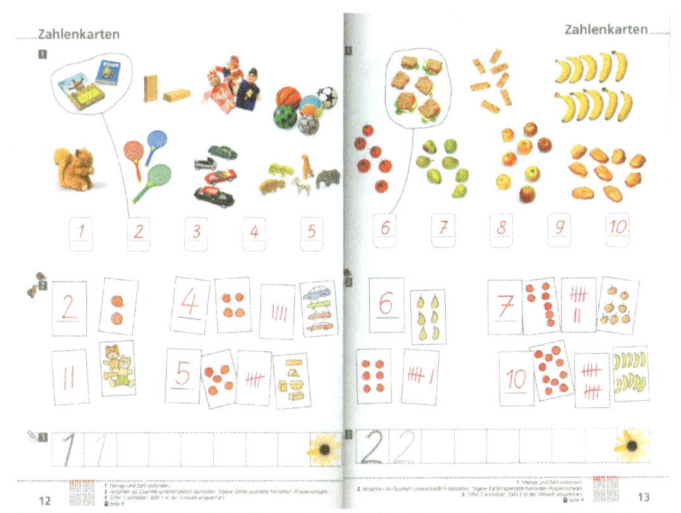

Abb. 23: „Zahlenkarten": S. 12/13 aus dem Zahlenbuch (Wittmann/Müller 2006a)

Aufgabe 1 beinhaltet Mengenbilder von ungeordneten Mengen mit ein bis zehn Objekten (z.B. zwei Bücher, sieben Birnen). Es sind insgesamt mehr als zehn Mengenbilder vorhanden, d.h. zu den Mengen Zwei, Drei, Fünf, Sechs und Sieben sind jeweils zwei verschiedene Mengenbilder zu finden. Auffällig ist, dass das Bild für die ,10' zehn Bananen zeigt, die in zwei Fünferreihen geordnet wurden. Dies ist das einzige Mengenbild, das offensichtliche räumliche Regelmäßigkeiten aufweist. Unterhalb der Bilder sind die Ziffern 1-10 zu sehen, angeordnet nebeneinander mit aufsteigender Reihenfolge und dargestellt entsprechend den im Zahlenbuch verwendeten Zahlenkarten. Die Schüler sollen die Anzahl der Objekte auf den Bildern bestimmen und mit den entsprechenden Ziffern verbinden. Im zugehörigen Arbeitsheft taucht diese Aufgabe erneut auf, diesmal mit den Ziffern eins bis sechs und zwei bzw. drei verschiedenen Mengenbildern pro Ziffer.

Unter Aufgabe 2 sind Zahlenquartette abgebildet. Zu denselben Anzahlen gibt es jeweils Ziffern, Punktmuster, Strichlisten und Mengenbilder. Die

Schüler sollen Mengen unterschiedlich darstellen, selbst solche Quartette entwickeln und damit spielen. Im Arbeitsheft finden sich dazu weitere Beispiele für Karten.

Ziffernschreibkurs

Der Ziffernschreibkurs bildet die dritte Aufgabe auf den Seiten 12 und 13. In einer Kästchenreihe ist links die Ziffer ‚1' eingetragen, im nächsten Kästchen noch einmal, nun allerdings in hellgrauer Schrift zum Nachfahren mit dem Stift; die übrigen Kästchen sind leer. Auf der anderen Hälfte der Doppelseite befindet sich dieselbe Aufgabe mit der ‚2'.

Der Ziffernschreibkurs setzt sich auf den folgenden Seiten des Schulbuchs fort. Auch im Arbeitsheft taucht er wieder auf. Hier soll nur kurz darauf eingegangen werden, weil er wenig mit der Frage nach passenden Veranschaulichungen zusammenhängt. Ziffern sind vielen sehenden Kindern schon vor Beginn der Schulzeit bekannt. Blinde Kinder kommen dagegen in der Vorschulzeit wesentlich weniger mit Brailleschrift oder -ziffern in Kontakt. Daher sollte in der Kindergartenzeit darauf geachtet werden, dass in ihrer Umwelt Braille-Beschriftungen vorkommen, z.B. an Schubladen, als Seitenzahlen in Tastbüchern etc.. Zu Schulbeginn ist aber auch davon auszugehen, dass blinde Kinder beim Schriftspracherwerb mehr pädagogische Hilfestellung benötigen als sehende Kinder (Lang 2002a, S. 243). Für Fördermöglichkeiten sei auf die Veröffentlichungen von LANG verwiesen (Lang 2002a; 2002b; 2003).

7.2.1 Analyse der Kompetenzstruktur
Number and Operations Standard

Instructional programs from prekindergarten through grade 2 should enable all students to—	Expectations: In prekindergarten through grade 2 all students should—
Understand numbers, ways of representing numbers, relationships among numbers, and number systems	(a) count with understanding and recognize „how many" in sets of objects; (c) develop a sense of whole numbers and represent and use them in flexible ways, including relating, composing, and decomposing numbers; (e) connect number words and numerals to the quantities they represent, using various physical models and representations

Bei der hier vorliegenden Aufgabenstellung steht im Rahmen des *Number and Operations Standards* das Zahlverständnis im Vordergrund, insbesondere das Zählen (Exp. a) und die Verknüpfung alltäglicher Mengen von Gegenständen mit abstrakteren Repräsentationen wie Strichlisten, Punktmustern und auch Ziffern (e). Unstrukturierte Materialien (z.B.

Mengenbilder, Zählgegenstände) können zu zählendem Rechnen führen (Radatz 1991, S. 48), wenn sie nicht in einem strukturierten Kontext eingesetzt werden. Dies wirkt sich der Folge negativ auf das Verständnis der Rechenoperationen und das flüssige Rechnen aus. Deshalb ist eine Hinführung zu strukturierten Zahldarstellungen wie Strichlisten oder Punktmustern sehr wichtig.

Strukturen wie die Fünfergliederung oder Würfelbilder sollen ebenfalls bereits vertreten sein (Wittmann/Müller 2006b, S. 47). Auch wenn diese Strukturen von den Kindern noch nicht genutzt werden müssen, trägt dies zur Entwicklung eines flexiblen Zahlbegriffs bei (c).

Algebra Standard

(1) Understand patterns, relations, and functions	(a) sort, classify, and order objects by size, number, and other properties;
(2) Represent and analyze mathematical situations and structures using algebraic symbols	(b) use concrete, pictorial, and verbal representations to develop an understanding of invented and conventional symbolic notations.

Auch Vorläufer algebraischer Kompetenzen kommen hier bereits zum Tragen. Dazu gehören das Zuordnen gleichgroßer Mengen zueinander (und die Verwendung abstrakterer Zahldarstellungen. Die Mengenbilder werden sortiert und den Ziffern zugeordnet (1a). Der Wechsel von realen Objekten hin zu Bildern, Strichlisten und Ziffern kann als erster Schritt in Richtung ikonischer und symbolischer Darstellungen gewertet werden (2b).

Geometry Standard

(3) Apply transformations and use symmetry to analyze mathematical situations	(b) recognize and create shapes that have symmetry
(4) Use visualization, spatial reasoning, and geometric modeling to solve problems	(c) relate ideas in geometry to ideas in number and measurement

Beim Ausnutzen der räumlichen Struktur von Punktmustern und Strichlisten kommen auch Konzepte aus der Geometrie zum Tragen, insbesondere die Symmetrie (3b). Diese Strukturen sollen als nützlich für die Organisation des Zählvorgangs erkannt werden (4c).

Communication Standard

Instructional programs from prekindergarten through grade 2 should enable all students to—
(a) organize and consolidate their mathematical thinking through communication;
(b) communicate their mathematical thinking coherently and clearly to peers, teachers, and others;
(c) analyze and evaluate the mathematical thinking and strategies of others;
(d) use the language of mathematics to express mathematical ideas precisely.

In der Stuhlkreissituation zu Beginn der Behandlung dieser Seiten müssen die Schüler ihre eigenen Überlegungen und Erkenntnisse kommunizieren und begründen und kommen in Kontakt mit den Überlegungen der Mitschüler. Auch im Spiel mit dem Quartett (Aufgabe 2) spielt Kommunikation eine große Rolle.

Representation Standard

(a) create and use representations to organize, record, and communicate mathematical ideas;
(b) select, apply, and translate among mathematical representations to solve problems;
(c) use representations to model and interpret physical, social, and mathematical phenomena.

Da hier Mengen in verschiedenen Repräsentationen verknüpft werden sollen, ist der *Representation Standard* von hoher Bedeutung. Für blinde Kinder kann zudem die Entwicklung von Taststrategien dem *Representation Standard* zugeordnet werden (s. Kap. 6.2.9). Das Zählen fixierter Objekte stellt für sie neue Anforderungen an die Taststrategie, weil bereits gezählte Objekte nicht durch Verschieben abgetrennt werden können.

In Aufgabe 2 geht es um die eigene Produktion von Mengendarstellungen und den Vergleich verschiedener Darstellungen. Das Zuordnen der verschiedenen Zahldarstellungen zueinander ist eine wichtige Handlung. Die Kinder erwerben so Erfahrungen mit Zahldarstellungen, die ihnen vermitteln können, welche Darstellungen leicht zu überblicken und zu zählen sind. Das führt auf die Bedeutung von Strukturierungen. Außerdem erfahren sie, wie unterschiedlich Darstellungen derselben Zahl sein können. Dies unterstützt die Entwicklung eines abstrakteren Zahlbegriffs.

7.2.2 Entwicklung der Adaptionsvorschläge

Im Lehrerhandbuch wird vorgeschlagen, zunächst Mengen realer Gegenstände in den Stuhlkreis zu legen. Diese können grundsätzlich visuell und haptisch gezählt werden. Mit Blick auf die Besonderheiten der haptischen Wahrnehmung und des haptischen Zählens gibt es jedoch einiges zu beachten, wenn dies an bereits vorhandene Fähigkeiten anknüpfen und effektiv die Förderung der Zahlbegriffsentwicklung unterstützen soll. Nicht alle blinden Kinder haben zum Schulanfang bereits die nötigen Taststrategien entwickelt, um sicher haptisch zählen zu können (s. S. 223). Da diese Schulbuchseite zwar früh im Schuljahr, aber nicht ganz zu Beginn eingesetzt wird, sollte sich die Lehrperson zu diesem Zeitpunkt bereits darüber im Klaren sein, ob hier besondere Förderung notwendig ist. Z.B. kann sie bei Bedarf das Kind dazu auffordern, sich vorher einen Überblick über die Ausdehnung und räumliche Struktur der Menge zu verschaffen und bereits gezählte Objekte wirksam abzuteilen.

Haptisches Zählen im Stuhlkreis

Die gewählten Zählobjekte sollten sich angenehm anfühlen (Anf. 9, Ästhetik), also z.B. aus Holz, Glas oder Metall bestehen und keine scharfen Ecken und Kanten haben. Zur leichten Handhabbarkeit und Haltbarkeit (Anf. 8) ist wenig Blindenspezifisches anzumerken – sehr kleine, zerbrechliche oder wegrollende Objekte sind auch für sehende Erstklässler ungeeignet und werden daher kaum Verwendung finden. So sind z.B. Bohnen, Kastanien, Bauklötze oder große Schraubenmuttern sehr gut zu handhaben und leicht und kostengünstig zu beschaffen (Anf. 10). Sie lassen sich zudem immer wieder einsetzen (Anf. 1). Zur Vereinfachung der Organisation des haptischen Zählens (Anf. 10, Handhabbarkeit) dient blinden Kindern ein Tablett, welches verhindert, dass einzelne Objekte zu weit zur Seite geschoben werden und so verloren gehen oder herunter fallen.

Auswahl der Zählobjekte

Die Zählobjekte sollen im Stuhlkreis dann im zweiten Schritt mit abstrakteren Darstellungen verknüpft werden. Dabei ist das Problem der Größenveränderungen zu beachten: Würfelbilder beispielsweise sind haptisch weniger einprägsam, wenn sie größer als auf einem normalen Würfel mit tastbaren Punkten dargestellt sind. Gleiches gilt für vergrößerte Demonstrationsversionen. Größenveränderungen führen zu veränderten Bewegungsmustern beim Tasten und damit zu grundlegenden Unterschieden in einer kinästhetisch basierten Raumerfahrung (s. S. 244). Daher müssen die Mengendarstellungen durch Strichlisten und Punktmuster dem blinden Schüler in normaler Größe zur Verfügung stehen, nicht in einer vergrößerten Demonstrationsversion, wie sie vielleicht für die sehenden Kinder im Stuhlkreis gezeigt wird.

Neben diesen eher allgemeinen Regeln für die Auswahl von Materialien ist konkret auf die Unterrichtssituation bezogen zu beachten, dass eine

Verbindung zum Alltag hergestellt werden sollte. Objekte, die von Kindern im Alltag gezählt werden, sind z.B. Nahrungsmittel, Spielzeuge oder Teller und Löffel. Solche Dinge sollten hier daher auch vorkommen.

Auditives Zählen
Zum Alltag von Kindern gehören auch auditive Zählsituationen. Dies gilt für blinde Kinder in besonderem Maße, ist aber auch für sehende Kinder nicht von der Hand zu weisen. Ein weiterer Grund für den Einsatz auditiver Materialien ist, dass die Verknüpfung von Ziffern und Zahlwörtern mit den zugehörigen Mengen mit Hilfe *verschiedener* Modelle und Repräsentationsformen geschehen soll (*Number and Operations Standard*). Hörszenen als Ausschnitte der alltäglichen Hörwahrnehmung stellen im Gegensatz zu Tastsituationen oft einen geringeren Lernaufwand dar – vorausgesetzt, die Schüler sind allgemein daran gewöhnt, längeren, ausschließlich auditiven Sequenzen aufmerksam zu folgen. Dies ist bei blinden Schülern häufig gegeben, und sehende Kinder können aus solchen Übungen Nutzen ziehen (Bernius 2004; s. S. 253). Dadurch arbeiten alle Kinder soweit möglich an denselben Materialien und können leichter darüber kommunizieren (Anf. 6/*Communication Standard*).

Hörszenen können auch selbst erzeugt werden, z.B. durch Schrittgeräusche auf geradem Gelände und auf der Treppe (Bergmann 2004, S. 21f). Eine gute Möglichkeit, die Gegenstände aus dem Stuhlkreis mit auditiven Erfahrungen zu verknüpfen, ist es, sie nacheinander in eine Schale fallen zu lassen (Bauersfeld/O'Brien 2002, S. 32). Weiterhin können in der Stuhlkreissituation auch Tonaufnahmen mit Hörszenen abgespielt werden, die z.B. Glockenschläge oder vorbeifahrende Autos wiedergeben (s. S. 213).

Kommunikation
In der Stuhlkreissituation spielt die Kommunikationskompetenz eine bedeutende Rolle. Die Kinder sollen lernen, ihre eigenen Überlegungen verständlich mitzuteilen und die Äußerungen der anderen zu verstehen. Daher ist es besonders wichtig, dass im Stuhlkreis alle Kinder miteinbezogen sind und am selben Material arbeiten. Dabei ergeben sich praktische Schwierigkeiten: Ein blindes Kind kann zwar die in der Kreismitte präsentierten Materialien direkt betasten, damit versperrt es aber möglicherweise anderen Kindern die Sicht. Manche Kinder fühlen sich in dieser Position mitten im Kreis zudem unwohl und es entsteht Zeit- und Leistungsdruck beim Tasten. Es ist daher (abhängig von der Lerngruppe und dem blinden Kind) in vielen Fällen besser, dem blinden Kind jeweils eine „Zweitversion" der besprochenen Mengendarstellungen in die Hand zu geben. Die Schwierigkeiten, die entstehen können, weil das blinde Kind zum tastenden Zählen länger braucht als die sehenden Kinder, können aber nicht ganz ausgeräumt werden. Auch aus diesem Grund sind zusätzlich auditive Zählsituationen zu verwenden.

Zahlenkarten | 263

In Aufgabe 1 und 2 kommen im Buch Mengenbilder zum Einsatz. Für sehende Kinder stellt dies einen Schritt auf dem Weg von realen Objekten zu abstrakteren Zahldarstellungen dar. Auch für blinde Kinder muss hier ein Schritt in diese Richtung erfolgen. Abbildungen aus Schulbüchern für Sehende wer-den für den integrativen Unterricht oft in haptischer Form als Reliefdarstellungen umgesetzt. Es könnten also Mengenbilder mit Reliefdarstellungen erzeugt werden. Reliefdarstellungen sind allerdings nicht einfach analog zu visuellen Bildern für Sehende zu verwenden (s. S. 247ff). Tastbilder enthalten zwangsläufig weniger Details als visuelle Bilder und haben verstärkt ikonischen oder sogar symbolischen Charakter, weil sie sonst nicht haptisch zu erfassen wären. Die eigentlich angestrebte Realitätsnähe, die den Unterschied zu Punktmustern und Strichlisten darstellt, geht dadurch leicht verloren.

Adaption der Mengenbilder

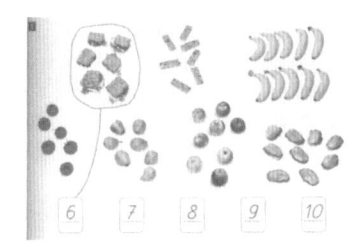

Abb. 24: Mengenbilder (Ausschnitt S. 13)

Was bedeutet dies nun konkret für die Adaption der Mengenbilder? Die Verwendung von Reliefbildern ist möglich, aber es ist zu erwarten, dass dies gerade für Schulanfänger den Abstraktheitsgrad deutlich erhöht. Als sinnvoller Zwischenschritt können deshalb Tastbilder mit fixierten realen Gegenständen dienen (z.B. Knöpfe). Durch die Fixierung verlieren die Objekte ihre Manipulierbarkeit, bleiben aber gut identifizierbar. Dies entspricht in Bezug auf den Abstraktionsgrad eher der bildlichen Darstellung von Objekten für sehende Kinder. Zudem ist es aus Sicht der haptischen Wahrnehmung leichter, gut identifizierbare, vertraute Objekte kognitiv weiter zu verarbeiten, weil sie im Arbeitsgedächtnis sprachlich rekodiert und besser gespeichert werden können (s. S. 45). Wichtig wäre es auch, haptisch ästhetische und interessante Objekte (Anf. 9) zu wählen (Knöpfe mit verschiedenen Formen und Oberflächen, Bohnen, Perlen…).

Es ist dabei zu beachten, dass in diesem Fall die Objekte auf den haptischen Bildern nicht dieselben sind wie auf den visuellen Bildern. Dies behindert die Zusammenarbeit mit den sehenden Kindern. Andererseits ist Aufgabe 1 ohnehin in Einzelarbeit zu lösen – Kommunikationskompetenz spielt hier eine geringere Rolle. Es kann natürlich versucht werden, Miniatur-Äpfel, Brötchen etc. aus Kunststoff zu beschaffen, doch diese sind wiederum schlecht erkennbar, weil sie haptisch mit dem Ausgangsobjekt wenig gemein haben (andere Größe, anderes Material). Der Aufwand (Anf. 8) einer möglichst genauen Kopie der visuellen Bilder ginge hier daher weit über das Sinnvolle hinaus.

Das Mengenbild mit zehn Bananen weist als einziges eine räumliche Ordnung (zwei Fünfer-Reihen) auf (s. S. IV). Dies deutet schon in die Zukunft, wo Fünfer- und Zehnerstruktur an Bedeutung gewinnen. Auch wenn die Kinder noch nicht die vorhandene Fünferstruktur nutzen, können sie bereits erfahren, dass diese Menge leichter zu zählen ist als z.B. neun durcheinander liegende Brötchen auf dem Bild darunter. Damit der Nutzen dieser Ordnung im Unterricht diskutiert werden kann, muss auch den blinden Schülern eine entsprechend geordnete Darstellung zur Verfügung stehen (z.B. zehn Streichhölzer).

Vorgehen beim Zuordnen

Aufgabe 1 fordert das Zuordnen durch Umkreisen und Verbinden. Dies ist direkt umsetzbar, z.B. mit Hilfe von Wikki Stix (s. Abb. 25), also gut haftenden und formbaren Wachsschnüren. Diese Form der Markierung ist allerdings haptisch sehr viel weniger hilfreich als visuell, da die Zusammengehörigkeit von Ziffer und Menge nicht „auf einen Blick" erfasst werden kann. Besser wäre es, Ziffernkarten und Karten mit fixierten Zählobjekten nebeneinander zu ordnen. Sie können mit einer gummierten Unterlage, Magneten oder Klett gegen Verrutschen gesichert werden.

Abb. 25: Wikki Stix (Wachsschnüre)
http://practicallyhomemade.blogspot.de/2012/02/homemade-wikki-stix.html

Mengenquartett

In Aufgabe 2 werden mit Ziffern, Strichlisten und Punktmustern auf den Karten solche Zahldarstellungen favorisiert, die auch zukünftig im Unterricht von Bedeutung sind (Wittmann/Müller 2006b, S. 47). Dies geschieht im Sinne der Konzentration auf wenige, aber vielseitige Veranschaulichungen (Anf. 1). Strichlisten und Punktmuster stellen eine Abstraktion und Ikonisierung der Mengenbilder dar, weil sie weitgehend auf das Darstellen der Anzahl reduziert sind. Konkrete Eigenschaften von Alltagsgegenständen (z.B. Farbe, Form, Verwendungszweck) spielen keine oder eine untergeordnete Rolle. Sie sind räumlich strukturiert, da sie zu Fünferpäckchen zusammengefasst werden oder andere Muster aufweisen.

Die eigene Produktion der Karten ist aus didaktischer Sicht sehr wichtig (*Representation Standard,* Exp. a) und wirkt motivierend (Aldrich/Sheppard 2001, S. 69). Die Kinder dokumentieren beim Gestalten der Karten ihre eigenen Vorstellungen von Zahlen und ikonisieren durch die Reduktion auf Punkte und Striche (Anf. 5). Die verschiedenen Darstellungen werden bei der eigenen Herstellung handelnd verknüpft (Anf. 3). Daher sollten auch dem blinden Schüler auf keinen Fall fertige Karten zur Verfügung gestellt werden. Es ist also zu fragen, auf welche Weise er am besten eigene Karten erstellen kann.

Eigene Herstellung

Abb. 26: Mengenquartett (Ausschnitt S. 13)

Strichlisten zu zeichnen wurde schon auf den Schulbuchseiten vor dem hier behandelten Ausschnitt geübt, im Stil der Ziffernschreibübungen. In diesem Zusammenhang kann für den blinden Schüler auch der Umgang mit Zeichenfolie eingeführt werden. So kann er selbst Strichlisten erzeugen und auf die Karten aufkleben. Tastbare Punktmuster können ebenfalls gezeichnet oder z.B. mit Hilfe von Filzklebepunkten oder Magneten erzeugt werden. Für die Mengenbilder können wie zuvor kleine, flache Objekte auf die Karten geklebt werden. Dabei kann es sich um Dinge wie Knöpfe oder Büroklammern handeln, oder auch um abstraktere Formen aus haptisch angenehmen Materialien (Moosgummi, Filz, Stoff...; Anf. 9). Der blinde Schüler kann auch etwas auf der Zeichenfolie malen, wenn er es bereits gut genug beherrscht.

Abhängig vom Schüler ist zu überlegen, ob und wie viel Hilfe er bei der Herstellung benötigt. Zum einen wird er vielleicht länger brauchen als die sehenden Kinder, zum anderen muss auch sichergestellt sein, dass die Karten hinterher haptisch gut lesbar sind, damit sie sich für das Spiel eignen.

Es ist wahrscheinlich, dass auch einige sehende Kinder mit Aufkleben oder Magneten arbeiten möchten, statt zu malen. So kann der blinde Schüler auch Produkte anderer Schüler erfassen. Auch umgekehrt sollte die Zugänglichkeit sichergestellt sein: die Ziffernkarten der blinden Kinder sollten zusätzlich auch die Ziffern in Schwarzschrift enthalten (Anf. 6, Kommunikation).

| Nutzen von Strukturierungen | Es sollte im Unterricht darüber gesprochen werden, welche Darstellungen leicht zu lesen sind, und warum *(Geometry Standard)*; auch die Kraft der Fünf kommt im Kontext der Strichlisten bereits zur Sprache. Dies richtet die Aufmerksamkeit der Kinder auf die Bedeutung und den Nutzen von strukturierten Zahldarstellungen und unterstützt so letztlich die Entwicklung des denkenden Rechnens (Anf. 7; *Number and Operations Standard*). Dabei werden voraussichtlich unterschiedliche Kriterien in Bezug auf „Übersichtlichkeit" für Sehen und Tasten zur Sprache kommen. Vorstellbar ist beispielsweise, dass sehende Kinder die vertrauten Würfelbilder bevorzugen, während der blinde Schüler lieber lineare Anordnungen verwendet. Die Produkte des blinden Schülers können in diesem Zusammenhang von diagnostischem Wert sein. Sie enthalten Informationen zum Stand der Zahlbegriffsentwicklung und Raumwahrnehmung. |

7.2.3 Zusätzliche Vorschläge

| Förderung von Zählstrategien | Zumindest ein Teil der blinden Kinder benötigt mehr Zeit und Unterstützung für die Entwicklung des tastenden Zählens als die sehenden Klassenkameraden. Daher erscheint es – vor allem zu einem so frühen Zeitpunkt im ersten Schuljahr – nicht sinnvoll, diese Aufgabe lediglich im Stuhlkreis zu besprechen, wo den Kindern wenig Möglichkeit zur eigenen Zeiteinteilung bleibt. Stattdessen, oder parallel dazu, bieten sich offenere Situationen und das Spiel mit den Gegenständen an. Zählgegenstände bieten sehr vielfältige Handlungsmöglichkeiten (Sortieren, Aufteilen, Hinzutun, Wegnehmen...), weil sie beweglich und ohne vorgegebene Struktur sind (Anf. 3). Dadurch sind sie auch in punkto Offenheit und Mehrdeutigkeit (Anf. 4) als gut zu bewerten[1]. |
| Zahlenkästen | Blinde und sehende Schüler können zu jeder Zahl zwischen 1 und 10 „Zahlenkästen" erstellen, die mit den entsprechenden Mengen befüllt werden. Nach ausführlicher freier Auseinandersetzung damit können die Ergebnisse dann im Stuhlkreis zusammengetragen und diskutiert werden. Dabei kann auch die Frage gestellt werden, welche Mengen leicht zu zählen sind, und warum. Das führt auf den Nutzen strukturierter Zahldarstellungen hin. |

Lässt man Objekte in Zahlenkästen hineinfallen, kann man deren Anzahl auch hören. Die Spielkarten des Quartetts aus Aufgabe 2 können ebenfalls hineingelegt werden. Neben den Darstellungen durch Punktmuster und Strichlisten können Karten mit aufgeklebten Objekten und Säckchen mit losen Objekten hinzugefügt werden (so können auch die sehenden Kinder tasten), zusätzlich Tonaufzeichnungsmodule (s. S. 216) mit ge-

---

[1] Siehe dazu auch LEE (2009)

klopften oder anders erzeugten Anzahlen. Diese Zahlenkästen können in der Klasse stehen bleiben und von den Kindern mit weiteren passenden Mengen ergänzt werden, die ihnen im Lauf der Zeit begegnen.

Neben den Mengenbildern können auch wieder Hörszenen mit zählbaren Hörereignissen eingesetzt werden. Diese können wie die visuellen Darstellungen unstrukturiert oder strukturiert (d.h. rhythmisch) gestaltet sein. Dies kann entweder im Klassenverband geschehen (die Schüler hören sich etwas an und halten dann die entsprechende Ziffernkarte hoch) oder in Einzelarbeit (mit Hilfe von Abspielgeräten und Kopfhörern oder räumlich getrennt). Dabei wird das aufmerksame Zuhören gefördert, und alle Schüler arbeiten mit demselben Material. Zudem ist bei dieser Aufgabenstellung damit zu rechnen, dass ein blinder Schüler nicht langsamer als seine Mitschüler arbeitet, sondern in vielen Fällen sogar besser damit zurecht kommt als die sehenden Mitschüler. Die Bedeutung solcher Situationen für die Motivation des blinden Schülers und für die soziale Integration ist nicht zu unterschätzen.

Auditive Ergänzungen

Zusätzlich zu Strichlisten, Punktmustern und Ziffern sollten zu diesem Zeitpunkt auch Klopfen und Klatschen für die Zahldarstellung eingeführt werden, denn sie können wie die anderen Varianten im weiteren Verlauf des Schuljahres immer wieder eingesetzt werden. Damit gehören sie zu den „Standardzahldarstellungen", die ja mit Hilfe dieser Schulbuchseiten eingeführt und verknüpft werden sollen.

Ein Vorschlag von CSLOVJECSEK et al.[1] (2001, S. 19) passt hier gut hinein: Das Klassenzimmer selbst wird zum Instrument. Schüler oder Lehrperson klopfen dabei Anzahlen auf Tische, die Tafel, die Tür usw.. Dies hat den zusätzlichen Vorteil, dass der blinde Schüler einen auditiven Eindruck von den räumlichen Zusammenhängen im Klassenzimmer bekommt. Im Schulalltag mit dem üblichen Lärmpegel ist dies sonst kaum möglich.

Weitere Spiele mit Klopfzahlen schlagen CSOCSÁN et al. (2003, S. 80ff) vor: in der einfachsten Version klopft ein Schüler eine Anzahl, sein Partner klopft dasselbe nach und nennt die Zahl. Abwandlungen dieses Spiels verknüpfen die auditiven mit den haptischen/visuellen Zahldarstellungen: z.B. klopft ein Kind oder die Lehrperson für die ganze Klasse, und die anderen Schüler halten eine passende Karte hoch, oder die Schüler spielen Bingo mit ihren Karten, wobei die jeweilige Zahl nicht genannt, sondern geklopft wird. In der „Musikrunde" im Stuhlkreis beginnt die Lehr-

---

[1] CSLOVJECSEK et al. haben als Zusatz zum Unterrichtswerk „Zahlenbuch" die Reihe „Mathe macht Musik" entwickelt, in der sie vielfältige Vorschläge zur auditiven und bewegungsorientierten Gestaltung von Aufgaben aus dem Zahlenbuch machen.

person oder ein Schüler und nennt eine Zahl. Die Schüler erzeugen der Reihe nach jeweils einen Klang, bis die entsprechende Anzahl erklungen ist. Der letzte Schüler in dieser Reihe nennt die nächste Zahl.

Eine Idee aus dem Lehrerhandbuch muss hier noch Erwähnung finden: WITTMANN & MÜLLER (2006b, S. 48) schlagen vor, Stille Post zu spielen. Die Kinder fassen sich an und geben (kleine) Anzahlen durch entsprechend häufigen Händedruck weiter. Dies ist ohne jede Adaption mit blinden Kindern durchführbar. Es kann später mit größeren Zahlen wieder aufgegriffen werden, wenn die Kinder gelernt haben oder üben sollen, geklopfte Anzahlen rhythmisch zu strukturieren (Csocsán et al. 2003, S. 83).

7.2.4 Fazit

Die Aufgaben auf den Schulbuchseiten 12 und 13 beinhalten für blinde Kinder häufig haptische Zählaufgaben. Diese stellen hohe Anforderungen an die Handlungsplanung und brauchen mehr Zeit als visuelle Zählaufgaben. Haptisches Zählen ist wichtig für die Förderung von Kompetenzen im Rahmen des *Number and Operations Standards* und des *Representation Standards*. Dafür sind offene Situationen zu bevorzugen, in denen Einzelförderung möglich ist und individueller Zeitbedarf berücksichtigt werden kann.

Zusätzlich sollten Hörszenen eingesetzt werden, die allen Kindern gleich präsentiert werden können und für das blinde Kind leichter zugänglich sind. Sie ermöglichen das Arbeiten am gemeinsamen Gegenstand (*Communication Standard*). Die Verwendung verschiedener sinnlicher Zugänge ist zudem ebenfalls im Sinne des *Representation Standards* und nützt sehenden Kindern, die Schwierigkeiten mit der visuell-räumlichen Verarbeitung haben.

Um das Zählen und die Verknüpfung zwischen Menge und Ziffer (*Number and Operations Standard*) in den Mittelpunkt der Bemühungen eines blinden Schülers zu stellen, müssen die Mengen leicht zugänglich sein. Das ist gewährleistet, wenn für Mengenbilder fixierte, reale Objekte verwendet werden. Diese Variante entspricht auch eher dem visuell verwendeten Abstraktheitsgrad (*Algebra Standard*). Durch die Fixierung der Objekte bleiben die notwendigen, fördernden Anforderungen an die haptische Orientierung und das Zählen erhalten (*Representation Standard*).

Der Prozess des eigenen Herstellens und Erkennens von Karten mit Punktmustern, Strichlisten und Mengenbildern ist für blinde Kinder anspruchsvoller und zeitaufwendiger als für sehende. Er ist an dieser Stelle aber von hoher Bedeutung, damit die arithmetischen, algebraischen und geometrischen Kompetenzen und der Umgang mit Repräsentationen

Stempeln und Zählen | 269

ebenso gefördert werden wie bei den sehenden Kindern. Dafür sind die eigene Herstellung und der handelnde Umgang im Spiel unumgänglich. Um die praktischen Anforderungen so gering wie möglich zu halten (die Förderung von Feinmotorik oder lebenspraktischen Fertigkeiten sollte hier *nicht* im Mittelpunkt stehen), wäre eine angemessene Unterstützung durch Lehrpersonen oder Integrationshelfer von Vorteil.

Für die Verknüpfung der Darstellungen, die den Transfer (*Representation Standard*) und die Entwicklung eines abstrakteren Zahlbegriffs (*Number and Operations Standard*) fördert, sind die vorgeschlagenen Spiele und die Zahlenkästen hilfreich. Sie bieten auch besser als das Mengenquartett in Aufgabe 2 die Möglichkeit, auditive Darstellungen einzubeziehen.

7.3 Stempeln und Zählen

Abb. 27: Stempeln und Zählen (Wittmann/Müller 2006a, S. 14)

Im oberen Bereich der nun thematisierten Seite ist eine bunte Zeichnung von drei Kindern zu sehen, die mit Stempeln Bilder drucken. Es gibt dreieckige, quadratische und kreisförmige Stempel. Die Kinder benutzen die Farben rot, gelb und blau zum Stempeln. Diese Farben und Formen werden auch in der Folge von den Schülern verwendet.

Die Aufgaben 1 und 2 zeigen jeweils eine Figur (eine Raupe und ein Mädchen), die aus den farbigen und unterschiedlich geformten Stempeln zusammengesetzt sind. Daneben sind Tabellen zu sehen. Zu den Farben (dargestellt durch Farbkleckse) und Formen (farblose Umrisse) soll jeweils mit Hilfe von Strichlisten angegeben werden, wie oft sie in der entsprechenden Figur zu finden sind. Ziffern dürfen auch verwendet werden. Im Arbeitsheft setzen sich diese Aufgaben mit drei weiteren Figuren fort.

Die Schüler sollen anschließend selbst mit den Stempeln Muster und Figuren erzeugen und die Farben und Formen zählen. WITTMANN & MÜLLER (2006b, S. 49) weisen darauf hin, dass diese Phase des handelnden Umgangs von großer Bedeutung ist und ausreichend Zeit dafür zur Verfügung stehen muss.

7.3.1 Analyse der Kompetenzstruktur

Number and Operations Standard

Instructional programs from prekindergarten through grade 2 should enable all students to—	Expectations: In prekindergarten through grade 2 all students should—
(1) Understand numbers, ways of representing numbers, relationships among numbers, and number systems	(a) count with understanding and recognize „how many" in sets of objects; (e) connect number words and numerals to the quantities they represent, using various physical models and representations;

Bezogen auf Zahlen geht es hier erneut um das Zählen und die Notation der Ergebnisse. Die Kinder können wählen, ob sie Strichlisten oder Ziffern nutzen wollen, abhängig von ihrer Ziffernkenntnis und Schreibfertigkeit. Dadurch wird das Zählen (a) geübt und Mengen werden mit standardisierten Darstellungen verknüpft (e).

Algebra Standard

(1) Understand patterns, relations, and functions	(a) sort, classify, and order objects by size, number, and other properties;
(2) Represent and analyze mathematical situations and structures using algebraic symbols	(b) use concrete, pictorial, and verbal representations to develop an understanding of invented and conventional symbolic notations.

Die Schüler müssen die Elemente der Figuren nach den Eigenschaften „Farbe" und „Form" ordnen (1a). Um diese Eigenschaften getrennt betrachten zu können, müssen sie von ihrer konkreten Wahrnehmung abstrahieren. Abstrakte Notationen (Strichliste, Ziffern) werden verwendet (2b).

Geometry Standard

(1) Analyze characteristics and properties of two- and three-dimensional geometric shapes and develop mathematical arguments about geometric relationships	(a) recognize, name, build, draw, compare, and sort two- and three-dimensional shapes; (c) investigate and predict the results of putting together and taking apart two- and three-dimensional shapes.
(4) Use visualization, spatial reasoning, and geometric modeling to solve problems	(a) create mental images of geometric shapes using spatial memory and spatial visualization; (b) recognize and represent shapes from different perspectives;

Erkennen und Benennen der Grundfarben und –formen werden geübt (1a). Beim Erzeugen eigener Stempelbilder gehen die Schüler kreativ mit diesen Farben und Formen um. Um Figuren mit den Stempeln zu erzeugen, müssen sie vorausplanen, welche Form sie an welcher Stelle verwenden wollen, um die gewünschte Figur zu erhalten (1c, 4a). Dabei kommen die Grundformen auch in vielen verschiedenen Raumlagen vor (4b).

Data Analysis and Probability Standard

(1) Formulate questions that can be addressed with data and collect, organize, and display relevant data to answer them	(a) pose questions and gather data about themselves and their surroundings; (b) sort and classify objects according to their attributes and organize data about the objects; (c) represent data using concrete objects, pictures, and graphs.

Das Entnehmen von Form und Farbe aus den Bildern und die Darstellung der Ergebnisse in Tabellenform kann auch unter dem Blickwinkel des Umgangs mit Daten betrachtet werden. Die Kinder sammeln Daten über die vorgegebenen und selbsterzeugten Figuren (a), sortieren und organisieren die Daten in einer Tabelle (b) und repräsentieren die gefundenen Anzahlen mit Hilfe von Strichlisten oder Ziffern (c).

Representation Standard

Instructional programs from prekindergarten through grade 2 should enable all students to—
(a) create and use representations to organize, record, and communicate mathematical ideas;
(b) select, apply, and translate among mathematical representations to solve problems;
(c) use representations to model and interpret physical, social, and mathematical phenomena.

Repräsentationen spielen hier in zwei Bereichen eine Rolle. Zum einen werden Mengen durch Strichlisten (oder Ziffern) repräsentiert. Zum anderen erzeugen die Schüler Bilder mit Hilfe von geometrischen Figuren. Sie müssen anhand ihrer Vorstellung vom gewünschten Ergebnis die passenden Formen auswählen.

7.3.2 Entwicklung der Adaptionsvorschläge

Stempeln — Die Aktivität des Stempelns ist nur schwer direkt zu adaptieren. Denkbar wäre die Verwendung von Knetmasse, in die Stempel mit unterschiedlichen Texturen gedrückt werden, aber dies funktioniert nicht für weiche Texturen (z.B. Samt). Zudem verformt sich die Knete beim Betasten leicht wieder (Anf. 10, Haltbarkeit). Denkbar wäre die Verwendung von Wachstafeln, wie sie vor Einführung der Zeichenfolie von blinden Kindern zum Zeichnen verwendet wurden (Hahn 2006, S. 283).

Am besten eignen sich jedoch magnetische Formen mit den entsprechenden Texturen (Schwager 2003), weil sie es erlauben, relativ schnell Figuren zu erzeugen und zu variieren. Bei Verwendung der Vorgaben der Schleswiger Schule für Sehgeschädigte (s. S. 245) ist gewährleistet, dass den einzelnen Farben konsistent immer dieselben Texturen zugeordnet werden, dass die Texturen von den blinden Schülern als ästhetisch empfunden werden (Anf. 9) und später, z.B. im Geometrieunterricht leicht wieder einsetzbar sind (Anf. 1). Dann lohnt sich auch der relativ große Herstellungsaufwand (Anf. 8).

Strichlisten — Für die Strichlisten in der Tabelle eignet sich, wie schon auf der vorhergehenden Schulbuchseite, die Zeichenfolie. Alternativ können hier aber auch Pins verwendet werden, die in Styropor oder Moosgummi gesteckt werden. Die Vorgabe, immer fünf zusammenzufassen (in diesem Fall durch vergrößerte Abstände oder Zeilenwechsel zwischen den Fünfergruppen), muss dabei genauso von der Lehrkraft vorgegeben werden wie bei den Strichlisten, ist also nicht „unauthentischer". Dies ist als generelle

Maßnahme für die immer wiederkehrenden Strichlisten zu überdenken, wenn der blinde Schüler Schwierigkeiten mit dem Zeichnen hat[1].

Das Erkennen von vorgegebenen Figuren und von geometrischen Grundformen könnte blinden Schülern Schwierigkeiten bereiten. Dass z.B. die Figur aus Aufgabe 2 ein Mädchen darstellen soll, wird für blinde Kinder ohne Hilfe nicht leicht zu erkennen sein. Die Raupe (Aufg. 1) ist etwas einfacher zu identifizieren. Das direkte Identifizieren der Figuren ist für das Lösen der Aufgabe allerdings nicht Voraussetzung. Es trägt nur indirekt zum Erwerb der hier wichtigen Kompetenzen bei: Die Figuren selbst repräsentieren keine mathematischen Inhalte, sondern haben eher motivationalen Wert. Für die Aufgabe entscheidend ist die Tätigkeit des Zählens und die Abstraktion der Eigenschaften ‚Form' und ‚Farbe/Textur' von der konkreten Wahrnehmung. Es ist zwar denkbar, dem blinden Schüler einfachere Figuren zu geben, für die Besprechung der Aufgaben in der Klasse ist es andererseits aber sinnvoll, dass alle Schüler dieselben Figuren bearbeiten. Zudem ist im Vorfeld unklar, welche Figuren für blinde Schüler als einfach einzuschätzen sind.

Stempelfiguren

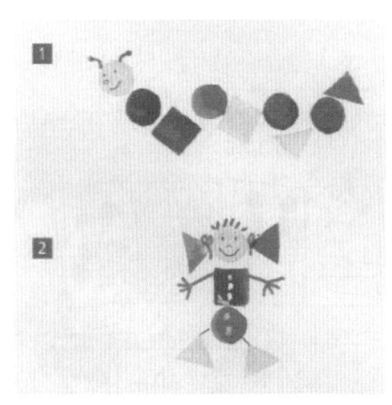

Abb. 28: Stempelfiguren (S. 14)

Beim eigenen Erzeugen von Figuren kann sich ein blinder Schüler dann an seinen eigenen Vorstellungen und Bedürfnissen orientieren. Nach bestehenden Forschungsergebnissen ist dabei nicht prinzipiell mit Schwierigkeiten für die blinden Kinder zu rechnen. Ihre Fähigkeit, aus zweidimensionalen Formen in der Vorstellung Figuren zusammenzusetzen, ist nicht grundsätzlich eingeschränkt (Pring 2008, S. 164ff).

---

[1] Für die Herstellung von Karten mit Strichlisten für das Quartettspiel auf der Schulbuchseite 12/13 ist dies allerdings nicht geeignet.

Geometrische Grundformen

Ein anderes Problem besteht in der Unterscheidung der geometrischen Formen selbst. Dies gilt vor allem für Quadrat und Dreieck, die beide durch Spitzen gekennzeichnet sind. Dies und die komplexe haptische Orientierung beim Ertasten der Gesamtfigur können dazu führen, dass das Zählen der Formen dem blinden Kind nicht gut gelingt. Die Vielfalt der Kompetenzen, die mit dieser Aufgabe angesprochen werden, kann sich so als Problem für das blinde Kind erweisen.

Verschiedene Lösungsmöglichkeiten sind in dieser Situation denkbar, abhängig von der Betreuungssituation und von den individuellen räumlichen Fähigkeiten des Kindes. Im Idealfall bekommt das blinde Kind Hilfestellung (Integrationshelfer oder Co-Teaching) und ausreichend Zeit zur Verfügung. Nach einer Besprechung aller vorkommenden Formen können bei Bedarf auch die Quadrate weggelassen werden. Diese sind möglicherweise schwieriger zu erkennen als Dreiecke (Kluschina 1976). Die Tabelle muss dann entsprechend angepasst werden. Letztere Variante entspricht eher den Stärken der haptischen Wahrnehmung (s. S. 41ff): Identifizierung von Objekten durch Tasten orientiert sich normalerweise an hervorstechenden Merkmalen. Die Unterscheidung von Dreieck und Kreis ist demnach einfach, weil der Kreis keine Ecken hat. Dies ist in Bezug auf die hier wichtige geometrische Kompetenz jedoch nicht unbedingt zu befürworten, weil blinde Kinder auch lernen müssen, mit den visuell geprägten Raumkonzepten der Geometrie zurecht zu kommen. Es ist denkbar, dass der Beratungslehrer den blinden Schüler im Vorhinein bezüglich der geometrischen Grundformen fördert, oder dass eine Unterrichteinheit zur Geometrie mit der ganzen Klasse vorgezogen wird.

Trotz Förderung (oder wenn diese nicht zur Verfügung steht) kann es vorkommen, dass ein blindes Kind sehr große Schwierigkeiten hat, die Formen auseinander zu halten. In diesem Fall erscheint es angebracht, zumindest einige Aufgaben nur in Bezug auf die Textur lösen zu lassen. Dies ist sinnvoll, damit ein Erfolgserlebnis entsteht, und vor allem, damit zumindest die algebraischen und arithmetischen Kompetenzen gefördert werden. Die Kompetenzen im geometrischen Bereich sind selbstverständlich wichtig, aber im Kontext dieser konkreten Schulbuchseiten hat die arithmetische Kompetenz letztendlich Vorrang.

Bewertung der Produkte

Zumindest in der Phase, in der die Schüler selbst Figuren erzeugen sollen, ist die nötige Offenheit für eine Binnendifferenzierung bezüglich des geometrischen Anspruchs vorhanden (Anf. 4). Hier sollten die Produkte des blinden Schülers auf keinen Fall dahingehend bewertet werden, ob sie für die Mitschüler und die Lehrperson erkennbare Figuren darstellen. Auch ihre räumliche Komplexität darf nicht bewertet werden. Es ist gut möglich, dass der blinde Schüler weniger Bilder erzeugt als die sehenden Mitschüler, weil die Differenzierung und richtige Ausrichtung der Formen mehr Zeit in Anspruch nimmt. Leistungsdruck in Bezug auf die Qualität der Produkte oder die Zeit reduziert die Offenheit der Aufgabenstellung ganz erheblich. Die Produkte des blinden Schülers können der Lehrperson allerdings Anhaltspunkte für die Beobachtung der Entwicklung räumlicher und haptischer Fähigkeiten liefern.

7.3.3 Zusätzliche Vorschläge

Das Material des blinden Kindes kann mit seinen verschiedenen Tastqualitäten auch für die sehenden Mitschüler sehr interessant sein. Es ist denkbar, einen Klassensatz magnetischer Formen (oder Wachstafeln) herzustellen, der dann von allen Schülern anstelle der Stempel verwendet wird. Das hat den großen Vorteil, dass alle Kinder mit denselben Materialien arbeiten und der blinde Schüler auch die Produkte der Mitschüler haptisch erfassen kann. Die sehenden Kinder können ausprobieren, ob sie mit geschlossenen Augen die Aufgabe lösen können. Der Herstellungsaufwand für die magnetischen Formen ist recht hoch (Anf. 8), doch die Formen können im Geometrieunterricht vielfach wieder verwendet werden und sind haltbar genug, um einige Schülergenerationen zu überstehen.

Gleiches Material für alle Schüler

WITTMANN & MÜLLER (2006b, S. 49) schlagen vor, alternativ zum Stempeln Bauklötze zu verwenden, mit denen auch dreidimensional gebaut werden kann. Diese haben den Vorteil, dass sie im Gegensatz zu Stempelbilden haptisch zugänglich sind, sie müssten für blinde Kinder allerdings mit entsprechenden Texturen versehen sein oder aus unterschiedlichen Materialien bestehen (z.B. Holz, Metall, Plastik). Für das Ertasten der gebauten Figuren sollten sie zudem relativ groß und schwer sein, damit sie nicht so leicht verrutschen (Anf. 10).

Bauklötze

Die Dreidimensionalität, die sonst als positiv für die haptische Wahrnehmung bewertet wird (s. XXX), kann hier jedoch eher ein Problem darstellen. Handelsübliche „dreieckige" und „runde" Bauklötze sind streng genommen Prismen mit dreieckiger bzw. kreisförmiger Grundfläche. Je nach Fähigkeiten des blinden Kindes könnte es ihm bei den Prismen schwer fallen, die Grundflächen als bestimmende Teile des Bauklotzes zu erkennen. Die aus logischer Sicht idealen dreidimensionalen Fortsetzungen von Dreieck, Quadrat und Kreis, also Tetraeder, Würfel und Kugeln, sind zwar leichter zu unterscheiden, eignen sich aber nicht zum Türme bauen. Zudem gibt es Hinweise darauf, dass es bei diesen einfachen Formen anders als bei komplexeren Objekten für die haptische Erkennbarkeit keine bedeutende Rolle spielt, ob zwei- oder dreidimensionale Formen verwendet werden (Hahn 2006, S. 263). Magnetische Platten bzw. Reliefdarstellungen sind hier wahrscheinlich geeigneter, weil sie besser auf das Wesentliche, die zweidimensionale Form, reduziert sind.

Die Zweidimensionalität, die bei gegenständlichen Bildern ein Problem darstellt, ist hier von Vorteil.

Auditives Vorgehen Eine auditive Variante dieser Aufgabe ist ebenfalls denkbar. Es werden zwei verschiedene Eigenschaften von Klängen in je drei Qualitäten benötigt. Theoretisch bieten sich Tondauer, Lautstärke, Tonhöhe, Richtung und Klangfarbe dafür an, praktisch sind jedoch nicht alle Kombinationen möglich bzw. sinnvoll: Klopfen und Klatschen lassen sich in Tonhöhe und Tondauer nicht variieren. Dauer, Lautstärke und Höhe eines Tons werden eher zweiwertig wahrgenommen, also als Gegensatzpaare ‚lang/kurz', ‚laut/leise' und ‚hoch/tief'. Die Einführung eines dritten, in der Mitte liegenden Wertes kann zu Schwierigkeiten bei der Unterscheidbarkeit führen.

Richtung und Klangfarbe lassen sich am besten einsetzen, weil hier viele verschiedene Werte erkennbar und benennbar sind (z.B. Tür, Tafel, Fenster / Klopfen, Klatschen, Rasseln). Das führt wieder zurück auf die Idee von CSLOVJECSEK et al. (2001, S. 19), die bereits zitiert wurde (S. 267): das Klassenzimmer als Instrument. Die Schüler können Tabellen führen, in denen das Auftreten verschiedener Klangfarben (z.B. Klatschen, Klopfen, Stampfen) und Richtungen (z.B. Tür, Tafel, Fenster) festgehalten werden. Eine anspruchsvollere Fortsetzung dieses Spiel ergibt sich, wenn die Raumrichtungen relativ zum Körper mit rechts, links und vorne bezeichnet werden.

Das auditive Vorgehen hat Vorteile, weil es für den blinden Schüler leichter zugänglich ist (Klangfarben und Richtungen sind leichter zu unterscheiden als geometrische Formen), und weil es keinen Übersetzungsbedarf von Farbe zu Textur gibt. Da aber die Kenntnis der geometrischen Grundformen Teil der Kompetenzen ist, die durch diese Aufgabe gefördert werden sollen, kann die haptische Variante hier nicht durch eine auditive Aufgabe ersetzt werden. Ein zusätzlicher Einsatz dagegen ist zu befürworten.

7.3.4 Fazit

Die Aufgabenstellung dieser Schulbuchseite spricht vielfältige inhaltsbezogene Kompetenzen an. Geometrie spielt eine wichtige Rolle. Im Gesamtkontext des Schulbuchs stehen die zahlbezogenen Kompetenzen jedoch im Vordergrund. Bei guter personeller Ausstattung und ausreichenden Vorerfahrungen des blinden Schülers mit geometrischen Figuren ist es mit Hilfe magnetischer, texturierter Formen möglich, die Kompetenzstruktur der Originalaufgabe weitgehend beizubehalten. Es ist jedoch genau darauf zu achten, dass die geometrische Kompetenz hier nicht zu sehr in den Vordergrund der Anforderungen an den blinden Schüler rückt. Wenn er damit Schwierigkeiten haben sollte, kann die Komplexität reduziert werden, in dem nur die Unterscheidung zwischen runden und eckigen Formen gefordert oder die Aufgabe ganz auf die Texturunterschiede beschränkt wird.

Das Spiel „Klassenzimmer als Instrument" lässt sich sehr gut einsetzen. Es entspricht fast allen gewünschten Standards, nur in Geometrie findet eine Verschiebung von den geometrischen Grundformen hin zu der Beschäftigung mit Richtung und Ort (Exp. 2a: *Specify locations*) statt. Zusätzlich fördert es das Zuhören und wirkt durch den Wechsel des Sinneskanals auflockernd und konzentrationsfördernd.

7.4 Räuber und Goldschatz

Abb. 29: Räuber und Goldschatz (Wittmann/Müller 2006a, S. 15)

Das Spiel „Räuber und Goldschatz", das auf dieser Schulbuchseite präsentiert wird, stellt eine zwanglose Einführung in die Zwanzigerreihe dar. Auch Addition und Subtraktion als Vorwärts- und Rückwärtsrechnen kommen vor, müssen aber zu diesem Zeitpunkt noch nicht beherrscht werden. Das Spiel wird später im Schuljahr wieder aufgegriffen und dann für Rechenübungen eingesetzt.

Das Bild im Buch zeigt zwei Räuber, die um einen Sack mit Goldmünzen streiten, und einen geschwungen verlaufenden Weg aus Trittsteinen, die mit den Zahlen 1-20 beschriftet sind. Den Kindern wird eine Geschichte erzählt: Die zwei Räuber sind Freunde und haben den Weg zwischen ihren Höhlen gepflastert. Eines Tages finden sie beim zehnten Stein einen Sack mit Gold. Sie streiten sich um das Gold und entscheiden dann, dass sie darum würfeln wollen. Jeder darf mit dem Sack soviel Schritte in Richtung seiner Höhle gehen, wie er gewürfelt hat. Dadurch wird der eine Räuber zum „Plusräuber" (seine Höhle liegt bei der 20), der andere zum „Minusräuber" (seine Höhle liegt bei der 1). Weil der zehnte Stein näher an der Höhle des Minusräubers liegt, darf er anfangen. Das Spiel wird zunächst von der ganzen Klasse gemeinsam gespielt, aufgeteilt in zwei Hälften für die zwei Räuber. An der Tafel wird der Verlauf auf der Demonstrationsversion des Spielplans oder der Zwanzigerreihe für alle (sehenden) Schüler dargestellt. Danach sollen die Schüler in Partnerarbeit spielen und die Rollen auch tauschen. Dafür benutzen sie den Spielplan im Buch.

7.4.1 Analyse der Kompetenzstruktur

Number and Operations Standard

Instructional programs from prekindergarten through grade 2 should enable all students to—	Expectations: In prekindergarten through grade 2 all students should—
(1) Understand numbers, ways of representing numbers, relationships among numbers, and number systems	(a) count with understanding and recognize „how many" in sets of objects; (c) develop understanding of the relative position and magnitude of whole numbers and of ordinal and cardinal numbers and their connections; (e) connect number words and numerals to the quantities they represent, using various physical models and representations;

Diese Seite bietet den Schülern einen Ausblick auf kommende Lernbereiche. Addition und Subtraktion (Exp. 2a, 2b) sowie der Zwanzigerraum werden zum ersten Mal thematisiert, müssen aber noch nicht beherrscht werden. Sie sind hier nicht als Hinzufügen und Wegnehmen repräsentiert, sondern als Bewegung an der Zahlenreihe. Im Vergleich zu den vorherigen Seiten spielt der Ordinalaspekt (1c) eine größere Rolle. Zählen (1a) sowie die Verknüpfung von verschiedenen Zahldarstellungen, hier den Würfelbildern, Zahlwörtern und der Anzahl von Schritten (1e), kommen ebenfalls vor.

Representation Standard

Instructional programs from prekindergarten through grade 2 should enable all students to—
(a) create and use representations to organize, record, and communicate mathematical ideas;

(b) select, apply, and translate among mathematical representations to solve problems;
(c) use representations to model and interpret physical, social, and mathematical phenomena.

Die Schüler nutzen die Zwanzigerreihe als Veranschaulichung zur Darstellung von Rechenoperationen.

7.4.2 Entwicklung der Adaptionsvorschläge

Es gibt mehrere Möglichkeiten, den Spielplan für den blinden Schüler haptisch zugänglich zu machen: durch eine Reliefdarstellung, die dem Originalspielplan ähnelt, unter Verwendung der Zwanzigerreihe oder der Rechenschiffchen. Um hier zu einer Entscheidung zu kommen, werden die Veranschaulichungen auch anhand der Anforderungen an Veranschaulichungen bewertet (s. Kap. 5.3).

Reliefdarstellungen von konkreten Bildern (hier: den streitenden Räubern, dem Schatz, den Höhlen und dem Weg) sind für blinde Kinder oft schwer zugänglich und daher mit einem großen Lernaufwand verbunden (s. S. 247). Die Taststrategien für den Umgang mit Reliefdarstellungen sind allerdings als prozessbezogene Kompetenz zu werten (*Representation Standard*), die die gesamte Schulzeit hindurch ihre Bedeutung behält. Es ist also zu fragen, ob diese Kompetenz genau an dieser Stelle gefördert werden kann und soll. Die Antwort darauf lässt sich nicht pauschalisieren. Sie ist abhängig von dem individuellen Förderbedarf, den ein bestimmter Schüler aufweist, und von den Fördermöglichkeiten hinsichtlich Zeit und Personal.

<small>Reliefdarstellung</small>

Wenn der haptische Spielplan wie das Original Illustrationen enthält, erhöhen diese den ästhetischen Anreiz (Anf. 9). Sie verstärken den Spielcharakter und damit die Motivation. Um die Kommunikation mit den Mitschülern im Spiel zu ermöglichen, sollte die Anordnung ähnlich sein (Anf. 6). Tastbilder enthalten jedoch zwangsläufig weniger Details als visuelle Bilder und haben verstärkt ikonischen Charakter, weil sie sonst nicht haptisch zu erfassen wären. Die eigentlich angestrebte Illustration geht dadurch leicht verloren. Illustrationen können auch ablenkend wirken (Anf. 2, Reduktion ablenkender Details). Insbesondere die stark geschwungene Form des Weges im Original passt nicht zu der angestrebten Vorstellung einer strukturierten, regelmäßigen Zahlenreihe. Hier muss also ein Kompromiss gefunden werden, wenn man sich trotzdem für die Verwendung einer Reliefdarstellung entscheidet.

Zudem ist der Herstellungsaufwand (Anf. 8) zu bedenken. Reliefdarstellungen von konkreten Bildern sind nur dann schnell und günstig herstellbar, wenn Tiefziehfolie verwendet wird und viele Schüler dasselbe Bild benötigen. Das ist entweder dann der Fall, wenn z.B. in einem Medienzentrum ein Schulbuch für viele blinde Schüler umgesetzt wird, oder wenn auch die sehenden Schüler der Klasse die (kolorierte) Reliefdarstellung erhalten. Letzteres kann sinnvoll sein, weil die sehenden Schüler sich die haptisch und visuell zugänglichen Materialien des blinden Schülers meist sehr interessant finden.

Zwanzigerreihe — Ein blinder Schüler kann den Verlauf des Spiels auch auf einer eigenen Reliefdarstellung der im Zahlenbuch üblichen Zwanzigerreihe verfolgen. Durch ihre lineare Struktur ist die Zwanzigerreihe beim Tasten insgesamt leichter zugänglich als andere räumliche Strukturen, weil die Orientierung einfacher ist.

Zudem erfüllt sie im Gegensatz zum eigentlichen Spielplan alle Anforderungen an eine gute Veranschaulichung. Das gilt für sehende wie für blinde Kinder. Die Zwanzigerreihe bildet das Bindeglied zwischen Zählen und Zahlenstrahl. Sie kann zwar in dieser Form schwer auf Zahlenräume > 100 oder die rationalen Zahlen erweitert werden (Anf. 1), doch der Übergang zum Zahlenstrahl, der dies ermöglicht, ist kaum mit Problemen verbunden. Zusätzlich dient die Zwanzigerreihe auch als Verknüpfung zum Zwanziger- und Hunderterfeld.

Die Zwanzigerreihe betont das dekadische System schon deshalb, weil sie sich nicht auf den Zahlenraum bis Zehn beschränkt. Für die Erfassbarkeit der Regelmäßigkeiten von Zehner zu Zehner ist es Voraussetzung, dass mindesten zwei vollständige Zehner zum Vergleich zur Verfügung stehen (Wittmann/Müller 1993, S. 16). So werden auch die Vorerfahrungen der Schüler, die sich nie nur auf die einstelligen Zahlen beziehen, einbezogen, und starke Schüler können mit größeren Zahlen arbeiten. Simultane Zahlerfassung und nicht-zählende Rechenstrategien werden durch die Fünfergliederung der Reihe gefördert (Anf. 7). Dieses Material ist daher gut geeignet, um die Offenheit bezüglich der Leistungsfähigkeit und des Vorwissens, welche die Aufgabenstellung im Spiel kennzeichnet (Wittmann/Müller 2006b, S. 50), zu erhalten (Anf. 4).

Rechenschiffchen — Eine weitere Möglichkeit ist die Verwendung von Rechenschiffchen (s. S. 207). Diese sind im Vergleich zu Reliefdarstellungen von Punktefeldern haptisch besser zu erfassen, da sie größere Höhenunterschiede aufweisen. Die Fünferstruktur wird durch die Verschiebbarkeit einzelner Schiffchen zusätzlich betont (Rottmann/Schipper 2002, S. 71) (Anf. 2, 7). Sie sind ästhetisch ansprechend (Anf. 9), weil sie aus Holz gefertigt werden. Ihr Gewicht und ihre Größe sorgen für gute Handhabbarkeit und Haltbarkeit (Anf. 10). Die gute Handhabbarkeit ermöglicht es, dass die Handlungsmöglichkeiten der blinden Kinder so wenig wie möglich eingeschränkt werden (Anf. 3). Rechenschiffchen führen auf das Zwanziger- und Hunderterpunktefeld hin und sind so fortsetzbar bis in den Tausenderraum (Anf. 1). Sie können zusätzlich auch für Spielhandlungen verwendet werden (Csocsán/Hogefeld/Terbrack 2001, S. 314) und sind in der Anordnung variabel. Abhängig von den motorischen und haptischen Fähigkeiten des blinden Schülers kann es sinnvoll sein, eine Leiste aus Holz anzufertigen, die sie bei Bedarf in der Anordnung als Zwanzigerreihe fixiert.

Da es sich bei Rechenschiffchen um Standardmaterialien für sehende Kinder handelt, sind sie für einen nicht zu hohen Preis im Handel erhältlich und müssen nur leicht adaptiert werden (Anf. 8): Die Plättchen werden mit blauer, glatter Metallfolie und rotem Samt beklebt. So sind sie auch für die sehenden Schüler nutzbar und eignen sich daher zur Kommunikation mathematischer Ideen (Anf. 6). Die Wendeplättchen können noch zusätzlich für weitere Zahlenmuster und in stochastischen Kontexten (s. Kap. 7.7) eingesetzt werden.

Um den Spielcharakter zu erhalten, können z.B. ein kleiner Stoffbeutel als Schatz und zwei Becher als Höhlen verwendet werden. Die Verwendung des Spielplans statt der Zwanzigerreihe ist ohnehin etwas kritisch zu betrachten: Auch für die sehenden Schüler wird Anf. 7 (Simultane und strukturierte Wahrnehmung von Anzahlen) zugunsten des Spielcharakters nicht beachtet, denn der geschwungene Weg aus Trittsteinen verleitet eher zum Zählen. Die Analyse in Kap. 4 legt nahe, dass es für blinde Schüler noch wichtiger ist als für sehende, von Anfang an strukturierte Zahldarstellungen zu verwenden. Daher sollte zumindest der blinde Schüler vorzugsweise die Zwanzigerreihe und nicht einen tastbaren Spielplan ähnlich der Darstellung im Buch verwenden.

7.4.3 Zusätzlicher Vorschlag

CSLOVJECSEK et al. (2001, S. 39) stellen eine auditive Variante des Spiels „Räuber und Goldschatz" vor. Dabei werden die Trittsteine des Spiels durch Klangstäbe repräsentiert, die in aufsteigender Tonhöhe angeordnet sind. Der Schlägel symbolisiert den Goldschatz und wandert den Würfelergebnissen entsprechend auf und ab. Durch die aufsteigende Tonfolge wird der ordinale Charakter der Zahlenreihe betont, während die Anzahl der bereits erklungenen Töne den Kardinalaspekt einbringt. So werden beide Aspekte wirkungsvoll verknüpft. Durch die Beschränkung auf höchstens sechs Schritte beim Würfeln bleibt die Anzahl der Töne gering genug für die Wahrnehmung als Ganzheit (s. Kap. 2.3.2).

Auditive Variante

Verwendet man eine Dur-Tonleiter für diese Tonreihe, stellt sich allerdings ein Problem: Das musikalische Analogon zur Zehnerbündelung ist die Oktave. Die musikalische Intuition erfasst daher eher die ersten acht

Töne als zusammengehörig, der neunte und zehnte Ton werden als etwas Neues erlebt. Das stört erheblich die Wahrnehmung einer Zehnerstruktur, selbst wenn diese durch Rhythmen und Pausen unterstützt wird. Aus diesem Grund ist die Tonleiter nur bedingt geeignet und kann nur bis zum fünften Ton (Quinte) ohne große Bedenken genutzt werden.

CSLOVJECSEK et al. (2001) benutzen wahrscheinlich[1] aus diesem Grund aufsteigende Reihen mit größeren Intervallen. Dies entspricht strukturell nicht der regelmäßigen Struktur der ganzen Zahlen. Durchgängig Ganztonschritte zu verwenden ist zwar ebenfalls denkbar, hat aber den Nachteil, dass es nicht schön klingt (Anf. 9). Die Ganztonreihe wird aufgrund der Gewöhnung an die Dur-Tonleiter als disharmonisch empfunden, so dass die objektiv vorhandene Regelmäßigkeit gleicher Tonabstände nicht zur Geltung kommt. Tonleitern und andere aufsteigende Tonreihen sind daher insgesamt nur bedingt für den Einsatz im Unterricht geeignet.

7.4.4 Fazit

Die arithmetischen Kompetenzen, die durch diese Aufgabe bei den sehenden Kindern gefördert werden, lassen sich haptisch am besten unter Verwendung von Rechenschiffchen oder der Zwanzigerreihe erreichen. Es ist zu überlegen, ob auch die sehenden Schüler diese als Spielmaterial nutzen sollen, da der Spielplan nicht den Anforderungen an gute Veranschaulichungen genügt. Die Vertonung des Spiels unterstützt die Verknüpfung von Ordinalität und Kardinalität und das Verständnis für die Effekte von Addition und Subtraktion, leidet aber unter den beschriebenen Problemen bei der Auswahl der aufsteigenden Tonfolge. Sie kann daher nicht die visuell-haptische Variante ersetzen, ist aber für die zusätzliche Verwendung zu empfehlen.

7.5 Schöne Muster I

Das obere Drittel dieser Schulbuchseite (Aufgabe 1) zeigt ein Bild: Links unten schaut ein Mädchen durch ein Teleskop. Am dunkelblauen Nachthimmel über ihr sind die vier Sternbilder Schwan, Großer Wagen, Löwe und Orion zu sehen. Die Figuren sind flächig in hellblau dargestellt, in denen weiße Punkte die Sterne anzeigen. Zur Einführung wird über die Sternbilder gesprochen, es kann auch eine Geschichte erzählt werden (z.B. Sternenwiese aus Peterchens Mondfahrt). Dann sollen die Kinder die Anzahl der Sterne pro Sternbild bestimmen (es sind jeweils sieben) und die Sternbilder mit Plättchen nachlegen.

---

[1] Sie machen dazu keine Angaben

Schöne Muster I | 283

In Aufgabe 2 sind vier Muster aus jeweils sieben Plättchen zu sehen: ein Gesicht (zwei blaue Plättchen als Augen, ein rotes Plättchen als Nase und vier rote Plättchen als Mund), eine Blume (ein blaues Plättchen umgeben von sechs roten Plättchen), ein „H" aus blauen Plättchen und ein Kreuz aus roten Plättchen. Die Kinder sollen diese Figuren nachlegen und ins Heft zeichnen.

Die Aufgaben 3-7 bestehen darin, zu vorgegebenen Plättchenanzahlen Muster ins Heft zu zeichnen (vier, fünf, drei, sechs und acht, in dieser Reihenfolge). Für die Anzahlen vier und fünf sind jeweils drei Beispiele zu sehen, die am Kästchenmuster des Heftes orientiert sind (z.B. ein „L", ein Quadrat und eine diagonale Linie aus vier Punkten). Im Arbeitsheft werden diese Aufgaben fortgesetzt.

Aufgabe 8 ist der Ziffernschreibkurs, in dem hier passend zu den Aufgaben 1 und 2 die Sieben an der Reihe ist.

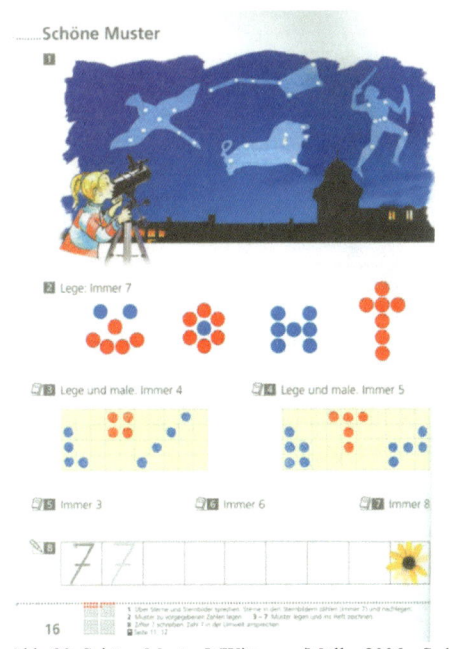

Abb. 30: Schöne Muster I (Wittmann/Müller 2006a, S. 16)

7.5.1 Analyse der Kompetenzstruktur
Number and Operations Standard

Instructional programs from prekindergarten through grade 2 should enable all students to—	Expectations: In prekindergarten through grade 2 all students should—
(1) Understand numbers, ways of representing numbers, relationships among numbers, and number systems	(a) count with understanding and recognize „how many" in sets of objects; (d) develop a sense of whole numbers and represent and use them in flexible ways, including relating, composing, and decomposing numbers; (e) connect number words and numerals to the quantities they represent, using various physical models and representations;

Die Kinder müssen in allen Aufgaben die Punkte zählen und mit den Mengen verknüpfen (Exp. a, e). Durch das Erzeugen vieler verschiedener Muster zu denselben Anzahlen wird hervorgehoben, dass die Zahl in ihrer abstrakten Bedeutung nicht von der konkreten räumlichen Struktur abhängt (Wittmann/Müller 2006b, S. 22). Zahlen als zusammengesetzte Einheiten (Exp. d) spielen eine große Rolle, da die Kinder beim Erzeugen eigener Muster zu vorgegebenen Anzahlen immer im Auge behalten müssen, wie viele Plättchen sie schon gelegt haben und wie viele noch fehlen.

Geometry Standard

(3) Apply transformations and use symmetry to analyze mathematical situations	(a) recognize and apply slides, flips, and turns; (b) recognize and create shapes that have symmetry.
(4) Use visualization, spatial reasoning, and geometric modeling to solve problems	(a) create mental images of geometric shapes using spatial memory and spatial visualization; (c) relate ideas in geometry to ideas in number and measurement

Beim Zählen der Punkte lernen die Schüler, Muster für die Strukturierung des Zählvorgangs zu nutzen. Dies ist eine grundlegende visuellräumliche Fähigkeit, die am ehesten dem *Geometry Standard* zuzuordnen ist. Sie lässt sich in Punkt 3 (*Apply transformations*) wieder finden, wo es um das Erkennen von Regelmäßigkeiten und Symmetrien geht.

Um selbst Muster zu erzeugen müssen die Schüler eine Vorstellung von ihrem geplanten Muster aufbauen (Exp. 4a). Auch das Abzeichnen der

Schöne Muster I | 285

Plättchenmuster fördert das räumliche Vorstellungsvermögen. Die Kinder können geometrisches und zahlbezogenes Wissen verknüpfen („aus vier Plättchen kann man ein Quadrat bauen, aus fünf nicht", Exp. 4c).

Problem Solving Standard

Instructional programs from prekindergarten through grade 2 should enable all students to—
(a) build new mathematical knowledge through problem solving;
(b) solve problems that arise in mathematics and in other contexts;
(c) apply and adapt a variety of appropriate strategies to solve problems;
(d) monitor and reflect on the process of mathematical problem solving.

Wenn die Schüler ein bestimmtes Bild mit einer vorgegebenen Anzahl von Plättchen erzeugen wollen, müssen sie planen und ausprobieren, in welcher Anordnung dies möglich ist. Dies kann als Problemlösetätigkeit beschrieben werden.

Representation Standard

(a) create and use representations to organize, record, and communicate mathematical ideas;
(b) select, apply, and translate among mathematical representations to solve problems;
(c) use representations to model and interpret physical, social, and mathematical phenomena.

Plättchen- und Punktmengen repräsentieren hier Anzahlen. Wie schon beim „*Number and Operations Standard*" erwähnt wird durch die Repräsentation derselben Anzahl in verschiedenen räumlichen Konfigurationen die Entwicklung des Zahlbegriffs gefördert. Der Transfer zwischen vorgegebener Anzahl, Plättchenmuster und Zeichnung im Heft fördert ebenfalls die Kompetenzen im Umgang mit Veranschaulichungen.

7.5.2 Entwicklung der Adaptionsvorschläge

Der Einstieg in das Thema „Punktmuster" basiert auf der Betrachtung von Sternbildern. Sterne sind blinden Kindern nicht direkt zugänglich, so dass dieses Thema kaum an Vorerfahrungen anknüpft. Der Kontext „Sternbilder" ist hier nur lose mit den folgenden Aufgaben verbunden und dient eher der Motivation. Er könnte also ohne inhaltliche Verluste weggelassen oder ersetzt werden. Andererseits stellt er aus genau demselben Grund kein echtes Problem dar – Erfahrungen mit Sternbildern sind keine Voraussetzung für das Verständnis der Aufgaben 2-7. Aus diesem Grund ist es durchaus sinnvoll, das Thema „Sterne" auch für die blinden Kinder beizubehalten. Es stellt einen wichtigen Teil kulturellen Wissens dar. Es wäre auch falsch anzunehmen, dass dieser Kontext für

Sterne als Thema für blinde Kinder?

blinde Kinder grundsätzlich weniger motivierend ist als für sehende – möglicherweise haben sie daran sogar besonders großes Interesse und viele Fragen. Es sei hier an das Beispiel von S. 186 erinnert, in dem ein blinder Junge sich lebhaft für einen Fotoapparat interessiert.

Abb. 31: Sternbilder (Ausschnitt S. 16)

Ideal wäre es sicherlich, das Thema Sterne in Kooperation mit anderen Fächern zu behandeln (Sachunterricht, Kunst, Deutsch, Religion...), um möglichst umfassend auf Fragen eingehen zu können. Im Lehrerhandbuch wird vorgeschlagen, Märchen (Sterntaler, Peterchens Mondfahrt) als Einstieg einzusetzen. Geschichten sind eine gute Möglichkeit, auch den blinden Kindern einen Erfahrungskontext zu bieten[1].

Sinnvoller wäre aber vielleicht eine Erzählung, in der die Sternbilder direkt und in eher realistischer Weise vorkommen. Dafür eignet sich z.B. eine kindgerechte Aufbereitung des mythologischen Hintergrundes von Sternbildern. Es muss deutlich werden, dass am Himmeln keine echten Figuren zu sehen sind, sondern letztendlich nur unregelmäßig verteilte Sterne, die von Menschen früherer Zeiten zu Figuren zusammengefasst und gedeutet wurden. Ansonsten besteht für blinde Kinder die Gefahr grober Fehlvorstellungen.

Adaption Die Sternbilder können in eine Reliefdarstellung umgesetzt werden, indem die Sterne z.B. durch kleine Metallplättchen (Reißwecken) dargestellt werden. Zum Erkennen der Sternbilder und der zugehörigen mythologischen Figuren brauchen blinde Kinder wahrscheinlich Hilfe. Die Umrisse eines Vogels im Flug oder eines Stieres, wie sie zu den Sternbilder „Schwan" und „Stier" gehören, knüpfen kaum an Vorerfahrungen blinder Kinder an und gehören nicht zu den leicht identifizierbaren Reliefdarstellungen. Wie oben bereits ausgeführt ist dies aber kein Grund, einen anderen Kontext zu wählen, weil die Identifizierung keinen direkten Einfluss auf das Zählen der Sterne oder die weiteren Aufgaben hat. Zudem ist auch für die sehenden Kinder der Zusammenhang zwischen den tatsächlich beobachteten Sternkonfigurationen und den zugeordneten Sternbildern eher lose.

---

[1] Zum Wert des Erzählens für die Bildung von Vorstellungen und Begriffen s. COLLMAR (1996)

Beim Zählen der Sterne pro Sternbild sollte beobachtet werden, ob der blinde Schüler bereits über gute Zählstrategien für diese fixierten und eher unregelmäßigen Muster verfügt. Das Zählen in Punktmustern ist eines der Kernthemen auf dieser Seite.

Da die Aufgabenstellung beim freien Legen von Punktmustern offen gehalten ist, können die Kinder ihren Fähigkeiten entsprechend Muster erzeugen und mit räumlichen Darstellungen experimentieren (Anf. 4, Offenheit). Im Sinne der Reduktion von verwendeten Veranschaulichungen (Anf. 1) und der Kosten- und Zeitersparnis (Anf. 8) ist es günstig, hier auf eine haptische Variante des Hunderterpunktefeldes zurückzugreifen. Das Hunderterpunktefeld kehrt im 2. Schuljahr wieder, wenn der Hunderterraum thematisiert wird. Für blinde Kinder ist es ein Vorteil, mit diesem konkreten Material schon vertraut zu sein, weil sie länger brauchen, um sich auf neuen Materialien zu orientieren. Das Material „100 be-greifen" eignet sich dafür sehr gut (Müller/Wittmann 2005, S. 18; Berger 2008). Es handelt sich um ein Hunderterpunktefeld aus Holz, bei dem runde Holzscheiben in Vertiefungen auf der Unterlage passen, analog den Rechenschiffchen. Zwischen der 5. und 6. Reihe sowie Spalte ist der Abstand vergrößert, so dass eine Fünfergliederung entsteht, die das Feld in vier Quadranten teilt. Diese Gliederung kann in der vorliegenden Aufgabe zum Ordnen der erzeugten Punktmuster genutzt werden. Im Buch und im Arbeitsheft sind zu einigen Aufgaben Lösungsvorschläge zu sehen. Diese sollten idealerweise auch auf einem Hunderterpunktefeld zugänglich gemacht werden, damit keine zusätzlichen Übersetzungsprobleme zwischen verschiedenen Veranschaulichungen auftreten.

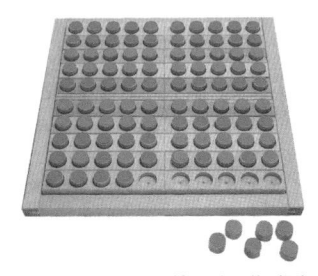

Abb. 32: „100 be-greifen" (Müller/Wittmann 2005, S. 18)

Selbstverständlich ist es aber auch denkbar, blinden Schülern ein Kästchenraster auf Zeichenfolie oder Papier zur Verfügung zu stellen, auf dem sie zeichnend oder mit Hilfe von Klett oder Magneten Punktmuster erzeugen können.

Punktmuster und rechtwinklige Punktefelder sind in ihrer räumlichen Struktur für blinde Schüler grundsätzlich zeitaufwendiger zu erfassen und

Marginalien: Punktmuster legen; Bedeutung der Punktmuster

zu nutzen als für sehende Schüler. Da sie jedoch ein wichtiger Bestandteil des Unterrichts sind (Lorenz 1992, S. 144ff; Hasemann 2003, S. 85; Söbbeke 2007), muss ihre Verwendung geübt werden. Punktmuster haben gegenüber Zählbildern (wie den Sternen in Aufgabe 1) und Mengenbildern den Vorteil, dass sie eine räumliche Ordnung besitzen und dass kaum ablenkende Details vorhanden sind. Punktefelder und Rechenschiffchen geben darüber hinaus ein rechtwinkliges Raster vor, das die haptische Orientierung erleichtert.

Muster zu erzeugen hat auch diagnostischen und fördernden Wert bezüglich der Raumauffassung. Die Ergebnisse der blinden Kinder können stark von denen der sehenden abweichen. Dies stellt aber kein Defizit dar, sondern eher eine Anpassung an die eigenen Wahrnehmungsbedingungen und Fähigkeiten. Möglicherweise sind die Muster blinder Kinder aufgrund des langsameren Arbeitstempos und der geringeren Vorerfahrungen weniger vielfältig und weniger figurativ.

<small>Ikonisierung</small>
Das geforderte Abzeichnen ins Heft ist für blinde Kinder nicht so einfach umsetzbar. Die Reproduktion von Mustern unterstützt aber die Entwicklung der räumlichen Kognition (*Geometry Standard, Exp. 4a und 4c*) und stellt eine Ikonisierung dar (Anf. 5). Deshalb ist es wichtig, diesen Schritt nicht wegzulassen. Die eigenen Entwürfe blinder Kinder können entweder auf Zeichenfolie festgehalten oder mit selbstklebenden Filzpunkten dokumentiert werden.

7.5.3 Zusätzliche Vorschläge

<small>Braillemuster</small>
Braillebuchstaben bestehen ebenfalls aus rechtwinkligen Punktmustern (s. Abb. 3, S. 29)). Großformatige Braillebuchstaben, wie sie im Zusammenhang mit dieser Aufgabe entstehen könnten, werden allerdings für das Lesenlernen bei blinden Kindern nicht (mehr) verwendet. Braillebuchstaben in Normgröße werden von geübten Lesern ganz anders wahrgenommen als größere Varianten, nämlich über die Textur. Das Punktmuster selbst wird dabei nicht genau räumlich analysiert (s. S. 34). Daher nützt es blinden Schulanfängern wenig für die Lesefähigkeit, die Braillezeichen in vergrößerter Fassung zu bekommen; es würde aber auch nicht schaden, es in diesem mathematischen Zusammenhang zu nutzen. Wenn ein blindes Kind bereits ein paar Buchstaben beherrscht und auch schreiben kann, dann kann es sie hier gewinnbringend nutzen.

Es wäre sogar denkbar, in Zusammenarbeit mit dem Beratungslehrer eine Unterrichtsstunde über den Aufbau des Braillealphabets durchzuführen, dessen Buchstaben sich an der Anzahl der Punkte und deren möglichen Kombinationen orientieren. Ideen dazu liefern SELTER & SPIEGEL (Selter/Spiegel 2004, S. 87) sowie FRANK (2002). Dies ermöglicht den sehenden Kindern einen Einblick in die Schrift, die von ihrem blinden Mitschüler verwendet wird, und die bei ihnen oft großes Interesse weckt.

Informationsstunden, in denen die sehenden Mitschüler etwas über Blindheit und die Hilfsmittel ihres blinden Mitschülers erfahren können, werden häufig in Integrationsklassen von Beratungslehrern angeboten. Dies wird von den blinden Schülern jedoch nicht selten als unangenehm erlebt, weil es ihre Behinderung zu stark in den Mittelpunkt rückt. Wenn sich der Unterricht dagegen aus mathematischer Sicht mit dem Thema Braille beschäftigt, entsteht dieses Problem nicht.

Als auditive Muster können Rhythmen eingesetzt werden, die durch Betonung (Lautstärke), Pausen, Tonhöhen und verschiedene Klangfarben (z.B. Klopfen und Klatschen) erzeugt werden. Rhythmen können die konkreten geometrischen Kompetenzen (s. *Geometry Standard*) nicht fördern, deshalb wird hier kein ausschließlich auditiver Zugang vorgeschlagen. Fasst man aber das Erkennen und Nutzen von Mustern beim Zählen allgemeiner, so lassen sich diese Begriffe auf zeitliche Muster übertragen. Rhythmen sind sehr vielseitig einsetzbar. Sie können entweder von Schülern oder Lehrpersonen „live" erzeugt werden (Klopfen, Klatschen, Stampfen, Trommeln etc.), oder sie werden als Tonaufnahmen präsentiert. Bezogen auf die Aufgaben 2-7 können die Schüler zu den vorgegebenen Anzahlen auch Klopf- und Klatschmuster entwerfen, die durch Pausen strukturiert werden (z.B. „7": 3 Schläge, Pause, 3 Schläge, Pause, 1 Schlag).

Rhythmen

Die Bedeutung auditiver Zahldarstellungen für blinde Kinder wurde bereits ausführlich belegt (s. Kap Umgang mit Zahlen bei blinden Schulanfängern und 5.4.3). CSOCSÁN et al. (2003, S. 80) schlagen Spiele vor, in denen ebenfalls rhythmisch strukturierte Zahldarstellungen im Mittelpunkt stehen. Eine Idee von BAUERSFELD & O'BRIEN verbindet den auditiven und haptischen Zugang: Rhythmen werden bei geschlossenen Augen auf die Hand getippt (Bauersfeld/O'Brien 2002, S. 25).

Die Einfachheit des Erzeugens von Rhythmen durch Klopfen, Klatschen etc. erleichtert es, viele verschiedene Strukturierungsideen auszuprobieren (Anf. 3); dies ist blinden Kindern beim haptischen Zugang erschwert. Auch die Komplexität, also der Schwierigkeitsgrad der Rhythmen ist leicht zu variieren (Anf. 4). Rhythmen sind sehr auf die Struktur reduziert. In Verbindung mit der hohen Leistungsfähigkeit des auditiven Arbeitsgedächtnisses führt dies zu einer guten Erkennbarkeit von Mustern (Anf. 2). Ein Problem besteht eher in der Flüchtigkeit: Werden sie zu schnell abgespielt oder sind sie zu komplex, dann bemerkt der Hörer zwar, dass hier ein Rhythmus, eine Struktur vorhanden ist, doch er kann diese nicht exakt fassen. Dies gilt vor allem auch für ungeübte Hörer. Rhythmen im Unterricht sollten daher eher einfach gehalten sein. Am besten ist es, sie selbst zu erzeugen.

| Kraft der Zwei und Drei? | In der Musik beruhen Rhythmen in der Regel auf Zweier-, Dreier- oder Vierertakten. Auch blinde Kinder nutzen intuitiv diese Strukturen, um Gruppierungen zu erzeugen, wie die Untersuchungen von AHLBERG & CSOCSÁN (1994, 1997) ergeben haben (s. S. 173). CSLOVJECSEK et al. (Cslovjecsek 2001) sprechen daher auch von der Kraft der Zwei und der Drei im auditiven Kontext und fordern, dass die Schüler lernen sollten, zwei und drei Hörereignisse ohne zu zählen zu erfassen. Das ist genau die Fähigkeit, die blinde Kinder nach AHLBERG & CSOCSÁN von sich aus entwickeln, und die sie benötigen, um Anzahlen (quasi-)simultan und strukturiert wahrnehmen zu können. |

Der Begriff „Kraft der Zwei" impliziert allerdings einen Konflikt mit der im Zahlenbuch betonten Kraft der Fünf. Fünfertakte kommen in der Musik nur selten vor. Ist es daher schädlich, Rhythmen einzusetzen, weil so das Ausnutzen der Kraft der Fünf später behindert wird? Dem lässt sich entgegenhalten, dass sich auf dieser und der folgenden Schulbuchseite alle Kinder mit Regelmäßigkeiten auf der Basis anderer Zahlen als Fünf beschäftigen, ohne dass spätere Schwierigkeiten zu befürchten wären. In Bezug auf die Nutzung von Rhythmen im weiteren Unterrichtsverlauf ist darauf hinzuweisen, dass eine Fünfergliederung mit Hilfe von fünf Schlägen und einem Schlag Pause einen als regelmäßig empfundenen 6/8-Takt ergibt. Die Seltenheit von Fünfertakten in der Musik ist also kein grundsätzliches Problem.

Ein weiterer großer Vorteil von geklopften Rhythmen ist, dass die Nutzung dieser Veranschaulichung weder finanziellen noch zeitlichen Aufwand bei der Beschaffung erzeugt (Anf. 8). Eine Auswahl von Instrumenten (z.B. Klangstäbe, Trommeln) ist ebenfalls in jeder Schule vorhanden. Schwierigkeiten entstehen eher bei der Aufzeichnung von Rhythmen. Sie können per Tonaufzeichnungsmodul oder anderem Aufnahmegerät gespeichert werden, das ermöglicht allerdings keine Ikonisierung (Anf. 5; *Representation Standard*). Für die folgende Schulbuchseite wird vorgeschlagen, mit Hilfe von Wendeplättchen auditive in haptische/visuelle Muster zu übertragen (s. S. 295). Da durch Klopfen und Klatschen erzeugte Rhythmen im Verlauf des Schuljahres häufig als Veranschaulichungen verwendet werden sollen, ist es sinnvoll, den Schülern diese Notationsform zu vermitteln – am besten in Zusammenarbeit mit dem Musikunterricht.

7.5.4 Fazit

Im Rahmen des *Number and Operations Standard* geht es hier vornehmlich um den Zahlbegriff (*Understand Numbers*). Neben der Zählfertigkeit ist insbesondere die Erkenntnis wichtig, dass die Anzahl unabhängig von der räumlichen Anordnung ist und dass Zahlen aus kleineren Einheiten zusammengesetzt sind. Gerade der letzte Aspekt, die Teile-Ganzes-

Relation, ist für blinde Kinder besonders wichtig (s. S. 198). Relationen lassen sich grundsätzlich besser handelnd als „anschauend" erfassen, deshalb ist die eigene Produktion von Mustern hier von hoher Bedeutung.

Da blinde Schüler aus rhythmischen Zahldarstellungen soviel Nutzen ziehen, dass sie diese sogar völlig unabhängig vom Unterricht selbst entwickeln (s. S. 173), dürfen sie hier nicht fehlen. Sie unterstützen die Entwicklung des Zahlbegriffs bei blinden Kindern. Sie können allerdings die Punktmuster nicht ersetzen, weil sonst die geometrischen Ansprüche nicht erfüllt werden, und weil visuelle Muster für die sehenden Kinder den besten Zugang darstellen.

Die Problemlösefähigkeiten werden durch beide Varianten gefördert. Klopfend ist es einfach und schneller möglich, verschiedene Varianten auszuprobieren, negativ dagegen sind Schwierigkeiten bei Dokumentation und Vergleich der Ergebnisse. Im Bezug auf den *Representation Standard* profitieren neben den blinden auch die sehenden Schüler von der größeren Vielfalt an Zugangsweisen bei Einbezug von Rhythmen. Auch bei ihnen ist die auditive Reizverarbeitung bestens dafür geeignet, zeitliche Muster zu erkennen und zu nutzen (s. Kap. 2.3.2).

7.6 Schöne Muster II

Die Schulbuchseite 17 zeigt oben auf der Seite zwei Bilder von Mustern aus dem Alltag. Im ersten Bild ist ein gepflasterter Weg zu sehen, der mit einer gemusterten Bordüre eingefasst ist. Die Bordüre hat ein Karomuster, ist aber nicht „perfekt" verlegt. An den Ecken gibt es Fehler, welche die Symmetrie stören (halbierte und weggelassene Karos). Das zweite Bild zeigt ein Fenster, das mit dunklen und hellen Backsteinen umrandet ist. Unter dem Fenster ist ein rot umrandetes, gelb gefülltes Rechteck aus Backsteinen zu sehen. In der Mitte des Rechtecks befinden sich zwei Dreiecke aus dunklen Backsteinen, die sich mit den Spitzen berühren.

Vor der Bearbeitung der Aufgaben sollen zur Einführung einfache Muster aus roten und blauen Wendeplättchen an der Tafel dargestellt und besprochen werden (z.B. R,B,R,B,... R,R,B,B,R,R,B,B,...). Unter Aufgabe 1 sind vier Reihen mit regelmäßigem Wechsel aus roten und blauen Punkten zu sehen. Die Schüler sollen die dort gezeigten Muster weiterführen und in Aufgabe 2 eigene Muster erfinden, die von den Mitschülern analysiert werden können. Schließlich enthält die Seite noch den Teil „Forschen und Finden". Dort sind drei Muster aus Wendeplättchen zu sehen, die nicht linear, sondern quadratisch, wie die Würfelvier, angeordnet sind. Die Kinder sollen möglichst viele Variationen der Würfelvier mit roten und blauen Wendeplättchen finden und in ihr Heft zeichnen. Sie dürfen aber auch andere Muster wählen, z.B. die Würfeldrei oder ein Muster von der vorherigen Schulbuchseite.

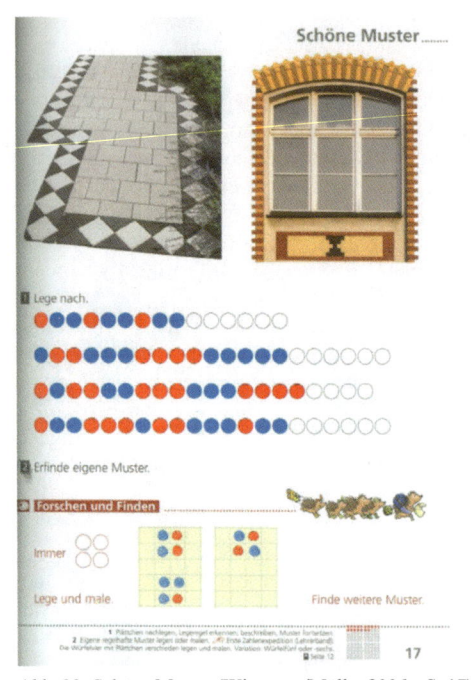

Abb. 33: Schöne Muster (Wittmann/Müller 2006a, S. 17)

7.6.1 Analyse der Kompetenzstruktur
Number and Operations Standard

Instructional programs from prekindergarten through grade 2 should enable all students to—	Expectations: In prekindergarten through grade 2 all students should—
(1) Understand numbers, ways of representing numbers, relationships among numbers, and number systems	(a) count with understanding and recognize „how many" in sets of objects; (d) develop a sense of whole numbers and represent and use them in flexible ways, including relating, composing, and decomposing numbers; (e) connect number words and numerals to the quantities they represent, using various physical models and representations;

Beim Analysieren und Erzeugen der Muster müssen die Schüler zählen (a) und können dabei üben, geringe Punktanzahlen in unterschiedlichen Konstellationen als Menge auf einen Blick wahrzunehmen (d, e).

Algebra Standard

(1) Understand patterns, relations, and functions	(b) recognize, describe, and extend patterns such as sequences of sounds and shapes or simple numeric patterns and translate from one representation to another;
	(c) analyze how both repeating and growing patterns are generated.

Ein wichtiges Ziel auf dieser Schulbuchseite ist es, die Kinder für Muster und Regelmäßigkeiten in ihrer Umwelt zu sensibilisieren. Sie müssen Muster erkennen, beschreiben und fortsetzen (b). Vor allem beim eigenen Erzeugen von Mustern kommt auch Exp. c zum Tragen.

Problem Solving Standard

Instructional programs from prekindergarten through grade 2 should enable all students to—
(a) build new mathematical knowledge through problem solving;
(b) solve problems that arise in mathematics and in other contexts;
(c) apply and adapt a variety of appropriate strategies to solve problems;
(d) monitor and reflect on the process of mathematical problem solving.

Beim „Forschen und Finden" werden die Schüler mit einem einfachen kombinatorischen Problem konfrontiert. Sie können der Frage nachgehen, wie viele verschiedene Muster zu finden sind. Dabei machen sie erste Erfahrungen mit Vorgehensweisen beim mathematischen Problemlösen.

Reasoning and Proof Standard

(a) recognize reasoning and proof as fundamental aspects of mathematics;
(b) make and investigate mathematical conjectures;
(c) develop and evaluate mathematical arguments and proofs;
(d) select and use various types of reasoning and methods of proof.

Um die Frage zu beantworten, ob sie beim „Forschen und Finden" wirklich alle möglichen Muster gefunden haben und wie viele Muster es gibt, müssen die Schüler logisch schließen und sammeln so Erfahrungen mit mathematischen Beweisen. Auch das Finden und Fortführen von Regelmäßigkeiten in Aufgabe 1 erfordert das Anstellen von Vermutungen und deren Beweis.

Communication Standard

(a) organize and consolidate their mathematical thinking through communication;
(b) communicate their mathematical thinking coherently and clearly to peers, teachers, and others;
(c) analyze and evaluate the mathematical thinking and strategies of others;

In der Kommunikation müssen die Schüler ihre Ergebnisse aus den Aufgaben dieser Seite begründen und die Erklärungen der anderen Schüler verstehen und bewerten.

Representation Standard

(a) create and use representations to organize, record, and communicate mathematical ideas;
(b) select, apply, and translate among mathematical representations to solve problems;
(c) use representations to model and interpret physical, social, and mathematical phenomena.

Die Veranschaulichungen werden hier intensiv für das Problemlösen und die Dokumentation und Kommunikation der eigenen Ergebnisse genutzt.

7.6.2 Entwicklung der Adaption

Muster im Alltag — Die Autoren machen keinen Vorschlag zur Besprechung der Bilder oben auf der Seite. Sie sollten zumindest kurz thematisiert werden, indem die Schüler beschreiben, welche Muster sie erkennen. Für blinde Schüler sollten zusätzlich Objekte mit haptischen Mustern (z.B. eine Kette mit regelmäßig angeordneten, verschieden großen Perlen) verwendet werden. Auditiv sind musikalische Muster (z.B. der Glockenschlag des Big Ben) oder regelmäßige Umweltgeräusche (z.B. Maschinen) verwendbar. Tänze und andere Bewegungsabläufe können als motorische Muster bezeichnet werden. In „Mathe macht Musik" finden sich weitere Vorschläge für musikalische Muster und Bewegungsmuster (Cslovjecsek 2001, S. 12ff).

Wenn das Thema „Muster in der Umwelt" etwas ausführlicher behandelt werden soll, kann dies in Zusammenarbeit mit dem Kunst-, Musik- oder Sportunterricht geschehen. Die Schüler können auch aufgefordert werden, Muster aus ihrem Alltag zu dokumentieren (z.B. gemalt, fotografiert, als Tonaufzeichnung)[1].

---

[1] Der Einsatz von alltäglichen Mustern, die nicht visueller Natur sind, erscheint hier so sinnvoll, dass er grundsätzlich genutzt werden sollte und daher nicht in den Abschnitt „Zusätzliche Vorschläge" gehört. Da dies m. E. auch für die weiteren auditiven Vorschläge zu dieser Schulbuchseite gilt, fehlt dieser Abschnitt hier ganz.

Die linearen Muster der Aufgaben 1 und 2 sind haptisch am besten mit magnetischen Wendeplättchen darstellbar. Das tastbare Hunderterpunktefeld (s. S. 287) und die Rechenschiffchen eignen sich wegen der vorgegebenen Fünfergliederung hier nicht. Die Plättchenreihen sind haptisch relativ leicht zu erfassen, weil sie eindimensional sind und daher die räumliche Orientierung einfach ist. Aber auch auditiv lassen diese Reihen sich gut darstellen, wobei die verschiedenen Farben durch Klangfarben ersetzt werden (Instrumente oder Klopfen/Klatschen; für weitere Ideen s. Bauersfeld/O'Brien 2002, S. 40f). *Plättchenfolgen*

Im *Algebra Standard* (Exp. 1b) ist ausdrücklich vermerkt, dass sich unter anderem Folgen von Geräuschen gut eignen, und dass der Transfer zwischen den Veranschaulichungen wichtig ist. Die möglichen Handlungen und Wahrnehmungen an visuellen, tast- und hörbaren Materialien sind allerdings sehr unterschiedlicher Art (Lorenz 2007). Vor allem bei schwächeren Schülern kann es daher passieren, dass sie die mathematischen Gemeinsamkeiten der verschiedenen Materialien gar nicht erkennen. Ein unreflektierter Wechsel ist also nicht zu empfehlen. Vielmehr sollte der Wechsel im Unterricht thematisiert werden, so dass die Metakognition gefördert wird (welche Folgen gehören zusammen? Wie kann ich dies haptisch oder auditiv darstellen?). *Transfer*

Diesen intermodalen Transfer im Unterricht häufiger anzuregen, ist auch Ziel der Tast- und Hörmaterialien für sehende Kinder von BAUERSFELD & O'BRIEN (Bauersfeld/O'Brien 2002). CSLOVJECSEK et al. (2001, S. 15) schlagen als Verknüpfung vor, Muster anzuhören und zu fragen, welches visuelle (bzw. haptische) Muster dargestellt wurde. Dies fördert die Fokussierung der Aufmerksamkeit auf den mathematischen Inhalt, die Bildungsregel, und ist damit sehr gut geeignet, die Kompetenzen im Rahmen des *Algebra Standard* und des *Representation Standard* zu fördern.

Dieses Vorgehen löst auch ein Problem der auditiven Veranschaulichungen bezüglich der Anforderungen: Die Frage der Ikonisierung (Anf. 5). Rhythmen und andere Hörereignisse können durch Punktreihen oder andere einfache Zeichen dargestellt werden, und dies wird hier geübt. Solche Zeichen können auf Zeichenfolie, durch Aufkleben (Klett, Magnet, Klebepunkte) oder auch mit der Punktschriftmaschine erzeugt werden. Betonte Schläge und Unterschiede in der Klangqualität werden dann z.B. durch Höhe, Größe oder Textur der Punkte dargestellt. Da die Gestaltung der haptischen Zeichen einen Bezug zur auditiven Gestalt aufweist (z.B. hoher Ton = oben auf dem Papier; lauter Ton = größerer Punkt), kann man hier durchaus von Ikonisierung (im Gegensatz zu Symbolisierung) sprechen, auch wenn der Sinneskanal wechselt. *Haptische Dokumentation auditiver Muster*

Vergleichen Beim „Forschen und Finden" ist es wichtig, die gefundenen Varianten zu vergleichen, um Doppelungen zu vermeiden und herauszufinden, was noch fehlt. Dies ist haptisch deutlich schwieriger als visuell, da der Überblick zum schnellen Abgleich fehlt. Für die blinden Schüler ist eine lineare Darstellung hier besser geeignet als die Form der „Würfelvier", weil sie beim Tasten ohnehin nacheinander über die Punkte gleiten. Die lineare Darstellung ist mathematisch äquivalent (Wittmann/Müller 2006b, S. 57). In der Aufgabenstellung ist ausdrücklich festgelegt, dass alle Kinder andere Muster wählen dürfen, wenn sie es möchten. Auch von daher gibt es keinen Grund, die haptisch ungünstigere Würfelvier beizubehalten. Selbstverständlich muss dem blinden Kind aber wie allen anderen freigestellt sein, sich für ein selbst gewähltes Muster zu entscheiden.

„Forschen und Finden" ist auch über Klopfmuster durchführbar, als „Vertonung" der linearen Variante. Da in den Aufgaben zuvor bereits auditiv gearbeitet wurde, kann man die Kinder selbst wählen lassen, ob sie visuell/haptisch oder auditiv arbeiten wollen, oder wieder beide Möglichkeiten kombinieren (visuelle/haptische Muster vertonen, auditive Muster visuell/haptisch darstellen). Für die Dokumentation ihrer Ergebnisse können sie dann auf die nun vertraute Methode mit den Wendeplättchen zurückgreifen.

7.6.3 Fazit

Auf dieser Schulbuchseite geht es darum, die Aufmerksamkeit der Schüler auf Muster zu lenken. Wie der Titel der Seite „Schöne Muster" deutlich macht, gehört dazu auch, dass diese Muster als ästhetisch erlebt werden, und dass der Umgang damit den Schülern Freude macht. Dafür ist eine Vielfalt sinnlicher Zugänge sehr passend. Die Verwendung auditiver Muster verbessert die Zugänglichkeit der Muster für die blinden Schüler, was für sie in Bezug auf alle Kompetenzen wichtig ist. Die Übertragung zwischen den Sinnesmodalitäten verstärkt die Förderung von Kompetenzen im Rahmen des *Algebra Standard* und *Representation Standard* ganz erheblich; das gilt für alle Schüler. Zudem ist es möglich, dass es auch unter den sehenden Schülern solche gibt, die mit den auditiven Mustern besser als mit den visuellen zurecht kommen oder stärker durch sie motiviert werden.

7.7 Plättchen werfen

Die erste Aufgabe auf dieser Seite zeigt drei Bilder von ungeordnet liegenden Wendeplättchen-Mengen (5, 6 und 7 Stück). Darunter sind jeweils ein roter und ein blauer Farbklecks zu sehen, neben denen die Schüler eintragen sollen, wie viele Plättchen von welcher Farbe vorhanden sind. Aufgabe 2 ist gleichartig bis auf den Unterschied, dass es jeweils fünf Plättchen sind (2 rot, 3 blau; 1 rot, 4 blau; 5 rot). Im Arbeitsheft findet sich diese Aufgabenstellung mit sieben Plättchen.

Unter Aufgabe 3 ist eine Tabelle abgebildet, in der die sechs Möglichkeiten der Aufteilung in rote und blaue Plättchen bei einer Menge von Fünf geordnet dargestellt sind (5 rot; 4 rot, 1 blau; 3 rot, 2 blau …). In der zweiten Spalte ist jeweils Platz für Strichlisten. Neben dieser Tabelle ist ein Bild zu sehen von einem Schüler, der mit fünf Plättchen gewürfelt hat und sein Ergebnis in die Tabelle einträgt. Die Schüler sollen mit fünf Wendeplättchen würfeln und eintragen, welche der Möglichkeiten sie jeweils erwürfelt haben. Die Aufgaben 4 und 5 sind gleichartig, nur dass nun mit sechs und acht Plättchen gewürfelt wird. Passende Tabellen müssen auf einem Arbeitsblatt zur Verfügung gestellt werden. Im Arbeitsheft findet sich noch eine Tabelle für sieben Plättchen.

Die Aufgaben 6 und 7 enthalten nur Text: „9 Plättchen. 4 davon sind blau." und „9 Plättchen. 5 davon sind rot." Die Schüler sollen angeben, wie viele Plättchen von der anderen Farbe jeweils vorhanden sein müssen. Sie können dies mit Hilfe der Plättchen nachlegen oder im Kopf lösen. Den Abschluss der Seite bildet der Ziffernschreibkurs für die 8.

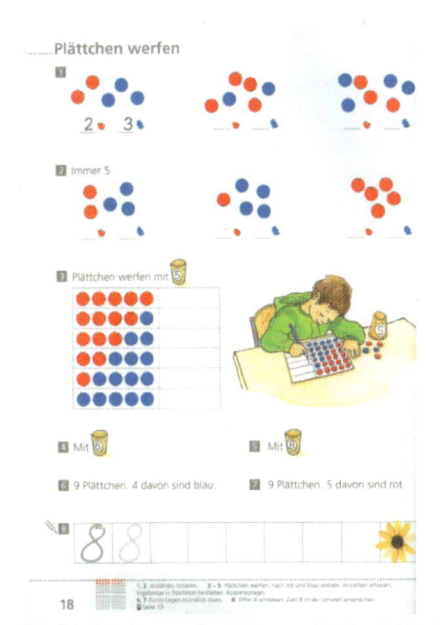

Abb. 34: Plättchen werfen (Wittmann/Müller 2006a, S. 18)

7.7.1 Analyse der Kompetenzstruktur
Number and Operations Standard

Instructional programs from prekindergarten through grade 2 should enable all students to—	Expectations: In prekindergarten through grade 2 all students should—
(1) Understand numbers, ways of representing numbers, relationships among numbers, and number systems	(a) count with understanding and recognize „how many" in sets of objects; (b) use multiple models to develop initial understandings of place value and the base-ten number system; (d) develop a sense of whole numbers and represent and use them in flexible ways, including relating, composing, and decomposing numbers; (e) connect number words and numerals to the quantities they represent, using various physical models and representations;

Die Schüler sollen nun auch in ungeordneten Mengen Muster für das Erfassen der Anzahlen suchen und nutzen (Wittmann/Müller 2006b, S. 59). Die Teile-Ganzes-Relation (Exp. d) wird hier besonders gefördert. Durch das Erstellen von Strichlisten mit Fünfergliederung wird das Ausnutzen von Strukturen für das Zählen gefördert und auch das Stellenwertsystem (Exp. b) bereits vorbereitet.

Data Analysis and Probability Standard

(1) Formulate questions that can be addressed with data and collect, organize, and display relevant data to answer them	(b) sort and classify objects according to their attributes and organize data about the objects; (c) represent data using concrete objects, pictures, and graphs.
(3) Develop and evaluate inferences and predictions that are based on data	(a) discuss events related to students' experiences as likely or unlikely.
(4) Understand and apply basic concepts of probability	

Die Kinder müssen aus den abgebildeten und erwürfelten Plättchenmengen Daten zur Anzahl der verschiedenen Plättchenfarben erheben und diese später auch in eine Tabelle eintragen. Dabei erfahren Sie, wie hilfreich eine geordnete, übersichtliche Darstellung sein kann (1b, 1c). Indem sie die Verteilung der erwürfelten Ergebnisse festhalten, machen die

Kinder erste Erfahrungen mit unterschiedlich wahrscheinlichen Ereignissen. Dies wird hier aber noch nicht weiter vertieft (3, 4).

Representation Standard

Instructional programs from prekindergarten through grade 2 should enable all students to—
(a) create and use representations to organize, record, and communicate mathematical ideas;
(b) select, apply, and translate among mathematical representations to solve problems;
(c) use representations to model and interpret physical, social, and mathematical phenomena.

Kompetenz in Bezug auf Repräsentationen ist hier im Grunde die prozessbezogene Seite der Kompetenz im Umgang mit Daten. In den Aufgaben 6 und 7 ist zudem das Nutzen von Veranschaulichungen für das Problemlösen gefragt.

7.7.2 Entwicklung der Adaptionsvorschläge

Die Aufgaben 1 und 2 können für die blinden Kinder mit aufgeklebten oder mit Klett befestigten Plättchen dargestellt werden, oder es wird ein Tastbild mit Hilfe der Texturen „glatt" (für blau) und „samtig" (für rot) erstellt. Dabei sollte darauf geachtet werden, dass die Anordnung der Plättchen weitestgehend der visuellen Anordnung im Buch entspricht. Es macht für das Zählen einen großen Unterschied, ob die gleichfarbigen Plättchen direkt nebeneinander liegen oder ob die Durchmischung der beiden Farben stark ist. Für den *Number and Operations Standard* ist es sehr wichtig, dass die Kinder lernen, auch in ungeordneten Mengen Strukturen zu nutzen, und die Autoren des Schulbuchs haben die Bilder von Plättchenmengen in diesen ersten Aufgaben vermutlich sehr bewusst so gewählt, dass der Grad der Durchmischung relativ gering ist.

Nachdem auf den vorherigen Seiten immer auch auditive Darstellungen hinzugezogen wurden, soll hier nun der Fokus auf dem haptischen Zählen liegen. Eine auditive Variante würde aufgrund des Kontextes „Würfelexperiment" unauthentisch wirken[1]. Zudem wurde die Teile-Ganzes-Relation durch die auditiven Zugänge der vorherigen Seiten bereits ausgiebig behandelt, so dass hier jetzt der Fokus etwas in Richtung der haptischen Zählkompetenz verschoben werden darf. Diese Kompetenz lässt sich inhaltsbezogen dem *Number and Operations Standard*, prozessbezogen dem *Represenation Standard* zuordnen und ist auch mit Blick auf die weitere Schulausbildung wichtig. Daher können die Aufgaben dieser

<small>Fokus auf haptischem Zählen</small>

---

[1] Daher fehlt hier auch der Abschnitt „Zusätzliche Vorschläge"

Seite als Anlass genommen werden, die Zählfertigkeiten des blinden Kindes genau zu beobachten und entsprechend den Kriterien von SICILIAN und CSOCSÁN (s. S. 223) zu fördern.

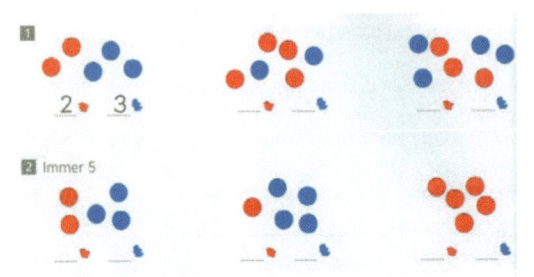

Abb. 35: Gewürfelte Plättchen (Ausschnitt S. 18)

Würfeln

Würfeln (Aufg. 3-5) können blinde Kinder mit den Wendeplättchen, die für die Rechenschiffchen verwendet werden. Es ist zu beachten, dass sich die Strategien beim Zählen fixierter und beweglicher Plättchen unterscheiden, da bei beweglichen Plättchen räumlich nach rot (bzw. samtig) und blau (bzw. glatt) sortiert und die bereits gezählten Plättchen zur Seite geschoben werden können. Damit beide Varianten vorkommen, sollte bei den ersten Aufgaben, vor dem eigenen Würfeln, darauf geachtet werden, dass die Plättchen *nicht* verschoben werden.

Hauptschwierigkeit beim Strukturieren und Zählen der Mengen ist die Sukzessivität des Tastens. Es ist zwar prinzipiell möglich, dass die Kinder ihre Finger auf die Plättchen legen und so einen simultanen Eindruck erhalten, aber dies ist in der Regel nicht hilfreich. Bewegung, als wichtiger Bestandteil der haptischen Raumwahrnehmung (s. Kap. 2.2.2), findet dann nicht statt. Viele blinde Kinder verfügen zu Schulbeginn noch nicht über ein Körperschema, das geeignet ist, die Empfindungen der einzelnen Finger zu einem exakten Gesamteindruck zusammen zu fügen (s. S. 250). Sollten die Kinder von sich aus auditive Zählstrategien nutzen - z.B. indem sie in Aufgabe 3 die jeweils gleichfarbigen Plättchen nacheinander fallen lassen oder sich die sechs Möglichkeiten in der Tabelle klopfend im Stil der Reihen der vorhergehenden Seite verdeutlichen – muss dies natürlich zugelassen werden.

Wie schon auf Schulbuchseite 14 (Stempeln und Zählen), kann ein blindes Kind in der Tabelle aus Aufgabe 3 entweder mit Strichlisten auf Zeichenfolie arbeiten oder Pins in Moosgummi stecken. Entscheidend ist, dass eine Ikonisierung stattfindet (Anf. 5), dass die Fünfergliederung eingehalten wird (*Number and Operations Standard*) und das Ergebnis haptisch gut lesbar ist, um die Häufigkeiten vergleichen zu können (*Data Analysis and Probability Standard*).

Bei den Aufgaben 6 und 7 ist den Kindern allgemein freigestellt, ob und wie sie ihre Veranschaulichungen zur Lösung nutzen wollen. Diese Aufgaben sind von hohem diagnostischem Wert bezüglich der Teile-Ganzes-Relation und der Auswahl und Verwendung von Veranschaulichungen. Es ist denkbar, dass blinde Kinder statt der Plättchen lieber auf das Zählen zurückgreifen oder, angeregt durch die vorhergehenden Seiten, Klopfmuster verwenden. Auf jeden Fall sollten die Aufgaben möglichst offen gestellt werden. Am besten sollten alle Kinder ihre Lösungswege kommunizieren, damit sie der Lehrperson zugänglich werden.

7.7.3 Fazit

Kompetenzbezogen liegen die Schwerpunkte dieser Seite auf der Teile-Ganzes-Relation (*Number and Operations Standard*), Erfahrungen mit Wahrscheinlichkeit (*Data Analysis and Probability Standard*) und dem Strukturieren von ungeordneten Mengen (*Number and Operations / Representation Standard*). Letzteres ist stellt erhöhte Anforderungen an blinde Kinder. Nachdem auf den vorherigen Schulbuchseiten darauf geachtet wurde, haptische durch auditive Materialien zu ergänzen, um den Schwerpunkt der Förderung auf dem Zahlbegriff und nicht die Taststrategien zu legen, sollen nun die haptischen Zählstrategien verstärkt in den Blick genommen werden. Daher, und weil es auch nicht in den Kontext passt, wird keine auditive Variante angeboten.

7.8 Geschickt zählen

Diese Seite zeigt in Aufgabe 1 zehn Papageien, die in unterschiedlichen Abständen auf zwei untereinander angeordneten, parallel verlaufenden Ästen sitzen, sechs oben und vier unten. Die Papageien sind so verteilt, dass sich auf den ersten Blick keine eindeutige Strukturierung ergibt; es sind verschiedene Gruppierungen möglich. Unterhalb der Äste sind drei Kinder mit Sprechblasen gezeichnet, die in Einer-, Zweier- und Dreierschritten bis Zehn zählen (z.B. 3, 6, 9, 10). Die Aufgabe besteht darin, die Zählstrategien der Kinder zu besprechen. Aufgabe 2 enthält drei weitere Bilder ungeordneter Mengen: sieben Kastanien, acht Muscheln und neun Marienkäfer. Auch hier sollen unterschiedliche Zählstrategien diskutiert werden.

Unten auf der Seite befindet sich eine Blitzrechenübung. Ein Kind legt Plättchen, das andere bestimmt möglichst schnell die Anzahl. Dabei soll das erste Kind die Plättchen so legen, dass das zählende Kind Strukturen nutzen kann.

Auf der zugehörigen Seite im Arbeitsheft geht es ebenfalls um Mengen zwischen fünf und neun. Es sind Fotos, Zeichnungen und Würfelbilder (je zwei Würfel) zu sehen. Die Mengen sind vorstrukturiert, d.h. es gibt z.B. Lücken, die bestimmte Teilmengen implizieren.

Abb. 36: Geschickt zählen (Wittmann/Müller 2006a, S. 19)

7.8.1 Analyse der Kompetenzstruktur

Number and Operations Standard

Instructional programs from prekindergarten through grade 2 should enable all students to—	Expectations: In prekindergarten through grade 2 all students should—
(1) Understand numbers, ways of representing numbers, relationships among numbers, and number systems	(a) count with understanding and recognize „how many" in sets of objects; (d) develop a sense of whole numbers and represent and use them in flexible ways, including relating, composing, and decomposing numbers; (e) connect number words and numerals to the quantities they represent, using various physical models and representations;

Geschicktes Zählen in Zweier- und Dreierschritten ist der didaktische Schwerpunkt dieser Seite (a). Die Schüler sollen aktiv Strukturen in ungeordneten und geordneten Mengen suchen, nutzen, und die Nützlichkeit verschiedener Strategien hinterfragen. Dabei verknüpfen sie nicht nur Mengen und Zahlwörter (e), sie erfahren Zahlen auch als zusammengesetzte Einheiten (d).

Algebra Standard

(1) **Understand patterns**, relations, and functions	(b) recognize, describe, and extend patterns such as sequences of sounds and shapes or simple numeric patterns and translate from one representation to another;

Das Finden und Nutzen von Mustern fördert auch algebraische Kompetenzen. Darüber hinaus kommen hier mit dem Zählen in größeren Schritten zum ersten Mal auch numerische Folgen vor (b). Insgesamt steht dieser Kompetenzbereich aber nicht im Mittelpunkt.

Geometry Standard

(3) **Apply transformations** and use symmetry to analyze mathematical situations	(a) recognize and apply slides, flips, and turns; (b) recognize and create shapes that have symmetry.

Vor allem beim Blitzrechnen, wo die Kinder selbst Strukturen erzeugen sollen, werden räumliche Regelmäßigkeiten in Punktmustern wieder zu einem wichtigen Thema (s. S. 284).

Communication Standard

Instructional programs from prekindergarten through grade 2 should enable all students to—
(a) organize and consolidate their mathematical thinking through communication;
(b) communicate their mathematical thinking coherently and clearly to peers, teachers, and others;
(c) analyze and evaluate the mathematical thinking and strategies of others;
(d) use the language of mathematics to express mathematical ideas precisely.

Die Kinder sollen sich in allen Aufgaben über die Zählstrategien austauschen und sie bewerten. So erfahren Sie etwas über die Strategien anderer Kinder und lernen, ihre eigenen Strategien in Worte zu fassen.

Representation Standard

(a) create and use representations to organize, record, and communicate mathematical ideas;
(b) select, apply, and translate among mathematical representations to solve problems;

Die Kinder lernen hier, Strukturierungen in Veranschaulichungen zu suchen und zu nutzen. Beim Blitzrechnen kommunizieren sie mit Hilfe der Veranschaulichung auch eigene Strukturierungsideen.

7.8.2 Entwicklung der Adaption

Haptische Mengen

Die Aufgaben im Schulbuch und im Arbeitsheft beschränken sich auf visuelle Mengen – Fotos, Mengenbilder, Punktmuster aus Wendeplättchen und Würfelbilder. Nur beim Blitzrechnen werden durch das eigene Handeln (Legen von Punktmengen) noch zusätzlich die Haptik und Motorik angesprochen. Für die haptische Adaption ist es wichtig, die visuellen Bilder möglichst genau zu reproduzieren, damit in der integrativen Klasse die Kommunikation über Zählstrategien gelingen kann (*Communication Standard*). Dabei ist Genauigkeit vor allem in Bezug auf die räumliche Anordnung von Bedeutung, denn um diese geht es auch in der Kommunikation.

Die Zählobjekte in den Aufgaben 1 und 2 sind aus mathematischer Sicht austauschbar. Allerdings behindert es die Kommunikation, wenn die sehenden Schüler über Kastanien sprechen, der blinde Schüler aber z.B. Knöpfe tastet. Man kann natürlich mit dem blinden Schüler absprechen, dass er sich Kastanien vorstellt, doch idealerweise sollten die Zählobjekte gleich sein. Kastanien und Muscheln können direkt aufgeklebt werden, sofern sie zur Verfügung stehen, Käfer können z.B. aus Draht und Pappe hergestellt werden. Nachteil ist hier natürlich, dass sich der Herstellungsaufwand deutlich erhöht (Anf. 8). Reliefdarstellungen aus Tiefziehfolie stellen allerdings kaum eine Alternative dar. Sie sind abstrakter und ästhetisch weniger ansprechend als die Bilder für die sehenden Schüler (Anf. 9; s. S. 247). In der Praxis muss die Entscheidung auf der Basis der personellen Bedingungen und der Bedürfnisse des blinden Schülers gefunden werden.

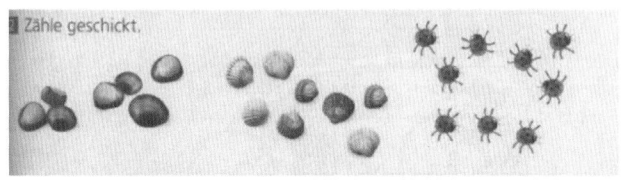

Abb. 37: Zählobjekte (Ausschnitt S. 19)

Geschickt zählen | 305

In Aufgabe 1, beim Zählen der Papageien, muss wie schon bei den Käfern eher auf ein Tastbild zurückgegriffen werden, da die „Originalobjekte" nicht verwendbar sind. Wenn möglich, sollte Tiefziehfolie aber vermieden werden, d.h. es sollten haptisch ansprechende Materialien Verwendung finden. Denkbar sind Federn als Material, dabei muss aber die haptische Prägnanz erhalten bleiben, d.h. die Federn müssen entweder fest sein (keine Daunen) oder tastbar umgrenzt werden. Die Vögel auf dem Bild im Schulbuch sitzen auf zwei parallel verlaufenden Ästen. Diese Äste verlaufen so nahe beieinander, dass die Köpfe der unteren Vögel auf Höhe des Schwanzes der oberen Vögel liegen. Es ist davon auszugehen, dass dies von den Autoren des Schulbuchs so beabsichtigt wurde, damit visuell die Strukturierung durch die Äste nicht zu stark betont ist und auch Gruppen von Vögeln gebildet werden können, die dicht zusammen, aber auf verschiedenen Ästen sitzen. Dies sollte haptisch auch so verwirklicht werden. Trotzdem ist es beim tastenden Zählen eine sehr nützliche Strategie, dem Verlauf der Äste zu folgen, um keinen Vogel zu übersehen oder mehrfach zu zählen. Das muss bei der Diskussion von Strategien in der Klasse berücksichtigt werden.

<small>Papageien zählen</small>

Abb. 38: Papageien (Ausschnitt S. 19)

Auch in den anderen Aufgaben dieser Schulbuchseite ist zu erwarten, dass die Strategien des blinden Schülers von denen der sehenden Mitschüler und von den Erwartungen der sehenden Lehrperson abweichen. Die Lehrperson sollte, wenn möglich mit Unterstützung des Beratungslehrers, offen sein für solche Abweichungen, aber auch genau darauf achten, dass die Strategien des blinden Schülers hilfreich für das Zählen sind.

Das Zählen in Zweier- und Dreierschritten, das hier als Strategie vorgeschlagen wird, ist auch in den Untersuchungen von AHLBERG & CSOCSÁN an blinden Kindern eine häufig beobachtete Umgangsweise mit Zahlen (s. S. 179). Sie nutzen es für „Zählen und Hören". Hier sind also aus blindenpädagogischer Sicht keine grundsätzlichen Schwierigkeiten zu erwarten. Diese Methode beruht auf dem rhythmisierten Zählen, wobei die unbetonten Zahlen zuerst mitgedacht und nach einiger Zeit ganz weggelassen werden.

<small>Zählen in größeren Schritten</small>

Die von AHLBERG & CSOCSÁN beobachtete Zählstrategie bezieht sich allerdings nicht auf das Zählen von haptischen Objekten. Es ist fraglich, ob es blinden Erstklässlern leicht fällt, tastend in Zweier- oder Dreierschritten zu zählen. Daher darf für blinde Kinder auf keinen Fall ein auditiver Anteil fehlen. Für das Zählen in größeren Schritten, das Ausnutzen von Strukturen und die Teile-Ganzes-Relation, die alle in dieser Aufgabe gefördert werden sollen, ist das Hören im Vergleich zum Tasten besser ausgestattet. Es sollten also Hörbeispiele genutzt werden[1].

Gestaltung der Hörbeispiele

Die im Buch abgebildeten Mengen sind so angeordnet, dass sich z.T. (z.B. bei den Kastanien in Aufgabe 2) bestimmte Gruppierungen anbieten, z.T. liegen die Objekte zwar ungeordnet, aber relativ gleichmäßig verteilt. Wie lässt sich dies am besten ins Auditive übertragen? Vorgruppierte Mengenbilder lassen sich durch unregelmäßig auftretende Geräusche darstellen (z.b. vorbeifahrende Autos). Dabei ist es wichtig, dass die zeitlichen Abstände nicht zu groß werden, denn sonst können die Gruppierungsprozesse im Echogedächtnis nicht mehr greifen und jeder Klang wird als Einzelereignis wahrgenommen.

In Bezug auf die gleichmäßig verteilten Mengen kommt die Linearität des Hörens deutlich zum Tragen. Um eine relativ gleichmäßig, aber *nicht* regelmäßig verteilte visuelle Menge für das auditive Zählen zu übersetzen, eignet sich am besten eine Sequenz von regelmäßig auftretenden, aber nicht rhythmischen Klängen (z.B. Schrittgeräusche, Glockenschläge, Metronom). Eine Verknüpfung von Hören und Sehen gelingt, wenn Objekte in eine Schüssel fallen gelassen werden.

Blitzrechnen haptisch

Blitzrechnen kann in haptischer Form mit magnetischen Wendeplättchen durchgeführt werden, allerdings wird ein blindes Kind dabei kaum die Schnelligkeit seiner sehenden Mitschüler erreichen können. Das kann die Motivation herabsetzen. Es bietet sich an, auch einige haptische Runden mit den sehenden Kindern durchzuführen, um diesen Nachteil etwas zu relativieren. Der Wechsel der Modalität erhöht das Interesse und die Aufmerksamkeit, fördert das visuell-räumliche Vorstellungsvermögen der sehenden Kinder und richtet den Fokus auf die räumliche Anordnung. Auch BAUERSFELD & O'BRIEN schlagen vor, sehende Kinder Punktmuster ertasten zu lassen (Bauersfeld/O'Brien 2002, S. 39).

Blitzrechnen auditiv

Blitzrechenübungen sollen häufig wiederholt werden. Schon wegen ihrer einfachen Organisation und Ausführung (Anf. 10), ihrer auflockernden und konzentrationsfördernden Wirkung und der wichtigen Zuhörförderung (s. S. 253) bietet sich auch eine auditive Blitzrechenrunde an, basie-

---

[1] Hörbeispiele und auditive Blitzrechenübungen (s.u.) sind hier so wichtig, dass sie nicht unter „Zusätzliche Vorschläge" fallen. Deshalb fehlt dieser Abschnitt.

rend auf geklopften Rhythmen. Rhythmen stellen eine weitere auditive Mengenrepräsentation neben den oben betrachteten unregelmäßigen und monotonen Sequenzen dar. Hier sind insbesondere einfache Strukturen wie Zweier-, Dreier- und Vierertakt verwendbar. Dabei wird die Anwendung des Zählens in größeren Schritten gefördert, weil die Kinder laut oder im Kopf rhythmisch mitzählen können. In Zusammenarbeit mit dem Musikunterricht ergibt sich ein Kontext, in dem das Zählen von auditiven Einheiten authentisch passt: die Bestimmung des Taktes in einem Musikstück (3/4, 4/4, 6/8...).

7.8.3 Fazit

Im Gegensatz zur vorherigen Seite, wo durch den kombinatorischen Kontext auditive Muster schlecht einsetzbar waren, gewinnen sie hier wieder an Bedeutung. Geschicktes Zählen von Objekten und Ereignissen beschränkt sich weder für blinde noch für sehende Kinder auf visuelle bzw. haptische Objekte. Zählen in größeren Schritten *basiert* auf Rhythmen beim Sprechen der Zahlwörter. Zudem eignet sich das Klopfen hervorragend für die Blitzrechenübungen. Auf der Basis der früheren Kapitel dieser Arbeit muss das Zählen auditiver Einheiten im Vergleich zum Zählen von Tastobjekten als eine gleichwertige, wenn nicht sogar höherwertige Tätigkeit für die Förderung der Zahlbegriffsentwicklung blinder Kinder betrachtet werden. Sie darf hier also für die Förderung im Rahmen des *Number and Operations Standards* und des *Representation Standards* auf keinen Fall fehlen.

7.9 Zählen mit Strichlisten

Schulbuchseite 20 enthält ein Wimmelbild, auf dem in einer Landschaft acht verschiedene Arten von Tieren in großer Anzahl zu sehen sind. Die Zeichnung zeigt nur die Umrisse der Tiere. Die Kinder sollen die Tiere in vorgegebenen Farben ausmalen und ihre Anzahl mit Hilfe einer Strichliste in einer Tabelle in der Mitte des Bildes notieren. In der linken Spalte der Tabelle sind dafür ausgemalte Tiere zu sehen. Das erste Tier, ein Vogel, ist auch im Wimmelbild bereits ausgemalt und in der Tabelle sind bereits die entsprechenden sieben Striche (ein Fünferpäckchen und zwei einzelne) eingetragen. Die Herausgeber des Schulbuchs empfehlen, zum Schluss auch die Gesamtzahl der Tiere ermitteln zu lassen. Unten auf der Seite befindet sich die Ziffernschreibübung für die Neun.

Im Arbeitsheft ist ein weiteres Wimmelbild zu sehen, das einen Bauernhof zeigt, auf dem ebenfalls die Tiere zu zählen sind.

Abb. 39: Zählen mit Strichlisten (Wittmann/Müller 2006a, S. 20)

7.9.1 Analyse der Kompetenzstruktur

Number and Operations Standard

Instructional programs from prekindergarten through grade 2 should enable all students to—	Expectations: In prekindergarten through grade 2 all students should—
(1) Understand numbers, ways of representing numbers, relationships among numbers, and number systems	(a) count with understanding and recognize „how many" in sets of objects; (b) use multiple models to develop initial understandings of place value and the base-ten number system; (d) develop a sense of whole numbers and represent and use them in flexible ways, including relating, composing, and decomposing numbers; (e) connect number words and numerals to the quantities they represent, using various physical models and representations;

(3) Compute fluently and make reasonable estimates	(a) develop and use strategies for whole-number computations, with a focus on addition and subtraction; (b) develop fluency with basic number combinations for addition and subtraction; (c) use a variety of methods and tools to compute, including objects, mental computation, estimation, paper and pencil, and calculators.

Diese Seite stellt den Beginn der Beschäftigung mit der Kraft der Fünf und dem Stellenwertsystem dar (Exp. 1b; Wittmann/Müller 2006b, S. 62). Um exaktes Zählen zu ermöglichen, werden die Tiere ausgemalt und ihre Anzahl mit Hilfe von Strichlisten festgehalten. Dabei ist auf die Einhaltung der Fünferstruktur zu achten. Der Fokus auf die Kraft der Fünf ist auch die Basis für die Entwicklung des flüssigen, denkenden Rechnens (Exp. 3).

Data Analysis and Probability Standard

(1) Formulate questions that can be addressed with data and collect, organize, and display relevant data to answer them	(a) pose questions and gather data about themselves and their surroundings; (b) sort and classify objects according to their attributes and organize data about the objects; (c) represent data using concrete objects, pictures, and graphs.

Mit den Strichlisten verwenden die Kinder ein bereits bekanntes Verfahren der Datensammlung. Sie erfahren, dass es sehr hilfreich für den Vergleich der Anzahlen ist, die Tiere durch Strichlisten in Fünferpäckchen zu repräsentieren und lernen, mit dieser Repräsentation in der Auswertung umzugehen.

Representation Standard

Instructional programs from prekindergarten through grade 2 should enable all students to— (a) create and use representations to organize, record, and communicate mathematical ideas; (c) use representations to model and interpret physical, social, and mathematical phenomena.

Repräsentation und Datenanalyse hängen hier eng zusammen. Die Repräsentationsform „Strichliste" wird von den Kindern genutzt und geübt. Zudem wird bei der Suche im Wimmelbild das genaue Hinschauen, also die visuelle Kompetenz gefördert, die im weitesten Sinne ebenfalls zum *Representation Standard* gehört.

7.9.2 Entwicklung der Adaption

Für die Adaption des Wimmelbildes gibt es drei denkbare Varianten: eine Reliefdarstellung, ein Kasten mit dreidimensionalen Zählobjekten und ein Hörbild mit zählbaren Ereignissen.

Reliefdarstellung Bei der Gestaltung einer Reliefdarstellung des Wimmelbildes ergibt sich ein Dilemma: Soll die Lebensnähe der Tierfiguren erhalten bleiben, so müssen deren Anzahl und der Detailreichtum des Hintergrundes im Vergleich zum visuellen Bild reduziert werden, damit die Darstellung haptisch gut zu erfassen ist. Die Tierfiguren sind haptisch nicht leicht identifizierbar, weil sie sich nur anhand ihres Umrisses unterscheiden. Ein blindes Kind würde hier wesentlich länger brauchen als ein sehendes, das die Tiere auf einen Blick erkennt, sobald es sie gefunden hat.

Es ist sogar möglich, dass die Umrisse überhaupt nicht erkannt werden, weil einem blinden Kind in der ersten Klasse solche Darstellungen noch nicht vertraut sind. Das führt dazu, dass die Reliefdarstellung symbolischen Charakter erhält, denn die Umrisse werden zum abstrakten Zeichen für ein Tier. Damit die Identifikation erleichtert wird, eignen sich sehr einfache, klar durch Texturen unterschiedene Formen oder fixierte Realobjekte, wie sie schon für die Mengenbilder verwendet wurden (Knöpfe, Büroklammern…). Diese Varianten haben allerdings kaum Ähnlichkeit zum visuellen Material, und der für Kinder interessante Kontext „Tiere" geht verloren.

Die Reliefdarstellung ist in jedem Fall mit einem relativ hohen Herstellungsaufwand bei geringer Wiederverwendbarkeit verbunden (Anf. 8). Zudem ist noch zu klären, wie die gefundenen Tiere analog zum Ausmalen haptisch markiert werden sollen. Dies wäre z.B. mit Magneten oder Klebepunkten machbar, oder indem sich die Reliefdarstellung wie ein Puzzle auseinander nehmen lässt.

Ein Blick auf die Kompetenzen, die hier für die sehenden Kinder gefördert werden sollen, lässt eine Reliefdarstellung insgesamt als eher ungünstige Alternative erscheinen. Die Anforderungen an das haptische Zählen auf einem als Relief oder mit fixierten Realobjekten gestalteten Wimmelbild sind hoch, denn die Details und die fehlende Struktur machen die Orientierung äußerst schwer. Der Zeitbedarf blinder Kinder bei dieser Aufgabe übersteigt den der sehenden Kinder deutlich. Zwar wird beim Betrachten des Wimmelbildes auch bei sehenden Kindern die visuelle Wahrnehmung gefordert und geschult (*Representation Standard*), doch im Zentrum der hier zu fördernden Kompetenzen steht der Umgang mit den Strichlisten und die Einführung der Kraft der Fünf (*Number and Operations Standard, Data Analysis and Probability Standard*). Diese

Kompetenzen verschwinden geradezu hinter der zeitaufwendigen haptischen Suche nach den zu zählenden Tieren oder Objekten.

Als weitere tastbare Variante wäre eine Kiste mit verschiedenen, möglichst leicht unterscheidbaren Dingen in verschiedenen Anzahlen (z.B. Murmeln, Tannenzapfen, Knöpfe...) denkbar. Diese können, anders als fixierte Objekte, in eigene Fächer sortiert werden. Für jedes Objekt wird dann ein Strich gemacht oder ein Pin gesteckt. Das reduziert deutlich die Schwierigkeiten mit der räumlichen Orientierung, die beim tastbaren Wimmelbild auftreten. Auch der Herstellungsaufwand ist wesentlich geringer. Es ist denkbar, hier Spielzeugtiere in denselben Anzahlen wie auf dem Wimmelbild zu verwenden und sie mit Bäumen und Häusern zu mischen, um die Nähe zur visuellen Darstellung zu erhalten. Das setzt aber voraus, dass die Tiere leicht zu unterscheiden sind. Ideal wäre es, wenn sie aus dem eigenen Spielzeug des blinden Kindes stammen, so dass sie ihm bereits vertraut sind.
_{Fühlkiste}

Auditiv kann ein Hörbild verwendet werden (Cslovjecsek 2001, S. 22; Drolshagen 2001). Ideal wäre ein Zusammenschnitt von Tierlauten und Hintergrundgeräuschen in einer dem visuellen Bild analogen Zusammensetzung. Eine solche Produktion hat allerdings einen relativ hohen Herstellungsaufwand (Anf. 8). Dies wäre vor allem bei einer Adaption durch ein Medienzentrum machbar, die dann an viele blinde Kinder weitergegeben werden kann, denn die auditiven Dateien sind beliebig oft reproduzierbar. Wenn das Hörbild durch eine Lehrperson oder einen Integrationshelfer hergestellt wird, können das die Suche im Internet oder CDs mit Geräuschen verwendet werden, um eine geeignete Darstellung zu finden. In Hörszenen ist darauf zu achten, dass die Klangquellen (Tiere, Fahrzeuge...) vertraut und deren Bezeichnungen allen Kindern bekannt sind. Bei längeren Szenen können zur Orientierung z.B. Kapitel oder andere zeitliche Markierungen eingefügt werden, damit über einzelne Teilabschnitte gesprochen werden kann (Anf. 5, Kommunikation).
_{Hörbild}

Um die Häufigkeit der verschiedenen Elemente eines Hörbildes zu zählen, kann die Sequenz mehrfach abgespielt werden, wobei bei jedem Durchlauf ein anderer Klang gezählt wird. Die Klänge müssen zeitlich so weit auseinander liegen, dass nach jedem Klang ein Strich oder Pin gesetzt werden kann. Ist der Zeitdruck dennoch zu hoch, kann das Abspielen nach jedem Klang unterbrochen werden.

Bezüglich der Unterrichtsgestaltung stellt sich grundsätzlich die Frage, ob alle Kinder (z.B. in Stationenarbeit) zusätzlich mit Fühlkiste und Hörbild arbeiten sollen, oder ob dies dem blinden Schüler vorbehalten bleibt, während die sehenden an der visuellen Version arbeiten. Aus integrationspädagogischer Sicht ist es ein Vorteil, dass bei Fühlkiste und Hörbild
_{Fühlkiste und Hörbild für alle?}

alle Kinder mit demselben Material arbeiten. Es ist zudem davon auszugehen, dass die sehenden Kinder sich auch für die Tast- und Hörmaterialien interessieren. Die mathematisch zentrale Veranschaulichung ist hier die Strichliste, die von sehenden Kindern auch dann visuell geführt wird, wenn sie mit einer Fühlkiste oder einem Hörbild arbeiten.

Im Bezug auf den *Representation Standard* ist zu bedenken, dass die Förderung der visuellen Wahrnehmung ebenfalls ein Ziel dieser Aufgabe ist. Das bedeutet für die sehenden Kinder, dass das Wimmelbild nicht einfach auditiv oder haptisch ersetzt werden darf. Wenn die „Fühlkiste" keinen Deckel hat, werden sie sich aber auch dort visuell orientieren. Hier kann die Lehrperson entscheiden, ob sie auch für die sehenden Kinder rein haptische Varianten anbieten will. Der zusätzliche Einsatz anderer Modalitäten kann für sehende Kinder motivierend wirken. Sehende Kinder mit Störungen der Konzentrationsfähigkeit, der Motorik (Ausmalen) oder visuellen Wahrnehmung kommen mit der haptischen oder auditiven Variante möglicherweise besser zurecht und können so ebenfalls erfolgreich mit den Strichlisten arbeiten.

Die Förderung der visuellen Wahrnehmung für blinde Kinder einfach in „Förderung des Umgangs mit Reliefdarstellungen" zu übersetzen, wäre eine zu oberflächliche Betrachtungsweise, denn sie brauchen ebenso Kompetenzen im Umgang mit beweglichen Tastobjekten und mit Hörereignissen. Dennoch ist nicht ganz von der Hand zu weisen, dass der Umgang mit Reliefdarstellungen für die weitere Schullaufbahn von großer Bedeutung ist. In diesem Sinne sollten sie im Idealfall diese Aufgabe mit allen Varianten einmal lösen, wobei vor allem die Arbeit mit der Reliefdarstellung von der Lehrperson beobachtet und gefördert werden sollte. In der Praxis mag das aus Zeitgründen und wegen der umständlichen Materialbeschaffung aber nicht immer möglich sein. Eine Entscheidung muss unter Beachtung der individuellen Fähigkeiten und Förderbedarfe des blinden Schülers, aber auch der zeitlichen und personellen Ressourcen getroffen werden.

7.9.3 Zusätzlicher Vorschlag

Auch der Einsatz von Musikstücken ist denkbar, z.B. eignet sich die Kindersinfonie von Leopold Mozart (Cslovjecsek 2001, S. 23). Im dritten Satz dieser Sinfonie tauchen Vogelrufe auf, z.B. der Kuckuck. So kann fachübergreifend der Musikunterricht einbezogen werden.

7.9.4 Fazit

Der Einsatz einer Fühlkiste und eines Hörbildes (oder Musikstücks) ist sehr zu empfehlen, auch für die sehenden Kinder. Für das blinde Kind wird so die Konzentration auf das Erstellen und Lesen der Strichliste

Zahlenknoten | 313

erleichtert und damit die Förderung im Sinne des *Number and Operations Standard* verbessert. Mit Blick auf den *Representation Standard* und der Förderung von Taststrategien für den Umgang mit Reliefdarstellungen sollten letztere aber nicht ganz weggelassen werden, ebenso ist das visuelle Bild für die sehenden Kinder nicht ersetzbar, sondern nur ergänzbar.

7.10 Zahlenknoten

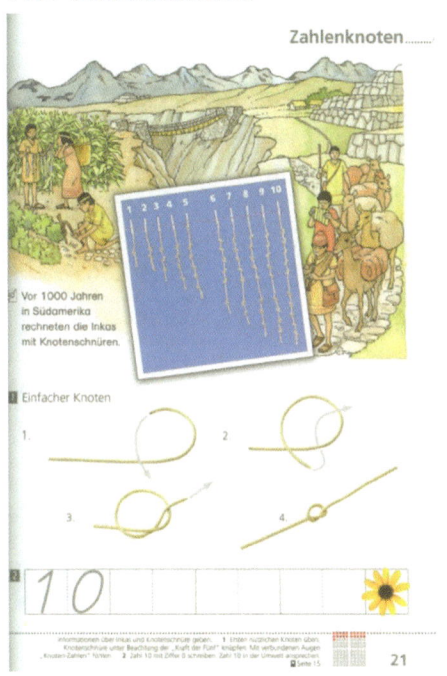

Abb. 40: Zahlenknoten (Wittmann/Müller 2006a, S. 21)

Diese Seite ist in der oberen Hälfte illustriert mit einer Zeichnung, die Landschaft und Menschen des Inkareiches zeigt. Zu sehen sind Inkas bei der Feldarbeit, Musiker, Lamas und eine Schlucht mit einer Brücke und Bergen im Hintergrund. Mittig in dieses Bild eingebettet ist ein Foto von zehn Knotenschnüren („Quipus") mit einem bis zehn Knoten. Bei den Schnüren mit mehr als fünf Knoten ist eine Lücke zwischen fünftem und sechstem Knoten gelassen, und auch zwischen der fünften und sechsten Schnur wird räumlich getrennt. Die Schnüre sind jeweils nach dem letzten Knoten abgeschnitten, so dass die Länge von der ersten bis zur zehnten Schnur ansteigt. Neben diesem Bild steht der Text „Vor 1000 Jahren in Südamerika rechneten die Inkas mit Knotenschnüren." Die Schüler sollen selbst solche Knotenschnüre herstellen. Dementsprechend ist unter Aufgabe eins in vier Bildern dargestellt, wie ein einfacher Knoten geknotet wird.

Im Arbeitsheft sind dieser Seite zwei Aufgaben zugeordnet. Die eine zeigt Bilder von Knotenschnüren (7, 6 und 9 Knoten), bei denen die Anzahl der Knoten von den Schülern zu ermitteln ist, die andere Aufgabe ist der Bestimmung der Fingeranzahl gewidmet. Die Bilder zeigen 7, 6, 9 und 8 Finger, so dass jeweils zwei Hände benötigt werden und die Fünfergliederung auch hier auftaucht.

Den Abschluss bildet im Schulbuch und im Arbeitsheft der Ziffernschreibkurs für die Null. Abweichend vom üblichen Muster wird die Null aber nicht allein geübt, sondern immer abwechselnd mit der Eins geschrieben, so dass die „10" entsteht.

7.10.1 Analyse der Kompetenzstruktur

Number and Operations Standard

Instructional programs from prekindergarten through grade 2 should enable all students to—	Expectations: In prekindergarten through grade 2 all students should—
(1) Understand numbers, ways of representing numbers, relationships among numbers, and number systems	(a) count with understanding and recognize „how many" in sets of objects; (b) use multiple models to develop initial understandings of place value and the base-ten number system; (c) develop understanding of the relative position and magnitude of whole numbers and of ordinal and cardinal numbers and their connections; (d) develop a sense of whole numbers and represent and use them in flexible ways, including relating, composing, and decomposing numbers; (e) connect number words and numerals to the quantities they represent, using various physical models and representations;

Der Zahlbegriff steht im Mittelpunkt der Aufgabenstellung auf dieser Seite. Insbesondere geht es auch um die Verknüpfung von Ordinal- und Kardinalaspekt (Exp. 1c) und um die Strukturierung des Zehners in zwei Fünfer, die das Stellenwertsystem vorbereitet (Exp. 1b).

Zahlenknoten | 315

Algebra Standard

(1) Understand patterns, relations, and functions	(a) sort, classify, and order objects by size, number, and other properties;

Die Schnüre werden der Länge bzw. der Anzahl der Knoten nach geordnet. Dies ist jedoch eher ein Nebenprodukt und nicht der Schwerpunkt dieser Aufgabe.

Representation Standard

Instructional programs from prekindergarten through grade 2 should enable all students to—
(a) create and use representations to organize, record, and communicate mathematical ideas;
(b) select, apply, and translate among mathematical representations to solve problems;
(c) use representations to model and interpret physical, social, and mathematical phenomena.

Die Verwendung von Veranschaulichungen zur Dokumentation und Kommunikation von mathematischen Ideen ist hier nicht nur deshalb bedeutsam, weil die Knotenschnüre als Veranschaulichung im Zentrum der Arbeit mit dieser Seite stehen, sondern die Schüler bekommen durch den historischen Kontext auch eine Vorstellung davon, warum und wie solche Repräsentationen für die Menschen notwendig sind.

Die Anleitung zum Knüpfen eines Knotens fördert ebenfalls Kompetenzen in diesem Bereich. Sie ist eine Ikonisierung der Handlung, und die Übersetzung zwischen Handlung und bildlicher Anleitung fördert das Abstraktionsvermögen der Schüler.

7.10.2 Entwicklung der Adaption

Zunächst ist zu überlegen, inwiefern das Bild von der Welt der Inkas im oberen Teil der Seite blinden Kindern zugänglich gemacht werden kann. Eine Reliefdarstellung ist hier wenig hilfreich. Sie kann weder Tätigkeiten und Aussehen der Menschen noch die Landschaft zufrieden stellend wiedergeben. Es geht in diesem Bild weniger um die Details, wichtiger ist eine Einstimmung auf das Thema, die bei den Kindern Interesse für die Inkas weckt und ihnen Material für ihre Phantasie liefert. Die in Bezug auf den Arbeitsaufwand einfachste Variante für blinde Kinder ist die Beschreibung des Bildes. Diese kann unterstützt werden durch eine Erzählung, einen Bericht über das Leben der Inkas, der auch für die sehenden Kinder von Interesse ist. Noch besser ist eine Ergänzung der Erzählung durch Hörbeispiele (z.B. Musik der Inkas, Lamageräusche, Wind in den Hochebenen der Anden) und durch originale Gegenstände (z.B. Flö-

Illustration

te, Maiskolben, Kartoffel, Spielzeug-Lama). Es versteht sich von selbst, dass eine fachübergreifende Zusammenarbeit mit Musik- und Sachunterricht gewinnbringend ist.

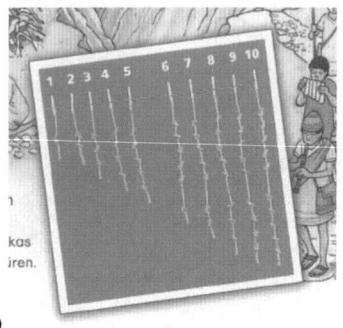

Abb. 41: Knotenschnüre (Ausschnitt S. 21)

Knotenschnüre — Das eingebettete Foto der Knotenschnüre ist relativ einfach durch auf Pappe befestigte und mit Brailleziffern beschriftete Knotenschnüre zu adaptieren. Beim Betasten dieses Bildes sollte darauf geachtet werden, dass der blinde Schüler auch die aus Sicht des *Number and Operations Standards* interessante regelmäßig ansteigende Länge der Schnüre und die Fünferstruktur wahrnimmt.

Anleitung zum Knoten — Die Bildanleitung für den Knoten kann ebenfalls mit echter Schnur umgesetzt werden, die in der entsprechenden Konfiguration auf die Unterlage geklebt wird. Noch besser haptisch zugänglich sind Modelle aus Pfeifenreinigern für jeden Arbeitsschritt, die von allen Seiten betastet werden können. Eine verbale Beschreibung ist hier wenig praktikabel.

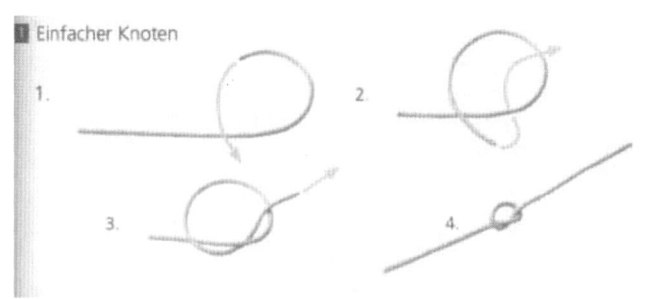

Abb. 42: Anleitung zum Knoten (Ausschnitt S. 21)

Die Anforderungen an blinde Kinder sind voraussichtlich höher als an sehende. Dies gilt vor allem dann, wenn sie das Knoten noch nicht beherrschen. Das Verständnis der Anleitung hängt bei allen Schülern nicht nur von räumlichem Vorstellungsvermögen und Abstraktionsfähigkeit ab, sondern zu einem großen Teil auch davon, ob und wie viel Erfahrungen sie bereits mit vergleichbaren Anleitungen gemacht haben (z.B. Anleitungen zum Papierfalten oder zum Zusammenbau von Lego). Da solche Anleitungen im Alltag in der Regel nicht haptisch zugänglich sind, ist hier ein Defizit an Erfahrungen bei blinden Kindern zu erwarten. Schwierigkeiten mit dieser Aufgabe sind also nie allein auf Vorstellungsvermögen oder Abstraktionsfähigkeit blinder Kinder zurückzuführen. Doch auch wenn es dem blinden Schüler möglicherweise schwer fällt, mit der Anleitung umzugehen, ist es wichtig, das er die Gelegenheit erhält, Erfahrungen damit zusammeln. Er sollte aber auf Unterstützung durch die Lehrperson, den Beratungslehrer oder Integrationshelfer zurückgreifen können.

Die Herausgeber des Zahlenbuchs schreiben, dass „manuell geschickte" Kinder die Knotenschnüre selbst herstellen können (Wittmann/Müller 2006b, S. 64). Es gibt hier also bei sehenden *und* blinden Kindern die Befürchtung, dass dies nicht allen gelingt. Die eigene Herstellung solch strukturierter Zahldarstellungen ist aber eine sehr wertvolle Aktivität. Hier könnte ein in der Blindenpädagogik häufig verwendetes Material Abhilfe schaffen: Die Rechenkette (s. S. 206). Die Schüler können statt der Knoten zehn Perlen auf Pfeifenreiniger ziehen.

Alternative: Rechenketten

Rechenketten sind vielseitig einsetzbar und fortsetzbar (Anf. 1). Sie können zu verschiedenen multiplikativen Strukturen gefaltet werden, was ihnen einen Vorteil bezüglich der Vielseitigkeit im Vergleich zu den anderen linearen Veranschaulichungen (Zwanzigerreihe, Rechenschiffchen) verschafft. Fortsetzbar sind sie bis in den Hunderterraum, dabei werden sie aber eher unhandlich (Radatz 1991, S. 48). Eine Erweiterung auf zwanzig Perlen sollte angestrebt werden, wenn die Rechenkette auch im weiteren Unterricht als Veranschaulichung dienen soll. Für die Fortsetzung in den Hunderterraum können dann Montessori-Perlen, russische Rechenmaschine oder der Abakus angeboten werden.

Rechenketten zählen nicht zu den typischen Materialien im visuell geprägten Unterricht und kommen auch im Zahlenbuch nicht vor. Es ist zu bedenken, dass sie sich in den möglichen Handlungen (Verschieben, Falten) deutlich von aus mathematischer Sicht ähnlichen, linearen Veranschaulichungen wie der Zwanzigerreihe unterscheiden, was bei schwächeren Schülern zu mangelndem Transfer führen kann. Es ist jedoch vorstellbar, sie auf der Basis dieser Schulbuchseite für alle einzuführen, den Umgang der Schüler damit zu beobachten und sie je nach Bedarf und Eignung später wieder einzusetzen.

Mit Blick auf die Anforderungen an Veranschaulichungen erweisen sie sich als gut geeignet. Die Handlungsmöglichkeiten (Anf. 3) mit dem

Material sind vielfältig. Die Rechenkette kann selbst hergestellt werden. Die Schüler können sie falten, was später das Erzeugen multiplikativer Strukturen ermöglicht und Zahlen als zusammengesetzte Einheiten erfahrbar macht (Teile-Ganzes-Relation). Durch Verschieben von Perlen können die Kinder Strukturierungen ebenfalls leicht selbst erzeugen. Dies sorgt auch für gute Voraussetzungen in Sachen Offenheit (Anf. 4). Für Dokumentation (Anf. 5) und Kommunikation (Anf. 6) können die Perlenketten selbst verwendet werden. Auch die Ikonisierung ist aufgrund der einfachen Struktur unproblematisch. Dafür können Klebepunkte verwendet werden, Zeichnungen mit Hilfe von Zeichenfolie, oder der blinde Schüler erzeugt die passenden Punktmuster mit seiner Brailleschreibmaschine.

Das Material ist dreidimensional, die Fünfer und Zehner sind mit unterschiedlichen Perlen oder durch Lücken gut hervorzuheben (Anf. 2 und 7). Angemessenheit an die Bedingungen der Schüler ist auch deshalb gut möglich, weil die Ketten selbst hergestellt werden können. Perlen sind für wenig Geld in großer Vielfalt an Farbe, Größe, Material und Form erhältlich, so dass die Auswahl an die Bedürfnisse der Schüler angepasst werden können (Anf. 8). Die Schüler können auch aus ästhetischer Sicht mitentscheiden (Anf. 9) und ohne viel organisatorischen Aufwand verschiedene Versionen ausprobieren. Mit Bezug auf die Handhabbarkeit (Anf. 10) gibt es einen Nachteil: sie müssen meist mit einer Hand festgehalten werden (Radatz 1991, S. 48), so dass nur die zweite Hand zum Tasten zur Verfügung steht. Dies ist für die sehenden Kinder weniger ein Problem. Für die blinden Kinder sollte je nach Situation eine Befestigungsmöglichkeit angeboten werden.

Fingerzählen Die erste Aufgabe im Arbeitsheft (Knoten zählen) kann einfach durch reale Knotenschnüre oder auch Rechenketten tastbar gemacht werden. Die zweite Aufgabe, bei der Finger gezählt werden sollen, ist weniger leicht zu adaptieren. Fingerzählen gehört nicht zu den Standardstrategien blinder Kinder (s. S. 179). Häufig ist auch ihr Körperschema dafür noch nicht differenziert genug (s. S. 250). Zudem benötigen sie ihre Finger ständig zum Tasten, und auch der Wechsel von der Tastwahrnehmung zu der für das Fingerzählen notwendigen Propriozeption ist nicht einfach und braucht Konzentration. Hier sollte auf jeden Fall zunächst erhoben werden, ob der blinde Schüler Schwierigkeiten in diesem Bereich hat. Es ist denkbar, in diesem Fall die Finger einfach durch etwas anderes zu ersetzen, z.B. die bereits vertrauten Strichlisten, die ebenfalls die Fünfergliederung beinhalten.

Das Thema Zahlen am Körper ist Schwerpunkt der folgenden Schulbuchseite 22 (s. S. 320). So betrachtet, kann die Aufgabe für die sehenden Kinder als Überleitung dorthin dienen. Für die blinden Kinder erfüllt sie diesen Zweck aber nicht, da sie einen für sie eher schlecht zugänglichen Aspekt von Zahlen am Körper in den Mittelpunkt stellt. Die Aufgabe kann jedoch verschoben und nach Behandlung der Seite 22 gestellt werden. Es ist möglich, mit einer Reliefdarstellung von Händen zu arbeiten, weil die Finger recht einfach zu finden und zu zählen sind. Reale Hände sind aber leichter zugänglich und weniger abstrakt. Daher könnte die Aufgabe in eine Partneraktivität abgewandelt werden, bei der ein Kind eine Zahl zwischen sechs und zehn mit den Fingern zeigt und das andere sie haptisch oder visuell bestimmt. Sollte das blinde Kind bei ansonsten zufrieden stellenden mathematischen Leistungen Schwierigkeiten haben, Zahlen mit den eigenen Fingern zu zeigen, so liegt das vermutlich eher an einem Förderbedarf im Bereich Körperschema und weniger an mathematischen Problemen.

7.10.3 Zusätzliche Vorschläge

MÜLLER & WITTMANN schlagen vor, die Knotenzahlen fühlen zu lassen, im Unterricht oder auch als Pausenaktivität. Dadurch wird ganz natürlich die Nutzung der Lücke als Fünferstruktur betont (2006b, S. 64). Dieser Vorschlag ist selbstverständlich für den integrativen Unterricht mit blinden Kindern besonders gut geeignet.

Knoten tasten

Ebenfalls im Unterricht oder als Spiel in der Pause kann erneut das Klopfen verwendet werden. Die Schüler sollen Anzahlen klopfen und jeweils nach dem fünften Schlag eine Pause lassen. Das ergibt einschließlich der Pause einen 6/8-Takt. Andere Schüler sollen dann angeben, ob die Pause an der richtigen Stelle war und welche Zahl geklopft wurde. Wenn der blinde Schüler bereits seine Brailleschreibmaschine für die Ikonisierung der Knoten bzw. Perlen benutzt, ergibt sich aus Bewegung und Geräusch beim Schreiben ein flüssiger Übergang zur auditiven Erfassung.

Anzahlen klopfen

7.10.4 Fazit

Die Aufgabenstellung dieser Seite fördert schwerpunktmäßig Kompetenzen im Rahmen des *Number and Operations Standard* und des *Representation Standard*. Der Umgang mit der Anleitung für den Knoten fördert keine zahlbezogenen Kompetenzen, aber räumliches Vorstellungsvermögen und Abstraktion. Es sollte daher erhalten bleiben. Um Schülern, die Schwierigkeiten mit den Knoten haben, die wichtige eigene Herstellung der Knotenschnüre zu ermöglichen, wurde vorgeschlagen, auf Perlenketten auszuweichen. Diese erweisen sich als gute Veranschaulichung Im Sinne der Anforderungen aus Kap. 5.3. Weiterführend kann die hier zentrale Fünfergliederung auditiv durch Klopfen sowie auch für die sehenden Schüler haptisch durch „blindes" Zählen der Knoten bzw. Perlen thematisiert werden.

7.11 Zahlen am Körper

Abb. 43: Zahlen am Körper (Wittmann/Müller 2006a, S. 22)

„Sag mir doch, wo hast du **eins**? **Eine** Nase hab ich, **einen** Mund dazu, habe **einen** Kopf, schau, den hast auch du.

Sag mir doch, wo hast du **zwei**? Zum Hören **zwei** Ohren, zum Schauen **zwei** Augen, zum Schaffen **zwei** Arme, zum Laufen **zwei** Beine, **zwei** Füße dazu, genauso wie du.

Sag mir doch, wo hast du **fünf**? Oh, das sag ich dir geschwind. An jeder Hand **fünf** Finger sind, an jedem Fuß fünf Zehen sind, das weiß doch jedes kleine Kind."

Auf dieser Seite geht es um die Verknüpfung von Zahlen körperlichen Erfahrungen und Handlungen. Dazu ist unter Aufgabe 1 das obige Gedicht abgedruckt. Das Gedicht soll mit verteilten Rollen vorgetragen werden, wobei jeweils auf die entsprechenden Körperteile gezeigt wird. Es ist illustriert durch ein Bild von einem Clown auf einer Schaukel, bei dem alle genannten Körperteile gut zu sehen sind. Das Bild kann als Zählbild genutzt werden.

Aufgabe 2 zeigt Bilder von Tieren, bei denen zunächst ebenfalls die Anzahl der Beine bestimmt werden soll: Eine Ameise, ein Vogel, ein Storch, der auf einem Bein steht, eine Kuh, eine Spinne und ein Tausendfüßler (mit 38 Beinen). Auch andere Anzahlen können entdeckt werden, z.B. die Fühler und Körperglieder der Ameise, die Zehen des Vogels, die drei Schwänze des Tausendfüßlers usw..

Die Autoren schlagen im Anschluss eine Vielfalt weiterer Aktivitäten vor:
- Sammeln von Zählbildern aus Zeitungen, Katalogen usw.
- „Zahlen drücken": Eine Hand auf den Rücken des Partners gedrückt steht für einen Fünfer (2 Hände = 10), die restlichen Einer werden mit den Zeigefinger getippt
- „Alle Finger zeigen…": Die Lehrperson nennt eine Zahl, die Kinder zeigen sie mit den Fingern
- „Zahlen hören": Darstellung von Zahlen auf einem Glockenspiel. Der Fünfers wird durch Ratschen, der Einer durch Einzelschläge dargestellt.

7.11.1 Analyse der Kompetenzstruktur
Number and Operations Standard

Instructional programs from prekindergarten through grade 2 should enable all students to—	Expectations: In prekindergarten through grade 2 all students should—
(1) Understand numbers, ways of representing numbers, relationships among numbers, and number systems	(a) count with understanding and recognize „how many" in sets of objects; (b) use multiple models to develop initial understandings of place value and the base-ten number system; (d) develop a sense of whole numbers and represent and use them in flexible ways, including relating, composing, and decomposing numbers; (e) connect number words and numerals to the quantities they represent, using various physical models and representations;
(3) Compute fluently and make reasonable estimates	(a) develop and use strategies for whole-number computations, with a focus on addition and subtraction; (b) develop fluency with basic number combinations for addition and subtraction; (c) use a variety of methods and tools to compute, including objects, mental computation, estimation, paper and pencil, and calculators.

Die arithmetischen Kompetenzen stehen wieder im Mittelpunkt dieser Seite. Zahlen werden mit vielfältigen Mengen in der Umwelt und am

Körper verknüpft und das Wissen über Zahlen wird erweitert und gefestigt (1e, 3c). Zahlen werden als zusammengesetzt aus Teilmengen betrachtet (1d), indem erneut die Fünf als hilfreiche Strukturierungsgrundlage betont wird (1b). Dies stellt eine bedeutende Grundlage für die Entwicklung flüssigen Rechnens dar (3a, 3b).

Data Analysis and Probability Standard

(1) Formulate questions that can be addressed with data and collect, organize, and display relevant data to answer them	(a) pose questions and gather data about themselves and their surroundings;

Zahlen am eigenen Körper und in der Umwelt werden ermittelt. Die Schüler werden explizit aufgefordert, Zahlen in ihrer Umwelt zu suchen.

Representation Standard

Instructional programs from prekindergarten through grade 2 should enable all students to—
(b) select, apply, and translate among mathematical representations to solve problems;
(c) use representations to model and interpret physical, social, and mathematical phenomena.

Zahlen werden hier durch eine Vielfalt von sinnlichen Zugängen und in einer Vielfalt von Situationen repräsentiert. Die Fünfergliederung bleibt dabei ein konstanter Schwerpunkt. Für blinde Kinder ergeben sich auch Förderanlässe bezüglich Reliefdarstellungen.

7.11.2 Entwicklung der Adaptionsvorschläge

Darstellung des Clowns

Wenn das Bild des Clowns nicht nur illustrierenden Charakter haben soll, sondern auch als Zählbild genutzt wird, muss es adaptiert werden. Ideal wäre der Einsatz einer Puppe, doch Puppen, bei denen auch Finger und Zehen haptisch leicht zählbar sind, sind schwer zu finden. Alternativ kann eine Umrisszeichnung eines Körpers als Reliefdarstellung hergestellt werden. Diese sollte vereinfacht sein, d.h. eine stehende Person zeigen statt dem auf der Schaukel sitzenden Clown. Es ist möglich, dass es dem blinden Kind schwer fällt, diese Figur richtig zu deuten, wenn sein Körperschema noch nicht weit genug entwickelt ist (s. S. 250). Wenn genug Zeit zur Verfügung steht, kann dies als Anlass zur Förderung im Bereich Reliefdarstellungen und Körperschema genutzt werden. Vielleicht ist parallel im Sachunterricht die Beschäftigung mit diesem Thema möglich. Es wäre ein Fehler, ein blindes Kind einfach ohne weite-

Zahlen am Körper | 323

re Unterstützung mit einer solchen Reliefdarstellung zu konfrontieren (es sei denn, es hat bereits vorher sehr gute Fähigkeiten im Umgang damit demonstriert). Ansonsten sollte der Fokus auf dem Finden und Zählen von Körperteilen am eigenen Körper liegen.

Abb. 44: Clown (Ausschnitt S. 22)

Für die Tierbilder in Aufgabe 2 gilt Ähnliches. Sie können vereinfacht und vergrößert als Reliefdarstellungen adaptiert werden, wenn genügend Personal und Zeit zur Unterstützung zur Verfügung steht. Der Umgang mit solchen Darstellungen ist schließlich auch ein wichtiges fachübergreifendes Lernziel für den blinden Schüler. Die Bilder im Schulbuch vermitteln zusätzlich auch etwas Faktenwissen über die Tiere, z.B. dass Spinnen immer acht Beine haben, dass Störche oft ein Bein anziehen, oder dass Tausendfüßler nicht tatsächlich tausend Beine haben. Vor allem für blinde Kinder, die manche Tiere schlecht beobachten können (echte Spinnen sind schwer zu betasten), ist dies wertvoll. Dies ist ja ein Hauptnutzen von Reliefdarstellungen für blinde Kinder: Sie machen haptisch Unzugängliches erfahrbar. Es ist aber zu erwarten, dass z.B. der Storch mit angezogenem Bein nur schwer haptisch zu identifizieren ist. Zusätzlich können daher dreidimensionale Modelle von Tieren verwendet werden. Wenn in der Biologiesammlung ausgestopfte Tiere zur Verfügung stehen, sind sie ideal für diesen Zweck.

Tierbilder

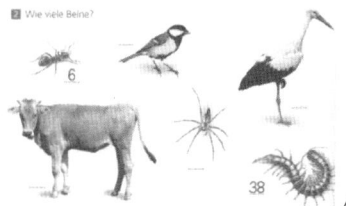

Abb. 45: Tierbilder (Ausschnitt S. 22)

Insgesamt sind hier die Reliefdarstellungen von dem Clown und den Tieren weniger problematisch als an anderer Stelle. Das liegt daran, dass der mathematische Gehalt nicht so komplex ist. Es geht eher um den Erwerb von zahlenbezogenem Wissen (Anzahlen von Körperteilen) als um kognitiv anspruchsvolle Prozesse wie das Erkennen von Mustern. Zudem sind Beine oder Finger relativ einfach zu zählen, weil sie prägnant „hervorstechen". Beim Tausendfüßler wird für das Zählen der Beine allerdings eine Vergrößerung notwendig sein.

Zahlen sinnlich erfahren

Die von den Autoren vorgeschlagenen weiteren Aktivitäten stehen für vielseitige körper- und sinnesbezogene Zugänge zu Zahlen in der Umwelt. „Zahlen drücken" und „Zahlen hören" sind ohne Adaption blinden Kindern zugänglich und schon daher sehr empfehlenswert. Nach den eher visuell inspirierten Aufgaben der Schulbuchseite ist es sehr wichtig, für den blinden Schüler einen vertrauten, leicht zugänglichen Kontakt zu Zahlen herzustellen.

Zahlen mit den Fingern zeigen

Das Spiel, bei dem die Kinder Zahlen mit ihren Fingern zeigen, kann für blinde Kinder schwierig sein. Fingerzählen ist für sie voraussichtlich keine vertraute Strategie. Das ist bei diesem Spiel problematisch, weil sie unter Zeitdruck reagieren müssen. Es gibt auch keinen Grund, die Entwicklung von Fingerzählen bei ihnen zu forcieren, denn anders als bei sehenden Kindern ist es für sein kein normaler Entwicklungsschritt (s. S. 179). Das Spiel kann trotzdem mit der Klasse gespielt werden, doch sollten die Leistungen des blinden Kindes nicht weiter bewertet werden. Viel wichtiger ist, dass beim „Zahlen drücken" und beim Zeigen mit den Fingern Fünfer mit der Darstellung durch die ganze Hand verknüpft werden. Dies ist auch für blinde Kinder unproblematisch und stellt eine wichtige Unterstützung für die „Kraft der Fünf" dar.

Auditive Bündlung

Die Idee aus „Zahlen hören", Fünfer (oder später auch Zehner) durch ein Ratschen oder einen ähnlichen Laut zusammengefasst darzustellen, soll hier eingehender untersucht werden. Dies ist wichtig für die Fortsetzbarkeit als Qualitätsmerkmal von Veranschaulichungen (Anf. 1). Rhythmen und monotone Sequenzen sind in eine Stellenwertdarstellung fortsetzbar, wenn z.B. zehn sehr schnell geklopfte Einer in einen langen „Zehnerton" überführt werden. Die Zehner müssen sich gut von den Einern unterscheiden, damit sie nicht einfach zusammen gezählt werden: Wird z.B. die Zahl ‚13' durch 1x Klatschen und 3x Klopfen dargestellt, so werden die Hörereignisse leicht zur gemeinsamen Anzahl „vier" zusammengefasst, was hier nicht erwünscht ist. Ein langes Rauschen (z.B. Regenrohr) oder ein Ratschen für die Zehner entspricht wesentlich besser der Vorstellung vom Fünfer oder Zehner als einem Bündel und unterscheidet sich deutlicher von einem Klopfgeräusch.

Das Verständnis des Stellenwertsystems beruht auf dem Handeln, nämlich auf der Aktivität der Bündelung. Die Unhandlichkeit (lange Dauer) der Darstellung großer Zahlen durch je einen Klang pro „Einer" macht die Notwendigkeit von Zusammenfassungen für die Schüler offensichtlich, führt also gut auf das Stellenwertsystem hin. Die Bündelung selbst lässt sich allerdings visuell bzw. haptisch besser als eigentätige Handlung darstellen, da aus zehn einzelnen Objekten z.b. durch Binden oder Stecken ein neues Objekt entsteht, das dann auch wahrnehmungsmäßig als Einheit empfunden wird.

Auditiv ist es wie oben vorgeschlagen möglich, die Einer-Töne immer schneller abzuspielen, bis nur noch die Zehnerbündel zählbar sind oder bis die Einzeltöne in einen langen Ton übergehen. Ob dies jedoch der Einführung des Stellenwertsystems dienlich ist, ob die Grundvorstellung des Bündelns von Einern zu Zehnerbündeln auch auditiv als Zusammenfassung von Einzeltönen tragfähig wird, ist nicht empirisch belegt. Zur Vertiefung in einer späteren Unterrichtseinheit ist es aber sicher geeignet, weil durch den Transfer der Bündelungsvorstellung ins Auditive die mathematische Idee stärker hervortritt. Ist es sinnvoll, dies zusätzlich z.B. zu Steckwürfeln einzusetzen? CSLOVJECSEK et al. schlagen auditive Kodierungen des Stellenwertsystems für sehende Kinder vor und berichten von positiven Erfahrungen (2001, S. 40ff). Hier besteht jedoch weiterer Forschungsbedarf, empirisch abgesicherte Ergebnisse wären wünschenswert.

Die Aktivität des Ausschneidens von Zählbildern aus Zeitschriften kann gut adaptiert werden, wenn man die Aufgabenstellung als Suche nach Zahlen in der Umwelt interpretiert. Blinde Kinder können dann im Klassenraum oder auch zu Hause in ihrem Spielzeug nach Zählobjekten suchen (die Kreide hat zwei Enden, der Tisch vier Ecken, das Spielzeughaus drei Fenster…). Selbstverständlich gibt es auch zählbare auditive Ereignisse, z.B. die Schläge der nahen Kirchturmuhr oder des Schulgongs, der bellende Hund, vorbeifahrende Autos, …. Auch ein Spiel, bei dem das Klassenzimmer zum Instrument wird (Cslovjecsek 2001, S. 19) passt sehr gut in diesen Kontext. Aus sozialer Sicht ist es am günstigsten, wenn alle Kinder sich mit allen Typen von Zählobjekten beschäftigen, damit der blinde Schüler mit seinen haptischen und auditiven Zählobjekten keine Sonderrolle bekommt. Es ist auch denkbar, hier Gruppenarbeit anzubieten, bei denen sich jede Gruppe auf eine andere Art von Zähldingen aus der Umwelt konzentriert.

Zahlen in der Umwelt

7.11.3 Zusätzlicher Vorschlag

BAUERSFELD & O'BRIEN (2002, S. 15f) schlagen eine Übung vor, bei der die Schüler sich Tiere oder andere Objekte aus der Umwelt vorstellen sollen. Eine Aufgabe lautet beispielsweise: „Ich habe 10 Stuhlbeine. Wie viele vierbeinige Stühle und dreibeinige Hocker kann ich daraus machen?" Natürlich sind auch weniger anspruchsvolle Fragestellungen denkbar, und es kann Bezug auf die Körperteile und Tiere genommen werden, die auf dieser Seite vorkommen. Diese Art der Aufgabenstellung fördert das Vorstellungsvermögen und die Konzentration aller Kinder. Den blinden Kindern hilft es, ihre haptischen Vorstellungen zu präzisieren, vor allem aber ermöglicht es ihnen, unbeeinträchtigt von visuellen oder visuozentristischen Darstellungen ihre eigenen Vorstellungen zu nutzen und zu entwickeln.

7.11.4 Fazit

Da der mathematische Gehalt der Aufgaben auf der Schulbuchseite nicht so komplex ist, bietet es sich hier an, für das blinde Kind auch die Förderung des Umgangs mit Reliefdarstellungen einzubeziehen (*Representation Standard*). Die Beschäftigung mit Zahlen in der Umwelt und am eigenen Körper steht im Zentrum dieser Seite (*Number and Operations Standard, Data Analysis Standard, Representation Standard*). Daher bieten sich vielfältige Anlässe, auch haptische und auditive Erfahrungen einzubeziehen. Die Fünfergliederung spielt weiter eine wichtige Rolle. Sie wird anhand der Verknüpfung zu den Fingern und durch Bündelung (ganze Hand beim Zahlen drücken, Ratschen beim Zahlen hören) vertieft (*Number and Operations Standard*).

7.12 Zwei Fünfer sind Zehn

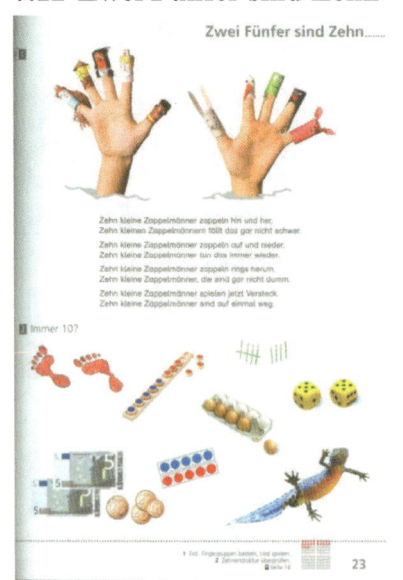

Abb. 46: Zwei Fünfer sind Zehn (Wittmann/Müller 2006a, S. 23)

Die erste Aufgabe auf dieser Seite zeigt ein Foto von zwei Händen mit Fingerpuppen auf jedem Finger. Darunter ist der Text eines Spielliedes abgedruckt:

„Zehn kleine Zappelmänner zappeln hin und her.
Zehn kleinen Zappelmännern fällt das gar nicht schwer.

Zehn kleine Zappelmänner zappeln auf und nieder.
Zehn kleine Zappelmänner tun das immer wieder.

Zehn kleine Zappelmänner zappeln rings herum.
Zehn kleine Zappelmänner, die sind gar nicht dumm.

Zehn kleine Zappelmänner spielen jetzt Versteck.
Zehn kleine Zappelmänner sind auf einmal weg."

Dieses Lied soll durch Bewegungen begleitet als Lockerungs- und Konzentrationsübung eingesetzt werden. Die Autoren schlagen vor, auch Fingerpuppen selbst herzustellen und mit Sprach- und Kunstunterricht zusammen zu arbeiten.

Die zweite Aufgabe stellt die Frage „Immer 10?". Darunter sind Bilder zu sehen:
- Abdrücke von einem Fußpaar
- Ein „Plättchenzehner" aus Holz: zehn linear angeordnete Vertiefungen mit Fünferlücke, in die Plättchen passen (ähnlich den Rechenschiffchen). Der vordere Fünfer ist mit blauen Plättchen gefüllt, beim hinteren sind drei rote Plättchen eingefügt, zwei Vertiefungen sind frei, drei rote Plättchen liegen daneben
- Eine Strichliste, bei der beim zweiten Päckchen der Querstrich fehlt (also neun Striche)
- Ein Eierkarton gefüllt mit fünf weißen Eiern, vier braunen Eiern und einen braunen Ei daneben
- Zwei Würfel, die je fünf Augen zeigen
- Zwei 5-Euro-Scheine
- Eine 5-Cent- Münze, zwei 2-Cent-Münzen und eine 1-Cent-Münze
- Zwei Fünfer-Punktreihen untereinander, oben rot, unten blau
- Ein Molch, der an den Vorderfüßen je vier, an dem Hinterfüßen je fünf Zehen hat

Im Arbeitsheft sind Aufgaben mit Mengenbildern von Tieren zu finden, bei denen die Aufgabe jeweils darin besteht, immer fünf Tiere zu umkreisen und aus den Fünfern und restlichen Einern die Anzahl zu bestimmen. Die ersten drei Aufgaben zeigen Mengen zwischen 6 und 11, die letzte Aufgabe besteht darin, 100 Ameisen in Fünfergruppen aufzuteilen.

7.12.1 Analyse der Kompetenzstruktur

Number and Operations Standard

Instructional programs from prekindergarten through grade 2 should enable all students to—	Expectations: In prekindergarten through grade 2 all students should—
(1) Understand numbers, ways of representing numbers, relationships among numbers, and number systems	(a) count with understanding and recognize „how many" in sets of objects; (b) use multiple models to develop initial understandings of place value and the base-ten number system; (d) develop a sense of whole numbers and represent and use them in flexible ways, including relating, composing, and decomposing numbers; (e) connect number words and numerals to the quantities they represent, using various physical models and representations;
(3) Compute fluently and make reasonable estimates	(a) develop and use strategies for whole-number computations, with a focus on addition and subtraction; (b) develop fluency with basic number combinations for addition and subtraction;

Wie auf der Seite zuvor werden auch hier Zahlen an Objekten aus Unterricht und Alltag thematisiert (1e). Nun geht es allerdings konkret um die Fünfergliederung und darum, dass zwei Fünfer Zehn ergeben (1b). Dies wird über die Beschäftigung mit den Fingern motiviert. Wie bereits vorher erwähnt, unterstützt die Beschäftigung mit den Fünfern auch die Teile-Ganzes-Relation (1d) und das flüssige Rechnen (3). Zudem wird durch das Zusammensetzen der Fünfer zu Zehn die Einführung der Addition vorbereitet (3a).

Representation Standard

(a) create and use representations to organize, record, and communicate mathematical ideas;
(b) select, apply, and translate among mathematical representations to solve problems;
(c) use representations to model and interpret physical, social, and mathematical phenomena.

Die Kinder beschäftigen sich hier mit verschiedenen, dem Alltag und dem Unterricht entnommenen Repräsentationen der Fünf.

Zwei Fünfer sind Zehn | 329

7.12.2 Entwicklung der Adaptionsvorschläge

Bei der ersten Aufgabe geht es erneut um die Finger. Diesmal werden keine Zahlen gezeigt, sondern ein Fingerspiel zum Lied „Zehn kleine Zappelmänner" erlernt. Durch die häufige Wiederholung der Titelzeile wird die Zahl Zehn in Verbindung mit den Fingern beider Hände im Gedächtnis verankert. Text und Bewegungen des Fingerspiels haben ansonsten keinen direkten mathematischen Bezug und dienen der Auflockerung, ebenso wie das Basteln der Fingerpuppen. Da die im Lied vorgegebenen Bewegungen der Finger immer alle Finger einbeziehen, dürften sie keine besondere Schwierigkeit darstellen, auch wenn das blinde Kind mit dem „Zahlen zeigen" nicht gut zurecht kam. Für das Basteln braucht es vielleicht Hilfe. Da dabei aber nicht direkt mathematische Kompetenzen gefördert werden, ist dies nicht problematisch.

Fingerspiel

Bei den Bildern zur zweiten Aufgabe ist zu beachten, dass absichtlich Unregelmäßigkeiten eingebaut wurden (elf Plättchen, fehlender Strich bei der Strichliste, nur je vier Vorderzehen beim Molch). Dies muss in der Adaption natürlich erhalten bleiben.

Adaption der Bilder

Abb. 47: Zählobjekte (Ausschnitt S. 23)

Geld, Würfel und Eierkarton[1] können als reale Objekte zur Verfügung gestellt werden. Bei den Eiern geht die farbliche Aufteilung in braune und weiße Eier verloren. Sie durch Texturunterschiede zu ersetzen, wäre in diesem Kontext allerdings unpassend. Sie sind ohnehin auch räumlich strukturiert. Beim Geld entfallen für das blinde Kind die visuell gut erkennbaren Ziffern. Der Geldkontext bietet sich grundsätzlich an für arithmetische Aufgaben und wird daher immer wieder aufgegriffen. Zudem ist es eine wichtige lebenspraktische Fähigkeit für blinde Kinder, mit Geld umgehen zu können. Hier sollte im Kontakt mit dem Beratungslehrer, den Eltern und möglicherweise dem LPF-Trainer[2] dafür gesorgt werden, dass das Kind auch außerunterrichtlich Unterstützung erhält

---

[1] Mit hartgekochten Eiern, Plastikeiern oder z.B. großen Holzkugeln

[2] Trainer für lebenspraktische Fähigkeiten

(falls dies nicht bereits geschehen ist). Es ist denkbar, ihm hier und auch in späteren Unterrichtseinheiten durch aufgeklebte Brailleziffern auf Scheinen und Münzen Unterstützung zu bieten, damit Schwierigkeiten bei der Unterscheidung der Geldeinheiten nicht die Förderung der mathematischen Kompetenzen behindern.

Bei der Strichliste, den Plättchen und dem Punktefeld handelt es sich um typische Unterrichtsmaterialien. Diese sollten dem blinden Schüler in der gleichen Form wie immer zur Verfügung stehen, also z.B. als Strichliste auf Zeichenfolie, Rechenschiffchen, Punktefeld in Reliefdarstellung.

Für die Fußabdrücke ist eine Umrisszeichnung als Relief denkbar, oder sie werden durch Fingerhandschuhe ersetzt. Der Molch kann nur als Relief dargestellt werden, wenn nicht zufällig ein Modell oder ausgestopftes Tier einfach zu besorgen ist. Bei der haptischen Orientierung auf solch einem Reliefbenötigt ein blindes Kind möglicherweise Hilfe, damit es seine Aufmerksamkeit auf die Zehen richtet und Vorder- und Hinterzehen unterscheiden kann.

Arbeitsheft   Bei den Aufgaben im Arbeitsheft soll geübt werden, Mengen möglichst schnell visuell in Fünfergruppen zu strukturieren. Dafür gibt es keine direkte haptische Alternative. Auch Umkreisen ist keine haptisch sinnvolle Art der Strukturierung, weil die Kreis nicht gleichzeitig mit der Menge erfasst werden. Eine Möglichkeit ist es, dem Kind kleine, bewegliche Objekte zu geben, die es zu je fünf in Kästen ablegen kann. Dabei geschieht allerdings genau dass, was für die sehenden Kinder vermieden werden soll: Statt die fünf Objekte als Gruppe wahrzunehmen, werden sie beim Hineinlegen einzeln abgezählt. Wenn die Zählobjekte allerdings fixiert sind und die für Kinderhände passende Größe und räumliche Anordnung aufweisen, kann ein blindes Kind immer alle Finger einer Hand auf fünf Objekte legen und mit der anderen Hand die übrigen zählen. Dadurch wird die bereits vertraute Verknüpfung der Fünf mit allen Fingern einer Hand erneut genutzt.

7.12.3 Zusätzlicher Vorschlag

Geklopfte Fünfer   Es liegt nahe, gerade für blinde Kinder auch Klopfrhythmen mit Fünferstruktur einzusetzen. Ebenso wie die sehenden Kinder lernen sollen, fünf Elemente auf einen Blick zu erkennen, können sie gemeinsam mit ihren blinden Mitschülern üben, fünf Schläge als Einheit wahrzunehmen. Konkret bedeutet dies, den Sechsertakt (fünf Schläge und ein Schlag Pause) als Grundstruktur zu festigen. Dies kann als Spiel gestaltet werden, in dem ein Kind oder die Lehrperson einen entsprechenden Rhythmus aus sechs bis zehn Schlägen klopft und die anderen die Anzahl nennen sollen. Dieses Spiel kann auch zur Auflockerung und Konzentrationsübung eingesetzt werden, sowie im Musikunterricht aufgegriffen und weitergeführt.

7.12.4 Fazit

Diese Seite ähnelt der vorhergehenden, da auch hier Umweltbezüge im Mittelpunkt stehen. Neu ist dagegen, dass das Zusammensetzen von zwei Fünfern zu Zehn thematisiert wird. Das Fingerspiel bedarf keiner Adaption, um auch für blinde Kinder die Zehn mit den zwei Händen zu verknüpfen (*Number and Operations*). Bei den Beispielen in Aufgabe 2 dagegen ist es wichtig, so weit es geht reale Objekte zu verwenden. Die Förderung des Umgangs mit Reliefdarstellungen tritt wieder in den Hintergrund, weil das Zusammensetzen der Fünfer zu Zehn etwas Neues und sehr Wichtiges darstellt, das so eng wie möglich mit Zehnern aus der Umwelt der Kinder verknüpft werden sollte (*Number and Operations, Representation Standard*). Dies wird durch die Verwendung der Klopfrhythmen noch unterstützt.

7.13 Kraft der Fünf

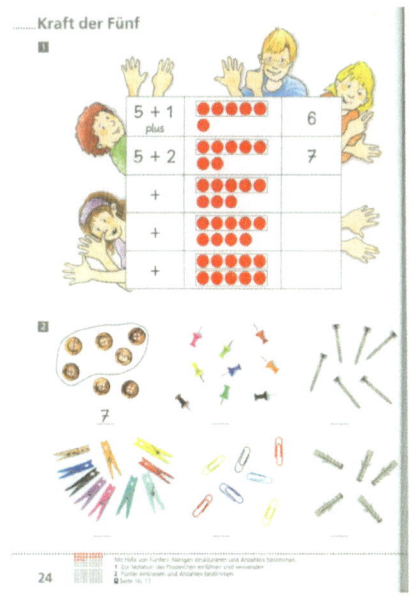

Abb. 48: Kraft der Fünf (Wittmann/Müller 2006a, S. 24)

Zentral im oberen Bereich dieser Seite befindet sich als Aufgabe 1 eine Tabelle mit drei Spalten und fünf Zeilen. In der mittleren Spalte sind die Zahlen sechs bis zehn durch Punktmuster dargestellt: ein voller Fünfer in einer Reihe und darunter die entsprechende Anzahl von Einern. Die vollen Fünfer werden durch einen Rahmen eingefasst. Diese Darstellung findet sich im Zwanzigerfeld wieder, das im weiteren Unterricht zu einer der wichtigsten Veranschaulichungen wird. In der rechten Spalte der Tabelle stehen die zugehörigen Ziffern. „6" und „7" sind bereits eingetragen, die restlichen sollen von den Kindern ergänzt werden. In der linken Spalte wird das Pluszeichen eingeführt, indem die „6" passend zu den Punktmustern als „5+1" und die „7" als „5+2" dargestellt sind. Unter dem Pluszeichen der ersten Zeile steht zusätzlich das Wort „plus". In den unteren drei Zeilen ist nur das „+" zu sehen, die Ziffern sollen wieder von den Kindern eingetragen werden. Rund um die Tabelle sind fünf Bilder von Kindern zu sehen, die die Zahlen mit ihren Fingern zeigen. Sie sind räumlich nicht den passenden Zeilen zugeordnet.

Die Autoren schlagen vor, zunächst im Stuhlkreis mit Mengen von fünf bis zehn Plättchen zu arbeiten. Dabei sollen die Fünfergruppen durch Verschieben ausgegliedert werden. Sie können auch schon wie im Zwanzigerfeld angeordnet werden. Die Tabelle wird in der Klasse besprochen. Die Schüler haben dann die Aufgabe, die Tabelle auszufüllen, indem sie die durch die Punktmengen dargestellten Mengen zuerst mit den Fingern zeigen und dann die Ziffern eintragen.

Im unteren Teil der Seite befindet sich Aufgabe 2. Sie zeigt sechs Mengenbilder von Alltagsgegenständen: sieben Knöpfe, neun Pins, sechs Schrauben, zehn Wäscheklammern, sieben Büroklammern und fünf Dübel. Die Schüler sollen die Mengen zunächst durch Umkreisen nach Fünfern strukturieren und dann die Anzahl bestimmen, ohne zu zählen. Diese Aufgabenstellung setzt sich im Arbeitsbuch fort. Einige der dort vorkommenden Mengenbilder sind im Gegensatz zu denen im Schulbuch räumlich strukturiert. Z.T. ist bereits eine Fünferstruktur vorgegeben, es gibt aber auch Mengen mit einer Dreierstruktur, d.h. Anordnungen in zwei oder drei Dreierreihen. Dennoch soll durch Umkreisen immer ein Fünfer zusammengefasst werden.

7.13.1 Analyse der Kompetenzstruktur
Number and Operations Standard

Instructional programs from prekindergarten through grade 2 should enable all students to—	Expectations: In prekindergarten through grade 2 all students should—
(1) Understand numbers, ways of representing numbers, relationships among numbers, and number systems	(a) count with understanding and recognize „how many" in sets of objects; (b) use multiple models to develop initial understandings of place value and the base-ten number system;

	(d) develop a sense of whole numbers and represent and use them in flexible ways, including relating, composing, and decomposing numbers; (e) connect number words and numerals to the quantities they represent, using various physical models and representations;
(2) Understand meanings of operations and how they relate to one another	(b) understand the effects of adding and subtracting whole numbers;
(3) Compute fluently and make reasonable estimates	(a) develop and use strategies for whole-number computations, with a focus on addition and subtraction; (b) develop fluency with basic number combinations for addition and subtraction;

Die hier zu fördernden Kompetenzen unterscheiden sich nur wenig von denen der vorherigen Schulbuchseite. Diese Schulbuchseite hat eine Schlüsselfunktion im Bezug auf die Kraft der Fünf (Wittmann/Müller 2006b, S. 68) und bereitet die Addition vor (Exp. 2b). Die Autoren schreiben dazu, dass es sich noch nicht um eine „echte" Additionsaufgabe handelt, sondern eher um eine Art der Definition (6 wird als 5+1 definiert).

Algebra Standard

(2) Represent and analyze mathematical situations and structures using algebraic symbols	(b) use concrete, pictorial, and verbal representations to develop an understanding of invented and conventional symbolic notations.

Mit dem Pluszeichen wird eine abstrakte, algebraische Schreibweise eingeführt und der Darstellung mit Punkten gegenüber gestellt.

Representation Standard

Instructional programs from prekindergarten through grade 2 should enable all students to—
(a) create and use representations to organize, record, and communicate mathematical ideas;
(b) select, apply, and translate among mathematical representations to solve problems;
(c) use representations to model and interpret physical, social, and mathematical phenomena.

Die Fünferstruktur des Zwanzigerfeldes wird hier explizit besprochen und mit der Zifferndarstellung von Additionsaufgaben verknüpft. Beim Umgang mit den Mengenbildern wird das visuelle Zusammenfassen von Fünfern geübt.

7.13.2 Entwicklung der Adaption

Stuhlkreis

Im Stuhlkreis sollte ein blindes Kind eigenes, haptisch zugängliches Material bekommen, das wie die visuelle Demonstrationsversion angeordnet wird. Dafür eignen sich z.B. magnetische Plättchen.

Tabelle

Die Tabelle kann mit Hilfe von Klettbandzahlen[1] (Badde 2007; Aach 2002) und Filzpunkten erstellt werden. Die Aufforderung an die sehenden Kinder, die Zahlen zuerst mit den Fingern zu zeigen, dient dazu, das Ausnutzen der Fünferstruktur zu verstärken. Auf der Basis der vorhergegangenen Unterrichtsstunden, in denen Zahldarstellungen mit den Fingern bereits Thema waren, kann die Lehrperson hier entscheiden, ob das blinde Kind dies ebenfalls tun kann und soll. Dafür ist Voraussetzung, dass es die Darstellung der Fünf durch eine ganze Hand verinnerlicht hat und auch die Einer mit der anderen Hand gut zeigen kann. Das Ziel „Zählen, ohne zu zählen" wird *nicht* erreicht, wenn das blinde Kind mühsam die Finger einzeln abzählt, um die Zahl zu zeigen (Anf. 7). In diesem Fall muss ein anderer Weg gesucht werden, z.B. das rhythmische Klopfen mit Pause nach den ersten fünf Schlägen oder das Ersetzen der ersten fünf Schläge durch einen Ratscher.

Abb. 49: Tabelle (Ausschnitt S. 24)

Zahlen zeigen oder Zahlen klopfen?

Die Auswahl der Repräsentation ist davon abhängig, welche Variante im Unterricht zuvor bereits behandelt wurde und wie das blinde Kind damit

---

[1] Dabei handelt es sich um laminierte Kärtchen mit Schwarzschriftziffern, die mit Brailleziffern aus transparenter Folie beklebt sind. Auf der Unterseite ist Klettband angebracht, so dass sie auf der ebenfalls mit Klett ausgestatteten Tabelle befestigt werden können.

zurecht kam. Es ist auch denkbar, allen Kindern der Klasse freizustellen, welche Variante sie wählen wollen, oder alle Kinder zum Fingerzeigen und Klopfen aufzufordern. An dieser Stelle sei noch einmal betont, dass beim rhythmischen Klopfen der erste Fünfer sehr wohl als Einheit wahrgenommen wird und nicht zum zählenden Rechnen verführt.

Aufgabe 2 unterscheidet sich nicht wesentlich von den bereits besprochenen Aufgaben im Arbeitsheft zur vorherigen Schulbuchseite (s. S. 330). Auch hier können die blinden Kinder je einen Finger der linken Hand auf fünf Objekte legen und den Rest mit rechts zählen. Aufgeklebte reale Objekte eignen sich besser als Reliefdarstellungen, wie bereits mehrfach dargelegt wurde. Die Mengenbilder im Schulbuch zeigen durchweg kleine Alltagsgegenstände, die im Original für die haptische Darstellung verwendet werden können. Dabei sollten die Pins allerdings mit der Spitze in die Unterlage gesteckt werden, um Verletzungen auszuschließen.

Mengenbilder

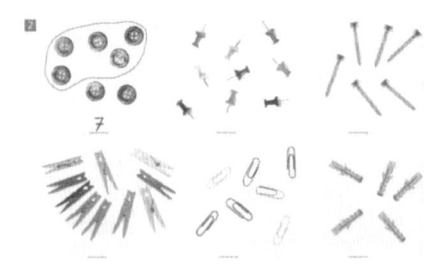

Abb. 50: Mengenbilder (Ausschnitt S. 24)

7.13.3 Fazit

Didaktische Schwerpunkte dieser Seite sind die Kraft der Fünf und der Beginn der Addition (*Number and Operations Standard*). Alle Kompetenzen, die hier eine Rolle spielen, sind auf den vorherigen Seiten vorbereitet worden, das gilt für sehende wie blinde Schüler. Dazu gehört auch z.B. der Umgang mit Tabellen und Punktreihen (*Representation Standard*). Dadurch ist es möglich, die Einführung des Pluszeichens (*Algebra Standard*) relativ unbelastet von anderen Schwierigkeiten durchzuführen.

7.14 Verlauf des Umsetzungsprozesses

In diesem Kapitel hat sich gezeigt, dass die didaktischen Anforderungen an Lernmaterialien, wie sie in Kap. 5.3 formuliert wurden, und die in den Bildungsstandards für den Mathematikunterricht beschriebenen Kompetenzen einschließlich des zugehörigen blindenpädagogischen Kommentars (s. Kap. 6) einen nützlichen Ausgangspunkt für die praktische Adaption von Lernmaterialien darstellen. Mit Hilfe der Anforderungen an Lernmaterialien lässt sich überprüfen, ob die Lernmaterialien die Konstruktion von tragfähigen Vorstellungen bei den Schülern unterstützen können. Die in den Bildungsstandards festgehaltenen Kompetenzen dienen als Hintergrund für die Analyse der originalen und adaptierten Aufgaben.

Abschließend soll in einem Verlaufsschema noch einmal zusammenfassend dargestellt werden, wie der Prozess der Adaption von Lernmaterialien ablaufen kann, und welche Aspekte dabei bedacht werden müssen. Diese Aufstellung lässt sich sowohl auf Lernmaterialien wie z.b. Schulbuchseiten und Arbeitsblätter als auch auf Veranschaulichungen im engeren Sinne (z.b. Punktefelder) anwenden.

Am Anfang steht die didaktische Analyse des Ausgangsmaterials. Dieser erste Schritt ist als Grundlage aller Überlegungen zur Adaption äußerst wichtig. Aus mathematikdidaktischer Perspektive ist zu fragen, welche Kompetenzen bei den sehenden Adressaten mit dem betreffenden Material gefördert werden können, und welche dieser Kompetenzen im aktuellen Unterrichtskontext im Mittelpunkt stehen. Aus blindenpädagogischer Perspektive ist zusätzlich zu überlegen, ob einige dieser Kompetenzen für blinde Schüler besonders schwierig zu erwerben sind (z.B. geometrische Kompetenzen, oder der Umgang mit haptischen Darstellungen). In diesem Fall ist abzuwägen, ob im Unterrichtskontext der richtige Moment für eine intensivere Förderung in diesem Bereich gekommen ist, oder ob ein anderer Weg gefunden werden muss, da andere (z.b. arithmetische) Kompetenzen gerade wichtiger sind.

Im zweiten Schritt ist zu fragen, welche Lernmaterialien einen blinden Schüler am besten beim Erwerb dieser Kompetenzen unterstützen können. Dabei wird Wissen über Wahrnehmung und Kognition blinder Kinder aus den psychologischen Bezugswissenschaften und der Blindenpädagogik einbezogen, um aus der Vielfalt von auditiven und haptischen Materialien und den Möglichkeiten ihrer Ausgestaltung zu wählen. Im konkreten Fall fließen natürlich auch Informationen über die individuelle Situation des betreffenden blinden Kindes (z.B. visueller Status, mathematische Begabung, Aufmerksamkeitsspanne, Interessen usw.) in die Entscheidungen auf dieser Stufe mit ein.

Der dritte Schritt besteht darin, das Material auf seine Nutzbarkeit im integrativen Unterricht zu überprüfen. Idealerweise sollte *gemeinsames* Lernen von blinden und sehenden Kindern damit möglich sein. Ist dies nicht der Fall, sollte zunächst geprüft werden, ob das Material entsprechend anzupassen ist. Wenn dies nicht möglich ist, so muss entschieden werden, ob hier gemeinsames Arbeiten im Vordergrund stehen soll oder ob die möglichst genaue Passung auf die Bedürfnisse des blinden Schülers wichtiger ist. Im ersten Fall ist die erneute Suche nach passenden Materialien notwendig.

Vor allem für Veranschaulichungen, die häufiger im Unterricht eingesetzt werden sollen, empfiehlt es sich im letzten Schritt, die didaktischen Anforderungen an Veranschaulichungsmittel zur Überprüfung zu verwenden.

Dieses Schema ist nicht als starre Vorgabe für das Vorgehen bei der Adaption von Lernmaterialien zu verstehen - ein solcher Prozess erfordert zuviel Kreativität, um ihn in ein Korsett zu fassen. Es bietet aber eine grobe Orientierung an, die dazu dient, dass die Bedürfnisse eines blinden Kindes einerseits und die zu entwickelnden Kompetenzen andererseits im Auge behalten werden. Es kann auch verwendet werden, um bereits vorhandene Adaptionen auf ihre Nutzbarkeit zu überprüfen.

Adaption von Materialien für den Unterricht mit blinden und sehenden Kindern

```
┌─────────────────────────────────────────────────────────────┐
│ Analyse: Welche Kompetenzen sollen mit der Aufgabe / dem    │
│          Material gefördert werden?                          │
│            • Mathematikdidaktische Perspektive               │
│            • Blindenpädagogische Perspektive                 │
└─────────────────────────────────────────────────────────────┘
```

- Psychologische Bezugswissenschaften
- Blindenpädagogik
- Individuelle Eigenschaften des blinden Kindes

Passung: Mit welchen Lernmaterialien können diese Kompetenzen am besten erworben werden?

Integration: Ist gemeinsames Lernen blinder und sehender Kinder mit diesen Lernmaterialien möglich?

ja — nein

Überprüfung: Genügt das Ergebnis den didaktischen Anforderungen an Veranschaulichungsmittel?

Situativ zu entscheiden:
- Erneute Suche nach passender Veranschaulichung
- Gemeinsames Arbeiten ist wichtiger
  → Abstriche bei der Passung
- Passung ist wichtiger
  → Abstriche beim gemeinsamen Arbeiten

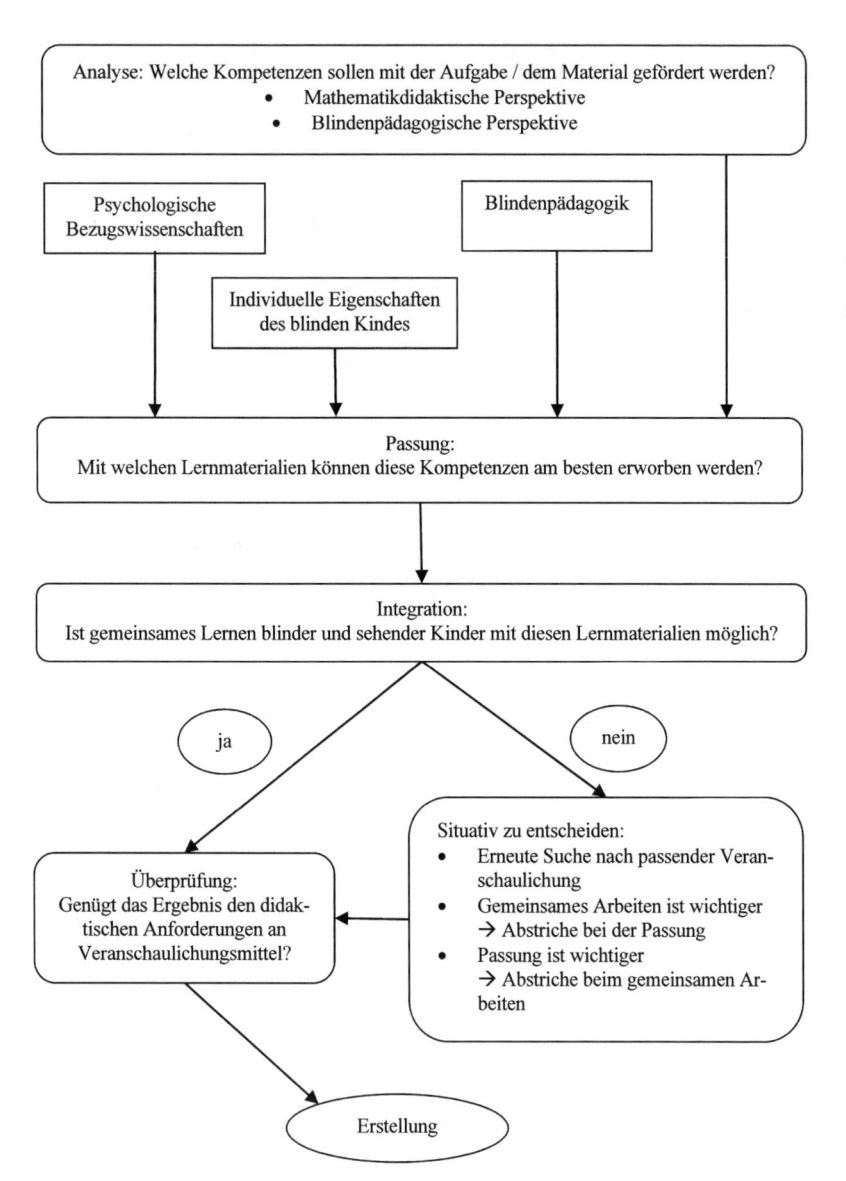

Erstellung

Abb. 51: Verlaufsschema des Adaptationsprozesses

8 Diskussion, Einordnung und Ausblick

In der vorliegenden Studie wurde mit Hilfe einer theoretischen Exploration eine Grundlage für Überlegungen zur Gestaltung und Auswahl von Veranschaulichungen im gemeinsamen Arithmetikunterricht mit blinden und sehenden Kindern geschaffen. Dabei zeigte sich, dass in vielen Wissenschaftsdisziplinen Informationen vorliegen, die bisher in der Blindenpädagogik nicht oder nur punktuell aufgegriffen wurden. Der vorhandene Kenntnisstand stand bislang nur fragmentiert und verteilt über viele verschiedene Forschungsgebiete zur Verfügung. Für die weitere Forschung, sowie für die didaktische Arbeit in diesem Gebiet, ist es jedoch notwendig, von einem abgesicherten Kenntnisstand auszugehen. Dies rechtfertigt den methodischen Ansatz einer systematischen, integrierenden Literaturarbeit in Form eines Theorie und Empirie zusammenfassenden Reviews.

Als Grundlage für die weitere Analyse konnten im ersten Teil der Arbeit Forschungsergebnisse und Theorien zur haptischen und auditiven Wahrnehmung blinder Menschen aus Neuropsychologie und Wahrnehmungspsychologie integriert werden. Diese Synthese ist nicht nur für Fragestellungen bezüglich Lernmaterialien im Mathematikunterricht nutzbringend, sondern stellt wichtige Informationen für die gesamte Pädagogik und Didaktik bei Blindheit zur Verfügung, die in dieser Form im deutschsprachigen Raum bisher nicht vorhanden waren. Auch die Verknüpfung von Themen der aktuellen Mathematikdidaktik mit Fragestellungen der modernen Blindenpädagogik lag in dieser Form noch nicht vor und stellt eine nutzbringende Basis für die Gestaltung, die Auswahl und den Einsatz von Lernmaterialien und für andere Fragestellungen des mathematischen Anfangsunterrichts mit blinden Schülern dar.

Damit konnte ein Beitrag zur Fundierung weiterer Forschung und zur Weiterentwicklung des integrativen Unterrichts mit blinden und sehenden Schülern geleistet werden. Wissensbedarf bestand insbesondere bezüglich der besonderen Voraussetzungen blinder Kinder im Arithmetikunterricht, wie sich in der ersten Forschungsfrage widerspiegelte:

(1) Gibt es bei blinden Kindern Veränderungen im Erwerb arithmetischer Fähigkeiten gegenüber sehenden Kindern?

Dabei war es notwendig, sich nicht nur auf Mathematikdidaktik und Blindenpädagogik zu beschränken, sondern auch die Bezugswissenschaften Neuropsychologie, Wahrnehmungspsychologie, Kognitionspsychologie und Entwicklungspsychologie einzubeziehen. Das Ergebnis dieser Zusammenschau (s. Kap. 2-4) lässt sich folgendermaßen darstellen:

Es zeigt sich, dass bei blinden Kindern keine prinzipiellen Einschränkungen zu erwarten sind. Blindheit steht in keinem direkten, unveränderlichen Zusammenhang mit Entwicklungsverzögerungen in diesem Bereich. Allerdings kann die Verringerung der Erfahrungsmöglichkeiten in einer visuell dominierten Umwelt dazu führen, dass Verzögerungen und Schwierigkeiten auftreten. Dies betrifft aus mathematischer Sicht insbesondere die Entwicklung der Teile-Ganzes-Relation, welche das Handeln mit Mengen und die möglichst simultane Wahrnehmung von Teilen und Ganzem voraussetzt.

Die so entstandene Synthese des Erkenntnisstandes zum Erwerb arithmetischer Fähigkeiten bei blinden Kindern wurde genutzt, um eine den Bedürfnissen blinder Kinder angemessene Gestaltung und Adaption von Lernmaterialien zu beschreiben und damit die zweite Forschungsfrage zu bearbeiten:

(2) Welche Kriterien sind an Lernmaterialien für den Arithmetikunterricht zu stellen, damit sie den Bedürfnissen blinder Schüler im integrativen Unterricht entsprechen?

Um diese Frage mit hinreichender Praxisrelevanz zu beantworten, braucht es einen Bezug zu den intendierten und implementierten Curricula im Bereich des frühen Arithmetiklernens. Es wurden verschiedene Wege beschritten:

Zunächst wurden ausgehend von den hinreichend gesicherten Erkenntnissen Kriterien für mögliche Lernmaterialien im Arithmetikunterricht mit blinden und sehenden Kindern entwickelt. In der Zusammenfassung der verschiedenen Aspekte ergab sich hieraus eine für die praktische Prüfung von Materialien geeignete Liste (s. Kap. 5):

1) Vielfältige Einsetzbarkeit und Fortsetzbarkeit
2) Betonung erwünschter Strukturierungen
3) Gestaltung der Handlungsmöglichkeiten
4) Offenheit für verschiedene Strukturierungen und Lösungswege
5) Dokumentierbarkeit von Ideen und Ergebnissen der Schüler
6) Nutzen für die unterrichtliche Kommunikation
7) Möglichkeit zur simultanen und strukturierten Wahrnehmung von Anzahlen
8) Preis-Leistungs-Verhältnis / Herstellungsaufwand
9) Ökologische und ästhetische Anforderungen
10) Handhabbarkeit, Haltbarkeit, organisatorische Handhabbarkeit

Um auch die normative Perspektive, die jedem Curriculum zugrunde liegt, zu berücksichtigen, wurden mathematische Bildungsstandards aus blindenpädagogischer Perspektive analysiert. Dabei gelang es, Ergebnisse der früheren Kapitel mit den Anforderungen der Bildungsstandards zu verknüpfen und daraus einen blindenpädagogischen Kommentar zu den Bildungsstandards zu erstellen (s. Kap. 6).

Aufbauend auf diese grundsätzlichen Analysen konnten die Forschungsergebnisse zu auditiver Wahrnehmung und auditiven Vorstellungen genutzt werden, um die dritte Forschungsfrage zu klären:

3) Inwieweit können Materialien auf auditiver Basis das Lernen blinder Kinder im Arithmetikunterricht unterstützen?

Dabei zeigte sich die praktische Bedeutung des in der Synthese erhobenen Wissensstands.

Die Verknüpfung von Informationen zu Wahrnehmung und Vorstellung mit den wahrnehmungsunabhängig gültigen Anforderungen an Lernmaterialien und den geforderten Kompetenzen aus den Bildungsstandards erlaubte die Charakterisierung von verschiedenen auditiven Materialien hinsichtlich der Möglichkeiten und Grenzen für den Einsatz im Unterricht (s. S. 211ff).

Der Nutzen und die Anwendbarkeit der Kriterien für Lernmaterialien, der aus blindenpädagogischer Perspektive beschriebenen Kompetenzen aus den Bildungsstandards und wiederum des in der Synthese erhobenen Forschungsstands zeigten sich abschließend anhand von Adaptionsvorschlägen für konkrete Schulbuchseiten (s. Kap. 7). Auch die Einsetzbarkeit auditiver Materialien konnte in diesem Rahmen noch einmal exemplarisch verdeutlicht werden. Zudem konnte ein Ablaufschema für den Adaptionsprozess entwickelt werden, das den Weg für weitere Adaptionen vorzeichnet.

Im Rahmen dieser Arbeit konnten nicht nur Fragen beantwortet werden, sondern es sind auch Perspektiven für die weitere Forschung entstanden. Mit der Synthese der verschiedenen Forschungs- und Anwendungsbereiche ist erwartungsgemäß eine Reihe von Forschungsdesiderata entstanden, die in der Folge dargestellt werden. — Forschungsperspektiven

An die Kognitions- und Neuropsychologie richtet sich die Frage, inwieweit der mentale Zahlenstrahl bei geburtsblinden (aber auch sehenden) Menschen temporal statt räumlich strukturiert sein kann (s. S. 127ff). Es gibt erste Ergebnisse, die zeigen, dass das Gehirn nicht unbedingt zwischen räumlichen und zeitlichen Strukturen trennt (Leon/Shadlen 2003; Feigenson 2007; Oliveri et al. 2008; Vallesi/Binns/Shallice 2008; Cap- — Temporaler Zahlenstrahl pelletti/Freeman/Cipolotti 2009). Hier sind zunächst grundlegende Erkenntnisse zu neurologischen und kognitiven Verknüpfungen von Raum und Zeit abzuwarten, bevor konkretere Fragen geklärt werden können. Noch ist unklar, welche beobachtbaren Verhaltensweisen und welche Ergebnisse bildgebender Verfahren überhaupt als Indikatoren für zeitliche Bezüge bei der Zahlverarbeitung dienen können.

Brailleziffern   Forschungen mit sehenden Menschen zur kognitiven Verarbeitung von Ziffern lassen die Frage aufkommen, ob die Ergebnisse ohne Abstriche auf blinde Menschen und die von ihnen verwendeten Brailleziffern übertragbar sind (s. S. 117). Konkret wäre interessant, ob analog zum „arabischen Modul" (im Rahmen des Triple-Code-Modells) von einem „Braillemodul" gesprochen werden kann, oder ob es Unterschiede gibt. Dass die Notation von Ziffern zu Unterschieden in der kognitiven Verarbeitung führt, zeigt sich z.B. bei Untersuchungen aus dem chinesischen Kulturkreis. Dort werden arabische und chinesische Zahlzeichen verwendet, wobei die chinesischen Zahlzeichen meist in Texten vorkommen, bei denen die Leserichtung von oben nach unten verläuft. Es konnte nachgewiesen werden, dass der mentale Zahlenstrahl für arabische Zahlen bei chinesischen Probanden von links nach rechts gerichtet ist, während für chinesische Zahlzeichen eine Orientierung von oben nach unten festzustellen war (Hung et al. 2008).

Brailleziffern sind jedoch nicht analog zu chinesischen Zahlzeichen zu betrachten. Sie unterscheiden sich von Schwarzschriftziffern einerseits durch die haptische Zugänglichkeit, und andererseits darin, dass sie aus den ersten zehn Buchstaben des Braillealphabets zuzüglich eines vorangestellten Zahlhinweiszeichens gebildet werden. Dies könnte insbesondere im Grundschulalter, wenn diese Ziffern erlernt werden, zu Veränderungen in der Entwicklung führen. Es wäre also neuropsychologisch zu prüfen, ob sich für Brailleziffern trotz der haptischen Aufnahme und der Verknüpfung mit Buchstaben ein ähnliches Aktivierungsmuster mit Schwerpunkt auf dem rechten Gyrus fusiformis finden lässt, wie es für arabische Ziffern beobachtet wurde (s. S. 117). Zudem wäre es interessant, die Ausdifferenzierung der kognitiven Zahlverarbeitung bei sehenden und blinden Grundschulkindern zu vergleichen.

Frühförderung   Eine weitere Fragestellung richtet sich an die blindenpädagogische Frühförderung. Mehrfach wurde deutlich, dass die vorschulisch erworbenen Erfahrungen und das Vorwissen für das Mathematiklernen in der Grundschule von sehr großer Bedeutung sind (s. S. 104f; 139). Für blinde Kinder zeigte sich, dass Entwicklungsrückstände häufig auf mangelnde Erfahrungen zurückgehen. Es ist zu fragen, welche Materialien und Aktivitäten in Frühförderung und Kindergarten angeboten werden sollten und welche Hinweise für die Eltern wichtig sind. Dabei sollten verstärkt auch auditive Materialien in die Forschung mit einbezogen werden. Die Gestaltung und empirische Absicherung eines solchen Frühförderkonzepts sind noch zu leisten.

Auf der Basis theoretischer Überlegungen und empirischer Befunde konnte im Rahmen dieser Arbeit die These erhärtet werden, dass auditive Lernmaterialien insbesondere für blinde, aber auch für sehende Kinder förderlich sind. Für blinde Kinder wurde auf der Basis der im theoretischen Review ermittelten Informationen sogar postuliert, dass die Dominanz haptischer Materialien einen negativen Einfluss auf die Entwicklung zahlbezogener Kompetenzen hat (s. S. 176ff). Die exemplarische Adaption von Schulbuchseiten in Kap. 7 zeigte die Integrierbarkeit auditiver Materialien in ein didaktisches Konzept; die empirische Absicherung steht jedoch noch aus. Wünschenswert wären Unterrichtsversuche mit den adaptierten Materialien, aber auch mit auditiven Materialien für höhere Klassenstufen und für andere mathematische Inhaltsbereiche. Punktuell existieren bereits Vorschläge für Materialien (Cslovjecsek 2001; Misaki 2002; Csocsán et al. 2003) und erste empirische Forschungen (Kuhlmann/Frebel 2001; Reiter 2011), doch ein übergreifendes Konzept und eine umfassende empirische Erprobung fehlen bisher.

<small>Auditive Lernmaterialien</small>

Für die inferenzstatistische Absicherung von Konzepten für Frühförderung und Unterricht stellt sich das bereits zu Beginn dieser Arbeit beschriebene Problem, dass im Rahmen blindenpädagogischer Forschung nur schwer eine homogene und ausreichend große Gruppe von Probanden zusammenstellbar ist. Daher sollten verstärkt qualitative Verfahren Verwendung finden. Denkbar sind z.B. die Beobachtung von blinden und sehenden Kindern beim Umgang mit bestimmten Materialien oder das Durchführen von Interviews mit Kindern, Eltern und Lehrpersonen. Auf der Basis der so gesammelten Erfahrungen sind nicht nur empirische Aussagen über die Qualität von Materialien und Förderkonzepten möglich, sondern sie können auch als Grundlage für die Entwicklung eines ausgefeilten quantitativen Forschungsdesigns genutzt werden, dessen erhoffter Nutzen den großen Aufwand bei der Zusammenstellung einer geeigneten Probandengruppe rechtfertigt.

Ziel der vorliegenden Arbeit war es, einen systematischen Einblick in den Erkenntnisstand zum individuellen und schulischen Arithmetiklernen unter der Bedingung der Blindheit zu geben. Es ist zu wünschen, dass sie ihre Dienste sowohl als Grundlage für die künftige Forschung in diesem Feld als auch für die Weiterentwicklung und die Verbesserung des Mathematikunterrichts für blinde und sehende Schüler leistet.

Literaturverzeichnis

Aach, Astrid (2002): Klettbandzahlen. Nach einer Idee von Anja Weinhold. http://www.isar-projekt.de/_files/didaktikpool_3_1.pdf. 15.12.2008.

Aebli, H. (1980): Denken, das Ordnen des Tuns. Band I: Kognitive Aspekte der Handlungstheorie. Stuttgart: Klett-Cotta.

Ahlberg, A. (2000): The sensuous and simultaneous experience of numbers. Göteborg University, Department of Education: IDP-Reports.

Ahlberg, A./Csocsán, E. (1994): Grasping Numerosity Among Blind Children. Reports from the Department of Education and Educational Research. Göteborgs Universitet.

Ahlberg, A./Csocsán, E. (1997): Blind children and their experience of numbers. Specialpedagogiska rapporter No.8. Göteborgs Universitet. Institutionen för Specialpedagogik.

Ahlberg, A./Csocsán, E. (1999): How Children who Are Blind Experience Numbers. In: Journal of Visual Impairment and Blindness 9, H. 93, S. 549–561.

Aldrich, F. K./Sheppard, L. (2001): Tactile graphics in school education: perspectives from pupils. In: British Journal of Visual Impairment 19, H. 2, S. 69.

Altenmüller, E. O./Schuppert, M./Kuck, H./Bangert, M./Großbach, M. (2000): Neuronale Grundlagen der Verarbeitung musikalischer Zeitstrukturen. In: Müller, K./Aschersleben, G. (Hrsg.): Rhythmus. Ein interdisziplinäres Handbuch. Bern: Huber, S. 59–78.

Amedi, A./Merabet, L. B./Bermpohl, F./Pascual-Leone, A. (2005): The Occipital Cortex in the Blind. Lessons About Plasticity and Vision. In: Current Directions in Psychological Science 14, H. 6, S. 306–311.

Anourova, I./Nikouline, W./Ilmoniemi, R./Hotta, J./Aronen, H./Carlson, S. (2001): Evidence for dissociation of spatial and nonspatial auditory information processing. In: NeuroImage 14, S. 1268–1277.

Ansari, D. (2007): Does the parietal cortex distinguish between „10", „ten", and ten dots? In: Neuron 53, S. 165–167.

Arbeitskreis blind/sehbehindert in NRW (2004): Materialien für den Mathematikunterricht mit blinden und sehbehinderten Kindern in der Grundschule. http://www.isar-projekt.de/_files/didaktikpool_11_1.pdf. 19.04.2007.

Argyropoulos, V. S. (2002): Tactual shape perception in relation to the understanding of geometrical concepts by blind students. In: British Journal of Visual Impairment 20, S. 7–16.

Arter, C./Hill, L. (1999): Listening in. Music for Students with a Visual Impairment. In: British Journal of Visual Impairment 17, H. 2, S. 60.

Aster, M. G. von (2005): Wie kommen Zahlen in den Kopf? Ein Modell der normalen und abweichenden Entwicklung zahlenverarbeitender Hirnfunktionen. In: Aster, M. G. von/Lorenz, J. H. (Hrsg.): Rechenstörungen bei Kindern. Neurowissenschaft, Psychologie, Pädagogik. Göttingen: Vandenhoeck und Ruprecht, S. 13–33.

Aster, M. G. von/Lorenz, J. H. (Hrsg.) (2005): Rechenstörungen bei Kindern. Neurowissenschaft, Psychologie, Pädagogik. Göttingen: Vandenhoeck und Ruprecht.

Aster, M. G. von/Shalev, R. S. (2007): Number development and developmental dyscalculia. In: Developmental Medicine & Child Neurology 49, H. 11, S. 868–873.

Badde, G. (2007): Mathematikaufgaben mit Klettbandzahlen. http://www.isar-projekt.de/_files/didaktikpool_214_1.pdf. 15.12.2008.

Baddeley, A. D. (1987): Working memory. Oxford: Clarendon Press.

Baddeley, A. D./Hitch, G. J. (1974): Working memory. In: Bower, G. (Hrsg.): The psychology of learning and motivation. New York: Academic Press, S. 47–90.

Ballesteros, S./Bardisa, D./Millar, S./Reales, J. M. (2005): The haptic test battery. A new instrument to test tactual abilities in blind and visually impaired and sighted children. In: British Journal of Visual Impairment 23, H. 1, S. 11–24.

Ballesteros, S./Heller, M. A. (2006): Conclusions. Touch and Blindness. In: Heller, M. A./Ballesteros, S. (Hrsg.): Touch and Blindness. Psychology and Neuroscience. Hillsdale, NJ: Erlbaum, S. 197–218.

Ballesteros, S./Manga, D./Reales, J. M. (1997): Haptic discrimination of bilateral symmetry in two-dimensional and three-dimensional unfamiliar displays. In: Perception and Psychophysics 59, S. 37–50.

Baroody, A. J. (1987): Children's mathematical thinking. A developmental framework for preschool, primary, and special education teachers. New York, London: Teachers College, Columbia Univ.

Baroody, A. J. (1992): The Development of Preschooler's Counting Skills and Principles. In: Bideaud, J./Meljac, C./Fischer, J.-P. (Hrsg.): Pathways to Number. Children's Developing Numerical Abilities. Hillsdale, NJ: Erlbaum, S. 99–126.

Barth, H./Beckmann, L./Spelke, E. S. (2008): Nonsymbolic, Approximate Arithmetic in Children. Abstract Addition Prior to Instruction. In: Developmental Psychology 44, H. 5, S. 1466–1476.

Barth, H./Kanwisher, N./Spelke, E. S. (2003): The construction of large number representations in adults. In: Cognition 86, S. 201–221.

Bauersfeld, H. (1983): Subjektive Erfahrungsbereiche als Grundlage einer Interaktionstheorie des Mathematiklernens und -lehrens. In: Bauersfeld, H./Bussmann, H./Krummheuer, G. et. al. (Hrsg.): Analysen zum Unterrichtshandeln. Lernen und Lehren von Mathematik. Köln: Aulis Verlag Deubner, S. 1–56.

Bauersfeld, H. (1996): Wahrnehmen, Vorstellen, Lernen. Bemerkungen zu den neurophysiologischen Grundlagen im Anschluss an G. Roth. In: Fauser, P./Madelung, E. (Hrsg.): Vorstellungen bilden. Beiträge zum imaginativen Lernen. Velber: Friedrich, S. 143–164.

Bauersfeld, H./O'Brien, T. (2002): Mathe mit geschlossenen Augen. Zahlen und Formen erfühlen und erfassen. Mülheim an der Ruhr: Verl. an der Ruhr.

Beck, A. (2002): Das Sammelbuch. Konzept und Fallstudie zum aktiventdeckenden und schriftlich-reflektierenden Lernen im mathematischen Anfangsunterricht. Frankfurt a.M.: Lang.

Berch, D. B./Foley, E. J./Hill, R. J./McDonough Ryan, P. (1999): Extracting parity and magnitude from arabic numerals. Developmental changes in number processing and mental representation. In: Journal of Experimental Child Psychology 74, S. 286–308.

Berger, Albert (14.10.2008): „100 be-greifen". Wendeplättchen und Zehnerstäbe im Hundertrahmen. http://www.isar-projekt.de/_files/ didaktikpool_312_1.pdf. 04.12.2008.

Bergmann, K. (2004): Hören und Bewegen. In: Bernius, V./Gilles, M. (Hrsg.): Hörspaß. Über Hörclubs an Grundschulen. Göttingen: Vandenhoeck & Ruprecht, S. 19–26.

Bernius, V. (2004): Zuhörförderung. In: Bernius, V./Gilles, M. (Hrsg.): Hörspaß. Über Hörclubs an Grundschulen. Göttingen: Vandenhoeck & Ruprecht, S. 1–18.

Bernius, V./Gilles, M. (Hrsg.) (2004): Hörspaß. Über Hörclubs an Grundschulen. Göttingen: Vandenhoeck & Ruprecht.

Bertrand, D. (1999): Groupement rhythmique et representation mentale de mélodies chez l'enfant. Dissertation, Universität Liège.

Bideaud, J. (1992a): Assessment and perspectives. In: Bideaud, J./Meljac, C./Fischer, J.-P. (Hrsg.): Pathways to Number. Children's Developing Numerical Abilities. Hillsdale, NJ: Erlbaum, S. 349–361.

Bideaud, J. (1992b): Introduction. In: Bideaud, J./Meljac, C./Fischer, J.-P. (Hrsg.): Pathways to Number. Children's Developing Numerical Abilities. Hillsdale, NJ: Erlbaum, S. 1–17.

Bigand, E./Poulin-Charronnat, B. (2006): Are we „experienced listeners"? A review of the musical capacities that do not depend on formal musical training. In: Cognition 100, H. 1, S. 100–130.

Bijeljac-Babic, R./Bertoncini, J./Mehler, J. (1993): How do 4-day-old infants categorize multisyllabic utterances? In: Developmental Psychology 29, S. 711–721.

Bisanz, J./Sherman, J. L./Rasmussen, C./Ho, E. (2005): Development of arithmetic skills and knowledge in preschool children. In: Campbell, J. I. D. (Hrsg.): Handbook of mathematical cognition. Hove: Psychology Press, S. 143–162.

Blakemore, S.-J./Frith, U. (^{1}2006): Wie wir lernen. Was die Hirnforschung darüber weiß. München: DVA.

Blanco, F./Travieso, D. (2003): Haptic exploration and mental estimation of distances in a fictitious island. From mind's eye to mind's hand. In: Journal of Visual Impairment and Blindness 97, S. 298–300.

Blankenberger, S. (2003): Arithmetisches Faktenwissen. Weinheim: Psychologie-Verlags-Union.

Bless, G. (2003): Theoriebildung und Theorieprüfung durch Methoden der empirischen Forschung. In: Leonhardt, A./Wember, F. B. (Hrsg.): Grundfragen der Sonderpädagogik. Bildung - Erziehung - Behinderung; ein Handbuch. Weinheim: Beltz, S. 81–100.

Bortz, J./Döring, N. (2002): Forschungsmethoden und Evaluation. für Human- und Sozialwissenschaftler. Berlin, Heidelberg: Springer.

Böttinger, C. (2007): Muster und Rechenaufgaben - Rechenaufgaben und Muster. Der Wechsel von Repräsentationsebenen und deren Bedeutung für den Mathematikunterricht. In: Die Grundschulzeitschrift 21, H. 201, S. 30–32.

Boulton-Lewis, G. M. (1998): Children's strategy use and interpretations of mathematical representations. In: The Journal of Mathematical Behavior 17, H. 2, S. 219-237

Brainerd, C. J. (1979): The Origins of the Number Concept. New York: Praeger.

Brambring, M. (1999): Entwicklungsbeobachtung und -förderung blinder Klein- und Vorschulkinder. Beobachtungsbögen und Entwicklungsdaten der Bielefelder Längsschnittstudie. Gesamtband und Arbeitshefte. Würzburg: Bentheim.

Brannon, E. M. (2005): What animals know about numbers. In: Campbell, J. I. D. (Hrsg.): Handbook of mathematical cognition. Hove: Psychology Press, S. 85–107.

Brannon, E. M./Roitman, J. D. (2003): Nonverbal representations of time and number in animals and human infants. In: Meck, W. H. (Hrsg.): Functional and neural mechanisms of interval timing. Boca Raton Fla.: CRC Press, S. 143–182.

Bregman, A. S. (1990): Auditory scene analysis. The perceptual organization of sound. Cambridge Mass.: MIT Press.

Brentano, F. (^{2}1988): Grundzüge der Ästhetik. Aus dem Nachlass hrsg. von Franziska Mayer-Hillebrand. Hamburg: Meiner.

Brietzke-Schäfer, N. (2007): Tonaufzeichungsmodul (Mini - Bigmack). http://www.isar-projekt.de/_files/didaktikpool_227_1.pdf. 26.02.2008.

Brissiaud, R. (1992): A Tool for Number Construction: Finger Symbol Sets. In: Bideaud, J./Meljac, C./Fischer, J.-P. (Hrsg.): Pathways to Number. Children's Developing Numerical Abilities. Hillsdale, NJ: Erlbaum, S. 99–126.

Bruhn, H. (2000): Zur Definition von Rhythmus. In: Müller, K./Aschersleben, G. (Hrsg.): Rhythmus. Ein interdisziplinäres Handbuch. Bern: Huber, S. 41–56.

Bruner, J. S./Olver, R. R./Greenfield, P. M./Rigny, J./Aebli, H. (^{2}1988): Studien zur kognitiven Entwicklung. Stuttgart: Klett-Cotta.

Bruner, J. S. (1970): Der Prozeß der Erziehung. Berlin: Berlin-Verlag.

Brysbaert, M. (2005): Number recognition in different formats. In: Campbell, J. I. D. (Hrsg.): Handbook of mathematical cognition. Hove: Psychology Press, S. 23–42.

Büchel, C./Price, C./Frackowiak, R. S. J./et al. (1998): Different activation patterns in the visual cortex of late and congenitally blind subjects. In: Brain 121, S. 409–419.

Büchter, A./Leuders, T. (^{3}2007): Mathematikaufgaben selbst entwickeln. Lernen fördern - Leistung überprüfen. Berlin: Cornelsen Scriptor.

Burkhard, U. (1981): Farbvorstellungen blinder Menschen. Basel, Boston: Birkhäuser.

Burton, H. (2003): Visual Cortex Activity in Early and Late Blind People. In: The Journal of Neuroscience 23, H. 10, S. 4005–4011.

Burton, H./Snyder, A. Z./Conturo, T. E./Akbudak, E./Ollinger, J. M./ Raichle, M. E. (2002a): Adaptive changes in early and late blind. A fMRI study of Braille reading. In: Journal of Neurophysiology 87, S. 589–607.

Burton, H./Snyder, A. Z./Diamond, J. B./Raichle, M. E. (2002b): Adaptive Changes in Early and Late Blind. A fMRI Study of Verb Generation to Heard Nouns. In: Journal of Neurophysiology 88, S. 3359–3371.

Butterworth, B. (1999): What Counts. How Every Brain Is Hardwired for Maths. New York, NY: Free Press.

C Caluori, F. (2001): Die numerische Kompetenz von Vorschulkindern. Theoretische Modelle und empirische Befunde. Dissertation. Hamburg: Dr. Kovac.

Campbell, J. I. D./Epp, L. J. (2005): Architectures for Arithmetic. In: Campbell, J. I. D. (Hrsg.): Handbook of mathematical cognition. Hove: Psychology Press, S. 347–360.

Cappelletti, M./Freeman, E. D./Cipolotti, L. (2009): Dissociations and interactions between time, numerosity and space processing. In: Neuropsychologia 47, H. 13, S. 2732–2748.

Capurro, R. (1996): Was die Sprache nicht sagen und der Begriff nicht begreifen kann. Philosophische Aspekte der Einbildungskraft. In: Fauser, P./Madelung, E. (Hrsg.): Vorstellungen bilden. Beiträge zum imaginativen Lernen. Velber: Friedrich, S. 41–64.

Carpenter, T./Moser, J. (1984): The Acquisition of Addition and Subtraction Concepts in Grades One through Three. In: Journal for Research in Mathematics Education 15, S. 179–202.

Carpenter, T./Moser, J./Romberg, T. (Hrsg.) (1982): Addition and Subtraction. A Cognitive Perspective. Hillsdale, NJ: Erlbaum.

Castronovo, J./Seron, X. (2007a): Numerical Estimation in Blind Subjects: Evidence of the Impact of Blindness and Its Following Experience. In: Journal of Experimental Psychology: Human Perception and Performance 33, H. 5, S. 1089–1106.

Castronovo, J./Seron, X. (2007b): Semantic numerical representation in blind subjects. The role of vision in the spatial format of the mental number line. In: Quarterly Journal of Experimental Psychology 60, H. 1, S. 101–119.

Chang, H.-W./Trehub, S. E. (1977): Infants' Perception of Temporal Grouping in Auditory Patterns. In: Child Development 48, H. 4, S. 1666–1670.

Chochon, F./Cohen, L./Moortele, P. van de/Dehaene, S. (1999): Differential contribution of the left and right inferior parietal lobules to number processing. In: Journal of Cognitive Neuroscience 11, H. 6, S. 617–630.

Church, R./Meck, W. H. (1984): The numerical attribute of stimuli. In: Roitblat, H./Bever, T. G./Terrace, H. (Hrsg.): Animal cognition. Hillsdale, NJ: Erlbaum, S. 445–464.

Cipolotti, L./Butterworth, B./Denes, G. (1991): A specific deficit for numbers in a case of dense acalculia. In: Brain 114, S. 2619–2637.

Clark, J. M./Campbell, J. I. D. (1991): Integrated versus Modular Theories of Number Skills and Acalculia. In: Brain and Cognition 17, S. 204–239.

Clarke, E. F. (^{2}1999): Rhythm and timing in music. In: Deutsch, D. (Hrsg.): The psychology of music. San Diego, London: Academic Press, S. 473–500.

Collmar, N. (1996): Die Lehrkunst des Erzählens: Expression und Imagination. In: Fauser, P./Madelung, E. (Hrsg.): Vorstellungen bilden. Beiträge zum imaginativen Lernen. Velber: Friedrich, S. 177–191.

Condry, K. F./Spelke, E. S. (2008): The development of language and abstract concepts. The case of natural number. In: Journal of Experimental Psychology: General 137, H. 1, S. 22–38.

Conway, C. M./Christiansen, M. H. (2005): Modality-constrained statistical learning of tactile, visual, and auditory sequences. In: Journal of Experimental Psychology: Learning, Memory and Cognition 33, H. 1, S. 24–39.

Cooper, H. (^{3}2005): Synthesizing research. A guide for literature reviews. Thousand Oaks, Cal.: SAGE Publ.

Cordes, S./Brannon, E. M. (2008): The Difficulties of Representing Continuous Extent in Infancy. Using Number Is Just Easier. In: Child Development 79, H. 2, S. 476–489.

Cordes, S./Gelman, R. (2005): The young numerical mind. When does it count? In: Campbell, J. I. D. (Hrsg.): Handbook of mathematical cognition. Hove: Psychology Press, S. 127–142.

Cornoldi, C./Vecchi, T. (2000): Mental imagery in blind people. The role of passive and active visuospatial processes. In: Heller, M. A. (Hrsg.): Touch, representation, and blindness. Oxford: Oxford Univ. Press, S. 143–181.

Crollen, V./Mahe, R./Collignon, O./Seron, X. (2011): The role of vision in the development of finger–number interactions: Finger-counting and finger-montring in blind children. In: Journal of Experimental Child Psychology 109, H. 4, S. 525-539

Crollen, V./Seron, X./Noël, M.-P. (2011): Is finger-counting necessary for the development of arithmetic abilities? In: Frontiers in Psychology 2, S. 242ff

Crutch, S. J./Warren, J. D./Harding, L./Warrington, E. K. (2005): Computation of tactile object properties requires the integrity of praxic skills. In: Neuropsychologia 43, S. 1792–1800.

Cslovjecsek, M. (Hrsg.) (2001): Mathe macht Musik. Impulse zum musikalischen Unterricht zum Zahlenbuch 1 und 2. Zug: Klett und Balmer AG.

Cslovjecsek, M./Guggisberg, M./Linneweber-Lammerskitten, H. (2011). Mathe macht Musik. Ping-Pong: ein arithmetisch-musikalisches Gruppenspiel. In: Praxis der Mathematik in der Schule 53, H. 42, S. 13-18.

Csocsán, E. (1993): Számfogalom fejlodése veleszületetten vak gyermekeknél. Thesis Manuscript. Budapest.

Csocsán, E. (2000): Entstehung mathematischer Kompetenzen bei Kindern mit Blindheit. Vortrag im Rahmen der ICEVI 2000 Kraków. http://www.isar-projekt.de/_files/didaktikpool_40_1.pdf. 20.06.07.

Csocsán, E. (2003): Perlenketten. http://www.isar-projekt.de/_files/di-daktikpool_41_1.pdf. 12.01.2009.

Csocsán, E. (2004): Fragestellungen der Didaktikforschung aus der Perspektive des Gemeinsamen Unterrichts. In: Verband der Blinden- und Sehbehindertenpädagogen und -pädagoginnen e. V. (Hrsg.): Qualitäten. Rehabilitation und Pädagogik bei Blindheit und Sehbehinderung. Kongressbericht zum XXXIII. Kongress der Blinden- und Sehbehindertenpädagogen. Würzburg: edition bentheim, S. 190–196.

Csocsán, E./Frebel, H. (2002): Die auditive Zahldarstellung. Auswertung der 4. Studie. Unveröffentlichte Studie.

Csocsán, E./Hogefeld, E./Terbrack, J. (2001): Mathematik mit sehbehinderten Kindern. In: Krug, F.-K. (Hrsg.): Didaktik für den Unterricht mit sehbehinderten Schülern. München: Reinhardt, S. 290–317.

Csocsán, E./Klingenberg, O./Koskinen, K.-L./Sjöstedt, S. (2003): Mathe mit anderen Augen gesehen. Ein blindes Kind in der Klasse. Lehrerhandbuch für Mathematik. Esbo: Schildts.

Csocsán-Horvath, E. (1988): Tengelyesen szimmetrikus idomok haptikus észleléséröl a geometria tanulásával kapcsolatban vakoknál (Die haptische Wahrnehmung achsensymmetrischer Figuren von Blinden im Geometrieunterricht). In: Gyógypedagógiai Szemle xv., H. 1, S. 1–13.

Csocsán-Horvath, E. (1991): Aspekte zur blindenpädagogischen Beurteilung von Reliefbildern. In: blind, sehbehindert, H. 2, S. 75–81.

Cytowic, R. E. (2002): Synesthesia. A Union of the Senses. Cambridge, MA: MIT Press.

Damerow, P. (1996): Abstraction and representation. Essays on the cultural evolution of thinking. Dordrecht: Kluwer.

D'Angiulli, A. (2007): Raised-Line Pictures, Blindness, and Tactile „Beliefs". An Observational Case Study. In: Journal of Visual Impairment and Blindness 101, H. 3, S. 172–177.

D'Angiulli, A./Kennedy, J. M./Heller, M. A. (1998): Blind children recognizing tactile pictures respond like sighted children given guidance in exploration. In: Scandinavian Journal of Psychology 39, H. 3, S. 187–190.

Degenhardt, S. (2009): Förderschwerpunkt Sehen. 200 Jahre Blindenbildung - 200 Jahre Diskussion von Standards für die Beschulung blinder und sehbehinderter Kinder und Jugendlicher. In: Wember, F. B./Prändl, S. (Hrsg.): Standards der sonderpädagogischen Förderung. München: Reinhardt Ernst, S. 219–232.

Degenhardt, S./Rath, W. (Hrsg.) (2001): Blinden- und Sehbehindertenpädagogik. Neuwied: Luchterhand.

Dehaene, S. (1992): Varieties of numerical abilities. In: Cognition 44, S. 1–42.

Dehaene, S. (1996): The organization of brain activations in number comparison. Event-related potentials and the additive-factors method. In: Journal of Cognitive Neuroscience 8, S. 47–68.

Dehaene, S. (1997): The Number Sense. How the Mind Creates Mathematics. New York, Oxford: Oxford University Press.

Dehaene, S. (2003): The neural basis of the Weber–Fechner law. A logarithmic mental number line. In: Trends in Cognitive Sciences 7, H. 4, S. 145–147.

Dehaene, S./Bossini, S./Giraux, P. (1993): The mental representation of parity and magnitude. In: Journal of Experimental Psychology: General 122, S. 371–396.

Dehaene, S./Cohen, L. (1997): Cerebral pathways for calculation. Double dissociation between rote verbal and quantitative knowledge of arithmetic. In: Cortex 33, S. 219–250.

Dehaene, S./Piazza, M./Pinel, P./Cohen, L. (2005): Three parietal circuits for number processing. In: Campbell, J. I. D. (Hrsg.): Handbook of mathematical cognition. Hove: Psychology Press, S. 433–454.

Dekker, R. (1993): Visually Impaired Children and Haptic Intelligence Test Scores. Intelligence Test for Visually Impaired Children (ITVIC). In: Developmental Medicine and Child Neurology 35, S. 478–489.

Dekker, R./Drenth, P. J. D./Zaal, J. (1997): Intelligence Test for Visually Impaired Children aged 6 to 15 (vol. I-III). Zeist: Bartimeus.

Dekker, R./Koole, F. D. (1992): Visually Impaired Children's Visual Characteristics and Intelligence. In: Developmental Medicine and Child Neurology 34, S. 123–133.

Delazer, M./Benke, T. (1997): Arithmetic facts without meaning. In: Cortex 33, S. 697–710.

Demany, L./McKenzie, B./Vurpillot, E. (1977): Rhythm perception in early infancy. In: Nature 266, S. 718–719.

Després, O./Candas, V./Dufour, A. (2005): The extent of visual deficit and auditory spatial compensation. Evidence from self-positioning from auditory cues. In: Cognitive Brain Research 23, S. 444–447.

Deutsch, D. (^{2}1999): Grouping mechanisms in music. In: Deutsch, D. (Hrsg.): The psychology of music. San Diego, London: Academic Press, S. 299–348.

Devlin, K. (2000): The Maths Gene. Why Everyone Has It, But Most People Don't Use It. London: Weidenfeld & Nicholson.

Donaldson, M. (1982): Wie Kinder denken. München.

Donlan, C. (1998): Number without language? Studies of children with specific language impairments. In: Donlan, C. (Hrsg.): The Development of Mathematical Skills. Hove: Psychology Press, XIV, S. 255–274.

Dowling, W. J. (^{2}1999): The development of music perception and cognition. In: Deutsch, D. (Hrsg.): The psychology of music. San Diego, London: Academic Press, S. 603–625.

Drake, C./Gérard, C. (1989): A psychological pulse train. How young children use this cognitive framework to structure simple rhythms. In: Psychological Research 51, H. 1, S. 16–22.

Droit-Volet, S. (2003): Temporal experience and timing in children. In: Meck, W. H. (Hrsg.): Functional and neural mechanisms of interval timing. Boca Raton Fla.: CRC Press, S. 183–208.

Drolshagen, B. (2001): Adaption mathematischer Darstellungen für blinde Schulanfänger und -anfängerinnen. In: blind, sehbehindert 121, H. 1, S. 17–19.

Droßard, T./Grond, F./Hermann, T. (2012). Interaktive Sonifikation mathematischer Funktionen als Unterrichtsmethode für blinde und sehbehinderte Schülerinnen und Schüler. blind, sehbehindert 132, H. 1, S. 42-52.

Elbert, T. (2004): Funktionelle kortikale Reorganisation versus Pseudoplastizität. In: Zeitschrift für Neuropsychologie 15, H. 4, S. 265–273.

Elbert, T./Sterr, A./Rockstroh, B./Pantev, C./Müller, M. M./Taub, E. (2002): Expansion of the Tonotopic Area in the Auditory Cortex of the Blind. In: The Journal of Neuroscience 22, H. 22, S. 9941–9944.

Emerson, J./Babtie, P. (2010): The Dyscalculia Assessment. London, New York: Continuum.

Ennemoser, M./Krajewski, K. (2007): Effekte der Förderung des Teil-Ganzes-Verständnisses bei Erstklässlern mit schwachen Mathematikleistungen. In: Vierteljahrsschrift für Heilpädagogik und ihre Nachbargebiete 76, H. 3, S. 228–240.

Fast, Egon: Wie Blinde träumen. http://www.anderssehen.at/alltag/berichte/traum2.shtml. 12.01.2009.

Fauser, P./Irmert-Müller, G. (1996): Vorstellungen bilden. Zum Verhältnis von Imagination und Lernen. In: Fauser, P./Madelung, E. (Hrsg.): Vorstellungen bilden. Beiträge zum imaginativen Lernen. Velber: Friedrich, S. 211–244.

Fayol, M./Seron, X. (2005): About numerical representations. Insights from neuropsychological, experimental, and developmental studies. In: Campbell, J. I. D. (Hrsg.): Handbook of mathematical cognition. Hove: Psychology Press, S. 3–22.

Feigenson, L./Carey, S./Spelke, E. S. (2002): Infants' Discrimination of Number vs. Continuous Extent. In: Cognitive Psychology 44, S. 33–66.

Feigenson, L. (2007): The equality of quantity. In: Trends in Cognitive Sciences 11, H. 5, S. 185–187

Fias, W./Brysbaert, M./Geypens, F./D'Ydewalle, G. (1996): The Importance of Magnitude Information in Numerical Processing. Evidence from the SNARC Effect. In: Mathematical Cognition 2, H. 1, S. 95-110.

Fias, W./Fischer, M. H. (2005): Spatial representation of numbers. In: Campbell, J. I. D. (Hrsg.): Handbook of mathematical cognition. Hove: Psychology Press, S. 43–54.

Fink, A. (^{2}2005): Conducting research literature reviews. From the Internet to paper. Thousand Oaks, Calif.: Sage Publications.

Fischer, J.-P. (1992): Subitizing. The Discontinuity After Three. In: Bideaud, J./Meljac, C./Fischer, J.-P. (Hrsg.): Pathways to Number. Children's Developing Numerical Abilities. Hillsdale, NJ: Erlbaum.

Fleming, P./Ball, L. J./Ormerod, T. C./Collins, A. F. (2006): Analogue versus propositional representation in congenitally blind individuals. In: Psychonomic Bulletin & Review 13, H. 6, S. 1049–1055.

Floer, J. (1993): Lernmaterialien als Stützen der Anschauung im arithmetischen Anfangsunterricht. In: Lorenz, J. H. (Hrsg.): Mathematik und Anschauung. Köln: Aulis Verlag Deubner, S. 106–121.

Forrester, Michael A. (2000): Auditory perception and sound as event. Theorising sound imaginary in psychology. http://www.kent.ac.uk/sdfva /sound-journal/forrester001.html. 19.11.07.

Frank, Meike (2002): Ausarbeitung einer Punktschrift-Werkstatt (vom Fühlen zum Schreiben). http://www.isar-projekt.de/_files/didaktikpool _47_1.pdf. 12.01.2009.

Freudenthal, H. (1973): Mathematik als pädagogische Aufgabe. Stuttgart: Klett.

Freudenthal, H. (1983): Didactical phenomenology of mathematical struc-tures. Dordrecht: Reidel.

Frey, E. (1995): Ohne die Augen. Mit einem Blinden unterwegs. In: NZZ Folio, H. 3.

Fritz, A./Ricken, G./Schmidt, S. (Hrsg.) (^{2}2009): Handbuch Rechenschwäche. Lernwege, Schwierigkeiten und Hilfen bei Dyskalkulie. Weinheim: Beltz.

Fromm, W. (1993): Verbindung von Tasten, Sprechen und Denken – ein Weg zum Erkennen tastbarer Darstellungen. In: Verband der Blinden- und Sehbe-hindertenpädagogen e.V. Ganzheitlich bilden - Zukunft gestalten, S. 381–392.

Fuson, K. C. (1988): Children's counting and concepts of number. New York, Heidelberg: Springer.

Fuson, K. C./Kwon, Y. (1991): Chinese-based regular and European irregular systems of number words. The disadvantages for English-speaking children. In: Durkin, K./Shire, B. (Hrsg.): Language and mathematical education. Milton Keynes, UK: Open University Press, S. 211–226.

Fuson, K. C./Richards, J./Briars, D. J. (1982): The Acquisition and Elaboration of the Number Word Sequence. In: Brainerd, C. J. (Hrsg.): Children's Logical and Mathematical Cognition. Progress in Cognitive Development Research. New York: Springer, S. 33–92.

Gallace, A./Tan, H. Z./Spence, C. (2008): Can tactile stimuli be subitised? An unresolved controversy within the literature on numerosity judgments. In: Perception 37, S. 782–800.

Gallin, P./Ruf, U. (1990): Sprache und Mathematik in der Schule. Auf eige-nen Wegen zur Fachkompetenz. Zürich: Verlag Lehrerinnen und Lehrer Schweiz.

Galton, F. (1880): Statistics of mental imagery. In: Mind, S. 301–318.

Galton, F. (1881): Visualised numerals. In: Journal of the Anthropological Institute 10, 85-102.

Gardiner, A./Perkins, C. (2005): 'It's a sort of echo...': Sensory perception of the environment as an aid to tactile map design. In: British Journal of Visual Impairment 23, H. 2, S. 84.

Gathercole, S. E./Pickering, S. J./Ambridge, B./Wearing, H. (2004): The Structure of Working Memory from 4 to 15 Years of Age. In: Developmental Psychology 40, H. 2, S. 177–190.

Gaunet, F./Rossetti, Y. (2006): Effects of visual deprivation on space representation. Immediate and delayed pointing toward memorised proprioceptive targets. In: Perception 35, H. 1, S. 107–124.

Geary, D. C./Hoard, M. K. (2005): Learning Disabilities in Arithmetic and Mathematics. Theoretical and Empirical Perspectives. In: Campbell, J. I. D. (Hrsg.): Handbook of mathematical cognition. Hove: Psychology Press, S. 253–268.

Gelman, R./Gallistel, C. R. (1978): The Child's Understanding of Number. Cambridge: Harvard University.

Gelman, R./Gallistel, C. R. (1992): Preverbal and Verbal Counting and Computation. In: Cognition 44, S. 43–47.

Gerster, H.-D. (1994): Arithmetik im Anfangsunterricht. In: Abele, A./Kalmbach, H. (Hrsg.): Erstes und zweites Schuljahr. Stuttgart: Klett-Schulbuch-verl., S. 35–102.

Gerster, H.-D./Schulz, R. (^{3}2004): Schwierigkeiten beim Erwerb mathematischer Konzepte im Anfangsunterricht. Bericht zum Forschungsprojekt Rechenschwäche – Erkennen, Beheben, Vorbeugen. Freiburg im Breisgau.

Girelli, L./Lucangeli, D./Butterworth, B. (2000): The development of automaticity in accessing number magnitude. In: Journal of Experimental Child Psychology 76, S. 104–122.

Glasersfeld, E. von (1981): An Attentional Model for the Conceptual Construction of Units and Number. In: Journal for Research in Mathematics Education 12, S. 83–94.

Glasersfeld, E. von (1993): Reflections on Number and Counting. In: Boysen S. T./Capaldi, E. J. (Hrsg.): The Development of Numerical Competence. Animal and Human Models. Hillsdale, NJ: Erlbaum.

Goldreich, D./Kanics, I. M. (2003): Tactile Acuity is Enhanced in Blindness. In: The Journal of Neuroscience 23, H. 3, S. 3439–3445.

Goldstein, E. B. (1997): Wahrnehmungspsychologie. Eine Einführung. Heidelberg, Berlin, Oxford: Spektrum Akad. Verl.

Gougoux, F./Lepore, F./Lassonde, M./Voss, P./Zatorre, R. J./Belin, P. (2004): Pitch discrimination in the early blind. People blinded in infancy have sharper listening skills than those who lost their sight later. In: Nature 430, S. 309.

Grabner, R. H./Ansari, D./Reishofer, G./Stern, E./Ebner, F./Neuper, C. (2007): Individual differences in mathematical competence predict parietal brain activation during mental calculation. In: NeuroImage 38, H. 2, S. 346–356.

Grassmann, M./Mirwald, E. (1995): Arithmetische Kompetenzen von Schulanfängern. In: Sachunterricht und Mathematik in der Primarstufe, H. 7, S. 302–321.

Gumenyuk, V. I./Korzyukov, O. A./Alho, K./Winkler, I./Paavilainen, P./ Näätänen, R. (2003): Electric brain responses indicate preattentive processing of abstract acoustic regularities in children. In: NeuroReport 14, H. 11, S. 1411–1415.

Guttman, S. E./Gilroy, L. A./Blake, R. (2005): Hearing What the Eyes See. Auditory Encoding of Visual Temporal Sequences. In: Psychological Science 16, H. 3, S. 228–235.

H   Haeberlin, U. (2003): Wissenschaftstheorie für die Heil- und Sonderpädagogik. In: Leonhardt, A./Wember, F. B. (Hrsg.): Grundfragen der Sonderpädagogik. Bildung - Erziehung - Behinderung ; ein Handbuch. Weinheim: Beltz, S. 58–80.

Hahn, V. F. (2006): Mathematische Bildung in der Blindenpädagogik. Probleme und Veranschaulichungsmedien beim Mathematiklernen Blinder mit einem Lösungskonzept im Bereich geometrischer Grundbildung. Dissertation. Norderstedt: Books on Demand.

Halberda, J./Feigenson, L. (2008): Developmental Change in the Acuity of the 'Number Sense'. The Approximate Number System in 3-, 4-, 5-, and 6-Year-Olds and Adults. In: Developmental Psychology 44, H. 5, S. 1457–1465.

Halberda, J./Mazzocco, M. M. M./Feigenson, L. (2008): Individual differences in non-verbal number acuity correlate with maths achievement. In: Nature 455, H. 7213, S. 665–668.

Hallet, M. (2007): Transcranial Magnetic Stimulation. A Primer. In: Neuron 55, H. 2, S. 187–199.

Halpern, A. R. (1992): Musical aspects of auditory imagery. In: Reisberg, D. (Hrsg.): Auditory imagery. Hillsdale, NJ: Erlbaum, S. 1–28.

Halpern, A. R. (2001): Cerebral substrates of musical imagery. In: Zatorre, R. J./Peretz, I. (Hrsg.): The biological foundations of music. New York: New York Academy of Sciences, S. 179–192.

Handel, S./Buffardi, L. (1969): Using several modalities to perceive one temporal pattern. In: Quarterly Journal of Experimental Psychology 21, H. 3, S. 256–266.

Harder, A. (1990): Möglichkeiten haptisch-ästhetischen Erlebens. Teil 1 + 2. In: horus - Marburger Beiträge, H. 2.

Harskamp, N. J. van/Cipolotti, L. (2001): Selective impairments for addition, subtraction, and multiplication. Implications for the organisation of arithmetical facts. In: Cortex 37, S. 363–388.

Hartig, J./Klieme, E./Leutner, D. (2008): Assessment of competencies in educational contexts. Cambridge, Mass.: Hogrefe.

Hasemann, K. (2001): „Zähl´ doch mal!". Die numerische Kompetenz von Schulanfängern. In: Sache, Wort, Zahl 29, S. 53–58.

Hasemann, K. (2003): Anfangsunterricht Mathematik. Heidelberg.

Hatwell, Y. (1985 [1966]): Piagetian Reasoning and The Blind. New York: American Foundation for the Blind.

Hefendehl-Hebeker, L. (2001): Verständigung über Mathematik im Unterricht. In: Lengnink, K./Prediger, S./Siebel, F. (Hrsg.): Mathematik und Mensch. Sichtweisen der allgemeinen Mathematik. Mühltal: Verl. Allg. Wiss. - HRW e.K., S. 99–110.

Hefendehl-Hebeker, L. (^{2}2005): Erkenntnisgewinn in der Mathematik. In: Leuders, T. (Hrsg.): Mathematik-Didaktik. Praxishandbuch für die Sekundarstufe I und II. Berlin: Cornelsen-Scriptor, S. 107–118.

Heintz, B. (2000): Die Innenwelt der Mathematik. Zur Kultur und Praxis einer beweisenden Disziplin. Wien: Springer.

Helios, D. (^{3}2001): Handbuch zur Erstellung taktiler Graphiken. Karlsruhe.

Heller, M. A./Kennedy, J. M./Joyner, T. D. (1995): Production and interpretation of pictures of houses by blind people. In: Perception 24, S. 1049–1058.

Heller, M. A. (Hrsg.) (2000): Touch, representation, and blindness. Oxford: Oxford Univ. Press.

Heller, M. A. (2006): Picture perception and spatial cognition in visually impaired people. In: Heller, M. A./Ballesteros, S. (Hrsg.): Touch and Blindness. Psychology and Neuroscience. Hillsdale, NJ: Erlbaum, S. 49–71.

Heller, M. A./Ballesteros, S. (2006a): Introduction. Approaches to touch and blindness. In: Heller, M. A./Ballesteros, S. (Hrsg.): Touch and Blindness. Psychology and Neuroscience. Hillsdale, NJ: Erlbaum.

Heller, M. A./Ballesteros, S. (Hrsg.) (2006b): Touch and Blindness. Psychology and Neuroscience. Hillsdale, NJ: Erlbaum.

Heller, S. (1888): Die psychologische Grundlegung der Blindenpädagogik. In: Verhandlungen des 6. Blindenlehrer-Kongresses. Köln.

Heller, S. (1904a): Entwicklungsphänomene im Seelenleben der Blinden und ihre Konsequenzen für die Blindenbildung. In: Bericht über den 11. Blindenlehrer-Kongreß. Halle.

Heller, T. (1904b): Studien zur Blindenpsychologie. Leipzig: Engelmann.

Hengartner, E./Röthlisberger, H. (1995): Rechenfähigkeit von Schulanfängern. In: Brügelmann, H./Balhorn, H./Füssenich, I. (Hrsg.): Am Rande der Schrift. Zwischen Sprachenvielfalt und Analphabetismus. Lengwil am Bodensee: Libelle, S. 66–86.

Henik, A./Tzelgov, J. (1982): Is three greater than five? The relation between physical and semantic size in comparison tasks. In: Memory and Cognition 10, S. 389–395.

Hitschmann, F. (1895 [2001]): Über die Prinzipien der Blindenpädagogik. In Auszügen abgedr. in Degenhardt & Rath (2001). In: Pädagogisches Magazin - Abhandlungen vom Gebiete der Pädagogik und ihrer Hilfswissenschaften, H. 69, S. 4ff.

Hittmair-Delazer, M./Semenza, C./Denes, G. (1994): Concepts and facts in calculation. In: Brain 117, S. 715–728.

Hobson, J. A./Pace-Schott, E. F./Stickgold, R. (2000): Dreaming and the brain. Toward a cognitive neuroscience of conscious states. In: Behavioral and Brain Sciences 23, S. 793–1121.

Hofe, R. vom (1995): Grundvorstellungen mathematischer Inhalte. Heidelberg, Berlin, Oxford: Spektrum Akad. Verl.

Hofe, R. vom (2003): Grundbildung durch Grundvorstellungen. In: mathematik lehren 118, S. 4–8.

Hudelmayer, D. (1970): Nicht-sprachliches Lernen von Begriffen. Untersuchungen über die Begriffsbildung bei geburtsblinden Schülern. Stuttgart: Klett.

Hung, Y.-h./Hung, D. L./Tzeng, O. J.-L./Wu/Denise H. (2008): Flexible spatial mapping of different notations of numbers in Chinese readers. In: Cognition 106, H. 3, S. 1441–1450.

Hurovitz, C. S./Dunn, S./Domhoff, G. W./Fiss, H. (1999): The dreams of blind men and women:. A replication and extension of previous findings. In: Dreaming 9, S. 183–193.

Intons-Peterson, M. J. (1992): Components of auditory imagery. In: Reisberg, D. (Hrsg.): Auditory imagery. Hillsdale, NJ: Erlbaum, S. 45–72.

Ischebeck, A./Zamarian, L./Schocke, M./Delazer, M. (2009): Flexible transfer of knowledge in mental arithmetic. An fMRI study. In: NeuroImage 44, H. 3, S. 1103–1112.

Ittyerah, M./Gaunet, F./Rossetti, Y. (2007): Pointing with the left and right hands in congenitally blind children. In: Brain and Cognition 64, S. 170–183.

Jackson, A. (2002): The world of blind mathematicians. In: Notices of the AMS 49, H. 10, S. 1246–1251.

James, T. W./Harman James, K./Humphrey, G. K./Goodale, M. A. (2006): Do visual and tactile object representations share the same neural substrate? In: Heller, M. A./Ballesteros, S. (Hrsg.): Touch and Blindness. Psychology and Neuroscience. Hillsdale, NJ: Erlbaum, S. 139–155.

Jehoel, S./McCallum, D./Rowell, J./Ungar, S. (2006): An empirical approach on the design of tactile maps and diagrams: The cognitive tactualization approach. In: British Journal of Visual Impairment 24, H. 2, S. 67.

Jordan, K. E./Suanda, S. H./Brannon, E. M. (2008): Intersensory redundancy accelerates preverbal numerical competence. In: Cognition 108, H. 1, S. 210–221.

Jüttner, M. (2003): Denken und bildliches Vorstellen. Die 'Imagery'-Debatte in der Kognitionspsychologie. In: Rentschler, I./Madelung, E./Fauser, P. (Hrsg.): Bilder im Kopf. Texte zum Imaginativen Lernen. Seelze-Velber: Kallmeyer, S. 42–63.

Kaas, J./Hackett, T. (1999): 'What' and 'where' processing in auditory cortex. In: Nature Neuroscience 2, S. 1045–1047.

Kahlert, J. (2006): Hören, Denken, Sprechen - Die Rolle der Akustik in der Schule. In: Bernius, V./Kemper, P./Oehler, R./Wellmann, K.-H. (Hrsg.): Der Aufstand des Ohrs. Die neue Lust am Hören. Göttingen: Vandenhoeck & Ruprecht, S. 319–335.

Katz, D. (1925): Der Aufbau der Tastwelt. Leipzig: Johann Ambrosius Barth.

Kennedy, J. M. (2000): Recognizing outline pictures via touch. Alignment theory. In: Heller, M. A. (Hrsg.): Touch, representation, and blindness. Oxford: Oxford Univ. Press, S. 67–98.

Kennedy, J. M./Juricevic, I. (2006): Form, projection and pictures for the blind. In: Heller, M. A./Ballesteros, S. (Hrsg.): Touch and Blindness. Psychology and Neuroscience. Hillsdale, NJ: Erlbaum, S. 73–93.

Kerstan, T./Thadden, E. von (01.07.2004): Wer macht die Schule klug? Interview mit Elsbeth Stern und Manfred Spitzer. In: Die Zeit.

Kish, Daniel (o.J.): Echolocation:. How humans can „see" without sight. Revidierte Fassung der Master's Thesis „Evaluation of an Echo-Mobility Training Program for Young Blind People" (1995). www.worldaccessfortheblind.org/echolocationreview.rtf. 22.08.07.

Klatzky, R. L./Lederman, S. J. (2002): Touch. In: Healy, A. F./Proctor, R. W. (Hrsg.): Experimental Psychology. New York: Wiley, S. 147–176.

Klatzky, R. L./Lederman, S. J./Reed, C. (1987): There's more to touch than meets the eye. The salience of object attributes for haptics with and without vision. In: Journal of Experimental Psychology: General 116, S. 356–369.

Klein, J. W. (1819/1991): Lehrbuch zum Unterrichte der Blinden. um ihnen ihren Zustand zu erleichtern, sie nützlich zu beschäftigen und sie zur bürgerlichen Brauchbarkeit zu bilden. Nachdruck der Ausgabe Wien, Strauss 1819. Würzburg: edition bentheim.

Klieme, E./Avenarius, H./Blum, W./Döbrich, P./Gruber, H./Prenzel, M./Reiss, K./Riquarts, K./Rost, J./Tenorth, H.-E./Vollmer, H. J. (2007): Zur Entwicklung nationaler Bildungsstandards. Expertise. Bonn, Berlin.

Kluschina, N. V. (1976): Die Spezifik der Vorstellungen von geometrischen Figuren bei blinden Kindern. In: Wissenschaftliche Blätter zu Problemen des Blinden- und Sehschwachenwesens 1, S. 13–16.

KMK (2004): Bildungsstandards im Fach Mathematik für den Primarbereich (Jahrgangsstufe 4). München, Neuwied: Luchterhand.

KMK (2005): Sonderpädagogische Förderung in Schulen 1994 bis 2003. Bonn.

KMK (2008): Ländergemeinsame inhaltliche Anforderungen für die Fachwissenschaften und Fachdidaktiken in der Lehrerbildung. (Beschluss der Kultusministerkonferenz vom 16.10.2008 i.d.F. vom 08.12.2008).

Koffka, K. (1935): Principles of Gestalt Psychology. New York: Harcourt, Brace & World Inc.

Korzyukov, O. A./Winkler, I./Gumenyuk, V. I./Alho, K. (2003): Processing abstract auditory features in the human auditory cortex. In: NeuroImage 20, H. 4, S. 2245–2258.

Kosslyn, S. M. (1980): Image and mind. Cambridge (MA): Harvard University Press.

Kosslyn, S. M. (1994): Image and brain. The resolution of the imagery debate. Cambridge, MA: MIT Press.

Kosslyn, S. M./Ball, T./Reiser, B. (1978): Visual images preserve metric spatial information. Evidence from studies of image scanning. In: Journal of Experimental Psychology: Human Perception and Performance 4, S. 47–60.

Kosslyn, S. M./Margolis, J. A./Barrett, A. M./Goldknopf, E. J./Daly, P. F. (1990): Age Differences in Imagery Abilities. In: Child Development 61, H. 4, S. 995–1010.

Kuhlmann, S./Frebel, H. (2001): Empirische Untersuchung zur auditiven Zahldarstellung. In: Csocsán, E. (Hrsg.): Didaktik der Mathematik für Kinder mit einer Sehschädigung. Reader. Universität Dortmund, S. 55–59.

Kraemer, D. J. M./Macrae, C. N./Green, A. E./Kelley, W. M. (2005): Musical imagery: Sound of silence activates auditory cortex. In: Nature 434, H. 7030, S. 158.

Krajewski, K. (2005): Früherkennung und Frühförderung von Risikokindern. In: Aster, M. G. von/Lorenz, J. H. (Hrsg.): Rechenstörungen bei Kindern. Neurowissenschaft, Psychologie, Pädagogik. Göttingen: Vandenhoeck und Ruprecht, S. 150–164.

Krajewski, K./Schneider, W. (2006): Mathematische Vorläuferfertigkeiten im Vorschulalter und ihre Vorhersagekraft für die Mathematikleistungen bis zum Ende der Grundschulzeit. In: Psychologie in Erziehung und Unterricht 53, H. 4, S. 247–262.

Krauthausen, G./Scherer, P. (^{2}2003): Einführung in die Mathematikdidaktik. Heidelberg: Spektrum Akad. Verl.

Kremer, A. (1933): Über den Einfluß des Blindseins auf das So-Sein des blinden Menschen. Düren: Verein zur Fürsorge für die Blinden der Rheinprovinz.

Kubovy, M. (1988): Should We Resist the Seductiveness of the Space:Time: :Vision:Audition Analogy? In: Journal of Experimental Psychology: Human Perception and Performance 14, H. 2, S. 318–320.

Kubovy, M./Valkenburg, D. van (2001): Auditory and visual objects. In: Cognition 80, S. 97–126.

Kucian, K./Aster, M. G. von (2005): Dem Gehirn beim Rechnen zuschauen. Ergebnisse der funktionellen Bildgebung. In: Aster, M. G. von/ Lorenz, J. H. (Hrsg.): Rechenstörungen bei Kindern. Neurowissenschaft, Psychologie, Pädagogik. Göttingen: Vandenhoeck und Ruprecht, S. 54–72.

Kucian, K./Aster, M. von/Loenneker, T./Dietrich, T./Martin, E. (2008): Development of Neural Networks for Exact and Approximate Calculation. A fMRI Study. In: Developmental Neuropsychology 33, H. 4, S. 447–473.

Kühnel, J. (1916): Neubau des Rechenunterrichts. Ein Handbuch für alle, die sich mit Rechenunterricht zu befassen haben. Leipzig: Klinkhardt. Band 1.

Kujala, T./Palva, M. J./Salonen, O./Alku, P./Huotilainen, M./Järvinen, A./Näätänen, R. (2005): The role of blind humans' visual cortex in auditory change detection. In: Neuroscience Letters 379, H. 2, S. 127–131.

Kunz, M. (1900): Bild und Bilder. In: Mell, A. (Hrsg.): Enzyklopädisches Handbuch des Blindenwesens. Wien, Leipzig: Pichler, S. 77-68.

L

Lang, M. (2002a): Blinde Kinder auf dem Weg zur Schrift (Teil 1). Möglichkeiten einer gezielten Vorbereitung auf den Schriftspracherwerb. In: blind, sehbehindert 122, H. 4, S. 243–255.

Lang, M. (2002b): Erhebung zur aktuellen Situation der Vorbereitung blinder Kinder auf den Schriftspracherwerb. In: blind, sehbehindert 122, S. 42–51.

Lang, M. (2003): Blinde Kinder auf dem Weg zur Schrift (Teil 2). Möglichkeiten einer gezielten Vorbereitung auf den Schriftspracherwerb. In: blind, sehbehindert 123, H. 1, S. 3–10.

Lang, M./Hofer, U./Beyer, F. (2008): Didaktik des Unterrichts mit blinden und hochgradig sehbehinderten Schülerinnen und Schülern. Grundlagen. Stuttgart: Kohlhammer.

Länger, C. (2002): Im Spiegel von Blindheit. Eine Kultursoziologie des Sehsinnes. Stuttgart: Lucius & Lucius.

Laufenberg, W. (1993): Taktile Abbildungen. Ein Vergleich verschiedener Techniken. In: Verband der Blinden- und Sehbehindertenpädagogen und -pädagoginnen e. V. (Hrsg.): Ganzheitlich bilden - Zukunft Gestalten. Kongreßbericht 31. Kongress der Blinden- und Sehbehindertenpädagogen. Hannover: VzFB, S. 375–381.

Le Corre, M./Carey, S. (2007): One, two, three, four, nothing more. An investigation of the conceptual sources of the verbal counting principles. In: Cognition 105, H. 2, S. 395–438.

Lechelt, E. C. (1975): Temporal numerosity discrimination: intermodal comparisons revisited. In: British Journal of Psychology 66, S. 101–108.

Lederman, S. J./Klatzky, R. L. (1997): Relative availability of surface and object properties during early haptic processing. In: Journal of Experimental Psychology: Human Perception and Performance 23, S. 1680–1707.

Lederman, S. J./Klatzky, R. L./Chataway, C./Summers, C. D. (1990): Visual mediation and the haptic recognition of two-dimensional pictures of common objects. In: Perception and Psychophysics 47, S. 54–64.

Lee, K. (2009): Kinder erfinden Mathematik mit „gleichem Material in großer Menge". In: Leuders, T./Hefendehl-Hebeker, L./Weigand, H. G. (Hrsg.): Mathemagische Momente. Berlin: Cornelsen, S. 102–111.

Lembcke, K. F. L. (1899/2001): Über die Principien der Blindenpädagogik. Von Friedrich Hitschmann in Wien. In Auszügen abgedr. in Degenhard & Rath 2001. In: Der Blindenfreund 19, S. 64–67.

Lengnink, K. (2005): „Abhängigkeiten von Größen" - zwischen Mathematikunterricht und Lebenswelt. In: Praxis der Mathematik in der Schule 47, H. 2, S. 13–19.

Leon, M. I./Shadlen, M. N. (2003): Representation of Time by Neurons in the Posterior Parietal Cortex of the Macaque. In: Neuron 38, S. 317–327.

Lessard, N./Pare, M./Lepore, F./Lassonde, M. (1998): Early-blind human subjects localize sound sources better than sighted subjects. In: Nature 395, H. 6699, S. 278–280.

Leuders, T. (^{2}2005): Mathematikunterricht. In: Leuders, T. (Hrsg.): Mathematik-Didaktik. Praxishandbuch für die Sekundarstufe I und II. Berlin: Cornelsen-Scriptor, S. 9–58.

Lewkowicz, D. J. (1988a): Sensory dominance in infants. Six-months-old infants' response to auditory-visual compounds. In: Developmental Psychology 24, S. 155–171.

Lewkowicz, D. J. (1988b): Sensory dominance in infants. Ten-months-old infants' response to auditory-visual compounds. In: Developmental Psychology 24, S. 172–182.

Libertus, M. E./Brannon, E. M./Pelphrey, K. A. (2009): Developmental changes in category-specific brain responses to numbers and letters in a working memory task. In: NeuroImage 44, H. 4, S. 1404–1414.

Linscheidt, M. (2003): Zahlbegriffsentwicklung blinder und sehender Schülerinnen und Schüler im Hinblick auf Lernmaterialien im Gemeinsamen Unterricht. Staatsarbeit. Dortmund.

Liotti, M./Ryder, K./Woldorff, M. G. (1998): Auditory attention in the congenitally blind. Where, when and what gets reorganized? In: NeuroReport 9, H. 6, S. 1007–1012.

Lipton, J. S./Spelke, E. S. (2003): Origins of Number Sense. Large-Number Discrimination in Human Infants. In: Psychological Science 14, H. 5, S. 396–401.

Longo, M. R./Lourenco, S. F. (2007): Spatial attention and the mental number line. Evidence for characteristic biases and compression. In: Neuropsychologia 45, H. 7, S. 1400–1407.

Loomis, J. M./Klatzky, R. L./Golledge, R. G. (2001): Navigating without Vision. Basic and Applied Research. In: Optometry and Vision Science 78, H. 5, S. 282–289.

Lorenz, J. H. (1992): Anschauung und Veranschaulichungsmittel im Mathematikunterricht. Mentales visuelles Operieren und Rechenleistung. Göttingen: Hogrefe.

Lorenz, J. H. (1993): Veranschaulichungsmittel im arithmetischen Anfangsunterricht. In: Lorenz, J. H. (Hrsg.): Mathematik und Anschauung. Köln: Aulis Verlag Deubner, S. 122–146.

Lorenz, J. H. (1995): Arithmetischen Strukturen auf der Spur. Funktion und Wirkungsweise von Veranschaulichungsmitteln. In: Die Grundschulzeitschrift 82, S. 9–12.

Lorenz, J. H. (1997): Kinder entdecken die Mathematik. Braunschweig: Westermann.

Lorenz, J. H. (1998): Das arithmetische Denken von Grundschulkindern. In: Peter-Koop, A. (Hrsg.): Das besondere Kind im Mathematikunterricht der Grundschule. Offenburg: Mildenberger, S. 59–81.

Lorenz, J. H. (2005): Grundlagen der Förderung und Therapie. In: Aster, M. G. von/Lorenz, J. H. (Hrsg.): Rechenstörungen bei Kindern. Neurowissenschaft, Psychologie, Pädagogik. Göttingen: Vandenhoeck und Ruprecht, S. 165–177.

Lorenz, J. H. (2007): Anschauungsmittel als Kommunikationsmittel. In: Die Grundschulzeitschrift 21, H. 201, S. 14–16.

Lorenz, J. H./Radatz, H. (1993): Handbuch des Förderns im Mathematikunterricht. Hannover: Schroedel.

Lusseyran, J. (^{2}1996): Ein neues Sehen der Welt. Gegen die Verschmutzung des Ich. Stuttgart: Verl. Freies Geistesleben.

Madelung, E. (1996): Vorstellungen als Bausteine unserer Wirklichkeit. Grundlegende Gedanken zum Projekt imaginatives Lernen. In: Fauser, P./Madelung, E. (Hrsg.): Vorstellungen bilden. Beiträge zum imaginativen Lernen. Velber: Friedrich, S. 107–124.

Mahar, D./Mackenzie, B./McNicol, D. (1994): Modality-specific differences in the processing of spatially, temporally, and spatiotemporally distributed information. In: Perception 23, H. 11, S. 1369–1386.

Maier, P. H. (1999): Räumliches Vorstellungsvermögen. Ein theoretischer Abriß des Phänomens räumliches Vorstellungsvermögen ; mit didaktischen Hinweisen für den Unterricht. Donauwörth: Auer.

Malle, G. (1988): Die Entstehung neuer Denkgegenstände. Untersucht am Beispiel der negativen Zahlen. In: Dörfler, W. (Hrsg.): Kognitive Aspekte mathematischer Begriffsentwicklung. Wien: Hölder-Pichler-Tempsky, S. 259–319.

Marin, O. S. M./Perry, D. W. (^{2}1999): Neurological aspects of musical perception and performance. In: Deutsch, D. (Hrsg.): The psychology of music. San Diego, London: Academic Press, S. 653–724.

Marton, F./Booth, S. A. (1997): Learning and awareness. Mahwah NJ: Erlbaum.

Maturana, H. R./Varela, F. J. (1987): Der Baum der Erkenntnis. Die biologischen Wurzeln des menschlichen Erkennens. München: Goldmann.

Mayntz, J. (1931): Blinde Kinder im Anfangsunterricht. Düren: Verein zur Fürsorge für die Blinden der Rheinprovinz.

McCloskey, M. (1992): Cognitive mechanisms in numerical processing. Evidence from acquired dyscalculia. In: Cognition 44, S. 107–157.

McCloskey, M./Macaruso, P. (1995): Representing and using numerical information. In: American Psychologist 50, S. 351–363.

McNeil, N./Jarvin, L. (2007): When Theories Don't Add Up: Disentangling the Manipulatives Debate. In: Theory Into Practice 46, H 4, S. 309-316

Mehler, J./Bever, T. G. (1967): Cognitive capacity of very young children. In: Science 158, S. 141–142.

Merle, H. (1900): Anschauungsunterricht. In: Mell, A. (Hrsg.): Enzyklopädisches Handbuch des Blindenwesens. Wien, Leipzig: Pichler, S. 23–28.

Millar, S. (1971): Visual and haptic cue utilization by preschool children. The recognition of visual and haptic stimuli presented separately and together. In: Journal of Experimental Child Psychology 12, S. 88–94.

Millar, S. (1974): Tactile short-term memory by blind and sighted children. In: British Journal of Psychology 65, S. 253–263.

Millar, S. (1975): Effects of phonological and tactual similarity on serial object recall by blind and sighted children. In: Cortex 11, S. 170–180.

Millar, S. (1978a): Aspects of information from touch and movement. In: Gordon, G. (Hrsg.): Active touch. London: Pergamon Press.

Millar, S. (1978b): Short-term serial tactual recall:. Effects of grouping tactually probed recall of Braille letters and nonsense shapes by blind children. In: British Journal of Psychology 69, S. 17–24.

Millar, S. (1985): Movement cues and body orientation in recall of locations by blind and sighted children. In: Quarterly Journal of Experimental Psychology 37A, S. 257–279.

Millar, S. (1997): Reading by Touch. London, New York: Routledge.

Millar, S. (1999): Memory in touch. In: Psicothema 11, H. 4, S. 747–767.

Millar, S. (2000): Modality and mind. Convergent active processing in interrelated networks as a model of development and perception by touch. In: Heller, M. A. (Hrsg.): Touch, representation, and blindness. Oxford: Oxford Univ. Press, S. 99–135.

Millar, S. (2006): Processing spatial information from touch and movement. Implications from and for neuroscience. In: Heller, M. A./Ballesteros, S. (Hrsg.): Touch and Blindness. Psychology and Neuroscience. Hillsdale, NJ: Erlbaum, S. 25–48.

Miller, K. F./Kelly, M./Zhou, X. (2005): Learning Mathematics in China and the United States. Cross-Cultural Insights into the Nature and Course of Preschool Mathematical Development. In: Campbell, J. I. D. (Hrsg.): Handbook of mathematical cognition. Hove: Psychology Press, S. 163–178.

Ministerium für Schule und Weiterbildung NRW (2008): Richtlinien und Lehrpläne für die Grundschule in Nordrhein-Westfalen. Frechen: Ritterbach.

Misaki, Yoshitake (2002): Herstellung von akustischen Materialien für die Vermittlung von π und rationalen Zahlen. http://www.isar-projekt.de/didaktikpool/didaktikpool_detail_autor.php?didaktikpool_id=66. 26.02.2007.

Mix, K. S./Huttenlocher, J./Cohen Levine, S. (2002): Quantitative development in infancy and early childhood. London: Oxford University Press.

Miyake, A./Shah, P. (1999): Toward unified theories of working memory. Emerging general consensus, unresolved theoretical issues, and future research directions. In: Miyake, A./Shah, P. (Hrsg.): Models of Working Memory. Mechanisms of Active Maintenance and Executive Control. Cambridge: Cambridge University Press, S. 442–481.

Morrongiello, B. A./Roes, C. L./Donnelly, F. (1989): Children's perception of musical patterns. Effects of music instruction. In: Music Perception 6, S. 447–462.

Moser Opitz, E. (2001): Zählen, Zahlbegriff, Rechnen. Theoretische Grundlagen und eine empirische Untersuchung zum mathematischen Erstunterricht in Sonderklassen. Bern, Stuttgart, Wien: Haupt.

Müller, Gerhard N.; Wittmann, Erich Christian (30.03.2005): Mathematiklernen in jahrgangsbezogenen und jahrgangsgemischten Klassen mit dem ZAHLENBUCH. http://www.mathematik.uni-dortmund.de/ieem/mathe2000/pdf/ml-jgbez-und-jggem.pdf. 04.12.2008.

Näätänen, R./Tervaniemi, M./Sussman, E./Paavilainen, P./Winkler, I. (2001): 'Primitive intelligence' in the auditory cortex. In: Trends in Neurosciences 24, H. 5, S. 283–288.

Näätänen, R./Winkler, I. (1999): The concept of auditory stimulus representation in cognitive neuroscience. In: Psychological Bulletin 125, H. 6, S. 826–859.

National Council of Teachers of Mathematics (NCTM) (2000): Principles and Standards for School Mathematics. Grades Pre-K - 2: Number and Operations. http://standardstrial.nctm.org/document/chapter4/numb.htm. 27.10.2008.

Neisser, U. (1976): Kognition und Wirklichkeit. Prinzipien und Implikationen der kognitiven Psychologie. Stuttgart: Klett-Cotta.

Neubrand, M./Möller, M. (1990): Einführung in die Arithmetik. Ein Arbeitsbuch für Studierende des Lehramts der Primarstufe. Bad Salzdetfurth: Franzbecker.

Newell, F. N./Ernst, M. O./Tian, B. S./Bülthoff, H. H. (2001): Viewpoint dependence in visual and haptic object recognition. In: Psychological Science 12, S. 37–42.

Nieder, A./Miller, E. K. (2003): Coding of cognitive magnitude. Compressed scaling of numerical information in the primate prefrontal cortex. In: Neuron 37, S. 149–157.

Niemeyer, W./Starlinger, I. (1981a): Do the blind hear better? Investigations on auditory processing in congenital or early blindness. I. Peripheral functions. In: Audiology 20, H. 6, S. 503–509.

Niemeyer, W./Starlinger, I. (1981b): Do the blind hear better? Investigations on auditory processing in congenital or early blindness. II. Central functions. In: Audiology 20, H. 6, S. 510–515.

Noël, M.-P./Rouselle, L./Mussolin, C. (2005): Magnitude Representation in Children. Its Development and Dysfunction. In: Campbell, J. I. D. (Hrsg.): Handbook of mathematical cognition. Hove: Psychology Press, S. 179–195.

Noël, M.-P./Seron, X. (1997): On the existence of intermediate representations in numerical processing. In: Journal of Experimental Psychology: Learning, Memory and Cognition 23, S. 697–720.

Nührenbörger, M. (2006): „Neue" Anfänge im Mathematikunterricht der Grundschule. In: Die Grundschulzeitschrift 20, 195/196, S. 4–8.

Nührenbörger, M. (2007): „Ein bisschen hab ich's verstanden". Ansichten und Gespräche über Anschauungsmittel im jahrgangsgemischten Anfangsunterricht. In: Die Grundschulzeitschrift 21, H. 201, S. 18–21.

Nunes, T./Bryant, P. E. (1996): Children Doing Mathematics. Oxford: Blackwell.

Nunes, T./Dias Schliemann, A./Carraher, D. W. (1993): Street Mathematics and School Mathematics. Cambridge: University Press.

O Oeveste, H. zur (1987): Kognitive Entwicklung im Vor- und Grundschulalter. Göttingen: Verlag für Psychologie.

Oliveri, M./Vicario, C. M./Salerno, S./Koch, G./Turriziani, P./Mangano, R./Chillemi, G./Caltagirone, C. (2008): Perceiving numbers alters time perception. In: Neuroscience Letters 438, H. 3, S. 308–311.

Ong, W. J. (1971): World as view and world as event. In: Shepard, P./McKinley, D. (Hrsg.): Environ/mental:. Essays on the planet as a home. Boston: Houghton-Mifflin, S. 61–79.

Ostad, S. A. (1989): Mathematics Through the Fingertips. Basic Mathematics for the Blind Pupil. Development and Empirical Testing of Tactile Representations. Hosle pr. Oslo: Norwegian Institute of Special Education.

P Padberg, F. (^{3}2005): Didaktik der Arithmetik für Lehrerausbildung und Lehrerfortbildung. Heidelberg: Spektrum Akad. Verl.

Paivio, A./Okovita, H. W. (1971): Word imagery modalities and associative learning in blind and sighted subjects. In: Journal of verbal learning and verbal behavior 10, S. 506–510.

Pan, W.-J./Wu, G./Li, C.-X./Lin, F./Sun, J./Lei, H. (2007): Progressive atrophy in the optic pathway and visual cortex of early blind Chinese adults. A voxel-based morphometry magnetic resonance imaging study. In: Neuro-Image 37, H. 1, S. 212–220.

Pascual-Leone, A./Theoret, H./Merabet, L. B./Kauffmann, T./Schlaug, G. (2006): The role of visual cortex in tactile processing. A metamodal brain. In: Heller, M. A./Ballesteros, S. (Hrsg.): Touch and Blindness. Psychology and Neuroscience. Hillsdale, NJ: Erlbaum, S. 171–195.

Pasqualotto, A./Newell, F. N. (2007): The role of visual experience on the representation and updating of novel haptic scenes. In: Brain and Cognition 65, H. 2, S. 184–194.

Penney, T. B. (2003): Modality differences in interval timing. Attention, clock speed, and memory. In: Meck, W. H. (Hrsg.): Functional and neural mechanisms of interval timing. Boca Raton Fla.: CRC Press, S. 209–233.

Peschel, F. (2001): Offener Unterricht ist präventiver Unterricht - Präventiver Unterricht ist Offener Unterricht. In: Lumer, B. (Hrsg.): Integration behinderter Kinder. Erfahrungen, Reflexionen, Anregungen. Berlin: Cornelsen Scriptor, S. 74–88.

Peter-Koop, A./Grüßing, M. (2006): Eltern und Kinder erkunden die Mathematik. In: Die Grundschulzeitschrift 20, 195/196, S. 10–11.

Piaget, J. (1974): Psychologie der Intelligenz. Olten: Walter.

Piaget, J. (^{7}2001): Einführung in die genetische Erkenntnistheorie. Frankfurt am Main: Suhrkamp.

Piaget, J./Inhelder, B. (1979): Die Entwicklung des inneren Bildes beim Kind. Frankfurt a.M.: Suhrkamp.

Piaget, J./Inhelder, B. (1980): Die Psychologie des Kindes. Stuttgart: Klett.

Piaget, J./Szeminska, A. (1969): Die Entwicklung des Zahlbegriffs beim Kinde. Stuttgart: Klett.

Pinel, P./Dehaene, S./Riviere, D./Le Bihan, D. (2001): Modulation of parietal activation by semantic distance in a number comparison task. In: Neuro-Image 14, H. 5, S. 1013–1026.

Pinel, P./Le Clec'H, G./Moortele, P. van de/Nachacce, L./Le Bihan, D./Dehaene, S. (1999): Event-related fMRI analysis of the cerebral circuit for number comparison. In: NeuroReport 10, S. 1473–1479.

Pluhar, C. (1988): Bilder im Unterricht der Blindenschule. In: Spitzer, K./Lange, M. (Hrsg.): Tasten und Gestalten. Kunst und Kunsterziehung bei Blinden. Waldkirch: VzFB, S. 506–522. Vergriffen, Artikel von

Pluhar online verfügbar unter: http://www.isar-projekt.de/_files/didaktikpool_73_1.pdf.

Popescu, M./Otsuka, A./Ioannides, A. A. (2004): Dynamics of brain activity in motor and frontal cortical areas during music listening. A magnetoencephalographic study. In: NeuroImage 21, H. 4, S. 1622–1638.

Poser, H. (2001): Wissenschaftstheorie. Eine philosophische Einführung. Stuttgart: Reclam.

Preiss, G. (1996): Neurodidaktik. Theoretische und praktische Beiträge. Pfaffenweiler: Centaurus-Verl.-Ges.

Prengel, A. (2009): Differenzierung, Individualisierung und Methodenvielfalt im Unterricht. In: Hinz, R./Walthes, R. (Hrsg.): Heterogenität in der Grundschule. Den pädagogischen Alltag erfolgreich bewältigen. Weinheim, Basel: Beltz, S. 168-177

Pring, L. (2008): Psychological characteristics of children with visual impairments. In: British Journal of Visual Impairment 26, H. 2, S. 159–169.

Pring, L./Rusted, J. (1985): Pictures for the Blind: An Investigation of the Influence of Pictures on the Recall of Text by Blind Children. In: British Journal of Developmental Psychology 3, S. 41–45.

Projekt ISaR: Materialdatenbank. http://www.isar-projekt.de/material/material.php. 07.12.2007.

Pylyshyn, Z. W. (1981): The imagery debate. Analogue media versus tacit knowledge. In: Psychological Review 88, S. 16–45.

Pylyshyn, Z. W. (1984): Computation and cognition. Cambridge, MA: MIT Press.

R

Radatz, H. (1991): Hilfreiche und weniger hilfreiche Arbeitsmittel im mathematischen Anfangsunterricht. In: Grundschule, H. 9, S. 46–49.

Radatz, H. (1993): Marc bearbeitet Aufgaben wie 72-59. Anmerkungen zu Anschauung und Verständnis im Arithmetikunterricht. In: Lorenz, J. H. (Hrsg.): Mathematik und Anschauung. Köln: Aulis Verlag Deubner, S. 14–24.

Ramachandran, V. S./Hubbard, E. M. (2003): The Phenomenology of Synesthesia. In: Journal of Consciousness Studies 10, H. 8, S. 49–57.

Rasch, R./Schütte, S. (2008): Zahlen und Operationen. In: Walther, G./Heuvel-Panhuizen, M. van den/Granzer, D./Köller, O. (Hrsg.): Bildungsstandards für die Grundschule. Mathematik konkret. Berlin: Cornelsen Scriptor, S. 66–88.

Rath, W. (1999): Integrative Pädagogik bei Kindern und Jugendlichen mit Sehbehinderung. In: Ortmann, M./Antor, G. (Hrsg.): Integrative Schulpädagogik. Grundlagen, Theorie und Praxis. Stuttgart: Kohlhammer, S. 60–82.

Raz, N./Amedi, A./Zohary, E. (2005): V1 Activation in Congenitally Blind Humans is Associated with Episodic Retrieval. In: Cerebral Cortex 15, S. 1459–1468.

Reed, C. L./Klatzky, R. L./Halgren, E. (2005): What vs. where in touch. An fMRI study. In: NeuroImage 25, S. 718–726.

Reisberg, D. (1992): Preface. In: Reisberg, D. (Hrsg.): Auditory imagery. Hillsdale, NJ: Erlbaum, S. vii–ix.

Reiter, S. (2011). Funktionen hören – ein auditiver Zugang zum Bereich funktionale Veränderung. In: Praxis der Mathematik in der Schule, 53, H. 42, S. 19-24

Repp, B. H./Penel, A. (2002): Auditory dominance in temporal processing: new evidence from synchronization with simultaneous visual and auditory sequences. In: Journal of Experimental Psychology: Human Perception and Performance 28, H. 5, S. 1085–1099.

Repp, B. H./Penel, A. (2004): Rhythmic movement is attracted more strongly to auditory than to visual rhythms. In: Psychological Research 68, H. 4, S. 252-270.

Resnick, L. B. (1989): Developing mathematical knowledge. In: American Psychologist 44, H. 2, S. 162–169.

Révész, G. (1938): Die Formenwelt des Tastsinnes. Grundlegung der Haptik und der Blindenpsychologie. Haag: Nijhoff.

Riemer, W. (1900): Blindenvorschulen. In: Mell, A. (Hrsg.): Enzyklopädisches Handbuch des Blindenwesens. Wien, Leipzig: Pichler, S. 106–111.

Rijt, B. A. M. van den/Luit, J. E. H. van/Hasemann, K. (2000): Zur Messung der frühen Zahlbegriffsentwicklung. In: Zeitschrift für Entwicklungspsychologie und Pädagogische Psychologie 32, H. 1, S. 14–24.

Rittle-Johnson, B./Siegler, R. S. (1998): The relation between conceptual and procedural knowledge in learning mathematics. A review. In: Donlan, C. (Hrsg.): The Development of Mathematical Skills. Hove: Psychology Press, XIV, S. 75–110.

Röder, B./Neville, H. J. (^{2}2003): Developmental functional plasticity. In: Grafman, J./Robertson, I. H. (Hrsg.): Plasticity and rehabilitation. Amsterdam: Elsevier Science, S. 231–270.

Röder, B./Rösler, F. (2003): Memory for environmental sounds in sighted, congenitally blind and late blind adults. Evidence for cross-modal compensation. In: International Journal of Psychophysiology 50, 1-2, S. 27–39.

Röder, B./Rösler, F. (2004): Kompensatorische Plastizität bei blinden Menschen. Was Blinde über die Adaptivität des Gehirns verraten. In: Zeitschrift für Neuropsychologie 15, H. 4, S. 243–264.

Röder, B./Rösler, F./Neville, H. J. (2000): Event-related potentials during auditory language processing in congenitally blind and sighted people. In: Neuropsychologia 38, H. 11, S. 1482–1502.

Röder, B./Rösler, F./Neville, H. J. (2001): Auditory memory in congenitally blind adults. A behavioral-electrophysiological investigation. In: Cognitive Brain Research 11, H. 2, S. 289–303.

Roderfeld, S. M. (2004): Routenkarten für persönliche Geographien. Kooperative Entwicklung individueller Routenkarten. Artikel auf der mitgelieferten CD-Rom. In: Verband der Blinden- und Sehbehindertenpädagogen und –pädagoginnen e. V. (Hrsg.): Qualitäten. Rehabilitation und Pädagogik bei Blindheit und Sehbehinderung. Kongressbericht zum XXXIII. Kongress der Blinden- und Sehbehindertenpädagogen. Würzburg: edition bentheim.

Rossor, M. N./Warrington, E. K./Cipolotti, L. (1995): The isolation of calculation skills. In: Journal of Neurology 242, S. 78–81.

Roth, G. (2003a): Aus Sicht des Gehirns. Frankfurt a.M.: Suhrkamp.

Roth, G. (2003b): Fühlen, Denken, Handeln. Wie das Gehirn unser Verhalten steuert.

Roth, W. (1974): Sehbehinderte: Kompensationsmechanismen und soziale Integration. In: International Review of Education 20, H. 3, S. 382–385.

Rottmann, T./Schipper, H. (2002): Das Hunderterfeld - Hilfe oder Hindernis beim Rechnen im Zahlenraum bis 100? In: Journal für Mathematikdidaktik 23, H. 1, S. 51–74.

Rotzer, S./Kucian, K./Martin, E./Aster, M. von/Klaver, P./Loenneker, T. (2008): Optimized voxel-based morphometry in children with developmental dyscalculia. In: NeuroImage 39, H. 1, S. 417–422.

Rubinsten, O./Henik, A./Berger, A./Shahar-Shalev, S. (2002): The Development of Internal Representations of Magnitude and Their Association with Arabic Numerals. In: Journal of Experimental Child Psychology 88, H. 1, S. 74–92.

Ruf, U./Gallin, P. (1998): Dialogisches Lernen in Sprache und Mathematik. Bd.1: Austausch unter Ungleichen: Grundzüge einer interaktiven und fächerübergreifenden Didaktik. Seelze-Velber: Kallmeyer.

Ruusuvirta, T./Huotilainen, M./Näätänen, R. (2008): Mismatch negativity reflects numbers of tones of specific frequencies in humans. In: Neuroscience Letters 236, H. 2, S. 138–140.

Sacks, O. (2003): The mind's eye. What the blind see. A neurologist's notebook. In: The New Yorker 28.07.2003, S. 48–59. Übersetzung verfügbar in blind/sehbehindert 1/2006.

Sadato, N. (2005): How the blind „see" Braille. Lessons from functional magnetic resonance imaging. In: Neuroscientist 11, H. 6, S. 577–582.

Sadato, N./Okada, T./Honda, M./Yonekura, Y. (2002): Critical Period for Cross-Modal Plasticity in Blind Humans. A Functional MRI Study. In: Neuro-Image 16, S. 389–400.

Sadato, N./Pascual-Leone, A./Grafman, J./Deiber, M. P./Ibanez, V./Hallett, M. (1998): Neural networks for Braille reading by the blind. In: Brain 121, S. 1213–1229.

Sadato, N./Pascual-Leone, A./Grafman, J./Ibanez, V./Deiber, M. P./Dold, G./et al. (1996): Activation of the primary visual cortex by Braille reading in blind subjects. In: Nature 380, S. 526–528.

Saerberg, S. (2006): Geradeaus ist einfach immer geradeaus. Eine lebensweltliche Ethnographie blinder Raumorientierung. Konstanz: UVK.

Sanchez, J./Flores, H. (2005): AudioMath: Blind children learning mathematics through audio. In: International Journal on Disability and Human Development 4, H. 4, S. 311.

Sathian, K./Prather, S. C. (2006): Cerebral cortical processing of tactile form. Evidence from functional neuroimaging. In: Heller, M. A./Ballesteros, S. (Hrsg.): Touch and Blindness. Psychology and Neuroscience. Hillsdale, NJ: Erlbaum, S. 157–170.

Schindele, R. (1985): Didaktik des Unterrichts bei Sehgeschädigten. In: Rath, W./Hudelmayer, D. (Hrsg.): Pädagogik der Blinden und Sehbehinderten. Berlin: Marhold, S. 91–126.

Schipper, W. (2003): Thesen und Empfehlungen zum schulischen und außerschulischen Umgang mit Rechenstörungen. In: Lenart, F./Holzer, N./ Schaupp, H. (Hrsg.): Rechenschwäche - Rechenstörung - Dyskalkulie. Graz: Leykam.

Schmidt, R. (1982): Zahlenkenntnisse von Schulanfängern. Ergebnisse einer zu Beginn des Schuljahres 1981/82 durchgeführten Untersuchung. Wiesbaden.

Schnabel, U. (06.03.2007): Auf der Suche nach dem Kapiertrieb. In: Die Zeit, Geschichte 1/2007.

Schnurnberger, M. (1996): Bewegte Bilder - Bilder bewegen. Zum Zusammenhang von Bewegung, Wahrnehmung und Phantasie. In: Fauser, P./Madelung, E. (Hrsg.): Vorstellungen bilden. Beiträge zum imaginativen Lernen. Velber: Friedrich, S. 11–26.

Schroedel-Verlag (1997): Arithmetische Fähigkeiten bei Schulanfängern. Eingangstest zum Schuljahresbeginn 1996/1997. Hannover.

Schuhmacher, R. (2006): Wieviel Gehirnforschung verträgt die Pädagogik? Über die Grenzen der Neurodidaktik. In: Caspary, R. (Hrsg.): Lernen und Gehirn. Der Weg zu einer neuen Pädagogik. Freiburg im Breisgau: Herder, S. 12–22.

Schwager, M. (2003): Form und Farbe. Nach einer Idee von Silvia Meyne. www.isar-projekt.de/_files/didaktikpool_169_1.pdf. 04.12.2008.

Schweiter, M./Weinhold Zulauf, M./Aster, M. G. von (2005): Die Entwicklung räumlicher Zahlenrepräsentationen und Rechenfertigkeiten bei Kindern. In: Zeitschrift für Neuropsychologie 16, H. 2, S. 105–113.

Seeger, F. (1993): Veranschaulichungen und Veranschaulichungsmittel aus kulturhistorischer Perspektive. Einige Randbemerkungen. In: Lorenz, J. H. (Hrsg.): Mathematik und Anschauung. Köln: Aulis Verlag Deubner, S. 3–13.

Seitz, S. (2008): Leitlinien didaktischen Handelns. In: Zeitschrift für Heilpädagogik, H. 6, S. 226-233.

Selter, C. (1995): Zur Fiktivität der „Stunde Null" im arithmetischen Anfangsunterricht. In: Mathematische Unterrichtspraxis, H. 2, S. 11–19.

Selter, C./Spiegel, H. (2004): Zählen, ohne zu zählen. In: Müller, G. N./ Steinbring, H./Wittmann, E. C. (Hrsg.): Arithmetik als Prozess. Seelze-Velber: Kallmeyer, S. 81–90.

Selter, C./Spiegel, H. (^{1}2005): Wie Kinder rechnen. Leipzig: Klett-Grund-schulverl.

Seron, X./Pesenti, M./Noël, M.-P./Deloche, G./Cornet, J.-A. (1992): Images of numbers, or „When 98 is upper left and 6 sky blue". In: Cognition 44, S. 159–196.

Shanahan, T. (2000): Research Synthesis: Making Sense of the Accumulation of Knowledge in Reading. In: Kamil, M. L./Mosenthal, P. B./ Pearson, P. D./Barr, R. (Hrsg.): Handbook of Reading Research. Vol. III. New York, Mahwah, N.J.: Longman; Erlbaum.

Shepard, R./Metzler, J. (1971): Mental rotation of three-dimensional objects. In: Science 171, S. 701–703.

Shulman, L. S. (1987): Knowledge and Teaching: Foundations of the New Reform. In: Harvard Educational Review 57, H. 1, S. 1–22.

Sicilian, S. P. (1988): Development of Counting Strategies in Congenitally Blind Children. In: Journal of Visual Impairment and Blindness 82, H. 8, S. 331–335.

Siegler, R. S./Opfer, J. E. (2003): The development of numerical estimation. Evidence for multiple representations of numerical quantity. In: Psychological Science 14, S. 237–243.

Simos, P. G./Kanatsouli, K./Fletcher, J. M./Sarkari, S./Juranek, J./Cirino, P./Passaro, A./Papanicolaou, A. C. (2008): Aberrant spatiotemporal activation profiles associated with math difficulties in children. A magnetic source imaging study. In: Neuropsychology 22, H. 5, S. 571–584.

Simpkins, K. E. (1979): Tactual discrimination of shapes. In: Journal of Visual Impairment and Blindness 73, S. 93–101.

Smits, B. W. G. M./Mommers, M. J. C. (1976): Differences Between Blind and Sighted Children on WISC Verbal Subtests. In: New Outlook for the Blind 70, S. 240–246.

Söbbeke, E. (2007): „Strukturwandel" im Umgang mit Anschauungsmitteln. Kinder erkunden mathematische Strukturen in Anschauungsmitteln. In: Die Grundschulzeitschrift 21, H. 201, S. 4–9.

Sophian, C. (1988): Early developments in children's understanding of number. Inferences about numerosity and one-to-one correspondence. In: Child Development 59, S. 1397–1414.

Sophian, C. (1992): Learning About Numbers. Lessons for Mathematics Education From Preschool Number Development. In: Bideaud, J./Meljac, C./ Fischer, J.-P. (Hrsg.): Pathways to Number. Children's Developing Numerical Abilities. Hillsdale, NJ: Erlbaum, S. 19–40.

Sophian, C. (1998): A developmental perspective on children's counting. In: Donlan, C. (Hrsg.): The Development of Mathematical Skills. Hove: Psychology Press, XIV, S. 27–46.

Sophian, C./McCorgray, P. (1994): Part-Whole Knowledge and Early Arithmetic Problem Solving. In: Cognition & Instruction 12, H. 1, S. 3–33.

Speck, O. (1998): System Heilpädagogik. Eine ökologisch reflexive Grundlegung. München: Reinhardt.

Spiegel, H./Selter, C. (2003): Kinder & Mathematik. Was Erwachsene wissen sollten. Seelze-Velber: Kallmeyer.

Spittler-Massolle, H.-P. (1998): Blindheit in der sehenden Welt - ein Anachronismus oder eine subversive Kraft? In: Lebensperspektiven.

Kongressbericht zum XXXII. Kongress der Blinden- und Sehbehindertenpädagogen. Hannover: VzFB, S. 199–216.

Spittler-Massolle, H.-P. (2001): Blindheit und blindenpädagogischer Blick. Der Brief über die Blinden zum Gebrauch für die Sehenden von Denis Diderot und seine Bedeutung für den Begriff von Blindheit. Frankfurt a.M.: Lang.

Spitzer, M. (18.09.2003): Medizin für die Pädagogik. In: Die Zeit.

Spitzer, M. (^{4}2004): Musik im Kopf. Hören, Musizieren, Verstehen und Erleben im neuronalen Netzwerk. Stuttgart, New York: Schattauer.

Spitzer, M. (2006): Medizin für die Schule. Plädoyer für eine evidenzbasierte Pädagogik. In: Caspary, R. (Hrsg.): Lernen und Gehirn. Der Weg zu einer neuen Pädagogik. Freiburg im Breisgau: Herder, S. 23–35.

Staatliche Schule für Sehgeschädigte Schleswig (2006): Eine Idee der Zuordnung von Farben zu Tastqualitäten. http://www.isar-projekt.de/_files/didaktikpool_194_1.pdf. 11.01.08.

Starkey, P./Cooper, R. G. (1980): Perception of numbers by human infants. In: Science 210, S. 1033–1035.

Starkey, P./Spelke, E. S./Gelman, R. (1990): Numerical Abstraction by Human Infants. In: Cognition 36, S. 97–127.

Statistisches Bundesamt (31.08.2007): Allgemeinbildende Schulen. http://www.destatis.de/jetspeed/portal/cms/Sites/destatis/Internet/DE/Navigation/Statistiken/BildungForschungKultur/Schulen/Tabellen.psml. 01.11.2007.

Steinbring, H. (1994): Die Verwendung strukturierter Diagramme im Arithmetikunterricht der Grundschule. Zum Unterschied zwischen empirischer und theoretischer Mehrdeutigkeit mathematischer Zeichen. In: Mathematische Unterrichtspraxis, IV, S. 7–19.

Stern, E. (1998): Die Entwicklung des mathematischen Verständnisses im Kindesalter. Lengerich, Berlin, Düsseldorf, Leipzig: Pabst.

Stern, E. (2002): Wie abstrakt lernt das Grundschulkind? Neuere Ergebnisse der entwicklungspsychologischen Forschung. In: Petillon, H. (Hrsg.): Individuelles und soziales Lernen in der Grundschule - Kindperspektive und pädagogische Konzepte. Opladen: Leske und Budrich, S. 27–42.

Stern, E. (2005): Kognitive Entwicklungspsychologie des mathematischen Denkens. In: Aster, M. G. von/Lorenz, J. H. (Hrsg.): Rechenstörungen bei Kindern. Neurowissenschaft, Psychologie, Pädagogik. Göttingen: Vandenhoeck und Ruprecht, S. 137–149.

Stern, E./Grabner, R. H./Schumacher, R. (2005): Lehr-Lern-Forschung und Neurowissenschaften – Erwartungen, Befunde, Forschungsperspektiven. Bonn, Berlin (BMBF).

Stevens, A. A./Weaver, K. E. (2005): Auditory perceptual consolidation in early-onset blindness. In: Neuropsychologia 43, H. 13, S. 1901–1910.

Stevens, A. A./Weaver, K. E. (2009): Functional characteristics of auditory cortex in the blind. In: Behavioural Brain Research 196, H. 1, S. 134–138.

Stilla, R./Hanna, R./Hu, X./Mariola, E./Deshpande, G./Sathian, K. (2008): Neural processing underlying tactile microspatial discrimination in the blind: A functional magnetic resonance imaging study. In: Journal of Vision 8, H. 10, S. 1–19.

Strauss, M. S./Curtis, L. E. (1981): Infant perception of numerosity. In: Child Development 52, S. 1146–1152.

Stroop, J. R. (1935): Studies of interference in serial verbal reactions. In: Journal of Experimental Psychology 18, S. 643–662.

Sundermann, B./Selter, C. (2000): Quattro Stagioni - Nachdenkliches zum Stationenlernen aus mathematikdidaktischer Perspektive. In: Meier, R. et al. (Hrsg.): Üben und Wiederholen, Friedrich Jahresheft, S. 110–113.

Swanson, H. L./Jerman, O./Zheng, X. (2008): Growth in Working Memory and Mathematical Problem Solving in Children at Risk and Not at Risk for Serious Math Difficulties. In: Journal of Educational Psychology 100, H. 2, S. 343–379.

Szücs, D./Csépe, V. (2005): The parietal distance effect appears in both the congenitally blind and matched sighted controls in an acoustic number comparison task. In: Neuroscience Letters 384, S. 11–16.

Tait, P. E. (1990): The Attainment of Conservation by Chinese and Indian Children. In: Journal of Visual Impairment and Blindness 84, H. 7, S. 380–382.

Thompson, L./Chronicle, E. (2006): Beyond visual conventions: Rethinking the design of tactile diagrams. In: British Journal of Visual Impairment 24, H. 2, S. 76.

Thompson, R. F./Mayers, K. S./Robertson, R. T./Patterson, C. J. (1970): Number Coding in Association Cortex of the Cat. In: Science 168, S. 271–273.

Tillman, H. M./Osborne, R. T. (1969): The Performance of Blind and Sighted Children on the Wechsler Intelligence Scale for Children. Interaction Effects. In: Education of the Visually Handicapped 1, S. 1–4.

Tillmann, B./Bigand, E. (2004): The Relative Importance of Local and Global Structures in Music Perception. In: The Journal of Aesthetics and Art Criticism 62, H. 2, S. 211–222.

Tobin, M. (2008): Information: a new paradigm for research into our understanding of blindness? In: British Journal of Visual Impairment 26, H. 2, S. 119.

Tóth, Z. (1930): Die Vorstellungswelt der Blinden. Leipzig: Johann Ambrosius Barth.

Trehub, S. E. (1985): Auditory pattern perception in infancy. In: Trehub, S. E./Schneider, B. (Hrsg.): Auditory development in infancy. New York, London: Plenum Press, S. 183–195.

Trehub, S. E./Thorpe, L. A. (1989): Infants' Perception of Rhythm. Categorization of Auditory Sequences by Temporal Structure. In: Canadian Journal of Psychology 43, H. 2, S. 217–229.

Turgeon, M./Bregman, A. S. (2001): Ambiguous musical figures. Sequential grouping by common pitch and sound-source location versus simultaneous grouping by temporal synchrony. In: Zatorre, R. J./Peretz, I. (Hrsg.): The biological foundations of music. New York: New York Academy of Sciences, S. 375–381.

U   Uhl, F./Franzen, P./Lindinger, G. et al. (1991): On the functionality of the visually deprived occipital cortex in early blind persons. In: Neuroscience Letters 124, S. 256–259.

Uhl, F./Franzen, P./Podreka, I. et al. (1993): Increased regional cerebral blood flow in inferior occipital cortex and the cerebellum of early blind humans. In: Neuroscience Letters 150, S. 162–164.

Unesco (1994): Die Salamanca Erklärung über Prinzipien, Politik und Praxis der Pädagogik für besondere Bedürfnisse.

Ungar, S. (2002): Cognitive Mapping without Visual Experience. In: Kitchin, R./Freundschuh, S. (Hrsg.): Cognitive mapping. Past, present, and future. London: Routledge.

Ungerleider, L./Haxby, J. (1994): 'What' and 'where' in the human brain. In: Current Opinion in Neurobiology 4, S. 157–165.

Ungerleider, L./Mishkin, M. (1982): Two cortical visual systems. In: Ingle, D. J./Goodale, M. A./Mansfield, R. J. W. (Hrsg.): Analysis of Visual Behavior. Cambridge, MA: MIT Press, S. 549–586.

V   Vallesi, A./Binns, M. A./Shallice, T. (2008): An effect of spatial–temporal association of response codes: Understanding the cognitive representations of time. In: Cognition 107, H. 2, S. 501–527.

Vanlierde, A./Wanet-Defalque, M. C. (2005): The Role of Visual Experience in Mental Imagery. In: Journal of Visual Impairment and Blindness 99, H. 3, S. 165-178.

Vanlierde, A./Wanet-Defalque, M.-C. (2004): Abilities and strategies of blind and sighted subjects in visuo-spatial imagery. In: Acta Psychologica 116, H. 2, S. 205-222.

Varela, F. J. (1994): Ethisches Können. Frankfurt/Main: Campus-Verl.

Vecchi, T./Monticelli, M. L./Cornoldi, C. (1995): Visuo-spatial working memory: Structures and variables affecting a capacity measure. In: Neuropsychologia 33, H. 11, S. 1549-1564.

Voigt, F. (1983): Entwicklungslinien des Zahlbegriffs im Vorschulalter. Eine Längsschnittstudie. Dissertation. Heidelberg.

Voigt, J. (1993): Unterschiedliche Deutungen bildlicher Darstellungen zwischen Lehrerin und Schülern. In: Lorenz, J. H. (Hrsg.): Mathematik und Anschauung. Köln: Aulis Verlag Deubner, S. 147-166.

Walsh, V. (2003): A theory of magnitude: common cortical metrics of time, space and quantity. In: Trends in Cognitive Sciences 7, H. 11, S. 483-488.

Walthes, R. (1998): Einsichten. Überlegungen zu Wahrnehmung und Vorstellung und ihre pädagogischen Konsequenzen für den gemeinsamen Unterricht. In: Pielage, H. (Hrsg.): Sehgeschädigte Kinder in allgemeinen Schulen - heute ein Regelfall? Rückblick und Perspektiven der Integrativen Beschulung anläßlich des 60. Geburtstages von Dr. Peter Appelhans. Hannover: VzFB, S. 54-68.

Walthes, R. (^{2}2005): Einführung in die Blinden- und Sehbehindertenpädago-gik. München: Reinhardt.

Walthes, R. (2006): Sind 200 Jahre genug? Oder: Welche Zukunftsperspektiven hat das System? In: Drave, W./Mehls, H. (Hrsg.): 200 Jahre Blindenbildung in Deutschland (1806-2006). Würzburg: Ed. Bentheim, S. 245-250.

Walthes, R./Cachay, K./Gabler, H./Klaes, R. (1994): Gehen, gehen, Schritt für Schritt. Zur Situation von Familien mit blinden, mehrfachbehinderten oder sehbehinderten Kindern. Frankfurt a.M., New York: Campus.

Wan-Lin, M. M./Tait, P. E. (1987): The Attainment of Conservation by Visually Impaired Children in Taiwan. In: Journal of Visual Impairment and Blindness 81, H. 9, S. 423-428.

Warren, D. H. (1994): Blindness And Children. An Individual Differences Approach. Cambridge: University Press.

Wartha, S./Hofe, R. vom (2004): Grundvorstellungsumbrüche als Erklärungsmodell für die Fehleranfälligkeit in der Zahlbegriffsentwicklung. In: Heinze, A. (Hrsg.): Beiträge zum Mathematikunterricht 2004. Vorträge auf der 38. Tagung für Didaktik der Mathematik vom 1. bis 5. März 2004 in Augsburg. Hildesheim: Franzbecker, S. 593–596.

Weber, C. (2007): Mathematische Vorstellungen bilden. Praxis und Theorie von Vorstellungsübungen im Mathematikunterricht der Sekundarstufe II. Bern: h.e.p.

Weihe-Kölker, Andrea (2000): Die Adaption von Arbeitsmaterialien für den Unterricht mit blinden Kindern. http://www.isar-projekt.de/_files /didaktikpool_92_1.pdf. 23.05.08.

Weinert, F. E. (^{2}2002): Vergleichende Leistungsmessung in Schulen. Eine umstrittene Selbstverständlichkeit. In: Weinert, F. E. (Hrsg.): Leistungsmessungen in Schulen. Weinheim: Beltz, S. 17–31.

Weinläder, H. G. (1985): Psychologie der Blinden und Sehbehinderten. In: Rath, W./Hudelmayer, D. (Hrsg.): Pädagogik der Blinden und Sehbehin-derten. Berlin: Marhold, S. 517–533.

Weißhaupt, S./Peucker, S./Wirtz, M. (2006): Diagnose mathematischen Vorwissens im Vorschulalter und Vorhersage von Rechenleistungen und Rechenschwierigkeiten in der Grundschule. In: Psychologie in Erziehung und Unterricht 53, H. 4, S. 236–245.

Wember, F. B. (1986): Piagets Bedeutung für die Lernbehindertenpädagogik. Dissertation. Heidelberg.

Wember, F. B. (2003): Bildung und Erziehung bei Behinderungen – Grund-fragen einer wissenschaftlichen Disziplin im Wandel. In: Leonhardt, A./ Wember, F. B. (Hrsg.): Grundfragen der Sonderpädagogik. Bildung - Erziehung - Behinderung ; ein Handbuch. Weinheim: Beltz, S. 12–57.

Whalen, J./McCloskey, M./Lindemann, M./Bouton, G. (2002): Representing Arithmetic Table Facts in Memory. Evidence from Acquired Impairments. In: Cognitive Neuropsychology 19, H. 6, S. 505–522.

Williams, R. B. (1991): Relations among tasks assessing young children's number concept. In: Perceptual and motor skills 72, S. 1031–1038.

Williams, S. M. (1994): Perceptual principles in sound grouping. In: Kramer, G. (Hrsg.): Auditory display. Sonification, audification, and auditory interfaces. Reading Mass.: Addison-Wesley, S. 95–126.

Wilson, M. L./Hauser, M. D./Wrangham, R. W. (2001): Does participation in intergroup conflict depend on numerical assessment, range location, or rank for wild chimpanzees? In: Animal Behaviour 61, S. 1203–1216.

Wittmann, E. C. (^{6}1983): Grundfragen des Mathematikunterrichts. Braunschweig: Vieweg.

Wittmann, E. C./Müller, G. N. (Hrsg.) (1993): Handbuch produktiver Rechenübungen. Band 1. Vom Einspluseins zum Einmaleins. Stuttgart, Düsseldorf, Berlin, Leipzig: Klett.

Wittmann, E. C./Müller, G. N. (^{1}2006a): Das Zahlenbuch 1. Leipzig: Klett-Grundschulverl.

Wittmann, E. C./Müller, G. N. (2006b): Das Zahlenbuch. 1. Schuljahr, Lehrerband. Leipzig: Klett-Grundschulverl.

Wittmann, J. (1929/^{4}1967): Theorie und Praxis eines ganzheitlichen Unterrichts. Dortmund: W. Grüwell Verlag.

Wundt, W. (1874): Grundzüge der physiologischen Psychologie. Leipzig: Engelmann.

Wundt, W. (1893): Logik. Eine Untersuchung der Principien der Erkenntnis und der Methoden wissenschaftlicher Forschung. Stuttgart: Enke.

Wundt, W. (1900): Völkerpsychologie. Die Sprache Teil 1. Leipzig: Engelmann.

Wundt, W. (1907): Grundriß der Psychologie. Leipzig: Engelmann.

Wynn, K. (1992): Addition and Subtraction by Human Infants. In: Nature 358, S. 749–750.

Wynn, K. (1996): Infants' individuation and enumeration of actions. In: Psychological Science 7, H. 3, S. 164–169.

Wynn, K. (1998): Numerical competence in infants. In: Donlan, C. (Hrsg.): The Development of Mathematical Skills. Hove: Psychology Press, XIV, S. 3–25.

Xu, F./Spelke, E. S. (2000): Large number discrimination in 6-month-old infants. In: Cognition 74, S. B1-B11.

Zhou, X./Chen, Y./Chen, C./Jiang, T./Zhang, H./Dong, Q. (2007): Chinese kindergartners' automatic processing of numerical magnitude in stroop-like tasks. In: Memory and Cognition 35, H. 3, S. 464–470.

Zimler, J./Keenan, J. M. (1983): Imagery in the congenitally blind. How visual are visual images? In: Journal of Experimental Psychology: Learning, Memory and Cognition 9, S. 269–282.

Zollitsch, E. (2003): Ich weiß wo ich bin. Blind geborene Kinder zeichnen, wie sie die Welt erleben. Passau, Waldkirchen: SüdOst-Verl.

Zorzi, M./Priftis, K./Umiltà, C. (2002): Brain damage: Neglect disrupts the mental number line. In: Nature 417, S. 138–139.

Zuijen, T. L. van/Sussman, E./Winkler, I./Näätänen, R./Tervaniemi, M. (2003): Grouping of Sequential Sounds. An Event-Related Potential Study Comparing Musicians and Nonmusicians. In: Journal of Cognitive Neuroscience 16, S. 331–338.

Zuijen, T. L. van/Sussman, E./Winkler, I./Näätänen, R./Tervaniemi, M. (2005): Auditory organization of sound sequences by a temporal or numerical regularity. A mismatch negativity study comparing musicians and non-musicians. In: Cognitive Brain Research 23, S. 270–276.

Dortmunder Beiträge zur Entwicklung und Erforschung des Mathematikunterrichts

Herausgeber: Prof. Dr. Hans-Wolfgang Henn, Prof. Dr. Stephan Hußmann, Prof. Dr. Marcus Nührenbörger, Prof. Dr. Susanne Prediger, Prof. Dr. Christoph Selter

Theresa Deutscher
Arithmetische und geometrische Fähigkeiten von Schulanfängern
2012. XXIX, 468 S. mit 198 Abb. u. 40 Tab.
Br. EUR 69,95
ISBN 978-3-8348-1723-5

Florian Schacht
Mathematische Begriffsbildung zwischen Implizitem und Explizitem
2012. XVI, 366 S. mit 53 Abb. u. 34 Tab.
Br. EUR 69,95
ISBN 978-3-8348-1967-3

Frauke Link
Problemlöseprozesse selbstständigkeitsorientiert begleiten
2011. XVI, 238 S. mit 35 Abb. u. 24 Tab.
Br. EUR 49,95
ISBN 978-3-8348-1616-0

Julia Voßmeier
Schriftliche Standortbestimmungen im Arithmetikunterricht
2012. XI, 548 S. mit 253 Abb. u. 75 Tab.
Br. EUR 79,95
ISBN 978-3-8348-2404-2

Michael Link
Grundschulkinder beschreiben operative Zahlenmuster
2012. XXII, 308 S. mit 88 Abb. u. 77 Tab.
Br. EUR 69,95
ISBN 978-3-8348-2416-5

Stand: April 2012. Änderungen vorbehalten.
Erhältlich im Buchhandel oder beim Verlag.

Abraham-Lincoln-Straße 46
D-65189 Wiesbaden
Tel. +49 (0)6221. 345 - 4301
www.springer-spektrum.de

Springer Spektrum

Printed by Printforce, the Netherlands

Web 2.0-gestützte kollaborative Innovationen für regionale KMU-Netzwerke – KMU 2.0: Ein Forschungsprojekt zieht Bilanz

Harald F.O. von Kortzfleisch, Markus Nüttgens und Rüdiger H. Jung

Inhaltsverzeichnis

1. KMU 2.0 im Lichte förderpolitischer Ziele 339
   1.1 Erkenntnislücken schließen 339
   1.2 Veränderungsprozesse ermöglichen 341
   1.3 Politische Entscheidungen sachgerecht vorbereiten 341
2. Bezüge von KMU 2.0 zu anderen Forschungsinitiativen 342
3. KMU 2.0 in der Verwertung 344
   3.1 Wirtschaftliche Erfolgsaussichten 344
   3.2 Wissenschaftlich-technische Erfolgsaussichten 346
   3.3 Wissenschaftliche und wirtschaftliche Anschlussfähigkeit 347

1. KMU 2.0 im Lichte förderpolitischer Ziele

Bei der Ausgestaltung und Durchführung des Forschungs- und Entwicklungsvorhabens „Selbstorganisation für KMU-Netzwerke zur innovativen Lösung aktueller Probleme der modernen Arbeitswelt" (KMU 2.0) wurde besonderer Wert auf die förderpolitischen Ziele des Bundesministeriums für Bildung und Forschung (BMBF) gelegt. Insbesondere zielt in diesem Zusammenhang das BMBF-Förderprogramm **„Arbeiten – Lernen – Kompetenzen entwickeln"**[1] darauf ab, dass „die Menschen ihr Können, ihre Kreativität und ihre Motivation in die Arbeitswelt einbringen und ihre Kompetenzen dort auch (weiter-)entwickeln; Unternehmen die Voraussetzungen für erfolgreiche Kompetenzentwicklungen schaffen und damit zur Quelle neuer Ideen, erfolgreicher Produkte und neuer Beschäftigung werden, Netzwerke und Zusammenarbeit gestaltet werden, die Marktchancen und Beschäftigungsmöglichkeiten eröffnen".[2] Um dieses Ziel zu erreichen, sollen aus Sicht des BMBF entsprechende Erkenntnislücken geschlossen, Veränderungsprozesse ermöglicht und politische Entscheidungen sachgerecht unterstützt werden. Auf die einzelnen Aspekte, die hinter diesen Zielsetzungen stehen[3], wird im Folgenden aus Sicht der Forschungsergebnisse zum Verbundvorhaben KMU 2.0 näher eingegangen werden. Im Anschluss werden Bezüge zu weiteren Forschungsinitiativen des BMBF und auf europäischer Ebene hergestellt und die Verwertungsmöglichkeiten der Forschungsergebnisse präsentiert.

1.1 Erkenntnislücken schließen

Es ist davon auszugehen, dass viele Hemmnisse in vernetzten Innovationsprozessen, die traditionellen Managementstrategien folgen, durch ein hohes Maß an Misstrauen und beschränkte Zugangsmöglichkeiten der beteiligten Akteure geprägt sind. Damit einher geht eine mangelhafte Partizipation an solchen Prozessen, welche dazu führt, dass theoretisch vorhandene kreative Potenziale nicht erschlossen werden.

---

[1] Siehe *BMBF* 2007.
[2] *BMBF* 2007, S. 7.
[3] Vgl. *BMBF* 2007, S. 8ff.

Dem gegenüber stehen, initiiert durch den Einsatz von Web 2.0-Anwendungen, moderne Möglichkeiten, vernetzte Innovationsprozesse für alle Akteursebenen vertrauensbasiert zu öffnen und das kreative Potenzial aller Beteiligten zu erschließen. Im Vordergrund stehen dann **Innovationsstrategien jenseits traditionellen Managements**. Das Forschungsvorhaben KMU 2.0 leistete hierzu differenzierte theoretische wie empirische Beiträge, unter welchen Bedingungen dies möglich ist, welche notwendigen Kompetenzen seitens der Akteure vorliegen müssen, wie Lernprozesse hierfür zu gestalten sind und welche Weiterentwicklungen notwendig sind, um Web 2.0 in KMU-Netzwerken erfolgreich für innovationsorientierte Arbeitsprozesse einsetzen zu können.

Eine darüber hinaus gehende **erste Meta-Erkenntnis** aus KMU 2.0 ist, dass der Einsatz moderner Informations- und Kommunikationstechnologien wie Web 2.0 nicht automatisch zu organisatorischen oder gar strategischen Veränderungen in KMU-Netzwerken führt bzw. führen kann. Gleichwohl stellt er ein „Redeinstrument" für die Praxis der KMU-Vernetzung dar, um Zielsetzungen und Handlungen im Netzwerk kritisch zu reflektieren und darauf aufbauend Netzwerk-Identität und Nutzen für die beteiligten Mitgliedsunternehmen zu hinterfragen und zu festigen.

Eine **zweite Meta-Erkenntnis** ist, dass die Zentrale im Netzwerk zugleich eine ermöglichende wie restringierende Funktion und Aufgabe im Kontext von Verbundvorhaben zwischen Wissenschaft und Vernetzungspraxis wahrnimmt. Das Ermöglichende besteht im Öffnen des Zugangs der Wissenschaft für die Praxis, das Restringierende ist der Vorsicht gegenüber der Belastbarkeit und den Eigeninteressen der jeweiligen Mitgliedsunternehmen geschuldet.

Die **dritte Meta-Erkenntnis** aus KMU 2.0 ist, dass tatsächlich der Einsatz von Web 2.0 in KMU-Netzwerken Innovationsprozesse verstärken und effektiv sowie effizient unterstützen kann. Das Gefüge aus sozialen, organisatorischen, strategischen und technischen Interaktionen ist hierbei gleichwohl komplex, situativ und letztlich auch in hohem Maße abhängig von Personen und ökonomischen Rahmenbedingungen.

1.2 Veränderungsprozesse ermöglichen

Durch den Einsatz von Web 2.0 zur Unterstützung innovativer Netzwerkprozesse lässt sich ein nachhaltiger Rahmen schaffen, innerhalb dessen ein hohes Maß an selbstinitiierter und selbstgesteuerter Flexibilität möglich und gewünscht ist, die im Ergebnis zu kreativen und innovativen Lösungen führen kann. Gerade für dynamische und komplexe Rahmenbedingungen, wie sie die moderne Arbeitswelt vorgibt, können selbstorganisatorische Prozesse aufgrund ihres hohen Flexibilitätspotenzials äußerst wirkungsvoll sein. Nicht zuletzt werden hierfür über den Rahmen die Akteursebenen der Mitarbeitenden, Interessensgruppierungen und der Netzwerkunternehmen diese insofern miteinander verknüpft, als selbstorganisatorische Prozesse, die auf der Akteurs- und Gruppenebene stattfinden, zu Ergebnissen führen, die wiederum für die Unternehmens- und Netzwerkebene relevant sind, hier im Sinne von potenziellen gemeinsamen Innovationen.

Eine **zentrale Meta-Erkenntnis** aus dem KMU 2.0-Projekt ist, dass die beschriebenen möglichen, von Selbstorganisationsprozessen bestimmten Wechselwirkungen zwischen persönlicher und institutioneller Netzwerkebene mit dem Potenzial, darüber gemeinschaftlich Innovationen zu generieren, auch immer im Spannungsverhältnis zur Fremdorganisation stehen. Und dieses Spannungsverhältnis lässt sich nun einmal nicht auflösen sondern nur „ausbalancieren". Insofern sind Veränderungsprozesse niemals abgeschlossen, sondern es finden permanent situative, kontextabhängige Gestaltungsprozesse statt, die im Ergebnis mal mehr, mal weniger Selbst- oder Fremdorganisation bedeuten. Gleichwohl impliziert der Einsatz von Web 2.0 einen gewissen „Druck", sich intensiver mit Selbstorganisation zu beschäftigen; ob diese dann auch umgesetzt und gelebt wird, hängt von den jeweiligen Akteuren im Netzwerk ab.

1.3 Politische Entscheidungen sachgerecht vorbereiten

Akzeptiert man die Sichtweise, dass politische Entscheidungsprozesse auch Kreativitäts- und Innovationsprozesse sind, dann bieten die Ergebnisse des Forschungsvorhabens KMU 2.0 eine Vielzahl an Ansatzpunkten, solche Prozesse methodisch zu unterstützen. Die **zentrale Meta-Erkenntnis** aus dem KMU 2.0-Projekt ist hierbei, dass gerade die im Bereich der Personal-, Organisations- und Kompetenzentwicklung existierende Vielzahl sich teilweise widersprechender Entwicklungen und Interessen der in das Innovationsgeschehen eingebundenen Akteure eine Öffnung politischer Entscheidungsprozesse in dem Sinne nahe legt, wie eine Öffnung von Managementstrategien im KMU 2.0-Vorhaben diskutiert wurde. Methodisch werden damit Aspekte der Früherkennung und des lernenden Managements auch auf die Entwicklung von Forschungs- und Entwicklungsprogrammen übertragbar.

2. Bezüge von KMU 2.0 zu anderen Forschungsinitiativen

Für das Forschungsvorhaben KMU 2.0 waren vor allem europäische Forschungsinitiativen sowie weitere Förderaktivitäten des BMBF von Relevanz. Auf europäischer Ebene wurden insbesondere Bezüge zur Koordinierungsmaßnahme „WORK-IN-NET" und zum 7. EU-Forschungsrahmenprogramm gesehen. Hinsichtlich des BMBF standen die Programme „Forschung für die Produktion von morgen", „E-Science" und „Neue Medien in der Bildung" sowie das beendete Aktionsprogramm „Lebensbegleitendes Lernen für alle" sowie speziell das Programm „Lernkultur Kompetenzentwicklung" im Vordergrund.

Wird zunächst auf die europäischen Forschungsinitiativen eingegangen, dann ergibt sich der Bezug zu **WORK-IN-NET** daraus, dass auch hier, wie in KMU 2.0, Innovationen in der Arbeitsorganisation betrachtet werden. Und auch KMU 2.0 zielte auf das, was die Kommission „Arbeitsplätze mit hohem Vertrauen und hoher Leistung" nennt. Schließlich behandelt WORK-IN-NET u. a. die Themen „Innovationen im Personalmanagement zur Verbesserung der Qualität des Arbeitslebens und der Produktivität" sowie „soziale Unternehmenskultur", die beide auch von KMU 2.0 bedient wurden.

Die inhaltliche Struktur des **7. EU-Forschungsrahmenprogramms** weist unter dem Stichwort „Kooperation" u.a. die Themen „Gesundheit", „Informations- und Kommunikationstechnologien", „Energie", „Umwelt" und „Sicherheit" auf, die alle auch im Rahmen von KMU 2.0 als potenzielle Innovationsfelder angesprochen wurden. Informations- und Kommunikationstechnologien (IKT) wurden hier allerdings nicht nur als ein Innovationsthema per se sondern vor allem als Instrument betrachtet, um Kreativitäts- und Innovationsprozesse hinsichtlich der übrigen Themen zu unterstützen.

KMU 2.0 hat auffallend viele Bezüge zu den verschiedenen BMBF-Programmen zur Förderung von Dienstleistungsforschung. Bezüglich der vier Handlungsfelder des BMBF-Programms **„Forschung für die Produktion von morgen"** ergaben sich deutliche Bezüge zum Handlungsfeld „Zusammenarbeit produzierender Unternehmen" und zum Handlungsfeld „Menschen in wandlungsfähigen Unternehmen". Allerdings wird in beiden Handlungsfeldern das Kooperationsphänomen vernetzter KMU nicht so ausdrücklich betrachtet, wie es in KMU 2.0 der Fall war.

Auch wenn der Schwerpunkt von **„E-Science"** im Wissenschaftsbereich und neuen IKT wie dem GRID-Computing liegt, so lassen sich doch einige zentrale Bezüge erkennen. Denn bei E-Science steht ja gerade auch die IKT-basierte, kollaborative und vernetzte bis hin zur virtuellen Zusammenarbeit im Vordergrund, welche die Dynamik in den zugrunde liegenden Prozessen verbessern soll. Zudem geht es um Managementaspekte, hier: Wissenschaftsmanagement, die auch in KMU 2.0 eine wesentliche, wenn auch systemisch gewendete Berücksichtigung fanden.

E-Learning und berufliche Bildung stehen im Vordergrund des Förderprogramms **„Neue Medien in der Bildung"**. Die Ergebnisse dieses Programms machen deutlich, dass die technologisch angestoßenen, strukturellen Entwicklungen zu qualitativen Verbesserungen in der Ausbildung geführt haben. Aus übergeordneter, sich vom konkreten Kontext der Ausbildung lösender Betrachtungsweise liegt schon hier ein Bezug zum Forschungsvorhaben KMU 2.0 vor. Ein weiterer Bezug ist darin zu sehen, dass KMU 2.0 ja gerade auch auf potenzielle innovative Lösungsansätze im Bereich der Aus- und Weiterbildung abzielte. Diese Lösungen können darüber hinaus auch im Bereich E-Learning liegen und stellen gegebenenfalls spezielle virtuelle Dienstleistungen im Kontext selbstorganisatorischer (lernorientierter) Netzwerkprozesse dar.

Zum Aktionsprogramm **„Lebensbegleitendes Lernen für alle"** bestehen konzeptionelle Bezüge insofern, als auch im Forschungsvorhaben KMU 2.0 ein Schwerpunkt gelegt wurde auf die Stärkung der Eigenverantwortung und Selbststeuerung, hier dann der Mitarbeitenden in KMU-Netzwerken. Aber auch die Kooperation von Bildungsanbietern ist ein mögliches Szenario von KMU 2.0.

„Lernkultur Kompetenzentwicklung" umfasste zwei für KMU 2.0 relevante Schwerpunkte: Zum einen Lernen im Prozess der Arbeit, zum anderen Lernen im Netz und mit Multimedia. Mit vernetzten Kreativitäts- und Innovationsprozessen, die selbstorganisatorisch ablaufen, sind immer auch Lernprozesse verbunden. Durch den Einsatz von Web 2.0 und der dahinter stehenden grundlegenden Vernetzung von Aktivitäten und Akteuren sind Bezüge zum mediengestützten Lernen – ähnlich wie beim Förderprogramm „Neue Medien in der Bildung" bereits angemerkt – gegeben.

3. KMU 2.0 in der Verwertung

Im verbleibenden Kapitel unserer Bilanz zum Forschungsprojekt KMU 2.0 möchten wir auf die wirtschaftlichen sowie wissenschaftlich-technischen Erfolgsaussichten eingehen, wie auch einige abschließende Bemerkungen zur wissenschaftlichen und wirtschaftlichen Anschlussfähigkeit unterbreiten.

3.1 Wirtschaftliche Erfolgsaussichten

Der im Rahmen des KMU 2.0-Projektes entwickelte Web 2.0-basierte Prototyp wird auch nach Abschluss des Forschungsvorhabens beim Praxispartner Wirtschafts-Forum Neuwied e. V. weiter zum Einsatz kommen. Hierzu wurden entsprechende Maßnahmen ergriffen, die den Weiterbetrieb und die inkrementelle Weiterentwicklung Web 2.0-gestützter virtueller Dienstleistungen gemäß den Anforderungen der Mitglieder des Praxispartners sicherstellen.

Das im Rahmen des Forschungsvorhabens erarbeitete Wissen wird zudem durch Impuls- und Transfergespräche mit anderen KMU-Netzwerken vertieft und weiter ausgebaut. Das Projektergebnis von KMU 2.0 dient dabei als Best-Practice-Ansatz für eine Web 2.0-gestützte Vernetzung nicht nur für regionale Netzwerke von KMU, sondern auch für andere Arten von KMU-Netzwerken. Insofern ist davon auszugehen, dass KMU 2.0 hinsichtlich seiner technischen, (selbst-) organisatorischen und (arbeits-) prozessorientierten Aspekte mit Blick auf andere KMU-Netzwerke weiter ausgebaut wird. Zu diesem Zweck wurden bereits Gespräche mit dem DIHK und auch mit einzelnen IHK, etwa der IHK Region Stuttgart, und der Handwerkskammer Hamburg geführt und entsprechende Präsentationen zum Thema „Einsatz neuer Web 2.0-Technologien in einem regionalen Netzwerk von KMU: Herausforderungen und Möglichkeiten" gehalten. Außerdem finden Beratungsgespräche mit einzelnen Unternehmern statt, die Netzwerkgründungen planen.

Eckpunkte unter Einbeziehung der Unternehmersicht zum Thema "Management von Web 2.0 Anwendungen in kleinen und mittleren Unternehmen" erarbeitet derzeit das Hamburger Informatik Technologie-Center e.V. in Zusammenarbeit mit der Universität Hamburg gemeinsam mit dem Deutschen Institut für Normung (DIN) im Rahmen der vom Bundeswirtschaftsministerium geförderten Projekt „Innovation mit Normen und Standards". Angestrebt ist die Erstellung einer DIN Spezifikation, welche ein standardisiertes Vorgehensmodell im Sinne idealtypischer Empfehlungen zur Ressourcen schonenden Implementierung und Nutzung von Web 2.0-Anwendungen in kleinen und mittleren Unternehmen nebst standardisierten Entscheidungshilfen in Form von Checklisten beinhaltet. Durch Normung und Standardisierung ergeben sich positive Impulse für den Transfer des im Rahmen des Vorhabens erworbenen Wissens zum Markt, einer Erkenntnis, die auch in der Hightech-Strategie 2020[4] der Bundesregierung hervorgehoben wird: „Normung und Standardisierung werden in Deutschland zunehmend integraler Bestandteil des

---

[4] Vgl. *BMBF*, 2010.

Forschungs- und Innovationsprozesses, denn frühzeitig eingeleitet fördern sie den Transfer von Forschungsergebnissen in marktfähige Produkte und Dienstleistungen und den schnellen Marktzugang von Innovationen".

3.2 Wissenschaftlich-technische Erfolgsaussichten

Aufgrund der engen Zusammenarbeit mit einem der Value Partner aus dem WirtschaftsForum Neuwied e. V. konnte das vom BMBF geförderte Projekt „Customizing als kundenoffener B2B-Service" („CustomB2B") unter Federführung der Universität Koblenz-Landau akquiriert werden (Laufzeit 01.09.2010 – 31.08.2013). Für die Antragsstellung konnten insbesondere auch zentrale Erkenntnisse und Erfahrungen aus dem KMU 2.0-Projekt verwendet werden. Auch weitere Projektskizzen wurden in der Vergangenheit und werden auch im Anschluss an die Projektlaufzeit zu verschiedenen Bekanntmachungen des BMBF aus dem Forschungsvorhaben KMU 2.0 heraus zu vertiefenden und weiterführenden Themen eingereicht.

Aufgrund des gewählten Forschungsdesigns – Aktionsforschung gepaart mit Design Science – wurde ein kontinuierlicher Wissenstransfer zwischen der Forschung und Praxis möglich. Insgesamt eröffnete das KMU 2.0-Projekt somit gerade auch langfristig neue Möglichkeiten, ergänzende und weiterführende Maßnahmen zu initiieren und neue Partnerschaften zwischen Forschung und Praxis entstehen zu lassen.

Wie auch schon während der Laufzeit des Projektes, werden sich die wissenschaftlichen Erfolge des Forschungsvorhabens in weiterführenden und vertiefenden Master- und Bachelor-Arbeiten sowie in Dissertationen niederschlagen. Die Ergebnisse werden unmittelbar in Forschung und Lehre einfließen. Während und auch unmittelbar im Anschluss an die Projektlaufzeit ist die Vertiefung ausgewählter Fragestellungen in Lehre und Hauptseminaren geplant. An der Universität Koblenz-Landau wird zudem ein neuer Forschungsschwerpunkt zum Thema „Management mediengestützter Dienstleistungsinnovationen (MMDI)" etabliert, in dem grundsätzlich die Thematik der neuartigen Interaktion im Kontext von auch vernetzten Arbeitsprozessen mit KMU-Fokus erforscht werden soll.

Im Rahmen der Veranstaltung „Wissens- und Kooperationsmanagement" im Wintersemester 2010/2011 erstellten Studierende der Universität Koblenz-Landau ein Wiki, das insbesondere kleinen und mittelgroßen Unternehmen als Leitfaden zum Thema „Web 2.0 im Kontext von Wissens-, Innovations- und Kooperationsmanagement" zur Verfügung steht und im Rahmen folgender Veranstaltung von Studierenden zu weiteren Themen vertieft und weiterentwickelt werden soll.

Mittelfristig sind weitere wissenschaftliche Veröffentlichungen und Präsentationen geplant, was den kontinuierlichen Transfer der Projektergebnisse fördert und zudem die wissenschaftliche Diskussion in diesen Gebieten bereichert und zu einem vertiefenden Verständnis beiträgt.

An der Fachhochschule Koblenz, RheinAhrCampus Remagen, widmete sich die Veranstaltung „Führen von Personen und Organisationen" im Wintersemester 2010/2011 der Auseinandersetzung mit Anforderungen an die Führung in vernetzen (Arbeits-)Zusammenhängen und der Entwicklung von handlungsorientierten Managementmodellen unter besonderer Berücksichtigung des Verhältnisses von Fremd- und Selbstorganisation. Die Studierenden setzten sich im Rahmen verschiedener Gruppendiskussionen, der Bearbeitung kleinerer Case-Studies sowie einer abschließenden schriftlichen Ausarbeitung (Hausarbeit) intensiv mit dem Themengebiet auseinander und formulierten erste praxisnahe Handlungsempfehlungen.

3.3 Wissenschaftliche und wirtschaftliche Anschlussfähigkeit

Wie ausführlich beschrieben, fließen die im Laufe des Projektes gewonnenen Erkenntnisse nachhaltig in Forschung und Lehre der beteiligten Verbundpartner ein und bilden die Basis für die Einwerbung neuer Forschungsprojekte und Etablierung neuer Forschungsschwerpunkte. Zudem erfolgt ein nachhaltiger Wissenschaftstransfer, indem die Forschungsergebnisse auf andere KMU-Netzwerke, beispielsweise spezifischer Branchen, übertragen werden.

Das im Forschungsvorhaben KMU 2.0 aufgebaute Know-how ist schließlich als Alleinstellungsmerkmal der Konsortialteilnehmenden in diesem Bereich zu verstehen. Hinzu kommen eine Reihe spezieller wissenschaftlicher und wirtschaftlicher Anschlussmöglichkeiten auf der Basis der Ergebnisse des Forschungsvorhabens KMU 2.0 wie folgt:

So verfügt die Arbeitsgruppe MI^{2}EO der **Universität Koblenz-Landau** mit ihrem Netzwerk angewandter Forschung über eine ideale Plattform zur Weiterverbreitung und Verwertung der Projektergebnisse. Kontakte zu und Partnerschaften mit regionalen und überregionalen Partner stellen sicher, dass die Projektergebnisse auch nach Projektende langfristig weiterentwickelt und um Aspekte aus verschiedenen Anwendungsdomänen erweitert werden.

Bei der **Universität Hamburg** stehen methodische Fragestellungen des Service Engineering im Kontext von Web 2.0 im Vordergrund. Die im Projektverlauf gewonnenen Erkenntnisse werden einen wichtigen Beitrag zum besseren Verständnis selbstmotivierter und selbstgesteuerter Innovationsprozesse über Web 2.0 ermöglichen. Die dafür erforderlichen Dienstleistungen gilt es Web 2.0-orientiert mittels entsprechender Methoden und Werkzeuge für vernetzte KMU weiter zu entwickeln, und sie ermöglichen darüber einen branchenunabhängigen Erkenntnisgewinn.

Der Fachbereich Betriebs- und Sozialwirtschaft am **RheinAhrCampus Remagen der Fachhochschule Koblenz** wirkt mit seinem breiten Lehrprogramm und damit verbundenen Forschungstätigkeiten in verschiedene Sektoren der Wirtschaft hinein – vom klassischen Industrie- und Dienstleistungsbereich über den Bereich der Gesundheits- und Sozialeinrichtungen bis hin zu den Betrieben und Verbänden im Bereich des Sports. Die Arbeitsfelder haben eine ausgesprochene KMU-Orientierung. Das wissenschaftliche Personal des Fachbereichs ist engagiert in diversen KMU-Netzwerken, darunter einem Netzwerk zur betrieblichen Gesundheitsförderung, Netzwerken mit IT-Fragestellungen und einem regionalen KMU-Netzwerk im Industrie- und Dienstleistungssektor. Damit ist eine breite Basis und intensive Wissenschafts-Praxis-Verknüpfung für die nachhaltige Verwertung der Forschungsergebnisse gegeben. Anschlussfähigkeit besteht in verschiedenen Veranstaltungen der grundständigen Bachelor- und Masterstudiengänge, in thematischen Modulen des weiterbildenden Fernstudienangebots, in der Beratungstätigkeit für KMU-Netzwerke und – über den durch eine eigene Forschungstransferstelle koordinierten Erfahrungsaustausch der Wissenschaftler – in weiteren Forschungsprojekten des RheinAhrCampus.

Das **WirtschaftsForum Neuwied** schafft mit seiner Grundsatzarbeit und Interessensvertretung die Rahmenbedingungen für die Vernetzung zwischen den Mitgliederunternehmen. Spezifische Themen und Problemstellungen werden empirisch erhoben, in virtuellen wie auch realen Arbeitskreisen diskutiert, und die Erkenntnisse und Lösungen werden dem gesamten KMU-Netzwerk über Protokolle, persönliche bilaterale Gespräche und gemeinsame Veranstaltungen mitgeteilt. Auf diese Weise sichert das WirtschaftsForum die Übertragung der Projektergebnisse in die betriebliche KMU-Praxis und die Weiterentwicklung unter expliziter Berücksichtigung der KMU als Anwender. Über die Vernetzung des Wirtschaftsforums mit politischen und wirtschaftlich relevanten Entscheidungsträgern ist die Übertragung der Projektergebnisse über das bestehende KMU-Netzwerk hinaus gesichert. Die Präsentation der Projektergebnisse im Rahmen von Arbeitskreisen und gemeinsamen Netzwerkveranstaltungen sichert nicht nur ihre Verbreitung, sondern auch ihre weitere Nutzung und Weiterentwicklung nach Abschluss des Projektes, indem ein Dialog zwischen den IT-Firmen und den Firmen, die für potenzielle Problemlösungsbereiche des modernen Arbeitslebens stehen. Über die Entwicklung eigener Dienstleistungsangebote werden nach Projektabschluss wirtschaftliche Anschlussmöglichkeiten in der Beratung und der Weiterbildung von KMU, die zum Netzwerk des Forums gehören, gesehen.

Literaturverzeichnis

BMBF (2007) (Hrsg.):
 Arbeiten – Lernen – Kompetenzen entwickeln: Innovationsfähigkeit in einer modernen Arbeitswelt. Bundesministerium für Bildung und Forschung. Bonn, Berlin.

BMBF (2010) (Hrsg.):
 Ideen. Innovationen. Wachstum. Hightech-Strategie 2020 für Deutschland. http://www.bmbf.de/pub/hts_2020.pdf, letzter Zugriff am 09.04.2011

MANAGEMENT MEDIENGESTÜTZTER DIENSTLEISTUNGSINNOVATIONEN

Herausgegeben von Jun.-Prof. Dr. Thomas Kilian, Koblenz, Prof. Dr. Harald F. O. von Kortzfleisch, Koblenz, und Prof. Dr. Gianfranco Walsh, Koblenz

Band 1
Harald F. O. von Kortzfleisch, Rüdiger H. Jung und Markus Nüttgens (Hrsg.)
Web 2.0 für KMU-Netzwerke – Ein gestaltungsorientierter Ansatz zur Steigerung der Innovation und Selbstorganisation von Unternehmensverbünden
Lohmar – Köln 2011 ♦ 376 S. ♦ € 65,- (D) ♦ ISBN 978-3-8441-0060-0

JOSEF EUL VERLAG